单中惠 总主编

杜威教育研究大系

国家出版基金项目
NATIONAL PUBLICATION FOUNDATION

杜威心理学
思想研究

杨捷 主编

山东教育出版社
·济南·

图书在版编目（CIP）数据

杜威心理学思想研究 / 杨捷主编 . — 济南：山东教育出版社，
2023.9

（杜威教育研究大系 / 单中惠总主编）

ISBN 978-7-5701-2401-5

Ⅰ.①杜… Ⅱ.①杨… Ⅲ.①杜威（Dewey，John 1859—1952）-
心理学 - 思想评论 Ⅳ.①B84-097.12

中国版本图书馆CIP数据核字（2022）第228648号

丛书策划：蒋 伟 孙文飞
责任编辑：孙文飞 毛韵仲
责任校对：舒 心
装帧设计：王玉婷

DUWEI XINLIXUE SIXIANG YANJIU

杜威心理学思想研究

杨 捷 主编

主　　管：山东出版传媒股份有限公司
出版发行：山东教育出版社
地　　址：济南市市中区二环南路2066号4区1号　　邮　　编：250003
电　　话：（0531）82092660　　网　　址：www.sjs.com.cn
印　　刷：山东新华印务有限公司
版　　次：2023年9月第1版　　印　　次：2023年9月第1次印刷
规　　格：710毫米×1000毫米　1/16　　印　　张：39.75
字　　数：580千　　定　　价：156.00元

如印装质量有问题，请与出版社发行部联系调换。（电话：0531-82092686）

总　序

单中惠

　　美国哲学家和教育家约翰·杜威（John Dewey，1859—1952）走过了93年的人生道路。在整个学术生涯中，杜威从哲学转向教育，既注重教育理论，又注重教育实验，始终不渝地进行现代教育的探索，创立了一种产生世界性影响的教育思想体系，成为现代享有盛誉的西方教育思想大师。凡是了解杜威学术人生或读过杜威著作的人，都会惊叹其知识的渊博、思维的敏锐、观点的新颖、批判的睿智、志向的坚毅、撰著的不辍。综观杜威的学术人生，其学术生涯之漫长、学术基础之厚实、学术成果之丰硕、学术思想之创新、学术影响之广泛，确实是其他任何西方教育家都无法相比的。

　　杜威的著述中蕴藏着现代教育智慧，他的教育思想具有恒久价值。这种恒久价值主要体现在五个方面：阐释了学校变革与社会变革的关系；强调了教育目标应该是学生发展；倡导了课程教材的心理化趋向；探究了行动和思维与教学的关系；阐明了教育过程是师生合作的过程。特别值得指出的是，杜威的那些睿智的教育话语充分凸显了创新性。例如，关于社会和学校，杜威提出："社会改革是一种有教育意义的改革"，"社会重构和教育重构是相互关联的"，"学校是一个社会共同体"，"教会儿童如何生活"，等等。关于儿童和发展，杜威提出："身体和心灵两方面的发展相辅而行"，"身体健康乃各种事业的根本"，"心智不是一个储藏室"，"解放了的好奇心就是系统的发现"，"教育的首要浪费是浪费生命"，等等。关于课程和教材，杜威提出："课程教材心理化"，"在课堂上拥有新生命"，"批量生产造就了埋没个人才能和技艺的批量教育"，"教师个人必须尽其所能地去挖掘和利用教材"，等等。关于思维和学习，杜威提出："教育的原理就是学行合一"，"做中学并不意味着用工艺训练课或手工课取代教科书的学习"，"学习就是要学会思维"，"讲课是刺激和指导反思性思维的时间和场所"，等等。关于创造与批判，杜威提出："创造与批判是一对伙伴"，"发展就等于积极地创造"，"批判和自我批判是通往创造性释放之路"，等等。关于道德教育和职业教育，杜威提出："道德教育的重要就因为它无往不在"，"道德为教育的最高最后的目的"，"品格发展是学校一切工作的最终目的"，"职业教育的首要价值是教育性的"，"普通教育与职业教育同时并行"，等等。关于教师职业和教师精神，杜威提出："教师职业是全人类最高贵的职业"，"教师是学校教育改革的直接执行者"，"教师必须是充满睿智的心灵医师"，"教师是艺术家"，"确保那些热爱儿童的教师拥有个性和创造性"，"教育科学的最终实现是在教育者的头脑里"，等等。

杜威的教育名著及其学术思想，受到众多哲学家、教育学家的推崇。例如，美国哲学家和教育家胡克（Sidney Hook）特别强调了杜威的《民主主义与教育》一书的经典价值："在任何领域中，在原来作为教科书出版的著作中，《民主主义与教育》是唯一的不仅达到了经典著作的地位，而且成为今天所有关心教育的学者不可不读的一本书。"[1]英国教育史学家拉斯克（Robert R. Rusk）和斯科特兰（James Scotland）在他们合著的《伟大教育家的学说》（1979）一书中则指出："在过去的一百年里，提供指导最多的人就是约翰·杜威。……在教育上，我们不得不感谢杜威，因为他在对传

---

[1]［美］约翰·杜威.杜威全集·中期著作第9卷［M］.俞吾金，孔慧，译.上海：华东师范大学出版社，2012：导言.

统的、'静止的、无趣的、贮藏的知识理想'的挑战中做出了自己最大的贡献，使教育与当前的生活现实一致起来。……在20世纪70年代后期，在杜威去世后的四分之一世纪里，有一些迹象表明教育潮流再一次趋向杜威的方向。"①

尽管杜威也去过日本（1919）、土耳其（1924）、墨西哥（1926）、苏联（1928）访问或讲演，但他印象最深刻的是在中国的访问和讲演。从1919年4月30日至1921年8月2日，杜威在中国各地访问讲学总计两年零三个月又三天。其间，他的不少哲学和教育著作也在中国翻译出版，对近现代中国教育的发展以及近现代中国教育家陶行知、陈鹤琴、黄炎培等产生了不可忽视的影响。因此，西方教育学者中对近代中国最为熟悉，对近代中国教育影响领域最广、程度最深和时间最长的，当属杜威。

杜威在华期间，蔡元培在他的60岁生日晚餐会演说中曾这样说：杜威"博士不绝的创造，对于社会上必更有多大的贡献"②。我国近现代学者胡适在《杜威先生与中国》（1921）一文中也写道："自从中国与西洋文化接触以来，没有一个外国学者在中国思想界的影响有杜威先生这样大。"③ 因此，杜威女儿简·杜威（Jane Dewey）在她的《约翰·杜威传》（1939）一书中这样提及杜威和中国的交往："不管杜威对中国的影响如何，杜威在中国的访问对他自己也具有深刻的和持久的影响。杜威不仅对同他密切交往的那些学者，而且对中国人民表示了深切的同情和由衷的敬佩。中国仍是杜威所深切关心的国

---

① [英]罗伯特·R.拉斯克，詹姆斯·斯科特兰.伟大教育家的学说［M］.朱镜人，单中惠，译.济南：山东教育出版社，2013：266-288.

② 蔡元培.在杜威博士之60生日晚餐会上之演说.//沈益洪.杜威谈中国［M］.杭州：浙江文艺出版社，2001：330.

③《晨报》，1921年7月11日。

家，仅次于他自己的国家。"①

教育历史表明，如果我们要研究美国教育的发展，要研究世界教育的发展，要研究中国教育的发展，那我们就必须研究杜威教育思想。正如美国学者罗思（R. J. Roth）在他的《约翰·杜威与自我实现》（1961）一书的"序言"中所指出的："未来的思想必定会超过杜威……可是很难想象，它在前进中怎么能够不通过杜威。"这段话是那么睿智深刻，又是那么富有哲理。

在中华人民共和国成立后，杜威教育研究在相当长的一个时期里成为学术禁区。1980年，我国著名教育史学家、华东师范大学教育系赵祥麟教授在《华东师范大学学报（哲社版）》当年第2期上发表了《重新评价杜威实用主义教育思想》一文，首先提出对杜威教育思想进行重新评价，在我国教育界特别在教育史学界产生了很大的影响。应该说，这是我国改革开放后对杜威教育思想重新评价的"第一枪"，引领了对杜威教育思想的再研究。赵祥麟教授这篇文章中最为经典的一段话——"只要旧学校里空洞的形式主义存在下去，杜威的教育理论将依旧保持生命力，并继续起作用"，它不仅被我国很多教育学者在杜威教育研究中所引用，而且被刊印在人民教育出版社2008年出版的五卷本《杜威教育文集》的扉页上。

自改革开放以来，在实事求是精神的引领下，我国教育学界对杜威教育思想进行了重新评价，并使杜威教育思想研究得到了深化。其具体表现在：杜威教育研究的成果更加多样，多家出版社组织翻译出版杜威教育著作，研究生开始关注杜威教育研究，中小学教师对阅读杜威教育著作颇有兴趣，等等。

特别有意义的是，华东师范大学出版社出版了由刘放桐教授主编、复旦大学杜威与美国哲学研究中心组译的中文版《杜威全集》38卷，其中包括《杜威全集·早期著作（1882—1898）》5卷、《杜威全集·中期著作（1899—

---

① Jane M. Dewey. Biography of John Dewey. // Panl Arthur Schilpp. The Philosophy of John Dewey. Evanston and Chicago: North-western University, 1939：42.

1924）》15卷、《杜威全集·晚期著作（1925—1953）》17卷以及《杜威全集·补遗卷》。刘放桐教授在《杜威全集》"中文版序"（2010）中强调指出，杜威"被认为是美国思想史上最具影响的学者，甚至被认为是美国的精神象征；在整个西方世界，他也被公认是20世纪少数几个最伟大的思想家之一"。应该说，《杜威全集》中文版提供了珍贵的一手资料，不仅有助于杜威哲学思想的研究，而且也有助于杜威教育思想的研究。

2016年是杜威的最重要的标志性著作《民主主义与教育》出版100周年。作为对这位西方教育先辈的一个纪念，美国杜威协会（John Dewey Society）于2016年4月、欧洲教育研究学会（European Education Research Association）于同年9月28日至10月1日分别在美国华盛顿和英国剑桥大学召开了《民主主义与教育》一书出版100周年纪念会。2019年是杜威诞辰160周年，也是他来华访问讲演100周年。美国芝加哥大学、哥伦比亚大学师范学院等高等学府的学者，分别举行了纪念杜威访华100周年的学术研讨会。

与此同时，在我国，不仅众多教育学者发表了与杜威教育相关的文章，而且一些教育学术期刊也开设了相关的纪念专栏或专题，还有一些全国或地方教育学术团体举行了各种形式的纪念性学术研讨活动。中华教育改进社、北京师范大学教育历史与文化研究院等还共同发起了纪念杜威来华100周年系列活动。其中，2019年4月28日举行了"杜威与中国教育高端学术会议"，人民网、新华网、光明网、中国社会科学网等分别对此进行了报道。事实表明，如果没有改革开放，我国教育学界就不会有对杜威教育思想的重新评价，也就不会有杜威教育研究的深化。

杜威是20世纪美国乃至世界上最有影响的教育家之一，他给教育带来了一场深刻的革命。杜威教育研究是西方尤其是美国教育研究中的一个重要领域，也是一个既有恒久价值又有现实意义的重要课题。对于当今我国学校的教育教学和课程改革，杜威教育思想也具有重要的现实意义。"杜威教育研究大系"的出版，既可以展示我国改革开放以来杜威教育研究的成果，又可以推动杜威教育研究在我国的进一步深化，还有助于教育学者和学校教师更深入更理性地认识与理解杜威教育思想。这是"杜威教育研究大系"出版的目的之所在。

"杜威教育研究大系"由我国杜威教育研究知名学者、华东师范大学教育学系单中惠教授任总主编，由合肥师范学院教师教育研究中心朱镜人教授、沈阳师范大学教育学院关松林教授和河南大学教育学部杨捷教授任副总主编。"杜威教育研究大系"共11分册，具体包括：

《杜威与实用主义教育思想》（单中惠/著）

《杜威教育经典文选》（朱镜人/编译）

《杜威在华教育讲演集》（王凤玉、单中惠/编）

《杜威教育书信选》（徐来群/编译）

《杜威教育名著导读》（单中惠/著）

《杜威心理学思想研究》（杨捷/主编）

《杜威教育信条》（单中惠/选编）

《杜威教育在日本和中国》（关松林/主编）

《杜威教育在俄罗斯》（王森/著）

《杜威评传》（单中惠/编译）

《学校的公共性与民主主义——走向杜威的审美经验论》（［日］上野正道/著，赵卫国/主译）

在确定"杜威教育研究大系"的总体框架时，我们主要考虑了四个原则：一是综合性。不仅体现杜威在理论与实践结合的基础上对教育各个方面进行的综合性论述，而且阐述他把哲学、心理学和教育学结合起来，以及对世界各国教育产生的广泛影响。二是创新性。凸显杜威教育著述中的创新精神和教育智慧，以及杜威教育研究的新视角、新发现、新观点和新方法。三是多样性。既有西方学者的研究，也有我国学者的研究；既有总体的研究，又有专题的研究，还有比较的研究；既有理论研究，又有著作研究，还有资料研究。四是基础性。对于杜威教育研究这个主题来讲，整个研究无疑具有重要的学术价值，但有些研究在某种意义上还是基础性研究，冀望在研究视野及研究深度和广度上推进我国杜威教育研究。当然，这四个方面也是"杜威教育研究大系"力图呈现的四个特点。

杜威教育研究是一项具有重要意义的工作，又是一项十分艰辛的工作。就拿一手资料《杜威全集》（*Collected Works of John Dewey*）来说，南伊利诺伊大学卡邦代尔分校杜威研究中心前主任博伊兹顿（Jo Ann Boydston）主编英文版《杜威全集》，从1969年出版早期著作第一卷到2012年出版补遗卷，这项38卷本的汇编工作前后共花费了43年时间；由复旦大学刘放桐教授主持翻译的中文版《杜威全集》启动于2004年，从2010年翻译出版早期著作起，至2017年最后翻译出版补遗卷，也历时13年。因此，就杜威教育研究而言，如果再算上难以计数的二手资料和三手资料以及大量的相关资料，那要在相关研究中取得丰硕的创新成果并非一件易事，这需要我国教育学者坚持不懈地潜心研究。在这个意义上，"杜威教育研究大系"的出版虽然是我国改革开放以来杜威教育研究的一个具有标志性的系列成果，但也只能说是初步的研究成果。

对当今我国教育改革和发展来说，杜威教育思想仍然具有重要的现实价值。那是因为，尽管杜威与我们生活在不同时代，但杜威所探讨的那些问题在现实的教育中并没有消失，后人完全可以在杜威教育思想探讨的基础上对那些教育问题进行更深入的思考和分析，并从杜威教育思想中汲取智慧。在杜威教育研究不断深化和提升的过程中，首先要有更理性的研究意识，其次要有更广阔的研究视野，还要有更科学的研究方法。当然，展望杜威教育研究的未来，我国教育学者应该努力把新视角、新发现、新观点、新方法作为关注的重点。

"杜威教育研究大系"是山东教育出版社承担的"十三五"国家重点图书出版规划项目，也是2022年度国家出版基金资助项目。"杜威教育研究大系"的出版，得到了山东教育出版社领导的高度重视和大力支持，在此谨致以最诚挚的敬意。"杜威教育研究大系"项目从启动到完成历时五年多，在此应该感谢整个团队各位同人的愉悦合作。

在西方教育史上，约翰·杜威无疑是一位具有新颖的教育理念和产生巨大影响力的伟大教育家，但他自己还是最喜爱"教师"这一称呼，并为自己做了一辈子教师而感到无比的自豪。在此，谨以"杜威教育研究大系"献给为教师职业奉献一生的约翰·杜威教授。

2023年8月

目录

心理学思想是约翰·杜威（John Dewey）思想体系中的独特组成部分，不仅为他后来的教育思想提供了不可或缺的理论支撑，而且也为彼时心理学"美国化"的图景添上了浓墨重彩的一笔。毋庸讳言，杜威在教育领域的深远影响使他的心理学思想稍显暗淡，但这也难掩他在西方心理学史上的应有地位。他所倡导的对个体心理要素的整体性和功能性研究开创了心理学的机能主义取向；他在实用主义哲学指导下推行的心理学与教育学的结合，提升了科学心理学在教育理论与实践中的引领作用。

一

首先，杜威在西方心理学史上的主要贡献是推动了19世纪末20世纪早期心理学发展的"美国化"。青年时代杜威的主要兴趣是德国古典哲学与心理学，正是在早期学术生涯中对心理学不间断的关注与学术产出，并因其所倡导心理学的实用主义取向，他的心理学思想在浩瀚的西方心理学思想史上占有一席之地。

作为美国心理学的奠基者之一，杜威努力促成心理学的本土化。1879年冯特（Wilhelm Wundt）在莱比锡大学建立了世界第一所心理学实验室，这预示着心理学开始脱离哲学母体走向独立发展之路。当"科学心理学"的概念在德国如火如荼地风行之时，冯特心理学思想也开始传入并影响美国心理学界，其中构造主义心理学就是冯特心理学思想在美国的延伸。对美国心理学的发展影响颇深的英国心理学家铁钦纳（Edward Bradford Titchener）和构造主义心理学研究者虽然主张将内省置于实验控制之下，但所谓的内省也只是强调对心理内容和要素的观察，而对心理过程的意义与作用则表现出讳莫如深的态度。就实际意义而言，铁钦纳和构造主义心理学研究者秉持的是一种纯粹意识的心理学，并没有根本摆脱自冯特以来的所谓"科学心理学"范畴的束缚。当实用主义哲学和社会达尔文主义风靡美国思想界之时，构造主义心理学的观念逐渐成为"明日黄花"。

西方心理学家们从未否认斯坦利·霍尔（Granville Stanley Hall）和威廉·詹姆斯（William James）等人在心理学"美国化"过程中做出的贡献，尤其是詹姆斯所提出的"意识流"理论已经触及冯特和铁钦纳等元素主义者的缺陷。事实证明，詹姆斯和霍尔等人只是为一种迥异于构造主义的心理学思想的出现铺平了道路，为强调行为和思维机能的心理学播下了种子。[1]而将心理学研究置于实用主义哲学和进化论核心思想指导下的集大成者非杜威莫属，无论是具体心理要素的反射弧理论、情感理论，抑或是教育心理学思想和社会心理学思想，杜威将从德国舶来的心理学深深刻上了美式"实用主义"的烙印。

其次，杜威加速了机能主义心理学流派的形成。在推动心理学本土化过程中，杜威有意无意地跟随着詹姆斯的脚步，使自己的心理学研究凸显出实用主义倾向。虽然杜威本人并未将自己的心理学思想称为机能主义，但他整合了詹姆斯、霍尔的相关主张，通过理论建构、开展实验和学术宣传等方式，实际

---

① [美]鲍尔温·R.赫根汉.心理学史导论 [M].郭本禹，等，译.上海：华东师范大学出版社，2003：532.

上推动了机能主义心理学流派的创立。

铁钦纳对心理要素的解构以及心理学是对纯客观知识追求的主张，致使构造主义的研究视角日趋狭隘并受到当时的美国心理学家的质疑。美国心理学界的早期代表人物如霍尔、詹姆斯等人并无意通过某种"主义"取代构造主义心理学，但历史总是充满偶然性，铁钦纳在《构造心理学的公设》一文中提出构造心理学和机能心理学之间的对立，客观上促进了美国机能主义心理学派的发展。杜威借用进化论和实用主义哲学的力量，明确提出个体心理要素之间通过协调实现对环境适应的目的，与铁钦纳的构造主义注重心理、意识内容的元素分析形成了鲜明的对比。杜威在1896年发表了《心理学中的反射弧概念》，文中强调个体心理的协调性、整体性、目的性以及适应性，将矛头对准了构造主义心理学，此文也被视为机能主义心理学的独立宣言。

在密歇根大学执教期间，杜威虽然在心理学领域取得了一定成就，但远非心理学领域的学术翘楚，其学术影响在芝加哥大学任职期间才逐渐形成。1894年杜威开始担任芝加哥大学哲学系主任，并推荐其在密歇根大学任教期间的学生安吉尔（James Rowland Angell）来校任职。正是在芝加哥大学任职期间，杜威和他的同事发表了一系列颇有分量的研究成果，积极宣扬机能主义心理学思想，使芝加哥大学成为机能主义心理学的学术中心，并逐渐形成了机能主义的芝加哥学派。在芝加哥学派的学术圈中，杜威的年龄最大，他凭借其经验和对心理学的独到见解，成为芝加哥机能主义学派的领袖。杜威对机能主义心理学流派的突出贡献不仅在于他对其他心理学家和学者的影响，更在于他为这个新形成的思想流派奠定了哲学基础。在此基础上，芝加哥机能主义学派勃然而兴。所以，虽然他于1904年离开芝加哥大学，但芝加哥大学能够继续成为机能主义心理学者的主要培育基地。

再次，杜威使教育心理学化从理论走向实践。以机能主义心理学为指导，杜威成为西方科学心理学发展阶段首个探索教育心理学化实现路径的思想家和践行者。他主张将心理学的发现应用于教育现实，探索教育心理学化的理论可能性。当然，教育心理学化主张并非只停留在理论探索阶段，通过芝加哥大学实验学校，杜威将以往自己对个体心理的认识应用于教育实践。

杜威将教育心理学化思想建立在现代科学心理学基础之上。在西方教育思想史和心理学史上，教育心理学化并非一个新话题，尤其是19世纪欧美兴起的教育心理学化运动，推动了教学过程的心理学化。但许多教育家所主张的教育心理学化是建立在哲学意义之上的心理学，常常因缺乏令人信服的科学依据而被忽视，如约翰·弗里德里希·赫尔巴特（Johann Friedrich Herbart）在哲学与心理学基础上创设的"教学形式阶段"到20世纪初便广受诟病。杜威在思考实现教育心理学化的策略时，科学心理学在德国和美国已有了一定的理论基础，且经过数十年心理学理论的积淀，他对个体心理要素和功能的认识愈加清晰，并逐渐形成了对儿童发展阶段、个体如何思维等问题的认识，开始将教育和教学建立在个体心理发展需求的基础上，探索如何使教育教学更好地满足个体的兴趣，实现教育改造个人、改造社会的目的。

在芝加哥大学任职期间，杜威已经思考将机能主义心理学理论应用于教育与教学，并将研究兴趣的核心转向教育领域。尤其是在担任美国心理学会主席期间，他积极倡导将心理学的方法和发现应用于解决实际问题；在美国心理学会的演讲中，他倡导加强心理学与社会科学的联系，重点阐述了心理学与教育学、心理学原理与教学实践之间的关系。杜威认为教育实践家与理论家都需要深入了解并全面掌握心理学知识，并鼓励教师思考如何将心理学理论运用到教学实践中；同时，学习是心理机能的整体体现，个体心理中的思维、意志、情感等要素属于统一的整体，均以实现学习目标为目的。所以，心理学家应该关心个体心理要素如何协调才能更好地实现学习目标。此后，无论是课程观、教材观，抑或是具体的教学理念，杜威都强调应在内容和形式上关照个体心理的发展水平和接受方式。

最后，杜威心理学思想对现代教育理论发展具有引领作用。其一，杜威强调心理机能和心理学的应用价值，主张将心理学的发现与研究方法应用于现实，尤其是心理学理论与教育实践相结合。同时，他也看到了教育教学实践对完善和修正心理学理论的重要作用，指出心理科学的研究与发现多产生于简化的实验室，实验室得出的结论应用于复杂的教育教学活动时必然会产生误差；教育教学活动不仅可以检验心理学理论，而且也可为心理学理论的修正提供实践支撑。这种理论源于实践的价值取向和严谨的实验精神，影响了欧美现代教育理论的发展方向。其二，在杜威心理学思想中，儿童的感觉、情感、意志和思维一直是研究的重点。他认为儿童在心理学研究和教育教学中居于中心地位；儿童的能力是按照一定顺序发展的，是一切教育教学的前提。显然，杜威的这种观点深刻影响了现代教育理论中以学生为中心、以人为本的价值取向。其三，杜威提出的学习理论强调只有根据学生的学习心理来实施教学，才能达到教师教学效果与学生学习效果相得益彰的目的，这正是现代教学论的重要理论基础之一。

可见，杜威心理学思想所倡导的心理学研究的整体性和功能性不仅成就了其思想在现代教育理论中的典型代表性和不可或缺性，而且切合了美国社会发展过程中的政治、经济、文化、价值观与意识形态的背景。正因如此，杜威心理学思想能够在心理学领域和教育领域都具有十分深远的影响。

二

在我国教育学与心理学研究中，杜威心理学思想一直处于边缘化的领域，主要原因是国内对杜威的研究较为集中于哲学与教育学。故而，即便是对其心理学的研究也是基于教育学或哲学意义之上，有关杜威心理学思想的研究并未形成规模，更未形成体系，多散见于杜威教育思想的研究之中。研究内容大致集中在三个方面。

第一，杜威心理学思想形成与发展的研究。1956年，我国现代心理学家朱智贤出版了《批判实用主义者杜威在心理学方面的反动观点》一书，虽说该书基于时代原因对杜威心理学持完全否定态度，但作者从实用主义心理学的实质、杜威构建"机能心理学派"和反对客观存在等八个方面梳理了杜威心理学思想的发展脉络；尽管内容较为简单，但清晰地阐明了杜威的机能主义心理学在近现代西方心理学发展过程中的地位。①2019年有研究者从杜威心理学思想演变的视角，较为系统地梳理了杜威心理学思想的形成，呈现了杜威心理学思想在不同时期的侧重。研究者指出，早期杜威心理学以哲学为基础，尚未完全从其哲学理论体系中脱离出来；19世纪末期，伴随着进化论的广泛传播，杜威心理学思想受其影响形成了"机能主义心理学"；为将心理学理论运用于实践中，杜威转而投入教育领域，促进了教育学与心理学的融合；随着杜威的研究视野不断开阔，他将习惯与风俗相联系，使得个体心理学扩展至社会心理学，阐明了个体对于社会发展的重要影响。②

第二，基于教育学理论基础的杜威心理学思想研究。国内关于杜威心理学思想的研究常见于杜威教育理论的研究之中，通常将其作为杜威教育思想的来源与基础。首先，作为兴趣理论的心理学基础。主要研究思路与观点包括：将杜威心理学视为连接其哲学与教育理论的路径，指出杜威兴趣教育思想以人的本能活动为基础，儿童的兴趣、需要、习惯均建立在本能冲动之上，因而杜威提出开发和利用儿童本能的思想；将杜威的机能主义心理学视为兴趣教育思想的理论基础，肯定他重视儿童心理发展规律在教学过程中作用的主张。③其次，作为游戏理论的心理学基础。主要研究结论包括：杜威的游戏思想来源于机能主义心理学和"本能学说"，强调儿童游戏是由于本能和冲动；杜威重视儿童的游戏本能，主张将儿童的游戏本能与生活环境相结合以促进儿童习惯的

① 朱智贤.批判实用主义者杜威在心理学方面的反动观点［M］.北京：人民教育出版社，1956.

② 崔佳.杜威心理学思想演变研究［D］.河北大学，2019.

③ 吴继维.杜威兴趣教育思想初探［D］.华中师范大学，2012.

养成。①再次，作为想象力的心理学基础。主要研究结论包括：杜威早期主要从心理学角度来考察想象力，将想象力与人们的视觉、听觉、动觉、知觉、记忆和思维等心理活动密切相连；杜威指出想象力通常由知觉和记忆发展而来，想象中包含着记忆，但又有超出记忆的内容；想象力处于感觉与概念之间，具有转化、过渡的中介功能。②最后，作为教材理论的心理学基础。主要研究内容包括：揭示杜威教材心理化的实质，指出杜威的教材心理化既是一种基于经验的教材理论，又是现实背景下的活动课程形态。③

第三，杜威反射弧概念的研究。对杜威反射弧理论的探讨是研究其心理学思想的一个持久话题。许多研究均发现，杜威的反射弧概念是将多种事实归纳为一个组织原则提出的，协调是反射弧概念的关键，通过协调功能才能使有机体处于一种完善的状态；近年来研究者又探究杜威反射弧概念中的具身认知思想，指出杜威的具身认知思想主要体现在身体运动协调构成了感觉运动回路，在身体运动协调基础上形成的身体经验在感觉运动回路中具有连续性，感觉运动回路中的身体运动与经验以环境为背景，最终目的是适应环境，等等。

相比较而言，国外杜威心理学思想研究起步较早，研究成果也较丰富，归纳起来主要集中于四个方面。

第一，杜威心理学思想形成与发展的研究。多伦多大学教授埃里克·布雷多（Eric Bredo）在《杜威心理学的发展》（ "The Development of Dewey's Psychology" ）一文中，将杜威心理学思想的发展分为三个阶段：第一阶段，杜威心理学思想深受新黑格尔理想主义的影响，属于"理想"阶段；第二阶段，受詹姆斯的影响形成了"功能主义心理学"，属于"功能"阶段；第三阶

---

① 亓兰真.杜威儿童游戏思想研究［D］.西南大学，2016.

② 梁君.杜威论想象力及其培育［D］.华东师范大学，2019.

③ 漆涛.教材学科逻辑和心理逻辑的二元对立与超越——基于杜威教材心理化的概念分析［J］.全球教育展望，2015，44（05）：24-35.

段，杜威将心理学与社会连接起来，属于"民主"阶段。[①]

印第安纳大学学者安德鲁·巴克（Andrew Backe）在《杜威与早期芝加哥机能主义》（*John Dewey and Early Chicago Functionalism*）中阐述了杜威机能主义心理学的来源，指出虽然人们常将早期机能主义心理学视为统一的理论整体，但杜威与安吉尔的机能主义心理学分别来自新黑格尔主义哲学和詹姆斯的自然主义哲学，杜威关于反应、情感、知觉等机能主义心理学的概念显然受到了托马斯·格林（Thomas H. Green）的新黑格尔主义的影响。可见，早期芝加哥学派的机能主义心理学并非统一的理论体系。[②]纽约州立大学的约翰·舒克（John R. Shook）曾撰文《威廉·冯特对杜威机能主义心理学的贡献》（*Wilhelm Wundt's Contribution to John Dewey's Functional Psychology*），认为"杜威反射弧概念的建构灵感来自詹姆斯的《心理学原理》"的观点值得商榷，事实上，新黑格尔主义、莫里斯哲学和冯特心理学都对杜威心理学思想产生过较大影响。[③]

埃里克·布雷多在另一篇文章《进化论、心理学和约翰·杜威对反射弧概念的批判》（*Evolution, Psychology, and John Dewey's Critique of the Reflex Arc Concept*）中，分析了杜威的反射弧概念。作者意识到杜威反对机械的心理观，依据进化论构建了反射弧概念，重视有机体与环境相互作用在心理学中的价值。[④]爱尔兰梅努斯大学和爱丁堡大学的杰特·比斯塔（Gert J. J. Biesta）等

[①] Eric Bredo. The Development of Dewey's Psychology. In B. J. Zimmerman & D. H. Schunk（Eds.）, Educational Psychology: A Century of Contributions. Lawrence Erlbaum Associates Publishers, 2003: 81–111.

[②] Andrew Backe. John Dewey and Early Chicago Functionalism. History of Psychology, 2001, Vol. 4（4）: 323–340.

[③] John R. Shook. Wilhelm Wundt's Contribution to John Dewey's Functional Psychology. Journal of the History of the Behavioral Sciences, 1995, Vol. 31（4）: 347–369.

[④] Eric Bredo. Evolution, Psychology, and John Dewey's Critique of the Reflex Arc Concept. The Elementary School Journal, 1998, Vol. 98（5）: 447–466.

人在《约翰·杜威对反射弧概念的重构及其与鲍尔比依恋理论的关联》(*John Dewey's Reconstruction of The Reflex-arc Concept and Its Relevance for Bowlby's Attachment Theory*)中，阐述了杜威对反射弧概念的重构，指出杜威将持续活动理解为协调的过程，重视有机体与环境间的协调对于反射弧的作用。在此基础上，作者将鲍尔比的依附理论与杜威的反射弧概念进行了比较。[①]

第二，杜威社会心理学思想的研究。丹麦奥尔胡斯大学的布林克曼(Svend Brinkmann)曾在《作为伦理学的心理学：杜威心理学面面观》(*Psychology as A Moral Science：Aspects of John Dewey's Psychology*)一文中，从三个方面阐释了杜威的心理学。首先，对杜威的心理学著作及反思性思维进行了解释；其次，从杜威心理学的主体性、习惯与道德三个概念切入进行研究；最后，对杜威心理学研究方法进行了概述。[②]布林克曼的另一篇论文《被忽视的杜威心理学：重新发现的交互论》(*Dewey's Neglected Psychology：Rediscovering His Transactional Approach*)分析了杜威社会心理学中的基本概念，如习惯、自我、思维、思想等。[③]怀俄明大学教授克里斯曼(Paul Crissman)的《约翰·杜威的心理学》(*The Psychology of John Dewey*)对杜威心理学思想的十个基本概念——习惯、性格、冲动、情绪、动机、欲望、思维、心灵、意识与意义进行了阐述与批判。[④]塔尔图大学的拉斯穆斯·佩达尼克(Rasmus Pedanik)在《如何提出更好的问题：杜威激励动作

---

① Gert J. J. Biesta，Siebren Miedema，Marinus H. Vanl Jzendoorn. John Dewey's Reconstruction of The Reflex-arc Concept and Its Relevance for Bowlby's Attachment Theory. Recent Trends in Theoretical Psychology，1990：211–220.

② Svend Brinkmann. Psychology as A Moral Science：Aspects of John Dewey's Psychology. History of The Human Sciences. 2004，Vol. 17（1）：1–28.

③ Svend Brinkmann. Dewey's Neglected Psychology：Rediscovering His Transactional Approach. Theory & Psychology. 2011，Vol. 21（3）：298–317.

④ Paul Crissman. The Psychology of John Dewey. Psychology Review，1942，Vol. 49（5）：441–462.

学习实践的生态心理学理论》（*How to Ask Better Questions？ Dewey's Theory of Ecological Psychology in Encouraging Practice of Action Learning*）文章中，对杜威生态心理学中的基本概念——经验、探究与习惯进行了阐释，并指出习惯在解决问题中具有非常重要的地位，通过培养习惯能够提高人们解决问题的能力。[①]

第三，杜威心理学思想影响的研究。罗马第三大学的吉多·巴乔（Guido Baggio）在《杜威和米德的机能心理学对凡勃伦进化经济学的影响》（*The Influence of Dewey's and Mead's Functional Psychology Upon Veblen's Evolutionary Economics*）一文中，列举了凡勃伦多次提及杜威和米德的机能心理学著作，[②]并比较了杜威、米德关于情感中社会利益起源的假设与凡勃伦所描绘的进化经济学理论的关系，得出凡勃伦经济学理论与杜威、米德机能主义心理学（情感、本能、行为等概念）有着诸多相似之处的结论。[③]中密歇根大学社会学教授穆索尔夫（Gil Richard Musolf）在《杜威的社会心理学和新实用主义：人类能动性和社会重建的理论基础》（*John Dewey's Social Psychology and Neopragmatism：Theoretical Foundations of Human Agency and Social Reconstruction*）中指出，杜威认为对习惯、冲动、本能、风俗、欲望与

[①] Rasmus Pedanik. How to Ask Better Questions？ Dewey's Theory of Ecological Psychology in Encouraging Practice of Action Learning. Action Learning：Research and Practice，2019，Vol. 16（2）：107–122.

[②] 托尔斯坦·本德·凡勃伦（Thorstein B. Veblen），美国经济学家，制度经济学鼻祖，代表作为《有闲阶级论》（1899）；乔治·赫伯特·米德（George Herbert Mead），美国社会学家、社会心理学家及哲学家，符号互动论的奠基人，代表作《心灵·自我和社会》。他在哈佛大学获文学硕士学位后赴德国莱比锡大学攻读哲学和生理心理学博士学位；1894年杜威经塔夫斯推荐出任新成立的芝加哥大学哲学系主任，受杜威的邀请，米德也来到芝加哥大学任哲学系助理教授。

[③] Guido Baggio. The Influence of Dewey's and Mead's Functional Psychology Upon Veblen's Evolutionary Economics. European Journal of Pragmatism and American Philosophy，2016，Ⅷ（1）.

理智等进行塑造可以改变人性。①俄勒冈大学的杰里·罗西克（Jerry Rosiek）在《一种自成体系的心理学定性研究方法：杜威对定性实验主义的呼吁》（*A Qualitative Research Methodology Psychology Can Call Its Own：Dewey's Call for Qualitative Experimentalism*）中表示，心理学研究方法应具有多元化，应存在一种定性研究方法来探索心理学，这种方法论的概念框架体现在杜威的哲学著作中。②

第四，杜威心理学文献的研究。美国南伊利诺伊大学的杜威研究中心（The Center for John Dewey Studies）按时间顺序将杜威著作进行了汇编，分为《杜威早期著作（1882—1898）》（*The Early Works of John Dewey，1882—1898*）、《杜威中期著作（1899—1924）》（*The Middle Works of John Dewey，1899—1924*）和《杜威晚期著作（1925—1953）》（*The Later Works of John Dewey，1925—1953*）三部合集，其中包含了大部分杜威心理学著作、论文及演讲等内容。2016年，捷克当代艺术电子出版社（e-artnow）发行的电子书《杜威心理学、教育学、哲学、政治学选集（40卷）》，按照学科将杜威的著作进行了归类，是杜威心理学思想研究的重要资料来源。

综上所述，有关杜威心理学思想的研究较为宽泛，从反射弧概念到社会心理学的论述，基本涵盖了杜威心理学思想所触及的主要内容；对杜威社会心理学研究较为充分，勾勒出了其社会心理学思想的基本脉络；对杜威心理学思想的研究还挖掘出一批早期心理学文献，为研究杜威心理学的形成提供了第一手资料。不过，研究的局限性也十分明显。第一，研究成果较为散乱，缺乏对杜威心理学思想的系统梳理与介绍。特别是对杜威《心理学》的专门研究还较

---

① Gil Richard Musolf. John Dewey's Social Psychology and Neopragmatism：Theoretical Foundations of Human Agency and Social Reconstruction. The Social Science Journal，2001，Vol. 38（2）：277-295.

② Jerry Rosiek. A Qualitative Research Methodology Psychology Can Call Its Own：Dewey's Call for Qualitative Experimentalism. Educational Psychologist，2003，Vol. 38（3）：165-175.

为薄弱，对杜威所论述的认知、情感与意志等心理学核心概念的研究还停留在哲学或教育学的边界。第二，研究尚未从教育学、哲学范畴中独立出来。研究者大都从教育学、哲学的视角对杜威心理学中的概念进行探讨，从心理学学科立场阐释杜威心理学思想仍显不足。许多研究者在论述其心理学思想时，通常都是将其作为教育学思想的理论基础来看待的。

三

研究杜威心理学思想对于当代教育理论与实践具有重要意义和启示。这不仅是对杜威思想研究的扩展，而且更是对教育史和心理学史研究的深化，具有重要的学术意义。从杜威心理学思想研究中汲取有益的理论养分和实践指导，既可以强化心理学对于教育理论发展的基础性作用，又能够对具体教育实践提供心理学的科学依据。

具体而言，其一，研究杜威心理学思想具有重要的理论意义。杜威心理学思想对西方教育理论的发展具有基础性和奠基性意义。虽然历经萌芽、调整、丰富、甚至自我否定等发展阶段，但其核心理念却存在着共同之处，那就是心理学运用于教育，也就是说心理学是推进教育科学发展的关键因素，是建构教育学科的理论基础。杜威十分重视心理学与教育学的有机结合，他将心理学观念作为解释和发展教育思想的重要工具，将心理学当作教育理论之基础，主要表现在两个方面：一方面，杜威认为心理是儿童适应外界环境的有效工具，儿童心理活动的实质就是本能不断发展的过程，且儿童的学习过程也是处于动态变化之中的，心理学应为儿童的学习和教师的教学指明方向。另一方面，杜威将心理学思想当作理解教育问题的桥梁。他乐于站在心理学的角度看待教育问题，指出心理学理论本身就源于教育过程，并应用于教育实践；在他看来，学校是心理学应用的实验室，教育问题是心理学实验研究的内容，心理学具有促进学校教育改革的作用和价值。

不难发现，杜威教育理论的形成离不开其心理学思想基础，心理学与教育的有机融合促使其教育思想体系的形成。正是由于对杜威心理学思想内涵的探究，才会进一步发现和理解教育理论与心理学之间的关系，以及在教育过程中两者结合的重要性。因此，杜威心理学思想与教育理论之间内在的、基础性的联系是教育理论研究的重要课题。

其二，研究杜威心理学思想具有丰富的实践意义。杜威心理学思想的实践性主要体现在学生观、课程观和教师观等方面。首先，关注儿童发展是杜威心理学思想的原点。杜威重视从儿童的天性出发，聚焦儿童的兴趣和需要，以儿童的心理发展为落脚点。这些观念深刻影响了整个20世纪欧美教育发展特别是美国教育改革，不同程度地为世界教育改革实践提供了具体的理论指导。其次，杜威将课程心理学化作为实现其教育目标的手段与途径。他的课程观随心理学思想的发展而变迁，但无论其课程理念如何变化，杜威始终强调课程设置依赖于心理学原理的重要性。因而，杜威对知识、情感、意志、思维、兴趣等心理学概念的阐释，基本上都立足于课程变革的初衷。最后，杜威提出对教师角色的理解是建立在对儿童心理发展认识的基础上的。杜威的教师观以经验主义哲学和机能主义心理学为主要理论基础，同时他认为教师要重视课程心理学化对教学和发展的重要作用。这就要求教师重视对心理学的学习和研究，为学生的反思和探究提供有效的指导，帮助学生减少学习或道德上的困惑。对于教师来说，不断学习和研究心理学思想有助于更深刻地理解教育教学的内涵和精髓，并将习得的心理学知识更好地运用于教学实践之中。

其三，研究杜威心理学思想具有广泛的现实意义。在本书即将完成之际，恰逢杜威访华讲学100周年，国内再次掀起了杜威研究的热潮。尽管关于杜威心理学思想的系统研究还为数不多，关于杜威教育思想与哲学思想研究如雨后春笋，但在这些研究中仍能够嗅到杜威心理学思想的气息，从侧面反映出杜威心理学思想历久弥新的时代性特征。所以，回顾和总结杜威心理学思想的发展、内容及其影响，揭示杜威心理学研究对于现代教育发展的意义，无疑具有鲜明的时代性特征。

毋庸置疑，我国关于杜威心理学思想系统研究尚处于起步阶段。面对杜威哲学思想与教育思想研究蓬勃发展和成果丰硕的态势，其心理学思想研究却形单影只，尤其缺乏较为系统的研究成果。然而，无论是杜威教育思想还是哲学、社会学、伦理学思想，都与其心理学思想有着不可分割的联系。杜威在1886年《从学院观点出发的中学心理学》的演讲中指出，心理学将对教育的真正目的做出重要的贡献；在《心理学》中他坚信，对心理学的学习可以使学生从哲学的角度思考问题，心理学是学习哲学的最佳途径；在《心理学与社会实践》中他认为，心理学不能脱离社会而对人的心理活动进行研究，因为儿童的心理并不能单纯地在自然中发展；在《人的问题》中他表示，任何具体的道德理论都离不开对心理学命题的分析，研究心理学是进行道德判断的条件之一。故此，全面探究杜威心理学思想是对杜威研究进一步深化和完善的重要前提。随着对杜威心理学研究系统性和综合性的加强，对杜威研究的深度与广度将会不断扩展和深化。

其四，研究杜威心理学思想具有深远的学科意义。杜威思想研究经久不衰说明了人类精神财富的永恒性。杜威作为20世纪影响东西方思想和社会发展的重要学者之一，其哲学、教育学、心理学等思想是诸学科持续关注的热点，也是这些学科发展、争鸣、反思与前瞻的永恒课题。杜威思想在诸多学科绵延至今，仍被关注和思考，体现出其对各学科发展具有永恒的价值和意义。

杜威心理学思想的研究体现出心理学科与教育学科的理论交叉性。对杜威心理学思想的研究，不仅仅要围绕着心理学领域，还要充分考究不同时代的哲学思想、教育理论和其他心理学思想对其构建心理学思想的助力；其教育思想是在心理学思想滋养中逐渐形成的。虽然当前杜威教育思想研究并未充分展示其心理学的思想火花，但仍能从中管窥心理学的必要性。

此外，对杜威心理学思想的研究有益于促进学科发展的螺旋式上升。杜威思想研究至今仍是学术研究的热点之一，一方面是由于杜威思想洋溢着浓郁的现代精神和理论深度，具有划时代的意义；另一方面是由于后世在对杜威思想的研究中，通过对其思想精华的提炼和引申，对其思想糟粕的反思和警示对现代教育和社会问题产生了不可或缺的影响和启示。杜威心理学思想研究促使人们不断总结和反思教育学、心理学自身发展的路径，启迪学科未来所要开拓的新领域和新视角，使学科发展汲取到具有现代性的养分。

四

《杜威心理学思想研究》坚持以辩证唯物主义与历史唯物主义为指导，以当代心理学理论和教育理论为基础，以研读第一手资料为手段，采用将心理学思想与教育思想相结合的原则，对杜威心理学思想进行较为全面和系统的探究。

首先，研究的宗旨是系统介绍杜威心理学思想。杜威心理学思想的形成与发展时间跨度长，分为早期、中期和晚期三个阶段：早期心理学思想与哲学、生理学相交织，中、晚期与教育学、社会学、美学、伦理学等多学科内容相融合，具有跨学科、跨领域的特点。本研究秉持全面、准确的理念，试图完整展现杜威的心理学思想体系，把握杜威心理学思想的主要特征，对杜威心理学思想的主要内容进行分析与归纳。

杜威心理学思想研究内容丰富、理论交错。涉及的领域覆盖面广，内容繁多且充实，不仅包括心理学思想的理论基础、反射弧的重要论述、意识及其活动模式的阐述和儿童心理发展阶段理论，还涵盖知识观、意志论以及社会心理学观念。本研究从杜威心理学表述及其相关文献中提取核心内容加以梳理，系统地为读者呈现出杜威心理学思想的全貌。

杜威心理学思想研究视域多样、视角新颖。本研究在力争完整、准确、系统介绍杜威心理学思想内容的同时，尝试既充分考虑到时代因素，又不拘泥于已有研究限制，结合现代心理学观念，借鉴当代杜威心理学研究成果，对其进行深入探讨与评析。

其次，以原著文本为核心解读还原杜威心理学思想。为此，本研究主要依据《杜威全集》（中、英文版）、《杜威心理学选集》（英文版）等重要文献，通过梳理研读、综合分析，贯彻忠于原作精神，准确理解和把握杜威心理学思想的寓意，为读者展示具有系统性和整体性、学术性和可读性的文本内容。

历史史实是静态的，历史研究却是动态的。近年来国内外研究者从不同视角出发，运用新理论和新方法探讨杜威心理学思想的核心理念，涌现出一些新观点与新成果。这些成果无疑能够拓宽研究视野、提升研究水平。杜威心理学思想研究虽不及其教育学思想、哲学思想研究深入，但也为进一步研究打开了空间，并为重新衡量其学术价值提供了依据，从而更好地领略杜威跨学科、跨领域、融会贯通的学术理想和实践。

最后，注重将杜威心理学思想研究与其教育思想相结合。自1894年后，杜威对心理学的兴趣逐渐转移到教育领域，试图通过教育实验来实现其民主社会的理想，心理学则成为一种研究儿童的工具或视角。芝加哥大学实验学校的创办使杜威逐渐将其心理学思想毫无保留地释放到教育实践中，从而使心理学与教育实践不断融合，催发出新的思想火花。

杜威很早就观察到意识在有机体发展中所起的总协调作用，但是早期的杜威仍主要使用哲学或形而上学的术语解释心理现象。这一方面招致了正统心理学界的批判和怀疑，这也促使他更加渴望通过教育实验验证具有应用价值的心理学。他敏锐地发现，心理学的重心应在于如何按照心理学所阐明的生长规律去观察、设计和实施儿童教育的问题，将心理学真正应用到教育实践中去。在他看来，教育的起点就是儿童，教育应从探讨儿童的兴趣、习惯和本能开始，从发展心理学的角度探讨儿童在不同发展阶段的身心变化，通过对课程、教材、教学和学校管理等内容的心理学化实施教育。

总而言之，杜威心理学思想对教育实践与教育理论的关照与重视，对西方心理学从近代到现代的转向具有引领和启发意义。特别是杜威将心理学视为进入哲学领域的最佳入门途径，以及期望通过教育实验形成与发展具有实用价值和应用性的心理学，成为杜威心理学思想中最为人称道的部分。不过，杜威的这种思想还未到达现代教育心理学的层次，将心理学观念与教育理论糅合在一起尚缺乏系统性的表述，具体运用于教育实验的范围也十分狭窄。但是，与同时期其他西方教育家、心理学家相比，杜威是最成功地将心理学的一般理论与教育实践、教育理论密切结合起来，并使它们之间相互渗透和促进的心理学家，为后来的心理学和教育学研究者开辟了一条值得探索的道路。诚如胡适所言："杜威先生虽去，他的影响仍旧永永存在，将来还要开更灿烂的花，结更丰盛的果。"①

① 欧阳哲生.胡适文集（2）[M].北京：北京大学出版社，1998：280.

第一章 杜威论心理学研究

　　杜威对心理学的研究与兴趣是一个颇具争议的话题。在欧美学术界，有学者认为杜威对心理学的研究几乎贯穿其一生；但也有学者认为19世纪90年代之后他就没有再专门研究过心理学；更有学者表示1905年以后他已经从心理学家变成了教育学家，专注于教育与社会的研究。客观上讲，杜威从来就没有放弃过对心理学的探讨，只不过进入20世纪后他对心理学的研究成了服务于构建教育理论的工具。

　　早期的杜威试图将"心理学立场"作为研究哲学的方法，把客观事物当成客观意识来讨论，因而其心理学观念被称为"虚幻的心理学"①；之后，他又将以霍尔为代表的生理心理学纳入哲学和心理学体系，以期构建以唯心论和心理伦理学为基础的哲学入门学科；后期的杜威逐渐将心理学研究与教育学、逻辑学、社会学、政治学以及艺术哲学相融合，从而使心理学具有了社会化和行为化的特征。

第一节　心理学的改造

　　杜威对心理学的专门研究最早见于1884年发表的《新心理学》一文。这

---

　　① 1886年英国哲学家沙德沃斯·H.霍奇森（Shadworth Hollway Hodgson）为了回应杜威的《心理学立场》《作为哲学方法的心理学》两篇文章中的论点，在《心灵》（Mind）杂志第11期上发表了题为《虚幻的心理学》的商榷文章，指出杜威试图用心理学来替代哲学，只能导致一种虚幻的心理学。1887年杜威也在《心灵》杂志第13期上同样以《虚幻的心理学》为题发表了另一篇文章作为回应和反驳。

里的"新心理学"主要是指冯特创立的心理学。1873年冯特出版了《生理心理学原理》一书，获得了巨大成功，这是心理学史上第一本专门以心理学为内容的教材，之后冯特又创立了心理学实验室。但是冯特的心理学体系稍显杂乱且逻辑不清，他试图将生理学、神经科学和心理物理学的最新进展综合起来，把人的大脑定位、感觉、意志、记忆和认知等统统黏合在一起。与当时占主导地位的英国传统的联想主义心理学不同，冯特认为心理既有主动性也有统一性，他所提出的核心概念"知觉"就是一种赋予人们选择性注意和判断力的心理机制，内省则是心理学研究的基础。他还在《民族心理学》一书中提及心理具有一定的社会性。由此，冯特宣称心理学因具有实验性和摈弃了形而上学而成为一门独立的学科，不再是哲学的一个分支。

一、新心理学的成因

德国实验心理学的兴起促成了美国心理学的早期繁荣。许多美国大学教授开始转向心理学的研究，逐渐使新心理学成为一种时尚和新气象，并使大西洋对岸的美国心理学崭露头角。1900年美国大学已经建立起42所心理学实验室，到1926年已达117所，其中13位心理学实验室的创办者都在冯特实验室获得过硕士或博士学位。[①]这股心理学运动的浪潮也激发了刚刚迈入约翰斯·霍普金斯大学攻读哲学博士学位的杜威的兴趣，1884年3月他在大学的形而上学俱乐部宣读了一篇关于婴儿心理学的文章，后又增加了将心理学与哲学、神学联系起来的内容，于同年9月以《新心理学》为题目发表在《安多弗评论》杂志上，并总结出改造心理学的五项因素。

第一，传统心理学为新心理学搭建了问题意识。杜威提出的新心理学主

---

① Peter T. Manicas. John Dewey and American Psychology. Journal for The Theory of Social Behaviour. 2002，Vol. 32（3）：269.

要是建立在冯特心理学基础上、相对于英国传统的联想主义心理学而言的，其本意是要建立一门科学的心理学。杜威说："正统的心理学理论并不是源于对事实问题主动深入的探究，而是出自洛克和笛卡尔的哲学，这种哲学也许在某些方面被康德哲学修正过。"①他认为，传统心理学把人当作一台心理机器和孤立的个体；人的精神生活如同抽象诡辩的三段论法，与人的意识几乎没有联系，即便是少量的精神因素进入意识的某个部分之中，也是模糊的、转瞬即逝的、难以把握其意义的；传统心理学不仅描述了许多虚幻的东西，与人的社会生活、民族伦理规范和规章制度、接受的教育、传统与遗产没有任何联系，而且还缺乏对心理现象的进一步解释；虽然19世纪末传统心理学亦非主流，但旧的心理学的研究习惯、用语、风格、模式仍然影响着新心理学的探究。

在杜威看来，传统心理学之所以如此是受当时的科学发展水平和时代条件的限制。传统心理学家缺乏完整的科学知识支撑，没有认识到个体心理发展的复杂性，忽略了多方面因素的影响，只是在已有知识体系范畴内单纯使用既定的一些解释方法与理论，依据几个主要观念，把心灵划分为官能，将心理现象分类为具有等级差别的、彼此孤立的感觉、表象、概念，等等。

但是，杜威还是客观地认识到早期心理学家的理论为新心理学的诞生奠定了基础。他说："所有科学历史都证明：科学的许多进步都是由对问题的揭示组成。缺乏问题意识甚至比缺乏解决问题的能力，更不具有科学的心灵的特点。即使问题无法得到解决，但是它仍然能够为人们所看到并得到陈述。早期心理学家的工作多半是这类工作。"②杜威肯定了他们对新心理学的直接和间接贡献。因此，"与我们没有必要责怪牛顿没有预见到今日的物理学知识，哈维没有预见到今天的生理学知识相比，我们更没有必要责骂休谟或者里德没有

---

① ［美］约翰·杜威. 心理学原理与哲学教学. 杜威全集·中期著作第7卷［M］. 刘娟，译. 上海：华东师范大学出版社，2012：38.

② ［美］约翰·杜威. 新心理学.//杜威全集·早期著作第1卷［M］. 张国清，朱进东，王大林，译. 上海：华东师范大学出版社，2010：42.

创建一门完备的心理学"①。因此，传统心理学家还是做出了有意义的基础性工作，"正是心理学，通过关于感觉、意象和构成认知心理器官的各种相连的复杂因素来告诉我们关于世界的一切"②，新心理学出现的时机因此逐渐呈现出来了。

第二，启蒙运动是新心理学产生的历史背景。虽然杜威对启蒙运动基本上持否定态度，指责它没有反映时代特征，充斥着抽象原则和令人困惑的措施；启蒙哲学披着理想主义的外衣讨论国家、社会、宗教和科学；启蒙时期世人满足于体系、庸俗务实，观念枯萎、热情衰退、安于现状。但是，杜威表示，启蒙运动的时代精神使启蒙思想家藐视一切，相信任何问题都可以解决，笃信越简单越好、越抽象越好的绝对原则，并且在这种时代精神的熏陶下去无畏地思考和创作。因此，启蒙运动催生了人们对客观世界的物质认识，激发了人们对未知领域探究的勇气，对自然秘密的探究成为一种新境界，开展了有组织的、系统的、不懈努力的未知研究；并且，对任何事物的研究都一视同仁，崇尚揭示隐藏在自然背后的秘密，坚信没有任何自然秘密是枯燥无味的。这场运动为心理学发展带来了契机，使人们开始关注隐藏在个体和表面之下的心理现象。

第三，关于生理心理学的研究是新心理学发展的第一个现实机遇。杜威首先批评了当时人们对生理心理学的误解，那就是不了解生理学与心理学的关系，将生理心理学看作是一门以神经系统的自然性质来解释所有精神现象的学科，似乎只要掌握了诸如视网膜解剖学、视网膜与大脑的联系、大脑的视觉功能等知识，就懂得了视觉的心理学知识；只要掌握了脑细胞储存映像和观念的联结、纤维连接细胞的作用等知识，就具有了记忆的心理学知识。

---

① [美]约翰·杜威. 新心理学. //杜威全集·早期著作第1卷 [M]. 张国清，朱进东，王大林，译. 上海：华东师范大学出版社，2010：41.

② [美]约翰·杜威. 心理学原理与哲学教学. //杜威全集·中期著作第7卷 [M]. 刘娟，译. 上海：华东师范大学出版社，2012：36.

其结果是形成了一种世俗的主流观点：人的精神生活中的某些心理现象甚至全部现象都依赖于某种神经结构，并以此来解释心理活动。杜威完全不同意这种观点，他相信大多数研究者也与自己一样都十分清楚，心理现象只能通过心理学而非生理学来解释。他在《拉德教授的〈生理心理学基础〉书评》一文中批评那种试图用生理心理学替代心理学或混淆了心理学和生理心理学之间区别的观点，他说：

> 我必须陈述我个人的批判，即这不是一个观点，而是在两个观点之间摇摆。对生理心理学的老式看法是：它是一门关于精神与身体的联系的科学，是物理学与心理学的联合体……尤其在冯特的影响下，缓慢地产生了生理心理学的方法论，它不是以探索大脑与意识的对应关系为目的，而是以运用心理学方法探索意识本身为目的……因此，我们无法回避拉德博士混淆了两个对立的——几乎矛盾的观点——问题。一方面，生理心理学就是运用特定方法来研究的心理学；另一方面，心理学已经被一种方法所完善，即反省的方法。①

杜威认为此种现象充分说明当时的美国心理学明显具有冯特心理学的特征，这不仅反映在拉德教授的著作中，而且也反映在他就读约翰斯·霍普金斯大学的老师霍尔和刚刚从冯特实验室获得博士学位的铁钦纳的研究工作中。在他们看来，心理学具有实验性，但又依赖于内省方法，其主要目的是研究意识。

生理心理学对新心理学的意义究竟是什么呢？杜威的观点是：生理心理学为新心理学提供了一种新工具或新方法，即实验的方法。他敏锐地意识

---

① [美] 约翰·杜威. 拉德教授的《生理心理学基础》. // 杜威全集·早期著作第1卷 [M]. 张国清，朱进东，王大林，译. 上海：华东师范大学出版社，2010：155.

到，新心理学应该反映自然科学和生理学发展的时代精神，可以借此掀起一
场心理学的方法论革命。运用实验方法有两个重要环节：一是在实验者意愿
控制下的条件变量，二是定量测试的使用。杜威表示，这两个环节无法通过
内省法得到应用，但是可以通过生理心理学使用，例如具有感觉特征的心理
现象可以通过身体刺激发生、具有意志特征的心理现象可以产生身体运动，
而身体刺激和运动都可以直接被控制和测量，由此产生的心理现象也可以间
接地被控制和测量。正是通过不断的实验，人们才了解到感觉在意识中并不
是简单的或终极的，每一个色觉至少有三个基本的可感颜色组成，最简单的
乐感也是由音调、旋律、音色等形成的。所以，"生理学之于心理学就像显微
镜之于生物学，分析之于化学"①一样。此外，生理学心理学还有助于观察和
解释心理现象。杜威以视觉为例，一幅美丽的风景不是一个简单的印象，而
是通过色觉、肌觉、空间感、兴趣、注意和领悟等依照心理法则建构的，是
一个包含情感、意志和智力因素的综合判断。这些正是通过生理心理学的研
究方法获得的有关知识和法则。

　　第四，生物学中有机体概念的广泛运用对新心理学有直接的催化作用。
杜威高度评价了生物学的意义，指出："生物学对生理学和哲学具有重大影响
和贡献，它所创立的一些新概念成为时代最具权威的分类和解释的依据，有机
体概念就是一例。"②他认为，有机体的概念使人们认识到心理活动是按照一
定规律发展的有机整体活动，而英国的联想主义心理学则认为有机体仅仅是一
个体现独立自主官能的载体，是一个彼此孤立的、原子般的感觉和观念聚集的
场所，它们表面上各有不同，永远是孤立和零碎的。杜威不同意联想主义心理
学的观点，他肯定了康德（Immanuel Kant）所主张的生态学概念和冯特所提

---

　　①［美］约翰·杜威.新心理学.//杜威全集·早期著作第1卷［M］.张国清，朱进东，王大
林，译.上海：华东师范大学出版社，2010：45.

　　② John Dewey. The Early Works，I Volume. Carbondale：Southern Illinois Press. 1969：56.

出的心理具有社会性的论点。由此，他提出，承认心理与有机体的复杂性和相互联系特性，也就承认了社会中其他各种组织的联系性，进而将环境观念与有机体概念联系在一起。环境是有机体的必要条件，这就杜绝了把精神生活看作是不同个体的、孤立的在真空中发展的狭隘认识。

第五，人文科学为新心理学提供了客观观察心理活动的方式。杜威主张，由于个体与社会生活之间有着紧密和有机的联系，因而有关研究人的各种活动的起源与发展的学科就成为影响研究个体心理活动的重要因素，也就成为影响新心理学的要素之一。其主要表现为以下三点：

一是人文科学为新心理学开辟了新的研究领域。杜威反复强调，几乎所有的人文科学不仅包含着心理学元素，与心理学密切相连，而且还可以用心理学去解释和理解人文科学的内涵与理论，这就促使心理学极大地扩展了研究范围和素材。他举例道，语言学为心理学提出了诸如语言是如何起源的、语言与思维的关系如何、语言发展的心理学依据是什么、词语意义的心理学法则是什么等课题，这些足以促使心理学研究方法产生一场旷日持久的革命。

二是人文科学为新心理学提供了丰富的研究资源。杜威特别提到，像民间文学、原始文化、人种学和人类学等学科中的许多课题都需要深入探讨和解释，这就涉及了心理学的领域，例如神话的起源、种族观念、语言、社会习俗、政府与国家的关系，都广泛和深刻地渗透着心理学意义和内涵，客观上要求心理学重新建构话语与研究体系。

三是人文科学为新心理学拓展了深入研究学科的方式。杜威已经意识到心理学的发展趋向不仅在于关注正常心理发展，而且也开始探究异常心理现象，并致力于心理现象的起源和健康的研究。他指出，日渐盛行的儿童心理研究具有十分重要的价值，它探讨了儿童心理发展的顺序和性质、婴儿情感发展和控制儿童心理活动的规律；异常心理的研究揭示了大脑运行的障碍、心理活动是否协调与和谐等问题，纠正了以往的超自然、"天谴"等谬论。这一切显然修正和完善了传统的内省方法。

二、新心理学的基本特征

杜威将新心理学归结为一场"无法像数学理论的结论那样写得黑白分明"[①]的运动，但仍可以对这场运动的基本特征进行归纳。

其一，新心理学反对将形式逻辑作为心理学的研究方法和检验手段。杜威表示，旧的心理学推崇唯名论逻辑，往往用一些生动和具体的经验事实去推演那些被动和抽象的假设性观念命题，反过来用这些形式化的命题来解释经验事实的必然性和目标；断言"经验"是一切知识的唯一源泉，用形式逻辑割裂经验、约束经验、扭曲经验和禁锢经验。他指出，典型的形式逻辑研究法就是休谟所提出的两个基本原则：一是观念彼此之间各自独立地存在，二是观念必须在量和质上都能得到确定；前者破坏了事物之间的相互联系，后者否定了事物的普遍性。杜威宣称，实际上，那些抽象的原则命题根本不符合个体经验形成的逻辑和儿童成长发育的逻辑；形式逻辑的方法并不是心理学意义上的，而是从逻辑学领域借用的涉及身心活动的概念，其起源、检验和特性都属于逻辑学的范畴。虽然新心理学未必具备相关原则的必然真理，但它指向的是人的心理生活现实，反对被称为动力学的形式主义的直观论，相信所有真理和现实都是在心智发育过程中不断经验所形成的。

其二，新心理学的逻辑起点是经验。以杜威所见，经验是实在和具体的，而非虚幻和抽象的；心理现象是经验最完整、最深刻、最丰富的证明。他坚持认为，新心理学能够从经验中获得自身的逻辑，它需要的是事实的逻辑、过程的逻辑和生命的逻辑，同时又不会使经验迎合已知的抽象观念而违反逻辑的一致性，更不会将经验禁锢为一种被动的事物。所以，杜威指出，新心理学从一开始就被打上了实用主义的标签。

---

①［美］约翰·杜威. 新心理学. //杜威全集·早期著作第1卷［M］. 张国清，朱进东，王大林，译. 上海：华东师范大学出版社，2010：47-48.

其三，新心理学坚持心理活动的统一性和联系性。杜威提出，新心理学把生命视为一个具有目的性的有机体，生命的内在观念或愿望通过经验的发展实现了自我；新心理学重视意识的作用，它是所有心理活动的纽带，不是没有动机的抽象力量，而且反对将抽象概念具体化为独立的个体；新心理学使宗教和经验的心理学研究成为可能，它探究了人的本质与基础、生命的延续，作为民族奋斗之基础的忠诚、信仰、牺牲精神和唯心论的特性，从而使心理学具有了民族性，同时，"它在研究中发现，不存在不以信仰为基础的理性，不存在其起源和倾向是不合理的信仰"①。

三、新心理学与哲学的关系

实际上，新心理学还有一个重要的特征，即它是哲学发展的"希望之光"。杜威预言，新心理学不仅会成为心理学发展的未来方向，也是哲学改造的动力基础。在1884年和1886年发表的一些文章中，他对哲学重新进行了定义，并阐明了心理学在其中的作用与角色。《心理学》是他为此而做的第一次尝试，比詹姆斯的《心理学原理》还早四年，他希望这本书成为心理学的入门教材，也成为哲学的入门教材。杜威说："形而上学仅在自身的领域有意义，对心理学根本没有意义，那么如何才能摆脱形而上学的影响使心理学更加科学化和与时俱进，同时又能成为哲学的入门课程呢？"②杜威的回答是，哲学研究必须要持心理学立场。在1913年12月美国哲学和心理学协会（American Philosophical and Psychological Association）"论心理学的观点和方法"的联合讨论会上，杜威谈道："当一个哲学老师和研究者在他自己的视

---

① ［美］约翰·杜威. 新心理学. //杜威全集·早期著作第1卷［M］.张国清，朱进东，王大林，2010：47–48.

② John Dewey. The Early Works, I Volume. Carbondale：Southern Illinois Press. 1969：4.

界内思考哲学的过去的时候，他要确定自己的立场，接受现有心理学的一些观念和方法，并对心理学的后效应提出一些问题——即心理学对当下哲学研究和哲学教学的影响。"①

在1886年《心理学立场》一文中，杜威告诫人们，所谓哲学的心理学立场"切忌把它看作是整体事情在起步阶段的预先判断"②，而是指："通俗说来，哲学探究的所有对象的性质在于找到经验对它们说了什么。心理学正是对这种经验的科学而系统的探讨。我认为，这才是心理学立场的根本所在。"③他进一步指出，哲学意义上的先验论与经验论之间最大的分歧就在于立场的分歧，而心理学立场的分歧才是所有争论的根源。英国哲学的心理学色彩恰恰是它的强项，而它的弱点在于抛弃了这个基础从而导致其心理学元素的缺失。他说，英国哲学界普遍认为休谟的立场是纯心理学的立场，预先假设所有具备哲学基础的人都相信观念联想理论。这种心理学立场就是："凡是尚未进入经验领域的事物都不应当进入哲学，也不应确定其性质；事物的性质、事物在经验中的地位，应当通过考察知识过程——即心理学——来确定。"④但实际上休谟并不完全同意这种观点，他的理论起点在于有关现实的性质，并通过现实的性质来界定经验。休谟得出了这样的结论：经验是各种感觉的集合，而心理学家的职责是通过整体来证明这些感觉是如何产生知识和经验的。

杜威提出，依据心理学的立场，主客体之间的关系存在于意识之中。这种关系的性质和意义则必须通过考察意识来界定，心理学家的任务就在于揭示如何在意识中产生主体与客体。据此，他总结道：

① ［美］约翰·杜威. 心理学原理与哲学教学. //杜威全集·中期著作第7卷［M］.刘娟，译，欧阳谦，校.上海：华东师范大学出版社，2012：35.

② ［美］约翰·杜威. 心理学立场. //杜威全集·早期著作第1卷［M］.张国清，朱进东，王大林，译.上海：华东师范大学出版社，2010：98.

③ John Dewey. The Early Works, I Volume. Carbondale：Southern Illinois Press. 1969：123.

④ ［美］约翰·杜威. 心理学立场. //杜威全集·早期著作第1卷［M］.张国清，朱进东，王大林，译.上海：华东师范大学出版社，2010：99.

心理学，作为一门研究意识的科学，在界定组成意识整体各要素和成分的价值与效用的同时，还精确地从整体性上界定了实在的性质。它完全是一门关于实在的科学，因为它从整体性上确定什么是经验；它通过说明意识各要素在其整体中的发展阶段与地位来确定各要素的价值与意义。简言之，这是一种哲学方法。①

故此，杜威说："我认为，心理学同哲学的关系可以表述如下：存在着一个绝对的自我意识。研究绝对自我意识的科学是哲学。这个绝对自我意识展现在个体的认识过程和行为过程之中。研究这个展现过程科学，一门现象学，是心理学。"②他又从两个方面具体阐述了心理学与哲学的关系。

一方面，杜威从心理学与科学的关系上阐述心理学与哲学的关系。他坚信心理学是完备的哲学方法，因为只有在心理学中科学与哲学、事实与推理才是统一的。哲学与科学之间具有双重关系。一方面，哲学是一门科学，属于所有科学的最高级科学；各门学科分别探究现实问题的某一方面，哲学将各门科学有机联系起来探索现实问题的本质，成为诸多科学中的一门。另一方面，哲学又不是一门科学，而是科学的总称；因为科学是研究现实整体性观念的思维与活动，而哲学恰恰就是研究这种整体性的科学，它已经脱离了一门科学的范畴，成为研究有机系统整体性的最高科学，其他专门科学成为哲学的分支和整体性的有机部分。

那么，心理学与科学之间是什么关系呢？杜威表示这个问题也可以从两点阐述：第一，心理学是一门实证科学，它像其他任何一门科学一样通过系统观察、实验、论证和定义来探究和解释现实世界。"假如哲学本来就与心

---

① [美] 约翰·杜威. 作为哲学方法的心理学. // 杜威全集·早期著作第1卷 [M]. 张国清，朱进东，王大林，译. 上海：华东师范大学出版社，2010：113.

② [美] 约翰·杜威. 作为哲学方法的心理学. // 杜威全集·早期著作第1卷 [M]. 张国清，朱进东，王大林，译. 上海：华东师范大学出版社，2010：122.

理学和其他实证科学没有什么关系，那么，结论就是哲学就其无形的逻辑本质而言，既不可以被传授，也不可以被学习；既不可以被写作，也不可以被阅读。"①第二，心理学如同哲学一样，它既是一门科学又是科学的总称，因为任何一门科学不仅是现实世界的一个部分，也是意识经验的一个部分，只有心理学才能解释意识经验，只有通过心理学行为才能说明意识经验。所以，杜威认为，其他各门科学仅研究意识经验的部分片段，只有心理学赋予意识经验以整体性，"因此，心理学与它们的关系是整体与部分的关系。所以，它不再表现为科学中的最高级科学：它就是科学本身，亦即，它是对意识经验本质的系统说明与理解"②。也就是说，心理学就是一种探究和证明自我发展是综合与分析有机统一体的活动，是有机体发展可能性的条件和有机体发展有效性的基础；任何哲学的本质和宗旨就是探寻事物存在的本真意义，作为哲学方法的心理学最能明确呈现这种必然性的意义。简言之，杜威得出的结论是："分析活动构成特殊科学；综合活动构成自然哲学；自我发展活动本身，即心理学，构成哲学。"③

另一方面，杜威从心理学与逻辑学的关系上阐述心理学与哲学的关系。他表示，哲学是在主观个体无法用专门科学解决矛盾的情况下出现的，人们开始尝试运用原理来判断事物。笛卡尔的经验论是一种怀疑一切的哲学方法，康德的唯理论将理性视为认知自我的方法和标准。实际上，"哲学方法，或发现真理的标准，不在于像经验论者那样确定一个先验的客体，也不在于像唯理论学派那样确立一个抽象的原则"④。杜威表示，哲学的形式和内容是获取真理

---

① ［美］约翰·杜威. 心理学原理与哲学教学. //杜威全集·中期著作第7卷［M］. 刘娟，译，欧阳谦，校. 上海：华东师范大学出版社，2012：35-36.

② ［美］约翰·杜威. 作为哲学方法的心理学. //杜威全集·早期著作第1卷［M］. 张国清，朱进东，王大林，译. 上海：华东师范大学出版社，2010：125.

③ ［美］约翰·杜威. 作为哲学方法的心理学. //杜威全集·早期著作第1卷［M］. 张国清，朱进东，王大林，译. 上海：华东师范大学出版社，2010：125.

④ ［美］约翰·杜威. 康德和哲学方法. //杜威全集·早期著作第1卷［M］. 张国清，朱进东，王大林，译. 上海：华东师范大学出版社，2010：32.

的关键所在，自我意识中的形式与内容是最完美的结合，属于终极真理；心理学专注对自我意识的探究，使作为形式的过程产生了作为内容的主体，符合成为哲学最佳探究方法的所有条件。而逻辑学以抽象概括事实，不能将形式与内容相结合，存在逻辑矛盾，因此逻辑学不能成为哲学方法，而只能成为哲学方法的一个环节；心理学通过将客观实在与有机体的有机结合而产生意识经验，较为清楚地解释了每一种哲学的假设并赋予自然哲学和逻辑学所必需的基础、理念和确定性。

总之，杜威认为，自我意识的本质是哲学研究的最合适和唯一的素材，心理学是通过揭示自我意识的本质而对人进行全面而系统探究的科学，客观上证明了其他专门科学、自然哲学和逻辑学的价值、意义和条件；精神现实是所有客观现实的假定、前提、目标和条件，心理学必定在所有科学之中享有独特的地位。故此，他认为心理学研究方法具有哲学价值，"心理学，作为对人全面而系统的探讨，同时证明了各专门科学、自然哲学与逻辑哲学的价值意义和条件"[①]。

第二节　心理学的研究对象

作为芝加哥学派的创始人，杜威为机能主义心理学构建了基本概念和理论基础。他提出反射弧是一个连续的整合活动，反对把反射弧分析成各个元素或分解为各个部分的做法。他的机能主义心理学重视有机体对于环境的适应和

---

①［美］约翰·杜威.作为哲学方法的心理学.//杜威全集·早期著作第1卷［M］.张国清，朱进东，王大林，译.上海：华东师范大学出版社，2010：130.

心理现象的有机联系，反对身心平行论，强调意识对人的生活的作用。

一、有机体与环境的交互作用

什么是科学的心理学？1896年在芝加哥大学执教的杜威在《心理学评论》杂志第3卷第4期上发表了《心理学中的反射弧概念》，这篇后来成为心理学经典之作的论文，批评了旧的反射弧理论，提出了新反射弧概念。旧的反射弧理论认为，人的行为可以解释为刺激—心理活动—反应之间一系列联合的结果；刺激和反应分别作为感觉神经元和运动神经元在中枢神经系统中实现，即将感觉信息传递到大脑并随后传输到运动系统，启动运动神经元；感觉游离于身体与灵魂的边缘，理念纯粹是心理意义上的，活动纯粹是身体意义上的。杜威认为，这种理论只不过是二元论经验主义哲学，即理性主义和伪科学的身心二元论。他讲道："古老的感觉和理念二元论在现代的外部与中心、结构与功能的二元论中随处可见，古老的身体与灵魂二元论在现在的刺激与反应的二元论中得以回光返照。"[1]他反诘道，如果有机体的行为真像旧反射弧理论描述的那样神奇，那么人类的行为就只能是"一系列的傻瓜，它们来自经验过程之外，要么是'环境'的外部强加所致，要么是'灵魂'或'有机体'内部无法解释的自发变化"[2]。至于有机体与环境的交互作用，杜威认为："个体开始把某些经验与他作为时间中的延续物自身联系起来，并把这些经验与他所指的空间中的其他实在区分开来，这个过程正是心理学要研究的问题之一。"[3]

---

① John Dewey. The reflex arc Concept in Psychology. The Psychological Review. 1896，Vol.3（4）：358-359.

② John Dewey. The reflex arc Concept in Psychology. The Psychological Review. 1896，Vol.3（4）：360.

③［美］约翰·杜威. "虚幻的心理学". //杜威全集·早期著作第1卷［M］.张国清，朱进东，王大林，译.上海：华东师范大学出版社，2010：134.

按照机能主义的观点，杜威强调心理和意识的机能与适应的意义。他试图运用生理学反射弧的概念来阐明心理发生的机能，批评刺激—反应和感觉—观念等二分法造成心理现象成为彼此孤立的心理实体，而不具有相互协调性。反射弧应该是一个整体或一致的单元，反应与观念绝不是刺激和感觉简单作用的机械结果，而是在某种机能背景作用下产生的。杜威通过儿童触碰烛火的例子，说明儿童看到火焰（刺激）然后触碰（反应），感到烧灼的疼痛（刺激）把手缩回来（反应），并不是如构造主义所人为虚构和臆断的刺激—反应理论；事实上，儿童的反应是一系列整体反应，火焰和疼痛可能改变了他的行为，不会再发生类似的行为，也不会再采取那样的反应方式。杜威由此得出，行为和意识是统一在一起的，不能将它们分解成彼此孤立、碎片化的元素，只有在有机体适应环境的作用上来理解才有意义。显然，旧的反射弧理论忽视了特定条件的背景以及由具有专门特征的特殊个体所知觉，因为刺激具有不同的意义和价值，甚至在特定情况下某些刺激可能呈现于特定个体的知觉阈限之下，没有相应的反应。所以，杜威认为，心理反射弧的要素绝不是单单一种孤立的反应，它一定发生在特定的背景下；虽然反射弧并不像生理学家认识的那样，但它对心理学的认识却有一定的作用。①

杜威用听声音的例子来进一步说明：当人们听到一个声音时，会产生诱发行为的各种想法。他说："假如一个人正在读书，一个人正在打猎，一个人正在漆黑孤独的夜晚观察，一个人正在做化学实验，在这些不同的情况下，噪音会产生不同的心理意义和经验。"②因为，这已经不是一般意义上的"听到声音"，而是"聆听"，聆听不是被动地接受原始的感觉元素，而是一种类似于观察、触摸、品尝和嗅觉的联合活动，它具有协调个体各种要素的作用。因

---

① ［美］戴维·霍瑟萨尔，郭本禹. 心理学史［M］. 郭本禹，魏宏波，朱兴国，王申连，等译. 郭本禹，魏宏波，审校. 北京：人民邮电出版社，2011：324.

② John Dewey. Lectures on Psychological and Political Ethics：1898. New York，NY：Hafner Press. 1976：361.

此，人的行为方式决定了接受刺激的性质，并不是对单一感官要素的体验。

据此，杜威认为心理学研究的基本分析单位是具有目标导向的活动，即有机体尝试影响和改变适应来自环境的，刺激，只有当正常的活动行为遇到困难时，刺激、理念、反应才会以孤立的单位出现。杜威将心理学研究的分析单位看作是活动而非元素，但他所处时代的心理学恰恰关注的是元素而非活动。假如活动被认为是心理学最基本的分析单位，那就意味着心理学从本质上来说就是定性研究和解释性研究，"在杜威的眼里，心理学必须是解释的，因为有机体的行为只能通过观察者所解释的内隐目标加以理解"[①]。

可见，在杜威的观念中，心理学的主题是有机体的主观意象，而不是其物理运动，心理学作为一门科学必须包含客观世界对主体的意义，它并不是一门研究具有相互作用的被动对象的学科，而是一门人类不断解释和重建所生活的世界的学科。杜威强调，一个人只有具备人类意义上的心智才能对有意义的事物做出反应，而不仅仅是对某些刺激做出机械的反应，"对物理刺激的调适和心理行为的区别在于心理行为可以对有意义的事物做出反应，而前者则不然"[②]；对有意义事物的反应就是对事物代表其他意义的反应，作为一个孤立元素的事物本身并没有意义，意义只存在于活动的语境之中，只有当事物对某种目的有用时才有意义，而且当有机体再次遇到相关的运用环境就会做出充分的反应，也就是说，当有机体形成了某种条件下的习惯才可能发生。这就是为什么在杜威的心理学中习惯是一个具有核心地位的概念。杜威的观点是：习惯是一种功能，这意味着习惯关系到人的行为和实用价值；习惯是后天形成的，并不是生物学的天性，在特定文化背景下形成习惯是人的天性，文化具有自然特性；习惯需要环境方能显示作用，语境决定着习惯。

---

① Svend Brinkmann. Dewey's Neglected Psychology：Rediscovering His Transactional Approach. Theory & Psychology. 2011,Vol. 21（3）：306.

② John Dewey. Democracy and Education. New York，NY：Free Press. 1966：29.

二、经验与自然主义

在杜威思想中，经验是一个核心概念。他将经验理解为个体或有机体与环境相互作用的结果，"一种个人体验之所以是持久的，是因为个体与构成其环境之间的相互作用"[①]，个体经验决定了心理学是一个特殊的研究领域，即研究个体层面的相互作用。杜威不赞成那种忽视个体层面分析的心理学研究，断言个体经验的相互作用（活动）才是心理学分析的最恰当单位。虽然杜威致力于研究社会环境对人类经验的影响，但是他的研究重点是心理，并不是人的心理如何应对社会影响，而是社会环境如何形成人的心理。杜威的心理学概念不仅将心理学分析单位从个体心理转移到形成心理的社会活动过程，而且使这种内在研究具有一定的反思性。他并不认为心理学研究是考察社会环境之外对心理产生的影响，相反，他一再表示心理学是社会影响的产物和生产者。杜威提出，对人类经验的研究需要始终保持一种双重意识：既追踪被研究心理的文化输入，也要追踪被研究心理的文化输出。这样，不仅不会牺牲心理学作为一门独特学科存在的价值和完整性，反而可以创新扩大心理学的研究范围，进一步巩固心理学在人类科学中的独特地位。

杜威持有经验自然主义的立场。在他的形而上学观中，没有任何东西是非自然的或非经验主义的，经验本身并不是自然之外的东西，而是自然的一部分。经验不是主体与外部世界之间的遮蔽物，也不是自然的镜子，更不是理性主义者所认为的那样：自然是理性内在结构的产物，理性为混乱的感觉带来秩序。他也不认同古典经验主义的观点，否认经验是主体内部的产物，反对内在与外在的二元论，肯定经验具有时间性和主动性。杜威试图克服认知和情感的二元论。他认为认知与情感的区别是人类活动中的一种功能性区别，情感是认

---

① Jerry Rosiek. A Qualitative Research Methodology Psychology Can Call Its Own: Dewey's Call for Qualitative Experimentalism. Educational Psychologist, 2003, Vol. 38（3）: 173.

识世界的来源，尤其是认识事物的意义与价值，心理过程具有情感的特性。

由此出发，杜威认为心理学研究应该充分考虑到生态环境，注重主观与客观、身心与环境的交互作用。他提出，不仅心理学的研究对象——人的心理，而且探究人类心理发展的科学——心理学，都是一定历史和社会背景下的产物。早在1898年杜威就试图阐述个体的社会基础。他认为，"心理学意义上的个体"出现得很晚，那时人类正在从僵化的社会形式中解脱出来，诸如在封建社会或种姓社会中，人类的社会关系较为密切，社会等级分化非常严重，人们尚未从社会群体中分离出来，心理学也就没有研究个体心理的主题，故而也就没有所谓的科学心理学。杜威这样说："如果任何一个个体被视为一个封闭社会群体的一员，那我们就不可能认识他（她），在历史上也就不会有心理学的产生。当然也许有隐性的心理学，但作为科学的心理学绝不可能产生，因为个体作为一种可能的普遍性尚未出现。"[①]只有当社会实践活动变得更加复杂和多样化以至于参与社会生活成为问题时，具有心理特征的人类才得以出现。在只有少数人有序参与活动的环境社会中，几乎不需要个体的思考和选择，也就不会有个体心理的复杂性。复杂的心理活动只有在复杂的社会中才有存在的必要性。

杜威批判了"内在人格"（inner personality）的心理学意识形态。他将内在人格看作是特定社会环境的反映，那种"完善'内在'人格的观念是社会分裂的必然标志，所谓内在就是与他人无关的事物"[②]，这种理论将作为社会要素的心理学意义上的个体视为一个具有内在心理境界的人，并被刻画上具有历史持久性的特质。杜威断言这种理论从根本上就具有缺陷和危害。在他看来，个体之所以作为个体并不是因为在内心世界中找到了某种独特的事

---

① John Dewey. Lectures on Psychological and Political Ethics：1898. New York, NY：Hafner Press. 1976：4.

② John Dewey. Democracy and Education. New York, NY：Free Press. 1966：122.

物，而是因为在个体与他人的关系中体现出来的特性。他在《经验与自然》中说道："人格、自我、主体是人类随着复杂的、有机的和社会的互动而出现的最终功能。"①人格和主体并不是人类普遍的属性，也不是在历史演进和社会发展过程之外所赋予的，而是在特定历史条件下伴随社会复杂性的增加而形成的一种功能。因此，个体心理的形成意味着"社会价值的主观化并转化为主观意识形态"②。

在1922年出版的《人性与行为：社会心理学导论》一书中，杜威开始关注心理学对社会的影响。他认为，作为社会元素的人类心理意象使得对于意义和道德的理解变得更加困难，"孤立的自我和主观的道德所带来的错误心理将具有十分重要意义的行为和习惯与道德隔绝开来"③。他批评当时的心理学是具有明显政治意识形态缺陷的旧个人主义。在1899年美国心理学会的演讲中，杜威表示，心理学的价值并不在于具备应对与了解世界究竟是什么的能力，而在于对构建社会实践与制度的贡献。只要心理学有益于改善人类的状况，它就具有成为一门科学的合理性。正如其他理论一样，心理学理论具有工具主义色彩，其价值"不在于它们本身，而在于它们对实用性结果发挥作用的能力上"④。从这种意义上讲，心理学是一门"道德科学"，它能使人们"理解人类赖以生存的条件和机制，心理学的知识需要在人类的语境中才能被理解，它可以阐明和指导人类的活动"⑤。

---

① John Dewey. Experience and Nature. Chicago, IL：Open Court. 1925：208.

② John Dewey. Lectures on Psychological and Political Ethics：1898. New York, NY：Hafner Press. 1976：7.

③ John Dewey. Human Nature and Conduct：An Introduction to Social Psychology. New York, NY：The Modern Library. 1922：57.

④ John Dewey. Reconstruction in Philosophy（2nd ed）. Boston, MA：Beacon. 1948：145.

⑤ John Dewey. Human Nature and Conduct：An Introduction to Social Psychology. New York, NY：The Modern Library. 1922：296.

三、自我与意识活动

在《心理学》一书的序言中，杜威认为，在成为独立的学科之前，心理学仅仅是逻辑学、伦理学和形而上学的混合物，其主要内容是从哲学史里择取精华为自身所用，这也导致从一开始心理学就成为哲学的入门课程。不仅如此，他还强调心理学应该与大学教育内容和方式相联系，那就是大学一直将心理学作为学生进入哲学领域的门槛，故此，需要及时介绍心理学家们最新研究成果。杜威说道：

> 期望这些理论能引导学生找到解决问题的途径。通过这个过程，学生的哲学思维得到了启发。我相信，心理学的学习将便于学生从哲学的角度提出问题和看待问题，同时它也是哲学初学者通往专门领域的最佳途径。①

那么，心理学的研究对象是什么呢？杜威的回答是："心理学是研究自我的活动或现象的科学。"因此，认清自我活动的意义是心理学发展过程中必须阐释和解决的问题，而要厘清自我的概念就必须首先明确相关的术语。杜威的解释是："心理"是指自我的心智活动；"心灵"是指自我能够认识到与主观客体的关系和区别；"精神"是指与物理现象或自然现象的物质或行为相对立的自我高级活动内容；"主体"是指与客体相对应的支配自我活动且控制情感、目的和观念的人或有机体。他指出，在明确这些概念的基础上，就可以确定"自我"的定义，即个体具有认识到自身是一个独立存在或具有独立人格的能力。杜威曾分

---

① ［美］约翰·杜威. 心理学. //杜威全集·早期著作第2卷［M］. 熊哲宏，张勇，蒋柯，译. 上海：华东师范大学出版社，2010：4.

析赛思（Andrew Seth Pringle-Pattison）教授在《黑格尔主义与人格》（*Hegelianism and Personality*）中对"自我"概念的理解，赛思教授认为，"自我一意识是思维的终极范畴"①。但杜威强调，自我不能被看作是思维的最高范畴的对应物，"因为自我超出了思维，超出了范畴，即它是感性通过思维的综合活动"②。

杜威将自我理解为自我认识的能力，自我的基本特征即它是一种意识活动，这就意味着自我不仅存在而且知道自己的存在，心理现象实际上就成了意识活动。他举例说明：

> 棍子和石头都是存在的，而且不断发生变化；我们可以说，它们是有经验的。但是它们意识不到自己的存在，更意识不到自身的变化。总之，它们并不因为自己而存在，仅为某种意识而存在。因此，石头没有自我。但是心灵不仅发生变化，而且还知道它自身的变化，了解自身的经验；它因为自身而存在。也就是说，心灵即是自我。所以，要区分心理学与其他学科，只需看它们研究的是不是意识活动。③

那么什么是意识呢？杜威认为对意识进行定义或描述都是不可取的，因为对任何事物进行定义或描述都必须经过意识，即意识对所有定义而言是预先假定好的，所以对意识进行一般性定义是困难、徒劳的；再者，意识也不能通过与无意识相区别来定义，因为无意识本身就一无所知，或者也只能由意识所

---

① ［美］约翰·杜威. 论"自我"这一术语的某些流行概念. // 杜威全集·早期著作第3卷［M］. 吴新文，邵强进，译. 上海：华东师范大学出版社，2010：48.

② ［美］约翰·杜威. 论"自我"这一术语的某些流行概念. // 杜威全集·早期著作第3卷［M］. 吴新文，邵强进，译. 上海：华东师范大学出版社，2010：59.

③ ［美］约翰·杜威. 心理学. //杜威全集·早期著作第2卷［M］. 熊哲宏，张勇，蒋柯，译. 上海：华东师范大学出版社，2010：6-7.

知。故此，心理学只能研究特定情况下各种不同的意识形态。杜威又指出，作为意识活动的自我具有个体性特征，意即所有的自我活动都具有个人倾向性，"意识显然是'一个人自己的'心灵中的'他自己的'知觉"①，这就使心理学所研究的心理现象不能被所有人公开地观察到，只能由被经验着的自我直观地意识到，它仅仅是人们的一种自我意识活动。由此可见，自我活动或意识是一种特殊的个体化活动，心理学就是研究具有个体性特征的自我和个体，而其他的一些学科则是研究具有普遍性的个体。

杜威提出，心理学与其他学科相比既具有普遍性又具有特殊性。就普遍性而言，心理学与其他学科地位平等，但研究的对象更高级。他举例道，这就像天文学研究天体、地理学和地质学研究地球、植物学和动物学研究生物、生理学研究人体一样，心理学研究自我，仅是众多学科之中的一门。就特殊性而言，心理学是一门核心科学，而不是一门涉及单一领域的科学。这是因为，所有其他学科都是研究已知（known）现象，而心理学所研究的自我实际上主要涉及人的认识。认识活动所研究的对象是存在（existent）现象，它属于一种自我经验活动，也是一个包含着心理规律的理智过程。故而，认识活动始终贯穿于其他学科的探究和认识之中，并且这种探究和认识的方式已经成为一种普遍现象，这种现象又是被特定的心理所认识的。所以，杜威表示，从这方面上讲，研究和认识所有学科的行为都属于心理学的范畴，作为心理学主要研究内容的认识过程包含了所有学科，心理学的研究对象涉及所有学科门类。

为了说明心理学既有普遍性又有特殊性，杜威专门从认识和意识两方面进一步阐述了自己的观点。他认为，作为自我的认识活动虽极具个体化，但对他人而言可能是一个已知的事实；认识已知的事物是所有个体必需的经验，可

①［美］约翰·杜威.术语"有意识的"和"意识".//杜威全集·中期著作第3卷［M］.徐陶，译.上海：华东师范大学出版社，2012：59.

见，认识对个体而言具有个别性，但对已知的事物而言则是普遍的。杜威详细阐述道："认识可以被定义为普遍元素形成的过程，它以个人化的形式实现，并存在于意识中。这里，普遍元素是指能够与所有正常人发生共同联系的存在。认识不是一种个人所有物。"①假如一种意识在形式和内容上都是个体化的，对部分人具有特殊性，那这种意识就不是认识，获得认识的前提是排除对自身具有特殊意义的特征、遵循普通人的条件。不仅如此，意识或行为也有普遍性和特殊性。人所有的行为都是已存在的，具有普遍性，只有在意识中通过行为才能将各种分离的普遍性转换为个体化的活动，诸如书写、行走等。

总而言之，杜威对心理学的研究对象以及属性做了这样的总结：

> 心理学是关于认识和行为的科学；心理是把普遍的现象（内容）用个人化的意识形式表现出来的再造过程。这种个人化的意识本身与内容无关，通常以情感的形式存在；所以可以说，这种心理的再造过程通常以情感为媒介发生。因此，我们对自我的研究可以分为认识、意志和情感三大主题。②

第三节　心理学的研究方法

杜威主张研究心理学的前提是系统地搜集、整理有关自我活动或意识现象的资料，将其发展成为理论，这样心理学才能成为科学。因此，怎样恰当地搜

---

① ［美］约翰·杜威. 心理学. //杜威全集·早期著作第2卷［M］. 熊哲宏，张勇，蒋柯，译. 上海：华东师范大学出版社，2010：8.
② ［美］约翰·杜威. 心理学. //杜威全集·早期著作第2卷［M］. 熊哲宏，张勇，蒋柯，译. 上海：华东师范大学出版社，2010：9.

集、科学地分类和正确地解释是研究心理学的重要途径，也是必须掌握的心理学研究方法。为此，杜威借鉴了当时的心理学研究成果，并根据心理学发展的现状，提出了内省法、实验法、比较法、客观分析法四种心理学的研究方法。

一、内省法

所谓内省法（introspection）是具有反思性和意向性特征地观察意识现象以确定它们性质的研究方法，又称为"内部观察法"。杜威表示正确理解内省法必须从四个方面入手。

首先，内省法是观察研究意识现象的一种方法。在杜威看来，既然心理学的研究对象是意识，那么意识本身就成为知识的主要来源，心理学就必须从意识开始研究。但是，内省也并不是一种特殊的心理能力，而是一种一般的认识能力；相对于旨在观察感官活动和事件的外部观察，内省法主要是对观念的性质以及发生发展过程的一种观察，只有通过内省法观察发现的意识现象，才是心理学研究的重要源泉。

其次，内省法需要丰富的经验和稳定的情绪。杜威反对无原则地夸大内省法的作用，特别是那种认为内部观察比外部观察有效得多的观点。这种观点片面地认为内省的结论总是正确的，因为观察对象就是观察者自身，而心理现象在观察客体时却往往出错，譬如会把黄铜当成金子。杜威指出，在内省的过程中，观察者的情绪状态十分重要，许多情绪交织在一起很难正确观察。同时，"经验是一回事，使经验变成可观测的研究对象却完全是另一回事"[①]，内省法要求观察者必须有探究自我的丰富经验，这样才能准确描述自己的心理状态，反之，就如同让一个门外汉精确描述一种化学物品一样是荒谬的。

---

① ［美］约翰·杜威. 心理学. //杜威全集·早期著作第2卷［M］. 熊哲宏，张勇，蒋柯，译.
上海：华东师范大学出版社，2010：10.

再次，内省法需要建立在正确的假设和科学的分析基础上。杜威认识到，心理完整感知一种现象的前提是必须经过分析过程；在心理现象中很难找到两种具备同一性的元素，就像在愤怒的情感中很难做出批判性的分析那样。他指出，现实中许多客体被错误感知的原因主要是观察者受到已有错误理论的误导，不夹带任何心理观念去观察客体几乎是不可能的；在心理观察上也是一样，许多心理现象都曾被无数次经历过，但其多样性则很少被注意到。杜威说："要真正观察到心理现象，需要一个正确的假设以及与此相关的材料，并对材料进行分析和分类。"①因此，没有纯粹的内省观察活动，原有的心理观念会影响到观察对象的同化或解释。故此，杜威指出："内省主义心理学不可避免地把心理学的内容分解为许多支离破碎的片断，把这些片断看作独立自主的整体。……把这些片断关联起来的联系是在环境条件与有机体行为构成的情境中找到的，而内省主义者们则意识不到这个情境。"②

最后，"内省永远不能成为科学的观察"③。杜威重申，过去曾将内省法当作科学实验的方法，现在看来显然是不对的。其原因有二：一是内省法的观察对象处于变化之中。研究自然现象的观察过程不会受对象变化的影响，但心理现象则不然，许多心理专注指向某种对象可能导致精神状况的变化。心智的能量资源是有限的，内省会导致消耗大量心智资源。二是内省法无法说明心理现象之间的联系。杜威提到，内省法主要在于解释或评价事实，但只有在事实之间发生关联时才需要进行解释。内省法只能考察变化短暂的序列现象，如感觉、知觉、欲望、情感等，并不能察觉与此相关的行为，甚至不能区分对象事

①［美］约翰·杜威.心理学.//杜威全集·早期著作第2卷［M］.熊哲宏，张勇，蒋柯，译. 上海：华东师范大学出版社，2010：10.

②［美］约翰·杜威.知识与言语反应.//杜威全集·中期著作第13卷［M］.赵协真，译.上海：华东师范大学出版社，2012：34.

③［美］约翰·杜威.心理学.//杜威全集·早期著作第2卷［M］.熊哲宏，张勇，蒋柯，译. 上海：华东师范大学出版社，2010：341.

实和意识本身。据此，杜威对运用内省法提出了要求：

> 内省的法则必须是，观察完全依赖现象，不能带有任何预期，将所有现象都当作偶然事件。然后，利用记忆而不是有意识的直接知觉；如此一来，就排除了直接知识的干扰而使观察结果依赖于记忆的不确定性。同样，心智的主动的和清晰的事件最适合于内省，而比较微妙的以及非主动的现象既难于内省也容易失真。①

二、实验法

怎样解决运用内省法的困难呢？杜威提出可以用实验法。所谓实验法（experimental method）是指排除其他因素的影响，引入其他变量以测试其影响，能够分析变量之间的因果关系的方法。但是这种方法对意识现象无法实现。不过，杜威认为，可以利用心灵与身体的联系，间接地进行实验操作，与心灵相连的感官和肌肉系统是能够控制的，可以进行操作从而间接地改变意识。

杜威将实验法分为心理物理法和生理心理学法两种。前者主要是研究心理状态和生理刺激之间的关系；后者主要是利用生理指标来研究心理状态。他明确表示实验法是借用了冯特研究生理心理学的方法。该方法在研究感觉的构成与联系、注意的性质和心理的反应等方面都十分有效，而关于神经和大脑的生理学研究则给心理分析提供了准确的指标，从而弥补了内省法的不足。

杜威也看到了实验法存在的不足之处，那就是所得出的结论并不十分全面，具体来说主要有以下缺陷：

---

① ［美］约翰·杜威. 心理学. //杜威全集·早期著作第2卷［M］. 熊哲宏，张勇，蒋柯，译. 上海：华东师范大学出版社，2010：341-342.

首先，该方法的应用范围仅限于与生理过程相连的心理事件，这些心理事件会随生理过程的改变而改变。其次，该方法不能超越个体的心理。每个个体的意识或多或少都有其独特之处，而心理学更应该研究正常的心理状态，研究具有普遍性质的意识活动。再次，上述方法未能向我们揭示心理发展的规律，帮助我们认识心理从不完善到完善的发展规律。[①]

三、比较法

在杜威看来，研究心理发展规律属于心理学的一个分支——发生心理学的领域，但不能用内省法和实验研究，可以用比较法（comparison method）来研究。

所谓比较法是指通过将一般人的心理与其他事物的意识进行比较从而获得结论的方法。杜威认为，人的心理现象可以与动物、不同年龄的儿童、有心理功能缺陷的人、不同种族和不同国家的人进行比较。他分别阐述了各种比较的价值与意义。

1. 动物心理学的比较价值：动物心理学的研究对于认识智力的机械运动和自发活动的特征具有意义，而在人的意识中因随意状态很难发现智力的运动和自发活动的特征，心理的本能往往可以通过动物的生活研究来获取；

2. 婴儿心理学：对于研究心理活动的起源非常重要；

3. 心理功能缺陷研究：可以证明人的心理元现象的产生依赖于特定的感觉器官，"精神错乱或变态"被看成是大自然所做的"心理学实验"；

4. 多种族、民族、国家的比较研究：可以拓展心理的概念。

---

① ［美］约翰·杜威. 心理学. //杜威全集·早期著作第2卷［M］. 熊哲宏，张勇，蒋柯，译. 上海：华东师范大学出版社，2010：11.

四、客观分析法

杜威认为，纠正内省法的不足，更正、拓展和恰当解释观察的结论，从而发现心理现象的规律，最常用、最基本的方法就是客观分析法（objective analysis method），即研究心理各种客观的表现形式的方法。在他看来，心理并不是以一个被动观察者的身份来认识外部世界的，它也可以对外部世界造成影响，并呈现出客观、永久的文化形态。通过对所有客观的历史现象进行研究，可以从侧面反映人类群体的心理现象。

心理现象的客观表现形式非常丰富。杜威指出，这些表现形式"在智力领域表现为语言和科学，在意志领域表现为政治和社会制度，在情感领域表现为艺术，在统一自我方面则表现为宗教"①。然而，如此众多的学科表现形式均没有注意到一个问题，那就是科学、宗教、艺术等恰恰都是心理或自我活动的产物，它们是依据心理活动规律发展形成的。杜威由此主张，对心理的各种学科表现形式的研究实质上是在探究有意识的自我发展，通过对众多学科知识、活动和创造的开展和研究，人们才能充分地了解自我和发现自我活动的规律。

杜威对心理学研究方法进行了总结，指出任何心理学的研究方法都必须建立在实用性和有意义基础之上。因为运用方法的目的是针对自我意识进行解释，如果使用的方法不能解释观察到的现象，那它就没有实用价值和任何意义；客观现象虽不是心理学的对象，但具有普遍性，这就要求必须以个体的形式加以解释。他呼吁道：

> 如果我们不能在想象中把自己置身于婴儿或精神病人的精神世界里，他们的心理现象也不能为我们揭示什么，因为这些心理现象对我们来说

---

① ［美］约翰·杜威. 心理学. // 杜威全集·早期著作第2卷［M］. 熊哲宏，张勇，蒋柯，译. 上海：华东师范大学出版社，2010：12.

没有意义。因此，只有将生理心理学得出的现象解释成意识活动之后，这些现象对心理科学来说才有其存在价值。否则，生理现象也只是客观的生理过程，对心理学毫无用处。[1]

由上述可以看出，杜威强调综合运用各种心理学研究方法，每一种具体方法的运用并不是对自我进行隔离或限制于特定环境的方式，而应该是对心理学的研究对象——自我加以拓展和综合考察，使自我意识更加具有普遍性和广泛性，从而得出正确结论的方法。他这样归纳：

总之，多种方法的应用，能够帮助我们认识到自我意识中什么是偶然的和次要的、什么是永恒的和本质的，从而揭示出心理学的研究对象究竟是什么。只有真正属于自我的本质的东西，才是心理学应该要研究的。心理学正是要探究它们的现象和相互关系，并对之进行解释。[2]

第四节 心理活动及其模式

基于心理学研究意识活动的观点，杜威提出心理学的研究目的在于对意识现象进行系统的调查、分类、解释，为此将意识分为认知、情感、意志三个部分。但是，他明确表示，将意识划分为三个部分只有在整体考察人的心理活动与意识时才有意义，孤立地研究某一个方面都会导致失之偏颇。

---

① ［美］约翰·杜威. 心理学. //杜威全集·早期著作第2卷［M］. 熊哲宏，张勇，蒋柯，译. 上海：华东师范大学出版社，2010：13.

② ［美］约翰·杜威. 心理学. //杜威全集·早期著作第2卷［M］. 熊哲宏，张勇，蒋柯，译. 上海：华东师范大学出版社，2010：13.

一、认知

在杜威的心理学观念中，认知就是获得知识，既包括认识也包括领悟，既包括认识内在精神层面也包括认识外在物质层面。杜威提出，认知过程就是意识到某种事物的状态，并由此了解和认识该事物。认知需要心理已有的观念与真实的物体、事物和法则之间有某种关联，也可能与个体深刻的情感或活动有联系。影响认知的因素首先是情感。他认为，就一般意义而言，心理活动不会自动指向客观对象或观念，除非受到某种客体或观念的影响，或者心理活动对这些客体或观念产生了兴趣，否则它们不可能进入认识领域。而此时，情感就成为认知的重要影响因素，"认知依赖于情感"①。再者，意志对认知具有引导作用。情感可以唤起心理活动的注意，将个体心理状态导向需要认识的对象，这种注意就是一种意志活动。

二、情感

杜威赋予情感以重要作用。他将情感解释成为一种主观的情绪状态，通常表现为愉悦或痛苦，但情感并不能使人获得知识；意识也是一种情感和自我感受，因为意识不仅使人获得关于事物的信息，而且还能展示信息对自我的意义；人的意识状态不仅与认识的对象有关，而且还与正在认识的心理状态有关。所以，每种意识状态都属于自我的状态，因而均包含个人情绪的因素，也就是说，意识并不是毫无偏见、不带任何色彩的，而是具有正误判断、价值评价和兴趣取向之分的。这种兴趣的取向就构成了意识的情感因素。故此，杜威明确表示，意识不仅是认识的一种产物，也是自我体验情感的一种方式。任何

---

① [美]约翰·杜威. 心理学. //杜威全集·早期著作第2卷［M］. 熊哲宏，张勇，蒋柯，译. 上海：华东师范大学出版社，2010：17.

意识都与自我有着联结或有着意义。

首先，影响情感的因素是意志，情感要以意志活动为前提。杜威强调，心理活动必须激发大脑的兴奋和刺激，产生行动，获取体验，从而产生情感。在现实生活中可以发现，那些积极的情感总是伴随着健康或习惯性的行为，而消极的情感正好相反；观察研究也表明，情感与自我的所有意识活动都有紧密联系。

其次，情感总是伴随着自我活动或反应。杜威指出，自我通常表现为活动或反应，没有活动就没有情感，"快乐的情绪可以促进和强化与自我相一致的行为模式，而悲痛的情绪则阻碍和破坏自我的行为模式"，亦即健康的情感可以促进自我的发展，消极的情感则阻碍自我的发展；自我的活动水平可以通过情感来表现。

最后，情感的具体形式依赖于理智活动。杜威认为，情感总是映射到具体对象和事件上且与认识的形式有关，即便是最低级的情绪也不是凭空产生的，而是源于产生情绪的对象，并且通过有机体的某些部分或方式表现出来。情感越高级，与认识过程的联系就越完整和确定，反之亦然。

三、意志

杜威认识到意志是一种完整的活动。他将意志定义为为达到一定目的而努力的心理过程。作为一种活动，意识需要联合心理活动特别是专注的心理活动来实现，且意识活动具有主动性，所以，意识活动需要意志的参与。自我观察事物的心理活动属于认知；心理活动过程中自我的感受方式是情感；心理活动关注特定的目的和可能的结果就是意志。可见，所有的意识活动首先从认识对象开始，然后建立与已有观念的联系体现出某种情感，最后依赖活动的实施表现为意志。

影响意志的因素首先是认识过程。在杜威看来，一方面，所有的意志活动都与认识活动有关，因为无论是最简单的行为（如书写），还是缜密复杂的行为（如商业交易），都必须事先确定实现的目标，选择恰当的实现途径和方法。在这些意志活动实施之前，则必须对目标和方式方法具有清晰的认识和了解。另一方面，意志活动依赖于情感。因为只有为了满足某种需要才会产生意志活动，而只有与自我相关的事物才能产生需要；没有兴趣的事物不会引起情绪反应，也就不能产生意志活动。杜威认为这就像："一个人是不会对他认为无关紧要的事情采取行动的。无论其价值是多么微小，这个事件的重要性或价值都是由它与自我的关联决定的，由情感决定的。"①

四、认知、情感、意志的关系

杜威明确表示，认知、情感、意志并不是三种不同类型的意识，也不是意识的三个独立部分，它们只是从不同角度对意识进行分析的三种视角，分别提供信息、影响自我感受、表现为自我活动；同时又是相互联系的，互为前提，相互依存，缺一不可。不仅如此，杜威还提出，三者之间的相互联系具有必要性，即："心理学是以个体意识的形式来再造普遍的客观内容的科学。"②也就是说，所有意识都是个体性和普遍性的统一体，具有普遍性的意识表现为认知过程，具有个体性的意识表现为情感过程，两者之间的联系及其具体的内容表现为意志过程。认知和情感是自我的一部分，带有一定的抽象因素，意志将两者联系起来使其能够被理解。

（一）认知的普遍性与个体性

认知的普遍性主要是指认知对象的普遍性，即认知对象对所有正常人来说

---

① ［美］约翰·杜威. 心理学. //杜威全集·早期著作第2卷［M］. 熊哲宏，张勇，蒋柯，译. 上海：华东师范大学出版社，2010：17.

② ［美］约翰·杜威. 心理学. //杜威全集·早期著作第2卷［M］. 熊哲宏，张勇，蒋柯，译. 上海：华东师范大学出版社，2010：18.

都是平等的，它可以被每一个人认识到，认知本身对每一个人而言并没有差异性。杜威运用反证法来进一步说明："假如每个人的认知都只是个体性的，那么就不会有人意识到个体之间的差别。如果所有已知的都是相同的，那么认知的过程也就没有区别。"[1]但是，情感使认知又有了个体性。杜威说，即便是两个人在相同的刺激下产生情绪，且刺激的强度和量值完全相同，他们的情绪反应也会不同甚至相反，其根本原因就是自我加入其中。当认知和自我相联系，认知就具有了个体性；认知过程一旦具有了情绪色彩，个体性的认知就出现了。

（二）意志的普遍性与个体性

依据心理活动模式结构的思想，杜威将意识活动理解为意志，意识的普遍性表现为认知，其个体性表现为情感，而意志过程通常是把普遍性因素与自我相联系转化为个体性的形式，把个体性因素赋予普遍意义使所有人都可以认识到。

具体来说，普遍性就是将人们共知的普遍意识转变成个体独特且不可分享的意识。杜威总结道，意志始于自我兴趣，兴于对客体对象的注意，止于转化为自我或情感。其中既包括显现的普遍性的认知过程，也包括对自我发展具有促进作用的情感过程，还包括既有普遍内容又有个体化形式的意志过程。故而，意志是一种完整的活动，它始于个体化的形式，止于个体化的形式。这种意志又称为"内化意志"。

意志的个体性主要是指把个体化的意识转化为普遍性的事实。杜威将过程分为两步：第一步是明确愿望、计划和目标，属于个体化的意识领域，也是一种情感；第二步是自我活动将愿望、计划、目标映射到客观事物，使其成为客观世界的一部分。这就如同一个人想致富完全是一种个人意识，但获得财富的活动却具有普遍性；一个人计划建造房屋具有个体性，但按照计划建造房屋的行为具有普遍性。这种把个体性因素转换为普遍性因素的意志活动被称为

---

[1]［美］约翰·杜威. 心理学. //杜威全集·早期著作第2卷［M］. 熊哲宏，张勇，蒋柯，译. 上海：华东师范大学出版社，2010：18.

"外化意志"，它与"内化意志"共同将情感和认知过程联系起来。

（三）情感的普遍性与个体性

杜威相信，情感也具有主观性和客观性。情感是意识的主观方面，认识是意识的客观方面，意志将认知和情感联系在一起。所有具体的意识都是主观的个体性与客观的普遍性的统一。具体事件的意识反映通常都是主观的，属于个人所感受或共享，他人不得而知，完全纳入个人化的体验；但作为客观事件本身，它能够被所有人所感知和理解，属于客观世界的一个事件，是客观存在的信息。两者由意志将主观和客观、个性和共性联结在一起。

杜威告诫心理学学习者，避免将意识理解为完全主观或完全个体化的心理活动，否则会导致脱离意识研究外部客观对象。他说道：

> 从心理学的立场来讲，意识既是主观又是客观的；既是个体化的，又是普遍的。我们通过人为的分析，可以称其某一方面为情感，另一方面为认识，但这仅仅是对意识的一种分析方式。这种方法并没有把意识和非意识分开。对心理学来说，不可能存在这样的分离。[1]

综上所述，对于认知、情感、意志三方面的关系，杜威主张三者之间密不可分、相互联系、相互依存。但是，他又认为，为了在研究心理学材料时便于表述，有必要将人的心理或心理活动模式分为三个方面，并且将三者明确地、彻底地、严格地进行区隔，将它们当作独立的、自成系统的心理因素，以便于开展研究。杜威认为，心理学的研究应该首先将认知过程和情感过程结合起来探究，然后研究作为认识和情绪前提的意志；同时，对意识各部分的研究需要遵循从材料入手，也就是对各种心理现象进行考察和分析，然后是加工过

---

① ［美］约翰・杜威. 心理学.//杜威全集・早期著作第2卷［M］.熊哲宏，张勇，蒋柯，译.上海：华东师范大学出版社，2010：20.

程，即通过对各种心理现象的研究探寻心理发展规律，最后是得出结果——对意识的完整理解，厘清认知、情感和意志活动的过程。

本章结语

首先，杜威使美国心理学走上了本土化的发展路径。19世纪末的美国心理学和多数心理学家受冯特实验心理学的影响，力图摆脱英国联想主义心理学的束缚。不过与流行不同的是，杜威认为，不应该像冯特和铁钦纳那样将行为理解成人为的科学概念，而应该依据行为在有机体适应环境的基础上加以研究。因此，他得出的结论是：心理学较为恰当的研究对象是在一定环境中活动的整个有机体。杜威的这种思想虽说是受到了进化论的影响，然而他从来没有将自己的心理学称之为"机能主义"，尽管他一直批评构造主义的基本前提，但也强调将构造与机能分开的做法没有任何意义，实际上将两者对立起来的是另一位美国机能主义心理学家安吉尔。杜威对美国心理学的重要意义在于他对其他心理学家和学者的影响，在于他为机能主义心理学奠定的哲学基础。

在《心理学》一书中，杜威尝试将哲学与作为自然科学的新心理学结合起来。但该书并不成功，虽然在密歇根大学使用了十年，但当詹姆斯的《心理学原理》发表后，他的《心理学》就很少有人问津了，杜威本人也承认詹姆斯撰写的教材的优越性。然而，詹姆斯的心理学与冯特一样都较为复杂，他们均随意和自由地从各种各样的来源和渠道中获取信息，也受到了诸如冯特心理学一样的批评。如果说詹姆斯、霍尔等人是美国机能主义心理学的先驱人物，那么杜威应该就是芝加哥机能主义心理学派的幕后设计师。[1]杜威在19世纪90年代中期发表的极其重要但又极其乏味的论文（《在心理学中的反

---

[1] Edwin G. Boring. A History of Experimental Psychology. New York：Century. 1950：539.

射弧概念》）中提出了美国本土化心理学的核心概念——机能主义。[①]

其次，杜威在美国心理学发展过程中的角色与地位错综复杂。一般而言，杜威被广泛认为具有十分重要的影响。一方面，杜威在行为主义心理学中具有不可或缺的重要地位，而行为主义心理学曾主导了美国心理学的发展方向。美国心理学家波林（Edwin G. Boring）曾指出，从某种程度上而言，美国心理学最早从达尔文（Charles Robert Darwin）进化论中获得了思想启发，开始探究人的心理现象，并以一些生物学的成熟概念为基础建立了一门"实验的科学"，而杜威的实用主义价值观与信仰却使他在心理学上重新塑造了美国人的气质特性。[②]此外，作为进步主义的精神领袖，杜威掀起了社会改革运动，为美国人勾勒了一幅所谓的民主主义社会蓝图，从而激发了社会大众的狂热追求；心理学家深信可以通过特有的方式在20世纪实现杜威的理想，他们越来越多地开始走进社会，试图重新塑造那些离群索居的人，塑造儿童，塑造学校，塑造政府，塑造企业，塑造人的心理。[③]

另一方面，杜威在美国心理学史的定位还受到对当时具有明显实证主义特征的美国主流哲学——实用主义解读的影响。美国心理学家希尔加德（Ernest R. Hilgard）曾写道："科学方法的概念一直伴随在詹姆斯的实用主义和杜威的工具主义之中，即使约翰·华生（John B. Watson）为了追求行为测量而放弃对意识的研究，科学方法的概念仍然影响着美国心理学研究的特性。"[④]杜威、机能主义者和行为主义者都反对将心灵与身体割裂开来，倡导

---

① Thomas Hardy Leahey. A History of Psychology（3rd Edition）. Englewood Cliffs, N. J. : Prentice-Hall. 1992：281.

② Edwin G. Boring. A History of Experimental Psychology. New York：Century, 1950：506.

③ Thomas Hardy Leahey. A History of Psychology（3rd Edition）. Englewood Cliffs, N. J. : Prentice-Hall. 1992：553.

④ Ernest R. Hilgard. Psychology in America：A Historical Survey. San Diego：Harcourt Brace Jovanovich. 1987：778.

"适应性行为"（adaptive behavior）。这使得詹姆斯与杜威的理念最终成为构成美国心理学主要特征的机能主义，并由此成为行为主义的推手。

需要指出的是，欧美学术界对杜威的心理学一直有一些误解或疑惑。譬如，美国心理学史教授戴维·霍瑟萨尔（David Hothersall）就指出，杜威的心理学家生涯早在1904年就基本结束了，他从未实施过那个时代心理学标志性工作——控制实验，很少从事实证研究，从未设计或实施过心理测验，当然也没有建立一个心理学学派的初衷。[①]还有学者认为19世纪90年代以后，杜威几乎没有撰写过有分量的心理学作品。[②]有趣的是，所有质疑杜威心理学思想影响的人又都肯定他是美国心理学史上一位有影响的人物，在美国主流心理学中占有一席之地。这究竟是为什么呢?

一些学者认为，与杜威的教育学、哲学思想不同，他的心理学思想在很大程度上被低估了。[③]布林克曼认为这是一个十分奇怪的现象:一方面，杜威的作品中具有丰富和详尽的心理学论述，早在他攻读博士研究生时就开始发表有关心理学的论文，还出版了美国第一本心理学教科书，1899年又担任了美国心理学会主席;另一方面，人们很少探讨杜威的心理学思想，以至于曾在芝加哥与杜威一起从事研究工作的行为主义创始人华生感叹道，自己从来没有真正理解过杜威的心理学思想。[④]

---

① ［美］戴维·霍瑟萨尔，郭本禹. 心理学史［M］. 郭本禹，魏宏波，朱兴国，王申连，等译. 郭本禹，魏宏波，审校. 北京:人民邮电出版社，2011:327.

② Peter T. Manicas. John Dewey and American Psychology. Journal for The Theory of Social Behaviour. 2002, Vol. 32（3）:280.

③ 加拿大多伦多大学教授布雷多在《进化论、心理学和约翰·杜威对反射弧概念的批判》（1998）一文和《杜威心理学的发展》（2003）一书中，夏威夷大学马诺分校教授马尼卡斯（Peter T. Manicas）在《约翰·杜威与美国心理学》一文中，中密歇根大学教授穆索尔夫在《约翰·杜威的社会心理学与新实用主义:人类能动性与社会重建的理论基础》（2001）一文中，都做过类似的表述。

④ Svend Brinkmann. Dewey's Neglected Psychology: Rediscovering His Transactional Approach. Theory & Psychology. 2011, Vol. 21（3）:298–317.

20世纪初，美国心理学的发展最初是趋向于在社会生活中的实际应用，华生本人就是一位试图将心理学运用于社会事务的心理学家，这种趋势也符合实用主义哲学的精神内涵以及杜威的初衷。但实际上，大多数心理学家在事实上过于专注通过实验测试来衡量智力与其他心理特质之间的联系。而杜威对心理的理解一直是建立在复杂的多因素基础之上的，从来没有奢望通过单一的智力测量和封闭的实验来认识人的心理世界。这就导致杜威逐渐滑落到当时主流心理学研究的边缘。①尽管杜威很早就开始研究心理学，但他对拉德《生理心理学基础》一书的评论是他1882—1888年间关于心理学的最后一文，也是他一生对这个专门领域的封笔之作。他开始把心理学运用到社会与教育问题上去，而不只是把心理学当作一门学问，这体现了他长期的关注点。可见，杜威是将心理学当成应用心理学来对待的。②

杜威曾对建立"新心理学"寄予厚望。在早期的职业生涯中，他一直想成为一名心理学家，但后来似乎放弃了心理学，因为他认为："心理学并不符合自己的主要学术目标，即哲学必须解决的是人类的问题，而不是哲学本身的问题。"③虽然他仍主张哲学探究所有对象的本质是通过经验来解释和确定对象，而不是从"科学的心理学"中找到答案，但他感兴趣的是回应探究的新概念，这项工作在他1938年的《逻辑：探究的理论》一书中就明显地表达过。杜威的这种转变之所以被忽视，主要是因为杜威的探究理论从根本上反对占主导地位的逻辑经验主义理论。

最后，杜威的心理学研究方法属于质性实验主义。杜威确实深受达尔文

---

① Michael Glassman. Running in Circles：Chasing Dewey. Educational Theory, 2004, Vol. 54（3），315-341.

②［美］约翰·杜威. 附录·文本说明. //杜威全集·早期著作第1卷［M］. 张国清，朱进东，王大林，译. 上海：华东师范大学出版社，2010：387-388.

③ Svend Brinkmann. Dewey's Neglected Psychology：Rediscovering His Transactional Approach. Theory & Psychology. 2011,Vol. 21（3）：268.

的影响，曾经是"实验"的坚定守护者，他不仅经常谈到实用主义的理念，也经常讨论心理研究的控制。但是由于美国社会普遍将杜威视为进步主义的主要代表人物，他很容易被认为是科学实证主义的反对者。而且，人们还很轻易地相信实证主义和实用主义的差异对科学心理学概念并不重要，但这实际上是错误的。杜威一直致力于探寻验证心灵的方法，并反对二元论心理学，但他的工具主义并不是实证主义。不过，"尽管杜威的哲学思想广为心理学家们所熟知，但人们常常忽视了他在方法论方面的潜在创新；教育学家们则更倾向于研究杜威的教育观点，但很少关注他是如何提出这些观点和见解的，譬如，教育研究者沉浸于阅读杜威见解独到的课程与教育学知识，但几乎没人关注杜威在如何产生课程与教育学知识方面的洞察力"①。

20世纪初西方心理学研究方法的最时尚理念是尽可能使变量明确并可以操作，推崇心理现象的定量测量。其结果是，一方面对心理学发展带来了有益的启示，促使建立起独立的科学研究领域，使心理学摆脱了哲学范畴的束缚，逐渐专注考察人的心理现象；但另一方面也导致心理学与此时的社会学、人类学和文化研究相比，陷入一种相对狭窄的认识论和方法论的范围，甚至导致对方法的盲目崇拜，以至于忽视了心理体验的重要特征。受实证主义的影响，试图建立科学心理学的杜威并不完全赞成纯粹的实验法，他强调的是一种质性实验主义。

杜威反复强调实验或假设的可验证性。他认为人的思维具有工具性，重要的并不是验证假设的实际真伪，因为这并不是探究人类经验的终极目标，而是人类通过验证已有概念和思维结构如何影响日常生活经验的方式，并进而对改进人类经验做出贡献，也为个体所追寻的知识找到最终的依据。否则，任何学术研究都没有实际意义。再者，杜威不同意传统的二元论方法立场。他认为

---

① Jerry Rosiek. A Qualitative Research Methodology Psychology Can Call Its Own: Dewey's Call for Qualitative Experimentalism. Educational Psychologist,2003,Vol. 38（3）: 169.

二元论抑制了人的清晰思维，批评那种在主观与客观、概念与现实、美与真、情感与理性、自然与文化之间徘徊的思维方式，质疑这种研究仅仅停留在直接描述经验层面，而不是作为工具通过经验采取行动。

杜威认为心理学是一门介于物理科学和思辨哲学交汇点之间的实证研究。因此，心理学涉及两门学科的要素，并不是完全以物理科学为模型，反而与理性主义哲学的反思性实践有紧密联系。当然，他承认心理学具有独特的研究对象，是一个特殊的研究领域，但这并不妨碍运用跨学科方法研究心理；他也并非执着于整合其他学科，而是希望进一步强化认识论与心理学研究之间的结合，以免影响心理学专业化的发展方向。他表示："我们把知识、推理、数学和科学探险，以及对它们最高层面的抽象，都归属于人的活动——即真正的人的行为——我们把对这些特定知识活动的研究视为行为研究的一般领域；同时，我们把心理研究本身及其事实和结论都视为在已知的领域和条件下获得的。所有这些并没有影响任何的研究逻辑与心理学之间的区别，基于方法和研究对象来确定专业化的做法依然有效和实用。"①

① John Dewey. The Later Works：1925-1953. Carbondale and Edwardsville, IL: Southern Illinois University Press. 1988（16）：276-277.

第二章　杜威心理学思想的理论基础

在19世纪最后25年之前，心理学仍然属于思辨哲学和宗教神学的范畴，哲学家对人的本性和心灵的认识往往是基于各自的哲学观和经验。直到1879年冯特在莱比锡大学建立第一个心理学实验室，现代心理学才正式诞生。当现代心理学在欧洲出现之后，在大西洋彼岸的美国，虽说心理学还未脱离哲学母体而独立，但生物学、解剖学等自然科学的发展为心理学成长为一门独立的学科奠定了不可或缺的基础，加之留学欧洲的青年学者返回国内，科学的心理学在美国本土即将登上历史舞台。在这些青年心理学者中，诸如詹姆斯、霍尔等人在哲学理念的影响下，凭借实验手段，提出了更为科学的心理学主张。杜威的心理学思想正是在美国科学心理学的酝酿之中逐渐形成的。

生理学和心理学研究的新进展为青年求学阶段的杜威认识心理现象指明了方向，也为杜威构建心理学思想体系奠定了知识基础。在此期间，科学的生理学知识为杜威认识个体心理提供了重要帮助。在确定了生理学和心理学的关系之后，杜威开始对神经系统的结构、运行模式和功能进行研究，并以此为依据开始论述儿童心理发展分期和心理现象产生的原因。就在杜威关注和探讨心理学的过程中，达尔文的进化论所倡导的个体心理对适应环境重要性的理念也使杜威开始重新思考心理学的研究重点和任务。

与此同时，詹姆斯及其著作《心理学原理》所倡导的对个体心理机能的研究理念，无疑为处于迷茫期的杜威指明了方向，所以杜威有关心理机能的论述可以在詹姆斯的心理学思想中找到源头。此外，从杜威整个学术生涯的发展轨迹来看，心理学可谓是其教育主张和社会主张的理论基础，而促成杜威将心理学与教育和社会主张相联结的便是诞生于美国本土的实用主义哲学。受其影响，杜威不仅强调心理学对教育工作的重要价值，而且把它广泛应用在学校教育实践和对社会公众心理的思考和探索上。至此，杜威心理学思想的产生、内涵和应用的脉络逐渐清晰。杜威成为著名的实用主义哲学家、心理学家和教育家。

第一节　心理运行机制的生理学基础

灵魂、心灵与身体的关系一直是人们孜孜不倦探寻的问题，自西方近代科学诞生之后，身心关系问题便成为研究者专门探讨的主题，"灵魂""心灵"的概念逐渐被"心理"概念所取代。19世纪末，研究生物有机体各组成部分的功能以及实现其功能的内在机制的生理学已经有了一定程度的发展，生理学家通过解剖手段探究生物的内部结构，通过实验手段对动物进行观察，进而分析生物神经活动与外显行为之间的关系。到19世纪末，生理学上关于脑功能、神经机能和感觉器官的研究成果已经相当丰富，积累了大量的资料。在杜威看来，生理学或许不能作为知识基础直接解释心理现象，但作为辅助工具能够为科学地认识心理现象提供帮助。1887年杜威在为拉德①的《生理心理学大纲》撰写的评论中，表达了生理学对于认识心理现象的作用，他对拉德的这本书赞誉有加，不仅认为此书是英语世界的唯一一部生理心理学著作，而且认为该书标志着美国心理学乃至哲学研究的新纪元。正是在当时生理学新发现的基础上，杜威逐渐了解了人的神经系统的运作模式和心理活动产生的生理基础，以此为依据强调生理因素在婴儿早期发展中的重要作用，并根据婴儿在不同生理阶段的基本状况对婴儿心理发展进行了阶段划分。

---

① 拉德（George T. Ladd），美国哲学家、心理学家，耶鲁大学教授，在耶鲁大学期间创办了一个心理学实验室。他关注的主要领域是生理心理学，于1887年出版《生理心理学大纲》一书，这是美国首批发行的心理学教科书之一。该书一问世就被作为标准教科书，在美国和英国广泛流传。

一、生理学与心理学关系

早在19世纪30年代，生理学就已经成为一门相对独立的实验学科，取得了丰硕的成果，一些科学的实验方法被创造出来。随着生理学家的研究兴趣转向心理学领域，介于生理学和心理学之间的生理心理学逐渐成为一门专门的学科。到19世纪末，欧洲的生理学家在一些重大问题上取得了重要突破，这为正在约翰斯·霍普金斯大学攻读博士学位的杜威建构其心理学思想奠定了思想基础。

杜威反对用生理学知识直接解释心理现象，他坚持认为生理学取代不了心理学在解释心理现象过程中的地位和作用。他不否认生理学对于心理学的重要作用，然而在生理学和心理学的关系问题上却表达了不同的观点和看法。他驳斥了当时普遍流行的观点，即生理心理学是通过神经系统的自然性质来解释所有精神现象的学科：

> 众所周知，随着有关神经系统结构和功能知识的增长，产生了以生理心理学为人所知的一门科学分支。它已经对心理问题作出了详细的阐述。但是，除非我完全误解有关这件事情的流行见解，否则，就生理学和心理学的关系而言，这个见解将存在大量的混乱和错误。①

杜威指出，用神经系统的性质和运作来解释精神现象这一观点实际上过分夸大了生理心理学的作用，它只是说明了生理因素以及哪种生理因素，以何种运行机制来调节生理活动，而关于心理现象的解释，它是不能给出正确答案的。这就如同拥有有关视网膜、视网膜与大脑的联系以及大脑在发挥视觉功能

---

① ［美］约翰·杜威.新心理学. //杜威全集·早期著作第1卷［M］.张国清，朱进东，王大林，译.上海：华东师范大学出版社，2010：43.

方面所起的核心作用的完整知识，并不等同于拥有了有关视觉的整个心理学知识。不仅如此，杜威甚至还认为对神经和大脑的生理学研究对心理学并没有直接帮助，它们只是给心理学分析提供了可供参考的指标，以此来弥补被认为是正统心理研究法的内省法的缺陷。

不过，杜威又指出，生理学可以为心理学提供认识心理现象的工具和手段，两者之间可以互相借鉴和启发。他反复提到，虽然生理学并不能够取代心理学在解释心理现象上的地位，但可以作为认识心理现象的工具。在杜威看来，生理学所主张的实验方法可以为心理学研究提供参考。原因在于精神现象只能通过精神手段进行考察，只有通过对精神进行观察和记录，才能认识精神世界，所以，生理学所主张的实验法有了使用的可能性。杜威以感觉和意志两个精神现象为例，揭示了实验法能够应用于精神现象的可能：一是被称为感觉的心理现象是通过身体刺激产生的，二是被称为意志的心理现象是身体运动的结果。虽然感觉和意志无法被直接观测，但身体刺激和运动能够直接受到控制和测量，因此，由身体刺激和运动所引发和表现的感觉和意志能够得到间接的控制和测量。

除了实验的方法外，生理学也为心理学提供了间接的研究手段。杜威在阐述此观点时表示，虽然生理学无法直接解释心理现象，但可以为心理学提供间接推论、做出类比，为心理现象的解释寻找证据。杜威认为只有将生理学研究得出的理论解释成意识活动之后，这些现象对心理研究才有存在的价值，否则人类的生理现象也仅能反映生理过程而已，对心理学研究毫无用处。谈及生理学与心理学的关系问题时，杜威举例予以证明："德国生理学在神经冲动传输方面所取得的新的突破，直接吸引了生理学家对各种心理活动的研究兴趣，而当前心理学研究中有关智力和意志力的关系问题，也受到了生理学家发现的感觉神经同运动神经差异的启发。"①

---

① ［美］约翰·杜威. 新心理学. //杜威全集·早期著作第1卷［M］.张国清，朱进东，王大林，译.上海：华东师范大学出版社，2010：75.

二、神经系统的运作机制

杜威明确表示，神经系统不仅是心理活动产生的场所，而且还是心理活动发展的场所：

> 为了对心灵和身体的关系有所了解，我们必须有能力如此思考心灵：把心灵当作身体之王，心灵可以发送信息去控制神经系统，使神经系统向心灵汇报其控制领域内偏远地区所发生的一切，使神经系统在一些难以控制的目标中执行心灵的命令。①

在认识到生理学对心理学的作用之后，杜威开始探寻有机体活动的基本单位——神经系统，通过了解神经系统运行的机制探究心理现象。在他看来，神经系统是心灵的实现工具，想要认识心灵的活动，首先要对神经系统的构成和运行机制有一个较为成熟的了解。那么神经系统到底是由什么构成的呢？杜威认为，神经系统包括中心神经系统和边缘神经系统，神经系统由各种神经纤维和细胞构成，神经纤维是外界刺激与细胞的连接桥梁，也是面临任何刺激都会产生各自反应的神经元。神经纤维负责将外界刺激传导给细胞，由细胞对刺激做出整体反应。

由此可见，神经纤维活动与细胞活动是有差异的，而产生差异的原因，一方面是因为细胞不仅仅是一个展示性主体，而且还是一个控制性主体。另一方面，由于神经纤维本身的抵抗力微弱，自身所能积累的由外界刺激产生的能量相对较少。简言之，神经纤维与细胞的作用机制是外界刺激通过神经纤维传导给细胞，细胞接收刺激产生并分配神经能量，最终通过神经纤维释放

---

① [美]约翰·杜威.心灵与身体.//杜威全集·早期著作第2卷 [M].刘娟，译.上海：华东师范大学出版社，2010：75.

这些能量。从作用上看，神经纤维与边缘神经系统相连接，神经细胞与中心神经系统相连接。因此，相对而言，作用于神经纤维的刺激与兴奋是边缘的神经活动，而与细胞相关的反应和控制则属于中心性神经活动。此外，在精神和神经系统的关系问题上，杜威认为，大脑和脊髓都属于精神器官，是心理活动产生的场所，脊髓与神经纤维的外周末梢也都是精神器官，是心理活动发展的场所，所以大脑与精神生活有着极为密切的关联，这个关联和"神经系统任意其他部分与精神的关联"是类似的。至此，杜威确定了心灵与身体之间的关系，提出了"心灵和精神根植于身体之内"的论点。

关于神经系统的活动模式，杜威认为，基本神经活动是一个调节过程，表现出两个截然不同的方向：一个方向是刺激过程，另一个方向是反应或抑制过程。神经系统运转的动力和源泉是神经能量，神经能量是在兴奋和刺激下，通过神经纤维作用于细胞，并由细胞产生并储存在高度不稳定的化学复合物——神经组织中的生物能量。这些储存在神经组织中的神经能量的一部分被释放出来，作为对外界刺激的回应，另外一（大）部分神经能量为了维持神经组织的稳定而被储存起来，成为未来使用的储备能量，所以这个过程表现出对兴奋的克制与控制。神经系统包括神经叶脉、神经本身、特殊感觉神经、小脑、基底神经、两个脑半球等，它们运用各自的神经纤维和细胞向有利于有机体的目标而调节全体。个体行为在神经系统的运作下，表现出调节的趋势，具体表现为面对刺激时的选择、抑制与反应。那些对有机体有利的刺激被选择出来；其他刺激，尤其是一些无用的刺激被压制住。运用无数的神经纤维与细胞，神经系统通过调节自身来实现有机体的目标。

在明确了神经系统的活动机制以后，杜威在此基础上阐述了他的心理活动作用观。同多数唯物主义者一样，杜威认为，身体是心灵的物质器官，心灵将身体构建为符合自身活动的机制，通过这个机制，心灵能够直接处理有机体所面对的知识片段，并能够通过一定机制将知识的片段整合为一个整体。此时通过神经系统运作的身体，不仅是生理学意义上的身体，而且是心理学意义上的身体。此外，心灵不是单纯地存在于身体之中，而是以一种明确的、特殊的方式存在于身体中，内在地指导身体朝向某个目标。杜威最后得出结论，这种明确的、特殊的方式指的就是心灵为了实现某个目标而选择实施某些活动、压制另一些活动、回应某些活动、克制另一些活动，最终目的是选择最简单、最有效率的途径来实现被选中的目标。

三、心理活动的生理基础

杜威在《心理学》中集中阐述了他的心理学思想，在此书序言中杜威将自我的活动或现象作为心理学研究的对象，他认为自我的活动或现象就是指意识活动，心理现象是一种专指意识的活动，而意识活动则主要分为认知、情感和意志。他说：

> 心理学研究意识活动，目的在于对它的现象进行系统的调查、分类以及解释。研究之初，我们必须把意识划分为认知、情感和意志三个部分，尽管这种划分只有在整体考虑时才有意义。①

（一）认知的生理基础

杜威认为认知的源头是感觉，感觉是各种心理现象中最容易分辨的一种。根据器官的不同，他将感觉分为触觉、嗅觉、味觉、听觉、视觉、温觉和一般感觉。在他看来，感觉是在外部刺激转化为生理刺激的过程中产生的，人体经由器官接收刺激并激发人体的神经兴奋，进而转化为生理刺激。感觉刺激的产生过程可以分为三个阶段：第一阶段为外周感受器官受到刺激而兴奋；第

---

① ［美］约翰·杜威. 心理学. //杜威全集·早期著作第2卷［M］. 熊哲宏，张勇，蒋柯，译. 上海：华东师范大学出版社，2010：15.

二阶段是兴奋沿着神经纤维被传递到大脑；第三个阶段是大脑在接收传来的兴奋后，做出回应。第一阶段的"外周感受器官"是指人体的各种大型器官，如手、鼻、眼、耳、嘴等，它们是人体接受刺激的第一步。在第二、三阶段，当人体感觉器官与大脑之间的联结一旦形成，大脑就开始建立自己的结构体系来取代原属于感觉器官的作用，而个体意识正是在这个过程中发生的。值得注意的是，杜威在《心理学》中详细地阐述了感觉产生的生理基础，如触觉产生于真皮层中的乳头状小体，嗅觉产生于鼻黏膜上侧和后侧的嗅觉神经末梢，味觉产生于味蕾的舌面和软腭，等等。

（二）情感的生理基础

杜威认为情感并不是一种间歇性发生的特殊心理体验，也不是一种像感觉那样的具体心理活动，而是作为心理活动的内在体验，伴随着所有心理现象出现和发展。他将情感分为三种：感觉情感、形式化情感和性质化情感。当代心理学研究认为情感的产生与发展和大脑的内部机制有关，但在杜威所撰写的《心理学》出版的时代，心理学研究者对情感的生理基础还未形成更为科学的认识。就情感而言，杜威将外部刺激作用于生理器官、肌肉所获得的愉悦和厌恶称为情感的基础，如长时间饥饿后的饮食所带来的满足感和跌倒摔伤所带来的厌恶感都是感觉情感的表现形式。

在数年之后，杜威借鉴了詹姆斯–朗格（James–Lange）情绪学说[①]，詹姆斯在《情绪理论》一文中详细探讨了个体情感和情绪的产生与表情和动作之间的相互关系。詹姆斯在研究中发现，当人的情绪产生时会引起植物性神经系统的反应，并由此出现有机体的一系列明显变化，据此，他认为情绪就是对身体变化的感知。朗格则提出，情绪是人体内脏活动的结果，情绪取决于血管受神

---

① 美国心理学家詹姆斯和丹麦生理学家朗格（Carl Lange）于1884年和1885年提出了内容相同的一种情绪理论，他们强调情绪的产生是植物性神经系统活动的产物。后人称他们的理论为情绪的外周理论，即詹姆斯–朗格情绪学说。

经支配的状态、血管容积的改变以及意识。詹姆斯和朗格都认为情绪刺激能够引起身体的生理变化，而生理反应进一步导致情绪体验的产生。詹姆斯–朗格情绪理论已经指出情绪与有机体改变的直接关系，强调植物性神经系统在情绪产生中的作用，具有一定的科学性。但是，他们片面强调植物性神经系统的作用，忽视了中枢神经系统的调节、控制作用，从而引发之后情绪研究中持久的争议。

（三）意志的生理基础

杜威认为意志有广义和狭义之分，从广义上讲，意志与心理活动是同义词；从狭义上讲，意志行动是以一个观念为开端、以实现该观念为终点的，意志不仅仅是纯形式化的，它还拥有实际内容，其内容主要由感觉冲动所提供。[①]感觉冲动是意志活动向外表达的一种方式，杜威将其定义为一种感觉到压力的意识状态，它因某种身体机制而出现，并通过产生某种生理变化而把自己表达出来。作为连接，感觉冲动需要一种特殊的机制将内部心理以一种外显的方式表达出来，这种特殊的机制就是反射活动。反射活动的发生源是脑脊髓神经系统，脑脊髓神经系统是感觉神经和运动神经在脊髓附近的神经连接中枢，当一个刺激从感觉神经传到运动神经而又没有意识的介入时，就产生了反射活动。杜威认为，感觉冲动是有意识的，反射活动却不涉及任何意识过程，然而正是通过反射活动，人类个体的任何情感都可以产生身体上的变化而被发泄出来，从而释放压力。此时对反射活动的认识为杜威重新认识心理学中的反射弧提供了方向性指导。

在杜威看来，虽然个体心理活动的产生离不开生理基础，但心理活动与生理活动还是有较为显著的差异，生理活动产生的能量是外在的，确切地说是一种外部的身体经历。而心理活动则是将外部活动作用于自身，并产生出

---

① ［美］约翰·杜威. 心理学. //杜威全集·早期著作第2卷［M］. 熊哲宏，张勇，蒋柯，译. 上海：华东师范大学出版社，2010：237.

独特的、全新的活动，即感觉。此外，杜威认为，对于个体来说，生理活动和心理活动是相伴随的，个体生理的刺激通过神经转化而作用于心理，当心理被激发而活跃起来时，用自己的方式对生理刺激做出反应。简言之，生理活动通过刺激影响心理活动，使心理活动遵循生理活动的反应机制，做出相应的回应。

四、婴儿的生理发展阶段

在明确了生理学与心理学的关系以及有机体的神经系统活动机制之后，杜威开始从生物学和遗传学视角认识婴儿的生理发展顺序和步骤，他说："生理学的研究已经表明：婴儿来到这个世界的时候，只有脊椎骨和少部分大脑区域是活跃的。从实际上讲，刚出生的婴儿就像是一个丧失脑半球的动物，也像是只具有反射功能的机器。"[1]杜威着眼于婴儿的生理发展顺序并就此展开了有关婴儿生理发展机制的论述，认为"协调"是婴儿生理发展的核心目标。而根据杜威的相关论述，婴儿心理活动是促成各主要器官协调发展的主要动力。在设定了婴儿心理活动的发展目标之后，杜威根据婴儿早期不同的生理状况，对婴儿期进行了发展阶段的划分。

杜威认为刚出生的婴儿神经系统中只有脊椎骨和大脑的少部分是活跃的，只能做一些最低级的刺激-反射动作。所以，杜威认为刚出生的婴儿只是一个具有反射功能的机器，如拿食物或吃奶的动作、用手抓取物品放置于嘴中的动作、受外界温度环境变化引起的哭喊声等。在此时间段内，婴儿的触觉、听觉和视觉无交叉，更无相互协调的趋势。

在婴儿成长的第一个时期，即0—3个月的时间内，婴儿生理发展的最主要

任务是大型器官的运用和相互之间的简单协调。以眼睛和手的协调为例，两者协调发展的外在表现为三个步骤：第一步是对两只眼睛的适应、协调与运用，第二步是在抓握基础上对手指的灵活运用，第三步是对手部动作和眼睛的协调运用。随着婴儿开始熟练协同使用触觉器官、视觉器官、听觉器官，各个身体器官开始相互影响，婴儿开始成为一个有机整体，而器官之间的简单协调的实现就意味着婴儿生理发展进入第二个时期。

在第二个时期，即3—6个月内，杜威认为婴儿生长的主要任务是各主要器官的更加灵活的运用，以及彼此之间达到协同运用并最终形成无意识的习惯。这个时期，婴儿的主要活动相较于第一时期的杂乱无章而言，开始变得整齐而有规律。器官协同也变得更加有目的性，例如手的功能是为了将拿到的东西放在眼睛能够看得到的地方，而手可以抓取眼睛观察到并想要的东西。杜威认为，该时期内的婴儿看事物的表情逐渐发生变化，不再是机械地看，而是显示出观看、观察的状态，而且也越来越多地出现了人类特征的微笑，显示出儿童智力开始发展的特征和状态。这种智力发展的表现就是用包含简单含义的语言、符号来代替实物。

随着简单智力活动过程的出现，婴儿开始过渡到6—14个月的第三个时期。在这个时期，婴儿的生理器官及其协调能力已初具雏形，婴儿开始利用身体器官获取并积累来自客观世界的感受，也就是杜威所说的"经验"。随着婴儿生理发展机制的基本形成，大约从第12个月开始，婴儿已经开始利用获得的"经验"指导下一次类似的活动，生理成熟自此成为推动婴儿发展的次要因素。

综上所述可以发现，杜威在生理学和心理学关系的论述上表现出比较矛盾的态度：一方面认为生理学无法解释心理现象，另一方面却主动运用生理学知识和方法来探索心理现象。看似无法解释，实则有深层次的原因：首先，杜威的相关论述是建立在对当时心理学研究中普遍流行的生理决定论的批判的基础上的；其次，杜威也看到了生理科学的发展所带来的新知识的确能为心理学研究提供参考。所以，杜威心理学论述的逻辑起点便是生理学。

正如美国学者詹姆斯·坎贝尔（James Campbell）所言：

> 这种新心理学不同于那种通过反思意识的成分而对心灵所作的沉思和玄想，也不同于洛克以及他的伙伴们在英国经验主义传统意义上所讲的传统心理学。它强调动物性生命的一面，在这种心理学看来，感觉不被视为"知识的单元和成分"，而是作为"调适环境的产物"；它倚重生理学与日益发展的实验室中可以操作的实验。①

第二节　进化论中的机能主义倾向

如果说生理学是杜威心理学思想的逻辑起点，那么进化论则是杜威心理学论述的"中转站"。受进化论的影响，杜威对心理学的研究兴趣逐渐由心理活动的内容转向了心理活动的机制。进化论不仅是杜威心理学思想的早期理论渊源之一，而且还是杜威心理学思想转向机能主义的催化剂。

进化论思想的出现是近代科学史上极其重要的事件，1859年达尔文的《物种起源》一经出版就很快风靡全球，成为人类科学史上最重要的著作之一，其中所表达的最重要的思想就是生物进化思想。可以说《物种起源》与进化论对当时美国心理学的形成和发展产生了重大影响，这种影响不仅表现在心理学的研究对象上，还表现在心理学的研究方法上。巧合的是，杜威出生的1859年正是《物种起源》出版的年份。杜威给予《物种起源》高度评价："毋庸置疑，在当代思想中，旧问题的最大消解，新方法、新意图、新问题的

---

① ［美］詹姆斯·坎贝尔. 理解杜威：自然与协作的智慧［M］. 杨柳新，译. 北京：北京大学出版社，2010：34.

突如其来，就是科学革命所带来的结果，这一科学革命的高潮就是《物种起源》。"①除了生物学外，进化论对人类学、心理学、哲学等的发展都有不容忽视的影响。恩格斯（Friedrich Engels）将"进化论"列为19世纪自然科学的三大发现之一（其他两个是细胞学说、能量守恒定律）。进化论对杜威心理学思想的影响主要表现在杜威关于心理学研究对象、心理学研究方法和心理学的任务和作用等论述上。有学者表示："威廉·詹姆斯、约翰·杜威和乔治·赫伯特·米德等学者试图发展一种新的心理学，试图弥合心理学的结构化趋势与文化上的整体观念之间的鸿沟。他们的方法是独特的，因为它的主要灵感来自进化论，而不是物理科学。"②

一、进化论的萌芽与形成

进化论从理论渊源上可以追溯到古希腊时期，哲学家秉持着朴素的态度思考着人类的起源。哲学家阿那克西曼德③就提出了朴素的演化理论，他推测最原始的动物是从海中的泥演变而来的，人是从鱼类演化而来的。亚里士多德（Aristotle）在其所著的《动物志》和《论植物》中认为，生命演化的路径应该是：非生命→植物→动物，这也大致符合基于现代科学的认知。

早期进化论的相关论述只是一种朴素的哲学思考，真正系统的进化论的提出则要到18世纪晚期，当时一些专业的生物学家参与到科学研究中来，开

---

① ［美］约翰·杜威.达尔文主义对哲学的影响.//杜威全集.中期著作第4卷［M］.傅统先，郑国玉，刘华初，译.上海：华东师范大学出版社，2012：11.

②Eric Bredo. Evolution, Psychology, and John Dewey's Critique of The Reflex Arc Concept. The Elementary School Journal, 1998, Vol. 98（5）：447–466.

③ 阿那克西曼德（Anaximander），古希腊唯物主义哲学家，据传是"哲学史第一人"泰勒斯的学生。他认为万物的本源不是具有固定性质的东西，而是"阿派朗"（无限定，即无固定限界、形式和性质的物质）。"阿派朗"在运动中分裂出冷和热、干和湿等对立面，从而产生万物。著作有《论自然》，已佚。

始基于生物学的研究成果而提出自己的假设。在诸多早期进化论研究者中就有达尔文的祖父伊拉斯谟·达尔文（Erasmus Darwin），他认为："动物的变形，无论是人工造成的改变还是气候与季节造成的改变……一切温血动物的结构基本一致……使我们不得不断定它们都是从一种同样的生命纤维产生出来的。"①当然，最早系统论述进化论思想的是法国生物学家拉马克（Jean-Baptiste Lamarck），他先于1809年出版《动物的哲学》一书，系统阐述了生物进化观，后于1815年发表《无脊椎动物学》一文，进一步阐述了物种进化思想。拉马克认为，动物躯体上的变异是由于有机体努力适应环境而形成的，这些变异通过遗传而被有机体的后代所继承。②随着世界各地越来越多的物种被发现，尤其是地球已灭绝生物的骨骼和化石被挖掘，生物学家认识到生命的形式并非如基督教神学所说的静止不变，而是可以变化和发展的。科学地位日益提高的优势也全面而深刻地影响了大众的态度，人们开始怀疑圣经和古代先贤的权威论断，所有这些事实都在客观上为进化论走向世界中心舞台提供了动力。

在为进化论的科学性寻找证据的生物学家中，查尔斯·达尔文无疑是最重要的一位。1809年出生于医学世家的达尔文并没有对医学表现出特别的兴趣，反而乐此不疲地收集植物和昆虫标本。对动植物的浓厚兴趣使达尔文选择了一条与医学迥然不同的另一个方向。1831年，大学毕业的达尔文从英国出发，乘坐"贝格尔号"展开了长达5年的环球之旅，这次旅行让达尔文搜集了许多一手资料。归国后，达尔文花费大量的时间对这些资料进行分类和整合，他借用托马斯·马尔萨斯（Thomas Robert Malthus）的人口理论来协调手中的资料，并提出了最初的"适者生存"的进化原则。但直到1858年7月1

---

① 叶浩生.心理学通史［M］.北京：北京师范大学出版社，2006：177.

② ［美］杜·舒尔兹，西德尼·舒尔兹.现代心理学史［M］.叶浩生，译.南京：江苏教育出版社，2011：112.

日，达尔文与阿尔弗雷德·华莱士（Alfred Russel Wallace）才在伦敦林奈学会上宣读了各自关于进化论的论文，而《物种起源》在1859年才正式出版。至此最详细、最系统的生物进化论学说被呈现给世界，各种唯心的神造论以及物种不变论遭受毁灭性打击。

达尔文的《物种起源》共列有十五章，最前面有史略和绪论，从总体结构上来看，全书分成了三个部分：第一部分是全书的主体内容，提出了随机变异的自然选择学说；第二部分提出进化论的种种难点和异议，并进行解释；第三部分用进化论对生物界在地史演变、地理变迁、胚胎发育中的各种现象进行了令人信服的解释，使这一理论获得了有力支撑。正如杜威所言：

> 《物种起源》（*Origin of Species*）的发表，标志着自然科学进程中的一个新纪元……通过摧毁绝对永恒的神圣避难所，从而引入了一种新的思维方式。这种思维方式最终必定会改变知识的逻辑，并因此改变人们对待道德、政治以及宗教的方式。①

二、达尔文进化论的基本观点

达尔文一生著作颇丰，思想自成体系，其中集中阐述进化论的是《物种起源》，但实际上在《物种起源》中，有关人类的介绍内容很少。在1871年出版的《人类的由来》中，达尔文集中阐述了有关人类的起源问题，认为人类也是进化的产物。他提出了三个重要的论点：自然选择、适者生存和生存竞争。他充分肯定了环境对物种进化的决定作用，正是由于环境发生了变化，才导致生物出现各种变化，其中不能适应环境变化的生物会被淘汰，并最终灭亡。其

---

① ［美］约翰·杜威.达尔文主义对哲学的影响.//杜威全集.中期著作第4卷［M］.傅统先，郑国玉，刘华初，译.上海：华东师范大学出版社，2012：3.

余生物通过调节自身的机体结构来适应环境的要求，并最终生存下来。在达尔文看来，生物体的进化实质上是自然选择的长期过程，自然选择是生物进化的首个环节和最终环节。由于环境以及生存条件的限制，生物之间需要通过激烈的竞争来争夺有限的生存资源。所谓"进化"，实质上是自然选择的过程。通过自然选择，物种发生了缓慢的变化，去掉那些变化的中间形式，就有了现代的新物种，"自然选择"是物种起源和发展的根本原因。[①]此外，《人类和动物的情绪表现》是达尔文的著作中与心理学关联最紧密的著作，在书中，他认为人类情绪是生存所必需的动物情绪的残存物。[②]在《人类的由来》和《人和动物的情感表达》两部著作中，达尔文探讨了人类与动物之间的关系，通过大量的证据表明人类心理与动物心理之间的相似性，而此举也开创了利用动物来研究人类心理的比较法的先河。

　　进化论对心理学领域产生了巨大影响。首先，进化论影响了心理学的研究对象和目标的选择。以冯特和铁钦纳为代表的传统构造主义心理学派关注于人类意识和心理的内容，通过将意识内容元素化来对意识和心理进行细致的分析。而进化论所主张的生物对环境的适应，促使心理学家开始研究心理机能对个体适应环境的作用，随着越来越多的心理研究者认识到对心理的作用和机能研究的重要性，由冯特和铁钦纳开始的那种关于心理元素的烦琐研究逐渐失去了吸引力。其次，进化论为心理学提供了新的方法论指导。在《物种起源》中，达尔文经常会对不同动物种类进行对比研究，也会将人类与动物进行类比分析。此外，达尔文会用大量的实地调查和统计来对物种及其特点进行分类描述，也影响了心理研究方法的选择。所以在实验心理学的实验法和构造心理学的内省法之外，新的心理研究法如观察法、比较法等被学界所认可。最后，

①　叶浩生.心理学通史［M］.北京：北京师范大学出版社，2006：158.
②　［美］鲍尔温·R.赫根汉.心理学史导论［M］.郭本禹，译.上海：华东师范大学出版社，2004：441.

在环球旅行期间，达尔文不仅看到了不同的物种，也看到了同类物种间的个体差异，这种生物体之间的差异性研究也使心理学家逐渐开始重视个体心理的差异。

三、进化论对杜威认识的延展

为了说明达尔文思想的影响，杜威专门撰写了一部研究达尔文的论著——《达尔文主义对哲学的影响》，而该书目录的第一篇文章题目便是"达尔文主义对哲学的影响"。在此论著中，杜威认为虽然达尔文的进化论在欧洲乃至世界范围内都产生了深远的影响，但整体而言，对进化论的关注依然局限于生物学领域，人们尚未领会进化论的普遍意义。因此杜威在论著开篇的第一句话便表示："由物种与起源二者所结合所导致的结果一方面显示出了一种思想的反叛，另一方面也引入了一种新的思想气质，但这些却被相关研究者轻易地忽视了。"[①]在杜威看来，进化论所带来的影响并不局限于生物学中，而是波及了哲学、宗教、伦理等诸多范畴，并影响了人们的思想与行为。

杜威最先是通过赫胥黎（Thomas Henry Huxley）与斯宾塞（Herbert Spencer）的思想间接认识了达尔文的进化论。赫胥黎的著作曾是杜威大学时代学习的教材。杜威坦言，在佛蒙特大学就读期间，有一门被他称为"哲学"的课程能够激发他的学习兴趣，而这本课程的教材就是由赫胥黎编著的。谈及这门课程的学习感受，杜威说："我有一种印象，即从这门课程中学习到一种相互依赖和相互联系的统一体观念，这种统一体观念给从前开始的一些学术活动提供了一定的形式，并产生了表现某种事物观点的形态或模式。至少，它使我下意识地期望一个世界和一种生活。在学习赫胥黎的论述之后，我了解到，

---

① John Dewey. Darwin's Influence upon Philosophy. Popular Science Monthly, 1909, Vol. 75（7）：90-98.

我所期望的这种生活将具有赫胥黎所描述的人类有机体生活的同样特点。"①
从结果来看，赫胥黎的论述让杜威在头脑中形成了统一性观念，这种影响可以
在杜威对反射弧概念的新理解中找到答案。杜威同样对斯宾塞赞誉有加，"我
不知道是否还有别的人曾经把埃米尔·左拉②在小说方面的工作和斯宾塞在哲
学方面的工作相联系。但是，我发现自己在内心中把这两个人的事业结合起
来，尽管他们在环境、兴趣、目标和个性上有所不同"③。斯宾塞的社会进化
论对杜威心理学思想的影响主要体现在杜威有关社会心理学的认识上，与斯
宾塞的观点类似，杜威也主张把西方自古以来有关社会和伦理中的个人主义
的研究成果，与19世纪科学和实践所探寻的显著概念和特征相结合。当然，
斯宾塞机械地将进化论移植到社会领域并强调人类社会进步的绝对性，这种
主张受到了杜威的质疑。

　　将进化论移植到社会领域的是斯宾塞，而将进化论原理应用到心理学领
域的是詹姆斯。在詹姆斯看来，人类的知识不过是生物反射作用中的一个微
不足道的方面，意识和知识一样都在不断增长和发展，以适应未来的生活。
在1890年的《心理学原理》中，詹姆斯将心理过程视为适应性——生存功能
的实现，最终目的是让人类适应环境的要求。詹姆斯被认为是第一个彻底阐
述了基于生物学的人类心灵模型的人，而杜威和安吉尔则被认为是第一批正
式运用这种自然心理学方法的人物。④正是由于这个原因，杜威、安吉尔领导
的芝加哥大学心理学研究队伍在19世纪90年代末和20世纪初被称为芝加哥机

---

①［美］简·杜威，杜威传［M］.单中惠，编译.合肥：安徽教育出版社，1991：56.

②埃米尔·左拉（Émile Zola），法国重要的批判现实主义作家，自然主义文学流派创始人与
领袖，主要作品为《卢贡−玛卡一家人的自然史和社会史》《小酒店》等。

③［美］约翰·杜威.赫伯特·斯宾塞的哲学工作.//杜威全集·中期著作第3卷［M］.徐陶，
译.上海：华东师范大学出版社，2012：145.

④ Andrew Backe. John Dewey and Early Chicago Functionalism. History of Psychology，2001，
Vol. 4（4）：323−340.

能主义学派。

年轻时期的杜威在进化论的影响下，吸纳了詹姆斯等人的主张，逐步形成了自己的心理学观点和看法。进化论主张人的存在和发展是自然演化结果的论点对杜威有着深刻的影响。在此意义上，杜威将人称作"活的生物"，是存在于环境、依赖于环境并和环境不断进行相互作用的关系性存在：一方面，人作为"活的生物"与其他有机体具有同质性，人的身体和心灵作为统一体，都是自然演化的结果；另一方面，人作为自然界交互作用的一部分，形成了具有明显个体特色的身体机能，且个体之间有非常明显的差异。而人类的群体特色和个人差异都是由人类心灵决定的。达尔文的进化论让杜威意识到了要对流变的世界、人类的经验多加关注，让哲学归于生活，从而也促使杜威认识到经验就是有机体与环境的交互作用的内容和形式。

第三节　詹姆斯机能心理学的影响

当杜威受到进化论思想的影响而探索新的心理学学术发展道路时，詹姆斯的《心理学原理》出版了。按照杜威心理学思想发展阶段来看，1884年、1887年和1890年是三个关键节点：1884年《新心理学》一文的发表，标志着杜威心理学思想开始形成；1887年，《心理学》一书的出版标志他的心理学思想基本成熟；1890年詹姆斯出版了《心理学原理》一书后，杜威深受启发，即刻对自己的心理学观念进行了调整，并于1891年对《心理学》进行了第三次修订，修订版显然在很大程度上受到詹姆斯心理学思想的影响。而詹姆斯及《心理学原理》正是杜威从唯心主义哲学到自然主义经验论转变的重要原因。詹姆斯的著作问世时，"杜威虽然已经是一位致力于个人理想主义计划的卓有成就的哲学家和心理学家，詹姆斯在学术上的贡献和影响没有使杜威偏离自己的初衷，但詹姆斯的思想却改变了杜威的哲学基础"①。詹姆斯作为美国机能主义心理学派的先驱人物，其有关心理学的著述对美国心理学发展方向产生了重大影响。

杜威曾言："詹姆斯的《心理学原理》对自己的哲学思想发展有着最大的特殊影响，并成为改变他旧信念的一种酵素。"②在《从绝对主义到实验主义》一文中，杜威表示："就我能发现的来说，詹姆斯的影响是进入我思想中的一种能详细论述的哲学因素，也就是一种赋予我思想新的方向和特性的哲学因素。需要说明的是，它来自于詹姆斯的《心理学原理》，而不是来自于收集在那本题为《信仰的意志》里的一些文章，以及他的《多元论的宇宙》或《实用主义》。"③这些都在指向詹姆斯的思想对杜威哲学和心理学思想形成的重要影响，这种影响不仅包括对心理学研究内容的思考，也有对心理学研究方法的审视。

一、詹姆斯及《心理学原理》

詹姆斯1842年出生在美国纽约的富庶家庭，其父不仅是美国知名富豪，还是一位神学家。优越的家庭环境和良好的早期教育使詹姆斯很早便形成了思维活跃、能言善辩、善良温厚、社会经验丰富的特点。詹姆斯曾多次前往西欧各国游历，并主要在德国学习了医学、心理学和生理学。1861年，詹姆斯进入哈佛大学劳伦斯学院学习化学，后转学解剖学和医学，获哈佛大学医学博士学位。毕业后的詹姆斯选择留校，并于1872年开始在哈佛大学讲授生理学和解剖学。由于有关神经系统和生理学的研究与心理学存在着密切的关系，在深入和

① Andrew J. Reck. The Influence of William James on John Dewey in Psychology. Transactions of the Charles S. Peirce Society，1984，Vol. 20（2）：87–117.

②［美］简·杜威，杜威传［M］.单中惠，编译.合肥：安徽教育出版社，1991：序言.

③［美］简·杜威，杜威传［M］.单中惠，编译.合肥：安徽教育出版社，1991：66.

长期的探究过程中，詹姆斯的研究兴趣逐渐转向心理学，成为第一位在美国本土开设"生理学和心理学关系"课程的美国人。

1878年至1890年，历时12年，詹姆斯完成了他一生中最重要的心理学著作《心理学原理》，该书既是詹姆斯心理学思想和理论体系的全面展现，也是当时实验心理学最新研究成果的总结，为詹姆斯赢得"美国心理学之父"的美誉奠定了基础。[①]作为美国心理学会的创始人之一，詹姆斯在1894年和1904年两度当选为协会主席，除了《心理学原理》一书外，他还撰写出版了其他与心理学相关的著作，如《心理学简编》（1892）和《对教师讲心理学及对学生讲生活理想》（1899）。在杜威眼中，詹姆斯是心理学领域中类似发现新大陆的哥伦布的角色，作为一位医学和心理学研究者，他关注如何理解人性的构成与作用方式。杜威认为，詹姆斯将研究与兴趣相结合，将科学方法与对于人性的各个方面的浓厚兴趣完美地结合起来，所以詹姆斯的研究感受是探索者对纯粹发现的愉悦感，其研究方向多具有原创性。

《心理学原理》被杜威认为是詹姆斯诸多著作中最重要的一部，在杜威1943年的评论文章《谈〈心理学原理〉》中表达了对《心理学原理》的崇敬："不论当今心理学观点如何看待其内容，这部书像洛克的《论政府》与休谟的《人性论》一样，可以列为永恒的经典。"[②]该书内容共二十八章，基本思路是将心理学定位为自然科学进行研究，主要阐述了心理学的学科性质、研究对象，以及心理学的研究方法：内省法、实验法和比较法。从学科意义上来讲，詹姆斯心理学思想的突出特点是将生理学、实验室的态度与内省法有目的地结合起来。《心理学原理》不仅总结了实验心理学在当时已取得的主要研究成果，更重要的是它开创了美国机能主义心理学的

① 叶浩生.心理学通史［M］.北京：北京师范大学出版社，2006：177.

② ［美］约翰·杜威.谈"心理学原理".//杜威全集·晚期著作第15卷［M］.余灵灵，译.上海：华东师范大学出版社，2015：14.

新方向，并且在某种意义上预见了以后美国主要心理学流派的发展。与构造主义心理学的观点不同，詹姆斯在书中主张心理学应研究适应环境的活生生的人，心理学应该是对意识状态进行整体的描述和解释，而不是将意识分解为基本要素。

在《心理学原理》中，詹姆斯特别确定了心理学基于生物学的两个原则："没有不伴随身体变化而变化的精神""只有行动才能达到目的的原则"，前者的意义在于让大脑和神经系统的心理过程简化为可以被观察到的生理活动，后者的意义在于确定了心灵的功能是协助人类机体适应环境的需求。[①]此种观点为美国心理学转向机能主义提供了路径选择，也显示出詹姆斯心理学思想中包含浓厚的实用主义色彩。在此基础上，詹姆斯重视心理学的应用，主张扩大心理研究的范围，并积极推动心理学的应用性研究。所以，詹姆斯对杜威心理学思想的影响不仅在内容上，而且其哲学思想中的实用主义倾向也使杜威对心理学的现实作用有了全新的认识。

二、詹姆斯心理学思想的传承

从杜威生前的所有著作来看，对詹姆斯的主要论述集中在对其本人的介绍和哲学思想评说上，但也涉及对詹姆斯心理学思想的评述。而关于心理学作为一门科学的认识，杜威基本同意詹姆斯的相关论断。在1920年北京大学的演讲中，杜威提及了詹姆斯的"意识流"理论："他的哲学处处重个性，重变换，重进化，重往前冒险，重自由活动，都是从这个把意识看作流水的观念

---

① Andrew Backe. John Dewey and Early Chicago Functionalism. History of Psychology，2001，Vol. 4（4）：323-340.

而来的。"①在具体问题上，杜威对詹姆斯的观点也有表述，比如在《情感理论》一文中，他就谈到了自己为什么会偏好詹姆斯-朗格情绪理论，而不是达尔文的理论。除了情绪外，杜威所论及的心理活动中的冲动与本能、习惯等与詹姆斯的相关论述一脉相承。当然，杜威对詹姆斯心理学思想并未照搬，而是进行了选择性和批判性的继承，在有关"意志""意识"方面，杜威就与詹姆斯不同。

詹姆斯认为，就心理学的研究对象而言，"心理学是关于心理生活的科学，涉及心理生活的现象及其条件。这些现象是诸如我们称之为情感、欲望、认知、推理、决定等等之类的东西"②。将心理学的研究对象设定在个体的意识领域，可谓开机能心理学的先河。受詹姆斯的影响，杜威将心理学定义为关于认识和行为的科学，以意识活动或现象为研究对象的学科。而在心理学研究方法上，杜威基本沿用了詹姆斯的内省法、实验法和比较法，但在细节上又有所不同。杜威认为无论什么研究方法，心理学研究的目的都是要对意识进行解释，而且通过多种方法的应用，心理学家能够认识到自我意识中什么是偶然的和次要的、什么是永恒的和本质的，从而揭示出心理学的研究对象究竟是什么。

从詹姆斯关于本能和习惯的观点来看，他认为本能是一种趋向一定目的的、自动的、无须事先经过教育就能完成的动作能力或者冲动行为。③依据这种观点，詹姆斯将一切心理原因都归结为本能冲动，走向了人类心理和行为的本能决定论。在对习惯的认识上，詹姆斯认为习惯是人类在经验的作用下，展现出一种类似本能无需意志的调控而自动发生的行为模式。就习惯的作用来

---

① [美] 约翰·杜威.三位当代哲学家：威廉·詹姆斯、昂利·柏格森和伯特兰·罗素.//杜威全集·中期著作第12卷 [M].刘华初，马荣，郑国玉，译.上海：华东师范大学出版社，2012：164.

② [美] 威廉·詹姆斯.心理学原理 [M].田平，译.北京：中国城市出版社，2003：1.

③ 叶浩生.心理学通史 [M].北京：北京师范大学出版社，2006：179.

看，在个体层面，詹姆斯认为习惯可以减少人类个体因为集中注意力而带来的精神损耗；在社会层面，习惯能使群体形成良好的运行机制而有利于社会的稳定。杜威在詹姆斯本能和习惯论基础上提出了自己的观点，他认为冲动其实只是感觉的一种表现形式，是无意识的心理活动，与本能的含义有差别。他认为，本能"是确定的或有限度的冲动；这种行动的物理机制已经事先非常明确地安排好了"①。基于对习惯的不同认识，杜威进一步丰富了习惯的概念，他认为习惯不仅有积极的方面，还有消极的内容，而只有控制好习惯才能让习惯为自己所用。而在习惯形成的认识上，杜威认为习惯是通过不断的成功而非机械重复形成的。

　　此外，杜威对詹姆斯心理学思想的继承还表现在杜威有关情绪的论述上。在《情感理论》中杜威赞成詹姆斯-朗格情绪理论的原因不仅在于此论断比达尔文带有神秘感的表述更加清晰，而且还因为詹姆斯把情绪的相关概念，如"感觉""观念"和"行为模式"置于一个相互联系的整体当中。杜威认为，詹姆斯的情绪理论受到批评者诘责的原因在于他的措辞表达并不够清晰。在情绪与有机体的外在表情关系问题上，杜威完善了詹姆斯的观点。詹姆斯的观点是，表情就是内在情绪的外在表达，所有的笑都应该传达愉快的情绪，所有的呕吐都应该传达厌恶的情绪。②在杜威看来，表情作为情绪的外显形式之一，是否能真实反映内在情绪，取决于表情产生的直接原因。他认为，由寒冷和纯粹的疲劳而导致的颤抖，在本质上不同于由愤怒或恐惧导致的颤抖。所以，表情和情绪虽然是相伴发生的，但表情只是情绪动作的一部分，不能直接用来解释情绪。

---

　　①［美］约翰·杜威.伦理学研究（教学大纲）.//杜威全集·早期著作第4卷［M］.王新生，刘平，译.上海：华东师范大学出版社，2010：203.

　　② John Dewey，The Theory of Emotion：Ⅰ：Emotional Attitudes. Psychological Review，1894，Vol. 1（6）：553-569.

三、杜威对心理研究法的审思

除了对詹姆斯心理学思想的借鉴和发展之外，杜威还反思了詹姆斯有关心理研究方法的论述。他说：

> 读过詹姆斯之后，人们发现，以前被称为内省并给这种方法带来坏名声的大部分东西根本就不是内省，而仅仅是纺织出特定预备好的观念而已。在威廉·詹姆斯那里，内省意味着对真正事件的真正观察。[①]

詹姆斯有关心理研究法的论述集中在《心理学原理》第七章，他将心理学研究法分为内省法、实验法和比较法三种。在詹姆斯看来，内省法是三者中最基本、最直接的研究方法。与冯特所谓专门用于心理学训练的内省法不同，他所主张的内省法是哲学家、思想家广为应用的内心反思方法。在杜威看来，詹姆斯的内省意味着研究对象对真正事件的真正观察而不是由外界研究者参与的相对观察。对于实验法，詹姆斯表现出非常矛盾的态度。一方面，他高度评价实验法，主张心理学家要用实验法，因为实验法可以提供必要的心理学事实，而且他还建立了美国第一个心理学实验室。但另一方面，他本人是一位哲学倾向非常明显的学者，擅长哲学思辨。由于实验水平的限制，他认为实验法实施的难度较大，对实验所获得数据的真实性表示怀疑。在内省法和实验法外，詹姆斯将比较法列入心理学研究方法，认为比较法可以补充内省法和实验法的不足。[②]

受詹姆斯及其《心理学原理》的影响，杜威于1891年夏对《心理学》进行第三版也是最后一次修订，其中有15个页面全部修改，47个页面大部分修

---

① [美]约翰·杜威.威廉·詹姆斯.//杜威全集·中期著作第6卷 [M].王路，马明辉，周小华等，译.上海：华东师范大学出版社，2012：71.

② 叶浩生.心理学通史 [M].北京：北京师范大学出版社，2006：178–179.

改。在《心理学》第三版序言中，杜威专门提及受到詹姆斯等人的影响而对1889年第二修订版中的心理学研究方法部分的修改。在第三修订版中的心理学研究方法部分，杜威基本上赞同詹姆斯对心理学研究方法的论述。他认为，心理研究法是进行心理研究必不可少的部分，而心理研究法的目标是搜集和解释意识现象，并最终生成理论，进而使心理现象得到更好的解释。

杜威在詹姆斯心理研究法分类的基础上，分析了三种主要的研究方法。1. 内省法：杜威将观察意识现象以确定它们性质的研究方法称为内省法，内省是心理所拥有的一种一般的认识能力，它能够反思性和意向性地指向某些特定的活动。[①]他认为，运用内省法有三个困难之处：参与者选择难度大，参与者情感和分析很难达到协调统一，观察者在克服自身心理观念方面有较大难度。因此，内省法作为一种观察手段是无法直接解释心理现象的，只能处理当下事务。2. 实验法：杜威认为通过实验控制可以影响和改变心灵和意识，但实验法有其适用范围，即不能超越个体心理，只能应用于与生理过程相关联的心理现象；实验法可消除无关因素的影响，可任意改变变量并分析其结果，揭示心理现象的发生条件。3. 比较法：杜威认为成人的心理可以与许多对象进行比较，诸如动物、不同年龄的儿童、有心理功能缺陷或精神错乱的人、处于不同种族和国家的人，通过比较分析可以凸显人类心理活动的特点。

当然，杜威也指出，在詹姆斯的《心理学原理》中也存在着主客观矛盾的一面。他说："詹姆斯的《心理学原理》存在两种未取得一致的论调，其中一种源出于作为'意识'理论的传统心理学观点，另一种源出于建立在生物学基础上的更加客观的心理学理论。"[②]詹姆斯在了解了以杜威为首的芝加哥学派在心理学和教育领域所做贡献之后，赞扬杜威和安吉尔为"新系统的发起

---

① ［美］约翰·杜威. 心理学. //杜威全集·早期著作第2卷［M］. 熊哲宏，张勇，蒋柯，译. 上海：华东师范大学出版社，2010：9-10.

② ［美］简·杜威. 杜威传［M］. 单中惠，编译. 合肥：安徽教育出版社，1991：27.

人"①。虽然詹姆斯和杜威在一些具体论调上存在不一致的情况，但是也看到了二者心理学思想之间所存在的连续性，思想上的连续性使他们在心理学的整体问题上表现出了一致性。

第四节 实用主义哲学对心理功能的审视

实用主义（或按照杜威的说法称之为工具主义的哲学）是在美国的特定历史条件下形成和发展起来的一种主观唯心主义哲学思潮。"实用主义"的英文原名为"pragmatism"，希腊文为" πραγμα"（其含义为"行为或行动"），所以实用主义哲学又被称为"行动的哲学"。实用主义哲学是杜威整个思想体系的基础，是杜威将心理学思想应用于教育和社会现实的指导思想。从实用主义哲学的发展轨迹来看，杜威之前的皮尔士和詹姆斯等人在英国唯心主义经验论思想的基础上，对实用主义哲学的内涵和作用进行了探讨。有学者指出，实用主义可以看作是一个"神圣家族"，在这个家族中美国哲学家皮尔士和詹姆斯起了十分重要的作用，一般认为，皮尔士是实用主义的创始人，詹姆斯是实用主义的奠基者。②通过对实用主义思想发展轨迹的分析，以及对实用主义在美国的成熟和发展的探讨，有助于更好地理解实用主义如何影响杜威的心理学思想和杜威心理学思想中的实用主义色彩。

一、实用主义哲学的理论溯源

关于"实用的"（pragmatic）一词的出现，杜威认为是受到康德研究的

①William James. The Chicago School. Psychological Bulletin, 1904, Vol. 1（1）: 1-5.
②单中惠. 现代教育的探索——杜威与实用主义教育思想［M］. 北京：人民教育出版社，2001: 73.

启发，康德在《道德形而上学》中区分了"实用的"和"实践的"，后者即为康德所谓先天的道德法则，前者多适用于基于经验并可应用于经验的艺术和技术的规则。从历史视角来看，实用主义哲学虽诞生于美国本土，但其理论的源头则是英国的唯心主义经验论。英国的经验论者认为所有的知识都来自感觉经验，心灵的成长是通过感觉经验的不断积累实现的。[①]在杜威早期论文《康德和哲学方法》中，杜威概括性地描述了经验论及其方法，提及弗朗西斯·培根（Francis Bacon）、约翰·洛克（John Locke）、乔治·贝克莱（George Berkeley）和大卫·休谟（David Hume）等人的经验论主张对自己思想的影响。

杜威认为，从培根开始的经验论主张最初只是断言心灵必须要摆脱所有的主观因素，让心灵成为一面反映客观现实世界的镜子。这种论断完全忽略了个体认识世界的主动性，对此观点的消极影响，洛克表达了自己的意见和看法。洛克对心理学具有重要影响的著作是他1690年所出版的《人类理解论》。该书标志着经验主义的正式开端。洛克认为心灵是通过经验来获得知识的，经验主要来源于两个方面：感觉和反省。人在发展过程中，感觉最先出现。它们是反省的先行者，只有先进行感觉，才能为反省积累大量的材料。在反省过程中，将感觉的所有材料结合起来，并最终形成抽象的和更高水平的观念。因此，洛克认为所有的观念都源于感觉和反省，但是最根本的源泉还是感觉经验。[②]洛克的哲学主张虽然仍将个体心理当作被动的"白板"，但《教育漫话》中的名句"健康的心灵寓于健康的身体之中"可以显示出他对人类个体的认识要比培根更进一步。

提及贝克莱，自然会出现他的那句著名论断"存在即被感知"。作为近代主观唯心主义的创始人，贝克莱认为一切外部世界的事物都是感觉或感觉的复

---

① ［美］杜·舒尔兹，西德尼·舒尔兹.现代心理学史［M］.叶浩生，译.南京：江苏教育出版社，2011：37.

② ［美］杜·舒尔兹，西德尼·舒尔兹.现代心理学史［M］.叶浩生，译.南京：江苏教育出版社，2011：38.

合，人所认识的所有东西都是人的感觉经验，离开人的感觉经验，一切客观事物将不复存在。关于事物和精神的关系，贝克莱给出了这样的论证："要说事物的任何部分离开精神有一种存在，那是完全不可理解的，那正是包含着抽象作用的一切荒谬之点。读者如不相信，可以在思想中试试自己能否把可感知事物的存在和其被感知一事分离开。"①在论及贝克莱的唯心主义思想时，杜威这样评价道："贝克莱把心灵和自我的等同。作为一个本体论命题，是荒谬的；作为对道德和自主态度的表达，是有效的。"②

另一位哲学家休谟继承了贝克莱的主观唯心主义哲学思想。像贝克莱一样，休谟也认为认识来源于感觉经验，客观事物只是存在于人的心理感受中。在贝克莱和休谟的影响下，英国的经验主义与唯心主义结合得更加密切。在英国唯心主义经验论的论述内容中，知识的对象不再是外界事物，而是内在观念，"经验"逐渐由认识外在世界的途径变成为了内省的工具。此种观点也直接影响了詹姆斯、杜威等人在心理学研究方法上对内省法的选择。

应该看到，无论是洛克、贝克莱还是休谟，在其思想体系中，"自我"作为感知主体的作用和地位得到强化，被感知对象是否存在依赖于有无感知主体。虽然他们的哲学思想有一定片面性，但突出了个体心理和意识的重要性，提升了尚处在哲学母体中的心理学的地位，也为正在探讨心理现象的学者提供了深入研究的方向。实用主义哲学也正是沿着这个方向，强调经验对个人的作用。詹姆斯曾这样评价："虽然贝克莱没有把他们的观点表现得很清楚，但是我觉得我现在所维护的概念只不过是贯彻推行了他们首先采用的'实用主义'的方法而已。"③

---

① [英]乔治·贝克莱.人类知识原理 [M].关文运，译，北京：商务印书馆，1973：22.

② [美]约翰·杜威.教学大纲：当代思想中的实用主义运动.//杜威全集·中期著作第4卷 [M].陈亚军，姬志闯，译.上海：华东师范大学出版社，2012：202.

③ [美]威廉·詹姆斯.彻底的经验主义 [M].庞景仁，译.上海：上海人民出版社，2006：10.

二、皮尔士与实用主义的创立

在美国实用主义哲学的发展进程中，皮尔士毫无疑问是引领者。杜威在评价皮尔士对实用主义哲学所做出的贡献时表示：

> 我们从其他资料中知道，"实用主义"这个名称和观念都是由皮尔士先生提出来的，他告诉我们，这个名称和观念都来自自己对康德的解读，"观念"来源于对《纯粹理性批判》的解读，"名称"来源于对《实践理性批判》的解读。①

1872—1874年由皮尔士发起了一个名为"形而上学俱乐部"的学术团体，正是在这个俱乐部中，他首次提出"实用主义"一词，随后皮尔士在1877年和1878年发表《信仰的确定》和《如何使我们的观念清晰》两篇论文，对"实用主义"基本原则展开论述。

首先，皮尔士在论述思维与信仰的关系时强调，通过思维或探究去决定意见，即确定信仰是一个很重要的命题，思维或探究的唯一功能就是产生信仰。②而对实在东西的理解需要通过思维或探究引起信仰。在得出"实在"是信仰的出发点之后，皮尔士认为"实在"的概念和内涵产生于行动的实际效用。在《如何使我们的观念清晰》一文中，皮尔士首次表述了概念和观念的界定和实际意义，他提道："设想一下，我们概念的客体会有什么样的效果，这些效果可以设想具有一些可以想象的实际意义。这样，我们关于这些效果的概

---

① John Dewey. The Pragmatism of Peirce. The Journal of Philosophy，Psychology and Scientific Methods，1917，Vol. 13（26）：709—715.

② 单中惠. 现代教育的探索——杜威与实用主义教育思想［M］. 北京：人民教育出版社，2001：75.

念也就是我们关于那个对象的概念的全部。"①皮尔士在这一最初的表述中，仅仅是粗糙地表达了观念的意义在于它的实际效果。由于受到逻辑学思维习惯的影响，他拒绝朋友将他的理论体系称为"实际主义"（practicalism），所以直到1905年，皮尔士才进一步明确提出实用主义的具体内涵："任何概念、名词等，只存在于它对于生活行为的可以想象的效果上。绝对没有任何多于这一点的东西。对于这种学说，我想出'实用主义'这个名称。"②在皮尔士看来，客观材料只有给主体带来实际效果才真实存在。所以，任何一个观念和概念的存在意义在于它所引起的一切可能的或实际的效果。至此，当皮尔士认识到了效果对于意义的决定性作用，贝克莱"存在即被感知"便转化为"存在就是有用"，"实用主义"在理论上被皮尔士阐述出来。皮尔士最初认为"实用主义"一词无法真正表达出他的哲学思想，所以他选用"实效主义"（Pragmaticism）来概括他的哲学思想。

在杜威看来，用"实效主义"能够更加明确地表达出皮尔士有关概念与概念效果之间的关系。他认为，皮尔士的实效主义是涉及意义、概念或者对象之理性宗旨的学术词汇，即这些包含在"效果中的东西，也是我们认为我们概念到的对象实际具有的东西，这样关于任何东西的观念和概念的含义都等同于个人对这些观念和概念的效果的感受"③。虽然皮尔士生前并无专著出版，但在去世后其论著被整理成《皮尔士文集》（*The Collected of Charles S. Peirce*）8卷本出版，对后世影响巨大。

---

① Charles Peirce. Collected Papers of Charles Sanders Peirce（Vol. 5）. ed By C. Hartshorne & P. Weiss, Boston：Harvard University Press, 1963：9.

② Charles Peirce. Collected Papers of Charles Sanders Peirce（Vol. 5）. ed By C. Hartshorne & P. Weiss, Boston：Harvard University Press, 1963：412.

③ John Dewey. The Pragmatism of Peirce. The Journal of Philosophy, Psychology and Scientific Methods, 1917, Vol. 13（26）：709–715.

三、詹姆斯与实用主义的发展

在詹姆斯与皮尔士思想的关系上，杜威认为，詹姆斯继承了皮尔士开创的工作，在某种意义上，詹姆斯缩小了皮尔士实用主义方法的应用范围，同时将皮尔士的实用主义观念传播出来。作为实用主义的集大成者，詹姆斯也是皮尔士"形而上学俱乐部"的参与者。可以说在"形而上学俱乐部"中，詹姆斯直接受到了皮尔士的影响。1898在加利福尼亚大学哲学学会发表题为《哲学概念和实践的效果》的演讲时，詹姆斯正式提出"实用主义"这一概念。在推动实用主义哲学思想的发展上，詹姆斯提出了完整的实用主义观点，使实用主义成了一个比较系统的理论体系。而詹姆斯有关实用主义哲学思想的论著集中在1907年出版的《实用主义》一书中，而这本书也成为美国实用主义哲学运动的经典著作。杜威对詹姆斯实用主义思想赞赏有加，他表示：

> 詹姆斯先生的实用主义作为一个体系，不管有什么样的命运等待着，它始终是大学生活的一件大事，是美国高层文化的一件大事；因为詹姆斯先生将以丰富经验为基础的睿智成熟与青年的热烈、激情结合起来了，并且将这两样东西与完全属于他自己的自由灵魂的勇敢结合起来了。[①]

詹姆斯的实用主义是建立在他有关经验论的基础上的，与古典唯心主义经验论不同，詹姆斯所认为的经验论不仅包括人的感觉，也包括人的其他心理活动和本能。詹姆斯认为，经验是个体认识世界的源泉，而每一个真实之物必须是在某处能够被"经验"到，每一个被"经验"到的对象必须是真实存在于某处的。这种论断不仅提高了经验对于认识主体的作用，也将经验推向更纯粹

[①]［美］约翰·杜威.威廉·詹姆斯.//杜威全集·中期著作第6卷［M］.王路，马明辉，周小华等，译.上海：华东师范大学出版社，2012：73.

的主观主义，所以詹姆斯把自己的经验论称作彻底的经验主义，收录在《彻底经验主义文集》中的第五篇文章将标题定为《感情事实在纯粹经验世界里的地位》，将纯粹经验学说应用到价值和欣赏的问题上。

在对实用主义的现实作用问题上，詹姆斯表达了与皮尔士不同的观点。与皮尔士不同，心理学领域出身的詹姆斯，在哲学思想中更加关注个体心理。而且，他本人有浓烈的宗教情怀，使他更加关心人生问题。在此背景下，詹姆斯认为，相对于对科学假说的选择，对人生道路的选择的意义更加重要，而实用主义理论思想的主要作用在于指导人生道路的选择。此外，詹姆斯生活的背景是工业革命开始后美国资本主义经济迅速发展的阶段，实用主义成为资本主义工商业经济在哲学上的诉求，因而詹姆斯思想中的实用主义显得更加"庸俗"，皮尔士"存在就是有用"的观点发展到詹姆斯那里便转化为"有用就是真理"。在詹姆斯看来，"真理必须具有实际的效果"[①]，其价值的大小取决于真理对于主体的重要程度。在此原则指导下，实用主义本身也被詹姆斯当作一种方法，"实用主义的方法，不是什么特别的结果，只不过是一种确定方向的态度。这个态度不是看最先的事物、原则、'范畴'和假定是必须的东西，而是去看最后的事物、收获、效果和实施"[②]。在这里，詹姆斯所强调的仅仅是"真理的兑现价值"和"使之生效的过程"，易使人受个人主义思想的禁锢。詹姆斯虽然受到皮尔士实用主义哲学思想的影响，但从作用和影响范围来看，詹姆斯提出了完整的实用主义理论，使实用主义哲学应用于现实领域成为可能。

---

① [美] 威廉·詹姆斯.实用主义 [M].陈羽纶，等译.北京：商务印书馆，1981：188.
② [美] 威廉·詹姆斯.实用主义 [M].陈羽纶，等译.北京：商务印书馆，1981：30.

四、杜威与实用主义哲学的拓展

在实用主义的发展历程上，杜威无疑是集大成者，他继承了皮尔士和詹姆斯实用主义理论，并试图拓展实用主义的应用范围。一般认为，在哲学上，杜威继承和发展了皮尔士创立和詹姆斯使之通俗化的实用主义哲学，并把它具体应用到社会事务和教育领域中。[①]杜威的实用主义哲学思想主要在《实验逻辑论文集》《哲学的改造》《经验与自然》《确定性的寻求》《认知与所知》等论著中。[②]

经验论是杜威实用主义思想的基础，是杜威实用主义思想的出发点和归宿。实用主义对经验的认识发展到杜威这里，经验的内涵更加丰富和多样，已经不再单纯将经验和个人的生理感觉联系在一起，而是包含个体思考和谈论的一切事件或潜在的事物。在《经验与自然》一书中，杜威提出了自然主义的经验论，认为经验不仅包括主体认知的过程，同时也包括了环境与有机体的交互作用。在此基础上，杜威主张将心理分析结果还原到自然经验的整体中去。

在《经验与哲学方法》一文中，杜威做了如下表述："经验是这样一种东西，它至少和这个星球上的所有历史一样宽广、深刻和全面——因为历史不会凭空产生，它包含了地球以及与人相关的物质关系。当我们把经验同化为历史而不是生理感觉时，我们注意到，历史不仅指客观的条件、力量、事件，也指人类对这些事件的记录和评估。同样，经验指的是任何经验到的什么东西、任何经历和尝试的东西，也包括经验的过程。"[③]所以，杜威所认为的经验具有了无所不包的性质，"存在就是被经验"成为杜威经验论的主要论断。与经验

---

① 顾明远.中国教育大百科全书第1卷［M］.上海：上海教育出版社，2012：203.

② 单中惠.现代教育的探索——杜威与实用主义教育思想［M］.北京：人民教育出版社，2001：81.

③［美］约翰·杜威.经验与哲学方法.//杜威全集·晚期著作第1卷［M］.傅统先，郑国玉，刘华初，译.上海：华东师范大学出版社，2015：308.

论的相关论述相联系，杜威也把他的实用主义定义为工具主义实用主义。受达尔文思想的影响，杜威认为个体的认识只是为达到一定目的的手段，最初只是为了维持和改善有机体的生存而已。思维就是用来控制环境的工具，而这种控制则是通过行动来完成的。他认为一切其他的目的都来自这个原初的有机体的生存目的，都是要在认识和生存的过程中加以确认或修正的。

杜威的实用主义思想体系主要体现在教育与生活、学校与社会、经验与课程、知行、思维与教学、教育与职业、教育与道德、儿童与教师等领域。由此杜威将自己青年时期所积累的心理学理论如反射弧理论、儿童心理分期、思维的运行模式和社会心理学等主张应用在教育领域。实用主义哲学使得杜威在课程编制方面更重视"课程教材心理化"；在教学方面更加关注儿童的身心发展规律，从思维五步法出发，来唤醒儿童的思维；在社会道德方面，强调教育与道德的关系，重视道德教育的社会方面和心理方面。

实用主义哲学是杜威思想体系的重要组成部分，是杜威心理学与教育学、社会学与现实结合的重要桥梁，只有了解实用主义哲学的发展历程，才能真正理解杜威心理学思想的现实应用。杜威在他《当代思想中的实用主义运动的教学大纲》里客观地评价了实用主义运动："就其消极方面而言，实用主义运动是由各种各样的僵局产生的，现代思想已经接触到了这些僵局，并因此而使得对基本前提的一种重新考虑成为必要。就其积极方面而言，它产生于实验方法的发展，以及科学中进化观念的发展为前提。"[①]

---

① [美]约翰·杜威.教学大纲：当代思想中的实用主义运动.//杜威全集·中期著作第4卷[M].陈亚军，姬志闯，译.上海：华东师范大学出版社，2012：201.

本章结语

首先，在机能主义心理学影响下，杜威心理学思想逐渐形成。心理学是青年时代的杜威所关注的重要领域，1884年他以《康德的心理学》为题撰写了博士学位论文，虽然这篇论文从未发表，不过有学者通过研究认为同年发表的《新心理学》与杜威的博士论文的内容和思路上存在一定关系。①按照杜威的观点，心理学产生于哲学母体并为哲学服务，他认为哲学是研究绝对自我意识的科学，而这个绝对的自我意识表现在个体的认识和行为过程中，研究个体的认识和行为的科学便是心理学。在此认识指导下，杜威开始了探索心理学的过程。作为思想体系中的重要组成部分，杜威心理学思想是在机能主义心理学思想兴起的背景下产生的，相对于构造主义心理学，詹姆斯等人所倡导的机能主义心理学更加符合科学的心理学的发展方向。构造主义心理学因疏于对现实的关注，以及刻意与其他学科门类的对立，逐渐沦落为人们批判与反思的对象，学者们对心理机能的关注超过了对心理内容的关注。

19世纪末对于学科发展来说是一个关键期，经历工业革命洗礼后的人类社会弥漫着科学主义的氛围，但哲学、神学作为传统的显学仍然占据着学者思想的"制高点"，作为杜威哲学思想重要组成的心理学思想便于此时逐渐形成。同自然科学的创造性思维不同，人文科学的观点和论点往往是建立在已有论断的基础上，所以人文科学的思想和理论从来都不是无源之水、无本之木。同建立在科学和实验基础上的现代心理学研究不同，在杜威所处的时代，心理学仍然处于思辨哲学范畴，所以其心理学思想也是以前人思想和认识为基础的。

---

① George Dykhuizen. The Life and Mind of John Dewey. Carbendale：Southern Illinois University Press，1973：35-37.

其次，近现代学术研究成果和科学发展为杜威心理学思想的形成奠定了基础。在心理学思想形成过程中，杜威早期的学习经历起到了至关重要的作用，不仅包括佛蒙特大学和约翰斯·霍普金斯大学的课堂和荟萃早期心理学先驱们成果的图书馆，还包括与诸多志同道合者的学术沙龙。在思想的激烈碰撞中，杜威逐渐形成了自己的心理学思想。如果对杜威心理学产生的思想基础的逻辑顺序进行分析，就会发现杜威关于心理学作用的观点是其心理学思想的重点：作为杜威认识心理现象的起点和基础，生理学不仅为心理学研究提供科学的知识基础，而且产生了与心理学交叉的科学——生理心理学，所提倡的实验研究为心理学的科学化提供了强有力的证据。而机能主义心理学的先驱詹姆斯无疑是给予杜威最大影响的哲学家和心理学家，无论是其心理学思想的主要内容，还是其心理学研究方法，都给杜威以极大的启示。在达尔文进化思想和工具实用主义指导下，杜威强调个体心理活动在适应社会方面的重要作用，以及心理学在教育和社会领域的应用价值。

最后，杜威心理学思想的理论基础是其探究心理学的起始点，也是研究杜威心理学思想的起始点。从杜威心理学作品的内容上来看，杜威本人并未对自己的心理学思想和观点进行理论溯源，相关内容只是隐含在杜威有关心理学的论著和论文之中。在生理学基础的文献方面，在《新心理学》一文中，杜威表达了生理学知识对心理学研究的重要意义，阐述了生理学的发展给心理学带来的新认识和方法上的指导，间接地陈述了生理学与心理学的关系；在《心灵与身体》一文中，他对细胞、神经活动进行了论述，试图探究身体机能在心理活动产生和发展过程中所起到的作用；在《心理学》一书中，他阐释了具体的心理现象，如认知、情感和意志产生的生理原因；杜威所列的《教育心理学：十二次讲座内容纲要》讲授了心理活动的工具——身体的机能以及身体在心理活动中所扮演的角色。

达尔文及进化论间接影响了杜威的心理学思想，这主要表现在杜威对心理学应用的认识方面。在《达尔文主义对哲学的影响》一文中，杜威讨论了进化论的主要观点，探究了"物种"一词的历史渊源，并阐述了自己对达尔文主义的认识。

在实用主义哲学方面，对杜威心理学思想影响较大的无疑是詹姆斯。作为机能主义心理学的先驱之一，詹姆斯及其思想在杜威心理学论著中多次出现，杜威直言："詹姆斯的影响是进入我思想中的一种能详细论述的哲学因素，也就是一种赋予我思想新的方向和特性的哲学因素。"①杜威有关詹姆斯及其思想的论述可分为两个方面：詹姆斯实用主义哲学思想和詹姆斯心理学思想。在心理学方面，詹姆斯所著的《心理学原理》是杜威心理学思想理论基础的主要来源，杜威有关詹姆斯心理学思想的论文也是重要依据。其中，第一篇以《威廉·詹姆斯》为题，介绍了詹姆斯早期心理学思想，以及其研究重点如何转向实用主义哲学；第二篇《评威廉·詹姆斯的〈彻底经验主义文集〉》，对詹姆斯晚年的著作进行了评说；第三篇《三位当代哲学家》，杜威进一步对詹姆斯"意识流"思想进行了阐述和介绍；第四篇为晚期著作《詹姆斯心理学中消失的主体》，对詹姆斯《心理学原理》中表达的心理学研究中主体意识缺失的原因进行了分析。不难发现，对詹姆斯心理学思想的阐释伴随着杜威早、中、晚三个时期。随着杜威自身哲学体系的日趋完善以及对心理学认识的固化，对詹姆斯心理学思想也逐渐有了新的看法。

杜威心理学思想的实用主义基础的整体布局是参照杜威《关于近代哲学实用主义运动诸方面的六个讲座提纲》来编排的。杜威本人在1925年发表的《美国实用主义的发展》对实用主义在美国的发展进行了详细的阐述。实用主义在欧洲大陆的源头可追溯到欧洲的经验论，杜威在《康德和哲学方法》《心理学立场》《作为哲学方法的心理学》等文章中，概括性地描述了英国经验论的发展，表达了他对培根、洛克、贝克莱、休谟等人关于心理与经验关系论断的理解，以及自己从中所获取的认识。在杜威实用主义思想的形成时期，

①［美］简·杜威，杜威传［M］.单中惠，编译.合肥：安徽教育出版社，1991：66.

杜威对皮尔士、詹姆斯等人的哲学思想关注比较多，如详谈皮尔士哲学思想的《皮尔士的实用主义》《查尔斯·皮尔士》等文，详谈詹姆斯哲学思想的《威廉·詹姆斯在1926》《威廉·詹姆斯的哲学》《威廉·詹姆斯与当今世界》《经验主义者威廉·詹姆斯》等文。

第三章　杜威论反射弧概念

　　1894至1904年是杜威学术生涯的关键期，尚未到不惑之年的杜威已经被聘为芝加哥大学哲学、心理学和教育学系的系主任。也正是在1896年，杜威在《心理学评论》上发表了被视为机能主义心理学经典文献的《心理学中的反射弧概念》（*The Concept of Reflex Arc in Psychology*）一文，[①]他对反射弧概念的重新解释被看作机能主义的出发点，该文也被波林称为"美国机能主义心理学的独立宣言"。对杜威本人而言，这篇文章是他对机能主义、实用主义进行逻辑思考和语言分析的"跳板"，也是最终促使他关注心理的机能和心理学现实应用的起点。[②]在文章中，杜威重新对"反射弧"进行了探讨，提出了对"反射弧"的新解释和新理解。针对关于反射弧的传统二元的解释，杜威在文章中对反射弧概念进行了重构：首先，杜威反对元素主义的分析，认为反射弧是一个综合的、有机的整体，是包含感觉、观念和行动的精神有机体；其次，杜威认为反射弧的本质是"协调"，协调的重点在于整体中各个因素之间关系的"确认与再加强"；最后，杜威将反射弧的整个过程定义为一个有机的回路或环路，而不是一个弧或圆的片段。[③]作为杜威机能主义心理学思想的集中体现，这篇论文也奠定了芝加哥学派的理论基础。

---

　　①《心理学中的反射弧概念》载于《心理学评论》（*Psychological Review*）1896年7月第3期，第357-370页。此时的杜威刚接受聘请，进入芝加哥大学任教。

　　② John R. Shook. Wilhem Wundt's Contribution to John Dewey's Functional Psychology. Journal of The History of The Behavioral Sciences, 1955,Vol. 31(4):347-369.

　　③ 叶浩生. 心理学通史［M］. 北京：北京师范大学出版社，2006：184.

第一节　反射弧概念的理论来源

19世纪末美国心理学发展的整体趋势是心理研究者逐渐接受了达尔文的思想，开始认识到心理学的潜在应用价值，认为心理学可用于解决人们在不同环境下遇到的问题。在此背景下，个体心理如何发挥作用以及个体心理的运行机制开始成为当时美国心理学家关注的热门话题。但现实情况是主流的构造主义心理学只是关注心理和意识的内容，并不重视研究任何心理活动的结果和机能，而已有的有关心理运行机制的旧反射弧理论表现出明显的机械主义倾向，造成对个体心理的错误认识。正如杜威所言："关于外围的和中枢的构造和功能的二元论中重复了过去感觉与观念之间的二元论；关于肉体与灵魂的二元论也只是陷入刺激与反应的二元论的泥沼中。"[1]简而言之，杜威认为传统的反射弧理论至少存在如下缺陷：首先，没有将"协调"看作是心理活动的起源，反而简单地将刺激作为心理活动发生的直接诱因；其次，传统反射弧理论不仅割裂了身体与心理的关系，也割裂了反射弧内部各参与者之间的关系；最后，传统反射弧理论孤立地看待每一次的反射弧，没有将各个反射弧的发生联系在一起。总之，杜威在达尔文学说的影响下对旧的意识论和身体—灵魂二元论进行了批判，并逐渐构造出自己的理论主张。

---

① John Dewey. The Reflex Arc Concept in Psychology. Psychological Review，1896，Vol. 3(4)：357–370.

一、达尔文主义学说的引领

对杜威来说，达尔文主义是较早对他产生重要影响的学说。在佛蒙特大学念书时，杜威曾接受过系统的达尔文主义的教育。在杜威的大学三年级时，作为公理会成员的佛蒙特大学教师佩金斯[①]教授挣脱传统思想的束缚，选择宣扬进化论思想，同年开设的生理学课程采用了赫胥黎编写的课本。赫胥黎的教材描述了鲜活的生物有机体，给杜威留下了深刻的印象，激起了他对事物的一种广泛的好奇心。[②]在达尔文主义中，有关事物发展连续性和整体性的认识对杜威重新认识反射弧有着重要的影响，其中又以达尔文和赫胥黎的思想对杜威新反射弧理论的提出影响最甚。

达尔文主义所蕴含的生存竞争、适者生存和自然选择的理念对当时美国心理学的形成和发展产生了巨大影响。1859年《物种起源》出版后，以进化论和适者生存说为主要论点的达尔文学说风靡北美。杜威认为达尔文可谓揭开了自然科学的新方向，在生物学乃至哲学领域都引起了极大反响。达尔文的进化论认为，在大自然中，自然的选择过程使得那些最能适应环境的有机体生存下来，而那些不能适应环境的有机体则被淘汰，从而导致灭亡。"生存斗争持续发生着，那些最终存活下来的是成功地适应或调节所处的环境条件的生命形式。"[③]从内容上看，达尔文的物种起源理论在哲学上否定了事物的固定不变，认可事物的发展和变化之理。对万事万物固定不变的"真理"的怀疑带来了思想的变革，人们意识到世界处在变化之中，经验也在变化之中。此外，自然选择的理论正是一个适应环境者生存，不适应者被淘汰的过程。这个过程是

[①] 乔治·亨利·佩金斯（George Henry Perkins），美国博物学家、昆虫学家，曾任佛蒙特大学自然科学系主任。

[②] [美] 简·杜威. 杜威传 [M]. 单中惠，编译. 合肥：安徽教育出版社，1991：10.

[③] [美] 杜·舒尔兹，西德尼·舒尔兹. 现代心理学史 [M]. 叶浩生，译. 南京：江苏教育出版社，2011：117.

通过生存斗争实现的。自然选择产生了两种结果：一是生物的适应，二是生物的发展。达尔文认为适应只是相对和暂时的，因为生物还未显示出足以保证自己不致灭亡的能力，也不具备改变自然环境的能力，所以当环境发生某种条件变化时，生物就会显示出新的适应能力，原有旧的适应就逐渐失去了意义。达尔文的学说让杜威认识到人类心理的现实作用就是适应环境，而作为人类心理基本单位的反射弧就是通过不断协调来为人类适应外部环境做准备。对于达尔文和《物种起源》的地位，杜威有如下表述：

> 《物种起源》是自然科学进程中的一个新纪元：通过摧毁绝对永恒的神圣的避难所，《物种起源》引进了一种新的思维方式，它最终必定会改变知识的逻辑，并因此改变人们对待道德、政治以及宗教的方式。①

被达尔文称为"进化论传播的优秀和善良的代言人"的赫胥黎是坚定的达尔文主义的追随者。赫胥黎一生著作颇丰，著名的有《人类在自然界的位置》和《进化论和伦理学》等。赫胥黎对待进化论的态度并非从开始就是支持的。在1856年以前，赫胥黎还是坚定的物种不变论的支持者，1856年4月26日达尔文与赫胥黎会面，会谈中达尔文试图说服赫胥黎接受物种转变和进化的论断，会谈结束后赫胥黎逐渐成为达尔文主义者。1860年，赫胥黎发表与《物种起源》一书同名的评论文章，开始公开支持和宣传达尔文进化论。当然，赫胥黎绝非完全、绝对地支持和宣传达尔文的进化论。在具体问题上，他对达尔文进化论中的渐变论持反对态度，赫胥黎以生物学为证据，用化学作类比进行解释，认为新物种与原有物种有显著的区别，进化只能以突变的

---

① John Dewey. Darwin's Influence upon Philosophy. Popular Science Monthly, 1909, Vol. 75(7): 90-98.

方式发生。①赫胥黎在达尔文理论的基础上，将进化论与伦理学放入共同思考的范围，试图将进化论的观点应用于社会伦理道德领域。杜威在《进化和伦理学》中认为赫胥黎的立场可以归纳如下：宇宙进程的准则是竞争和对立，伦理进程的准则是同情与合作。宇宙进程的目的是适者生存，而伦理是使尽可能多的适者生存。②

达尔文主义将心理看作是生物进化赋予人的一种特殊机能，强调心理对人类适应自然和社会环境的重要作用，为机能心理学的产生奠定了基础。杜威在《进化和伦理学》中试图扩大人们对"适者"的概念范围，并将之与环境联系起来。在杜威看来，在"适者"面前，人和动物是有差别的，人类是在社会环境中存在的，并具有道德观念。此外，杜威从詹姆斯对进化论的论述中汲取了合理成分，把心理活动视为反射作用。杜威在《心理学中的反射弧概念》发表之前已有此认识，为反射弧理论在现实的应用提供了方向。

二、构造主义心理学的误区

构造主义心理学创始人铁钦纳出生在英国奇切斯特，18岁考入牛津大学，1890年留学德国师从冯特，虽然只在莱比锡大学跟随冯特学习两年，但一直以来以冯特嫡传弟子自居，其心理学思想是对冯特心理学思想的继承和发展，甚至是冯特心理学思想的极端化。铁钦纳毕业后来到美国康奈尔大学任教，并很快成为康奈尔大学心理学专业的学术领导者，不久康奈尔大学就成为美国最大的心理学博士培养单位。铁钦纳本人爱好争辩，将自己所主张的心理学流派称为构造主义心理学，将詹姆斯、杜威等人的心理学思想称为机能主义

---

① 柯遵科.赫胥黎与渐变论［J］.北京大学学报（哲学社会科学版），2015，52（4）：150-157.

② ［美］约翰·杜威.进化与伦理学.//杜威全集·早期著作第5卷［M］.杨小微，罗德红，等译.上海：华东师范大学出版社，2010：27.

心理学。1927年8月铁钦纳去世，构造主义心理学的力量遭受到严重削弱，心理学的机能主义与构造主义之争随之烟消云散。

同冯特的观点类似，以铁钦纳为代表的构造主义心理学认为经验是心理学的研究对象。在铁钦纳看来，物理学的观点是把经验"看作独立于个体经验之外的"，而心理学的观点是把经验"看作从属于经验个体的"[①]。换言之，铁钦纳认为心理学研究的是依赖于经验者的经验，而物理学研究的是不依赖经验者的经验。杜威举例道，物理学家和心理学家都会研究光和声，物理学家从光和声所涉及的物理过程角度研究这种物理现象，但心理学家则从人如何观察和体验这些现象的角度来研究这些现象。铁钦纳在确定了心理学的研究对象之后，发现心理是连续发展和变化的过程，对心理和心理过程的研究是有较大难度的，能够直接研究的只是心理过程中的片段，也就是"意识"。所以铁钦纳认为虽然心理学的对象是心理，但心理学研究的直接对象却是意识。

随着研究的深入，构造主义心理学在对意识的分析和认识上逐渐走向误区。它将意识的内容包括感觉、意象和情感等进一步元素化，认为心理就是由一些基本的心理元素按照一定规律组成的，对待心理现象要像对待物理现象一样进行分类和细化并加以研究。晚期的铁钦纳醉心于对意识内容的研究而将意识的元素论观点推向了极端，但这种元素化的分析导致了三个错误后果：首先，对意识内容极端的元素化导致缺乏意识整体研究。虽然冯特也强调分析意识的元素，但他并未忽视意识作为一个整体的地位；其次，人类的心理和意识本是不断发展变化的，构造主义心理学对意识元素的研究导致其静止地看待人类的心理和意识，认为儿童心理和成人心理并无明显差异，最终表现为对意识内容动态研究的缺失；最后，构造心理学在学术发展上的狭隘导致其忽略了相关学科的新进展，尤其是对达尔文进化论的忽略导致其只关注个体意识的内容而忽略个体心理的价值和作用。

---

① 叶浩生.心理学通史［M］.北京：北京师范大学出版社，2006：143.

构造主义意识论的元素取向遭到杜威的强烈反对。早在1884年发表的《新心理学》一文中，杜威就表达了对构造主义心理学的不满，他认为把心理现象分类为常规的、等级的、泾渭分明的感觉、表象和概念等，会造成非常机械而抽象的结果。[①]在《心理学中的反射弧概念》一文中，杜威认为个体的心理活动和意识内容是一个完整的整体，正如意识不能进行元素分析一样，人的心理活动和行为也不能被分解为反射弧。他认为将刺激—反应分为刺激和反应两种元素并加以研究，意味着两者成为性质截然不同的心理实体而不是相互协调的整体。将反射弧内部的感觉、观念和行为割裂为平行关系而进行细致化的研究，忽略了作为个体心理起源的"协调"，也忽视了个体心理的现实应用。

三、机械论与二元论的缺陷

反射弧理论最早由笛卡尔提出，而其诞生的土壤则是古代西方哲学家对心灵和身体之间，即精神世界与物质世界关系的思考。杜威认为以往的反射弧理论具有明显的形而上学二元论的性质，最早的二元论观点可追溯到古希腊哲学家泰勒斯（Thales），他认为万物皆有灵魂。之后在"灵魂不朽论"中，柏拉图（Plato）认为灵魂先于肉体而存在，灵魂是不死不灭、永恒存在的，它拥有对理念世界的认识。但肉体禁锢着灵魂，使人在认识真理和回忆理念的过程中受到束缚，此种划分成为西方心理学史上最早的心灵与身体的二分法。亚里士多德在"形式质料说"中认为灵魂是身体的形式，身体只是灵魂的工具，只有灵魂才能使肉体的动作得以实现。到了中世纪，哲学成了神学的婢女，一切思想都为神学服务，经院哲学家托马斯·阿奎那（Thomas Aquinas）抛弃了亚里士多德的身心统一不可分的唯物论思想，认为灵魂是尘

---

① John Dewey. The New Psychology. Andover Review, 1884, Vol. 2(9): 278–289.

世中生物的内在生命原则，有机体会死亡，而人的灵魂不灭。①古代西方哲学家在心灵和身体的关系上的主张是单向论：心灵可以直接对身体施加影响，而身体对心灵几乎没有什么作用。此观点具有典型的唯心主义倾向，心灵对身体的单向作用论实际上割裂了身体与心灵之间的相互作用，忽视了身体刺激对个体心理产生和变化的影响。在此观点下，人体的反射活动实际上是不存在的。

笛卡尔在经院哲学的基础上重新考察了心灵和身体不同的特性，思考了身心之间的关系，认为心灵与身体之间并不是单向关系。他受到巴黎皇家花园水推动机械装置运动的启发，从机械决定论出发，认为身体的活动并不是自发的，而是由于外部的推动而运动的，这种运动具有不随意特性，因为身体的运动经常是在没有意愿的条件下产生的。笛卡尔认为，心灵和身体尽管不同，但是可以在人的机体内部相互作用。心灵可以影响身体，身体也可以影响心灵。②相对于以往的哲学认识，笛卡尔肯定了身体对心灵的主动作用，并逐渐萌发了最初的反射的基本概念。此后他提出了身体活动的刺激反应假设，阐释了身体的反射和反射弧的概念，即不受意识控制或决定的活动。虽然论述带有明显的机械主义特点，但在宗教和神学占统治地位的欧洲，笛卡尔的反射弧概念还是具有明显的进步意义的。由于这样一个概念，笛卡尔被俄国生理学家巴甫洛夫（Ivan Petrovich Pavlov）称为反射活动理论（Reflex Action Theory）的创始人。这一理论也是现代行为主义的刺激—反应（S-R）心理学的源头。杜威对所谓有机体只有受到外部刺激才能作出反应的论点持反对态度，而且认为

---

① 叶浩生.心理学通史［M］.北京：北京师范大学出版社，2006：77.
② ［美］杜·舒尔兹，西德尼·舒尔兹.现代心理学史［M］.叶浩生，译.南京：江苏教育出版社，2011：32.

这种观点与进化论的相关论调是相互对立的。[①]

笛卡尔之后，以经验主义者和生理学家为代表，研究者日益开始重视身体和经验对个体心理的影响和作用。其中进一步对反射弧进行探讨的是苏格兰心理学家亚历山大·培因（Alexander Bain）。在培因看来，研究人的心理问题时，身心两面是绕不开的话题。他用当时流行的能量守恒定律解释身体和心理的关系，身心平行，只是按照能量守恒原则自行运动着。培因是哲学心理学向实验心理学过渡时期的一位承前启后的心理学家，他重视心理学的生理学基础，重视用神经过程解释心理现象。在他的著作中《心与体》（*The Senses and the Intellect*）一书中，除了对神经系统、感觉器官、脑和肌肉的机能进行相应的叙述外，还将反射弧定义为行为活动的基本单元。在培因的理论中，身心平行的论断直接割裂了反射弧活动的主要参与者，虽然将反射弧定义为心理机能的基本单位，但也只是孤立地看待每一次反射弧。

詹姆斯试图将客观的生理学与主观心理活动联系起来，在《心理学原理》中，他用反射的概念以及刺激、中枢和反应之间的三元关系来组织他的心理学认识。詹姆斯认为，反射弧就像沿着神经路径的电流，从感觉器官运行到脊髓或大脑，然后返回运动器官。[②]而且在习惯论中，詹姆斯认为习惯是物体受外力作用而产生的适应性变化过程。然而，詹姆斯将被动对象与主动自我之间割裂导致自己仍然没有认清身体与心理之间的关系。

在杜威看来，传统反射弧理论都是柏拉图提出的形而上学身心二元论的残余，它们将感觉放在灵魂和肉体之间，观念是纯粹的心理活动，动作是纯粹

---

① Gert J. J.Biesta, Siebren Miedema, Marinus H. Vanl Jzendoorn. John Dewey's Reconstruction of the Reflex-arc Concept and Its Relevance for Bowlby's Attachment Theory. Recent Trends in Theoretical Psychology, 1990: 211–220.

② Andrew Backe. John Dewey and Early Chicago Functionalism. History of Psychology, 2001, Vol. 4(4): 323–340.

的身体活动。①在《心灵与身体》一文中，杜威明确地反对把灵魂和身体割裂开来讨论的做法，拒绝接受把灵魂仅仅看作是大脑的一种状态的观点，并依据当时心理学和生理学研究的成果，试图从原则层面证明灵魂与身体、精神与物质之间存在着密切的关系。杜威在总结身心二元论导致的错误结果时提道：首先，身体被视为与精神活动毫不相关的、分散人注意力的事物，导致教师在学校教育中要花费大量时间用在抑制学生的身体活动上；其次，导致那些原本需要用心掌握的经验，也必须运用身体的各种器官的运作来实现，最终导致机械性地使用身体的活动；最后，将心理与客观事物割裂，无法将客观事物抽象成可以知觉的概念。杜威指出，心灵和身体之间并非以往的二元论和平行论可以描述清楚的，在《心灵与身体》中，杜威如此表述："我们必须有能力如此思考心灵：把心灵当作身体之王，心灵可以发送信息去控制神经系统，使神经系统向心灵汇报其控制领域内偏远地区所发生的一切，使神经系统在一些难以控制的目标中执行心灵的命令。"②简言之，身体与心灵的关系是心灵有目的地内在于身体，使身体的各种行为从属于、服务于一个目的，而且身体既是心灵的刺激原因，也是心灵的物质基础，二者相互依赖、相互影响。

第二节　反射弧概念的核心内涵

反射和反射弧概念原本是生理学对有机体不随意运动的描述和说明，杜威借用生理学的反射弧概念是因为此概念最能够清晰地描述心理现象的过程。

---

① John Dewey. The Reflex Arc Concept in Psychology. Psychological Review，1896，Vol. 3(4)：357-370.

② John Dewey. Body and Mind. Bulletin of the New York Academy of Medicine，1928，Vol. 4(1)：3-19.

其中反射指的是人体通过神经系统对各种刺激的反应，即简单的刺激—运动过程。相较于反射，反射弧指的是反射活动进行时神经元之间的特殊联络结构，按照反射活动的发生顺序分为感受器、传入神经、神经中枢、传出神经和效应器五部分。感受器接收外来信息并通过传入神经传到神经中枢，神经中枢进行加工后，再通过传出神经把信息返回到效应器上。在杜威的心理学思想体系中，反射弧不是简单、狭义的反射，而是既蕴含着心理学的一般意义，又是复杂人类生活的表征与缩影。在杜威看来，反射弧是心理机能的主要器官，作为一个连续的整体过程，反射弧是在感觉刺激、中枢连接和行为反应的相互协调下运行的，它的运行模式是回路式的。

一、反射弧是心理的协调机能

从反对构造主义心理学的心理元素论出发，杜威认为，个体的心理机能处于不间断的协调之中，一方面要维持已有的协调，另一方面还要再组织协调新的内容。个体正是通过维持和再组织与身体运动相关的协调来获取事物的意义。[①]

在杜威看来，所谓协调机能就是指个体对于环境的适应活动，它伴随着个体心理发生发展的整个过程。因此，心理学应该以环境中发生作用的整个有机体的协调机能为研究对象。在传统心理学理论体系中，感觉或刺激是心理活动发生的直接原因。对此杜威表达了不同的意见，他认为，尽管没有作为物理前因的刺激就产生不了感觉，但感觉并不源于物理前因，感觉产生的原因在神经过程内部，而有关神经内部的运作机制，1886年的杜威没有给出完整的答案。经过十年的思考和探索，当重新阐述心理活动的起因时，杜威认为心理活

---

① John Dewey. The Reflex Arc Concept in Psychology. Psychological Review, 1896, Vol. 3(4): 357–370.

动发生的起始点是感觉—运动的协调，作为刺激的感觉并不是一种特殊的心理存在。杜威认为："作为感觉或意识的发生阶段存在于协调中，正是由于协调内部发生冲突和变化而需要维持协调的稳定而引起的注意才是心理活动的起始阶段。"[①]所以协调才是心理活动的起点、目的和归宿。

杜威以儿童和蜡烛的例子详细说明：原有的心理学理论解释为，蜡烛光的感觉刺激是引发儿童抓握反应的起始原因，灼烧手带来的痛的刺激是引发儿童缩手反应的起始原因，但用新心理学进行解释时，杜威认为儿童所产生的上述反应并不是从最初的刺激开始的，而是从感觉—运动的协调，即光学的和视觉的协调开始的。[②]在解释此观点时，杜威表示，客观对象的可感觉性为心理活动的发生提供了可能，而心理活动的真正开始是在看的动作发生后，光的感觉和看的动作的协调成为心理活动发生的最初动因。这种协调先于刺激出现、是刺激的"母体"并使刺激显现出来。所以"儿童看到烛光"这个现象发生在儿童已经具备视觉和眼动的协调能力这个整体的机能背景下，因此，反射弧并非始于刺激。[③]

接着，最初的协调又引发了更大动作的协调，看的行为刺激了抓握的行为。在新协调过程中，看和抓握成为协调的两个重要组成部分，两者之间相互协作、彼此加强，手表现出来的抓握能力，直接或间接地依赖于看的动作带来的提示和控制。杜威认为，如果视觉不阻止或刺激抓握的行为，那么抓握行为将变得完全不确定，它可能去抓握其他所能触及的任何东西或者什么也不抓，而不是抓特定的视觉所提示的事物。反过来，抓握的行为反过来刺激和控制看的行为，原因在于当手臂去执行动作时，儿童的视觉关注点必须放在蜡烛的光

---

① John Dewey. The Reflex Arc Concept in Psychology. Psychological Review, 1896, Vol. 3(4): 357–370.

② John Dewey. The Reflex Arc Concept in Psychology. Psychological Review, 1896, Vol. 3(4): 357–370.

③ 叶浩生.心理学通史［M］.北京：北京师范大学出版社，2006：185.

上。如果视觉的关注点离开了特定的对象，则手臂必然会做出其他的动作。换言之，当在一个更大范围内的协调中，作为动作的"看"并不是像过去一样单纯的"看"，而是以抓握为目的的"看"，而且又受到抓握过程和结果的影响和制约。

正如前章在论述杜威心理学思想的生理学基础时所阐释的，基本神经活动包括释放和抑制，无论哪一种活动，其目的都是维持生理和心理结构的平衡与协调。由此可见，平衡和协调在杜威心理学思想体系中占据着重要的地位，它们不仅是心理发展的动因，也是心理发展的归宿。而在杜威对反射弧的重新定义中，无论是反射弧内部结构还是外部功能，其目的都是为了维持有机体的平衡与协调。在内部，每一个反射弧本身就是感觉—运动的协调；在外部，每一个反射弧都需要为更大范围的动作的协调做准备。

二、反射弧是连续的整体过程

显然，杜威认为协调是反射弧发生的起点和归宿，协调要求反射弧内部和反射弧之间联结成一个连续的统一整体。但传统的反射弧概念将感觉刺激、中枢活动和行动行为割裂开，使得反射弧不再是一个综合的或有机的整体，而成为一个非连续体的碎片或无关过程的机械结合。①杜威指出，作为一个具有连续性的整体过程的反射弧包含两层含义：其一，反射弧的参与者包括感觉刺激、中枢连接和行为反应相互联结且不可分割；其二，心理活动是在相互联结的反射弧连续发生时展开的。

首先，反射弧内部各功能是相互联系的整体。杜威在《心理学中的反射弧概念》的开篇中提道：我们需要把感觉刺激、中枢连接和行为反应当作反

---

① John Dewey. The Reflex Arc Concept in Psychology. Psychological Review，1896，Vol. 3（4）：357–370.

射弧内部的各区域，而不是把它们当作分割的、各自完整的实体。①他表示，反射弧中的刺激、观念和反应都发生在一个统一的机能整体之中，相互之间存在着密不可分的联系，并且与有机体所处的环境形成统一的整体。反射弧内部的各区域都是紧密相连且同时存在的，感觉刺激、中枢连接和行为反应三者之间并不是一种具有明显先后顺序的线性关系。在儿童与火苗的例子中，杜威如是说：

> 火苗吸引了儿童，但是感觉到触摸火苗的结果之后，儿童就被火苗吓退了，对火苗的反应改变了儿童对刺激的知觉。因此，感觉—运动必须被看作是一个整体，而不是个别的感觉和反应的混合物。②

可见，杜威认为，感觉或意识到刺激并不是完整的一个事情或存在，而仅是在协调过程中因内部冲突尚不能确定如何去协调而引起注意的阶段，"换言之，作为刺激的感觉并不意味着任何特殊的心理存在。它只意味着一种功能……同样，运动作为反应，只具有一种功能上的意义。它就是使分裂的协调完整起来的东西。正如感觉的发现标志着问题的建立，反应的构成标志着问题的解决"③。

其次，反射弧之间呈现连续发展的形态。杜威认为，个体的心理活动是由一系列相连的反射所构成的，后一个反射弧与前一个反射弧存在着内在关联，不能单纯地将其作为刺激的感觉和单纯地作为反应的运动。儿童被烛光灼

---

① John Dewey. The Reflex Arc Concept in Psychology. Psychological Review，1896，Vol. 3（4）：357–370.

② John Dewey. The Reflex Arc Concept in Psychology. Psychological Review，1896，Vol. 3（4）：357–370.

③［美］约翰·杜威. 心理学中的反射弧概念.//杜威全集·早期著作第5卷［M］. 杨小微，罗德红，等译. 上海：华东师范大学出版社，2010：80.

烧后，再次见到烛光时会做出缩手的动作，并再也不会以同样的方式触摸烛光；儿童在经历灼烧后再次将视线转移到蜡烛上时，原始的经验已经发生了变化，不再是单纯的看见，而是看见蜡烛光亮就会引起疼痛；受原先身体经验的影响，中枢联结对灼伤的感觉刺激进行了加工和反馈，再看见蜡烛光时产生的运动反应是原先身体经验的连续和再组织。所以，杜威认为，个体心理和意识是连续的动态发展过程。而正是由于心理和意识是一种动态的过程，所以不能对其进行割裂式划分以及静态的元素分析。

三、反射弧是回路式心理机制

杜威认为传统的反射弧理论由于对刺激–反应和感觉–运动缺乏正确的区分和认识，因此，把心理过程中的孤立片段当作完整部分展现出来，使用"弧"来代替作为"回路"的整体心理过程，并把心理过程粗暴地割裂成刺激与反应两个过程，这种划分只是将反射弧当成按照动作顺序发生的简单事件，造成对反射弧概念认识的僵化和不真实。

杜威认识到心理活动的发生遵循的是一种回路式的心理机制，儿童被灼伤前后的心理发生回路为：儿童看到烛光—伸手抓握—灼痛感—将手缩回—再次看到烛光—将手缩回。所以整个反射弧不应该是简单的刺激和反应的机械组合，而是一个感觉运动回路。在这个感觉运动回路中，最先出现的是先行于刺激的一套完整的感觉运动协调，所以"儿童看到烛光"发生在儿童已经具备视觉和眼动协调背景下，"看"的行为成为回路的起点。在"看"的行为刺激下，儿童做出抓握的动作作为对"看"的反应，实现第一次感觉—运动的发生。抓握之后的灼痛感作为前一阶段抓握的反应而与前一事件相联结，既是将手缩回的刺激源又与后一个"缩手"行为促成第二个感觉运动的发生。杜威认为，此阶段所发生的回路并不是孤立存在的，经过中枢联结的这种感觉运动阶段是下一个更复杂的身体运动协调过程的基础，并与下一阶段形成更完整的回路或环路（circuit），而不是一个弧或圆的片段。当再次看到烛光时，前一阶段的回路已经成为唤醒"灼痛感"的诱因，儿童收回抓握的动作，其意义在于维持、增强或改变原初的可感觉性，并不是新的经验取代了原来的经验，而是一种经验的发展。显然，杜威将回路理解为感觉刺激—运动反应的过程，"刺激是形成协调的阶段，它代表了使协调成功必须面对的条件，反应是形成同一协调的另一个阶段，它是处理上述条件的关键，是成功的完整协调的工具"①。

杜威提出的心理活动回路机制正是在进化论的观点启发下产生的，它要求不能对感觉运动做人为地分析与简化，而是要放在具体的有机体适应环境的过程中加以研究。儿童对光的认识很大程度上受到之前光所带来后果的影响，这种后果可能是愉悦的刺激，亦可能是厌恶的刺激。正是由于个体的刺激选择和运动反应受前一阶段活动情景的影响，因而在研究反射弧时应将有机体的情景性纳入研究的前提假设中。

第三节　反射弧概念的现实应用

就现实情境来看，杜威关于反射弧的理论以及强调心理学研究从心理的内容转向心理的外显行为的论断，对现代心理学研究来说，似乎是常识性的问题。然而，在当时来说是具有革命性的。在他的心理学思想体系中，神经纤维和细胞是有机体心理活动发生的生理基础，而作为回路的反射弧则是心理活动发生的心理基础，也是有机体获取经验的重要方式，经验就是由一系列反射弧

---

① ［美］约翰·杜威. 心理学中的反射弧概念. //杜威全集·早期著作第5卷［M］. 杨小微，罗德红，等译. 上海：华东师范大学出版社，2010：81.

构成的。据此，杜威强调对于人类行为的研究，心理学家不应局限于对行为元素的微观分析，而应关注行为如何发挥作用并使竞争中的有机体变得更为强壮，以便更好地适应变动不居的世界。[①]在反射弧理论的基础上，杜威认为个体与其生存的环境是共同发展，而不是被动地遵守环境给予的要求，更不是按照环境制定的固定内部规则来进行运作。所以经验的获取也应该是一种主动的行为，将此观点应用于教育和社会领域，就产生了包括以活动为基础的教育方法和以民主自治为基础的政治主张。

一、反射弧与经验的主动性

杜威关于反射弧的论断显示出他主张发展一种基于进化论假设的心理学，当然，他主张的是采用进化论的思维方法，而不是直接借用进化论的研究结论。杜威所主张的心理学认为所有的对象都是进化过程的产物，将个体描述成改变世界和自我的推动者，而不是环境的被动承担者，个体被视为自我创造、自我形成的生物，而不是遵守环境规则和生物规则的承受者。[②]而在传统反射弧理论的概念体系下，反射弧的发生源是刺激。杜威坚持认为反射弧始于个体参与的那一刻，而参与的主要机制就是身心的协调，身体的刺激与心理的主动参与才是反射弧发生的表现。在反射弧发生的过程中，杜威着重强调人的主动性和变通性。在此问题上认识的偏差导致传统的刺激—反应模式并没有真正解释有机体与环境互动的本质，而是单纯地认为个体只是被动地接受所谓的刺激，忽略了个体内部参与经验活动的主动性。而在英国经验论者的话语体系中，个体也只是环境的被动承受者。杜威对反射弧概念的理解正是试图突破传

---

① 肖丹.心理哲学发展谱系：从冯特到杜威［M］.长春：吉林人民出版社.2016：133.

② Eric Bredo. Evolution, Psychology, and John Dewey's Critique of The Reflex Arc Concept. The Elementary School Journal, 1998, Vol.98（5）：447-466.

统对个体主动性认识缺失的禁锢。

在机能主义心理学的基础之上，杜威强调个体在经验过程中的参与性，他认为，人是一架巧妙的心理机器，而不是分门别类地躺在分析台上被解剖的孤立个体。在杜威有关经验的概念体系中，经验是在有机体与环境交互作用的过程中形成的，经验是过程与对象的统一，也是认知与实践的统一，个体、经验对象和经验过程都是这个过程中极为重要的因素。在《民主主义与教育》中，杜威做出论断："经验包含一个主动的因素和被动的因素，这两个因素以特有形式结合着，只有注意到这一点，才能了解经验的性质。"[1]其中经验的主动性含义是指尝试性过程，在杜威看来，经验的真正形成包含主动和被动的整个过程，这个过程主要包括尝试、经受和获取三个部分。所以杜威认为，经验不是认知性的，它根本上是一件主动—被动的事情。[2]在儿童和蜡烛的例子中，儿童手指烧伤经验的整个过程的起始阶段是儿童将手指伸到火焰上，而后被烧伤，这个主动伸手的动作与他因此经受的疼痛关联起来才是经验。

在心理学理论和经验论基础上，杜威强调了个体主动性在教育中的重要作用。在《心理学中的反射弧概念》发表之前，杜威就已经认识到个体主动性在教育中的重要地位。在《我的教育信条》中，杜威认为："在儿童本性的发展上，自动的方面先于被动的方面；表达先于有意识的印象，肌肉的发育先于感官的发育，动作先于有意识的感觉。"[3]杜威充分肯定了有关教育与经验的关系，他认为，教育是从经验中产生和发展起来的，而教育的过程就是经验的不断改造或改组的过程。当然杜威并不认为两者是等同的，因为并

---

① [美]约翰·杜威.民主主义与教育[M].王承旭，译.北京：人民教育出版社，2001：153.

② [美]约翰·杜威.民主主义与教育[M].王承旭，译.北京：人民教育出版社，2001：154.

③ [美]约翰·杜威.我的教育信条.//杜威教育名篇[M].赵祥麟，王承旭，编译.北京：教育科学出版社，2006：8.

不是一切经验都具有正向的引导功能，有些经验甚至具有错误的教育作用，阻碍或歪曲经验的继续生长。在此之前的教育理念，学习者的身心特点和结构只不过是为获取知识而准备的，传统学校的主要目的是使学生被动地从课程中获取有组织的知识体系，所以，传统学校需要一种以书本式的"间接经验"代替"直接经验"的课程。杜威认为，以往的学校教育理念主要弊病是：把学科看成是教育的中心，不顾及儿童的本能和兴趣，课程的编排方式是依据成人的认识。他在《明日学校》一书中认为，教育不是依靠外力把什么东西强加给儿童和青年，而是让人类与生俱来的各种能力得到发展的。[①]而为了让个体更好地获取经验和知识，就必须遵循反射弧的运作方式，尊重个体在获取经验方面所拥有的自主性。

二、反射弧与经验的连续性

反射弧理论认为个体心理和意识处于不断发展变化的动态过程，个体的心理活动是由一系列相连的反射所构成，前后发生的反射弧具有内在关联性。在对反射弧概念的重新界定过程中，杜威认为反射弧的发生和发展遵循着开始—终结—新的开始这样一个循环的过程。当然，此处所展现的循环并不是一种简单的重复，而是一种发展、生成和更新的过程。在此基础上，杜威认为感觉的经验过程始于对身体经验连续性的解释，感觉及相关经验的发展得益于先前的认知情况。经验作为有机体与环境交互作用的产物，在反射弧发生与发展的基础上也显示出连续性的趋向，当前所面临的经验一方面受到过去经验的影响，另一方面，会不可避免地影响未来的身体经验。所以，个体接受教育的过程也是在连续的基础上展开的，新的教育经验只有与个体已有经验相结合，才

---

① [美] 约翰·杜威. 我的教育信条. // 杜威教育名篇 [M]. 赵祥麟，王承旭，编译. 北京：教育科学出版社，2006：103.

能促使个体更好地获取新的教育经验。

　　有关杜威经验论的著述集中在《经验与自然》一书中，在该书的导言中，杜威阐述了经验和自然之间的关系问题。杜威认为，经验可以被理智地用来作为揭露自然真实面目的手段。对自然来讲，经验并不是仇敌或外人，也不是隔绝人与自然界关系的帐幕，而是连续不断深入自然的心脏的一种途径。[①]如何揭示自然的真相？杜威认为，需要经验的连续性积累和发展，在连续性的发展过程中，经验成为揭示自然的唯一方法和手段。杜威的经验自然主义是对自然的最一般特性的看法，它建立在连续性原则上，正是由于经验的连续性，所以每种经验都成为未来探索自然的主观条件。在探索自然的过程中，经验与自然又进行连续性的相互促进，经验促成了自然内涵丰富的广度和深度，丰富的自然内涵又指导经验的进一步发展。经验的连续性特征存在于认识所有自然事物的历史进程和人的生命历程中，连续性并不是毫无意义的预先假定，而是得到了经验法验证的特性。

　　当然，杜威所说的连续性不仅体现在"经验—自然"的相互关系中，延伸在社会生活领域，经验受到纵向时间的影响而具有历史发展性，新的经验的产生会继承旧的经验的某些方面，并增加一些新的元素。而经验的连续性也是造成个体形成固定习惯的主要原因，因为伴随着连续和重复，习惯的形成成了个体行为发展过程中必须经历的步骤。当然，杜威思想中的习惯也是持续变化的，新习惯的形成不可避免地受到旧习惯的影响。

三、反射弧与经验的交互性

　　受达尔文进化论思想的影响，杜威认为，有机体是在特定的环境中存在

---

　　① ［美］约翰·杜威.自然与经验.//杜威全集·晚期著作第1卷［M］.傅统先，郑国玉，刘华初，译.上海：华东师范大学出版社，2015：4.

的，有机体适应环境，环境会反过来作用于有机体，它们之间形成了相互影响、相互作用的关系。而反射弧就是有机体与环境交互作用的最基本元素，无论是协调目的还是回路机制，反射弧都是有机体适应环境的一种手段。有机体通过反射弧作用于环境，环境也会以它自己的方式影响有机体。在传统反射弧理念中，个体往往是刺激的被动承受者，对个体适应环境的主动性缺乏认识。与传统哲学的意见不同，在经验的产生与获取问题上，杜威认为人类是以一种参与者而不是旁观者的身份在与被经验的事物相互作用。通过此种方式，杜威试图建立这样一个语境：人类是作为自然的和社会的创造物而生活着，从自然和社会环境中产生出来，也必须与它们发生交互作用。

杜威通过对传统反射弧理论的批判，认为对反射弧的研究应该通过有机体对环境的适应加以解释。在经验的交互性论断中，经验不再被单纯地认为是固守在人的感觉器官之内的纯粹主观的感受和内心的活动，还包括了人的有意识的行为和实践活动。经验不仅是结果，也是一个过程。作为过程，经验是一个动态行动的事件，只有通过有机体的某种行为或动作与环境接触并互动才能产生。情感、意志、思维、记忆、兴趣、情绪等都是人类在与环境的交互作用下形成的高级心理活动。经验与环境的交互主要有两个方向：人与自然之间的交互以及人与人的社会性交往。而有机体与环境交互作用的最佳媒介就是活动，为了拉近个体与环境之间的距离，杜威倡导在"做中学"。

从杜威反射弧概念中可以看到杜威对传统机械论和二元论的强有力批判，但这种批判也使一些心理学家对杜威反射弧概念产生了诘责，如波林所说："杜威在此问题上走得相当远：他反对将反射弧分析为刺激和反应，反对将行为分析为若干反射弧。"[1]但实际上，杜威并不反对对刺激和反应的区分，而只是坚持认为，既然这些是行为活动的启动阶段和结束阶段，人们需要知道它们是什么行为的组成部分，才能确定它们到底是什么。虽然杜威有

---

[1] Edwin G. Boring. A History of Experimental Psychology. New York：Century，1929：540.

时似乎反对所有的机械分析，但从另一个角度解释，他坚持认为，结构分析应该在功能上理解结构是如何被使用以及如何演化的。所以，杜威反对结构主义，而不是结构分析本身。[①]

以心理活动的反射弧及其作用所蕴含的统一性、协调的心理学思想作为起点，揭开了美国机能主义心理学芝加哥学派的序幕，此后芝加哥学派在杜威、安吉尔以及卡尔（Harvey Carr）的领导下将心理学机能主义的精神传承下去，对美国心理学研究的转变与发展产生了持续性影响。

本章结语

杜威关于心理学中反射弧的概念是对旧心理学二元论和机械性方法的有力批判，也是基于进化论假设而提出的建设性方法建议。与此同时，杜威优先考虑心理的协调而不是外界刺激，把生物有机体活动的第一步描述为主动改变自己的刺激而不是被动地对外界刺激做出反应。由此产生的心理学为理解有机体和环境之间的关系提供了一种综合方法。

作为早期心理学思想的重要组成部分，杜威的反射弧理论反击了以往反射弧概念中的二元论，对芝加哥机能主义学派起到了重要的引领作用。从思想传承的角度看，在达尔文学说和生理学反射机制的影响下，杜威对反射弧的概念和特点有了新的认识。在《心理学中的反射弧概念》一文中，杜威挖掘出"协调""统一"和"交互"等概念在反射弧中的重要意义，正是这些特性把以往割裂的、孤立的反射弧概念重新统一起来。此外，新反射弧概念也奠定了杜威对个体心理作用的基本认识，此观念与其经验论之间有着内在的联系。在

[①] Eric Bredo. Evolution，Psychology，and John Dewey's Critique of The Reflex Arc Concept. The Elementary School Journal，1998，Vol. 98（5）：447–466.

新反射弧理论的指导下，个体经验的主动性、连续性和情景交互性成为杜威有关经验的重要论断。在此基础上，杜威也逐渐形成了自己的教育心理学和社会心理学思想。

杜威对反射弧概念的重新探讨是心理学发展到机能主义阶段的重要事件，也是杜威被称为芝加哥学派代表人物的重要原因。对杜威新反射弧理论的文献研究主要来自两个方面：

第一，杜威关于反射弧理论的著作和论文。杜威对反射概念的再认识是在心灵与身体关系讨论的基础上展开的，在《心灵与身体》一文中，杜威认为个体的身心有密切关联，认为心理活动的发生并不始于物理刺激。在《心理学》一书中他对反射活动进行了描述，认为反射活动就是愉悦或痛苦的感受与身体实际变化的联系机制，这个过程使感觉来源变成了运动反应，咳嗽、咀嚼和吞咽都属于反射活动的例子。此时，杜威对反射的认识仍然带有传统机械论意味。《心理学中的反射弧概念》是杜威反射弧理论具有代表性的文献，他批判了传统的反射弧理论的缺陷与不足，进而全面阐释了自己对反射弧概念的认识与理解。

第二，国外心理学史著作和研究反射弧理论的学术论文。其中美国心理学家波林1929年出版的《实验心理学史》对杜威及其反射弧理论进行了比较清晰和客观的评说，杜·舒尔兹（Duane P. Schultz）和西德尼·舒尔兹（Sydneg E.Schultz）著的《现代心理学史》、鲍尔温·赫根汉（Baldwin R. Hevgenhahn）著的《心理学史导论》都介绍了杜威的反射弧理论，但较为简单且未进一步阐述。需要特别指出的是，1994年弗吉尼亚大学的艾瑞克·帕拉多（Eric Bredo）撰写的《进化、心理学和约翰·杜威对反射弧概念的批判》（*Evolution，Psychology，and John Dewey's Critique of The Reflex Arc Concept*）一文，对杜威的反射弧概念进行了分析和理解，指出杜威关于心理学中反射弧概念的论述是对心理学的机械论方法的否定，也是对基于进化论假设的更生动方法的建议。[1]2001年安德鲁·巴克在《约翰·杜威与早期芝加哥学派》（*John Dewey and Early Chicago Functionalism*）提及詹姆斯与杜威在反射弧概念认识上的差异及其原因。[2]

[1] Eric Bredo. Evolution, Psychology, and John Dewey's Critique of The Reflex Arc Concept. The Elementary School Journal, 1998, Vol. 98（5）: 447–466.

[2] Andrew Backe. John Dewey and Early Chicago Functionalism. History of Psychology, 2001, Vol. 4（4）: 323–340.

第四章　杜威论知识

杜威的《心理学》不仅使得他为美国心理学界和学者所知晓，也成为当代学者研究杜威心理学的主要资料来源。他在《心理学》中主要论述了知识、情感和意志三部分内容，并且把心理学与以霍尔为代表的生理心理学和莫里斯（George Sylvester Morris）的哲学体系、伦理学整合起来。在杜威漫长的学术生涯中，他常常从全局的视角来看待整个心理学领域，并且往往强调各门学科之间的相互关系，而不拘泥于某个专门的领域，在《心理学》中论述知识时更是如此。正如书中所总结的那样：

> 杜威概括了传统认识论学派共同的知识概念，并对它进行了反驳。这一被杜威称为"知识的旁观者理论"的概念，将知识理解为孤独心灵对固定的外部实体的确切把握。杜威拒绝了这种旁观者理论，理由是它建立在一种古老过时的心理学理论的基础上。根据这种理论，心灵是世界信息的被动接受者。杜威认为，生物学的最新发展使得旁观者理论站不住脚了，认知者在本质上不是一种孤独的心灵，而是处于环境之中并通过环境而得以生存的有机体。一种经过改造的认识论就这样被提了出来。①

值得注意的是，杜威在论及知识的心理学时，将知识中的应然性表述为实然性，因为他谈及的知识论核心是，我们应当按照合适的步骤来获取有效的

---

① ［美］罗伯特·B.塔利斯.杜威［M］.彭国华，译.北京：中华书局，2002：94.

知识，而不是人们事实上是如何获取知识的。换言之，杜威更加注重知识获取的规范性，[①]从知识的元素到知识的形成过程以及知识的发展阶段，杜威循序渐进地揭示了他所理解的知识。

第一节 知识的主要构成要素

杜威认为，知识的主要构成元素——感觉，为知识提供了大量的素材，是知识形成的前提。在杜威的话语体系中，知识与认知过程息息相关。在他看来，心理学的研究对象是意识活动，意识活动又可以分为认知、情感、意志，其中认知就是获取知识的过程。认知是心理学研究的主题——意识活动中重要一环，是知识获得的必经过程。

一、感觉的内涵

在杜威看来，感觉是各种心理现象中最容易分辨的一种，作为知识的主要构成要素，感觉为神经组织转换、心理活动提供了原材料，而且有证据证明感觉原本是一个连续统一体，但随着人体的进化，它逐渐演变成各种分工明确的感觉，并呈现出三大特征：理智性、清晰性和活动性。

（一）感觉的定义

什么是感觉？杜威将感觉界定为："这是一种反映刺激的单一特征的心

---

① 徐英瑾. 杜威的演化论式的知识论图景——一种理性的重构和辩护［J］. 学术月刊，2012，44（4）：55-64.

理状态，它是由作用于周围神经组织的刺激引起的。"①例如，获得温感和压感、听见声音、看见颜色等现象都属于感觉。具体而言，感觉包含生理和心理两个方面的内容，一方面与生理机制有关，另一方面与心智活动有关。依据现代心理学理论，感觉是人脑对事物的个别属性的认识，或者感觉是神经系统对外界刺激产生的反应，与以往心理学对感觉概念的界定有所不同，杜威赋予感觉更多层次的意义，它是一种与认识相关联的活动，可以为认知过程提供原材料。②

杜威指出，绝大部分感觉都是由外部刺激作用于有机体而产生的，而外部刺激作用于有机体产生感觉的唯一方式是运动，"无论如何，有运动才有感觉。一个绝对无运动的物体不可能对有机体产生任何作用，有机体当然不可能产生出关于它的感觉"③。因此，感觉总是与运动相联系，感觉的特征也取决于感觉器官获得的刺激强度、形式和速度，由此形成感觉的特征：运动的振幅越大，作用于感官的力度就越大，感觉就越强烈；运动的形式不同导致感觉质的差异；运动的频率大小会带来不同的感觉。但是，杜威又承认还有一小部分感觉来自有机体内部，简单来说就是当感觉器官和大脑形成联结后，在特殊情况下，可以省去感觉器官和神经组织联结的步骤，大脑直接建立起一套感觉的形成机制，杜威称之为替代性的大脑活动。故而，杜威在讨论心理学中的感觉概念时特别加以限定，他所指的"感觉"是由外周器官引发的感觉。

杜威还认为，感觉具有整合能力，并且最终可以成为知识。他指出，若感觉器官只是拥有提供独立信息的能力，那么其作用和意义就会大打折扣。视觉、听觉、触觉、嗅觉等感觉在适宜的刺激下，或者说刺激强度超过感觉阈限

---

① [美] 约翰·杜威. 心理学. // 杜威全集·早期著作第2卷 [M]. 熊哲宏，张勇，蒋柯，译. 上海：华东师范大学出版社，2010：22.

② 彭聃龄. 普通心理学 [M]. 北京：北京师范大学出版社，2012：92-93.

③ [美] 约翰·杜威. 心理学. // 杜威全集·早期著作第2卷 [M]. 熊哲宏，张勇，蒋柯，译. 上海：华东师范大学出版社，2010：23.

值（threshold value）的情况下才能进入意识，与其他心理现象相比，感觉的特点是为其他心理过程诸如知觉、记忆、思维等过程提供素材或必需的原材料，这说明感觉不仅能够接触到比自身更为复杂的心理活动，而且其他心理活动也依赖于感觉为其提供丰富的可操作的素材。[①]

（二）感觉的发展

杜威将感觉理解为一个连续的统一体。人们最初观察自己的感觉时，一般会想当然地认为各种感觉间彼此相互独立、相互分离，例如，对声音的感受和对颜色的感受是不同的，所以有理论指出心理活动就像原子结构一样，是彼此独立的原子结合体，但仔细分析后就会发现感觉的原子主义理论根本不成立，因为人的感觉间的界限并非十分清晰。为了证明感觉的连续统一体，杜威提出了"存在一个初始的、统一的基础感觉"的假设，并在此基础上将各个具体的感觉从中分化出来。

杜威论证这个假设主要从四个方面入手，分别是历史研究、生理学研究、实验研究和心理分析研究。

首先，历史研究的证据。杜威认为，进化论的理论支持存在一个初始的感觉统一体的假设。他举例说明：当考察低等生物时，各种感觉器官之间的差别十分模糊，比如进化程度较低的蛇，它们利用舌头产生嗅觉，分叉的舌头让蛇的嗅觉立体化，可以收集来自不同方向的气味；再往前追溯一段时间，会发现感觉器官的差异彻底消失了，感觉只是混沌的意识的律动，无种类、数量等的区别。所以，感觉统一体的存在是可能的，它产生了关于对象的混沌、朦胧的感受，与听觉、味觉等具体的感觉不同，具体的感觉正是在此基础上分化出来的。

其次，生理学研究的证据。杜威从解剖学的意义及功能上论证这个假设。他指出，大脑是一个（或多个）组织，它的区域划分十分明确，功能也有

---

① John Dewey. Psychology. New York：American Book Company，1891：45.

所差异，譬如视觉中枢、听觉中枢、触觉中枢都在空间上或功能上不一样。这种情况类似如今社会劳动分化程度的不断深化，社会成员从事着不同的职业，发挥着不同的职能。杜威表示，我们有理由相信大脑区域功能划分的专门化，是获得性的，是后天形成的；不过即便是拥有最精确的功能定位，也没有使各个感觉中枢完全分离，其中视觉、听觉、触觉的发展又导致了再联合。这就呈现了一个趋势：原先混沌的、模糊的感觉统一体，经过分化，形成了不同表现形式的感觉，但是，它们之间存在密切联系且相互渗透。

再次，实验研究的证据。杜威借用一些实验研究中的发现提出，各种不同的感觉之间确实存在着某种联系和影响；不同性质的感觉之间存在着规律性的联想现象；感觉无论在表现形式上有多大的差异，但之间均存在着密切联系和相互渗透。他列举了实验中的现象：有些被试听到特定的声音时，会产生光感（光幻觉）；另一些被试看到特定的色光就会伴随着音感（音幻觉）。

最后，心理学研究的证据。杜威认为，心理学的测验表明，人们之所以认为感觉是相互独立、分离的，是因为引起不同性质的感觉的客体是分离的；在测验中人们经常混淆不同的客观含义与不同的心理状况；感觉的整合功能实际上就是"固定的联想"和"理智上的特殊关联能力"。杜威说，对感觉统一体而言，颜色与声音就像一条小溪被一块岩石分成两股溪流，然后汇入同一个水塘一样。

二、感觉的功能

杜威相信感觉在人的心理活动中具有积极影响和作用，在心智活动中发挥特殊功能。正如他所言，感觉对象的"特殊性与'质'的普遍性两个因素，共同构成了知识的对象。由感觉到知识的转变过程，是由这两个因素的发展决定的。一方面，分析性活动把质的特征从具体的对象中分离出来；另一方面，综合性活动把各种质的特征结合起来，并把它投射到具体存在之中"①。

杜威认为感觉在心理现象中发挥着重要作用，有着积极正面的影响。他把感觉的这种特性归结为感觉的五大功能。

第一，感觉是心理现象的汇集点，是自我和本性的交汇处。在感觉中，人的本性与自我相互交融从而使本性被赋予了心理特征和理性；与此同时，在感觉中的自我与本性的交融使自我被赋予了自然特性。感觉实质上是个体从生理过程向心理学过程转化的中转站。

第二，感觉表现出心智活动所具有的被动性和接受性的特征。杜威表示，感觉是心智活动的一个被动方面（aspect），而不是心智活动中被动的部分（side）。相反，感觉就像是一块蜡板一样，可以接受任何刻印，呈现积极活动的一面，它向其他心理现象提供素材和原材料，它使人的认识领域超越了自身的范围。

第三，感觉激发了心智活动。感觉激发心智主要通过认知新领域和对已知的对象再观察得到新结果两种方式。杜威指出，无论是哪一种都是向心智传输了兴奋，从而产生紧张度和活动性；这种兴奋还与情感相联系，情感就是一种心理兴奋状态；感觉激发心智活动，意志监控心智活动；感觉具有诱发知识和意志的功能，与情感的作用相同。

第四，感觉具有指示存在功能的特殊性。杜威强调，感觉在心理活动中始终有一种指示具体对象的作用，以便于对象被明确地辨认，成为人们能即刻体验到的事物，而其他心理现象诸如记忆、想象、思维至多能够描述人所可能的体验。他举例道，当回忆或想象一束光时，不一定需要真实地感觉到这个对象，只需要体验到光的条件就行了。

第五，感觉具有指示存在质的特性的一般性。杜威认为，感觉具有质的

---

① ［美］约翰·杜威. 心理学. //杜威全集·早期著作第2卷［M］. 熊哲宏，张勇，蒋柯，译. 上海：华东师范大学出版社，2010：34.

特征，这种质的特征是一个抽象的内容，是从具体的存在中抽象出来脱离具体存在，从而形成普遍性的意义。感觉指示存在功能的特殊性和普遍性共同构成了知识的两个因素；从感觉到知识的过程，一是分析性活动把质的特征从具体对象中分离出来，二是综合性活动把各种质的特征结合起来，并把它反映到具体存在之中。

三、感觉的特征

杜威提出，准确描述作为统一体的感觉的共同特征并非易事，但通过与原感觉（original sensation）进行类比可以发现一些主要的特征。他认为原感觉通常只有浅表性的感受，没有空间定位，没有明确的质的特性，呈现出不清晰、模糊状，弥散性的特征。与此相比，感觉则具有三个主要特征：

第一，感觉的发展是一个从情绪化到理智化的过程。杜威表示，原感觉具有情绪化的表征，仅仅是有机体内部的自我应答，不指向任何具体内容，几乎没有理智的价值，当然也就不能描述客体质的特性。据此，杜威将感觉分为原感觉和理智化的感觉两类，前者只能产生关于身体的整体感受，如舒适、疲劳等，不与特定的对象联系；后者具有极少的情绪成分，最大限度地拥有理智的功能，能够对事物进行准确的辨别分析，例如视觉。

第二，感觉的发展是一个从模糊到清晰的过程。杜威认为，最早从原感觉中分化出来的感觉是触觉和压觉，它们已经具备了一定的区分能力和学习能力，但仅仅局限于具有情绪化的感觉强度差异；接着出现的是嗅觉和味觉，它们具备了一些质的区分的能力，但总体上依然模糊；最后出现的是听觉和视觉，它们已经能够清晰、明确地分辨对象的质的特征，快速准确地对物体所在位置进行空间定位。

第三，感觉的发展还包括感觉器官的分化和活动能力。杜威不同意那种认为感官只是被动接受刺激的观点，主张感官必须主动适应刺激，在感觉过程中没有纯粹被动的感官，感官的活动性一直在不断增加；感官发展的另一表现是感官分辨力的提升，即能将刺激分解成不同元素并且由不同的感官接收、整合，使神经系统接收到不同刺激。对于感官的分化能力，杜威举例，鼻子呼吸才能嗅到气味，耳鼓震动才能听到声音，眼睛的晶状体聚焦才能看清物体，这些感官都已分化成最适应刺激的能力，而且会主动寻找感兴趣的事物。对于感官的活动能力，杜威指出，感官越善于活动，就越能捕捉对象的质的特征，也就越容易再现这种质的特征。总之，感觉的发展主要体现在增加感官活动性和提升感官的分辨力上，因而感觉能够见识到全新的、陌生的领域，可以更精确地认识对象。

四、感觉与知识的关系

杜威谈道："当儿童的肌肉柔嫩和心理上易于感受时，就让儿童自己观察世界上的事物（无论自然的或人为的），因为这就是他的知识的源泉。"[1]在杜威的论述中，人的知识起源于感官对世界的感知，即感觉经验，在获得经验的过程中产生思维、获得知识。

（一）感觉的知识诱发功能

杜威强调，作为一种能够向心智传达兴奋的状态，感觉具有诱发知识的功能，即指能够利用已有的知识去思考问题。由感觉到知识的转变过程由两个因素的发展决定：一是感觉的指示功能，即感觉对象只需在意识中被明确地体验到并指示出来；二是感觉的质的特征，即感觉对象成为它自身而区别于其他事物的内部所固有的规定性，是一个从具体存在中高度抽象出来且具有一般性意义的内容，例如感觉对红色的指称代表某个具体对象，但红色本身的质的特

---

① ［美］约翰·杜威. 明日之学校.//学校与社会·明日之学校［M］. 赵祥麟，任钟印，吴志宏，译. 北京：人民教育出版社，2004：224.

征并不与某个确切的对象联系，它是个抽象观念，是高度概括的结果。

（二）知识的获得过程

杜威认为："知识是一种后天获得的产物。"[1]一般是通过感觉把已有的经验与过去的经验联系起来，产生出新知识；知识的获得都是一个渐进的过程，是一个多次经验积累的过程。因此，杜威指出，在儿童出生的前几年中，认识事物不是主要目标，最重要的是获得经验，这些经验决定着儿童发展的未来，使他们获得了认识其他事物的能力；儿童自幼就具备了和成年人一样的感觉器官，但发展状况并不成熟、不完备，知识习得难度很大，原因就在于儿童没有有效的经验，事物的意义是建立在一系列已有经验基础之上的。所以，儿童时期的主要任务就是去学习认识外界事物。

杜威将知识的获得过程以及结果称之为"探究式的认知"。他认为，知识的属性在于能够不断地创造出无数知识产品，或者称之为知识的发展性。知识不是摆放在人类观念里固定的、静态的意识，而是在不断发展中得到扩充和深化。知识和认知的关系可以理解为：知识经由认知过程而获得，是人对客观世界的主观能动反映。知识也可以理解为推翻原有的理论或观点，获得一种全新的体验。[2]

（三）知识与认知的关系

杜威指出，知识与认知的关系密不可分。从他关于认知的概念中可窥见一斑：认知是指意识到事物的某种状态，是获取知识或信息的过程。他列举欣赏花朵、听到来人的脚步声、准备过两天去动物园游玩等活动分别说明现在怎样、已经发生了什么和将要发生什么，属于个体认识客观世界的信息加工活动。杜威还提到，认知的对象具有普遍性，也就是说假如一个人认识到了某事

---

① John Dewey. Psychology. New York：American Book Company，1891：88.

② Svend Brinkmann. Dewey's Neglected Psychology: Rediscovering His Transactional Approach. Theory & Psychology，2011，Vol. 21(3), 298–317.

物，那其他人也可以认识到。按照这样的逻辑，认知本身对每个人来说应该毫无分别，但是不同的人对知识的了解并不完全相同，具有明显的差异性和鲜明的个体性。追根溯源，他认为情感因素在其中起到了关键性作用，因为个人不可避免会有偏见，很难客观公正地认识事物，往往伴随着情感因素的介入，譬如对事物的重要性判断、价值判断和兴趣取向，都影响着认知过程和结果。比如，图书馆外一声巨响，引起了正在学习的学生和值班警卫的警觉，然而他们的行为反应可能完全不同。这说明相同的刺激可以引起情绪反应，但是激发的情绪反应不尽相同，也可以说是心理意义不同或完全对立。正因如此，杜威明确指出，当认知与自我联系在一起时，认知带有浓厚的个体化色彩，但凡出现认知与个体自我相联系都带有主观意识。

在杜威的话语体系中，他更重视探究知识的过程。他认为，只有那些有益于探究过程稳定持续进行的素材内容才可以称之为知识，即能够促使学习者经验增长的知识，并指出人们主动摄取材料是为了进一步掌握知识、促进自我经验的不断改组和更新。杜威在晚期撰写的《逻辑：探究的理论》一书中采用"有理由的断言"来替换他早期使用的"知识"一词，[①]这种断言所包含的知识、命题等活动都是以主动的、有意识的探究（认知）为前提的，是经过合理的科学手段而获得的，因此是有科学根据的。虽然杜威晚年的思想有所改变，不过与他早期的思想并不冲突，都同样重视"知道"（knowing）而不是"知识"（knowledge），强调过程的进行。

可见，杜威认为作为知识的关键因素——感觉，调动了人类整个身体或部分的功能来获取知识，这也是近三十年来心理学界关注颇多的具身认知理论，即"我们怎样加工信息并非只是与心智活动有关，而是同整个生理和心理

---

① John Dewey. Logic：The Theory of Inquiry. Carbondale and Edwardsville：Southern Illinois University Press，1991.

活动密切相关"①。杜威在《心理学中的反射弧概念》一文中的论述蕴含了上述内容，因而可以将之视为具身认知思想的雏形。虽然杜威是受到詹姆斯的影响才转而认同具身认知的观点，但是与詹姆斯认为身心彼此有差异且相互分离的观点不同，他坚持身心是一个基本的统一体。②

第二节　知识的形成过程

杜威论断，"感觉不是知识"，只有通过感觉的精细化过程加工，感觉元素才能在心智中形成被感知的对象，从而构成主观的知识。那么什么是知识？杜威解释道，知识是对客观世界的反映；知识是对事物相互联系的反映；知识是与理念元素相互联系的反映。通过感觉获得的知识仅仅包含了最简单的初级转化，并不能构成认识过程；感觉因素发展成为主观的知识，需要经过一系列心理过程。在知识形成的心理过程中，感觉不仅加工成了理念（即统觉），还转换成了认知自我（即保持）。"我们的基本观点是：作为实在的感觉以及作为把感觉联系起来的心理过程，永远成不了知识。知识是对感觉以及体现其含义或指示物的过程的综合。"③

---

① Natalie Angier. "Abstract Thoughts? The Body Takes Them Literally", The New York Times, February 2, 2010, pp.1-3.

② 陈安娜，陈巍.杜威反射弧概念中的具身认知思想［J］.心理科学，2013，36（1）：251-255.

③［美］约翰·杜威.作为观念化的知识.//杜威全集·早期著作第1卷［M］.张国清，朱进东，王大林，译.上海：华东师范大学出版社，2010：142.

一、心理过程中的统觉与保持

杜威表示，从根本上讲，知识形成的心理过程可以分为两类：统觉（apperception）和保持（retention）。统觉指的是客体世界的构建，它通过把自我纳入知识体系中从而使知识组织化；保持指的是自我认识的形成，它把对客体的认识纳入自我之中从而使自我组织化。二者相互连接、相互融合。

（一）统觉活动

杜威将统觉定义为"心智在呈现给它的感觉素材的基础上形成了它的组织化结构，根据这种结构，心智作出的反应就是统觉"[①]。统觉活动的实现有赖于感觉、智力活动和经验。感觉为统觉提供了基本素材，智力活动使统觉有意义，已有的认知经验可以在事物之间建立起联系。

杜威反复强调，无意义的对象无法与统觉活动形成联结。因为意义存在于联系之中：设想一个孤立的事物，它未与其他事物发生联系，那么它注定无法被人类认识；当认识的对象与人的已有经验之间产生规律性的联系时才有意义；当它与其他元素没有联系且不和谐时就没有意义。事物具有意义的前提是必须与其他事物建立联系，联系才是意义的本质，孤立的事物不具备成为知识的可能。杜威进一步指出，如果感觉素材无法建立联系，就不能使意识自然地与对象建立起联系，任何事物的意义如果不是与其他事物联系的结果，就没有实质意义。

杜威认为，构成事物具有意义的元素的联系方式分为外在联系和内在联系。外在联系有两种形式：同时性联合和顺序性联合。同时性联合是指所有的认知元素同时发生时，会产生联系形成一个统一体；顺序性联合是指所有在不同时间形成的统一体，又重新联系成为一个有序的连续体。正是通过这两种外

---

① ［美］约翰·杜威. 心理学. //杜威全集·早期著作第2卷［M］. 熊哲宏，张勇，蒋柯，译. 上海：华东师范大学出版社，2010：59.

部联系形式，观念才有意义，每一个观念一边与同时存在的其他观念相联系，一边又与不同时间产生的观念相联系。内在联系是更本质的联系，比如同一性和差异性。

杜威也承认他的观点有两种主要反对意见：其一是认为人们必须能够对从未经验过的事物产生认识，否则根本无法学到新知识；其二是坚信人的认识都有一个起点，在此之前所有事物都是陌生的，正如婴儿面对一个认识对象时，并没有与之联系的已有经验。杜威首先驳斥了第一种反对意见，他指出，当人们认识一个新事物时，实际上是对它有与已有经验之间相似性的认识，只有将新经验与已有经验联系起来才能获得知识，而且彼此之间的联系程度越高，知识的广度和精确性也越高，"绝对陌生的对象也是绝对没有意义的"①；其次，杜威对第二种反对意见的回击是，婴儿具有感觉但并不意味着有知识，因为婴儿没有既有经验，无法在事物之间建立联系使之获得意义，知识是一种获得性产品，源于与已有经验具有联系的可能性。

因此，杜威的结论是：心智活动的特征是具有意义，"意义"即联系（同时性）和次序（顺序性）；统觉的研究就是对获得意义的过程的研究，这个过程既是对同时发生的事情的感觉元素进行整合的过程，又是从不同时间发生的事情中发现共同意义的过程。

（二）保持活动

杜威将"保持"界定为，"在心智组织化结构的基础上对统觉内容的反应"，②更确切地说，是一个人自我认识的形成和知识形成的路径，是在统觉所建构的知识体系基础上扩展知识的过程。杜威观察到人们以过去经验作为基础的统觉活动，其前提是过去经验没有遗失，仍然保留在自我之中。统觉对感

---

①［美］约翰·杜威.心理学.//杜威全集·早期著作第2卷［M］.熊哲宏，张勇，蒋柯，译.上海：华东师范大学出版社，2010：62.

②［美］约翰·杜威.心理学.//杜威全集·早期著作第2卷［M］.熊哲宏，张勇，蒋柯，译.上海：华东师范大学出版社，2010：59.

觉材料进行加工赋予其特性，同时统觉的内容也为心智组织化建立了基础，即为保持活动做好准备。心智通过统觉活动实现了组织化，反过来组织化的心智又促进了统觉的发展。杜威以婴儿举例来说明，譬如婴儿刚出生不久，他们通过感觉器官获取经验，心智组织化慢慢在形成，为后来的统觉活动打好基础，相应地，统觉也带动了保持活动的发展；在保持过程中，心智并不是简单的储藏室，依据既有经验按标签归类，而是有意识地进行择取，并自我建构。可见，统觉和保持相互影响、相互依赖，保持寓于统觉之中，统觉制约着保持。

不过，杜威再次提醒，保持不是记忆或保存。记忆能使人想起过去经验，并与现实内容相联系，属于统觉的一种模式；保持是心智自身的成长，并非观念的拷贝，是记忆或统觉活动发生的必要条件，所以保持与记忆不同。保持也不等于保存，无意识情况下对先前经验的复制保存远远不能实现心智的发展，而保持需要心智对所获得的信息进行转换，以使它符合现有的认知方式。

杜威强调保持与统觉的关系密不可分。统觉是自我依据已有经验赋予感觉表象的特征，保持是依据内容对自我的统觉；统觉把特征赋予理解的内容，保持把特征赋予自我，通过观念化过程，自我依据已有经验对当前感觉赋予意义。

二、统觉过程中的联合

杜威将统觉理解为心智的活动，为此他从三个层次来研究统觉：联合、分解和注意。需要指出的是，杜威一再说明这三个层次并不意味着有三种不同的统觉，只不过是统觉活动的三个不同程度。其划分的依据是统觉过程的相对简单性（simplicity）和心智活动的相对活跃性（activity）。这三个层次呈环环相扣、层层递进的态势，而且发展程度越高，形式越复杂，心智活动的自主活跃性也越强。联合是统觉活动中最简单的一个过程，是由两个或多个感觉元素构成，虽然联合具有活跃的特性，但它是一种相对被动的心理活动，需要感觉的激发和引导。分解活动处于联合与注意之间，主要作用是将心智从联合中分离出来，使其可以自由地选择注意的对象。注意取决于心智活动的兴趣和目标取向，由心智活动的最终目标所指引。

（一）联合的条件

在杜威看来，联合的基本原则可以表述为"心智活动从来不孤立地接受感觉元素，而是把它们联合成较大的整体"①。据此，他把联合的条件分成主动条件和被动条件两个维度来考察。

按照杜威的说法，主动条件有两个：一是感觉元素的呈现。倘若没有感觉元素的呈现，就没有统觉可以联合的素材，也就没有刺激统觉活动的条件；尽管心智活动具有主动性，但是没有感觉刺激和激活心智的程序，它就一直处于得不到发展的萌芽状态，就如同一个人失去了除听觉以外的其他感觉，一旦堵上耳朵就什么也感知不到一样。二是适宜的觉醒状态。杜威认为，如果心智没有处于一种适宜的准备状态，那么无论感觉刺激多么强烈，都不能引起联合反应；也就是说，仅有感觉刺激无法维持心智的觉醒，没有感觉刺激心智就不能维持觉醒状态，但持续的感觉刺激会导致心理产生疲劳和麻痹，从而不再产生任何反应。

杜威所提出的被动条件是指在联合过程中心智活动主要是由刺激引发和引导的，而不是心智的意向或兴趣决定的。因为联合本身就是一种相对被动和简单的心理活动。但是，杜威强调，联合的被动性并不意味着心理也完全被动，它也是区分联合和其他更高级的心理活动的关键性因素，体现为联合把心智对外界刺激做出的机械反应组合在一起的过程。联合与同样都是统觉过程下的注意活动不同，注意活动是由心智自身的意识和兴趣来导向的。

（二）联合的模式

杜威将联合的模式分为两种：一种是表象（presentative）联合，主

---

① ［美］约翰·杜威. 心理学. //杜威全集·早期著作第2卷［M］.熊哲宏，张勇，蒋柯，译. 上海：华东师范大学出版社，2010：63.

要指心智将当前各种的感觉素材联合成为整体的经验；另一种是再表象（representative）联合，意指已有经验与新经验的联合。

关于表象联合，杜威提出了三个基本观点。第一，表象联合的原则是心智将各种感觉联结成一个尽可能丰富的经验。他指出，心智总是尽量将同一时间的各种感觉捆绑在一起，无论它们事实上是否有因果关系，这就是表象联合或者同时性联合。他举例道，当人们看到一个东西的同时也听到一个声音，一般会认为这两个事件有一定的联系。杜威分析道，仅仅因为两个事件同一时间发生，不管是否真正有关联还是单纯巧合，人的潜意识中可能会把它们整合在一起；这是因为人们为了避免接收孤立的感觉素材，会简单地以为两者之间有联系，会人为地把它们联系在一起，这就是表象的基本法则。

第二，表象联合的法则使心理活动更加具有经济性。杜威指出，将多种感觉元素整合为一个观念不仅可以对其认知更加简单、容易，更重要的是通过联合的这种倾向性，心智被赋予意义，获取更丰富的经验，以及最完整和最丰富的感觉；心智活动选择最直接、最简单的方式获取经验，其途径就是对事物进行分类，从而逐渐形成完善的心理世界。

杜威试图通过举例来说明：表象并不是将孤立的感觉元素拼凑成拼图，而是联结成一个有机的整体。他通过对儿童玩球的行为进行观察，发现儿童会用眼睛注视球，会摇晃它，甚至啃咬球，把球扔到地上。这一系列动作意味着儿童的目的是更好地获得关于这个球的所有感觉；而成年人之所以不像儿童那样通过各种方式来获得对象的知识，是因为成年人可以通过对一种感觉的分析判断出另一种感觉的出现。比如，成年人看到一把木剑掉在地上，仅凭眼睛观察就知道这把剑不会被摔裂，还可能会弹起来，因为木质剑重量很轻，甚至可以预判掉下的声音与其他重物不一样。这就是因为成年人的多种感觉（如视觉与听觉）已经联合在一起了。

第三，表象联合的目的是形成一个连续统一体，达到融合或统一，即"各种感觉因素被陆续地纳入一个整体之中，在其中它们不再是独立的存在"①。杜威提出假如用一个符号来代表一种感觉，A代表视觉，B代表触觉，C代表肌觉，D代表味觉，E代表听觉，等等，但是它们的联合绝不能用A+B+C+D+E来表示，而应该是视觉融合触觉表示为aB，融入肌觉后成为abC'，味觉加入后则为abcD'……杜威还借用了詹姆斯教授的实验例证：用柠檬水来比喻这种紧密的联合，加了糖的柠檬水不再是柠檬的味道或糖的味道，而是这两种味道组合的新感觉。这种把感觉元素联合成整体的过程就是整合（integration）。

关于再表象联合，杜威也提出了三个基本观点。其一，将当前感觉与同时呈现的已有感觉元素区别开来，使当前感觉得到扩充的过程就是"再整合"（redintegration）。杜威指出，联合表象提供了一系列表象，同类感觉元素的重复出现可以进一步扩展表象，但不会形成再表象；当具有同一性的不同经验联系在一起时，譬如昨天见到一个质地较硬的黑色皮球，今天看到一个质地较软的红色皮球，"球"是同一性，但后者作用于感觉器官的刺激强度超越了之前的感觉，所以，质地较软的红色皮球的表象就取代了原有的观念；原有观念并未消失，但已经不在当前表象的位置，成为再表象。

其二，表象与再表象共同构成经验序列。杜威认为，再表象的联合遵循心理活动的基本原则，倾向于形成统一的整体；再表象丰富了心理活动的内容，已有经验支撑了当前的经验。当已有经验与当前经验具有同一性，已有经验就被吸收到当前的经验之中，丰富了已有经验；当两者之间出现感觉冲突，如红与黑、软与硬，就不可能直接被吸收进意识中，已有的经验就会弱化存在于相对独立的意识之中，成为再表象；通过表象再造经验被扩展了，成为一个新的观念序列，在这个序列中表象和再表象被增强或减弱。

其三，"再整合"建立在当前经验和已有经验之间的同一性之上。这种同

---

① ［美］约翰·杜威. 心理学. //杜威全集·早期著作第2卷［M］.熊哲宏，张勇，蒋柯，译.上海：华东师范大学出版社，2010：66.

一性包括外在因素和内在因素，前者如具有邻近性（contiguity）的时间和地点，后者如具有相似性（similarity）的性质或内容。杜威举例道，假定在过去的某个时间点，在经常去的邮局里看到了一个熟人，今天当再次走到邮局的时候，那个人虽然不在眼前，但关于他的观念一下子就蹦到脑海里，这明显是空间的邻近性而引起的联合；在这个邮局中也许会引起对另一个城市的邮局的印象，这是相似性引起的联合。一个是偶然的联系，由情境引发的联想；一个是本质性的联系，具有内在意义的统一性或对立性。

（三）外在联合与内在联合

杜威将联合划分为具有邻近性的外在联合和具有相似性的内在联合。

1. 邻近性联合

杜威将邻近性联合的原则确定为："不同的感觉元素，甚至观念，只要它们在时间上或空间上邻近，就会被联合成一个整体活动，每一个元素都作为联合整体的一个局部而和整体一起被再现。"[①]除此之外，杜威强调有三个方面需要加以说明。

第一，感觉元素的初始联合仅需要一项活动就可以实现。杜威告诫初学者不要轻易试图在一个观念以及自身分解的诸多元素之间寻求同一性，这是因为在同一时间内只能有一个观念呈现在头脑中，但这个观念可以包含无数个次级观念；联合活动必须在同一时间内将所有元素整合成一个整体，一段时间内大脑只能有一个观念。他进一步论证道，联合是预先的过程，是统觉形成的前提，各种各样的感觉元素通过联合形成单一的统觉，而之后才可能将整体分解为许多单一的元素，所以，先有综合心理活动，之后才是辩证分析心理活动。

第二，再表象并不是感觉性的表象。杜威反复表示，如果观念是以单独和零散的方式被储存下来，就很难被回忆起来；如果一个观念曾经在心理活动

---

①［美］约翰·杜威. 心理学. // 杜威全集·早期著作第2卷［M］.熊哲宏，张勇，蒋柯，译.上海：华东师范大学出版社，2010：68.

中出现过并且构成了心理活动的元素，那么只要心理以同样的方式活动，这种观念就会被激活，从而导致曾经参与活动的其他元素都被激活。所以，杜威相信，在只有一个观念的条件下，激活其中任一部分就能使其他部分活跃起来，进而把它们整合到同一个观念之中。

第三，邻近性联合的形式包括两种：空间的联合和时间的联合。杜威认为，空间的联合是由空间属性引起的，即其中一个元素可以激发起所有在空间上与其共存的元素；这种联合模式具有易于实现和心理活动效果显著的特点，其原因是人的大多数观念都源于视觉，视觉具有空间感受的优势。该原理应用于教学上，是指教师要在传授知识之前先呈现给学生整体，然后再让学生了解局部，同时要尽可能让学生看到学习的对象。

杜威特别提到语言空间联合的重要性。他从人类历史的早期经验中总结出：指代精神或观念的词语大都是来源于指代空间中物质的词汇。在远古时期的人类总是将生理和心理现象混淆在一起，诸如灵魂就是呼吸、认识就是用手抓取等，这些名称往往包含了视觉的性质特征，实质上就是空间联合的能力；经过漫长的过程，心智才从外在联合中分离出来，逐渐掌握了观念，具有了内在意义。杜威进一步指出，这种精神或观念与空间的内在联合被诗人以诗歌的形式表现出来，并移植到自然对象或从自然对象的隐喻中展示这种联合，那就是自然现象人格化，把人的精神层面的渴望、同情、脾性等特征赋予自然。

杜威又认为时间联合的原则是按顺序产生联系，这种顺序是由同一种活动重复的频率而不是联合的特性决定的；一种固定的次序重复多次就成为活动呈现的部分，且只能有一种固定的刺激来激发。杜威举出背诵英文字母表的例子：当儿童背诵a时，b立即就脱口而出，紧接着不假思索地说出c，随后会按照字母表的序次背诵出来。顺序性联合是时间联合中最常见的形式，一个因素出现后就按照事物发展的次序激发了后续因素的展开，一旦形成这种模式就会实现自动化和机械化，习惯和阅读便是如此。

不过，杜威强调，大多数联合都是复合联合。他认为，多数情况下事物间的联合都涉及空间和时间两种形式，属于复合联合。杜威以生活中熟悉的联合——走路为例，在时间联合上，人们不必把意识分别指向每个肌肉群，只需建立一个有秩序的肌肉活动顺序；在空间联合上，单独一块肌肉运动一定有其他肌肉配合，只有这样，才能保持身体平衡稳步前进。一个观念的出现可以激活与它邻近的观念，将它们一同带入意识中，因此，杜威认为邻近性联合引起了再整合，造就了再表象。

2. 相似性联合

杜威认为，相似性联合的原则是："如果一个活动被频繁地重复，其中的每一个元素都能不断地从不经常发生的活动那里获取再整合的能力。随着这一能力的聚集，最终这些元素能获得独立发生的能力，并按照邻近性法则去再整合其他观念。"[①]他进一步解释道，当联合的要素之间差异较大，联合的偶然性就越大，必然性就越小，这些元素就会相互排斥，只有内在的元素才比较稳定，实质上就是由外在的或邻近性的再整合向内在的或相似性的再整合过渡。

杜威还讨论了相似性联合的条件和形式。

首先，他认为相似性联合的成立需要具备两个条件：一是不断变化的伴随条件，二是情绪类比。

杜威表示，不断变化的伴随条件对应于从邻近性向相似性过渡的过程，其基本原则是"如果一个元素在不同场合分别与不同的其他元素联合，那么，它与其中任何一个元素再整合的趋向都是相同的并且互有消长，而那个最终稳定不变的元素将从它的各种伴随条件中独立出来"[②]。其结果是，不断变化的

———————

①［美］约翰·杜威. 心理学. //杜威全集·早期著作第2卷［M］. 熊哲宏，张勇，蒋柯，译. 上海：华东师范大学出版社，2010：72.

②［美］约翰·杜威. 心理学. //杜威全集·早期著作第2卷［M］. 熊哲宏，张勇，蒋柯，译. 上海：华东师范大学出版社，2010：72.

伴随条件逐渐被淘汰掉，只留下稳定的元素成为相似性特征，并具备了通过邻近性原则的次级联合再整合其他元素的能力。为了说明这种伴随条件及其内涵，杜威列举了两个例证，其中一个是：当看到一张肖像就会想起这个人，以及在某时某地见过他（她），依据邻近性原则，肖像可能引起不同的联想，但这些联合趋向相互抵消，只有主要的脸部特征——眼睛、耳朵、嘴型与脸的相似性最终趋于联合，从而形成再联合。

相对于伴随条件，杜威将情绪类比的原则界定为："无论在什么时候，只有那些与当前的心境或情绪状态相类似的情绪伴随的观念才能被唤醒。"[①]他主张，心智内容完全不同的观念可以通过情绪类比相互激活，诸如与愉快情绪状态相联系的观念，或者与忧伤情绪相联系的观念，都可以因情绪类比而被激活。

杜威着重强调，情绪是一个具有弥散性的心理活动，任何观念都是在特定情绪氛围中形成的；不同的观念可以因相同的情绪根基而联合在一起；不同观念之间的情绪同一性是更加稳定、更持久的联系纽带，诸如一面旗帜能够激发爱国热情、一个十字架可能引发宗教虔诚、一位诗人使用修辞技巧表达情绪。

其次，杜威提出相似性联合具有三种形式，即类似性、对比性和同化性。

第一种形式为类似性联合，即由类似性引起的联合，它是在观念之间有本质性关系基础上形成的。杜威深信相似性联合是一种基于意义的相似性或内在联系而不是偶然性的时间和地点、比邻近性更高级的联合；而人的心理活动取决于其中的哪一类占优势地位。具体到人的现实心理活动中，有人仅能获取外在联合的认识，有人则能够透过表面认识到事物的基本关联性和相似性。杜

---

①［美］约翰·杜威. 心理学. //杜威全集·早期著作第2卷［M］.熊哲宏，张勇，蒋柯，译.上海：华东师范大学出版社，2010：73.

威风趣地举例：这就如同一位农夫看到苹果落下唤起了他记忆中的苹果味道，而牛顿则产生了自由落体与万有引力定律之间的联合。

杜威充分肯定了类似性联合在心理活动中的重要性。他认为，类似性联合是一种内在的、仅包含观念的本质联合，不同观念之间具有一定的相似特征，促使了相似性联合的形成；类似性联合本质上是观念之间的联系，从而拓展了心理活动的领域，但没有带来额外的负担，因为这种联系自身提供了运行的能量，不需要心理能量的投入；类似性联合将记忆中所有观念链接起来，形成记忆链，这正是记忆保存观念的方式。

不仅如此，杜威还指出，类似性联合形成的心智活动也可以分为两类：一类是只将相似性作为纽带实现观念之间的过渡，具有这类心理活动的人具有艺术家的气质，具备敏锐的直觉观察力，但可能过于专注目标，忽略过程的发生，这样的人一般是思想家，是整个世界的艺术家和教师；另一类则是关注类似性本身，通常具有这种心理活动的人拥有科学家的心智，善于反思与演绎推理，专注观念转换的每一个步骤、途径，以及实现目标的方式，这种人通常都是世界的探索者和分析者。

第二种形式为对比性联合。杜威将对比性联合看作是对类似性联合的重要补充，类似且具有对比性的事物可以在心理活动中相互唤起，对比引起的联合是类似性联合的一种变式，因为具有对比性的事物往往在本质上具有类似性，甚至具有同样质的特性，它们在形式上呈现出明显的对比，在质上的同一性却加强了。杜威举例由老鼠想到大象，由忧伤想到喜悦，由侏儒想到巨人，由崇高想到卑下，等等。这种事物的对比性反倒使联想更加强烈，而且在本质上类似，譬如侏儒和巨人都具有身高的共同元素，慷慨和吝啬都属道德范畴，白与黑都是颜色。

第三种为同化性联合。杜威视同化性联合为一种复合联合，它结合了邻近性与相似性联合的原则，从结果看，同化是邻近性联合，从过程看，它接近相似性联合。杜威以对橙子的视知觉为例：人们最初获取的唯一感觉是色彩，这种感觉在每一次经验中都被强化，具有再整合能力，从而可以唤起味道、形状、重量和气味等其他元素；但是它不同于顺序性联合，不能独立存在，而是被同化为颜色感觉，形成一个复合的结果。

（四）联合的心理活动功能

杜威进一步探讨了联合在形成心理活动过程中的功能，指出联合的功能就是构建一种机制，即把心理活动中的各种元素联系起来建立更加复杂的心理结构。具体而言，联合可以将彼此孤立的感觉整合为一体，使纷乱的元素变得有序，从而适应各种专门化的心理活动模式。杜威比喻道，在联合之前的心理状态犹如液体，联合以后的心理状态就转变为固体，并且相互联系，具有了明确的形状。他认为，联合在心理活动中的功能主要表现为习惯和无意识。

1. 习惯

在杜威看来，所有包括习惯在内的心理活动的机制都是联合的结果，习惯形成的过程更具有联合的明显特征；习惯是一种紧密联系的观念或行为的联结，只要赋予其刺激，其他观念或行为就会自动发生，不需要意识或意志的干预；习惯是一个顺序性联合，联合中的各种元素彼此可以相互激活，并且每次都以同样的方式重复，形成了一条明确的有序途径。

故此，杜威得出结论：习惯形成的原则是所有顺序性联合都可以持续性地以同样的方式被激活，并倾向于向同时性联合转化。他表示，习惯形成的基础是一系列顺序性的联合，其中任何一个动作都是激发下一个动作的信号，每一个动作都可以再整合其他动作，并逐渐使动作连贯化、一体化。杜威指出，习惯一旦形成动作就会出现自动化和机械化。所谓自动化就是指行为按照自定的程式自动发生，不需要意识干预；所谓机械化是指从各种肌肉协调到动作发生的整个过程，没有意识和程式的参与。习惯的最终发展趋势就是形成机械化和自动化。习惯被赋予为一个原始的、基本的心理角色，构成了知觉、思维、意义、对象、想象和自我的内容。①

杜威认为习惯的目标有两个方面：一方面是习惯形成一个自动执行机制，通过心智可以直接和迅速地把握认知活动中有规律重复出现的元素，从而创设一个专门的机制应对熟悉或稳定的经验元素。杜威指出，在人们的周围环境中存在着相对持久和稳定的元素，它们既与通常的心理活动有关，又是更高级心理活动的基础；个体对这种稳定元素的反应并不是建立在意识或推理的基础上的，而是一种自动化、机械化的反应，也就是一种习惯；通过这种习惯人们可以本能地将自己与具有社会意义或自然意义的周围世界联系起来，进而将个体纳入一个有组织、统一的整体，这既是思维与行为的联合，又是个人意志与社会良知的统一。

习惯的另一目标是使意识中的理性专注于对多变元素的认识，将心智的意识活动解脱出来，专注于对新异、多变事情的控制，以及应对多样性和复杂性的各种元素。杜威明确表示，人类并不希望生活在一种完全程式化的生活之中，而是希望在变化中发展和探寻新奇的对象，这就需要心理活动的不断丰富和多样。因此，杜威提出，人类获取适应新环境和成长的能力，皆需要理智的、有意识的努力和主动指导，这就要求心智必须有一套自动化的机制去处理其他任务；假如没有习惯的自动化行为去应对陈旧和熟悉的任务，将意识和行为解放出来，那么人类就没有机会学习新知识、形成新行为。

2. 无意识

杜威表示，习惯一旦形成，行动就进入自动化和机械化，其结果是原来处于意识状态下的观念就被降为无意识；当某种活动属于无意识活动，就意味着活动仅在身体层面上发生，整个活动过程无需意识监控，意识仅在最初激发活动时才出现。杜威指出，诸如走路、交谈、书写、演奏乐器等都属于此类活

---

① Paul Crissman. The Psychology of John Dewey. Psychology Review，1942，Vol. 49（5）：441–462.

动，它们被称为"次级自动化活动"，与诸如心脏跳动这样的自动化活动非常类似。

所以，杜威得出的结论是，"所有的联合，当它被重复多次以后，就会倾向于转变为同时性联合，并成为无意识的"①。他进一步解释道，当行为频繁重复后，神经系统的活动就代替了心智活动，无意识行为就出现了，而且这种替代现象可能延伸到更高级的心理活动中，从而产生所谓的"无意识的思考"，例如思考复杂问题、制订计划、艺术创作等。这就说明了这种联合不仅可以在心理层面实现，而且也可以在生理（诸如肌肉）层面形成联系。

三、统觉过程中的分解

作为统觉发展的第二个层次，杜威将分解理解为"在联合在一起的感觉元素中，心智并不是等同地对待每一个元素，而是强调了其中一些，忽略另一些"②。其中，分解以联合为先决条件，但分解并不是联合的一部分，分解将联合中的一些因素从众多元素中突出出来，使之相对独立，而其他元素则成为背景板。

（一）分解与联合的关系

杜威认为，分解与联合的关系是既相互联系又彼此有别。

1. 两者之间的相似性联系

杜威提出分解与联合有三种关系。第一种关系为联合是分解存在的条件，只有已经被联合的元素才能被分解，但分解并不是绝对地分裂，而是使联合中的某些元素从其他元素中凸显出来，使其获得相对独立的位置，而其他元

---

① ［美］约翰·杜威. 心理学. //杜威全集·早期著作第2卷［M］. 熊哲宏，张勇，蒋柯，译. 上海：华东师范大学出版社，2010：81.

② ［美］约翰·杜威. 心理学. //杜威全集·早期著作第2卷［M］. 熊哲宏，张勇，蒋柯，译. 上海：华东师范大学出版社，2010：81.

素则成为背景。第二种关系是两者没有时间上的先后顺序，联合致力于在同一时间把每一个元素联合成为一个整体，分解致力于积极地从联合中突出某些元素，使其获得意识中的独立地位。第三种关系是分解在不同的联合中呈现不同的态势。杜威认为，在同时性联合和顺序性联合中早已存在分解活动，但在两种不同的联合过程中，分解与其关系也有差异。

杜威指出，在同时性联合中并非所有的元素都以同样的比例组成联合统一体，他说："通常，视觉元素会比较突出，而肌肉觉总是被同化，除了在极度疲劳的时候，我们很少会注意到肌肉觉。"[1]也就是说，在众多感觉同时发生时，人们实际上只注意到了那些更清晰地呈现于意识之中的感觉元素，其他内容则被相对忽略了，这在某种程度上已经阻挠了它们之间的联系，使它们相对地分离。这种分离达到一定程度，联合就会被分解，一些元素就可能凸显于意识之中。

杜威还表示，在顺序性联合中包括的分解活动更多。他以顺序性联合中的邻近性联合为例，指出每一个场景都有丰富的细节，元素有举足轻重和微不足道之分。若每一个元素的出现都可以激起心智的回忆，成为再表象，那么心智的对象会变得不明确，它会一直陷入具体内容的回忆中，被一个又一个细小的经验元素束缚。由此，杜威认识到，各个元素并非处于对等的位置，有重要和非重要之分，并得出结论：联合中早已有了分解的倾向，且它们呈现的时间并无差别，是同时发生的。

2. 两者之间的区别

杜威明确表示，事物之间的区别就是一种联系，而联合与分解之间的区别更好地说明了两者之间的联系。他指出，虽然联合之中有分解，但彼此的区别是显而易见的，相对于联合的主要特征而言，分解与其区别主要可以归纳为

---

[1]［美］约翰·杜威. 心理学. //杜威全集·早期著作第2卷［M］. 熊哲宏，张勇，蒋柯，译. 上海：华东师范大学出版社，2010：82.

两个方面：一是分解要求元素中的一些成分表现出差异性以便可以对比；二是分解要求心智活动专注元素的某些成分，而选择性地忽略另外一些成分。

杜威强调分解过程比联合过程更复杂，往往具有主动性。分解过程是将呈现的元素予以比较从而确定哪一些更有意义；分解的任务在于寻找差异，进而区别；分解活动的指向是多维度的。他指出这种复杂性还体现在分解对心理活动的意义，那就是分解依据元素在心理活动过程中的价值，无意识地对其进行检测分类；分解过程中的心智活动积极地按照自身的目标、兴趣选择元素。

（二）分解的条件

杜威主张心理活动的意义取决于构成这种活动的元素所具有的不同价值，并且每一个元素材料的价值都是相同的。价值不在于作为何种元素材料的存在，而在于这些元素与心智活动的关系，也就是自我对它们所表现出来的兴趣差异。他进一步指出，正是由于自我兴趣因素的介入，心理活动才变得富有弹性，具有了主次、轻重之别。那么，究竟是元素材料的哪些特征对心智可能产生更强的吸引力，使其中的一部分比另一部分更加有兴趣？杜威的回答是，这种具有吸引力的特征包括两个方面：一是自然属性，即表象对心智自发性的吸引力；二是获得性属性，即源于表象与经验中其他影响因素的联系的吸引力。

1. 自然属性

杜威提出，引起心智关注的原因来自表象的两个属性特征，分别是"强度"（intensity）和"基调"（tone）。强度是指在其他条件相同的前提下，刺激的程度越大，对心智的影响也就越深，从而导致心智将不同的刺激分解。强度则主要包括刺激的饱和度、持续时间和反复程度。基调指由于感觉的不同属性特质产生的愉快或郁闷的情感反应，换言之，基调作为一种情感反应总是与感觉相伴，其功能就是引起心智自然的兴趣，主要表现为吸引或排斥。

杜威以儿童心理发展为例，阐明事物的质的特征（颜色、味道等）比其量的特征（大小、速度等）更具有吸引力：儿童出生时几乎都是单一的感觉，饥饿、舒适、疲乏等，这些感觉最大限度地与自然情感合二为一，几乎同化了其他所有心理活动。比如味觉开始被意识关注，肌肉活动使儿童自由地抓取特定对象，伴随而来的愉快感唤起了心智的关注；进而优美的声音、鲜艳的色彩刺激人的感官，听觉和视觉的属性显现出来，使得质的属性特征产生了更大的吸引力。

杜威进一步指出，心理活动的发展更依赖于心智的兴趣能力从自然属性向获得性属性的演化。自然兴趣受制于客体的激发，心理活动中的元素自发地吸引了心智活动，并且不断同化心智，使自身获得意义价值；但是，获得性兴趣可以使心智活动不拘泥于当前所呈现的对象，可以赋予心智更多的经验，正是这些经验使呈现的对象具有了吸引力。杜威补充道，判断感觉理智价值的标准是可融合性，那些具有较强吸引心智兴趣能力的感觉（如视觉和听觉）在认知活动中具有重要地位，相反缺乏意义的感觉可能永远不会成为意识的中心。

2. 获得性属性

依据获得性兴趣的观点，杜威提出了"获得性价值"（acquired value）的概念，即当前经验与已有经验密切相关，且对当前事物的认识具有重要意义。获得性价值依赖于观念之间的联系，一旦当前经验与已有经验建立了某种联系，就意味着与自我有某种联系，这就出现了兴趣，因为这种兴趣是在自我经验的基础上形成的，故称之为"获得性兴趣"，观念具有获得性兴趣的前提是观念之间的序列联系。杜威论述到，新旧经验之间既有和谐又有冲突，这就导致其中的一些元素被关注并且产生分解。

对此，杜威提出获得性兴趣引起分解的原因有两种：其一是当前经验与过去经验有相似的联系，其二是当前经验与过去经验没有相似的联系。这两种原因衍生出了两种类别的兴趣。

第一种是熟悉性兴趣，主要包含两方面的因素：重复和时间的邻近。杜威指出，反复出现的事件比单次出现的事件更具有吸引力，但更重要的是不断重复的事件逐渐从其他活动中分离出来，在意识中占据了显著位置，更容易激发心智，形成个体的智力特征。不仅如此，他还认为，重复所带来的熟悉性既决定了何种观念居于心理活动的中心，还决定了统觉对新观念的态度，以及人的统觉系统。因此，杜威建议在教育过程中，通过某种重复让学生形成职业或专业的统觉系统，以便于学生的统觉系统能够立即在当前对象与学习内容之间建立联系。

所谓"时间的邻近"，杜威解释道，"最近呈现在意识中的元素较久远的元素更鲜活，因而得到更多强调，这也是它们相互区分并被分解的依据"①。这是因为新近发生的事情较为清晰，最新的印象更容易被唤醒，首先得到关注；最近的表象可以努力使心智摆脱频繁重复的束缚。时间的邻近因素与重复因素在作用方式上都是强调特定的元素，但最近的时间也与熟悉性部分相对立，导致心智摆脱经常重复经验的倾向。

第二种是新异性（novelty）兴趣。在杜威看来，新异性兴趣与熟悉性兴趣截然相反，指元素对心智来说是全新的、不熟悉的，比如钟表的滴滴答答声突然消失，则屋中人会发觉这个现象，所以只有事物发生变化时，才会引起人们的注意。杜威总结到，熟悉性和新异性互相渗透，是一个对象的两个侧面，两种状态之间的对比性越强，越能够引起注意，也就越能够将彼此分解，其结果是心理活动更加多样化和具有可变性。

最后，杜威辩证地总结了熟悉性兴趣和新异性兴趣之间的关系：首先，两者相互依存、相互制约。两者是同一心理活动的两个侧面，真正对心智具有吸引力的既不是非常熟悉，也不是绝对新异，而是新异中的熟悉、熟悉中的新异，心智更容易接受的是在新异和变化之中的熟悉和稳定元素；与此同时，没有新异元素的加入稳定元素就失去了变化、发展和成长。其次，两者之间是同一性与差异性的关系。杜威认为，两者相互渗透，因为智力活动的本质就是在

---

① [美] 约翰·杜威. 心理学. // 杜威全集·早期著作第2卷 [M]. 熊哲宏，张勇，蒋柯，译. 上海：华东师范大学出版社，2010：86.

表面差异的元素之间探寻同一性，在表面相似的元素之间辨析差异性。

杜威运用植物学家研究一种未知植物的例子来说明在知识活动中均包含着两种关系：植物学家考察一种未知植物，发现具有一些熟悉的植物特征，饶有兴趣地将其从其他植物中分离出来，通过熟悉性中所蕴含的同一性关系，将其界定为某种植物的界、门、纲、目等；另一方面植物所具有的新异性促使植物学家修正已有知识，若是植物学家发现一个新物种，那么植物学中原有的分类可能出现重大变化。

（三）分解的心理活动功能

在肯定分解的作用和意义的同时，杜威也认识到分解可能带来两方面的结果：积极的和消极的，从而形成分解在心理活动中的消极功能和积极功能。

1. 消极功能

杜威并没有忽视分解的消极功能，同时也客观分析了消极功能的作用。他认为，分解的消极功能就是在没有联合活动的背景下，分解可能破坏联合活动形成的联合机制，并且打破心智与客观材料的同一性。但是，他又指出，这种同一性实际上限制了心智活动，约束心智不能自由地随兴趣转换；心智被这样的机械原则所约束，其活动完全受制于外在因素，不过正是这样，联合活动才处于最佳状态。杜威表示，实质上，分解的消极功能正是摆脱这种约束和控制。

2. 积极功能

相对于消极功能，杜威认为分解的积极功能是"使心智或自我从隶属于客观影响的状态下解放出来，使它能按照自己的意愿行动，即为了它自己的观念或内在目标而行动"[①]。具体来说，杜威主张分解的积极功能有三个方面：首先，分解将心理活动引向了注意，使心智开始进行自我管理；其次，分解促

[①]［美］约翰·杜威. 心理学. //杜威全集·早期著作第2卷［M］. 熊哲宏，张勇，蒋柯，译. 上海：华东师范大学出版社，2010：88.

使了兴趣的出现，分解使心智获得本质意义，导致兴趣的出现，这意味着各种感觉元素以不同的水平呈现在心智面前，引起自我不同的体验，心理活动开始有了不同价值的区别；最后，分解可以使心智的目标进入意识领域，促使注意的产生，作为心智活动的内在激发条件。

杜威着重论述了心智活动以目标为自我导向。他论述道，心智活动所具有的内在目标包含一般性目标和特殊性目标。所谓"一般性目标"就是自我作为一个整体可以为实现自身的目标而自由活动。杜威阐述道，在联合过程中自我活动受到外在因素的制约，而在注意状态下自我活动指向自我目标；分解则是自我从外在影响中独立出来的媒介，可以使自我为自己的目标而行动。杜威用儿童心理发展来说明一般性目标：在婴儿阶段，心智活动还受外在环境影响，所有的事物均有相同的价值；然而婴儿逐渐感觉到并不是所有的声音都是必要的，只有母亲或保姆的声音才是其兴趣的中心，才会与他的感受紧密联系；这样，婴儿就可以利用自我作为参照区分各种活动，自我参照成为区分活动的动机，自我行为就成为儿童智力活动中的本质特征。

所谓"特殊性目标"就是心智在认识过程中发现对象之间的同一性关系或差异性关系。杜威指出，随着人的发展阶段和个体追求、专业条件的变化，自我的目标也随即发生变化，但简单归纳起来无非有两种：差异性关系和同一性关系。总之，杜威明确表示，分解的特殊目标就是注意，正是在注意与有意识的价值认知或联合或分散的过程中，心智获得了知识。

四、统觉过程中的注意

杜威认为，从某种意义上讲，所有认识活动都源于注意。注意的定义是"自我的一种活动，它把呈现给自我的各个元素联结成一个整体，并反映了它们所期望的意义；也就是说，注意反映了这些元素与某种理智目标的关系"①。他指出，注意的本质特征就是主动指向某一个自我目标，注意的各种活动都是基于自我的兴趣且具有明确的目标，注意是一个自我发展的过程，它的起点、目标和途径均在自我中呈现。

（一）注意的本质属性

在杜威看来，注意与意识是相互统一的。意识是一个活动过程，心智活动必须有意识地加入，任何事物如果没有意识的关注就不可能进入意识之中；注意存在于所有认知活动中，是认知的主体与客体之间的某种联系，并主动将个体与现象联系起来。但是，注意并不是在所有的心智活动中都出现，它只能从具有内在联系的事物中发生。

杜威又认为，注意与联合、分解是同一个过程的不同阶段。他将注意理解为主动的联合，联合则是被动的注意；联合的原动力是由外在因素激发而活跃的，源于感觉或者感觉元素的呈现方式，注意的原动力是内在的，以心智自身的目标兴趣为导向；分解促使自我从联合的多样性中分离，产生一个明确的兴趣目标，从而引起了注意。在杜威对知识系统的论述中，注意主动把呈现给自我的各个元素联结成一个整体，若没有注意活动的参与，认识活动就不复存在。

总之，作为统觉过程的不同阶段，联合、分解和注意是紧密联系在一起的，彼此之间既有不同又有联系。两者的联系体现在：注意活动使人们关注到对象具有的共同特征、共同意义，并将之联合在一起。

（二）注意的选择性活动

杜威认为，注意是一个自我发展的过程，认识注意的过程就是了解心智发展及其自我活动的过程。鉴于此，他将注意的过程分为选择性、适应性和关联性三种活动过程。

①［美］约翰·杜威. 心理学. //杜威全集·早期著作第2卷［M］.熊哲宏，张勇，蒋柯，译.上海：华东师范大学出版社，2010：90.

所谓"选择性活动"，杜威提出了五种基本观点。

第一，心智的选择即注意的选择。杜威提出注意过程即心智过程，当注意对表象加工时，心智总是主动关注一些观念，选择其中一些观念、忽略另一些观念。由此可见，注意是分解的高级阶段，两者不同之处是：引起分解的主要原因是感觉元素所具有的直接吸引力，属于表象对心智的吸引；而引起注意的原因在于心智的主动兴趣，属于心智对表象的关注。

第二，注意的选择总是指向未来。杜威提出，分解的选择源于过往经验，新异性和熟悉性决定元素的吸引力；而注意选择的兴趣则指向将来的经验，也是心智所要达到的目标，注意总是需要一个目标，通过目标的选择呈现出一种指向。杜威建议用眼睛的活动来说明注意的选择性：当看到一件东西时，眼睛就会转向它，影像就会留在黄斑上，而周边的影响就会模糊；当注意一件事情，注意的活动内容就处于心理活动的中心，而其他则暗淡模糊；当注意某物时心智也集中于此，意识也被集中到所选择的事物上。

第三，注意具有选择的多样性。杜威认为，注意的选择反映了心智的目标，心智有多少目标，就可能有多少选择，当一个特定的感觉元素呈现给不同的个体时，注意的指向是完全不同的，譬如一朵花对农民、植物学家、艺术家而言，选择的关注点大相径庭：农民的注意指向如何种植，植物学家指向植物分类特征，艺术家则指向审美。

第四，"心智有知故心智存在"。杜威承认有一种恒定的目标对所有心智具有相同的效力，那就是自我。他反复强调知识对心智的存在是必须的，知识呈现在自我的所有活动中，无论对所有的个体，还是在不同的时空同一个体，知识都是一个被注意的目标；所有心智都对知识产生兴趣，对同一个心智而言知识影响了它所有的活动。这个目标具有恒定性。

第五，只有那些具有符号意义的对象元素才能被心智选择。杜威坚信那些不能成为事物符号的感觉性表象难免被心智忽略。在他看来，知识总是有诠释的意义和代表其他元素的符号意义，个体认知的对象并不是真实存在的简单复制，而是经过心智主动加工的结果；那些具有意义的元素在心理活动中具有重要的位置，由于它们指代了对象质的特征，作为感觉存在的意义就丧失了，反而成了客观对象或某种特征的象征。因此，杜威表示，人们通常舍弃了感觉对象的客观存在，而选择了它们的观念性意义，这可以使人们超越表象本身去认识事物之间的联系。人们注意或心智所选择的并不是对象本身，而是它所指代的具有意义的内容。

综上所述，杜威得出的结论是，智力活动对知识选择具有必要性，知识的获得是一个观念化的过程，感觉本身并不能成为知识，感觉的观念化才能形成知识；感觉对象的意义实质上就是观念之间的联系或关系，它已经超越了表象本身的指称。

（三）注意的适应性活动

杜威将适应看作是理智的活动过程，适应性活动就是感觉元素的选择指向观念的意义性，通过这个适应过程，组织化的同一性自我反映在已呈现和选择的元素之中并赋予其意义，自我则从中辨析出来。简而言之，感觉元素获得意义的过程就是适应（adjustment），适应性活动是心智及其内容针对表象的主动关联过程，从而将表象改造成所指向的理智形式。那么，怎样才能完成适应性活动过程？

首先，杜威认为，适应需要有预见能力。他表示适应过程只有在心智活动达到某种程度的情况下才能发生，即心智能够意识到目标是什么，以及达到目标所必经的每一个步骤。杜威指出，只要目标观念清晰，自我就能够十分清楚如何发挥效能和指导自身活动；反之，假如目标模糊，即便是短暂的模糊，心智也会不知所措、难于确定，从而使适应过程遇到阻碍或无法完成。因此，杜威强调，适应过程要求对目标必须有一个清晰的预期，也就是实现心理活动方式的预期，这样心智就可以做好准备，调动最快速度，以期能完全激发统觉的各项活动和统觉组织。他说："一个完美的智力活动有赖于目标的清晰与完整，在这样的条件下，适应才会发生，而目标清晰与完整的前提是心智对于即将发生事件的预期。"①

其次，适应性需要已有的经验。杜威举了一个在黑暗的房间中看到闪电的例子：一个人待在一间黑暗的房间，四周漆黑，什么也看不清楚；当第一次闪电时，他（她）对房间的认知是一个模糊的轮廓，第二次闪电时，在先前模糊的基础上有了预期目标，对房间环境有了比较清晰的认识、获得了更完整的统觉内容；接着第三次、第四次……，他（她）逐渐对房间十分了解，每次都更准确地调整自己的心智活动。杜威总结道，人的适应性依赖于已有经验，只有在已有观念的基础上新经验才能被准确理解，人的认识活动就是通过已有经验对未来认知和适应未来；成年人与儿童有不同之处：儿童缺乏已有经验来组织理解当前的感觉，成年人则运用已有丰富经验，有组织、有目的地适应新环境；心智面对新经验时，其准备越充分，适应性就越强，统觉就越完善和清晰。

最后，适应过程也是观念化的过程。杜威指出，感觉的观念化不仅对注意的选择性活动十分重要，对适应性活动也必不可少。因为适应过程是运用已有经验重组当前经验的过程，人对知识的认知也是通过已有知识掌握新知识；通过适应，心智开始对感觉的观念元素进行解读，感觉被转化为知识的一部分。可见，适应赋予感觉对象元素一定的意义，也使心智指向新元素。

杜威总结指出，第一，心智将自我指向感觉，使其获得意义，心智则成为已有经验的符号；第二，适应就是自我与感觉元素建立联系从而使其超越单纯的存在并成为一个具有意义的符号的过程；第三，人所认识的事物实质上是观念化的事实，没有经过心智观念化的事实不能成为心智的对象和存在；第四，知识就是自我认识，认识并不是外在客体印刻在心智上的过程，而是自我指向感觉对象并激发产生意义的过程。

---

① ［美］约翰·杜威. 心理学. //杜威全集·早期著作第2卷［M］. 熊哲宏，张勇，蒋柯，译. 上海：华东师范大学出版社，2010：94.

（四）注意的关联性活动

杜威认识到注意的适应性活动是通过关联或比较实现的。他认为，在联合过程中可能出现合并或分离，但在注意活动中既进行合并又可以进行区别，而且合并与区分并不是注意的两个活动，而是两个不同的侧面。杜威将注意的关联分成两种类型：合并和区分。

首先，杜威指出，注意的合并是指在不同的事物中发现具有意义的相似性或相同的目标，并依据目标将事物联合成一个单元。他表示，由注意产生的统一体和由融合产生的统一体并不相同。由融合产生统一体后，原来的元素被融合为一个新统一体，各自失去了独立的存在，而由注意产生的统一体仅是观念上的统一，并没有形成统一的实体，仅是一种意义上的统一，而不是存在的统一。所以，合并或比较是一种心智活动，当心智识别两个具有意义的观念元素时，合并就产生了。

合并对于形成知识具有重要作用。杜威表示，人们只有从各自独立的表象中发现意义的同一性，才能掌握知识。知识形成的过程要求人的认识必须超越感觉本身，将具有意义的感觉联合起来知识才能形成，知识的发展就在于发现越来越多的统一体，促进观念的统一。

其次，杜威又提到，区分是从不同事物中获得同一性的前提，区分与合并总是同时出现的。他指出，人们之所以能够发现事物的同一性，正是因为能够排除事物的不同属性；人的心理活动始终保持着各自的独立性，也是因为它们可以区分各种活动；只有被区分的内容才能进入意识之中。杜威运用心理现象中的例子说明这个问题：战斗中士兵可以忘却伤痛，激情演说中的演讲家可以忽略疾病带来的痛苦，均说明人们可以察觉到众多感觉中的一部分，只能将精力投入到关键内容上，这样就导致没有被区分的内容无法进入意识中；反之，偏执狂、抑郁症患者则是持续注意一种内容或经验，使其极其显著和放大，产生不正常的注意。

由此可见，杜威强调，注意的关联性具有联合与分离的特性，"它具有联合功能是因为它使我们看到事件具有的共同特征，拥有共同的意义；它具有分离功能是因为两个事件并没有被融合成为一个存在；相反，它们分别拥有相区分的特征，因而能够比从前更清晰地被分辨了"[①]。注意就是关联，知识也是一种关联，知识与注意密不可分。

第三节　知识的发展阶段

杜威将知识的形成过程看作是感觉经过联合、分解、注意和保持等步骤，将对象元素加工为原始材料的过程。那么，知识是如何被加工成为能够被接受的形态的呢？他提出，这就是知识的发展过程。杜威认为，研究知识的发展有两种途径：其一是依据心理学一般规律，其二是按照人的心理发展顺序。前者是按照对象所具有的心理学意义排序，即活动中所包含的复杂规则的程度；后者是按照时间顺序排序，从婴儿到成人。他选择了以心理学意义为出发点进行分析研究，因为在他看来，知识的发展就是观念化的意义逐渐增加的过程，人们所认识到的实际上是感觉背后的象征性意义，是一个不断推动自我认知发展的过程。据此，以人的心智发展的层次为标准，知识发展可划分为五个阶段，分别是知觉（Perception）、记忆（Memory）、想象（Imagination）、思维（Thinking）、直觉（Intuition）或者叫自我意识（self Consci ousness）。

---

①［美］约翰·杜威.心理学.//杜威全集·早期著作第2卷［M］.熊哲宏，张勇，蒋柯，译. 上海：华东师范大学出版社，2010：100.

一、知觉阶段

在杜威的心理学观念中，知觉并不是一个被动的行为，而是各种经验的主动整合，是经验之后不断丰富和充分再经验的过程；知觉之后的想象、思维等过程是知觉的转化和丰富的过程，使知觉"最大限度地满足意义整合的需求"[①]。

（一）知觉的内涵

杜威为知觉下的定义是：知觉是真实呈现的有关特定事物或事件的知识，属于知识发展中最低级的阶段和最初始的、发展水平最低的形式。它以感觉为基础，只包含对感官获得信息的简单加工，它由尝到的、看到的、听到的、摸到的、闻到的等内容构成。知觉的对象是指经过心智选择的感觉素材，杜威把所有知觉的对象组成一个整体，并总结出知觉对象的三个特征：

第一，知觉对象是一种非我的存在。杜威认为，知觉的对象独立于心智之外，也就是说知觉对象所存在的世界与心智无关，属于外在的世界，而心智仅仅是开启知觉的感觉器官，属于纯粹的内在；知觉的对象是客观的，其存在和变化遵循物理的规律，心智属于主观的范畴，其存在依赖于智力；知觉过程中自我和非我是完全分离的。

第二，知觉对象由独立的、具体的事物构成。杜威坚信，知觉的对象都是相互独立的，它们之间可能没有任何必然的联系，也可能其中一个包含其他对象，但彼此之间独立存在，相互的联系具有偶然性。

第三，知觉对象存在于空间之中。杜威主张知觉对象是当前的世界，存在于现实的时空之中，不同于记忆的对象是过去的世界；所有的知觉对象都以空间关系与其他对象相联系，既可以是两个相互独立的对象之间的联系，也可

---

① ［美］约翰·杜威. 心理学. //杜威全集·早期著作第2卷［M］. 熊哲宏，张勇，蒋柯，译. 上海：华东师范大学出版社，2010：107.

以是一个整体中不同构成部分之间的关系。

（二）知觉的形成

在杜威看来，心理学必须回答这一问题：感觉对象是如何通过统觉和保持转换成相互独立的存在事物。他的解释是，客观世界是以知觉的方式呈现于心智活动之中，故此只能从认识过程的角度来解释；认识过程依赖于心智活动，心智活动包括感觉且指引着感觉的方向；心智的统觉活动将感觉素材转换成以下三种结果，从而使感觉素材成为具有空间存在的事物。

1. 具体的独立对象

杜威表示，知觉对象的特征取决于智力活动的合并与区分，智力活动使知觉对象逐渐具有独特性和明确性；知觉实质上就是通过感知同一个对象而获取经验、使当前的感觉要素具有其他感觉的意义和符号的活动，同时也因为与其他具有不同意义的心理内容相区分而获得明确性。他总结道，心智活动是将知觉对象作为一个整体来把握的，这种心智活动不同于其他心理现象的心智活动。可见，他从唯心主义的立场出发反对外部世界的客观性，指出个体心理现象并不能改变客观世界的独立性，将客体称之为"智力的客观化的解释性活动"[①]。

2. 空间的存在

针对统觉如何将感觉素材转换成为空间上的存在，杜威的观点是：知觉的对象存在于具有特定位置的空间之中，心智必须能够区分不同感觉之间的差异并对彼此之间的空间关系进行解释。因此，他坚称知觉也是一种空间知觉，形成空间知觉的主要元素是触觉和视觉，因为这两种感觉器官神经末梢分布十分广泛；除此之外还与运动相伴的肌肉感觉有密切关系，杜威表述道，将肌肉感觉与其他感觉联合，再经历心智统觉活动的转化，就可以形成完整、准确的

---

① [美] 约翰·杜威. 心理学. //杜威全集·早期著作第2卷 [M]. 熊哲宏，张勇，蒋柯，译. 上海：华东师范大学出版社，2010：110.

空间知觉。

杜威认为，只有活动的感觉器官才能形成全面和准确的空间知觉，而视觉和触觉是空间知觉最重要的感觉。从这种意义上讲，空间知觉的形成是肌肉与其他感觉结合，经过心智统觉活动的转化而实现的。杜威通过观察儿童的行为得出结论：儿童伸手去抓月亮，因为抓不到而感到沮丧，其主要原因是儿童的空间视知觉不健全和不完善，还没有与肌肉感觉联合，不能正确判断距离远近。所以，视知觉的形成是视觉与触觉长期联合的结果，这种经常性的协调使得视觉可以代表触觉，从而取代了触觉的空间知觉功能。杜威进一步指出，了解各种感觉（主要是视觉）是如何联合起来从而形成空间识别，需要探讨影响空间识别的因素，那就是方向、距离和尺度（形状或大小）。

首先，在他看来，方向是人的感觉的构成要素，属于心智活动的结果。他进一步解释道，心智通过感觉的意义产生了方向感，从而辨别出头和眼睛的位置，其他事物就可以依据主体的相对位置而获得相对稳定的位置；通过头和眼睛的移动使观察对象始终处于最清晰的位置；同时伴随着肌肉运动产生肌肉感觉，从而形成肌肉感觉与观察对象时方向变化的符号。于是，杜威得出方向知觉的一般规律是："物体的方向感觉是由接受光刺激的视网膜的部分决定的，而不是由物体的实际位置决定。"[1]这个规律可以用来解释为何视网膜上的影像是颠倒的，人们看到的却不是一个颠倒的世界。

其次，杜威所说的距离是指一个物体到人的眼睛之间的距离，也可以指一个物体的局部到另一局部之间的相对距离。他认为影像距离感除了实际距离远近之外，还包括外视网膜中影像的清晰程度、事物的感觉强度、事物之间的遮挡关系以及平行移动。不过，即便是以上因素结合起来的距离知觉也并不全面，眼睛的移动和双眼协同对距离感十分重要，甚至前后左右地移动眼球，能

---

① [美] 约翰·杜威. 心理学. //杜威全集·早期著作第2卷 [M].熊哲宏，张勇，蒋柯，译.上海：华东师范大学出版社，2010：114.

够在瞬间形成精确的三维空间知觉。

最后，决定尺度的基本因素是感觉的数量。杜威认为，尺度即通常说的物体的形状及大小，在距离相等的情况下物体尺度越大刺激视网膜的范围就越大，只有在已知距离的条件下感觉的数量才能有效反映物体的大小。因此，任何影响判断距离的因素都会影响大小知觉，现实中对大小尺度判断的误差皆是因为没有恰当的参考物。

3. 外在于自我的存在

那么，统觉如何使感觉素材转换为非我的存在呢？杜威指出，知觉的形成过程使自身与自我形成对照，并且相对于自我而存在。这是因为感觉从非我中凸显出来，通过合并，客观化呈现为非我的形式而存在；空间是外在的，空间中所有的存在都是外在于自我的。那么，为什么知觉以外在的空间形式而存在？他的解释是：一般的心智活动把空间中的对象与自我相分离，就如同区分活动一样，是自我调节的一种方式；知觉过程中区分的重要性超过合并，其优势在于使每一个对象都清晰区分，与自我相区分；空间中每一位置都相对独立于其他部分，空间整体相对独立于心智。他指出，正是由于这种心智区分活动的形式导致知觉外在于自我。

杜威还指出，造成客体与自我之间相分离的主体实质上是意志。他说："关于空间关系的知觉的形成离不开肌肉感觉；而肌肉感觉从根本上是起源于意志指导下的运动。"[①]肌肉感觉是不能与其他感觉分开的，正如肌肉感觉与视觉和触觉之间的联系，可以说明感觉具有主观性，但如果没有意识来引发肌肉的运动，就不可能使婴儿区分开自我和非我。

总而言之，杜威将知觉看成一个整体和知识发展过程中的一个阶段，知觉具有较强的区分能力，其目标是将已经完全区分的感觉元素统一起来；知觉

---

① [美]约翰·杜威. 心理学. //杜威全集·早期著作第2卷 [M]. 熊哲宏，张勇，蒋柯，译. 上海：华东师范大学出版社，2010：117.

不是知识的最后阶段，它把对象相互联系起来，把对象与自我联系起来，并且进入意识层面。

二、记忆阶段

杜威认为，在知识的发展过程中记忆属于比知觉高一级的阶段，两者具有联系性，但又完全不同。在知觉中知识呈现于当前，知觉并不指向过去或未来，知觉的特征是空间关系；在记忆中知识呈现为过去的某一部分，记忆使知识超越了当前，记忆的特征是时间关系。但是无论是知觉阶段还是记忆阶段，知识仍然以个别具体事件或事物的形式存在于特定时间或地点。

（一）记忆的内涵

关于记忆，杜威是这样定义的："是关于过去曾经出现过但当前不在面前的特定事物或事件的知识。"[①]他指出，心理学家们长期在研究一个问题：知识如何能够超越当前的即时经验而反映过去的经验。为此，他阐述了自己的观点。

第一，记忆的对象具有观念性。杜威认为，记忆的对象是以观念性或精神性的形式存在的，属于心理现象的映像，而不是以空间中的物体的形式存在的。在这个方面，记忆与知觉是不同的，知觉的对象是以存在于空间的某个具体位置的形式而存在的，而记忆的对象则是以映像的形式存在于人的心智之中；知觉的对象是具体和真实的，记忆的对象并非事物本身，也没有物理特性；记忆中的经验是纯观念性的，这种观念化活动远比知觉更充分。

杜威特别提到防止一种"错误的隐喻"，将记忆当作一个受伤后的疤痕，每次经历均会留下一道印记，当再次触及这个印记时就会引起记忆。他不

---

①［美］约翰·杜威. 心理学. //杜威全集·早期著作第2卷［M］. 熊哲宏，张勇，蒋柯，译. 上海：华东师范大学出版社，2010：120.

认同这样的理解，指出疤痕是具体而真实的，但不是观念和意识中的存在，回忆中的经验只是作为观念存在于意识中的。这也是记忆的本质特征：对不在当时场景中出现的事物的观念化呈现。

第二，记忆是心智对特定对象进行的主动性建构。杜威认识到，记忆与知觉都是一种主动的建构，都具有转换过程，但在记忆中感觉被转换成经验的信号。当然，在知觉过程中也是如此，而且记忆中包含的建构性活动比知觉过程更多。在知觉过程中，对象总是存在于知觉之前，先有了存在，才有了对存在的理解。而在记忆活动中，大脑里已经储备了相关的信息内容，先有了对存在事物的过去经验，直到心智重建它们，它们才拥有自己的存在意义。

第三，记忆是知觉的自然衍生。杜威认为，过去的经验曾经出现在知觉中，记忆则把它们重新唤回，使其能够清晰地呈现在意识之中；当过去的经验映射到当前经验中并对当前经验进行解释时就产生了知觉，而过去经验则被当前经验所吸收。他表示，记忆的过程实质上就是把禁锢在知觉中的经验释放出来，使其成为独立的观念，记忆则以某种时间联系的方式去解释经验，让经验对现实具有意义。

（二）记忆的特征

如同在阐述知觉特征时一样，杜威关于记忆的特征是建立在三个认识前提之上的：其一，记忆是心智活动中一种观念化的表象或映像，并不是一种真实的存在；其二，记忆的映像是对过去的反应，是映像在时间上的投射，而不是知觉的空间关系；其三，记忆中的自我和非我的区别：在一个空间知觉经验中，知觉的对象与自我相对立；在一个时间记忆经验中，记忆的对象有别于当前的自我。据此，他总结出记忆的三个主要特征。

首先，记忆是心智中的观念化表象或映像。杜威用联想法阐述了这个问题：任何感觉对象如果与心智中存在的映像没有任何联系，就不可能被记忆。映像来自知觉，而知觉基于过去的经验并经过观念化获得意义，记忆映像的存在是已有经验中元素的不断释放；当已有知觉经验与当前知觉经验并不相融合，既有经验就从知觉中释放出来，使其成为映像或观念的存在。他表示，如果既有经验被吸收为知觉，就成为当前物体的指称，就不再是观念化的存在，而以映像方式存在。

杜威以生活中常见的事情为例，假设一个人试图回忆起昨天遇到的另一个人的名字，他（她）必须将注意集中于与这个人相关的元素，比如遇见那个人的地点、谁引荐彼此认识等，然后沿着这些元素努力地联想，最终想起了那个人的名字。这个过程把机械的联想活动引向一个特定的方向，并使它朝着希望的目标趋近，这个过程就是回忆。回忆过程实际上是包含着注意与联系的一种形式。

其次，记忆将观念与自我相区别。杜威认为自我无论何时都稳定不变，而观念是变化的，是某一时间段内想法的最终结果；只有在记忆能够认识到自我和观念区别的前提下，记忆才能够对过去和现在进行准确鉴别。但是，他又指出，若只有经验变化，自我却没有认识到其中存在的顺序性和逻辑性，那么就无法对过去和现在进行辨别，也就无记忆的存在；若只有不变的自我，那只能体验到此刻的心智变化，因而也不会有记忆。杜威得出的结论是，变化的经验和稳定的自我同时存在，记忆才能够将自我与观念区分开来。

最后，记忆的对象是时间关系，与知觉中的空间关系相对应。杜威将知觉理解为空间关系的感知，将记忆理解为时间关系的感知。他指出，只有当映像反映在时间之中，投射到既有经验的某一时间点，才可能出现具有意义的记忆，而这些映像就可以被释放出来成为独立的存在。他指出，时间关系体现在两个方面：顺序性和持续性。儿童并不是出生就具有时间关系感知，只有当他们把顺序性的经验连接在一起形成一个整体结构，才可能形成时间观念。不仅如此，他还进一步表示，对顺序性的认识不仅仅是观念依次出现的序列，更重要的是对具有顺序性的前提和结果之间关系的有意义认识；单纯认识到观念的改变远远不够，还必须认识到观念之间的联系。这样顺序性才真正存在并被认识。

杜威总结道，记忆的特征就是以时间关系为表象，而且在心智活动中同时存在着趋同活动和区分活动。因为，所有的时间段都是一个时间序列中的阶段，只有具有前后关联的时间段才具有意义，"时间的意义全在于它与过去、未来之间的关系，在于它承前启后的功能"①，时间就是一个关联的统一体。但是，杜威指出时间又是分离的，也就是说每一个时间段都有别于、外在于其他时间段，单独一个时间段的本质特点就是不与其他时间冲突；作为一个整体的时间呈现出与自我分离的特点，与空间不同，时间的客观性较弱，而心智总是将自身定位于时间之中，时间与自我之间具有内在性。

三、想象阶段

与知觉和记忆阶段不同，杜威提出，想象不受时间或地点的约束，属于事物的观念化，但也意味着它不受外在客观事实的约束，不必对应于某个时间与地点。

（一）想象的内涵

杜威这样归纳想象的定义：它是"以一种特殊的形式或映像将一种观念形象化的心智的活动"②。可见，他将想象理解为一种观念，而非具体的事物，但是想象又常以具体事物的形象呈现在人的面前。

杜威将想象与知觉、记忆进行了比较，认为想象与知觉、记忆活动既有相似又有不同之处。相似之处在于双方的心理活动对象都是特定的物体、人或事件，都是具有特殊性和独特存在形式的观念；不同之处在于知觉和记忆将观念定位在特定的地点或时间中，而想象则并不对应于特定的时间和地点，不是

---

① [美] 约翰·杜威. 心理学. //杜威全集·早期著作第2卷 [M]. 熊哲宏，张勇，蒋柯，译. 上海：华东师范大学出版社，2010：129.

② [美] 约翰·杜威. 心理学. //杜威全集·早期著作第2卷 [M]. 熊哲宏，张勇，蒋柯，译. 上海：华东师范大学出版社，2010：131.

具体的事物。杜威以莎士比亚想象出来的人物——奥赛罗为例，认为奥赛罗与凯撒都是知觉或记忆的对象，但奥赛罗是一个具有个性化特征和行为的特殊个体，与作为历史人物的凯撒的不同之处在于他并不对应于具体的时间和空间，虽然在莎士比亚戏剧中奥赛罗存在于一定的时间和空间中，但这些时间和空间纯粹是创作过程中虚构的，完全是作品创作的需要，并不指向具体的时间和空间，也不受其影响。

知觉和记忆中均包含着想象。杜威从心理活动发生过程的角度出发，提出知觉中存在着想象，即从感觉的解释到对观念的解释，首先就是回顾知觉中的想象。他认为在知觉中感觉表象是十分有限的，心智活动通过其他感觉信息扩展当前的感觉，使其把注意和情感加入感觉之中，从而完整理解感觉，而这些增加的素材都可以被看作是想象的结果，因此，在知觉中的想象被包含在知觉的结果中，不易分辨。与知觉不同的是，在记忆中由先前经验所引发的想象被释放出来，成为一种独立的存在。杜威总结道，在知觉中的想象隐含在表象之中，并没有被分辨出来，而是包含在知觉的结果之中；而记忆只是心智中的一个观念，它代表着与真实存在的事物仍然有联系，记忆中的想象起到强烈的暗示性作用，所以可以这样认为：记忆是想象的某种形式的延伸。

关于想象的发展，杜威的观点是想象包含分解和注意。他认为，作为一种具体的观念形式而存在的想象，其存在的前提是知觉和记忆中的观念从对应的现实中分离出来，产生独立存在的意义，不再与具体事物相联系。分解的关键是将映像变成一个独立自由、不指代任何具体事物的观念。通常人们认为儿童具有更加丰富的想象力，杜威认为这是不对的，因为儿童尚未形成分辨的能力，他们的观念均来自现实，而想象力需要具备区分观念与现实的能力。

（二）想象的层次

杜威将想象分为三个层次：机械化想象、幻想、创造性想象。

机械化想象是指通过分解和联想而形成的想象，属于最低级的形式。这种想象源于知觉的分解和联合，以现实材料或已经经历过的事物为基础，以抽象观念为活动形式，从而形成似乎没有经历的内容，但实质上只有形式是新的。杜威举例道：一棵树长在山顶就似乎比较高大，一栋房子可以被想象成内部空间很大、陈设豪华、富丽堂皇。这都属于机械化想象。

幻想是想象较高级的形式。杜威认为，幻想是在高昂和丰富多彩的情绪支配下形成的映像和联结，其中情绪将各种知觉对象联结在一起，起到了媒介的作用。幻想的主要特点是浪漫性，其自身并没有多少创造性，但是包含了许多以奇妙的情感为基础的特殊联系。这种特点集中体现在文学的比喻、隐喻和诗歌描写的形象中。不过，杜威明确指出，幻想并不是一种能力的体现，而是一种被激发的反应，但它所带来的快乐体验远超敏锐的洞察力。

创造性想象是想象的最高形式。杜威指出，创造性想象与幻想的不同之处在于，它是一种有组织、揭示事物内涵意义的洞察力。通常这种意义在知觉或记忆中察觉不到，思维的反省过程也不能获取。具体来说，杜威认为，创造性想象实质上是："直接地知觉到意义——即感觉形式中有价值的观念——的过程；它还可以被定义为自发性地发现那种最富有意义、最具观念化、显示出最大限度的理智性、也表现出最大限度的情感性的感觉形式。"①

杜威归纳了创造性想象的三个特征。第一，创造性。这是最大特征，即对观念元素自由、自主的创造。第二，观念化。想象不同于知觉和记忆，知觉是对感觉的观念化、记忆是对先前经验的观念化，而想象为自身发展提供了观念化的元素，所以它并不是纯粹地象征某一个真实的存在。创造性想象就是使观念元素因具有某种意义而存在。杜威对知觉和想象进行了辨别：当人们对一个人非常熟悉时，是因为获取了与这个人有联系的许多感觉素材，且素材被赋予了一定意义；而创造性想象则把握住这个意义或者观念，将观念带入到具体表现形式中。与知觉、记忆阶段不同的是，"在知觉和记忆中都存在一个观念

①［美］约翰·杜威.心理学.//杜威全集·早期著作第2卷［M］.熊哲宏，张勇，蒋柯，译.上海：华东师范大学出版社，2010：133.

的元素，它与某一个具体的事物联系在一起"①，而创造性想象是将观念从知觉或记忆中提取出来，并把它置于某种具体表现形式中，是一个自发的、自由的观念性活动。第三，普遍性。创造性想象使得观念与具体事物相脱离，在抽象的领域获取普遍的意义，体现了普遍性的实质。杜威指出，创造性想象是在尊重科学的基础上产生的想象，而不是盲目的毫无根据的臆想，它是一个普遍化的活动，使观念从知觉、记忆中分离出来，独立于个别的、具体的事物之外，展现出普遍性。

（三）想象与兴趣

杜威认为想象与兴趣之间有着密切联系。首先，想象受兴趣的支配。想象本身并不是没有目标，它可以通过自我的自由活动来满足兴趣需要，在知识的想象发展阶段，兴趣得以释放并指向一定的目标。其次，兴趣引领想象的创造性活动。兴趣既可能是普遍的，也可能是个别的，既可能是无拘无束、天马行空的，又可能是有礼有节、普遍统一的。个别的兴趣有时会引导产生幻想，往往表现为昙花一现，并不真实；普遍的兴趣通常大多数人都具有，反映了人性普遍的一面，往往具有永恒性。这种普遍性兴趣引发想象的唯一基础是人与人、人与自然间的根本性联合。若是人们没有普遍的兴趣，想象就会不合常理。杜威认为"任何创造性想象的产物都无意识地反映一种精神的联合，这种精神联合把人与人、人与自然联结成一个有机整体"②。最后，兴趣可以引领想象产生创造。他一再强调，无论是审美兴趣还是理论性或实践性的兴趣，都可以引发创造性想象，从而将人的实践需求和遐想的观念转变为现实。事实证明，在学术领域的想象都具有很强的建构性，诸如地质学历史研究、天文学历史研究几乎完全依赖这种想象。科学发明也越来越依赖于想象，因为想象可以

---

① ［美］约翰·杜威. 心理学. //杜威全集·早期著作第2卷［M］. 熊哲宏，张勇，蒋柯，译. 上海：华东师范大学出版社，2010：134.

② ［美］约翰·杜威. 心理学. //杜威全集·早期著作第2卷［M］. 熊哲宏，张勇，蒋柯，译. 上海：华东师范大学出版社，2010：136.

从直接的感觉表象转化为潜在的、观念化的意义领域。

综上所述，杜威将想象归纳为人的心智的观念化活动，由人的主观兴趣引领指导，是心智的自由活动和自我满足；想象是知识发展过程中一个由特殊向一般转换的阶段，它把特殊性当作某种观念意义的具体化；想象可以将那些与现实领域中的事例形成固定联系的观念，从中分离出来以独立形态呈现在心智活动中，从而促使心智运用想象去进行自由地创造。

四、思维阶段

杜威认为，思维与想象有着密切联系，想象与思维都是用某种特殊的具体意象实现对普遍事物的认识，想象的重点在于形式的特殊性，思维的重点在于普遍性。他举例道，人们往往不能想象一个大概的人物形象，总是想象具有某种特征的人物，如奥赛罗、亚瑟王等；但在思维中，人思考的并不是某个具体的人，而是一个一般的人，即一个具有人所共有的普遍性质的人。

（一）思维的定义

关于思维的定义，杜威是这样阐述的："是关于普遍元素的知识，也就是说，是关于观念的知识或关于关系的知识。"[①]他指出思维中的心智活动不同于知觉、记忆阶段，不局限于特定的事件或客体、现在或过去；思维的对象不是具体某个人，而是关于人的观念，且可以没有特定的时间和地点；思维反映的对象具有一般性和普遍性特征。

杜威将思维看作是知识发展过程中的一个阶段，其中最重要的是思维的对象是观念的元素和关系的元素。首先，思维的对象是普遍性的观念性元素。但为什么人们在思维中往往指的是某个特殊对象呢？杜威回答道：尽管思维的

---

① [美] 约翰·杜威. 心理学. //杜威全集·早期著作第2卷 [M]. 熊哲宏，张勇，蒋柯，译. 上海：华东师范大学出版社，2010：139.

对象总是以特定的形式存在于特定的时间和空间，但所有事实（fact）之所以能够被思维所认识，是因为它们具有意义，即包含有观念元素，而凡是具有意义就意味着具有普遍性。他又表示，对任何事实同一性或相似性的认识都是建立在对意义的同一性的认识基础之上的，意义赋予任何事实共同性，思维指向的正是这种共同性，亦即揭示事实的普遍意义。

其次，思维总是指向那些以关系的形式呈现的元素。在杜威看来关系是思维中的一个重要概念，它是思维所认识的普遍元素的观念或意义。人的普遍意义是每一个都共同具有的认识，它反映了人与人之间的关系，即人与人拥有的共同之处。由此推出，只要当事物之间具有共同点才会出现思维，只有事物以一种观念或普遍元素的形式存在，思维才能产生。杜威以玫瑰花特征为例，对玫瑰花的特征进行了总结。思维指向的是所有玫瑰花都具有的共同特征，并不是指某一株特定的玫瑰花，而且这种特征使得玫瑰花与其他花草相区别，正是由于这种特征把所有的玫瑰花归为一类。

杜威将思维划分为三种形式：概念、判断和推理。三者之间相互联系、相互依存，但并不一定处于思维过程中相继发生的阶段，而是有发展水平的差异，通常概念处于最低级的阶段，判断属于中间阶段，推理处于最高级的阶段。

（二）概念

杜威将概念看作是与知觉一样的心理存在，"没有概念的知觉是盲目的，没有知觉的概念是空洞的"[①]，两者之间的差异并不是心智状态，而是彼此的功能。

---

①［美］约翰·杜威.知识问题的意义.//杜威全集·早期著作第5卷［M］.杨小微，罗德红，等译.上海：华东师范大学出版社，2010：3.

1. 概念的特征

首先，"概念是一个具有象征功能的意象"①。杜威将概念理解为具有某种象征性的规则或原则，依据这些规则事物形成了一定的结构，并按照这些原则联合成为事物的分类（诸如类、种、属等），从而有了相应的结构。他认为概念是一种力量、能力或功能，是象征心理活动模式的意向，具有普遍性的心理活动模式；而观念与此不同，它是一种具有特殊性且仍然保留着感觉色彩的存在，其存在方式与概念不同。

其次，概念是智力活动的一种形式。杜威表示，一方面，概念既不是一个具体的事物，也不是具体事物的意向，而是事物的构成形式；概念的过程实质上是一种结构化过程，体现的是普遍性规则。另一方面，概念也不是一种静止的心理状态，而是一种心理活动的模式，包括分解和分析、整合与综合等。

2. 概念的发展

杜威指出，从本质上来看，概念就是关于统觉过程的统觉，是一个统觉自身观念化和关联化的活动，从而形成概念。"简言之，概念就是关于对象的知识，关于对象的构造规则的知识……概念是对象的完全的知识，它涉及对象的起源和各种关系；感知则是对象的不完全（这是'抽象'，真正意义上的抽象）的知识，它涉及对象性质、空间和时间上的界限。"②也就是说，概念是一个摆脱具体感觉、获得清晰认识的观念化活动的发展过程。他将这个过程分为三个阶段。

第一个阶段是抽象。"知觉或想象呈现了无数的细节，而心智只从中抓取了某一方面，用技术性的语言来表述，就是抽象。"③杜威从概念化的过程上

---

① ［美］约翰·杜威. 心理学. //杜威全集·早期著作第2卷［M］. 熊哲宏，张勇，蒋柯，译. 上海：华东师范大学出版社，2010：141.

② ［美］约翰·杜威. 概念如何由感知而来. //杜威全集·早期著作第3卷［M］. 吴新文，邵强进，译. 上海：华东师范大学出版社，2010：119.

③ ［美］约翰·杜威. 心理学. //杜威全集·早期著作第2卷［M］. 熊哲宏，张勇，蒋柯，2010：142.

阐述抽象的意义。他指出，只有在这一过程中统觉阶段才能被注意，其主要特征是注意的选择性活动。在这个活动中由于注意的参与，抽象事物的性质被赋予到对象身上，并逐渐清晰化和一般化；这种抽象已经不再被当成与特定事物相联系的对象而存在，而是被当作一种观念而存在，其意义具有了普遍性。

第二个阶段是对比。杜威所理解的对比是指人的心智活动探索和发现心理活动中的共同点或意义的相同之处。对比与抽象同时发生，当心智从对象中抽象出普遍性意义后，随即就会将这种普遍性映射于其他意象中或从中发现普遍性元素。这也就意味着，当一个人从某种对象中获得一种观念后，会尽可能从已经获取的其他经验中寻找相同的观念，将已有观念与刚获取的观念相联系，这种联系就需要经过对比。

第三个阶段是观念化。观念化被杜威解释成两个过程，即分析和综合。第一步分析主要是通过抽象和分离，形成一个纯粹概括的普遍性，得出一个抽象的观念；第二步综合是心智将已获得的观念与尽可能多的具体对象进行联合，从而促使这种观念愈加丰富。杜威得出的结论是："只有抽象的观念被对应于具体的对象，概念化过程才算完成了。换句话说，一个真正的概念是一个有机的统一体，其中包含了它的统一的综合联系，还有概念对象的各种变式也包含其中。"①

为了说明概念的形成，杜威特别讲到了一个例证：

> 让我们再来看这样一个例子，一个植物学家正在形成关于植物生命形式的概念。一开始，我们会发现是植物的生命形式中那些最突出的特征，如生长、同化、繁殖、衰老等特征，给植物学家提供了例证，

---

① ［美］约翰·杜威. 心理学. //杜威全集·早期著作第2卷［M］. 熊哲宏，张勇，蒋柯，译. 上海：华东师范大学出版社，2010：143.

但这些例证只能形成一个纯粹抽象的观念，直到他开始对比，即直到他认识到了观念元素出现在其他植物身上，这个观念才具有意义。也就是说，他必须认识到这一元素在其他植物分类中的对应位置，才能对这种植物进行正确的分类。当他认识到该观念元素在其他植物上的体现，他的观念就少一些模糊和抽象，而多一些具体。当他认识到一种新的性质时，他必须把它纳入他的观念中；每一次当他察觉到一种新的植物，他的概念必定有所充实。随着实验的增加，他认识到越来越多的植物生命形态，这些认识元素构成了他的关于植物生命形态的概念，他的概念也随之而趋于一般化（即能够指代更多的对象）。任何其他概念的发展过程都是这样。它的发展体现在两个方面，它所指代的对象的范围（wideness）和意义的深刻性（depth）。更多的对象被统一进一个概念之中，它所包含的变式就越多。总之，概念就是两个元素之间的统一性与区别的联合。它是用一个理性来囊括各种差异的一种认识活动。[①]

3. 概念的内涵与外延

杜威指出，逻辑学家对概念的内涵与外延有明确的区分，内涵指概念的意义的深度，即概念所包含的性质的程度；外延指概念指代的对象范围的广度或数量的大小。内涵与外延之间的关系呈现出此消彼长的态势，换言之，一个概念包含的性质越多，那包含的对象数量就越少，外延越宽，内涵就越少，反之亦然。

但是，杜威表示，这一规则可应用于形式逻辑中，但并不适用于心理逻辑。他表示，心理学的研究发现注意分配的广度并不会影响对不同对象的注意深度。相反，随着抽象分析的增加以及概念外延的扩大，注意对象之间的联系

---

① [美] 约翰·杜威. 心理学. // 杜威全集·早期著作第2卷 [M]. 熊哲宏，张勇，蒋柯，译. 上海：华东师范大学出版社，2010：143-144.

性也随之增强，概念的内涵也由此更加深刻。因此，正确的结论是：概念是一个有机的联合，其变式越多，其限定性也越多，因而也就更能说明对象的相似性特征，从而更加具有一般性。

杜威自嘲道，如果像逻辑学家那样认为，人们就不得不说植物学家对植物类型了解得越多，就对其特性了解得越少；如果概念仅仅是对同一类对象的共同性形成抽象的观念，那就会每增加一项意义或特性，就会删除一些特定的特征，得出的结果是概念的外延越丰富，其内涵就越简单，从而导致认识的对象越丰富，观念就越贫乏。杜威说，这是一个无比荒谬的结论。

由概念的内涵和外延引申出对知识发展的认识，杜威不同意关于知识的一般性理论，即认为知识是从一个具体到抽象、从个别到一般的过程。相反，知识形成过程是从个别到个别的过程。这是因为，最初的个别观念所指向的对象往往都是模糊的和具有普遍性的，但这时的观念并不具有真正意义上的普遍性，人们并没有认识到什么样的特征构成了事物的普遍性；随着普遍性的增长，知识开始分化，逐渐区分不同的对象，具有了普遍性的意义认识，对每一个具体事物的意义认识的越来越多，而这些意义本身就具有普遍性。所以，杜威认为，最初认识的特殊性和具体化是未分化和混沌的，知识发展的过程就是对许多具体的观念进行限定、分化使其更加具体化。

4. 概念与语言

杜威还阐述了概念与语言的关系。他认为概念是对普遍性意义的认识，需要通过语言作为中介与特殊对象连接，使之具体化。因为语言是一个特殊存在，不但能够发现对象间的关系、提取出共同意义，而且可以把抽象观念与具体对象联系起来，使得观念更加清楚、详尽；经过了抽象、对比和观念化，最终完成了概念化，概念得以形成，之后以语言为媒介，把概念中存在的普遍性投射于特殊对象中，使之更清晰。

按照杜威的理解，语言是一种持续性的心智活动，这种活动一直在一般性的概念与特殊对象之间实现转换。语言具有双重功能：一是语言在所指向的领域具有一般性，如果没有语言，人们就不可能获得一般性观念，就不可能理解意义和相互关系；二是语言的存在形式具有感觉性和特殊性，其呈现形式就是通过把抽象观念与具体对象联系起来，从而使抽象的观念具体化和清晰化。同时，杜威又表示，语言并不是心智的附庸，更不是机械的心智活动，而是心智活动的本质模式和表达方式。在他看来，心智活动将其存在的意义指向表象之中并形成观念；心智活动的形式就是普遍化，然而如果心智活动没有具体的称谓，抽象的结果就无从认识。所以，心智活动需要通过语言进行转化，使观念具体化。抽象的观念只有通过语言的中介才能呈现在真实的存在之中。对于语言与心智的关系，杜威这样归纳：

> 我们通常认为动物没有语言，因为它们不能形成普遍性观念。这是事实，但还有一个事实通常被忽略了，动物同样缺乏智力的特殊化活动，它们的观念太抽象了——而不是缺乏抽象性。它们没有能力来使观念清晰分明，因此它们没有语言。语言显然证实了心智活动的两重性，在它的意义层面上，它是象征（symbolism），是观念的属性，是普遍性的；在存在层面上，它是现实的属性，是特殊性的。心智既是一个普遍化的或观念化的活动，又是特殊化的或现实化的活动。①

（三）判断

作为思维的形式，杜威提出概念既涉及将普遍性赋予特殊的具体对象，也涉及将概念的观念意义与现实相联系，而对这种联系的确定性表述就是判断。故此，他认为："判断可以被定义为，表达将观念的或普遍性的元素映射

---

① ［美］约翰·杜威. 心理学. //杜威全集·早期著作第2卷［M］. 熊哲宏，张勇，蒋柯，译. 上海：华东师范大学出版社，2010：147.

于现实的、特殊的元素的过程。"①

关于判断的认识，杜威主要从四个方面阐述了自己的观点。第一，判断与概念之间具有双重关系。判断的作用是阐述概念的内容，使概念得到清晰的界定；对概念做出判断还可以延展概念的内容，能够清晰界定概念的范畴，丰富概念的意义。他举例道：

> 例如，关于金子，所有我能形成的可能的判断在一定程度上都是概念的发展。当我说黄金的原子量是197，它有很好的延展性，可溶于镪水（aqua regia）等等，只是陈述了这么多原本已经包含于金子这个概念中的元素。但是，在另一方面，没有这些判断，我就不可能认识到黄金的概念中包含这些元素。每一个新的判断，都能使我获得一些过去我所没有的关于黄金的信息。②

由此观之，概念是判断的集合，判断又是概念的结果，二者互为条件。

第二，判断同样由内涵和外延组成。杜威指出，判断在语句中表现为命题，命题主要由主词和谓词两个元素构成，每个判断均有内涵和外延两个方面，但常常表现为一个方面比另一方面突出；当人们主要考虑如何判断意义或内涵时，通常会将作为观念的谓词映射到作为现实的主词上，当人们主要考虑其外延和对象时，通常会将作为观念元素的主词映射到作为现实的谓词上。所以，杜威认为，判断既可以陈述意义使现实对象观念化，也可以确认观念是对象的一般化而使观念现实化。

第三，判断是一种包含了分析判断和综合判断两种形式的智力活动。杜

---

① ［美］约翰·杜威. 心理学. //杜威全集·早期著作第2卷［M］. 熊哲宏，张勇，蒋柯，译. 上海：华东师范大学出版社，2010：147.

② ［美］约翰·杜威. 心理学. //杜威全集·早期著作第2卷［M］. 熊哲宏，张勇，蒋柯，译. 上海：华东师范大学出版社，2010：148.

威认为，分析判断就是将概念中所蕴含的内容与意义阐释出来；综合判断就是用新的内容丰富概念的意义或者用概念说明新的具体对象。不过，他一再强调，这并不意味着有两种判断，而是同一判断的两种形式；判断在有些情况下属于综合性判断，在有些情况下可能就属于分析判断，也就是说，每一种判断都同时确定了同一性和差异性；判断具有双重性，只有一种观念的判断是无法进行的，任何智力活动均包含统一与区别，判断必定存在双重性。杜威总结道，判断是一种典型的智力活动。

第四，判断的真伪实际上是衡量判断之间是否协调。在杜威看来，从某种意义上讲，心理学并不关注判断的真伪，因为判断无论是真是假，其心理过程都是一样的，但实际上二者还是有区别的：心智如果意识到判断不真实就会纠正，反之不会做任何改变。心理学意义上的真伪只是一个条件问题，即只有在某种条件下心智才会确认判断的真伪。所以，从心理学立场出发，判断与其他判断一致或保持协调，这种判断即为真实；相反，与其他判断不一致即为虚假。杜威这样举例说明：

> 例如，假设有一个人把远处的一团云看成了山，这个判断为假，是因为它与他的其他判断不一致；他对当前的表象的认识越丰富，就会不由自主地对它做出更多的判断。如果我在暗淡的月光下，把一团黑影看成了一棵树，这个判断为真，因为它与我的关于这个对象的其他判断相协调。所以，从心理学家的立场看来，所谓判断真，就是判断之间的相互协调的关系，而假就是对立的关系。①

综上所述，杜威认为，判断的过程是对观念意义与现实联系肯定的确

---

① ［美］约翰·杜威. 心理学. // 杜威全集·早期著作第2卷［M］.熊哲宏，张勇，蒋柯，译.上海：华东师范大学出版社，2010：150.

认，它蕴藏于知识过程中，并且与概念相互促进；判断也有真伪之分，判断之间是否保持一致方能说明真伪，而主观上坚信判断正确则为信念；但并非所有的判断都符合实际，因此心智面对疑问时学会了如何去证实主体和客体的关系，并不急于进行判断。当有证据证实判断错误，心智也不再信任这个判断，这是因为已经确信其他判断的真实性。

（四）推理

在杜威的观念中可以清楚地看到，没有纯粹的直接知识，认知之间是相互依存的，所有的知识发展都是超越当前感觉而与其他知觉内容相互联系的过程，所有的意义都是建立了某种联系才确定的；但是，他指出，由于人们过于强调意义的结果而忽略了产生结果的过程，推理就是对这种联系因素的清晰认识。

1. 推理的定义

杜威这样界定推理的定义："这是一种心智活动，它揭示了所有意识内容之间的关系，通过揭示这些关系，活动的意义得以实现，活动的本身也得以实现。"[1]可见，推理是对事物本质产生的原因、相互关系的有意义认识，这种认识并不产生新知识，但却是知识发展赖以实现的基础。

杜威将推理归纳为两种形式：内隐推理和外显推理。所谓内隐（implicit）推理指人们认识到当前经验与其他经验的相似性，并能无意识地推理事物发展的过程，知觉、记忆就是如此。所谓外显（explicit）推理指不仅可以通过相似性来认识一个事物，还可以认识到推理过程本身以及这种相似性从何而来，日常生活中运用最普遍的就是外显推理。

与内隐推理和外显推理相联系的是普遍性元素和特殊性元素。杜威将那些无论内隐推理或外显推理都依赖的某些关系称之为"普遍性元素"，通常表

---

[1]［美］约翰·杜威. 心理学. //杜威全集·早期著作第2卷［M］. 熊哲宏，张勇，蒋柯，译. 上海：华东师范大学出版社，2010：152.

现为同一性关系。所不同的是，外显推理的优势是并不从前提直接得出结论，而是建立了前提与结论之间的同一性；外显推理会明确前提与结论之间的关系，从而发现其中的普遍性元素。杜威用一个特例来说明这个问题：

> 比如我们说，"这种药一定能治好你的病，因为它曾经治好了我的病"，这时，这个结论的基础仍然是一个普遍性的元素。做出这个推理的人是在自己的病与另一个人的病之间建立了同一性，并推理出，一种药一次有效，就会始终有效。这种推理的问题不是因为它太特殊，而是因为它太一般。它忽略了两个人的病之间可能的差别，以及由此而造成的同一种药在两个人身上可能引起不同的反应这样的事实，它只是笼统地把它们都囊括为一般性的观念：疾病和治疗。①

推理还有特殊性元素，推理总是将普遍性元素和特殊性元素结合起来。杜威表示，人们经常给一个普遍性的观念赋予特定的性质从而使其具有限定性或特殊性；或者将一个特殊性的观念引入更加宽泛和一般性的观念之中。这两种情况取决于心智将其作为内涵还是外延，均表现出特殊性元素和普遍性元素之间的关系。推理既可以把特殊性普遍化，也可以将普遍性特殊化。

2. 先验推理和后验推理

杜威明确表示，了解先验推理和后验推理的目的是认识经验思想和理性思想之间的差异。经验思想是后验的知识，也就是经验的结果；理性思想则是先验的知识，是推理的结果。两者并不是不同的两类知识，而是知识发展的两个阶段。经验思想是从特殊性到特殊性的联系，往往依赖普遍性元素建立关系；推理则清晰确认普遍性的关系，并在普遍性元素与特殊性事物之间形成有

---

① ［美］约翰·杜威. 心理学. //杜威全集·早期著作第2卷［M］. 熊哲宏，张勇，蒋柯，译. 上海：华东师范大学出版社，2010：153.

意义联系。他做出判断：知识都是对关系的识别、对推理的识别，推理的过程就是形成关系的过程。

与先验知识只是对普遍性元素、关系、观念意义做出有意识判断不同的是，后验知识仅是无意识判断。杜威举例到，一个人仅注意到一声巨大的轰响而产生的知识属于经验知识；另一个人揭示出两个事件之间的内在联系的同一性，这种知识就是理性知识。在前者情况下，由于知识是事情发生后获得的，属于后验性知识；在后者情况下，由于事情之间的关系是发生的条件，知识属于先验的。

3. 归纳推理与演绎推理

根据杜威的观点，推理均与普遍性元素和特殊性元素有着密切关系，推理过程建立在这两个方向上，而不同的运行方向就形成了归纳推理和演绎推理。演绎推理就是将特殊性元素普遍化，具体而言就是遵循一定的规则将特殊性元素置于普遍性之中，使其具有一类事物的特征，也就是说，将特殊对象置于普遍性之中或者将普遍性赋予特殊对象，是通过一般关系而获得特殊事实的过程。归纳推理则正好相反，它是从特殊对象开始进而发现普遍性原则，将特殊对象看成是一类事物的代表，从而揭示出整体的规则，简而言之，就是从特殊对象中揭示出普遍性原则。最后，杜威这样归纳两种推理：

> 演绎推理是综合性的，它将一个个特别的个例与普遍性关系相联系；它发现苹果坠落是因为万有引力定律的关系。它赋予特殊对象以新的元素、新性质和新意义，因而使对象更丰富。归纳推理是分析性的，它考查特殊对象，并从中发现规律；它将注意集中于事实的意义，从而忽略了其他内容；它略去了事件中所有分离的、特殊的元素，分离出普遍性元素，并发现其中的规律和关于对象的观念。[1]

---

[1] [美] 约翰·杜威. 心理学. // 杜威全集·早期著作第2卷 [M]. 熊哲宏，张勇，蒋柯，译. 上海：华东师范大学出版社，2010：155.

杜威还表示，归纳推理和演绎推理的作用不同。归纳推理是从事实中发现规律，它比演绎推理更抽象，目的在于寻找一般关系，其主要作用是通过忽略具体对象之间的差异发现同一性；演绎推理是用规律来解释具体的事实，具体来说是从一般规律到具体事实，目的在于赋予事实具有一定的意义和具体化，其作用是进一步区分和辨别对象。据此，杜威将两者的关系表述为：两者互为前提。演绎推理具有综合性，使对象更加具有区分度和清晰性；归纳推理具有分析性可以使对象更趋统一和一致。归纳使两者区别、演绎使两者联系。两者又相互包含。归纳推理和演绎推理并非截然分开，不会停留在自身的范围，而是互为条件和前提：归纳引起演绎，演绎暗含归纳。他总结道："通过演绎推理而变得更特殊的内容同样也更加一般化了，它不是作为一个孤立的个体而具有某种属性，而是作为一个类中的一员，具有了同类所共有的关系或法则。普遍性蕴含在特殊性之中，这个过程恰恰就是归纳推理。归纳推理和演绎推理是同一种活动的两个不同侧面，它们互为发生条件。"①

4. 概念、判断与推理的关系

杜威将判断与概念的关系，推理与判断、概念的关系理解为双重性关系。对于判断与概念的关系，他认为，判断是基于概念的分析，并发展了概念；判断是通过把新元素与概念建立起联系进而使概念丰富的综合性过程。关于推理与判断、概念的关系，他提出，推理包含了两个及其以上的判断，推理以判断为基础，也可以说是对关系的假定，并且通过分析判断探寻关系的共同性和同一性。不仅如此，在杜威那里，判断是相互联系的，所有判断都会以前一个判断为基础并回到最初的判断；推理的结果丰富了判断的意义，使判断更加具体化和清晰化。他以牛顿发现万有引力定律为例：

---

① ［美］约翰·杜威. 心理学. //杜威全集·早期著作第2卷［M］. 熊哲宏，张勇，蒋柯，译. 上海：华东师范大学出版社，2010：158.

艾萨克·牛顿爵士做了两个判断，一个认为月亮是不受拘束的，而另一个则认为物体都有下落倾向。他对这两个判断进行了分析，因而获得了它们之间的关系；他把两个判断缩简为一个新的判断，即万有引力定律。但是这并不是一个孤立的判断。它重新返回产生它的基础判断之中，并与它们相结合，正因如此，当我们知道了万有引力定律，我们就能够理解为什么月亮是自由的，而物体有下落的趋势。这是我们过去所不知道的。[①]

由此，杜威研究的结论是：第一，所有知识都是个别化的，孤立的特殊性对象和孤立的普遍性对象都不能成为知识的对象；第二，孤立的特殊性对象与其他事物之间没有联系，不能被任何有意义的关系普遍化，孤立的普遍性对象只有一种关系，不能映射到其他相关对象身上，不能形成综合和清晰的界定；第三，真正可以被认识到的对象是普遍性和特殊性、普遍性法则和特殊性事实的联合；第四，认识的对象具有个别性，正是个别的认识成为不断丰富的知识对象，而个别的认识总是趋向于普遍化；第五，知识的目标是形成一个更加普遍化和关联性的个别对象，知识的所有特殊活动都是对个别事物的认识。

5. 推理的系统化过程

系统化是推理的更高发展水平。杜威提出系统化是在概括的基础上，把整体的各个部分归入某种顺序，在这个顺序中，各个组成部分彼此发生一定联系，构成一个统一的整体。

杜威认为，知识的形成均是以关系为基础的，其预设前提是：世界上不存在完全孤立的事物，所有的事物都存在相互联系，并成为同一个共同体的一员。故此，他提出了一个终极预设，那就是所有的事情都是相互依存和相互联

---

① ［美］约翰·杜威. 心理学. //杜威全集·早期著作第2卷［M］. 熊哲宏，张勇，蒋柯，译. 上海：华东师范大学出版社，2010：156.

系的，仅依靠自身而独立存在的事物是不存在的，也不能成为理智活动的对象。推理正是一种确认这种依存关系的心智活动。但是，推理的局限性是仅能考查相互联系事物之间的特殊关系，而不能认识这些关系所构成一个和谐整体的内在联系。系统化则可以实现对系统的认识。

杜威将系统化上升为"科学"或"哲学"研究的结果。这种结果不仅是知识，而且还是相互联系的、排列有序的系统知识。科学的每一个分支就是形成系统知识的一种努力或尝试，哲学则将各种分支学科有序排列或形成有机的联系，使之系统化。对此，他这样说道：

> 科学是这样一种努力，它把世界的各个因素都看成一个公共系统的成员，通过这种方式，它把世界还原为一个统一体。它的各种次级统一都以法则的形式表现出来，但是科学并不止于形成分析性的法则或公式，这些法则不能孤立地存在，它们必须尽可能广泛地映射为更丰富的法则，进而相互联结形成一个整体。
>
> …………
>
> 哲学是科学的最高形式，其目的就是要充分地完成这种阐述。因此，哲学不是一个新的知识门类，它是将其他知识都已经无意识地涉及的观念——存在着多样化中的统一——清晰地有意识地表达出来。……它试图满足所有知识的条件，把世界看作一个统一元素；也就是说，它要获得这样一种知识，这种知识是一个个别化的对象，同时又具有最高的普遍性。[1]

当然，杜威也明确表示，科学和哲学的具体研究领域并不是心理学所关

---

[1] ［美］约翰·杜威. 心理学. // 杜威全集·早期著作第2卷［M］. 熊哲宏，张勇，蒋柯，译. 上海：华东师范大学出版社，2010：160.

注的对象，但是，通过对判断系统化的研究，可以将科学和哲学作为所有知识形成规则的很好例证，从而能够揭示科学和哲学的心理学起源。

五、直觉阶段

杜威认为，知识发展的普遍规律是通过分析和综合逐渐认识个别对象，这一规律适用于知识发展的各个阶段；同时，认识活动从知觉开始发展到系统化，但又通过注意使认识从一般化向更低一级的阶段返回，使其更加丰富；"从知觉到系统化的程度表现为普遍化发展过程中的分析过程的发展水平，而系统化的返回程度则表现为具体化发展过程中的综合过程的水平"[①]；心智活动并不存在低级和高级之分，都是知觉和推理互为因果的结合，这种具体的、现实表现出来的具有心理意义的结果就是一种直觉。

（一）直觉的性质

简而言之，杜威将直觉解释为知觉和推理组成的一种心智活动。这是一种纯粹的、即时性的、不依赖于对象之间依存关系的活动，是由心智获得表象内容而直接引起的一种整体性活动。直觉必须来自被认识的、具有象征性的且必须指向超出自身范围的事物；它不是知觉与判断之间的中介过程，在下列情境下不会产生直觉：心智活动之间均包含一定的关系、心智活动相互依存、心智活动具有中介意义。

杜威反复强调直觉所认识的对象不能与任何事物联系，只能代表自己的存在，这种对象的所有相关联系的媒介只存在于对象的内部，直觉成为一种具有完全限定性的认识活动。所以，直觉带来的是一种最终的整体，它只与自身内部相联系。

---

① ［美］约翰·杜威. 心理学. //杜威全集·早期著作第2卷［M］. 刘娟，译. 上海：华东师范大学出版社，2010：159-162.

（二）直觉的步骤

在杜威看来，所有具体的认识活动都是一种直觉，都是对具体对象的自我关联的认识结果，但这种关联的认识程度不尽相同，就如同植物学家对一棵树的认识要比普通人具有更加强烈的直觉性，因为植物学家觉察到了更多的普遍关联，他（植物学家）掌握的关联或法则越多，就越能够将更多的知识与对象联合，他关于对象（树）的知识中就包含了比普通人更多的自我关联。杜威将关于世界的、自我的、神的直觉看作是高级的认识活动阶段，它们自身的发展过程最能说明关于直觉的结论。

1. 自然直觉

所谓自然直觉就是对世界的直觉，它将自然识别为一个系统，属于知觉、记忆等过程的高阶发展阶段，并不是一种新的认识活动。杜威主张自然直觉源于对事物的存在和现实的认识，人类意识到自身拥有感觉，且感觉是客观的，从而构成了一个自然世界。这样，自然直觉就由此形成了自身的发展阶段。

第一个阶段是关于对象的直觉。杜威提出对象的直觉就是对世界的认识，从而使心智形成关于物质的概念，并且心智很快会超越具有普遍性的直觉，开始认识到大多数对象都存在于时间与空间之中。这就形成了关于空间的直觉，即对象的同时性条件，以及关于时间的直觉，即关于对象的继时性条件，构成了直觉对现实准确的界定。

第二个阶段是关于运动和力的直觉。杜威强调直觉的对象虽然在时间和空间上相互分离，但它们很可能经常变换空间位置，也可能不断进行时间的相互转换。除了时空知觉之外，还有空间变化的直觉，这种变化就是运动；而关于时间变化的直觉，这种变化就是力。这是因为时空可以通过动力学相互联系。这样，心智形成了关于因果的概念。

第三个阶段是关于顺序和关系的直觉。杜威指出，心智首先是从对变化的认识开始，然后是对变化规律的认识，最后是对变化稳定性的认识；心智认识到所有空间变化都伴随着时间变化（即力的存在），而力总是表现为相互联结且联结的顺序规定不变。由此，心智获得了关于法则的概念。杜威认为，这种运动和力的直觉不仅是人们认识到时间和空间的同一性，而且还认识到时空内在的对象也是统一的；这就促使人们将自然视为一个整体，而且自然的每一部分都是相互联系的。

第四个阶段是关于完全的直觉。在直觉的最后一个阶段，杜威将直觉理解成为一个整体，直觉既有限定性和特殊性（特定的时间与空间），又有顺序性和永久性（普遍性），所有的直觉对象都相互依存并有必然的联系。其目的是在局部中发现整体、在个别例证中发现系统的关系。他说："这种体验正是真正的直觉，窥一斑而见全豹。这正是直觉与系统化的不同之处。完全的直觉作为一种心智活动，蕴含在科学与哲学研究中。"①可见，杜威所谓的直觉不同于系统化，系统化仅是一种能把初始直觉转化为完全直觉的最高级的意义体验，而完全直觉则是从最普遍的存在中获得个别的知识；这恰恰构成了相互联系的完整性直觉，导致心智形成了必然性概念。

2. 自我直觉

杜威指出，自然直觉的完善发展趋向自我直觉；直觉都是从部分认识整体、从局部意义认识全部意义，意义存在于自我活动的事实之中。他将自我看成是观念化的直觉，或者有较高完整性的直觉，其存在意义在于它与心智之间有着相互依存的关系。

自我直觉的发展有两个阶段：其一是普遍性形成的阶段。杜威认为，自我是一种包含联合、关系和意义的活动，因而也是拥有所有认识及其包含的各种元素与内容统一而形成的一个整体。正是因为有了自我活动，心理活动才有了内容，知识才有了客体并成为现实，所有的认识实质上都是对自我活动的认识。所以，知识就是关于自我的直觉。但是，杜威认识到，在知识的最初阶

---

① ［美］约翰·杜威. 心理学. // 杜威全集·早期著作第2卷［M］. 熊哲宏，张勇，蒋柯，译. 上海：华东师范大学出版社，2010：166.

段，人们只认识到内涵和意义，并没有认识到其来源于心智；最初的直觉是与现实性相对的观念性知觉，它产生了意义与事物的对立，促使心智形成了统一性和普遍性的概念。其二是自由概念形成的阶段。杜威强调自我活动包含在知觉过程中，诸如记忆可以再次认识对象与时间相联系的活动，在此过程中那些未曾被意识到的一些元素可能重新被注意而获得发展，于是一些高级的心理活动可能回溯到较为低级的心理活动，这就可能引发蕴含在直觉中的自我活动，直至形成自我意识。他总结道："自我意识是对在每一个特殊的自我活动中的整体自我的认识。从对自我的直觉出发，我们形成了自由的概念，也就是说，我们认识到直觉过程是一个与自我相伴而生的过程。"①

3. 神的直觉

杜威说："没有一种知识不包含特殊性的和普遍性的因素，同样，也没有一种知识不包含现实性的和观念性的因素。"②他补充道，在自然和自我的直觉阶段中，这种认识的两个方面都呈现出相互独立存在的形态；同时，没有统觉自我的知识就没有了内容。故此，知识的形成与发展包括两个因素：通过对世界的观念化从而认识世界；通过对自我的现实化从而认识自我。因而知识也有两种：一种是由对事物的认识组成的经验知识，具有偶然性和特殊性；另一种是作为属于理性的真理的理性知识，具有必然性和普遍性。③

在杜威的思想中仍然保留着宗教信仰所导致的认识局限。他不承认客观世界和认识客观世界的自我之间有真正的自我联系。所谓的真正自我联系就是形成自我和客观世界的统一、观念和现实的统一，这就是神。这种直觉与其他

---

① ［美］约翰·杜威. 心理学. //杜威全集·早期著作第2卷［M］.熊哲宏，张勇，蒋柯，译.上海：华东师范大学出版社，2010：168.

② ［美］约翰·杜威. 心理学. //杜威全集·早期著作第2卷［M］.熊哲宏，张勇，蒋柯，译.上海：华东师范大学出版社，2010：168.

③ ［美］约翰·杜威. 莱布尼茨的《人类理智新论》评析. //杜威全集·早期著作第1卷［M］.张国清，朱进东，王大林，译.上海：华东师范大学出版社，2010：252.

直觉相似，属于自我联系的统一，但更是一种完全理智化的直觉，属于理智或真理的最佳现实化。可见，杜威将直觉的最终发展阶段带入不可知之中，不仅是唯心主义的，而且具有宗教神秘主义的色彩。

英国牛津大学格林坦普顿学院教授理查德·普林（Richard Pring）在作品《约翰·杜威》中提道："即便杜威多年前便已放弃宗教信仰，但早年的宗教体验对他经验世界的方式仍有不小的影响。"①因而杜威在论及知识时不可避免地会带有宗教意识。他在早期著作中认为人有义务去认识神，并指出："所有知识都是关于神的知识、宇宙的知识，确切地说，是关于神的知识……神即意志，只有神拥有真正的知识。"②从广义上讲，直觉的三个阶段的发展正是理智在知识中的演进过程，意味着人们最终能够认识到绝对完美的真理。杜威还提到，直觉的三阶段都包括现实性和观念性元素，比如最初的直觉是观念性的，是关于世界的，却与现实性对立，人们是把世界观念化才认识到了世界；随着人们直觉不断发展完善，认识到直觉是一个与自我相辅相成的过程，将自我现实化，从而认识到了自我，但尚未达到理智的状态。神的直觉实现了理智的活动，完成了现实与观念、主观与客观的统一。

本章结语

综上所述，杜威关于知识的核心观点主要有两个方面：第一，他认为，知识是认知的主体和对象之间的关系，两者具有交互作用。人为了生存和发展就必须首先感知和了解各种事物的相互关系，但是，这种关系不是一种镜像式

①［英］理查德·普林，［美］约翰·杜威［M］.吴建，张韵菲，译.哈尔滨：黑龙江教育出版社，2016：83.

②［美］约翰·杜威.认识神的义务.//杜威全集·早期著作第1卷［M］.张国清，朱进东，王大林，译.上海：华东师范大学出版社，2010：51.

的反映关系或者依附关系，而是动态的探究关系。第二，知识的发展是观念化的意义增长和不断推动自我认知发展的过程。他反复强调，知觉是观念化的感觉，但只有感觉并不能构成关于特定对象的知识，感觉需要被解释，需要在过去经验和自我之间建立联系，进而经历了知识的知觉、记忆过程，追寻着自我的主观兴趣，完成了想象活动；然而，只有在思维中获得的知识，才具有逻辑的使用价值；而在直觉阶段认识到事物的整体，把握了最终的知识，实现了知识的目标。

杜威关于知识的心理学思想主要集中论述于1887年《心理学》著作的第一部分"知识"。杜威在论述知识时，将心理学观点与逻辑学、生理学及教育学方面的研究融合起来，思想脉络清晰。他从知识的元素——感觉开始，逐渐过渡到知识的形成过程，最后到知识的发展阶段，从三个方面对知识展开了层层解析。虽然在具体内容的阐明中，杜威的关注点似乎具有跳跃性，且没有一个系统的连续结构，但却存在着一个显著的特征，那就是杜威始终围绕着知识的探究过程，更确切地说是认知过程来进行详细探讨。

具体而言，杜威将知识的三个特征概述为：其一，知识是对客观世界的呈现。它不仅是客观实在的存在，而且能够被心灵所表征，因为知识的获得不仅靠观念，还必须要让心智与事物相互交映。其二，知识是对联系的反映。杜威谈到知识是将现有的经验组织化，能够帮助有机体成功应对未来经验并且采取一系列行动。理想的知识像一张互联相通的网，任何过去经验都有助于解决新经验中遇到的问题。正因为一切事物都是有机联系的整体，所以有组织、系统化的科学知识能够引领人们发现事物间固有的客观联系。其三，知识与理念元素相联结。这里的理念元素可以理解为：物体本身被赋予的价值或深层意义。以"家"为例，人们赋予"家"以深刻的情感意义，认为家是心灵的港湾、人生的驿站，但如果将理念元素抽离出来，那它不过是一个有四面墙和一个屋顶的建筑而已。所以事物本身没有意义和价值，与其说人们是在追寻和发现，不如说是人们赋予和创造。

西方心理学中的具身认知的历史背景可追溯到杜威，他提出了心智具身认知理论的观点，思想萌芽主要体现在他对"经验""活动"的解读上。概括来说就是：认知是大脑、身体和环境相互作用的产物。①杜威以探究行动为中心，利用现代实验科学的方法和成果，对传统知识论哲学进行了批判与改造，认为真正的知识必须与实践活动相联系，有实用价值。他的知识论框架与传统知识论分道扬镳：用"有用性"来替换"真"，将知识论研究与科学研究紧密联系在一起，最终完成了对演化论式的知识论理论的重构和辩护。②但是，归根结底，杜威的知识论与他的实用主义理论一脉相连，具有典型的实用主义色彩。

需要指出的是，杜威试图借用康德"知识何以可能"来探讨知识的本质和意义。康德认为，没有思想的感觉是盲目的，没有感觉的思想是空洞的。这不仅导致感觉论者和理性主义者都进入了死胡同，也使人们普遍认为知识既不是一系列相互联系的感觉，也不是各种思想相互交织的纯理性体系。杜威则认为，知识的可能性问题无非上是知识与行动、理论与实践关系的一个方面。③他进一步阐述道，如果知识理论不在于解决行动的方法的问题，如果知识理论忘记了它必须寻找一种可行的条件来指导个体的自由行动而不失去任何人类文明的历史价值，知识就会成为人类认识事物的一种障碍，或者变成了一种奢侈品，因而构成了对社会的损害与干扰。知识的本质并不在于其形成的可能性，而在于其如何运用于生活的可能性。④心理学就是一门试图解释作为社会行为

---

① 叶浩生.西方心理学中的具身认知研究思潮［J］.华中师范大学学报（人文社会科学版），2011，50（4）：153-160.

② 徐英瑾.杜威的演化论式的知识论图景——一种理性的重构和辩护［J］.学术月刊，2012，44（4）：55-64.

③ ［美］约翰·杜威.知识问题的意义.//杜威全集·早期著作第5卷［M］.刘娟，译.上海：华东师范大学出版社，2010：4.

④ ［美］约翰·杜威.知识问题的意义.//杜威全集·早期著作第5卷［M］.刘娟，译.上海：华东师范大学出版社，2010：15.

发生工具的个体机制的学问，从这种意义上讲，"心理学是人们逐渐意识到的一种民主主义运动"①。

　　总体来看，论知识、论情感、论意志等都是杜威心理学思想的关键点，它们一起支撑着杜威的思想整体，自然也是值得研究的内容。杜威论知识的心理学思想中体现了他分析事物独特的视角，对当今的知识论有其重要借鉴意义，促使学术界将心理学的研究置于各个学科之中，实现跨学科整合。

---

　　①［美］约翰·杜威.知识问题的意义.//杜威全集·早期著作第5卷［M］.杨小微，罗德红，等译.上海：华东师范大学出版社，2010:17.

第五章　杜威论情感

在现代心理学中，情感（feeling）亦称为感情，是指人在活动中由客观事物引起的主观体验，如人的喜怒哀乐等心理表现。19世纪末，杜威在《心理学》一书中集中阐述了关于情感的心理学思想。他将情感看作个体意识活动的伴随物，对于人的认识活动和意志活动具有重要的作用。他还把情感分为感觉情感、形式化情感和性质化情感三种形式，其中感觉情感较为简单、直接；形式化情感取决于经验联系的形式；性质化情感是较为高级的人类情感，它可以细分为理智感、美感和道德感等。

现代心理学将感情（affect）视为"区别于认识活动、有特定主观体验和外显表现，并同人的特定需要相联系的感性反应的统称"，通常情况下"一般地包容着情绪（emotion）和情感（feeling）的综合过程，既有情绪的含义，也有情感的含义"；两者之间的区别是，"情绪代表着感情性反应的过程"，而"情感经常被用来描述社会性高级情感"。不过，需要说明的是，"无论情绪、情感或感情，指的是同一过程和同一现象"①，只是侧重点不同。但是，杜威并未对情感与情绪进行明确的划分，两者在广义上是相通的，但情感侧重于个体的主观体验和感情社会性，情绪则侧重于个体的感情性反应；心态是某种行为方式里的情感倾向。杜威在论述情感的过程中重视人的行动与经验、强调意识的整体性。

---

① 孟昭兰.情绪心理学［M］.北京：北京大学出版社，2005：7-8.

第一节　情感的内涵

杜威于1886年公开发表的《宗教情感的地位》一文中简要地阐述了情感议题，在《心理学》的第二部分中第一次集中地论述了情感。他主张心理学主要研究意识活动，意识又可以划分为认知、情感、意志三个部分，情感主要是指主体的某种状态，表现为愉悦或痛苦，属于一种情绪状态。此外，他还提出情感与认知、意志活动的联系性，这种观点也得到当今心理学界的认可与证实。

一、情感的性质

杜威认为，情感是一种非具体的心理现象，是心理活动的内在表现，与心理活动共同发展、相互联系、密不可分。同时，由于人们在认识客观世界的过程中，往往通过情感将客观物质转化为自身体验使之变为人们意识中的一部分，因此情感广泛存在于有机体的活动中，并伴随着自我活动而产生。情感通常是从个人感受的角度去表现意识，是自我活动在意识中的直接呈现，一般表现为愉悦与痛苦，或在两者之间转换。

情感与认识和意识密不可分。杜威提出，"所有的认识都是以情感为媒介而发生的，这是因为在认识活动过程中，我们使得宇宙中的存在物变为内部的，或者使之属于我们的意识"①。同时，没有哪一种意识不是情感，也可以说意识被人们转变为自我意识的过程，即情感。因为没有以完全客观化的形式而存在的意识，也没有和个体脱离联系的意识，所以，情感与意识相互交织，

---

① ［美］约翰·杜威. 心理学. //杜威全集·早期著作第2卷［M］.熊哲宏，张勇，蒋柯，译.上海：华东师范大学出版社，2010：170.

难分难解。

情感的特征是具有个体性。在杜威看来，正是情感构成了自我之间的本质差别，因此，不能将"自我"视为既是主体又是客体，而是由于情感是个体的和特殊的，所以它才能被感觉到。杜威补充道：

> 尽管知识总被认为是我的知识或者是你的知识，不过这都是由于自我存在的缘故。知识不能构成自我。然而，情感是唯一的，是独享的。情感表达了这样的事实：所有的事物都不仅仅是客观的和普遍的，它们也以主观的和个体的形式而存在。①

二、情感与自我

首先，情感的范围与自我的范围具有同样的广泛性。杜威指出，为了进一步明确情感的形式和条件，就必须首先理解自我，而自我（self）就是指活动（activity）而非行为（act），它能够使自身在无限方向上发展，并获得无限的内容。而情感作为活动的伴随物，它的范围则像自我的范围一样广泛。

其次，情感始终伴随着自我活动。杜威提出心灵伴随着自我活动而存在，情感也随着心灵存在而成为兴趣，从而构成了自我活动。他将情感等同于意识中的兴趣（interest），而意识也是自我之间的、特殊的个人活动。他提出情感活动可以往两个方向上发展：一是促进自我，二是阻碍自我。因此，兴趣可能是愉悦的，也可能是痛苦的。以愉悦和痛苦为界限，所有的情感都在这个范围内移动。

再次，情感影响着自我实现。杜威认为，自我不仅是一种形式化的存

---

① ［美］约翰·杜威. 心理学. // 杜威全集·早期著作第2卷［M］. 熊哲宏，张勇，蒋柯，译. 上海：华东师范大学出版社，2010：170-171.

在，更是一种现实的存在，也就是说自我是有具体内容的，不存在所谓的一般意义上的情感，每一种情感都有确切的内容。因此，每一种自我活动都具有与其他活动不同的内涵或性质，而作为自我活动的伴随者，情感也具有不同的形式与内容。于是，愉悦的情感可以促进自我实现，而痛苦的情感则相反。

最后，情感是自我活动的个体层面。在杜威看来，由于情感是个体化意识的表达，情感还具有个体性或独享性，并构成了个体之间情感的差异。例如，对于鲜花盛开的同一现象，不同的人会产生不同的情感，有人会惊叹于鲜花的美丽，感受到愉悦；有人则会结合自身的处境，感受到悲伤。可见，虽然对象是一样的，但由于个体的差异，产生的情感未必相似。他提出，情感的个体性来自于自我的内涵与性质。人的经验差异源于自我现实中不同程度的发展，这意味着自我的每一种活动都有着不同的明确内涵或性质。所以，杜威说："情感的性质或内容显然是由自我发展或实现的程度来决定的，而且我们可以把情感分为许多种类，就像对心灵中的自我实现活动进行区分一样。在最低意义上，自我就是一个配备有神经系统的有机体。"①

三、情感的分类

杜威关于情感的分类建立在对情感本质属性的认识基础上。他将情感理解为自我活动，而自我活动可以有无数发展指向，也就可以获得无数的情感内容，因此为情感分类是相当困难的。不过，杜威指出，情感的性质和内容却是由自我发展或自我实现的程度决定的。这样，就可以依据自我发展或实现的程度将情感分成若干种类。不仅如此，他还提出，心理属于联想活动，其中包括将各种经验元素观念化并使其具有特殊意义的注意活动，因此还可以依据情感

---

①［美］约翰·杜威.心理学.//杜威全集·早期著作第2卷［M］.熊哲宏，张勇，蒋柯，译.上海：华东师范大学出版社，2010：172.

与联想、注意的相互关系来划分，甚至可以根据情感所包含的注意和联想的内容来划分。

于是，根据自我发展的程度、情感活动的形式和情感对象的联结模式，杜威将情感分为：感觉情感，即伴随着自我有机活动的情感，也是有机体的感觉器官感受到刺激的过程中相伴产生的情感；形式化情感，即根据活动的不同形式所区分的情感；性质化情感，即根据活动对象进行区分的情感，还可进一步细分为美感、理智感、人际情感和道德感等。

第二节　感觉情感

杜威认为，感觉情感是指伴随着自我有机活动的情感，通过感觉可以意识到它的存在，其形式和内容都比较简单。例如，当看到春天绿色的草时，人们通常会感受到蓬勃的生机，或许还有愉悦的感觉，这种由视觉所带来的情感就属于感觉情感的一种。

一、感觉与情感

在杜威对情感的论述中，感觉本身也是心理活动的一种内在感受，具有独特的情绪性质，所以从本质上讲，各种感觉实质上也是一种情感。因此，在感觉成为固定的信息符号，逐渐明确化、客观化之前，可以说它们仍然属于情感。他这样描述：

> 本质上来说，每一种感觉都是一种情感。……感觉本身也是心灵的一种内在感受，它拥有一种它自己所特有的情绪性质。我们可以推测，

在婴儿拥有知识之前，他早就拥有了感觉；在婴儿识别出彩色物体或者能发声的物体之前，他的眼睛和耳朵早就有了感受。可以猜想，这些感觉和我们自己的消化感觉是非常相似的。它们就是情感。[①]

（一）感觉的强度对情感的影响

杜威提出，情感的特性取决于感觉的两个方面：一是感觉的强度，二是感觉的性质。

有机体处于何种情感状态取决于感觉的强度。杜威举例道：愉悦和痛苦是情绪的两极，它们拥有某种量的属性，如果超过或低于一定的界限，欢乐则会变成痛苦，只有处于这两个界限内的感觉才是愉悦的，甚至在某一特定的时空中能够达到愉悦感的最大值。正如过亮的光线和朦胧的灯光都会让人觉得不适，处于这两者间的适当光线才会让人觉得舒适和愉悦。"当刺激刚好处于某种强度时，单纯地看和听也会产生愉悦，而与看到和听到的东西无关。"[②]

情感的界限位于从愉悦向痛苦转变的临界点。杜威指出，这个点的强度成为明确区分愉悦和痛苦的分界线。实验证明，只有中等强度的刺激会给人带来愉悦，非常微弱、非常强烈和不规则的刺激则会让人痛苦。微弱的刺激虽然给有机体带来了需求，但没有提供足够的强度让人采取行动来满足需求，心理感受就会处于一种分离的状态，而有机体未能满足需求就会导致痛苦。相反，非常强烈的刺激给有机体带来了过度的需求，会让有机体产生过多的活动，从而使有机体筋疲力尽或者某些部位受到损害。不规则的刺激则引起了有机体徒劳的活动并试图进行调节，造成能量的浪费。

---

①［美］约翰·杜威. 心理学. // 杜威全集·早期著作第2卷［M］. 熊哲宏，张勇，蒋柯，译. 上海：华东师范大学出版社，2010：173.

②［美］约翰·杜威. 心理学. // 杜威全集·早期著作第2卷［M］. 熊哲宏，张勇，蒋柯，译. 上海：华东师范大学出版社，2010：174.

感觉的持久性是影响情感的因素之一。杜威表示，"似乎存在一种自然的情感节律或情感流"①，它独立地起着调节的作用，当不规则的刺激打乱它原有的规则时，有机体会产生不愉快的感受。而且，如果有一种感觉持续了很长时间，那么不管它是痛苦还是愉悦，终会变得迟钝并回归平静。

（二）感觉的性质对情感的影响

杜威强调，情感不仅仅是快乐与痛苦，在不同的情感间还存在着质的差别，情感的内容往往取决于感觉的性质。②他还指出，有机体的活动中包含着情绪活动、认知活动和意志活动，情绪活动是个体化意识的表现，认知活动是普遍性意识的表现，而意志活动在两者之间起到连接作用，它既具有普遍性也具有个体性。感觉对认知的价值越高，对于情绪的直接价值就越低。从本质上讲，一种感觉所拥有的情绪力量越少，以复杂形式呈现出的力量将会越多。此外，杜威还意识到感觉情感的情绪价值有些是直接呈现的，有些则会在感觉客观化的过程中转化为其他的情感，如转化为理智感。因此，仔细区分一种感觉本身的情绪价值和这种感觉被更高级的过程观念化后的价值是很有必要的。

二、感觉情感的分类

基于不同感觉的性质，杜威将感觉情感划分为机体情感、味觉和嗅觉情感、触觉情感、肌肉情感、听觉情感和视觉情感。

（一）机体情感

机体情感是指有机体所引起的一种情感，通常属于健康情感，也被称为"活力感"。杜威认为，机体情感是由有机体的各个器官在活动过程中产生

---

① ［美］约翰·杜威.心理学.//杜威全集·早期著作第2卷［M］.熊哲宏，张勇，蒋柯，译.上海：华东师范大学出版社，2010：174.

② John Dewey. Psychology. New York：American Book Company，1891：253.

的各种各样的细微感觉的总和，①这种情感具有稳定性和持久性，它与更复杂的情绪状态相结合构成了气质的基础；机体情感还具有普遍性和深入性。每个人都具有机体情感，尤其是在少年时代更加强烈。杜威以利·亨特②为例，说明童年时期的活力感（being alive）比后来的任何时期都要鲜明生动："当他还是一个小孩子时，看到漆成红色的围栏篱笆所带来的愉悦，比他在成年后的任何一次经历都更加强烈。即使这种说法有些夸张，但是它确实表达了一种普遍的体验"③。

杜威特别指出，机体情感形成了人的心境和情绪基调，而有机体的健康决定了最基本的情感。这是因为机体情感是有机体运行的情感的总和，甚至构成了气质的基础，有机体的健康运行保障了情感的和谐与平顺。恰恰是这种健康的情感并不容易使人发现和认识，杜威说道：

> 拥有一种情感是一回事，而将这种情感作为认识对象则是另一回事。情感越健康，我们就越是沉浸在其中，因而也就越少注意到它。只有当情感不再健康，甚至引发某些变态行为时，我们自身才会意识到它的存在。④

（二）味觉和嗅觉情感

对于味觉和嗅觉，杜威认为，情感意义大于认知意义，而在机体感觉中，认知的意义更加突出。这是因为味觉和嗅觉带给人的感觉可以很容易做出

---

① John Dewey. Psychology. New York：American Book Company，1891：253.

② 利·亨特（Leigh Hunt），19世纪英国作家和诗人，主要代表作是《阿布·本·阿德罕姆》和《珍妮吻了我》。

③ ［美］约翰·杜威. 心理学. //杜威全集·早期著作第2卷［M］.熊哲宏，张勇，蒋柯，译.上海：华东师范大学出版社，2010：175.

④ ［美］约翰·杜威. 心理学. //杜威全集·早期著作第2卷［M］.熊哲宏，张勇，蒋柯，译.上海：华东师范大学出版社，2010：176.

情绪上的判断，而不需要参照任何客观的标准，例如甜或苦、香或臭都很容易做出判断，所以人们很容易对喜欢或厌恶进行归类。他进一步指出，味觉可以更直接地产生愉悦或痛苦的感受。

嗅觉的影响则有些微妙和难以捉摸，因此往往容易产生更高级的联想。而且，有机体的感觉和味觉是个体化的情感，因为机体情感的产生以人的感觉器官的活动为前提。杜威以生活中的实例进行说明：只有食物通过嘴巴进入有机体，人才会产生相应的情感。这种情感不能够直接分享给他人。嗅觉则不然，许多人可以从同一种气味中获取相似的情感，这种情感在某种情况下带有客观性和普遍性。

（三）触觉情感

杜威指出，触觉会导致情绪的出现，使人感受到来自外部的刺激，但触觉引起的情感比味觉、嗅觉等都要普遍。他进一步说明，触觉是人们接触到物体时所产生的感觉，由此而产生的光滑、粗糙、柔软、坚硬等不同特征带来的情感也不相同。例如，天鹅绒的光滑、柔软会更容易让人感到愉悦；未经打磨、带有木刺的木板往往显得粗糙、坚硬，会使人产生不喜欢的情感。究其原因，杜威认为上述现象也许与自主神经系统的神经放射有关，因为光滑柔软的表面会产生连续不间断的神经放射，而凹凸不平的表面则会产生间断而不规则的神经放射。[1]

（四）肌肉情感

肌肉情感是由个体的身体活动所引发的肌肉感觉而产生的情感，它与其他所有的感觉都存在连接，在机体感觉和视觉、触觉间占据较为特殊的位置。杜威指出，肌肉情感有两个明显特征：一是肌肉情感依赖于身体的活动。虽然肌肉情感也具有个体化的特征，但与机体情感不同的是，肌肉情感始终伴随着有机体的活动，其延伸范围能同活动一样广泛，还可以通过分享传递给他人，

---

[1] John Dewey. Psychology. New York：American Book Company，1891：255–256.

例如，一个人的笑容可以跨越语言的限制将其情感传递给他人。而机体情感往往只与人们的被动愉悦有关，仅能个体享受，不能进行传递。

二是肌肉情感既有个体性又有普遍性。杜威表示，肌肉情感连接着其他所有感觉，因而具有了其他感觉的某些特征，并且与所有实现心理活动的情感都有联结，但是，肌肉情感源于个人身体活动，带有纯粹的个体意义。不过，肌肉情感与完全个体化的机体情感又有区别：机体情感只与个体被动的愉悦有关；而肌肉情感始终伴随着活动，可以延伸到活动的任何方面。杜威由此得出结论：个体被动享受的对象，只能被自己享受到；个体主动享受的对象，可以被其他人分享。

（五）听觉情感

杜威认为，在听觉中产生的情感似乎缺少个体化特征，无法具体到个体的主观体验上，这是因为听觉客观化的缘故。具体而言，听觉情感是指伴随着人的听觉器官在声波的作用下产生的对声音特性的感受，是构成声音和音乐所产生的感觉情感。在大多数情况下，听觉的对象以客观事物为主，因此成为围绕客观事物所产生的复杂情感的中心。他指出，通过听觉与肌肉情感间的连接，声音可以获得少许情绪效果。音乐能让人们感受到不同的情感，如缓慢的旋律意味着忧伤，快速的旋律代表着快乐，柔软的音调往往意味着忧郁，深沉的音调代表庄重与严肃。此外，一些乐器由于音色过于特殊而使人们的情感难以表达。

（六）视觉情感

视觉情感和听觉情感一样，具有客观性，难以超出感觉所呈现的内容，因此难以直接地产生愉悦或痛苦的情感。但它可以通过间接联系而无限拓宽情感的范围，如视觉可以通过联想活动传递更高级的痛苦或愉悦。杜威还强调，基于视觉不易产生愉悦或痛苦的特性，可将其作为传递更高级情感的工具。他说道：

我们谈到情感的时候，其实就像知识一样：情感越直接——也就是说，情感越是没有超出感觉呈现的内容，那么情感也就越不发达。我们越是专注于这样的情感，而且越是忽视情感所依赖的物体或活动，那么情绪就越是不明确和不发达。视觉几乎不会产生直接的愉悦和痛苦，以至于它特别适合作为传递更高级的快乐和痛苦的手段。①

不过，杜威同时也指出，视觉虽难以直接产生情感，但不意味着无法产生情感。例如阳光普照会让人们感到愉悦，阴雨连绵则会产生抑郁；黑色给人以忧郁、庄重的感觉；白色让人觉得欢快；混合色彩中，白色的数量往往影响着色彩的情绪基调，如红色和玫红的效果是有差别的。此外红色和黄色等亮色和暖色会带给人强烈的欢愉感，灰色和棕色等中性色会让物体的形状和图案的情绪性质更鲜明，但它们本身不会立即产生兴奋的情感。②

三、情感与语言

首先，语言是情感的表达方式。杜威认为，"很多词汇都无意识地包含着大量的心理学原理，比如，我们通常用某些词汇来表达情绪的各种特征。不管这些词汇形容的情感有多么高级，但词汇本身却非常普遍地来源于它们的感觉基础"③。那些直接表达个人喜恶的词汇，大多数来源于嗅觉和味觉，如憎恶、厌恶等词语说出口时，人们的嘴巴和鼻子会扭曲。

其次，语言既可以产生低级情感又可以产生高级情感。杜威提出，一般

---

① ［美］约翰·杜威. 心理学. //杜威全集·早期著作第2卷［M］. 熊哲宏，张勇，蒋柯，译. 上海：华东师范大学出版社，2010：178–179.

② John Dewey. Psychology. New York: American Book Company, 1891: 259–260.

③ ［美］约翰·杜威. 心理学. //杜威全集·早期著作第2卷［M］. 熊哲宏，张勇，蒋柯，译. 上海：华东师范大学出版社，2010：177.

而言，使人们感到愉悦或者厌恶的事情，通常都是用较低级的感觉词汇描述的，这些词汇大都起源于嗅觉和味觉。另一方面，人们经常使用那些描述道德品质的词汇来表述高级情感，这种词汇通常起源于触觉和肌肉活动，如柔和的、坚强的、敏锐的、迟钝的等。

最后，语言词汇经常表现出一种固有的情感。也就是说，道德品质是和个人活动以某种方式连接在一起的，而且一个人最突出的品质特征也就表现在他对待他人的方式中。另外，形容智力特质的词汇多来源于视觉，如敏锐、机智、思路清晰等。①杜威敏锐地注意到情感与语言之间的联系，将语言的发声器官与情绪相联系，而这一猜测在神经科学领域得到了一些例证。如在剑桥大学和柏林大学的学者团队所进行的实验中，他们比较了十八位参与者在听到情感词汇和一些与脸部、手部动作相关的词汇时大脑所产生的反应。实验结果表明，情感词语能够激发大脑运动系统的相关活动。

杜威最后总结道：

> 每一种感觉都代表了一种精神活动，虽然感觉是一种反应性的机械活动，但它仍然是一种活动；正因为如此，我们预期它会产生愉悦和痛苦。由于感觉中的精神活动并不是纯粹形式化的，也并非遵循同一个模式，而是在性质各异的所有感觉系列中确定了它自己的位置，所以我们可以发现感觉情感在内容上是丰富多样的。由于情感是意识的个人化的一面，所以我们将会发现，感觉变得越客观化，它越不可能成为直接情感，即感觉情感。②

---

① John Dewey. Psychology. New York：American Book Company，1891：257.

②［美］约翰·杜威. 心理学. //杜威全集·早期著作第2卷［M］. 熊哲宏，张勇，蒋柯，译. 上海：华东师范大学出版社，2010：179–180.

第三节　形式化情感

依据情感所包含内容的广度和性质，杜威将情感分为感觉情感、形式化情感和性质化情感三类，其中形式化情感超越了感觉情感的范围，其过程有更多的心理活动，可分为即时性情感、继时性情感和指向未来的调节感三种形式。

一、形式化情感的内涵

杜威认为，形式化情感是将人们心理生活中的元素与当前的元素联结在一起的活动，与性质化情感不同的是，它依赖于活动间连接的内容而非单纯的连接模式。

（一）形式化情感与感觉情感的区别

杜威指出，在感觉情感中人的情绪依赖于感觉自身的直接、简单的存在，感觉情感不会使人的情绪超出它们的直接存在，即不会脱离主体的感受，其意义完全表现在感觉情感的内在特征中。形式化情感则不同，它不是直接情感，而是与心智活动相关的情感，它通常伴随着联想活动和注意活动而产生。具体来说，形式化情感是一种超越感觉内在特征的心理体验，把感觉延伸到已有心理感受的情绪，而感觉情感难以超出事情发生的范围。

杜威以吃橘子和手指擦伤为例对这一区别进行了阐释。人们在吃橘子时会感受到愉悦，这是感觉情感的表现，但当吃橘子时联想到这是心爱的人送的礼物，这种愉悦的感觉会更加强烈，这种强烈的愉悦感就是形式化情感的表现；又如，一个人手指擦伤了，他会觉得痛苦，但当他想到明天因受伤而无法交付设计图纸时，他的痛苦感会加剧，这种与预期体验相连接的感觉就是形式化情感。

(二) 形式化情感的概念与分类

那么，究竟什么是形式化情感呢？杜威认为，形式化情感是在感觉情感的基础上，通过联想、注意等认知活动将心理活动中经验的元素和现实对象元素连接在一起的情感。形式化情感与活动调节有关，形式化情感是被联想等活动的形式所唤起的，在调节活动的过程中产生了形式化情感。可以说，情感是为了调节当前要素而出现的能量。

尽管形式化情感超越感觉的存在并且与心智活动相连接，但是，杜威明确表示，这种情感有两种不同的连接方式：一种是纯粹的连接模式，不涉及连接的内容；另一种是不依赖于活动的模式，而涉及连接的内容。这就如同听到一个令人惊奇的评论和听到一个噩耗，两种情况产生的情感形式上是相似的，产生情感的起因均是突然出现的情况与已经存在的活动不协调；然而在内容上两者的性质迥然不同，从而导致两种情感也大相径庭。据此，杜威将这种情感分为形式化情感和性质化情感，前者总是伴随着心智的机械活动，后者主要对应于注意活动。

因此，杜威将这种由活动的形式所引发但与活动的内容没有关系的情感，看成是一种由活动调节的情感。实质上每项活动都是刺激而引发的，不同的刺激导致不同的调节，不同的调节产生不同的形式化情感。根据调节形式的不同，杜威将形式化情感划分为三种类型：第一种是即时性情感，它是伴随着调节当前活动中的各种相互连接或对立元素的过程而产生的，在总体上对应于同时性联想；第二种是继时性情感，它是伴随着将过去经验与当前经验相连接的调节活动而产生的情感，总体上对应于继时性联想；第三种情感是指向未来的调节感，这种情感是在调节当前经验与预期的经验之间的关系的过程中产生的，通常与注意的调节活动相连接。①

---

① John Dewey. Psychology. New York：American Book Company，1891：263-264.

二、即时性情感

杜威认为，即时性情感是为调节当前心理活动中对立或一致的各种要素而产生的情感，各要素间的不同组合与强弱关系能够产生不同的情感。

（一）相对情感

杜威意识到，调节活动中存在的不同要素的组合、不同的相互关系，将产生不同形式的情感，如冲突感、和谐感、和解感。如果当前活动中的要素彼此对立，就会产生一种冲突感；反之，如果当前活动中的要素相关性很强，调节过程十分顺利，就会产生和谐感；或者刚开始彼此对立的要素经过调节活动最终达成了一致，那么就会形成一种冲突过后的和谐感，又称和解感。正如杜威所言：

> 概括而言，我们拥有和谐感、冲突感、和解感，或者冲突后的和谐感。当元素之间是如此相关，以至于它们确实促进了调解活动时，就会出现和谐感。如果心智同时受到两种刺激，以至于需要产生两种不相容的反应时，就会出现冲突感。但是，所产生的这些情感在形式上是一样的，而不管和谐感或冲突感是来自于感觉元素还是理智元素，抑或是道德元素。①

除了调节当前因素而出现的情感之外，杜威表示，在活动或者练习中所产生的情感，也属于即时性情感。通常来说，迅速和丰富的连续活动或练习，会克服各种障碍，产生能量，从而带来胜利感或得意感；如果遇到的障碍无法克服，导致冲突，不能完成活动，就会出现无助感，从而导致气馁或沮丧。

---

① ［美］约翰·杜威. 心理学. //杜威全集·早期著作第2卷［M］. 熊哲宏，张勇，蒋柯，译.
上海：华东师范大学出版社，2010：182.

杜威还认为，活动或练习的元素指向活动目标的一致性和相互联系，影响不同情感的出现。当活动的目标一致且各部分之间相互促进，就会产生清晰感；当各种元素相互干扰且目标指向迥异，就会产生混乱感；当活动的矛盾无法克服，就会出现焦虑或不确定感；当冲突得以解决就会出现安宁或安详感；当冲突过于激烈且持久未决，则产生精疲力尽感。

如果对活动或练习中的冲突进行强力控制或压制，则会产生复杂的混合情感。杜威指出，当冲突得以解决或结束，就出现满足感，活动圆满完成就出现愉悦感；反之，压制活动会导致痛苦感或失落感。因此，解决问题不应采用压制手段，而应协调内部元素，自然就会产生和解感，从而带来快乐感。

（二）活动过量的情感与活动不足的情感

杜威认为，如果活动时间过长或与目标关联不大，就会出现活动过量，产生相对应的情感。在他看来，假如当前的刺激能够统一形成一个整体，那么冲突越多越好，因为越多的冲突可以产生更完善的调节，促使自我更加完善；但是，假如这些刺激持续的时间过长或过于激烈，会导致自我能量的消耗，产生疲倦感。再者，假如活动与目标并不一致，就会产生苦力感；假如活动与自我目标相一致，就会产生舒适感。

活动不足的感情是指因缺乏足够的活动而产生的情感。杜威说，这是因为没有足够的刺激，产生琐碎感或平淡感，或者个体没有足够的能量对刺激进行反应，产生厌烦感；假如刺激不足的原因来自环境未能激发能量，那么人们将会产生隔离感；当外部障碍包裹能量时，则会出现束缚感。在此情境中，能量对障碍的反抗将促使破坏力较强的愤怒感出现，进而清除障碍。

三、继时性情感

杜威表示，已有的经验能对当前的事物产生重要的影响，所以经验在情感中有着重要地位。他指出，过去的经验会从记忆中被陆续地提取出来，伴随着记忆就出现了情感。继时性情感是在当前经验与已有经验碰撞调和的过程中产生的情感，可以分为转换的情感、熟悉感、新颖感、对比效应感和连续效应感。

（一）转换的情感

杜威指出，个体对于新经验的接受程度在一定程度上决定着他的情感与意志，如果拒绝过多的新经验介入，会出现坚定的倾向，发展至极端则成为固执；若是倾向于接受更多的新经验，那么会出现顺从、温顺的态度，极端发展为多变。杜威根据已有经验对当前经验的不同影响将情感分为两类：一是受以往经验的干扰，制约个体行动的情感。例如在迎接挑战前个体受以往失败经验的干扰而产生了不安的情绪，当过去的经验一直影响当前的经验时，人们就会产生犹豫、踌躇、烦恼、闷闷不乐的情感；或者，面对同样的事物，过去的愉快经验与当前的痛苦经验形成了对比，那么痛苦的情绪会加重，以至于出现忧郁。二是受以往经验的影响促使个体加快转换的情感。杜威认为，愉悦的转换会让个体在经验的变化中不断地发现快乐从而产生欢快的情感。

（二）熟悉感

当前经验和已有经验之间存在着某种相似性时熟悉感就产生了。杜威分析，熟悉感是产生联想的基础，当前经验与过去经验的相似性越多，越能产生愉快感。所以，一方面，熟悉感会令人产生愉悦，因为不需要克服任何障碍和阻力，所以这种情感会使人们产生一种身体或智力上的舒适感；但是另一方面，熟悉感也能导致不愉快的感觉，因为这种熟悉的感觉会让人们感到经验的陈旧，以至于不需要付出过多的活动，所以人们会觉得单调、乏味，缺乏新鲜感。这与活动不足的情感形成的原因非常相似。

（三）新颖感

与熟悉感相反，新颖感是由新旧经验之间的差异性所引起的。杜威认为，新颖感一般是产生愉悦的，因为它为心理活动的能量运行提供了新的途径，实际上就是导致新行为的出现。这种新颖感唤起了之前被限制或压抑的能量，使行为得以完全释放，心理的所有能量都得到恰当的运行。与此相对应就产生了明快、轻松和欢乐的情感。

但另一方面，新颖感也可能产生负面情感。杜威十分重视新旧经验的和谐，一旦新经验未能与旧经验相互协调，新经验就会导致能量的分割或冲突，形成消极的能量消耗，就会出现痛苦的情感。这种情感的表现是陌生、不舒适，其性质反映在心理活动中就是生疏感。可见，当新颖感带来的是困惑或无法面对的感觉时，情感甚至可能转变为恐惧感。

不过，杜威又提出，新旧经验的同一性是最大的愉悦感，可以激发新的心理活动。它来自新旧经验的结合而产生的心理活动的舒适感，从而使心理活动处于活跃状态，能够处理各种感知信息。更重要的是，新的结合不仅可以使心智得到满足，而且还使心智因新刺激而保持活跃状态。当智力活动处于最佳状态且能在差异中找到同一性时，知识最有可能产生。

（四）对比效应感

杜威表示，新旧经验之间必然要有某种程度的差异，否则无法产生心理反应，也就没有相应的心理活动，更不会出现任何情感，但是他又认为，渐进的变化或对比更适用于唤起愉悦的情感，因为平顺的转变比突然的变化更能使人感觉更加舒畅。他举例道，戏剧的高潮情节是逐步积累的，而不是突然出现的，人的情绪会慢慢变成欣赏；反之在《李尔王》和《哈姆雷特》中悲剧情节的突然而至会令人感到悲伤和不适。不过，杜威也承认："一种情感的特征，主要取决于它在观念序列中所处的位置。在高尚的宗教情感中，玩笑是无趣的；对于一个处于极度悲伤的人而言，欢声笑语也不会让他感到高兴。"[①]

（五）连续效应感

连续效应情感是指在不断地刺激作用下产生较为持久的心理活动，从而

---

①［美］约翰·杜威. 心理学. //杜威全集·早期著作第2卷［M］. 熊哲宏，张勇，蒋柯，译. 上海：华东师范大学出版社，2010：187.

导致情感的产生。杜威认识到，人的活动储备能量是有限的，如果缺乏新刺激的不断作用，任何一种情感的连续效应都会逐渐减弱，最终使活动停止。故此，愉悦的情感如果没有了经常性刺激，它就不会使人继续感到快乐；痛苦的情感如果没有新刺激的强化，它也将不再痛苦；不断的外部刺激可以使快乐的或痛苦的情感保持下去。"游戏就拥有这样的愉悦，因为它并没有把它的行为限制在某种具体的界线之内，而是允许行为不断地变化。"①

另一方面，有些行为一开始并不能导致愉悦感受，但持续下去就可能带来愉悦感。杜威认为这是因为这样的刺激本身并不能带来积极影响，但随着刺激的持续，人体器官不断地修正调节，协调了那些曾经令人乏味的感受。他举例道，一本书刚开始读着乏味，后来会逐渐发现其中的趣味，得到快乐的感觉。需要说明的是，杜威也认识到，如果持续的刺激带来的是整个有机体的和谐，那么就可以获得持久的快乐；如果这种刺激带来的是有机体局部的调节，那么愉悦就可能是暂时的，并且一旦愉悦过去就会带来持久的痛苦。他甚至认为，不仅身体活动如此，道德领域的行为也是如此。

四、指向未来的调节感

所谓指向未来的调节感是指行为的目标与产生的活动之间发生某种联系，从而出现特定的情感。杜威提醒人们，虽然人们在活动中会以过去的经验作参照，但是不能忽视这些活动也拥有未来的目的。活动本身具有的目的性与可能产生的活动间具有某种联系，会产生期望、渴望、期盼等情感。当活动朝着目标的方向前进时，人们能够预想到可能发生的结果，会有一种迫切感，期望目标的达成，当然与之伴随的也许还有焦虑感。

---

① [美] 约翰·杜威. 心理学. // 杜威全集·早期著作第2卷 [M]. 熊哲宏，张勇，蒋柯，译. 上海：华东师范大学出版社，2010：187.

具有目标的行为活动并非仅仅是消极等待目标的实现，而是积极主动地去努力实现目标。杜威认为这是一种积极的情感，可以称之为追求感，如果追求感很强烈，那就成了向往。在追求活动的过程中通常会产生压力感、努力感和奋斗感。个体的努力活动除了追求成功外，还有避免失败的目的，这种情况下就会产生一种厌恶感。此外，还有一种情感是伴随目的本身而出现的情感，如成功感或失败感、满足感或失望感等。

由形式化情感观点可以看出，杜威的心理学思想仍是以自我为核心，以活动为媒介，以情感等心理现象为主要表现形式。正如他所讲的：

> 情感是活动的伴随物。……在每一种活动中，自我发现它自己要么受到阻碍，要么得到促进；要么受到抑制，要么得以发展。因此，在每一种活动中都会存在愉悦或者痛苦。由于活动并不是完全随机的，而是拥有特定的关联和目的，所以情感总是伴随着调节……所有得以实现的调节都会产生愉悦；而失败的或者错误的调节则会产生痛苦。调节活动是通过刺激而发挥作用的……①

第四节　性质化情感

杜威指出，形式化情感取决于心智的连接模式，并不涉及连接的内容。但是，这种情感是建立在假设活动对象对活动形式没有影响的前提下的，而实际上，心理活动总是指向一定的对象，否则就不会产生心智活动。他说道：

---

① ［美］约翰·杜威. 心理学. //杜威全集·早期著作第2卷［M］. 熊哲宏，张勇，蒋柯，译. 上海：华东师范大学出版社，2010：188–189.

没有所谓纯粹形式化的情感；没有哪一种活动不包含某种内容。自我
在实现或者发展它自己时采取的并不是空洞的方式，而是明确、具体的
模式。我们的活动是由于我们经验范围内的对象所产生的，因此，所激
起的情感必然和这些对象有着密切的联系。对象和情感不可分割；它们
是同一个意识活动的不同因素。[①]

一、性质化情感的内涵

所谓性质化情感是指心智活动因指向不同的对象或内容而产生的情感，是较为高级的情感，只有人类才具有的情感。杜威指出，心智面对不同的活动对象，会产生不同的性质化情感，这种情感又对人们的行为具有导向作用，是行为的驱动力。他将性质化情感分为理智感、美感和人际情感，并认为三者之间存在着递进发展的关系，是情感拓宽过程的三个渐进阶段。具体表现为理智感是理智行为的动力；美感是创造行为的动力；人际情感是社会交往行为的动力等。

（一）性质化情感与形式化情感的区别

首先，性质化情感不依赖心智活动连接的模式，而是取决于所连接的内容；而形式化情感依赖于活动连接的模式，与连接的内容基本没有关系。杜威表示，性质化情感是在自我的客观化过程中产生的，指向活动对象的情感。例如，听到一个出人意料的事情和突然听到一位朋友去世的消息，虽然两者的活动连接形式是一样的，都是由于突然出现的活动与已经存在的活动不协调而产生惊讶的感觉；但是，正是由于活动对象的不同，两种情感会大相径庭。前者一开始是惊奇，然后进行思索得出结果，最后恍然大悟，产生获得答案的愉

---

① ［美］约翰·杜威. 心理学. //杜威全集·早期著作第2卷［M］. 熊哲宏，张勇，蒋柯，译. 上海：华东师范大学出版社，2010：190.

悦；后者刚开始是惊讶，继而联想到过往，最后产生悲伤、难过的情感。这就是依赖活动对象而产生性质化情感的具体表现。

其次，性质化情感与心智对象的连接是一种紧密的内部连接；而形式化情感与心智活动的连接更多是指一种外部连接，尽管也有内部连接的成分。杜威强调，性质化情感与对象的连接是一种内部的紧密连接，而不是简单的情感与唤起情感的对象之间的联想，这就意味着情感已经融入心智对象之中了。例如，人们通常会说"食物很可口""阳光很宜人""风景很美丽""行为很勇敢"等，实际上已经赋予对象某种专门的价值感。

最后，性质化情感具有与认识活动中统觉相似的特征。杜威论述道，正如认识过程中统觉的产生与作用一样，已有经验对当前经验具有同化作用，并且带有自身已经形成的价值感和兴趣的色彩。所以，不仅仅是已有观念被同化为新知识，而且已有经验的情感因素也被附加到对象之上，成为对象的构成部分。这样，自我的对象就具有了存在价值，且既包含心智价值也包含情感价值。

（二）情感与兴趣的关系

杜威将兴趣理解为情感的持久深入发展的结果，但两者之间并不完全相同。在杜威看来，兴趣是发展了的情感，而纯粹情感仅仅是心智感受的情感。纯粹情感是一种脱离心理活动与对象之间的连接，仅有自我感受的情感。他举例说明，刺伤会使人疼痛，巨响会引起惊吓，美景会产生欣喜，哲学观念会带来醒悟等。在此情况下人们的感受是疼痛、警觉、高兴和醒悟，已经不再注意情感与对象之间的连接。

另一方面，杜威又认为："情感总是和唤起情感的对象以及伴随情感的行为整合在一起的。"[①]他提出，这种整合越松散，情感就越感觉化和具体化，

---

① ［美］约翰·杜威. 心理学. //杜威全集·早期著作第2卷［M］. 熊哲宏，张勇，蒋柯，译. 上海：华东师范大学出版社，2010：191.

相反越紧密和重要就越高级；当情感与其对象有更多的联系，与知识的对象和行为的观念联系起来，就变成了兴趣。因此，作为情感的兴趣包含三种因素：第一，作为一种情感，兴趣意味着自我的某种兴奋；第二，这种满足存在于与情感相连接的活动中；第三，这种活动与某种对象有关。在活动中，兴趣总是指向某种对象，在活动中，兴趣必定会让我们超越情感。①

杜威以生活中的实例进一步说明，一幅美景会让我们欣喜，欣喜就是一种纯粹情感，因为此时人们只考虑到了欣喜的感受，而忽视了情感与产生情感的对象——美景之间的连接；但看到一朵漂亮的花，情感会随之产生一种模糊的波动，促使人们对这朵花进行科学分析，引发认知活动；或者将这朵花画下来，进行艺术创作，情感在与对象联系的活动过程中变得更加明确。

二、性质化情感的分类

由于性质化情感是指向对象的，因此，有多少种认知对象或行为目的，就有多少种不同的性质化情感。②不仅如此，杜威还一再表示，任何一种情感都与自我有着某种联系，有多少种认知对象或者行为的目的，就会有多少种性质化情感。基于此，杜威认为可以依据情感发展的正常路线研究性质化情感的发展：一是变得更普遍的过程；二是变得更明确的过程。不过考虑到情感的变化，所以他也讨论了不正常的情感和情感的冲突。基于此，杜威将性质化情感的发展划分为情感的普遍性发展、情感的明确性发展、情感的不正常发展、情感的冲突四类。

（一）情感的普遍性发展

杜威表示，人们最初的情感可以被称为纯粹的情感，随着身体与自我的

---

① John Dewey. Psychology. New York：American Book Company，1891：276-277.

② John Dewey. Psychology. New York：American Book Company，1891：277.

不断发展，最初的纯粹情感也在不断地扩张，因此情感的普遍性发展一般分为两部分：一是情感的拓展；二是情感的深化。

1. 情感的拓展

杜威指出情感发展的最初状态是感觉情感，主要表现为情感与有机体的联系；然后是形式化情感，主要表现为情感与对象联系的方式；最后是性质化情感，主要表现为情感与对象的联系。这体现了情感的拓展过程。而性质化情感拓展的过程是从情绪的转移到情感的象征再到普遍的情感。

首先，情绪的转移是指情感本身是内在于有机体的纯粹感觉，但随着经验范围的扩大，同一种行为中包含的经验越多，情绪便会不断地拓展，最后成为统觉过程中具有感情色彩的活动。同一种行为中所包含的因素越多，情绪就会不断增加。杜威举例道：

> 小孩在得到食物时所体验的愉悦在开始时只是纯粹感觉性的，后来才慢慢扩展到他的保姆、餐具等事物上，也就是说变得有些客观化了……由于小孩的经验范围不断扩大，以至于逐渐包括保姆在内，这时情感就本能地转移到保姆身上了……小孩对他父母的感情，就主要是因为情感通过转移而扩大的结果。父母与小孩在所有方面的连接都是如此亲密，以至于几乎每一次情感经验都会转移到父母身上。[①]

其次，情感的象征是指随着情感的进一步发展，最初的情感从唤起情感统觉行为的事物上逐渐转移到与之相连的象征性事物上。杜威认为，这是因为人的想象活动逐渐观念化并具体指向某种行为，开始具有象征意义，而不是知觉行为所包含的因素导致了情感的直接转移；人们最深的情感会聚焦在具有

---

① ［美］约翰·杜威. 心理学. // 杜威全集·早期著作第2卷［M］. 熊哲宏，张勇，蒋柯，译. 上海：华东师范大学出版社，2010：192–193.

象征性且能把模糊、零散的情感统一起来的对象上。①如孩子对家庭的深厚情感，是建立在对家人情感的基础上的；公民看到旗帜会唤起最深刻、最真挚的爱国主义情感。

最后，普遍的情感是指情感的拓展超越了直接的自我而变成客观的自我，并拥有更普遍的关系而形成的情感。杜威强调，虽然自我在发展的过程中会与许多兴趣的对象产生联系，但自我要成为真正的自我还需要从经验中找到自我。因此，根据自我在寻求真正自我过程中与事物或人之间产生的关系，可以将普遍的情感分为非人际情感和人际情感（又称为社会性情感）。

所谓非人际情感是指通过活动促进或者阻碍自我发展的情感。又根据客观世界在观念中的呈现形式，即现实的还是观念的，非人际情感又可被划分为理智感和审美感。杜威认为，理智感是指人们希望获得理智满足的愿望，审美感则产生于人们想得到审美满足的过程。其中理智感聚集了对象之间的相互关系，审美情感聚集了对象与观念的关系，两种情感分属于同一个领域的不同方面。杜威还指出，在理智感中，个体超越了感觉情感在机体过程中的直接呈现，转向自我在世界客观关系中的表达；审美感则超越理智感中自我的普遍层面，感受到经验与观念间的关系，自我在观念价值中得到表达。

所谓人际情感是指通过自我与事物、人的关系而使自我得到发展的情感。杜威强调，在人际情感中，自我在人与人的交往中得到了表达；人们将个体情感与生活融入更加广阔的社会中去，超越直接自我，以更加多样的形式存在于社会生活中，并使人际关系和精神关系成为人们存在的一种方式。杜威认为，最为完全普遍的情感为宗教情绪，宗教情绪是自我完全发现自我的表现，它意味着真（客体关系的完全统一）、善（观念价值的完全统一）、美（个人的完全统一）在人格中的融合。

---

① John Dewey. Psychology. New York：American Book Company，1891：285.

2. 情感的深化

在杜威看来，情感的拓展不仅表现为范围的拓宽，还体现在强度的加深。例如小孩子的情感变幻无常，十分表面化且缺乏稳定性，而成人则会建立起相对稳定的情绪模式，既拥有情绪特性，又拥有理智特性。情感的深化表现为最初在特定的方向上有一个逐渐增强的适应过程，随着多次重复，情感会变得集中和深化，继而形成某些特定的情绪反应模式。这些情绪反应模式会给我们的人格涂上情绪色彩。当个体的情绪活动在特定的方式中具有了组织性，并形成了倾向性，这些情绪倾向就构成了性格。

杜威认为，情感的拓展与统觉的观念化活动相对应，而情感的深化则类似于保持。情感的拓展和深化是相互关联的，任何一种过程想要获得发展都需要另一过程的存在。当个体的经验不断拓展时，他的情感也会随之变得宽广；而情感又回到主体自身时，在对客体经验重复的过程中，情感会得到深化。情感的深化和拓展都是以其广泛性为前提的，因为广泛的情感（如道德感）在个体的经验中会被更多地涉及，所以它就有更多拓展和深化的机会使自己得到发展。

（二）情感的明确性发展

所谓情感的明确性发展是在情感发展的广泛性和深刻性基础上，情感内容的明晰性获得了发展，这种发展取决于情感与意志、行为目的之间的连接。为了进一步说明情感的明确性发展，杜威从四个方面进行了阐述。

第一，杜威认为，在人的情绪中包含的经验更加具有广泛性，情绪就会促使情感更加具体化或有组织性。意识活动包括对象与自我关联程度的情感活动，因此，在意识活动中对象通过与情感的连接，会逐渐成为引发行为的根源。情感与对象的连接越明晰，情感就越具有针对性，也就更明确。情感与特定的行为相连时，就会产生不同的情绪。如得到食物的愉悦和得到他人赞同的愉悦并不相同。

第二，由兴趣所产生的行为目的越具体，情感就会越明确。杜威表示，经验的对象都具有情绪色彩，它们对经验具有积极促进作用或消极阻碍作用；

所有的客体都会产生特定的兴趣并以不同的形式呈现，能够引起兴趣的事物就成了行为的目的。这种行为的目的可能是食物、力量或者金钱等，当目的越来越具体时，与之相连的情感也就更加明确。

第三，情感的明确性发展有两种形式：喜欢与不喜欢、爱与恨。杜威依照情感与具体的行为目的之间的连接，将情感的明确性发展分为喜欢和不喜欢、爱和恨两种形式。他指出，任何一种事物都可能变成令人喜爱或令人憎恶的对象，喜欢和爱的情感对人们的行为而言是一种积极的驱动力，不喜欢和恨则是一种破坏性的行为驱动力。喜欢是心灵对客体的外显表现，它意味着自我暂时忘却当前自我或个体自我，将注意投入到客体中，固着在超越当前自我的事物中。[①]同时，杜威强调，因为性质化情感是在自我的客观化过程中产生的，它是这种客观化过程内在的一面，所以"爱"作为一种促使人忘却主观自我的情感，是一种完全性质化的情感。

第四，情感的明确性和普遍性发展之间是相互依存的。在情感的明确性与普遍性的关系上，杜威认为，人们会逐渐形成某些特定的喜好模式，这些喜好模式是通过情感的普遍性发展而逐渐固定下来的。情感的普遍性发展不仅包括情感的拓展，还包括情感的深化。在这个过程中，自我的兴趣逐渐增加，从而认识到更多与自我相一致的东西，此时情感的明确性也在发展。因此，情感的明确性发展与情感的普遍性发展并不是相对立的。杜威指出，"在通常情况下，情感越强烈（比如说一种欲望），那么情感也就越不明确"[②]，所以必须把情感的明确性与情感的强度区分开来。

（三）不正常的情感

所谓不正常的情感是指不再专注于对象或行为目的并在意识中取得了独

---

① John Dewey. Psychology. New York：American Book Company，1891：288.
② ［美］约翰·杜威. 心理学. //杜威全集·早期著作第2卷［M］. 熊哲宏，张勇，蒋柯，译. 上海：华东师范大学出版社，2010：198.

立的存在，导致情感发生改变，使情感从生命有机体中分离出来而依存于某种特殊的秩序所产生负面的不正常的情感，也称之为"病态情感"。

杜威指出，如果要正确理解不正常的情感，那就必须先了解健康的情感。所有自然健康的情感均需专注于客体对象或行为目的，不会在意识中享有独立的存在。通常，在人们的健康体质下或健康活动中带来的轻松愉快感正是有机体自身的感觉，这种情感专注于健康的身体或专注于健康活动，反过来又以情感的形式驱动行为。

不仅在感觉情感中如此，即使在高级的情感中也同样是对客体或行为的专注。杜威认为："正常情况下，知识的情感专注于理解客观事物；审美的情感专注于创造或构思美丽的事物；道德情感则专注于感情所引发的外在活动。"①换句话而言，正常的情感蕴含于行为之中并促进行为的发展。但是，当情感不再专注于对象或行为目的，成为意识中独立的一部分时，情感则成为不健康的，因为它从行为中分裂了出来，促使了负面意义的自我意识的产生。杜威还强调到：有多少种正常形式的情感，就有多少种变态形式的情感。②这意味着每一种正常的情感在特定情境下都有可能发展为不正常的情感。

（四）情感的冲突

杜威认为，情感冲突是情感的分裂导致的。具体来说有三个原因：一是不同形式的情感发生冲突；二是由于个体性的兴趣与普遍性的兴趣发生冲突；三是情感过于关注纯粹的自我而发生的冲突。特别是最后一种原因，是导致情感冲突的基本原因。由于情感没有关注自身的对象，而是更多地关注纯粹的个体化自我，情感就丧失了行为驱动力的作用，成了个人的私人意识形态，开始按照特立独行的个人喜好来行事。这样，情感的冲突就出现了。

---

① ［美］约翰·杜威. 心理学. //杜威全集·早期著作第2卷［M］. 熊哲宏，张勇，蒋柯，译. 上海：华东师范大学出版社，2010：199.

② ［美］约翰·杜威. 心理学. //杜威全集·早期著作第2卷［M］. 熊哲宏，张勇，蒋柯，译. 上海：华东师范大学出版社，2010：200.

杜威举例道，一个人从喝酒中感受到快乐，为了满足自己的情感，他一直喝酒，从而形成了酗酒的恶习。个体沉溺于自己情感的特殊一面，而忽视了普遍一面，即个体发展遵循一定的生理规律，规律是普遍的，不断忽视普遍的一面，最终会导致疾病和痛苦。在满足自己特殊一面时他获得了满足，但是这种满足打乱了普遍的一面，所以最终他获得了痛苦，这就会出现情感冲突。或者一个人喜欢赚钱，但是他只追求财富而不择手段，忽视了他存在的普遍一面，即社会规则，那他会受到法庭和刑罚的惩罚，产生痛苦。因此，在个体特殊的愉悦和痛苦之间有可能存在着冲突，或者在愉悦和更高级的幸福感之间也存在着冲突。其中，一般幸福感的丧失很可能是获得了特殊的愉悦而导致的，从中可以发现愉悦（pleasure）和快乐（happiness）是有区别的。①

杜威进而认为，情感的冲突不仅有个体的情感冲突、社会情感的冲突，而且还有双重的情感冲突。这种双重的冲突就是某种特殊的愉悦情感可能发展成特殊的痛苦情感，或者在愉悦和更高级的情感（如幸福）之间存在冲突。所以，在特殊的情感之间可能存在着冲突，具有普遍性健康情感的丧失往往是因为获得了特殊的愉悦之情，而愉悦和快乐之间是有区别的。

具体来说，愉悦并不意味着快乐，快乐也不代表愉悦。杜威指出，这是因为自我是一个复杂的有机体，包含着各种各样的兴趣，诸如身体的、理智的、审美的、社会的、道德的和宗教的，等等。其中的任何一种兴趣得到满足都会产生愉悦，但不一定会产生快乐。其中的原委是，虽然自我满足在某种方式上得到了实现，但这种特殊的表现或实现可能会与其他活动产生冲突，结果就会造成一种活动的情感得到了满足，而导致了另一种得不到满足或实现，故此也就不会产生快乐。杜威总结道：

---

① [美]约翰·杜威. 心理学. //杜威全集·早期著作第2卷 [M]. 熊哲宏，张勇，蒋柯，译. 上海：华东师范大学出版社，2010：201.

　　简而言之，愉悦是暂时而相对的，它随着特定活动的存在而存在，并且只因那种活动而出现。但是，快乐是持久而普遍的。只有当一种行为满足了自我包含的所有兴趣，而且没有产生任何冲突（不管是当前的还是将来的）时，快乐才会出现。快乐是整个自我的情感，它和自我某一方面的情感是相对的。①

　　杜威甚至认为，愉悦和快乐是相互对立的。在他看来，在情感活动中，只要存在消极享乐的刺激，就会产生一定的愉悦；一个人如果单纯追求愉悦，就可能变成一个追求享乐和刺激的人；而快乐是积极的刺激，是一种兴趣，它与愉悦是相互分离的。快乐与愉悦的基础不一样，快乐是基于将各种行为积极地统一到人的整个生活之中而产生的。

三、理智感

　　理智感是性质化情感的一种形式。杜威认为，理智感与经验之间有着密不可分的关系，而它还是一种独特的意识活动以及知识的媒介。

（一）理智感的内涵及特征

　　理智感是指人们通过对有意义对象之间相互关系的认知而获得理智满足的情感。杜威将理智感的内涵与特征放在经验和意识、知识中考察。

　　首先，理智感是对经验意义的理解过程。杜威主张，事物之间相互联系，从而使彼此具有意义，因此经验的意义具有普遍性；而经验的意义是通过个体意识的方式来获得的，因而才能感知到意义；情感从本质上讲是自我的感受，与自我同为一体。可以说经验不仅是一种知识，也是一种情感。

---

　　①［美］约翰·杜威. 心理学. //杜威全集·早期著作第2卷［M］.熊哲宏，张勇，蒋柯，译.上海：华东师范大学出版社，2010：202.

其次，理智感是具有普遍性的情感。杜威强调，经验之中必然蕴含着关系，所有的经验都与情感相连，理智感并不是一种特殊的、偶尔发生的情感；从经验的内在或主观层面来看，心理活动就是由一系列理智感组成的；所有意识都具有情感因素，心理活动均包含有情感。

最后，所用的情感均包含着理智的成分。杜威表示，知识的形成总是以情感为媒介，认识不仅是指向客观关系，也指向自我，对认识自我具有一定价值；意识的内容可能是相同的，但意识的形式在不同个体上又是相异的。所以，情感并不是一种偶尔发生在意识中的心理活动。

（二）理智感的分类

杜威指出，由于理智感涉及情感、经验的所有领域，所以不可能详尽地讨论所有的理智感。因此，他依据情感的起源对理智感进行了基本的分类：一是起源于获取认识的获得感，即个体在认识世界的过程中获取的情感；二是起源于拥有认识的拥有感，即个体获取认识后把认识组织到其心智结构的过程中产生的情感。

1. 获得感

获得感是通过联想、分离或者注意与已有认识相联系，表达已有认识的过程中产生的情感。杜威指出，由于不同活动产生不同情感，所以，"联想会产生习惯感；分离会产生惊奇感；注意则会导致相似感或差异感"[①]。具体而言，联想活动通常是以往经验与当前经验的联结，它有固定的联结方式，如相似联想、接近联想、对比联想、因果联想等。联想使得事物或经验间的联结自动化、习惯化。"通过联想而获得认识的过程所产生的情感，就是习惯感。"[②]当联想被打破时，人就会被动地产生一种惊奇感，杜威将这种情感称之为分离

①［美］约翰·杜威. 心理学. //杜威全集·早期著作第2卷［M］. 熊哲宏，张勇，蒋柯，译. 上海：华东师范大学出版社，2010：205.

②［美］约翰·杜威. 心理学. //杜威全集·早期著作第2卷［M］. 熊哲宏，张勇，蒋柯，译. 上海：华东师范大学出版社，2010：205.

感。他认为这种分离感所带来的惊奇感比机械性的联想所带来的习惯感要新鲜和健康得多。

注意活动最主要的内容是区分和统一。每次注意活动都会产生相似感或差异感，即杜威所谓的关联感。因此他认为，无论人们的心理经验是否一致，都伴随着关联感。当心理经验一致时，会产生和谐感与通过认同而产生的特殊满足感；当心理经验不一致时，以前模糊杂乱的认识被明确界定时，人们会体验产生清晰的形式化情感和因达到目的所产生的愉悦情感。除此之外，还有一种独特的情感，杜威称之为智慧感。智慧感是直觉的闪现，是看起来似乎完全不同的观念得到认同时产生的一种感觉，伴随着突然感和惊奇感。

2. 拥有感

杜威提出："不仅仅在获取认识的过程中伴随着情感的产生，在认识的获得和保持过程中同样伴随着情感的出现。"[①]这种情感是将认识组织到自我的过程中产生的，它的特征形式表现为一种拥有感和力量感，或者是因为认识而产生的在政治权力和社会地位上优于他人的骄傲自满感、优越感。但后者只有在优越感被作为目的时才会发生，通常情况下，人们拥有的是自由感和自我拥有感。由于人们的生活是一个不断累积的实现过程和成长的过程，在将已有知识纳入自我认知结构过程中时，人们会获得满足感和自我拥有感。

但是，杜威也认识到，由于认识的无限性及个人认识的有限性，人们获得理智感的同时也会产生一种无知感，即理智感的冲突。在理智感的冲突中，无知感与自我获取认识的情感密切相连。无知感是人们在认识世界的过程中认识到自我的不足所产生的情感，杜威称之为"还未实现的自我的情感"。它与认识的获得感不同，是一种普遍自我还未完全实现的模糊而不确定的情感。但

①［美］约翰·杜威. 心理学. //杜威全集·早期著作第2卷［M］. 熊哲宏，张勇，蒋柯，译.
上海：华东师范大学出版社，2010：207.

值得注意的是，无知感与不可知感并不是一回事，因此需要将两者加以区分。杜威强调，不可知感是对完全与自我无关的事物的情感，因此它只有在人们能够完全超越自我时才能存在；无知感则是在人们超越当前的存在并认识到其真实的存在但还未得到完全实现时产生的情感。所以，无知感可以促进后续行为的发展。

（三）理智感的作用

杜威认为，理智感是认知行为的内在动力，具体表现为心智对客观事物的兴趣。这种兴趣在自我指向外部活动中能够得到满足，又可称之为"好奇"（wonder）。"好奇是人的情绪天性在客观世界面前所自发产生的一种状态"[①]，属于一种纯粹的个人情感，可能会随着个体的生长而被削弱，但不可能完全消失。好奇也是心智对客观世界的情绪流露，是个体在面对所有客观规律时体验到的情绪，它会促进人们对客观世界的探索，促使人们超越自我的主观状态，寻求与客观世界的积极联系并获得其意义。好奇还是理智行为的动力和源泉，是人们探究事物意义的动力。不过，杜威指出好奇与惊奇（surprise）之间存在着区别，惊奇是心灵在面对与原来已经建立的联结相抵触的规则时体验到的情绪，而好奇是面对所有客观规律时体验到的情绪。[②]

好奇是探究事物意义的动力，好奇进一步广泛发展就形成了"无私心"（disinterestedness）。杜威指出好奇是对知识的热爱，是心智的外向活动，这就要求个体必须抛弃自己主观上自私的兴趣，而且要把自己完全投入到客观事物上，因为知识是普遍的、客观的。无私心是所有研究活动的必要条件。如果研究活动不是为了探究客观事物的变化，而是满足个人的好奇心，那么此时所拥有的不是无私心，而是好事心（curiosity）。好事心属于不正常的情感，因

---

①［美］约翰·杜威. 心理学. //杜威全集·早期著作第2卷［M］. 熊哲宏，张勇，蒋柯，译. 上海：华东师范大学出版社，2010：208.

②［美］约翰·杜威. 心理学. //杜威全集·早期著作第2卷［M］. 熊哲宏，张勇，蒋柯，译. 上海：华东师范大学出版社，2010：208.

为它是个人化形式的好奇。

（四）理智感的客观表现

杜威认为，情感与客体之间一直保持着联系；理智感是以个体意识为媒介的客体及其关系，也是理解客体意义的源泉。而理智感的客观表现就是预感、直觉、逻辑。

1. 预感

在杜威的话语体系中，预感是引导情感的某种因素，引导人们选择那些感觉与目的相一致的素材，拒绝不协调的素材。在智力活动中，这种情感的指向性是普遍存在的，人们通常赋予它们明确的形式并投射出来，但是往往被人们忽略。杜威认为，智力活动都具有目的性，所以心智都指向目的并依据目的选择或拒绝心理要素；所以目的是以情感形式存在于人们的心智中的，所有智力过程都通过情感表现出来指向性。

2. 直觉

直觉是在智力对事物进行认同或区分之前就预先掌握的情感。杜威认为直觉的作用是能够模糊预测真理的方向与路径，不受制于任何规则，属于个人的情感。它既不能被学习，也不能被传授。但是在达到追求真理的目的后，直觉会变得更加清晰，意识可以通过反思找出达到目的的路径与过程。杜威高度评价直觉的意义，将其看成是不可传授的，它可以促使意识通过反思找到和达到目的的途径。直觉是鉴别天才的标志之一。

3. 逻辑

杜威提出，在情感经过反思批判而成为智力命题时，逻辑规则就此产生。逻辑是建立在对智力的实际探索的基础上产生的，而智力又受情感所控，所以逻辑在情感主导的直觉发现真理之后，将最初的情感一般化、具体化，通过情感形成预测时的运作方式来对各种思维过程进行总结。在认识活动的过程中，预感引导着人们选择与目的协调的素材；直觉向人们揭示真理的方向与路径；通过对活动的反思，人们进而总结出一般的、可传授的逻辑规则。

四、美感

在杜威的情感心理学观念中，美感属于非人际情感，其前提是将客观世界观念化；感觉所认识的事物与观念之间存在某种关系，当人们在感觉到对象与观念之间的关系时，就形成了情感，即美感。

（一）美感的内涵与特征

杜威指出："美感是伴随着对经验的观念价值的理解过程而产生的情感。"[①]它起源于人们对经验因素的观念价值的思索。美感的本质在于人们对客观事物观念上的认同与理解，当和谐观念客观呈现时，人们会有一种满足感，这就构成了人的美感。

理智感是美感的先决条件。杜威明确表示，理智感就是对事物之间相互关系的情感，或者说是对经验的意义的情感；无论是意义还是关系都是一种完全的观念因素，也正是美感的对象；所有经验都与心智的观念相联系，杜威将美感的特征总结为三点：与观念化相联结，具有普遍性，和谐、适应和简约是美感的主要因素。

1. 美感的观念化

杜威认为，由于意识中包含着观念，人们的每一种意识中都存在着美感的元素，同时，美感也是帮助心智对经验与观念间的关系做出反应的"测量仪"。

首先，认识的观念化包含理智观念化与审美观念化。杜威强调，认识是观念化的过程，存在着理智观念化和审美观念化两种形式。他以认识火车为例：当人们看到火车时，对它的形状、发出的声音等特征会有一个感觉上的认识，这种认识火车的过程是理智的观念化过程，它是指向客观对象的活动，将

---

① [美] 约翰·杜威. 心理学. //杜威全集·早期著作第2卷 [M]. 熊哲宏，张勇，蒋柯，译. 上海：华东师范大学出版社，2010：212.

客观对象经过意识的加工变为一个个感觉符号，观念的特征就存在于客体之中。但是，当把火车看作是"为了突破遥远的距离，促进人们之间的交往"这样一种观念的展现和表达时，它就具有了美感。这种理解他人表达和展现内心观念的过程是审美的观念化过程。当人们对客观事物进行认识并获得相关的感觉信息的意义时，获得的是理智感，因为理智兴趣和活动的结果有关。当一个人将自己内心的观念以一种合适的载体进行完美地展现时，那么他就是在创造美，而当他人能够对他的观念进行理解的时候，美感就产生了，因为审美兴趣是与表达某种观念的过程相联系的。

其次，美的事物都包含有感觉元素。在杜威的心理学理论中，所有的认识对象都无法拒绝感觉元素存在。在认识活动中感觉元素的组合并没有优劣之分，因为任何感觉素材都能传递信息，认识活动中的信息是等价的。但是在艺术活动中只有特定的感觉元素的组合才能表达特定的观念，感觉是有价值的，它需要找到最和谐的表达方式展现自我的观念。

最后，艺术受自我的约束。杜威提到，艺术表达的形式是自由的，且不受外部的限制，只需处理那些与自我观念相符的、能体现观念价值的信息。但艺术的自由并不意味着它能够任意处理关系，它需要受到自我的约束，遵循着自我的法则。此外，杜威谈道，艺术的功能在于观念价值的欣赏和表达，就这个意义而言，它是理想化的，但是在进行艺术创作的过程中，素材的处理过程要从属于素材的表达过程，因为它要实现观念的现实化。

2. 美感的普遍性

杜威认为，美感的普遍性在于它是观念的表达和传递，而观念的价值和重要性必然是普遍的，因为它反映的是人性（human nature）和人的永恒，以及人的本质的存在和意志。美的普遍性并不依赖于它所采用的素材，而在于它所论述的精神。杜威认为，体现美感的普遍性的途径主要有以下几种：

第一，美感的普遍性排除味觉、嗅觉等低级感觉的作用，更多借助于视觉、听觉等可以更加客观化的感觉，因为它们可以表达更高级的情感，传递观念的价值，可以为更多人共享。

第二，美感必然排除占有感，因为美的事物可以被占有，但美感却不能。被占有的美的事物不能共享，这种感觉不能称之为美感。杜威强调："所有起源于占有和使用的快感都会被排除在美感之外。"①

第三，美的普遍性要求美的事物不能从属于任何外部的目的。杜威重申，美观和实用是分不开的，但是如果仅仅是对其他事物有用，只是其他事物实现的途径，那美感就只是一个工具，而没有自身的价值。美的产生要求事物或行为不仅要对其他事物有用，还必须对自身以及整个自我有用。他以火车为例，如果将火车看作运输公司股东的牟利工具，那么它只是"有用"，但是把火车看作是实现人与人之间渴望突破空间距离的交往限制、实现社会观念的途径时，人们会认识到火车的价值，体会到火车对于社会进步和人们生活做出的贡献，它的自我价值得到了表达与实现。

3. 美感的自由性

杜威认为美感的一般特征有观念性、普遍性、启发性和对表达观念的感觉素材的自由运用。他指出艺术的显著特点之一是自由，它不受任何限制，所以美感的产生是很难预测的，但美感自由性的因素可以被了解，主要有和谐、适应和简约。

杜威一直将和谐视为构成美的最一般特征。和谐意味着统一性中包含着多样性，多样的元素通过组合形成一个统一体，感觉素材的组合与观念相一致。从本质上讲，和谐是某些经验与自我的观念相一致时所产生的情感，在理智感中它表现为关系之间的一致感，而在美感中它表现为美好事物和人本身的天性之间的一致。

适应有两种：一种是个体为了与外部的环境相一致而通过计划达到某种

---

① ［美］约翰·杜威. 心理学. //杜威全集·早期著作第2卷［M］. 熊哲宏，张勇，蒋柯，译. 上海：华东师范大学出版社，2010：215.

超越自身的目标，这是一种外部的适应，目的是实用；一种在某种功能、目标或观念的引导下许多不同的元素或手段调节为一种内在的统一，这就产生了美。

简约则是指用最少的元素或手段呈现出最丰富的结果，这时也会产生美。

（二）美感的作用

杜威认为，美感是创造行为的动力。美感不仅包括对美的事物的欣赏，而且包含着主动的喜悦，这种喜悦是兴趣的来源，进而导致了力图满足兴趣的行为。就像理智感以好奇作为行为的动力，美感以欣赏作为创造性行为的动力。为了满足人们天性中审美的需求，艺术应运而生，它以建筑、雕塑、绘画、音乐及诗歌等形式来让人们的观念价值得到完美的表达。它是人们的心灵充分表达自我观念特征的尝试，是为了满足自我对完美和谐的天性的需求而产生的。

1. 建筑

杜威指出，建筑是观念创造的开端，是实用与美观的结合体。建筑占据着三维空间，可以被触摸，很容易引起人们的注意，吸引人们的目光，会让人产生一种模糊而强大的崇敬之情。因为建筑在很大程度上依赖于物质材料，所以它的观念化程度最低。建筑壮丽的形式以及宏大的规模让人容易产生依赖和崇拜的情绪，这一点使得它很适合宗教集会，并且由于教堂、庙宇等建筑一般较少考虑实用价值，会允许艺术家有更多创作的自由。

2. 雕塑

雕塑与建筑类似，它同样容易引起感官的注意，但由于雕塑比建筑更少考虑实用价值，它的观念化程度比建筑更高。杜威提道，雕塑通常用于建构人物形象，表达人的观念，所以它更注重观念的表达而较少依赖于所使用的材料，因此与人的天性间的关系更加密切，建筑则过多地被物质材料所限制，难以表现出人的真实天性。

3. 绘画

杜威表示绘画比雕塑更进一步，因为它的形式是二维的，使用的素材只是颜料，所以它需要人们运用智力活动对其进行诠释。他认为："绘画拓展了人类自身的观念的表达范围，因为它不仅能表现静止的人物形象，还能表现人的激情和事迹。绘画还使得自然和形成了观念关系，使自然的精神和人的精神结合起来了。"①

4. 音乐

音乐的观念化程度更高，它通过声音在时间上延续，借助音符的形式表达人的心灵。杜威深刻体会到，音乐是心灵的产物，它本身就是素材；音乐家将内在观念通过声音表达出来。音乐很少依赖材料，并且形式更加自由。基于此，音乐与其他艺术形式不同，它的和谐更加观念化，而非像建筑、绘画等直接呈现于外部。

5. 诗歌

在杜威的美感认识中，诗歌是艺术观念化的最高形式。它将感觉降级为任意的符号，并通过符号来表达人的喜怒哀乐，传递着人的观念；它将人类精神以抽象化的符号进行展示，人是它表现的主题。杜威认为，诗歌首次将经验的内容与艺术的观念形式完全符合，它的一个个抽象符号本身并无意义，但通过人的艺术加工，它变得富有韵律，并在表达人的观念的过程中得到了意义。他将诗歌粗略地分为史诗、抒情诗和戏剧，认为史诗是客观的诗，展现的是人的行动；抒情诗则关注人的内在生活，表达个体的爱、恨、愉悦、痛苦等经验；戏剧结合了史诗和抒情诗的特点，表现的是群体中的人和行动中的人，它展示的是在欲望和意图的驱使下不可抗拒地走向某个不可避免的结局的人，人的内在天性被戏剧作为一种客观事实进行展现。

---

① ［美］约翰·杜威. 心理学. //杜威全集·早期著作第2卷 ［M］. 熊哲宏，张勇，蒋柯，译. 上海：华东师范大学出版社，2010：218.

（三）美感的客观表现

杜威指出，美感的客观表现主要为鉴赏力（审美判断），这就如同理智感简化为逻辑法则一样，美感则主要通过艺术鉴赏的法则来呈现。

1. 鉴赏力的性质

美感的产生必然导致审美判断。杜威举例道，当看到美丽的风景时，人们说它是美的，这时情感被表达出来，美感也被客观化，形成了审美判断。他认为审美判断潜藏于所有人身上，但艺术家比普通人更擅长将其揭示出来。"每个人都有表达情感的冲动，却苦于找不到适当的出口来表达那种模糊的感觉，而艺术家们却能够以具体的形式把它们明白无误地表现出来。"[①]可见，鉴赏力在本质上是个人化的，它取决于个体的审美能力和文化水平。

2. 鉴赏力的功能

艺术情感是创造性的，而鉴赏是批判性的。杜威的这个观点也是基于鉴赏力只能发生在艺术之后，鉴赏的原则是对艺术家鲜活的美的形式做出的解释。但这并不是说鉴赏原则对人们毫无用处，它对建立美的观念、引导美的创造方面有着重要作用。可如果过分拘泥于审美的原则，试图以某种终极的鉴赏观念作主导，这就束缚了美的发展，抑制了个人的努力，又将观念束缚在已经完成的事物上，破坏了本身的观念特性。所以，鉴赏也要不断扩展自身，适应新的发展。

3. 不正常的美感

此外，当个人只是追求美感所带来的愉悦时，关注的是自身鉴赏力的提高，而不是关注客观的美的领域时，他这时获得的美感是不正常的，美感退化成唯美主义，它封闭在自我内部，不再展示世界的美丽与魅力，美感终将会丧失活力，以自我毁灭而告终。

---

① ［美］约翰·杜威. 心理学. //杜威全集·早期著作第2卷［M］. 熊哲宏，张勇，蒋柯，译. 上海：华东师范大学出版社，2010：220.

五、个人情感

个人情感属于性质化情感的一种形式。杜威所说的个人情感并非单纯的自我情感，而是自我情感与利他情感的同时存在，个人情感与社会情感的同时存在。

（一）个人情感的内涵及特征

所谓个人情感是指"从具有自我意识的个体之间的相互关系中产生的情感"[①]。杜威认为，情感始终伴随着自我实现，所有的自我实现都是在非个人的人际关系中实现的，也就是在事物之间的相互关系或者事物与观念之间的关系中实现自我的。没有自我和外在事物的联系，人的发展是无法实现的；期望通过单纯感知理智对象和审美对象，而又与他人相隔离，是不可能存在的。因此，杜威坚信，任何人都不可能在没有他人的帮助和激励下去认识世界和享受美好的事物，并发展人与生俱来的社会性。

个人情感并不是自我情感。杜威不认同将人的情感分成自我情感和利他情感的做法。这是因为其前提假设是情感具有有限的个体性，但是情感的发展逐渐会扩展到自我和他人，自我情感和利他情感处于一种相互联系的关系，两者之间并非对立或分离状态。

个人情感既指向自我也指向非我。杜威肯定了人的最初情感并不是个人情感，只有当最初的情感指向了他人的时候，才变成个人情感。自我会在有意或无意地与他人进行比较后，将自我作为优先对象，最初的情感就指向了自我；自我也会在与他人进行比较后出现利他情感。杜威表示，形成自我情感的前提就是同时认识到自我和非我。

---

① ［美］约翰·杜威. 心理学. //杜威全集·早期著作第2卷［M］. 熊哲宏，张勇，蒋柯，译. 上海：华东师范大学出版社，2010：223.

（二）个人情感的分类

杜威反对将个人情感分为自我情感和利他情感的做法，因为这种划分割裂了情感间的联系。他指出，正确的做法是根据情感普遍性增加的程度将个人情感分为社会情感、道德情感和宗教情感。

1. 社会情感

杜威将社会情感的存在形式分成两种：一种是人与人之间产生联系时所出现的情感，另一种是自己与他人产生联系所出现的情感。这两种情感彼此相互依存，属于同一种情感通过抽象过程而分离的不同阶段。每一种情感又可以分为两种类型：与个体相关的对他人的情感，分为同情和憎恶；与他人相关的对自我的情感，分为骄傲和谦虚。

首先，同情和憎恶是在自我对他人认同的过程中产生的，其中憎恶是在对他人的心理经验进行认同时，发现他人与自己的实际状态相排斥时产生的情感；同情则产生于自我对他人经验的认同。

杜威主张同情与厌恶在不同的个体身上都有所体现，源自人们对他人的认同过程。同情起源于情感的共鸣和感染力，其本质是复制他人的体验，并且意识到这种情感只是他人的体验。他认为产生同情需要如下条件：① 要能够有意无意地理解他人的情感，并且能够将他人的情感复制到自己的心智当中；② 能够在感受他人情感的同时进行区分，知道自己正在经历的是别人的体验。如果只有认同，而没有区分，那么就不是真正的同情。因为理解复制他人情感时，他们没有做到情感的向外投射。投射情感要做到：一是拥有足够的情绪体验，能够理解他人的情感；二是对他人有积极的兴趣，知道这些情感属于他人，并且能将这种同情的情感变成行为的动力。同情在人们的情绪活动中占有重要的地位，它是他人进入自我活动范围的重要途径，也可以让人们超越自我，从而到达普遍的人格。概言之，同情是人与人之间的纽带。杜威还认为，同情是构成共同生活的重要社会条件，它在促进人们共同生活的同时，又使人们保持着自己独特的生活；在帮助人们实现普遍人格的同时，又加深自己的独特的个性特征。

憎恶的具体形式有厌恶和愤怒。在杜威看来，厌恶是指人们在对他人的经验进行理解的过程中，发现与个体观念和状态相互排斥，从而产生的一种人际情感。愤怒的对象往往指向人，产生于对别人的情感与经验的观念的不认同过程。

其次，骄傲与谦虚是在与他人的比较中产生的情感，骄傲是将自己的优点与另一个人相比较而产生的情感，谦虚是将自己的缺点与另一个人相比较而产生的情感。骄傲与谦虚相辅相成，都是人们普遍天性的情感。骄傲可能意味着自尊，也可能意味着自满、自负；谦虚可能是将自己的特殊优点和他人的特殊优点相较而产生的情感，这表现为谦逊，并不与自尊相对，也可能是敏感和自卑。

上述的憎恶、同情、骄傲、谦虚是杜威认为的社会情感的基本类型，它们可以通过组合形成复杂的社会情感，如：憎恶和谦虚结合会形成嫉妒感（envy）；同情和谦虚结合会形成妒忌（jealousy）；骄傲与憎恶结合会形成恶意（malice）；骄傲与同情结合会形成贪婪（covetousness）。

2. 道德情感

在杜威的观念中，"道德情感以社会情感为基础，且是社会情感的发展"①。他强调在道德情感中，同情是所有道德感的来源，因为同情是确认自我和与自己拥有共同天性的人们之间存在道德关系的基础。道德情感主要包括正义感、义务感、尊重感和悔恨感。

杜威主张，正义感是个人行为与人格观念相和谐而产生的人际情感，面对的是观念关系和人的价值，同时也体现道德情感的本质特性；正义感的出现往往意味着观念的人格得到了实现，而当人格观念与个人行为相互抵触时，则

---

① ［美］约翰·杜威.心理学.//杜威全集·早期著作第2卷［M］.熊哲宏，张勇，蒋柯，译.上海：华东师范大学出版社，2010：228.

会产生错误行为。

　　义务感是指人们感觉一定要实现自己的责任，要对未实现的责任负责。杜威认为道德情感是唯一外显的社会情感，因为它发展和体现了社会情感的本质，即真实自我与普遍的观念自我之间是同一的，人们可以认识到这种同一性，并在普遍意志的影响下去实现它。当行为与观念相一致时，人们就获得了正义感，并在执行普遍自我意志的过程中感受到了义务感。

　　正义感与义务感相结合会产生尊重感，尊重感是由于完全实现普遍自我而产生的情感。当人们的实际状态与想要实现的普遍自我之间存在着巨大的距离时，这种失落容易让人产生悔恨感。①

3. 宗教情感

　　杜威认为："宗教情感是关于神的思想与情感的集合，或者作为内心世界温柔而神圣的情感的集合。"②宗教情感又是社会情感的真实本质的发展和体现，只有在宗教经验这一领域，一个人的自我和完全自我才能协调，情感的渐进发展终止，成为完全普遍的情感。③他进一步指出，依赖感、安宁感、信念感是宗教情感的重要元素。

　　依赖感是指在人们还没有成为真实自我的时候，为了自身的发展需要依赖他人的感觉元素。杜威提出，在道德中依赖感能够被人们感觉到，并以义务感的形式表现出来，即人们对于想要实现个人价值的依赖。而在宗教中要求将自我全部奉献给完美的人格，即上帝。

　　安宁感强调在宗教活动中一个人完全放弃他自己特殊的自我，理解永恒绝对是完美人格的存在。在杜威那里，安宁感是一种完全的和谐，只要人们拥

---

① John Dewey. Psychology. New York：American Book Company，1891：337.

②［美］约翰·杜威. 宗教情感的地位. //杜威全集·早期著作第1卷［M］. 张国清，朱进东，王大林，译. 上海：华东师范大学出版社，2010：73.

③［美］约翰·杜威. 心理学. //杜威全集·早期著作第2卷［M］. 熊哲宏，张勇，蒋柯，译. 上海：华东师范大学出版社，2010：231.

有了道德情感，就能够获得这种感情。

信仰感是宗教活动将社会关系和道德关系中所包含的信仰引入了意识层面，通过信仰理解并非以客观实在存在的观念。杜威强调，所有的理智、审美与道德活动都是一种观念化，宗教活动作为道德活动中的一部分，它所坚持和引发的信仰感，内在于经验之中，信仰感具有普遍性。

(三) 个人情感的作用

杜威明确表示，个人情感是社会交往行为的动力，个人情感主要表现形式就是爱。他这样讲：

> 个人情感的形式表现为对人的兴趣。它必定是指向外部的。只有在其兴趣所关注的目标得到实现的过程中，个人情感才能获得满足。从这个意义上来说，个人情感就是爱。爱是针对人的，就好像钦佩是针对观念价值的，而好奇则是指向客观世界的。个人情感不是一种主观情感，也不是一种被动的感受。它是主动的兴趣。①

1. 爱与恨

人际情感的主要形式是爱和恨。爱是在他人的面前将自己完全忘却，它本质上是一种同情，是行为的动力；恨则是憎恶。杜威指出，爱中必然包含着恨，因为爱是对他人的幸福感兴趣，所以它包含着对所有阻碍这种幸福的事物的憎恨，这种恨是爱的相反面。他说道：

> 我们憎恨所有阻碍我们的爱得以实现的事物。恨只是爱的相反的一面。然而，既然爱是在他人身上发现满足感的必要情绪，所以，指向他

---

① [美] 约翰·杜威. 心理学. // 杜威全集·早期著作第2卷 [M]. 熊哲宏，张勇，蒋柯，译. 上海：华东师范大学出版社，2010：232.

人自身的恨这种情感在心理学上是不可能的。人格是一种普遍的特性，并且，如果我们不恨我们自己的自我，那我们也不可能恨别人。①

2. 喜欢与讨厌

杜威将喜欢看作是爱的不正常形式。他指出，喜欢是当别人能帮助我们获得满足时产生的情感，它使我们产生愉悦，但是这种愉悦是一种个人化的情感，不是社会情感；相反，恨是指向那些阻碍自我实现的事物，是一种社会情感。②

杜威指出，爱具有创造性，主要表现为创造了各种形式的人际关系和社会机构。最基本的机构是家庭，这是一种最直接、亲密的形式，在家庭中每个人的自然天性都能得到展现，人与人之间的关系是亲密的。家是"基本的社会单元、最初的道德机构，以及宗教教育的最终来源"③。爱是人格普遍而自然的体现，它超越血缘、时空的限制，面向全体的人类。杜威指出，从心理学来说，社会和国家的连接纽带并不是法律意义上的法规与强制力，而是爱。

（四）个人情感的客观表现

杜威将情感看作人格行为的一种属性。健康的情感是满足完善人格发展需要的条件，而人格具有普遍性和客观性。个人情感的客观表现就是道德判断与良心。

"道德判断是所有的个人情感中都包含的客观因素的外显意识表现。"④杜

---

① ［美］约翰·杜威. 心理学. //杜威全集·早期著作第2卷［M］. 熊哲宏，张勇，蒋柯，译. 上海：华东师范大学出版社，2010：233.

② John Dewey. Psychology. New York：American Book Company，1891：341–342.

③ ［美］约翰·杜威. 心理学. //杜威全集·早期著作第2卷［M］. 熊哲宏，张勇，蒋柯，译. 上海：华东师范大学出版社，2010：233.

④ ［美］约翰·杜威. 心理学. //杜威全集·早期著作第2卷［M］. 熊哲宏，张勇，蒋柯，译. 上海：华东师范大学出版社，2010：234.

威指出，良心是道德判断的集合体，它不是具体的心理官能，但包含着情感和理智。良心是直觉性的，是人格的经验。当一个人特定的行为与真正实现的人格一致时，它就会产生正义感、义务感及实现义务感的愉悦；当不一致时，则会产生悔恨。杜威强调，人的道德本质在于实现的过程，所以良心也能不断发展。良心是一种对个人行为进行普遍而客观的价值判断的情感，但是其真实程度在于个人的感觉是否客观普遍。杜威指出，当个体对道德情感进行反思性分析时，他会总结出一些道德行为的普遍规律，即道德规范。他认为道德规范是抽象的，它不能成为个体的终极目的，因为道德个体有实现自我的自由。

第五节 情绪与心态

现代心理学界将"情绪"界定为与有机体的生理需要相联系的体验。1894年杜威在《情绪理论》一文中对达尔文关于情绪与表情的原理做了具体修正，并对詹姆斯—朗格的情绪理论进行了深入的研究，并以此为基础探讨了情绪的本质。"杜威的情绪理论是与米德合作而提出的，他和米德共同开展研究，致力于建立一种以经验为基础的心理学，在研究的过程中生成了情绪理论，该理论力图通过重新评价自然和社会环境在情绪产生中所起的积极作用来弥补詹姆斯情绪理论的不足。"[1]杜威在《什么是心态》一文中对心态进行了界定，指出心态是根据经验情境而产生的特定行为方式的情感倾向。此外，杜威关于情绪的心理学思想非常强调机能的协调，并反对二元论，这不仅对他之后发表的《心理学中的反射弧概念》一文产生了重要影响，而且对他的整个哲学和心理

---

[1] Guido Baggio. The Influence of Dewey's and Mead's Functional Psychology Upon Veblen's Evolutionary Economics. European Journal of Pragmatism and American Philosophy, 2016, VIII(1). 6~7.

学体系的成熟至关重要。①

一、情绪的内涵

杜威认为，情绪是由对刺激（引发情绪的对象）的认知、行为模式和表现出来的情绪状态构成的。"情绪整体上是一种行为模式，具有目的性，或一种智识内容，而且还把自身反映到感觉或情感之中，以作为对于观念中或目的中客观表达出来的东西的主观评估。"②杜威这段论述将詹姆斯的理论与达尔文进化论相结合，旨在将情绪的表述更加清晰客观。

（一）情绪的本质

杜威在"情绪的本质"一章中为詹姆斯做了辩护，指出詹姆斯的批评者误以为詹姆斯所指的是具体的经验情绪，实际上詹姆斯试图从具体实在的情绪经验中剥离出抽象的、可以代表整体的情绪概念。他还进一步对詹姆斯的观点进行了补充解释：在整个具体经验中除了詹姆斯所说的情绪的迸发阶段外，还有观念和行动两个阶段。

在杜威所谓的观念阶段，情感指向对象并能够发挥刺激作用。但最重要的是行动阶段，此时的情绪不仅仅是一个纯粹的感情状态，"它是一种倾向，一种品行模式，一种行为方式"③。这意味着人不仅已经意识到情感所表示的某种意义，而且还暗含着已经准备好以何种方式行动的趋向。在詹姆斯的情绪生成阶段中，观念阶段在前，行动阶段其次，最后是情绪迸发的阶段，属于对行

① Garrison Jim. Dewey's Theory of Emotions：The Unity of Thought and Emotion in Naturalistic Functional "Co-ordination" of Behavior. Transactions of the Charles S. Peirce Society. 2003，Vol. 39(3). 405–443.

②［美］约翰·杜威. 论情绪.//杜威全集·早期著作第4卷［M］. 王新生，刘平，译. 上海：华东师范大学出版社，2010：149.

③［美］约翰·杜威. 论情绪.//杜威全集·早期著作第4卷［M］. 王新生，刘平，译. 上海：华东师范大学出版社，2010：150.

为的反应。杜威则认为："官能上的放射，是一种本能的反应，不是对观念本身的回应。"①行为模式才是首要的，观念和情绪的激发是同一时刻形成的，对刺激的反应和协调身体行为将情绪状态表现出来的过程是统一的。杜威沿用詹姆斯关于熊引起恐惧的例子，指出恐惧的产生不仅包括本能反应的行为模式、对于熊的观念，还包括对于熊的有意识的辨认。他认为引起人们恐惧的不是"熊是一种可怕的对象"的观念，也不是熊这个客观对象，而是"看到熊"的这个动作引发的一系列行为反应。"看"的动作已经有了价值判断和倾向。

此外，杜威提出，情绪是整个有机系统的协调过程。它在感觉器官接收信息的时候被称之为"理智"，而在意识或者心灵对感觉信息进行价值评估时，被称之为"情绪"。所以"冷静的理智性和热情的情绪性之间的区分只是这一个整体活动之内的一种功能区分"②，本质上仍然是一个整体的感知过程。杜威继续以熊为例来说明情绪的理想内容是由行为模式或活动的协调构成的，并指出在对经验的反映中，情感的价值凸显出来。这样，情绪发生的过程就是有机体通过活动接收刺激，因刺激产生的感觉材料被认知系统加工处理引起相应的观念内容，并产生相应的身体反应，表现出相应的情绪状态，这就构成了情绪的产生过程。同时，杜威在对《情感的进化心理学研究》一书所做的书评中表示，情绪不具情感的复活，而是复杂的情绪所创造的一种新情感，"情绪是一种感受性反应，它来源于对客体潜能感觉的表征"③。

（二）情绪的调节

杜威指出："所有的情绪活动，作为兴奋，都包含抑制。"④抑制并不是压

①［美］约翰·杜威.论情绪.//杜威全集·早期著作第4卷［M］.王新生，刘平，译.上海：华东师范大学出版社，2010：152.

②［美］约翰·杜威.论情绪.//杜威全集·早期著作第4卷［M］.王新生，刘平，译.上海：华东师范大学出版社，2010：154.

③［美］约翰·杜威.《情感的进化心理学研究》.//杜威全集·早期著作第5卷［M］.杨小微，罗德红，等译.上海：华东师范大学出版社，2010：286.

④［美］约翰·杜威.论情绪.//杜威全集·早期著作第4卷［M］.王新生，刘平，译.上海：华东师范大学出版社，2010：157.

抑或压制，只是在情绪活动过程中出现的协调，是协调活动中"激发性的刺激"与被激发的反应之间的调节，虽然这种激发性的刺激与后继的行为模式作出的反应是共同发挥作用的。在抑制的调节下，有机体避免了行动的各部分各自独立发展以致产生冲突，最终得以调节协调。

在杜威看来，人们在面对刺激时的一系列本能反应将会在协调过程中得到部分抑制。在意识协调个体的知觉活动（接收刺激）与意志活动（做出反应）时，出现了可感知的情绪意识的分化；而当非常强烈的情绪产生时，如愤怒，情绪的可感知特性则会消失，强烈的本能反应使能量急剧释放，而此时人们的行为又受到情绪协调过程中观念的抑制。这时"态度代表数以千计原先所实行的行动和所达到的目的；感知或观念代表众多可以实行的行动、据以行动的目的"①，两者之间的冲突与对立构成了情绪发作的障碍。杜威认为，这一过程体现出在心理学上，情绪是已经形成的习惯与当前观念的协调，以适应对感知或观念明了的需要，它是调整协调的真正体现。在调整的过程中，可能失败，也可能成功。

（三）情绪的构成

杜威将情绪分为感觉习惯、情绪的障碍和兴趣三个部分。感觉习惯指人们在进化发展过程中保留下来的感觉器官的习惯或协调，比如因某种声调、颜色或味道而产生愉悦的感觉。它是一种既定的、已完成的协调，代表某一行为模式固定地与目的或目标统一起来，是逆向读取的兴趣。兴趣则是伴随完成了的协调而产生的感情，它是没有障碍的、统一的、吸引人的动作，②意味着人的注意力达到了顶点。情绪的障碍则是在本能的情绪态度与当前观念的调节过程中产生的对立与冲突。

---

① ［美］约翰·杜威. 论情绪. //杜威全集·早期著作第4卷［M］. 王新生，刘平，译. 上海：华东师范大学出版社，2010：160.

② ［美］约翰·杜威. 论情绪. //杜威全集·早期著作第4卷［M］. 王新生，刘平，译. 上海：华东师范大学出版社，2010：161.

二、情绪与表情

达尔文在1872年出版的《人和动物的情感表达》一书中提出了关于情绪和表情的三个基本原理：一是有用的联合性习惯原理（The Principle of Serviceable Associated Habits）。达尔文认为一个表情动作最初是有用的随意动作，如果这个动作有利于生存，那么这个表情会被保留下来，并逐渐形成习惯，并通过遗传留给下一代。二是对立原理（The Principle of Antithesis）。如果某种情绪以某个特定的表情来表现，其对立的情绪就用与之相反的表情来表现，前者的形成是出于实用的原则，即对生存有利；后者的形成则不考虑实用原则，仅仅出于区别的需要，例如悲哀与欢乐、敌视与友爱等。三是神经系统的直接作用原理。某些表情是由神经系统本身的特性决定的，神经系统的特性决定了这些表情的特征。例如，神经过度兴奋会出现难以控制的表情或动作。①

（一）表情的功能

杜威对达尔文的三个主要原理进行了重新阐述。首先，他认为表情的功能在于表达情绪动作本身并关注动作的实用性；其次，情绪的对立与表情的对立之间没有因果关系，因为有用的动作及其结果体现了情绪的态度，对立的表情也需遵循实用的原则；最后，杜威将达尔文的"神经系统的直接作用"表述为"直接的神经放射"，认为直接的神经放射与情绪的区别在于是否与对象相联系。

杜威指出，表情是情绪态度的还原或中止，是人类协调活动中保存下来的感觉器官外围活动的习惯。在此之前，表情仅是一种原始的活动，是本能的反应。每当关联刺激出现时，表情就产生相应的变化。但在人类的演化过程中，表情逐渐成为情绪的态度或倾向的表现，并且以旁观者的视角观察有机体的外在活动，而不是以行为者的视角来观察的。杜威举例，假如一个在别人看

---

① 叶浩生.心理学通史［M］.北京：北京师范大学出版社，2008：160.

来处于愤怒状态中的人，满面怒容、怒发冲冠，这是一种信号或迹象，但就个体而言，他可能心中怒火中烧、血流速度加快，而旁观者则不易观察到这些表现。所以，如果将满面怒容、怒发冲冠等动作当作是表情意义的全部，就会陷入了混淆观察者立场和被观察者立场的谬误。

杜威还认为表情本质上是一种动作。表情是一个人情绪动作的部分表现，但最开始不是为了表达情绪而出现的，而是为了满足需要以行为的方式呈现的。所以他强调，表情最初是以有用的动作来明确说明情绪的态度，随着时间的推移，其实用性延续下来成了达尔文所说的"有用的联合性习惯"。杜威进一步说明道：

> 在这个阶段，我希望指出，就"可用的相伴习惯"（serviceable associated habits）而言，实际上使用的解释原则，无论采用什么语言形式，都是以态度的形式出现的适者生存原则，是行动的原则。……在对态度说明方面，诉诸情绪是完全不相干的；情绪的态度是通过诉诸有用的行动来得到明确说明的。①

但是，杜威认为"笑"是"有用的联合性习惯"原理的例外。达尔文虽强调笑与头脑中的愉悦状态相伴，却没有解释为什么人开心时会发出笑声。杜威指出达尔文关于笑的表述是模糊的，所以他试图解释笑的产生以阐明自己的观点。他以刚刚比赛回来的业余爱好者为例：

> 不妨对一群刚刚比赛回来的业余爱好者观察一番。不考虑他们说什么，注意一下你如何能够判断他们是输了还是赢了。一种情况是：昂

---

① ［美］约翰·杜威.论情绪.//杜威全集·早期著作第4卷［M］.王新生，刘平，译.上海：华东师范大学出版社，2010：136.

首挺胸，肺部起伏不定，动作迅捷而坚定；有大量手势、交谈和高声大笑——看上去一副"生龙活虎"的场景，我们称之为活泼、兴奋的一群，等等。另一种情况是：没有什么话，闷闷不乐，动作迟缓，即便快捷也显出是想要逃避或赶走某种东西的样子；频繁观察到沉思的姿态，等等——萎靡不振的一幅场景。这是自发的洋溢与明显的活动低迷之间的对比。①

杜威以一种假设来说明两种状态的差异：比赛中两队所唤起的肌肉的、神经的和内脏的能量都持续到某种程度，而剩余能量的不同放射路线使两队的状态产生了差异。一种是无摩擦的和谐行动路线，所有现存的动觉影像彼此相互强化和拓展，过去比赛的神经肌肉活动与当前的肌肉运动放射之间相统一；另一种是与之相反的路线，当前状况的影像与过去比赛的那些影像不能协调，能量在咀嚼失误、回顾比赛、假设变化等过程中消耗殆尽。杜威进而推断出喜悦和"活泼的"动作是刺激、统一的活动，沉思与后悔两者则是抑制、冲突活动。

通过对活动达到统一或临近尾声时产生的愉悦感的思考，杜威进一步说明"笑"是愉悦的具体迹象。他认为："笑决不应当从幽默的立场看，它与幽默的联系是次级的。它标志着一个悬疑或期待阶段的结束（即统一的达成），一种急剧而突然的结束。"②因为当一个人由于某个目的而将肌肉系统维持在一个可观的紧张状态时，这个活动是分裂的，这是因为部分动觉影像固着于当下，部分动觉影像固着于所期待的目的；而当目的突然揭晓时，活动统一起来，紧张状态下的能量得到放射，这种突然的放松通过呼吸和发声器官的媒介

----

① ［美］约翰·杜威. 论情绪. //杜威全集·早期著作第4卷［M］. 王新生，刘平，译. 上海：华东师范大学出版社，2010：137.

② ［美］约翰·杜威. 论情绪. //杜威全集·早期著作第4卷［M］. 王新生，刘平，译. 上海：华东师范大学出版社，2010：138-139.

发生，笑便产生了。杜威认为“笑”和如释重负的叹息一样属于相同的一般种类的一个现象，区别在于叹息发生在兴趣产生的过程之中，笑发生于兴趣的结果之中。此外，虽然悲伤和喜乐在特定的质上是对立的情绪，但是当两者变得激烈时，情绪的放射是统一的，如哭和笑都标志着情绪终止。

（二）对立原则

在情绪的对立原则上，杜威指出达尔文的对立原则过于模糊不清，并否定了“情绪的对立决定表情对立”的观点，提出了“所有的情绪表情，实际上都是原先有用的动作和刺激还原成的态度”。如在“无能为力地耸肩”和“大吃一惊地举手”的对立事例中，杜威认为这些表情是某些动作的残余，并不是某些情绪的象征性暗示。[①]他说道，前者是皱眉、噘嘴、肩头的耸动和手心摊开向上动作的组合，含有社会性的意味，标志着从情绪态度到身体姿态的转向；后者则是部分防御动作的残余和部分维持期待和惊讶之情的强化。可见，表情的对立不是由情绪的对立决定的，它本身是有用动作的保留。

（三）神经系统的直接作用

杜威将“神经系统的直接作用”和“有用的联合性习惯”原理相联系，指出达尔文提出的神经系统直接作用的现象是既定目的机制失效的实例，失效的原因在于习惯中的一个或多个元素在调适的过程中出现了障碍。[②]在杜威的心理学理论中，突发的放射（即由于未知原因引起的直接的神经放射）之所以看起来与行为不协调、与环境不适应，实际上是由于缺乏目的论的对象引导行动。一般情况下，人们形成习惯的情绪反应通常都有与之相连接的对象。在某种特定的情境中，如引发情绪的行为对象消失时，有用的联合性习惯会变为无用的甚至是有害的。所以突发的放射与情绪之间的区别在于是否有对象引导行

---

① John Dewey. The Theory of Emotion：I：Emotional Attitudes. Psychological Review，1894，Vol. 1(6)：553–569.

② John Dewey. The Theory of Emotion：I：Emotional Attitudes. Psychological Review，1894，Vol. 1(6)：553–569.

为反应。杜威提出,情绪与对象之间存在着一种直接相关的关系,无论是正常的情绪还是病理上的情绪,都必须有引发情绪的对象参与;即使病理上的情绪也会以目的论的形式为自己假定一个对象。①

杜威强调,认知与情绪在协调有机体的行为反应的过程中共同发挥作用,可以通过动作的特征对正常情绪和病理性情绪进行区分。例如,正常的恐惧活动包含着屏息、目瞪、口呆、颤抖、心跳加速等,这些动作一开始在意识中孤立或轮流存在,但在协调下会成为明智的害怕——即谨慎。如果在协调的特定阶段中出现了意外,比如心跳快得无法控制,肌肉运动与能量间找不到合适的出路,那么会演变成全身的颤抖。他通过活动中出现的肌肉运动失调等现象总结出病理性的情绪是病态自我意识的一种情形。杜威指出,病态自我意识情形的出现通常是因为它们原先对于某个既定目的有用,但因为某种原因并未发挥功能,因此在意识中远离了所需目的而在活动中凸现出来。简言之,杜威认为所有的"表情"都不应该参照情绪来解释,而应该参照某些有用的动作,这些动作或是习惯的部分残余,或是协调的障碍。②

三、心态

心态(state of mind)本质上是表现在某种行为方式中的一种情感态度或倾向,它是有机生命体在某种情境下的特有的状态。③杜威认为心态并不是从心理学中起源的,而是来源于哲学中认识论的内容,即意识与物质的关系问题。

---

① John Dewey. The Theory of Emotion:I:Emotional Attitudes. Psychological Review,1894,Vol. 1(6):553-569.

② John Dewey. The Theory of Emotion:II:The Significance of Emotions. Psychological Review,1895,Vol. 2(1):13-32.

③ [美]约翰·杜威. 什么是心态.//杜威全集·中期著作第7卷[M].刘娟,译.欧阳谦,校.上海:华东师范大学出版社,2012:25.

（一）心态的内涵

杜威回顾了詹姆斯的情感理论，指出这种理论暗含着一种观点，即情感不仅仅是一种意识的事实，还是有机体对环境适应的深层次反应。他认为，个体的心态是有机体在与环境相互作用的过程中，对于所经历的情境表现出来的一种情感的态度，通常蕴含在某种行为方式中。通过追溯心态的来源，杜威强调心态是由于有机体对于环境具有一种超乎寻常的敏锐性与感受性，并据此在适应环境的过程中做出自我保护的反应。这种有机体对于环境刺激所做出的反应会影响其自身的生命延续，经过长期的演化，会形成一种自我保护的本能，帮助有机体为了延续生命而产生改变环境的倾向。从自然演化的角度而言，这种有机体的反应为理解心态提供了更好的说明，即心态是在某种情境中特有的应对环境刺激的心理状态。

（二）心态与经验情境

心态并非独立存在，而是需要依托经验情境产生。杜威将心态与经验相联系，强调经验情境具有连续性，个体的态度在连续的经验情境中因行为反应与结果间关联性的加深而形成。他进一步指出，在人类社会发展的过程中，人们通过长时间的行为实验，发现了某些固定的可以有效影响人类行为的方法，这些方法可以通过有针对性地影响有机体的行为倾向与反应，有效地发挥作用。所以受教育、奖惩和道德观念等因素的影响，生活在社会中的人们会发展出个体特有的个性和心理倾向。也正是由于社会的压力与教育，人们才意识到心态的存在。因此从本质上说，心态是一种道德事实，它不仅拥有个人特质的印记，而且受社会价值判断的影响。

杜威提出可以通过创造情境来人为地激发人的心态与反应。"经验有一种渗透性，它赋予心理状态各种色彩并渗透其中。"[①]由于经验情境的渗透

[①][美]约翰·杜威.导言.//杜威全集·中期著作第7卷[M].刘娟，译.欧阳谦，校.上海：华东师范大学出版社，2012：9.

性，人们可以通过营造一些情境提供人为的刺激来引发人们的情感共鸣，比如戏剧、文学等艺术性的表达、个人主义的道德规范以及对于情感态度与价值的发现和利用等。这些形式都会对人们的心态产生一定的影响，由于情感态度与人们的行为之间存在着紧密关系，心态是可以培养的。人们可以在早期对个体施加影响，参与个体心态的形成过程，进而塑造其道德行为与道德判断。可见，个体的道德形成往往会受到心态的影响。

本章结语

杜威关于情感与情绪的心理学思想也像他的学术思想发展一样，可以分为早期阶段、中期阶段和后期阶段。

在早期阶段，杜威阐述情感与情绪的文献资料较为丰富，内容也较为完整和系统。这个时期他已经注意到情感与认知、行为之间的有机联系，提出了"情感是行为的动力"的观点，形成了机能协调的观念，认识到认知在情绪形成的过程中具有重要作用，此后美国心理学家和神经科学家勒杜（Joseph LeDoux）的实验证明了这一点。

1886年，杜威在《宗教情感的地位》一文中首先谈到情感的价值，他认为宗教情感的作用在于使人超越自我，学会奉献，引导人们形成服务精神，而且他已经意识到了毫无生气的、冷漠的与不恰当的、无节制的刺激产生的情感是不健康的情感。在《心理学》一书中，杜威较为全面和集中阐述了情感的心理学思想，并结合当时生物学的最新研究成果进行了具有哲学思辨色彩的论证。在《情绪理论》一文中，杜威对达尔文在《人和动物的情感表达》中从生物进化的视角提出的情绪与表情原理进行了修正，并结合詹姆斯的情绪理论，提出情绪是由认知、态度和行为模式三要素构成的有机整体。1896年，在斯坦利（Hiram Miner Stanley）的《情感的进化心理学研究》[1]书评中，杜威进一步阐明了自己的观点：痛苦的情感不是行为的动力；情感具有预测功能；在分析情绪的过程中不能混淆观察者和体验者的立场。

在中期阶段，杜威对情感的研究较为零散，但此时他注意到了情感与社会的联系，关注点从个体意识转向社会意识，并运用相关理论对社会事件进行解读，其情感理论更多地与社会生活相联系，开始关注对他国社会民众心理的分析。

1912年，杜威在《什么是心态》[2]一文中指出，心态是表现在特殊行为模式里的感情倾向，它是有机体在与环境相互作用的过程中，为适应环境变化所做出的反应。在这篇文章中，他提出了经验的渗透性观念，即经验有一种渗透性，它赋予心理状态各种色彩并渗透其中。杜威认为，通过经验的连续性可以对个体施加社会的影响和导向，并且社会的压力和教育能促使个体在情境中产生不一样的心态。这篇文章反映出杜威的心理学思想和哲学思想交织在一起，说明他的心理学并未从哲学中完全分离出来。1918年，在《战后心理》一文中，杜威提出第一次世界大战过后社会重建要求人们走出战争的阴影，他分析了战争给人们心理上带来的影响，指出没有必要鼓吹对德国人的仇恨，恐惧和仇恨的情绪应合理化解，不要将运用理智才能完成的工作交付给情感。在这篇文章中，杜威倡导将心理学中心态的知识运用到生活里，建议运用理智完成战后社会的重建，合理引导情感。

值得一提的是，杜威在1919年发表的《中国人心理的转变》一文中，对于中国的国情和历史进行了分析，指出中国正处于传统文化与西方文明的冲突时期，在融合的过程中必须改变观念，如铁路建设需要放弃祖宗的坟墓等。同

---

[1]《情感的进化心理学研究》由海勒姆·迈纳·斯坦利（Hiram M.Stanley）所著，于1895年由纽约的麦克米伦公司出版。

[2] 该文是杜威于1912年11月21日向纽约哲学俱乐部（New York Philosophical Club）提交的论文。此手稿以前未曾公开发表，来源于哲学俱乐部论文特选集，由哥伦比亚大学出版。

年发表的《中国的国民情感》则是杜威在看到五四运动爆发后所撰写的分析中国国情和民族情感的文章，他从中受到了鼓舞，认为这个事例足以说明意志和决心所支撑的道德力量和思想力量能够成就大事。这些文章虽然与情感相关，但更多的是对当时时事的解读和观察。

在后期阶段，由于杜威的兴趣集中在哲学、教育学、伦理学、美学等领域，涉及情感和情绪的论述主要散见于其他著作和论述之中。在他的晚期著作中，关于情感和情绪的论述集中在1926年发表的《有情感地思考》一文中。[①]

杜威引用生物学家里格纳诺[②]的实验说明推理是由理智和情感的活动共同作用构成的，前者在于简单和记忆性地唤起过去的知觉和意象，后者表现为心智对某个要实现的、推理指向的倾向或渴望。之后他又在巴恩斯[③]《绘画的艺术》（1925）中"有创造力的形式是所有的有创造力的手段的整合"的观点上指出，绘画活动中审美情感的产生说明艺术是整合的经验，科学和艺术可以通过整合的原则统一起来。杜威试图打破科学与艺术的传统分割，力图证明科学和艺术都是意识活动的产物，都是由理智和情感共同作用的结果。杜威后期关于情感的研究较少，且更多从美学等领域研究情感，强调不同学科间的联系和结合。

总而言之，早期杜威对于情感和情绪的区分并不明显，当时心理学还并未从哲学中完全独立出来，更多的是作为哲学方法的理性思辨。后来随着生理学的发展和詹姆斯心理学的影响，杜威开始对"情绪"有了更深入的阐述。此时，情绪是从生理学的角度提出的概念，情绪是情感的发展，它与人的行为模式和外围活动联系起来。在杜威一元论哲学观下，认知、情感、意志、记忆等

---

① 该文首次发表于巴恩斯基金会期刊第2期（1926年4月），第3-9页。

② 欧金尼奥·里格纳诺（Rignano Eugenio），意大利犹太哲学家，著有《推理的心理学》（*The Psychology of Reasoning*）。

③ 阿尔伯特·巴恩斯（Albert C. Barnes），美国化学家、商人、艺术收藏家、作家和教育家，也是宾夕法尼亚下城巴恩斯艺术博物馆的创始人，著有《绘画的艺术》（*The Art in Painting*）。

都是一个相互联系、不可分割的整体，其中情感占有重要的地位。杜威认为哲学的产生最早可以追溯到远古时期人类的幻想与记忆，情感在记忆中扮演着重要的角色，它影响着记忆的内容与选择。此外，杜威强调情感与经验也是紧密联系的。情感贯穿于经验的整个过程，是经验的有机组成部分。在生物学、心理学发展的历史背景下，杜威认识到人的情绪的能动作用，打破以往人与自然互动过程中被动接受感应的观念，强调情感是行为的动力。

虽然杜威的情感理论多为内省法推断出来的假设，但是其中部分内容得到了现代心理学的证实，如情感与认知活动的联系、情感对行为的影响等。杜威强调情绪是在有机体对环境的适应过程中产生的，表情是有机体在适应过程中有用行动的部分残余，他不否认达尔文关于表情是进化产物的观点，但他认为表情只是情绪外围活动的一部分，并不是全部。他认为情绪作为意识的一部分，是有机体适应环境过程中调和习惯与观念冲突的努力，这一观点充分反映了杜威对于有机体意识能动作用的重视。此外，杜威关于心态的论述反映了他已意识到社会环境对个人心理的影响，并认为心态与经验相联系，个人经验影响心态的形成。

由于时代及历史条件的限制，杜威的情感理论并不完善，如缺乏实验和数据的支持，混合着许多哲学的思辨元素，但其中所蕴含的重视人的行动与经验、强调意识的整体性、强调个体在环境的适应过程中意识的能动作用的思想至今仍有重要的价值。可见，杜威不仅意识到了环境对于个体的影响，而且也重视个体在适应环境的过程中展现出来的个体意识活动对于环境的能动作用，其中情感就是意识对于观念与现实的冲突调节的过程中所释放的能量。

第六章　杜威论意志

长期以来，意志的相关论题均是理论和实践研究中必然会涉及的主题，尤其是在哲学、心理学、伦理学等学科领域中。关于意志的本质问题，不同时期、不同人物有着不同的话语和讨论范畴。杜威的意志论是在近代西方意志论基础上将意志与自我实现相结合而形成的。

第一节　意志的内涵

从心理学的视角来讲，意志就是自我的统一。在杜威看来，意志是自我的客观化，是情感与理智的具体结合体。意志既是主观的又是客观的，它能把个体和客观世界连接起来，或者说意志总是将自我和某种实在联系在一起。意志还具有普遍性，它能广泛参与到人们的内心世界以及客观实践的运作中去，并以心理或生理活动的形式来追求自我实现这一终极目标的达成。

一、哲学意义上的意志论

在西方哲学中，意志论是一个重要的论点，据此形成了各种各样的意志论思想和流派，其中许多都成为不同历史阶段意志论发展的典型流派，阐释了西方哲学家和思想家对意志的理解和认识。西方对意志论的探索和认识经历了漫长的过程，为便于分析杜威关于意志的心理学思想，暂将西方意志论的发展分为早期神秘主义意志论、近代理性和非理性主义意志论、马克思主义实践意志论、现代心理学意义的意志论四个部分进行阐述。

（一）早期神秘主义意志论

早期神秘主义意志论主要包括两种：第一种是古希腊罗马时期的英雄主义意志论。它源于古希腊神话，强调的是不屈不挠的英雄意志以及对个人的崇拜，与之对立的是命定论，即不可改变的命运。比如苏格拉底（Socrates）认为"思维的人"是万物的尺度，柏拉图提倡"哲学王"治世，亚里士多德主张理性"完人"理论。英雄意志论未能将人类历史作为一个统一的整体来加以思考和理解，对个人英雄作用的片面夸大、自我观念的极度膨胀，导致自我的异化和丧失，不可避免地走向自我否定而为神本主义意志论所代替。

第二种是欧洲中世纪的神本主义意志论。以奥古斯丁（Augustinus）为代表的中世纪学者认为"上帝是万物的尺度"，人只有以上帝为楷模而行动，才能获得永久的幸福，不论是世间万事万物，还是人和人的意志都是由神决定的，神或上帝的意志是社会存在和发展的决定力量。这一时期人们的自由意志受到束缚，意志的主体性和创造性也受到抑制。神本主义意志论十分荒诞，但从认识论发展的角度来看，它为近代意志论的研究提供了基点。

（二）近代理性和非理性主义意志论

近代理性主义意志论发端于文艺复兴和宗教改革。这一时期，人文主义者和宗教改革家的关注点逐渐从来世转向现世、从上帝转向人本身，理性主义意志论逐渐建立起来。培根、笛卡尔以及莱布尼茨都是科学理性的拥护和发展者，不过，他们似乎有意无意地忽视了人的意志、实践能力与情感的相互关系，片面形成了非此即彼的带有浓厚形而上学色彩的思维方式，因此，无法准确地解释认知与意志的关系。

康德（Immanuel Kant）、黑格尔（G.W.F.Hegel）建立起来的客观理性主义意志论是理性主义意志论形成的标志。康德认为客观理性决定并统摄着人的意志，而意志是实践的理性，因此，有理性的人能够按照现象世界的客观规律能动地活动；黑格尔则转变了西方理性的形而上学倾向，赋予了客观理性以辩证性，他把现实的意志看作是绝对理念外的东西，认为理性是自在、自为的东西，认为人类历史发展是不以人的意志为转移的客观必然。但是，需要指出的是，康德、黑格尔的"理性"具有绝对化、神秘化，从某种意义上讲倒向了唯心主义，因此还不是科学的形态。

休谟的情感主义意志论对传统意义上理性的永恒性、不变性和不可侵犯的权威性进行了批判，提出非理性的情感可以支配意志的论断。休谟打破了传统经验主义意志论，呼唤更新、更高的理性哲学，其情感主义意志论是西欧近代哲学由理性主义向非理性主义转变的标志。叔本华（Arthur Schopenhauer）的唯意志论继承柏拉图以来把世界划分为现象和本质的传统，他认为，世间万物都是理念的客体化，而理念又是意志的客体化，因此，万物的本质是意志，意志的根本属性是求生命或者说是求生存。尼采（Friedrich Nietzsche）的唯意志论则对叔本华的生命意志进行有选择的吸收和发展，最后形成了他自己的权力意志理论。尼采认为，世间万物的一切争端都可以说是对权力的争夺，权力就是一切，正如人类一直追求的也是自身力量的壮大而非求生存。

（三）马克思主义实践意志论

德国哲学家费尔巴哈（Ludwig Andreas Feuerbach）创立了直观唯物主义意志论，为科学意志论的形成做了思想准备。费尔巴哈指出身体是意志活动的生理基础，强调了意志活动的对象性，具体表现为他从个体实现其意志的自身能力出发，将意志划分为真正的意志和幻想的意志。从古希腊罗马的英雄主义意志论以来，各个时期关于意志的研究虽然都有其合理性，但由于缺乏科学的实践观点和实践的思维方式，都无法避免地走向唯心主义或者唯物主义的极端。

马克思创立了以实践为核心范畴的马克思主义哲学，将物质世界当作实践来理解，实现了哲学的伟大变革，同时他以这种思维方式解决了一系列问题。自此，对意志的研究又上升到新的层面。马克思、恩格斯的实践意志论是二人对唯心主义意志论和旧唯物主义意志论的批判、继承及创新改造的基础上建立起来的，它强调意志的思辨性和实践性，并且将唯物主义和辩证法、自然观和社会历史观统一起来。马克思和恩格斯认为主观必须符合客观，社会存在决定社会意志，而社会意志又对社会存在具有反作用。

（四）现代心理学意义上的意志论

杜威所处的时代恰是心理学刚刚诞生之际，心理学研究的范畴尚未明确，心理学与哲学的关系尚不明朗，对"意志"的认识和把握还处在模糊和多学科交叉的视域下。因此，对杜威有关意志的心理学思想的理解，需要建立在对意志的一般意义的理解之上。

何谓"意志"？不同的学科从不同的视角给出了不同的答案。从哲学意义上讲，有学者提出所谓"意志"就是人自觉而有目的地对其活动进行调节的心理现象。意志产生的原因来自客观世界，意志是人所特有的心理现象，人的意志与动物的反射动作有本质的区别，动物没有意志。人的意志体现出人在活动中所特有的主动性、目的性与选择性，表现出人的价值定向判断，体现了人对客观必然性的认识和改造社会与自然的自觉性。还有学者指出，意志的特点就是人能够依据预先制定的计划而调节行动，"使行动服从于外界客观规律，服从于道德伦理准则，从而抑制同这些计划相抵触的诱因，以克服达到目的的各种障碍。人的意志是历史地形成的，它反映着人类行动对社会的依存性，表现了社会存在与政治道德准则对于人类行动的制约性"①。

从心理学意义上讲，学者通常把心理过程分为知、情、意三个过程，即认识过程、情感评价过程和意志过程。有观点认为"人自觉地确定目的，并支配行动去克服困难以实现预定目的的心理过程。意志是人类特有的心理现象，也是人的意识能动性的表现。其主要特征：第一，明确的目的性，即意志行动总是自觉确定和执行目的行动。第二，与克服困难直接相联系，即只有克服各种困难才能实现预定的目的。第三，直接支配人的行动，即意志主要是为完成

---

① 金炳华.哲学大辞典［M］.上海：上海辞书出版社，2007：200.

一定的目的任务而组织起来的行动"①；有的把意志定义为"人自觉地确定目的，并支配行动去克服困难以实现预定目的的心理过程"；②还有的将意志界定为"在现实预定目的时，对自己克服困难的活动和行为的自觉组织和自我调节"③。

杜威对意志的认识具有强烈的个人色彩和时代基调。在他看来，意志具有双重性。一方面，意志等同于心理活动，也就是说，只要在心理层面存在意志活动即可，并不必须转化成实际活动；另一方面，杜威强调了意志的实践性，突出有机体实践中的意志活动价值。不仅如此，杜威还认为意志是一个过程或环节：他首先从生理心理学解释意志的原材料——冲动，再介绍意志发展中必经的心理状态——愿望，并论述了理智、情感在意志形成中充当的作用，最终落脚于实用主义，阐述了意志在生理、利益、道德三者上应用时起到的控制作用。此外，杜威认为意志的终极目标是实现自我。他指出在生产生活中，个体应该发挥意志的主观能动性努力实现个体的自然价值以及社会价值，使个体成为一个具有"好"的意志的人。

二、意志的本质与性质

什么是意志？杜威指出，意志是将观念自我变为客观现实的过程。意志也是一种心理活动，冲动、知识与情感都是意志的构成元素。

关于意志本质问题的探讨，当今心理学一般围绕着"活动的目标"来解释，认为意志与对目标的坚持有密不可分的联系，并将克服困难作为意志的本质特征。杜威曾针对意志本质的问题谈论了意志自由论者与决定论者间的冲

---

① 车文博.当代西方心理学新词典［M］.长春：吉林人民出版社，2001：445-446.

② 杨善堂.心理学［M］.北京：人民教育出版社，2005：233.

③ 卢家楣.心理学与教育——理论和实践［M］.上海：上海教育出版社，2011：272.

突。意志自由论者通过形而上的概念去解释自我，忽视了个体与行为间的关系，在决定论者与随机主义者之间摆动，难以说明意志的本质。此外，自我作为意志的追求，迷失在了双方的争论中。杜威意识到，在探索意志本质的过程中，需将自我放置于问题思考的中心。①在他看来，意志是情感和理智的具体结合体，理智能够确立目标并提出实现目标的手段，情感则能够一直指向一个目标并为该目标的实现而提供内在驱动力。杜威总结道：

> 正如我们已经看到的那样，意志并不是位于身体之外来指引身体执行某些动作。行为的执行也就是意志的存在。意志是情感和理智的具体结合体；情感让我们指向特定的结果，理智认识到这种结果、结果的目的以及达到目的的手段，并且将这种结果作为一种有意识的动机或目的放置于情感中，从而对它们加以控制。这整个过程就是意志。②

意志拥有双重本质。杜威特别指出，意志的双重本质是指意志建立目标与实现目标的过程，他说："一方面意志建立（最初肯定是以情感的形式）了一个目的，并且把冲动指向这个目的；同样地，意志就是所有自我实现的来源和动力。另一方面，意志是指这个目的实际的实现，它是冲动之间的明确协调。因此，意志也是实现了的自我。"③

在意志的性质方面，杜威从广义和狭义两个方面进行了解析。

从广义上说，杜威认为意志与心理活动是同义词，凡观念都是意志，

①［美］约翰·杜威.作为原因的自我.//杜威全集·早期著作第4卷［M］.王新生，刘平，译. 上海：华东师范大学出版社，2010：82—86.

②［美］约翰·杜威.心理学.//杜威全集·早期著作第2卷［M］.熊哲宏，张勇，蒋柯，译. 上海：华东师范大学出版社，2010：261.

③［美］约翰·杜威.心理学.//杜威全集·早期著作第2卷［M］.熊哲宏，张勇，蒋柯，译. 上海：华东师范大学出版社，2010：262.

意志活动可以仅仅作为一种观念存在于心理层面，可以但不必须活跃于实践层面。

首先，意志可以产生心理刺激。对于意志是观念活动这一点，杜威从意志的源头——刺激给出了解释。作为冲动的前一环节，刺激既可以来源于事物内部，也可以来源于事物的外部，而刺激的影响也会有内部与外部之分。正如所有的心理活动都不仅能产生生理刺激还能产生心理刺激，意志能够对人的心理产生刺激，它能使人的心理状态加持或改变。

其次，意志是心理活动的生理实践。在杜威看来，在意志的生理活动过程中，伴随着心理刺激带来人的情感上的变化，生理活动趋向原目标的手段或方式也有可能随之变化。换句话说，意志是观念，也是心理活动的生理实践。

再次，意志具有明确的目的。心理活动总是实现各种有意向的或没有意向的结果。有意向的意志有着明确的目的和行动，它致力于实现自己的观念，能够产生明确的注意。没有意向的意志无法觉察任何事物包括自身，不能根据情况及时调整和控制自己的行为。

最后，冲动是意志的动力。杜威指出，冲动是意志中的必要元素，是意志的动力，没有意向的意志往往与本能冲动相联系。个体不知道活动所要达到的目的，但又感到不得不执行它，还能选择适合执行该活动的手段。

从狭义上讲，杜威强调了意志性质的另一个维度，即观念的现实性转化。

第一，意志是一个从观念化到客观化的过程。杜威认为意志行动是以一个观念为开端，以实现观念为终点的活动，它从初始的冲动元素中逐渐发展起来，最终将观念变为客观实在。这就是意志的过程性。

第二，意志活动始终伴随着情感活动。杜威强调认知和情感的作用。意志包裹着情感的外衣，充满知识的内核，既有理性的因素又有非理性的因素，既有客观的部分又有主观的部分。但它们又不是完全割裂开来的，认知、情感和意志是密切联系、彼此渗透的。知识的内容和情感的形式通过行为密切联系在一起。杜威指出，似乎所有的实际生活中的心理活动都有这两种元素，而且都是按这种模式进行和发展下去的。他强调，没有哪一种活动不曾伴随着情感，因为它是人们对于客观事物能否满足自我需要而形成的态度；没有哪一种意志活动不曾伴随着情感，因为它是意志活动的源泉，情感的强烈程度决定了意志水平的高低。

第三，意志活动始终伴随着知识活动。杜威认为，没有哪一种活动不曾伴随着知识，因为人只有认识客观事物的变化规律，才能有意识地根据客观规律确定行动的目的；没有哪一种意志活动不曾伴随着知识，因为具有知识的个体对任务、目的的认识越明确，就越能意识到这一目的的社会意义，他的意志就会更加坚定，认识就是意志的前提和基础；没有哪一种知识活动不曾伴随着意志，知识活动就是将个体意识排他地集中在某一客观内容的探究上，这需要很强的意志力或说是注意力。

第四，意志的目标在于自我。杜威表示，意志的双重性质中的一个方面停留在观念层面，即意志在能使它感到满足的情感的驱使下，确立一个目标，并能令缺乏意志的冲动行为全部指向这个目标。意志的这一目标就是自我，即将实际的特殊自我转化为能被大众普遍认可的自我。它仅仅有这样一个目标，却并不清楚理想自我是什么，但是始终能够感觉到通过达到它就能够获得快乐的情感。另一方面则指向意志的狭义本质，即目的的具体实现过程。意志受到情感的牵引，将理想自我付诸个人的实际生活。协调指向这一目的的所有冲动，这些冲动本质上是自我的影子。这样意志实现了自我目标，也认识到先前的"未知目的"的真正内涵。

三、意志的形式与内容

关于意志的形式与内容，杜威将其与自我紧密联系在一起。他指出，意志是自我的客观化，在实现自我之前意志的形式与内容是空洞虚无的，而只有在实现自我之后，意志的形式与内容才能因被填充而显露出来。

（一）自我

在杜威看来，自我是意志的最终目标。自我首先意味着生命的活动，而生命活动展开的首要条件是与环境的有机整合，因此"自我不是一个静止的、在那里的自我，而是在与周围环境的互动中不断运动、不断形成的自我"[①]，正如理想与现实的拉锯关系那样，个体与整体、自我与世界的关系也是动态变化着的，也可以说，自我具有创造性，会因环境的变化而变化。

"自我"是心理学研究中的一个古老而又热门的话题，有很多学者都对其做出了解释。例如，有外国学者认为，自我经常被视为有其自身的独立存在，就像"我对自己说"这样的陈述所意指的那样。[②]而真正心理学意义上对自我概念研究是从詹姆斯开始的，他把自我从意识活动中区分开来，并将"自我"概念引入了心理学。杜威则试图对自我进行分类，他认为自我可以分为实际自我与观念自我。所谓实际自我就是个体从自己的立场出发对自己当前总体实际状况的基本看法；观念自我则是指个体想要达到的比较完美的形象。

（二）实际自我与真实自我

杜威指出，当个体认识到实际自我并且不满足于实际自我时，个体就会产生一种刺激，这种刺激会引起个体冲动，进而通过各种手段实现意志目标，完成观念自我趋向实际的转化，这种转化后的自我被称为该转化过程中的"真实自我"。一旦之前的意志活动完成，这种新形成的真实自我将会被看作实际自我，并作为下一轮意志活动的起点。

真实自我在意志目标实现之前就已经存在，在意志活动过程中也会一直存在，只不过作为一种既缺乏形式又没有内容的空洞观念，真实自我很难被个

① 彭正梅.经验不断改造如何可能——杜威的自我发展哲学及其与儒家修身传统的比较［J］.湖南师范大学教育科学学报，2016，15（3）：5-13.

②［美］B.R.赫根汉.心理学史导论［M］.郭本禹，译.上海：华东师范大学出版社，2003：32.

体识别出来。人们最初看到的自我是隔着层层面纱的自我，它只有在意志活动完成后才能被真正认识。杜威谈道："我们仅仅知道自我的存在，以及它是真实的。但是我们不知道它是什么，也不知道实在（reality）所假定的各种形式是什么。"①

杜威认为，作为自我的客观化，意志在知识学习、艺术创造与实际行为中，其形式与内容可以体现出来。在对知识的学习中，一个人首先能感觉到真理的客观存在，但此时的真理对于他来说是抽象的、模糊的，然后在情感的驱使下他去探索真理，最后只有当他发现了真理时，他才知道到底是什么组成了真理。在艺术的创造中，一个人最初能感觉到美继而被驱使着去创造美，最后当他创出美时，美的观念才能拥有一个明确的内容。在实际行为中，一个人自然而然地选择对他有利的或者对他来说是义不容辞的某种目的，但只有当他指向这种目的并让它变为现实时，他才能完全知道这种目的是什么。总之，意志的形式与内容在最初阶段是抽象和空洞的，个体仅仅能确定它的存在，而只有当意志目标达成后，个体才有可能具体化其形式，明晰并解释其内容。

（三）普遍自我与理想自我

杜威指出意志来源于模糊不清的真实自我，而最终要实现的目标是普遍的自我。他表示人们之所以认为真实自我模糊不清，是因为普遍自我的模糊形式总是被置于实际条件中，实际自我可以在这种实际情况中衡量与普遍自我的差距，并认识到自身的特殊性。

那么，何谓"普遍的自我"呢？在杜威看来，"普遍的自我意识是一般意义上的理性的基础，是人类心灵的最高能力"②，由于自我概念并非永恒不变的，所以自我概念和自我意识不总是等价的。特殊自我包含着独特人格、以自

---

① ［美］约翰·杜威. 心理学. //杜威全集·早期著作第2卷［M］. 熊哲宏，张勇，蒋柯，译. 上海：华东师范大学出版社，2010：253.

② Allen W. Wood. Hegel's Ethical Thought. Cambridge： Cambridge University Press，1990： Preface.

我为中心的愿望等,所以它与能够得到他人认可的自我存在着差异。平衡普遍自我与特殊自我的前提条件就是自我和他人处于同一评价标准中,而普遍的自我意识就可以实现这一点,使自我和他人同等地被衡量。

普遍自我也彰显了杜威的政治理念,体现了他想要实现民主主义国家的愿望。杜威认为,平衡实际自我和获得他人承认的自我是国家发展的必要条件。他指出,虽然个人的特殊利益与整体的共同利益原本是相对的,但由于具体个体之间为了生存利益保留着相互依赖的关系,倘若个体不仅只为满足自己的欲望需求而活动,而是在普遍意志(法律)的引领下成了为公众利益着想的普遍自我,个体就不再局限于特殊性而拥有了普遍性,个体范畴的民主性得以实现,为了普遍共同利益而成立的国家也得以建立。

(四)自我实现的目标与手段

普遍自我在实现之前依然是理想自我。美国心理学家马斯洛的需要层次理论指出自我实现的需要是人最高等级的需要,这个理想状态的普遍自我会成为所有意志行为的目的,成为努力和奋斗的目标。现在的自我和未来的自我尚未重合和统一,有了差距则必然会有冲突。所以人们可以将意志当作一个鼓舞呐喊的角色进行理解,它是动力的源泉,是一切的发端。意志促使现实自我和观念自我不断发生矛盾,从而尽可能地采取一切手段,使人经常性不满现状,不断地调整自己的状态和行为使自己趋向完美普遍的自我,不断冲破已有的枷锁,不断往前进步。

杜威强调,实现自我不能仅依赖于目标,理智行为要求人们还必须采取一些能够帮助自身达到目的的办法和措施,将观念的东西付诸现实的努力。这些措施被称为手段。他认为,手段与目标之间没有本质的区别。手段也是一种目标,可称为子目标或准目标,而目标也是一种手段。杜威举例说明了这个问题。

> 比方说,意志的目的是建一栋房子。建造房子的手段包括设计图、

砖、灰泥，以及工人对这些材料的运用等等……第一个手段，即设计图只是最简单、最直接形式的目的，第二个手段是这种目的的拓展，而最后的手段则和目的是一样的。[①]

因此，假如需要采用许多手段才能实现一个目标，那么这个整体目标系统就应该包括许多子目标。如何区别手段和目的，取决于目标实现的程度。如果将实现目标看作一个整体，那手段就是目的；如果实现目标具有阶段性、分步骤和逐一实现各个子目标，那么目的就是手段。杜威强调，意志真正的目的只有一个，其他的目的都是子目的，它们是为最终目的服务的预备目的。他还指出，这个真正的目的一般指自我实现，人们采取一些手段为自我实现而服务，这些手段与最终目的息息相关。最终目的不是独立于手段之外的东西，而是一个通过组织、互相和谐的手段系统。

四、意志与情感、理智的关系

杜威认为，意志是情感和理智的具体结合体，意志将理想的自我变为客观现实是情感和理智共同作用的过程，也是确立目的、实现目的的过程。其中情感能帮助人们确定意志的目的，并提供驱使人们实现目的的动力；理智帮助人们整理感性材料、认识目的并提供达到这种目的的手段。这实际上是知识调动与运用的过程，理智将这种目的作为一种有意识的动机放置于情感中，进而对它们加以控制，最终成功达成目的。

（一）意志与情感

在杜威看来，情感是一种影响行为的观念，对个体行为有决定性的影

①［美］约翰·杜威. 心理学. // 杜威全集·早期著作第2卷［M］. 熊哲宏，张勇，蒋柯，译. 上海：华东师范大学出版社，2010：252.

响，而意志能够控制这种影响。假如没有热情，世界上任何伟大的事业都不会成功。而这种影响的实现又离不开意志，正因为源源不断的热情造就了人坚定不移的意志，因此意志是成功的必备品。杜威指出，人们首先拥有了无意识的情感，比如厌恶、喜悦和满足，而自我会抑制或拒绝一些无用的情感，择取一些有用的情感。这是因为自我在有些情感中表现为痛苦，而在另一种情感中表现为满足；选择令人满足的情感就会激发冲动，使人感到有一种目标存在，意志服务于这个目标，并且达到这种目标以后就可以满足自己的情感。

杜威认为，这种意志的目标是不明晰的、不确切的，虽然存在，但人们并不知道它是什么。在目标呈现出来之后，意志会逐渐清晰。比如说，杜威认为人们走路能产生愉悦的情感，能满足自身的模仿冲动，所以人们渴望走路，这种情感指导肌肉系统构成特定的动作，从而产生运动，人们的情感也得到了满足。即使人们不知道渴望和冲动背后的指向究竟是什么，但心灵不断受到情感的指引，让行为不断向这个模糊目的前进，目的在前进的过程最终会表现出来。所以，情感不仅是意志的伴随产物，而且还扮演了指南针的角色，使人们指向特定的结果。当冲动指向的对象能够被认识，即"冲动逐渐客观化"时，自我就实现了，意志的目标也就达成了。

（二）意志与理智

杜威指出，当人们考察成人习得一门外语时，会发现他们不必过多地依赖于情感的无意识控制，因为伴随着成人理智的进一步发展，成人可以有意识地利用别人已习得结果（比如有意识地模仿行为），在目标达成过程中，理智比无意识的情感发挥着更为突出的作用。

杜威认为，理智在意志中发挥着协调作用，并促进意志去实现目的。在目的实现的过程中，意志或者说自我以冲动的形式无意识地投射出来，即冲动与意志一起迸发出来，接着理智将对各种冲动进行检验，并试图找出协调各种冲动的方法，选择抑制或者调动某种冲动的方式，使这些冲动投射到一个目的上去。在完成冲动的协调以及目的的确认之后，理智还能帮助人们找出实现这种目的的有效手段，最终，它还能把已选定的、用来实现目的的手段有意识地与人的情感相结合，以此来借助情感的力量推进目的最终实现。

杜威提出理智具有实践性。以往人们探讨认知、情感和意志的问题，大都限于心理学的领域。事实上，认知、情感和意志不仅是心理学研究的重要范畴，同时也是哲学研究的重要范畴，特别是实践观的重要范畴。杜威认为，在复杂多变的现实生活中，没有一成不变的、绝对的善或真理，当有机体的原有习惯或经验在实践活动中冲突时，理智的作用就凸显出来了。理智"能够积极地参与到认知活动之中去，并不断地充实自己、检验自己，以便为未来的实践行为进行充分的准备，使行为者在所设定的目标的指引下能够运用各种条件进行实践性的判断，并通过审慎的选择和安排来指引实践活动中的各种操作以应对实践进程中所发生的各种变化"[1]。理智能够通过对过去经验的总结和对现实情况的把握，做出准确的判断与选择，可以说理智产生于实践，又发展于实践。

总之，杜威认为，意志的过程需要情感和理智或知识的共同参与，并发挥各自的作用；意志构成了理智和情感的意义，理智体现了意志的客观性，情感体现了意志的主观性。它们最终在意志的领导下统一于意志的最终目标——自我。

第二节　意志的起源与发展

杜威将意志、观念与活动联系在一起。他认为意志的形成是一个过程，即个体的刺激—冲动—愿望—意志的过程。意志本身也是一种活动过程，其

---

[1] 高来源.论"理智"概念的实践维度——对杜威"理智"概念之实践性内涵的解读［J］.哲学研究，2011（2）：71-77.

中包含个体对冲动选择的调控，以及对实现目标过程中克服困难的调控。随着意志的形成与发展，个体的自我实现才逐渐成为可能，个体才有可能成长为有益于社会发展的具有良好意志的人。

一、感觉冲动与意志

杜威认为，意志拥有着实际的内容，其内容主要是由感觉冲动所提供的。感觉冲动是意志的基础、原材料和必要条件，可以说感觉冲动对于意志的起源和发展尤其重要。

"感觉冲动（sensuous impulse）可以被定义为一种感觉到压力的意识状态，它因某种身体条件而出现，并通过产生某种生理变化而把它自己表达出来。"[①]杜威认为，感觉冲动是有意识的，由感觉冲动而来的反射活动却不涉及任何意识过程。然而正是通过反射活动，人类的个体情感才可以产生身体上的变化而被宣泄出来，从而释放压力。此外，感觉冲动必须通过一个过程才能形成实际的意志形式。比如说，个体几乎时刻都在感受着各种各样的冲动，如果这些冲动未经过意识的协调并从属于同一个目的，那么这些散乱或对立的冲突就不能构成意志。

根据杜威的论述，感觉冲动对个体的心理和生理层面都能产生影响。在心理上，感觉冲动总能轻易地影响到个体的某种感受，并促使个体产生某种意识状态，这种意识状态是相对静止的；在生理上，感觉冲动可以使个体受到刺激后产生的静态意识状态转为生理上的动态反应。当然，刺激可以是来自外部的，也可能是来自内部的。杜威举例，一个人穿梭于黑暗和明亮之间，他的眼睛接收到外部的刺激，然后眼睛的神经机制将这种刺激传到大脑，接着他的大

---

① ［美］约翰·杜威. 心理学. //杜威全集·早期著作第2卷［M］.熊哲宏，张勇，蒋柯，译.上海：华东师范大学出版社，2010：238.

脑会产生光感觉的意识状态；与此同时，这种对光的感受会使个人做出眼睛朝向或避开光线的动作。另外，时常发生在个体身上的饥饿感觉作为一种内部的刺激也会对个体心理产生影响并使个体做出反应。杜威表示，作为一种知识的基础，饥饿感觉能够提供关于身体状态的信息；作为一种情感，它可以使自我产生一种愉悦或痛苦的感受；作为一种冲动，它趋向于对这种情感做出反应，并且通过产生某种客观变化来满足它。

杜威还提道，由于感觉冲动包含内部前提条件（一种愉悦或痛苦的情感状态）和外部必要结果（一种身体上的实际变化）两个方面，而这两个方面又不能直接联结，因此，反射活动作为个体内外部的连接机制就必不可少。但杜威提醒道，感觉冲动是有意识的，而反射活动是无意识的。身体的脑脊髓神经系统作为一种感受器，把来自感觉器官的刺激传入内部，或者作为一种运动器，把来自中枢器官的刺激传到一组肌肉神经上。这些感觉神经和运动神经可以在脊髓附近的神经中枢连接在一起。而在反射活动中，刺激能不通过大脑而直接从感觉神经传到运动神经使个体做出反应，这种不通过大脑的反射活动又被称作刺激的直接偏转过程（deflection）。刺激的直接偏转过程对于个体来说就像一种生理保护机制，它可以驱使个体对外界刺激迅速做出反应，还能够减少对身体的伤害。例如，个体的咀嚼和吞咽都是不经大脑的生理活动，它为个体节约了时间成本。个体的咳嗽和碰到高温火焰立即缩手的行为也是刺激的直接偏转过程，它能减轻个体的受伤害程度。

二、冲动的种类

杜威认为，从严格意义上来讲，感觉冲动仅仅是指那些与直接情感相伴随的冲动，它们来自个体的一般和特殊的感觉，并且在性质上具有相似性。杜威还把这些冲动分为知觉冲动、模仿冲动、观念冲动和本能冲动。

（一）一般感觉冲动

任何感觉都是一种冲动。杜威认为，感觉对个体的心理和生理都有影响，因为它不仅是一种纯粹的心理状态，也是对刺激的一种反应。感觉能够释放出能量，打乱有机体的平衡状态，而且能量必须通过使身体发生变化这一途径发泄出来。他以欲望为例加以解释，在有机体中，"感觉表现为欲望，或者是有规律地出现的对有机体外部物质的占有（appropriation）倾向"①。比如心肺需要连续地吸入空气，肠胃需要周期性地消化食物和水，成人生理需求需要不规则地进行性活动。在以上所有的情况中，感觉都不会自生自灭，它必须作为一种冲动释放在某种外部的物质上。也就是说，感觉通过表达心理需要，能使外部的事物变成感觉的一部分；而且在特定情况下，外部的事物能成为个体身体的一部分。

（二）特殊感觉冲动

特殊感觉不仅仅是一种感觉，更是一种行为上的冲动。杜威分析，特殊感觉冲动之于一般感觉冲动的不同之处是，特殊感觉冲动特别强调冲动的方向性，即强调通过注意的加强来聚焦感觉，并促使心智朝向感觉的性质和关系；强调意志能促使心智产生各种活动，并促使心智在特定的方向上表现这些活动。

杜威进一步阐述，对于个体的感觉而言，在触觉方面，个体存在着一种渴望触摸身体的感觉，例如手与身体接触的渴望既是个体对身体的感受，更是个体利用心智进行身体探索的冲动；在听觉方面，具有一种渴望听到声音的感觉，个体通过心智考察声音，延展那些令人愉悦的声音而主动切断令人厌烦的噪声；在视觉方面，有一种渴望看到光线和色彩的感觉，明亮的光线和色彩令人愉悦，灰暗的光线和色彩使人感到压抑，而心智能够通过对这些事物的考察，选择相应色彩光线。

---

① [美]约翰·杜威. 心理学. //杜威全集·早期著作第2卷 [M]. 熊哲宏，张勇，蒋柯，译. 上海：华东师范大学出版社，2010：239.

（三）知觉冲动

感觉冲动都直接伴随着情感状态，而不涉及对物体的识别。但是，有些冲动却直接来源于对物体的知觉，而不涉及对行动结果的意识。我们称之为知觉冲动。[①]

总体而言，知觉冲动基本上属于一般的冲动，其主要表现是试图接触到具体的事物，以便于在触及的某种事物和辨别之间建立联系。知觉冲动涉及对物体的识别，对物体的知觉是其直接来源，但它不涉及对行动结果的意识。

杜威表示，当个体想要识别一个物体时，他会更倾向于抓住它。对于这一点，他以婴儿为例进行说明。人们在婴儿身上可以明显看出，婴儿自出生不久便倾向于伸手抓取任何一个出现在他视线范围内的东西。这种冲动在后来很容易发展为游戏冲动，并且"游戏冲动是肌肉冲动和物体识别的共同发展，它对于活动的刺激和不断产生新的活动模式非常重要"[②]。婴儿握住物体来回移动，挥舞着他的胳膊，他的目的就只是表达他自己的活动，除此之外，别无其他。

（四）模仿冲动

模仿冲动即模仿或者复制个体所能看到的任何活动的一种冲动，它产生于知觉冲动，是游戏素材的主要组成部分。杜威分析，在一般情况下，模仿倾向并非单纯复制外部观念和目的，但是在模仿者无意识的状态下，模仿倾向能获得完全的自由，此时的模仿被模仿倾向主导，模仿者所做出的活动就有可能成为完全的复制行为。

杜威指出，婴儿模仿成人学习说话，儿童模仿大环境下的审美特征和道

---

① ［美］约翰·杜威. 心理学. //杜威全集·早期著作第2卷［M］. 熊哲宏，张勇，蒋柯，译. 上海：华东师范大学出版社，2010：240.

② ［美］约翰·杜威. 心理学. //杜威全集·早期著作第2卷［M］. 熊哲宏，张勇，蒋柯，译. 上海：华东师范大学出版社，2010：240.

德特征等模仿行为，都是个体有意识的模仿冲动的例子。在无意识的模仿冲动方面，杜威提出，人们可以考察处于梦游状态的梦游者行为来认识模仿冲动。梦游者是处于无意识状态的，他们往往可以精准地复制出被模仿者向他们所做出的每一个动作，此时他们的模仿活动除了模仿行动之外没有其他目的。这是一种特殊情况下的模仿活动，相比于有意识的模仿活动来说并不常见。

（五）观念冲动

正如之前所说的"凡是观念都是意志"，杜威主张，观念也是一种行为冲动，它不仅活跃在个体的心理层面，往往还会通过生理活动表现出来。观念又分两种类型：一种是某观念和其他观念之间相互和谐，该观念自然被同化，因此这种观念也就不能被称作真正意义上的冲动；另一种是，观念没有被意识有效调控，它挣脱了个体的控制而自由发展，这种观念往往一经出现就必须被同化，否则它将持续困扰个体，无法自动消失。

杜威进一步解释道，前一种类型的观念普遍出现在人们的日常生活中，比如学生去上学，成人去工作，这些都受意识的控制而与其他观念和谐共处；后一种类型的观念出现在异常情况下，例如失眠者会立即执行催眠师对他们的各种观念暗示；再比如游泳、随着气球上升、发表演说等。这些行为都是意识控制对观念不起作用的表现，它使个体的行为与它的理智相背离；还有一些例子，如心理疾病患者总是会表现出"强迫观念"。强迫观念的内容多种多样，如反复怀疑门窗是否关紧，站在阳台上就有往下跳的冲动等。精神疾病患者为了发泄强迫观念产生的焦虑不得不采取相应的行动，尽管他明知是不合理的，却不得不做。

（六）本能冲动

杜威总结道，从广义上讲，上述五种冲动都是本能冲动。"本能行为是指个体觉得他自己不得不执行的行为，个体不知道行为所要达到的目的，但是能够选择实现目的的合适手段。"①更进一步说，本能冲动和上述感觉冲动有所区别。感觉冲动只是对刺激物本身的一种反应，能产生新一轮感觉冲动；而本能冲动是使个体产生新的行为模式，其结果远远超出直接的情景，具有更深远的影响和发展潜力。

1. 人的本能

杜威认为，本能是有一定目的却不自知的冲动，是先天性的，并非后天形成的，是"满足人类和动物共同的生理需求和欲望的普遍和持久的习惯"②。例如，鸟儿搭建鸟巢、蜜蜂筑巢与采蜜、蜘蛛结网，这都是先天性的一种本能行为；哺乳动物新生幼儿的自动吮吸进食和雌性动物哺育幼儿的行为就不单纯是对刺激的直接反应，它拥有更长远的繁衍生长意义。杜威还指出，本能存在于人类所有的心理生活当中。生活中每一个人表现出来的不同行为都有着一定目的，尽管有时候人们不知道行为的目的及其实现手段是什么，就自然而然地去做了某件事。例如，在社会生活的大环境影响下，心智尚未发展成熟的儿童就能对美与丑、善与恶、聪明与愚笨做出判断与选择，并且不需要多加检验就能成功实现目的。

但是，杜威又说道，尽管人的本能冲动是生而固有的，但它仍是第二位的，这是因为人的本能行为的意义是由社会生活中的人赋予的。对于这一观点，杜威以老虎或鹰的愤怒与人的愤怒的差别为例给出解释。老虎或鹰的愤怒可能会表现出一种防御行为或攻击行为，这能直接对人或其他动物产生影响；但人的愤怒必须依赖他人才能有意义，换句话说，一个人生闷气的行为是毫无意义的。杜威指出，人的愤怒并不是完全的冲动，它也是在社会影响下形成的习惯。在社会中，人们已经形成习惯并且在行为反应中表现出来，由此把一个

---

① [美] 约翰·杜威. 心理学. //杜威全集·早期著作第2卷 [M]. 熊哲宏，张勇，蒋柯，译. 上海：华东师范大学出版社，2010：241.

② Paul Crissman. The Psychology of John Dewey. Psychological Review，1942，Vol. 49（5）：441–462.

无意义的混乱转变为一个有意义的愤怒。

2. 表达本能

杜威认为，有一种生理活动纯粹用于表达内部状态，且在表达时不存在意向性的意识，例如个体因疼痛而哭，哭是对疼痛刺激的直接反应，这种冲动过程中没有意识的参与；同样地，因快乐而笑、因生气或恐惧而发抖、因害羞而脸红、因惊奇而凝视等冲动过程，是没有大脑参与的人的本能反射活动的表现。然而就其作用而言，情感和观念的表达本能一方面可以表达个体状态，另一方面可以为个体与他人有意向的交流提供基础。比如，婴儿的啼哭既能表达自身生理和心理的状态，还能够引起婴儿母亲的注意及行为反应。

三、表达冲动的原则

杜威认为："每一个冲动都是通过表情（gesture）来表达的。"[①]这里的表情是指广义上的表情，是个体将其内心感受、精神世界和人物情感通过动作，尤其是面部动作等方式表现出来的内容。

（一）达尔文表达冲动的原则

杜威借鉴达尔文提出的关于表达冲动的原则：第一，有用的连接习惯原则是最基本的原则；第二，对立原则；第三，神经中枢的直接行动原则。在三条原则中以第一条：有用的连接习惯原则为根本。

1. 有用的连接习惯原则

有用的连接习惯原则是达尔文表达冲动的三原则中的根本原则，它与遗传定律有关。达尔文认为："如果某些与情感相联系的行为现在或曾经对于有机体是有用的，那么现在这些行为就已经和那些情感连接起来了。"[②]这种连

---

① ［美］约翰·杜威. 心理学. //杜威全集·早期著作第2卷［M］. 熊哲宏，张勇，蒋柯，译. 上海：华东师范大学出版社，2010：242.

② ［美］约翰·杜威. 心理学. //杜威全集·早期著作第2卷［M］. 熊哲宏，张勇，蒋柯，译. 上海：华东师范大学出版社，2010：242.

接行为还通常伴随着表情和相应行为的出现。比如，如果一个人曾经在极度愤怒时，自然地出现了嘴唇向上运动、龇牙咧嘴、手指的痉挛抖动等反应行为，而且这些行为对他自身发泄情绪能量有帮助的话，那么，无论下一次是否依然有用，这些行为将会本能地出现在他下一次的愤怒情感表达中。再比如，在冷兵器时代，军队在打击敌人的时候，总是倾向于采用战略上蔑视、仇恨敌人的行为，以期激发军队士兵们心理、气势和行为上的力量，并试图使敌人感受到对手的这种情感状态，进而使他们产生畏惧的心理和屈服的行为。

2. 对立原则

对立原则的行为活动必须以有用的连接习惯原则和神经中枢的直接行动原则为前提条件，并且以对立原则为基础的情绪的表达方式具有一种强烈的非自主倾向，即如果情感对立，则行为也要对立。例如，当一个人表达恐惧、沮丧等情感时，出现了肌肉放松行为；那么，当与恐惧、沮丧相对立的活力、欢快的情感出现时，这个人表达冲动的行为也会与前者对立，出现肌肉收缩的行为。

3. 神经中枢的直接行动原则

神经中枢的直接行动原则与刺激的直接偏转过程相对，该原则十分强调大脑的作用，它以大脑为起始点，通过神经活动向特定的方向传递。达尔文指出："当大脑非常兴奋时，会产生过度的神经冲动，并沿着某些确切的方向传播开去。"[①]例如，个体因极度悲伤的情绪而导致了一夜白头的结果，身体因剧烈疼痛的感觉而引起了出汗的行为，成人因愤怒而导致脸色涨红的反应。

（二）冯特表达冲动的原则

杜威在继承了达尔文表达冲动的三条原则之外，又将冯特的两条原则，即相似情感原则和感觉—观念的运动关系原则作为补充。

---

①［美］约翰·杜威. 心理学. //杜威全集·早期著作第2卷［M］. 熊哲宏，张勇，蒋柯，译. 上海：华东师范大学出版社，2010：242.

1. 相似情感原则

相似情感原则指情感基调相似的情感能够很容易地连接在一起，并且通过这种连接，一种情感的表达方式能够迁移到另一种情感中去，最终使情感基调相似的情感在表达方式上具有一致性。例如，一个人在尝到甜的东西时与在赢得一场比赛时会产生相似的情感及其表达方式，即产生愉悦的情感以及微笑、手舞足蹈的行为；一个人尝到苦的东西时与输掉一场比赛时也会产生相似的情感及其表达方式，即产生难过的情感以及苦着脸、叹息哭泣的行为。

2. 感觉—观念的运动关系原则

这一原则是指个体在表达冲动时，总是会把感觉或观念中的事物无意识地通过身体的运动来表达出来。例如，当人们说起某些人或某些事物时，总是自然而然地指向他们或它们所在的方向，并且总会无意识地用手的运动来模仿形状、比画大小等。

（三）表达冲动与语言

杜威指出，达尔文和冯特的表达冲动原则都是以躯体的动作来进行情绪的表达。可见，在情感的表达方面，个体可以通过躯体变化来向他人展示自己的心理状态，并以此为基础和他人进行交流沟通。但除此之外，语言也是表达个体情感和观点的一种有效途径。

杜威特别强调，声音不一定都是语言。声音要想成为真正的语言必须满足以下条件："声音必须被有意向地用作一个信号；而这一信号能够被他人识别，并且能够被整个群体所采用。"[①]也就是说个体利用声音来进行冲动表达的方向和内容必须统一，并且个体所用的声音必须具有社会性，要能够被他人解读出来。

---

① [美] 约翰·杜威. 心理学. //杜威全集·早期著作第2卷 [M].熊哲宏，张勇，蒋柯，译.上海：华东师范大学出版社，2010：243.

杜威认为，语言作为一种信号可分为指向物体的指示性信号和模仿显著特征的形体（plastic）信号两种类型，它们最初可以全部归入冯特的感觉—观念的运动关系原则中去。语言表达可以使个体达到有意识地和他人分享经验的目的。在反射活动中，语言总是伴随着表情而自动出现。它们可以唤醒个体所要表达的情绪，比如，一个人做出讽刺的表情时，通常会无意识地发出嗤笑的声音，而这种声音反过来也会加强情绪的程度；而且，通过相似情感的联系原则，这些声音能对表情进行归类与反应，比如，看到微笑表情会使人愉悦，反过来心情愉悦时也会迁移到微笑表情上去。简而言之，声音与物体都能唤起个体情绪上的反应，且当声音与物体的归属性质相同时，它们能引起相似的情感及表达的冲动。

四、愿望与冲动

杜威认为，个体因受到内部或外部的刺激而产生冲动，又由于冲动的多样性以及冲动之间的矛盾性，个体无法同时满足所有冲动，因此就涉及个体心智对冲动的判断与选择，而最后被选择出来的冲动就是"愿望"。

（一）冲动是愿望的起源

杜威话语体系中的愿望并不是传统意义上的愿望，而是一种个体的心理状态。他强调，冲动是模糊的、原始的、可塑的，冲动本身并没有意义。[1]冲动使得一些行为得以发生，如果某种行为发生之后让人感到愉悦，那么就有可能产生愿望。而如果发生行为之后个体感到痛苦，人就会产生厌恶的情感。例如，每一种声音都可以称为一种刺激，一种特殊的感觉冲动会促使人去捕捉这种声音，人的心智观察到、注意到这种声音的性质与关系等；如果这种声音令

---

[1] Paul Crissman. The Psychology of John Dewey. Psychological Review, 1942, Vol. 49（5）: 441–462.

人感到非常欢愉，可能会令人再次试图去捕捉它、聆听它，这时人们就对这种声音产生了愿望；如果这种声音令人感到痛苦，那么厌恶就产生了，人的心智就会强迫切断声音来源，或者让身体远离声源。

杜威指出，冲动是愿望的起源，但冲动不等同于愿望。冲动只是盲目向前的倾向，本身并没有目的，也无法体会到达到目的后欢快愉悦的情感，就比如小鸟建巢起源于一种本能冲动，能够释放它所感觉到的那种来自体内的压力。但为何建鸟巢是冲动而不是一种愿望？杜威认为，这是因为小鸟建巢纯粹是受压力的驱使，并未以哺育幼儿、寻求庇护为目的，并且它们也不能从建巢这个行为过程中感到任何愉悦。

将冲动变为愿望的过程本质上也是冲动逐渐客观化的过程，冲动的客观化是通过将冲动从自我中分离而实现的。将冲动从自我中分离意味着，人们未来有可能会为了满足这一冲动而实施行为，满足冲动的过程中理想自我也在逐步实现。杜威以进食冲动为例进一步解释，当进食冲动被人们察觉并满足后，人们若把满足食欲的目的上升到延续生存、赡养父母的高度，进食冲动才发展为对食物的渴望。杜威指出，愿望可以掀开重重面纱背后的稳定自我，区分开自我蕴含的真实自我和观念自我。途径有两种：一是认识此时此刻的实际自我；二是塑造出一个未来想要达到的观念自我，这体现了愿望的意识功能。人们通过分析两种自我存在的差距确定了日后行为的趋向，这体现了愿望的行动功能，如果满足冲动的行为在这一趋向的范畴中，冲动就变成了愿望。

（二）兴趣是构成愿望的要素

杜威认为愿望的组成要素是兴趣。他以儿童为例指出，当儿童被一种知觉冲动所驱使时，他想抓住一个枕头，那么达成抓住枕头的目的能给他带来愉悦，这时愉悦感情便和这个枕头连接了起来，并作为一种个体特有的经验存在着。儿童形成了二者明确的关系，并把这种关系与自我再形成一种私密的、个人的连接，这样一来，枕头通过两次连接就促使儿童拥有了兴趣。兴趣成为儿童每一次抓枕头的行动根源，他下一次重复这个行为时，冲动也不会盲目地出现，而是让儿童有指向地去做那个能满足冲动的行为，从而获得愉悦。

所以人们渴望的对象究竟是观念中的对象还是满足的情感？杜威强调，人们真正渴望的是冲动能够被满足，"愿望是指冲动与实现冲动所产生的满足感之和"。[①]令人感到愉悦的也并不是物体，而是满足的情感。杜威表示，尽管人们通常会认为，所期望的东西都会给我们带来愉悦，所厌恶的东西都会给我们带来痛苦，但事实并非如此。比如，有一个想吃苹果的小孩，会认为是苹果给他带来了愉悦的情感，但除非愿望将物体和自我连接，建立了一种必然的关系，否则小孩不会渴望苹果。其他情况也是同理，人们不会渴望任何不能带来愉悦的物体，所以渴望实际上是愉悦的感情。值得注意的是，愉悦的源头不是物体本身，而是因为冲动被满足了所以感到愉悦。此外，愉悦也不能决定愿望，因为愉悦是在愿望出现之后才产生的。因此，杜威表示，愿望的对象既是愉悦的情感，也是具体的物体，毕竟二者都在过程中起了作用。愿望使人愉悦，情感是抽象的愿望对象，而物体是具体的愿望对象。

（三）自我是愿望的目的

在杜威看来，愿望的目标表面上是获得满足冲动的物体并且获得愉悦的情感，但实质是某种构想的自我状态。因为自我是愿望的目的，物体的获得只是愿望得以实现的手段。他还指出，愿望是自私的、排他的、只朝向自我的。物体是对象、客体，它是自我的对立面，在实现自我的过程又逐渐被统一。人们之所以会将得到某种物体作为目标，是因为他们认为若要使自我得到满足，就必须获得这种物体。自我满足指的是满足自己的某种冲动，实现这种冲动指向的某一未知目的。物体只是自我实现过程中的一个手段。愉悦是自我发展的伴随物、衍生物。人们会产生愉悦，是因为人们即将实现某一种自我，这种实现本身就是成就和改变，是一件令人幸福愉悦的事情。因此，实现自我才是愿望的本质目标。

---

① ［美］约翰·杜威. 心理学. //杜威全集·早期著作第2卷［M］.熊哲宏，张勇，蒋柯，译.上海：华东师范大学出版社，2010：247.

五、愿望的联系与冲突

杜威认为，自我有许多的愿望，并且每一个愿望都是不能独立存在的，它必须与其他愿望发生联系，并参照其他愿望才能拥有真正的意义。

（一）自我是愿望之间的桥梁

由于愿望和行为都是个体拥有的，所以，杜威强调愿望之间的桥梁是自我，愿望通过自我中介与其他愿望建立普遍的联系。比如一个人有进食的愿望，这个愿望和生存的愿望、交往的愿望、为社会服务的愿望都是密切联系的；喝醉酒的愿望又与借酒消愁的愿望、倾诉的愿望、缓解生活压力的愿望息息相关；即便是简单的吃苹果的愿望，也会与遵守命令的愿望、得到夸奖的愿望联系在一起。离开了彼此之间的联系，愿望就只是一个纯粹的没有意义的抽象物。然而联系也是有条件的，只有当单个愿望发展得足够强烈、足够普遍，并且个体能意识到两种自我之间的差异时，才能促使它与别的愿望之间建立更加广泛的联系。

既然有愿望间的联系，那么相应也肯定会有愿望间的冲突。工作和养家糊口的愿望可能与个人享乐的愿望冲突。杜威指出，人们能够在不同的客观条件、不同的行为模式中产生不同的自我满足。虽然自我以为能够以不同形式实现自我的不同部分、不同角色，但事实上，其中一些自我和行为模式是不能兼容的，与一些实际客观条件也不能够兼容的，因此它们会互相排斥，自我的冲突则会表现为愿望的冲突。杜威提出，当发生冲突以后，自我要么轻松地自动选择，要么经过深思熟虑之后做出选择。愿望之间发生冲突后彼此分开，自我进行价值判断，根据主观和客观的条件决定是接纳还是排除那些愿望，并确认愿望实施的手段和方向，基于此，愿望间的冲突则会得以解决。可见，只有自我才能真正解决冲突。

杜威表示，在过去的冲突经验中被人们一遍又一遍选择的被称为自动化的愿望，比如，当睡懒觉的愿望和正常出行上班的愿望相冲突时，由于上班是一种固定不变的惯例，所以人们几乎不用纠结，或只需要十分短暂的冲突，就会选择后者，这仿佛是一种本能的反应。这种情况下的自我状态非常平静，有条不紊。但也存在着另一种需要人们深思熟虑的情况，比如面临跳槽的问题，由于缺乏稳定而明确的自我，人们会陷入自我纠结。渴望学习新技能的愿望与厌恶失去原有交际圈的愿望、继续待在原来岗位以原有的方式过日子的愿望与不安于现状的愿望相互冲突，每一种愿望都有自己的意义和价值，都值得去考虑。那么意志的坚持性、果断性、自制性在这时就起了至关重要的作用。在这种情况下就不再是内部各元素能够和平相处的自我了，个体会在愿望和愿望之间进行对比，衡量哪一种能更好地满足自己的需要，哪一种需要不得不让步，最终决定选择哪一种行为方式。这种对比选择的过程就是自我。

（二）动机是解决冲突的途径

被选中的愿望有着明确的目的，它被杜威赋予一个新的名字——动机。动机的出现意味着冲突正式告一段落，动机不是最强烈的愿望，也不是因为"强烈"或"力量强大"而成为动机，而是由于自我选择了某一种愿望，选择成为愿望背后指向的自我，所以这种愿望才成为了动机。动机往往反映自我的思想、观点和立场。不同流派的心理学家对动机也有不同的看法，如人本主义心理学家认为需要是动机产生的来源，认知心理学家认为动机来源于人们对于特定环境的预期，但无论这些理论有多大差异，都将回归到动机对行为的影响上。杜威表示动机是选择的行为结果，反过来又指导并决定行为，是行为的根源。

值得注意的是，杜威认为，动机存在于观念层面，无论动机的表述有多么物质性，但它依然只停留在观念层面。他以吃苹果为例：假如儿童想要吃苹果，但这个苹果并不是实际存在的物体，而是只停留在脑海中的观念，因为儿童渴望的对象是观念化的苹果。假设人们选择了不安于现状的愿望，那就意味着这种观念即将被实现。

第三节　意志的功能

杜威认为意志完整的过程不仅仅存在于观念之中，当个体的观念意志与现实对象相结合时，意志的身体控制、谨慎控制和道德控制的功能就得以展现。这三种自我控制的形式都是个体对自身行为和心理活动自觉而有目的的调整，它们之间虽有区别，但却层层递进，都是意志的具体应用与体现，具有明显的实用主义色彩。

身体控制是由意志支撑的从运动观念到运动行为的转变，谨慎控制是由获取利益的想法到争取利益的行为的过渡，道德控制则是意志帮助普遍自我实现的过程，道德控制高于前两者，它是最终的目的。相对于道德控制这个绝对目的而言，其他控制都只能是为了达到目的而采取的手段。

一、身体控制

杜威观察到，在成人的生活中，观念很容易通过身体的运动来实现。一个人想要去某地就能立即做出移动的行为，想要说出某个单词或某句话就能立即表达出来，想要用握住的钢笔写字就能自然地使钢笔移动，似乎观念能立即变成现实。

但是，杜威也注意到，运动观念与运动行为之间必须有一座桥梁把它们连接起来，而意志充当了这种联系的心理媒介，肌肉运动则是转化过程的生理基础，这一连接过程被称为"身体控制"。

（一）身体控制的内涵

杜威指出，从解剖学的视角看，肌肉的运动过程极度复杂，所有动作都是肌肉特定排列的结果。但是即使个体掌握了肌肉系统的排列组合及行为模式的相关理论，仍然不能做出明确的动作。简单来说，如果人们仅仅懂得弹钢琴需要用到哪些肌肉，还是不能进行弹钢琴这一行为。然而，人们只需要集中注意于想要达到的目的，然后肌肉自然而然就会运作。因此，人们需要了解身体运动的规则，不过从肌肉系统的知识入手是不现实的，但是人们可以从伴随肌肉运动的感觉入手。肌肉的变化可以因有意识的意志而出现，也可以因无意识的冲动而出现。但是所有肌肉的变化都伴随着一种感觉，通过反复试验或者经验，这一感觉和肌肉运动相连结，二者总是能同时出现或者相继出现。这样，感觉就成了肌肉动作的一种信号或符号。

此外，杜威还谈道，在身体控制的过程中，意志并非必须产生肌肉冲动，其主要作用是引导各种冲动力量服从并致力于目的，而且肌肉的感觉需要"不断把身体状态和组成它的肌肉状态报告给意识"[①]，个体能够通过自身经验习得这些感觉的意义，习得感觉与感觉之间的连接规则，并把每一种感觉都和特定动作匹配起来。因此，一个人想要控制身体动作，可以通过控制感觉来实现；想要得到一种新的感觉，可以通过调整其他感觉的排序来实现。

因此，杜威主张，在身体控制的过程中，首先要能够识别每一种肌肉感觉，并明白它所代表的动作是什么；其次，要能够将感觉和感觉组合连接起来。基于此，一组感觉就能引起"由同时动作或继时动作所组成的一种特定的复杂行为"[②]，从而达到一个特定的结果。

（二）运动冲动之间的差别

精准识别肌肉需要人们理解运动冲动之间的联系与差别，运动冲动之间的差别始终存在。杜威指出："有些运动冲动是本能的或者遗传得来的，它们

---

① ［美］约翰·杜威. 心理学. //杜威全集·早期著作第2卷［M］.熊哲宏，张勇，蒋柯，译.上海：华东师范大学出版社，2010：256.

② ［美］约翰·杜威. 心理学. //杜威全集·早期著作第2卷［M］.熊哲宏，张勇，蒋柯，译.上海：华东师范大学出版社，2010：256.

被调节来达到某些具体但无意识的目的。除了这些冲动外，其他所有的运动冲动在最初都是含糊的、不明确的，并且遍及整个系统。"①比如说刚出生的婴儿具有渴望食物的本能的运动冲动，并且能通过吮吸行为来达到个体无意识的进食的目的。但是除此之外，个体大多数运动冲动最初没有目的，也不能找到有效途径调节它们来达到任何明确的结果，它们虽能根据自身的强度扩散到整个系统，但是如果得不到引导，这些冲动将会被逐渐消失。比如说话、写字的运动冲动。

因此，若想引导运动冲动延续发展就必须明确这些冲动产生后续动作的规则。杜威以小孩伸手拿到一个物体的过程为例进行说明：有一个小孩看到了一个颜色鲜艳的球，他产生了一种想要抓住球的运动冲动。但是由于他与球之间的距离过远，小孩可能失败了，他没能抓到球。在这个过程中，小孩可以学到一些东西，他明白了视觉物体与实际物体之间存在着距离，这个距离比他的胳膊更长。通过反复的试验与失败，小孩能够在他的视觉意识和肌肉感觉之间建立一种明确的连接。另一种情况是，小孩抓住了这个球，那么他可以在成功动作的肌肉感觉和距离之间建立一种连接。并且通过反复试验，这种连接能够被固定下来作为一种经验存在于小孩的意识当中。因此，小孩习得抓住物体的过程也就是视觉（距离）和肌肉感觉（动作）之间建立连接的过程。

杜威又进一步举例：一个孩童正在学习说话，他的任务就是发出清晰准确的语音。当孩童听到人们用某种声音来代指某种物体时，他会产生复制听到声音的反射冲动。尽管孩童的尝试可能会失败，但每一次失败都能让他排除掉错误的声音，从而距离成功更近一步。经过多次尝试，孩童终于能够成功地复述出他所听到的声音，此时，他已经在声音感觉（代表了某种物体地信号）和肌肉感觉（代表了产生这种声音地运动的信号）之间建立了一种连接，这种连

---

① [美] 约翰·杜威. 心理学. //杜威全集·早期著作第2卷 [M]. 熊哲宏，张勇，蒋柯，译. 上海：华东师范大学出版社，2010：257.

接使他能够把声音感觉和肌肉感觉相互转换。杜威指出，上述试验过程能够产生三个结果。

第一，"它使得意识中对所要达到的目的有一种确切的观念"[①]。孩童最初对于他所要达到的目的只有一种模糊的意识，对于他想要达到目的的手段也不明确。事实上，只有在达到目的之后，他才能知道这种运动冲动的目的是什么，才能知道实现目的的途径是什么。

第二，"只有当行为的观念变得十分明确时，动作才获得了定位性"[②]。孩童在学习写字、学习弹钢琴的最初阶段，他的身体动作是模糊和分散的——写字时，他可能不仅仅用到了头部、胳膊、嘴巴和舌头，运动冲动会或多或少地扩散到整个身体；弹钢琴也是如此。孩童只有通过反复试验才能使运动冲动准确地使用特定的身体部位，而不是无差别地调用身体的每一处肌肉。

第三，"做出一个动作所需要的刺激越来越少了"[③]。根据第二个结果，运动冲动能够更加精准地执行动作，那么执行动作所需的能量也会因此得到更节省、更合理的利用。此外，随着每一个动作的准确定位，冲动运动所需的刺激也会被节省，而这些刺激对内部的作用会越来越大。也就是说，随着个体对运动冲动的逐渐把握，运动行为所需的刺激将逐渐减少，由观念的刺激到行为的执行所需的时间也会逐渐减少。个体心智中的观念将会立即变成现实行为。

（三）运动冲动的组合

在杜威看来，所有的身体控制都包括不同运动冲动之间的协调和连接。孩童为了能够行走，只有一个明确的目的是不够的，还要明确行走中每一个动

---

① ［美］约翰·杜威. 心理学. //杜威全集·早期著作第2卷［M］. 熊哲宏，张勇，蒋柯，译. 上海：华东师范大学出版社，2010：258.

② ［美］约翰·杜威. 心理学. //杜威全集·早期著作第2卷［M］. 熊哲宏，张勇，蒋柯，译. 上海：华东师范大学出版社，2010：258.

③ ［美］约翰·杜威. 心理学. //杜威全集·早期著作第2卷［M］. 熊哲宏，张勇，蒋柯，译. 上海：华东师范大学出版社，2010：258.

作是什么，以及动作与动作之间的先后顺序。要想达到这样的效果，需要进行反复尝试。这样，孩童不仅学会了把肌肉感觉与触觉、视觉或听觉等连接起来，还学会了把不同的肌肉感觉连接起来。这样连接起来的感觉就变成了连接动作的标识。杜威指出，连接过程将会产生三种结果。

其一，"将要执行的动作观念变得更复杂了"[①]。对于婴儿来说，他的动作和目的是由简单到复杂逐渐发展起来的。面对未来遥远且复杂的目的，个体对目的有意识的把握需要通过对许多运动冲动进行组合，以及逐步实现局部目的才能达成。例如，一个人正在学习医学，他可能需要几年的时间来完成。在实现这个复杂的观念目标的过程中，他的动作观念会经过分解与组合，但必须从属于完成学医这个最终目的。

其二，"随着观念变得更加复杂，动作的范围也扩展了"[②]。最初每个动作都只是它本身，没有超出它自身的意义，它与其他动作之间也是孤立的、相脱离的。但是随着对整体目的的意识增加，不同动作之间的联系也更加紧密。每一个动作都必须与其他动作相联系，并且每一个动作都必须统一和谐地从属于同一个目的。例如，一个完全受意志控制的正在学习医学的成人，他所有的动作，包括娱乐和工作，都会被意志控制着相互连接，并且共同朝着完成最终目标前进。在这个过程中，所有的动作都将被调节，其他小的目的也会被筛选，而对实现最终目的不利或者无用的目的将被抑制。

其三，"对动作的控制也逐渐加深了"[③]。不同运动冲动的连接使得动作能更好地融入身体中，身体也能够更便捷地实现运动冲动。随着反复地试

---

① [美] 约翰·杜威. 心理学. //杜威全集·早期著作第2卷 [M]. 熊哲宏，张勇，蒋柯，译. 上海：华东师范大学出版社，2010：259.

② [美] 约翰·杜威. 心理学. //杜威全集·早期著作第2卷 [M]. 熊哲宏，张勇，蒋柯，译. 上海：华东师范大学出版社，2010：260.

③ [美] 约翰·杜威. 心理学. //杜威全集·早期著作第2卷 [M].熊哲宏，张勇，蒋柯，译. 上海：华东师范大学出版社，2010：260.

验，那些最初千辛万苦才能获得的行为逐渐变成了个体自发的能力，比如婴儿行走能力、听说读写能力等正是如此。这是一种对动作控制能力的习得和巩固，正是对动作控制的加深，构成了人们所说的习惯。因此，当一个目的出现时，肌肉可以不经过意识的调控而各司其职、各尽其责，这也就是人们所能看到的目的实现的瞬间完成过程。

此外，身体控制离不开个体意识与他人意识的连接。杜威指出，在较低级的运动形式中，他人意志能够给个人意志提供模仿的原型，并且他人的赞同、鼓励和指导能够给个人意志提供动力，使个人意志确认方向。比如，如果婴儿在运动发展初期没有他人意志的伴随，那么婴儿可能永远不能完成这项运动，或者说婴儿要花费很长的时间才能完成一个动作，比如自喂饼干、行走跳跃。在较高级的形式中，比如说话、书写等身体控制形式，他人意志不仅发挥了上述作用，而且个体能通过身体控制过程复制出社会关系。

杜威总结道，身体控制作为相对低级的控制，是所有控制行为的前提条件。由于动作的变化是大多数变化的基础，身体控制在本质上只能算是一种手段，而非目的。

二、谨慎控制

杜威认为，谨慎控制是身体控制发展的一种更高级形式。他指出，身体控制为意志的向前发展奠定了基础。任何更高级更复杂的行为模式都必须在经历过身体控制这一步骤后才能得到发展，其中谨慎控制就是在它形成的基础上产生的。

（一）谨慎控制的内涵

谨慎控制是为了追逐利益、避免损伤而去控制自己的行为，它与身体控制的区别体现在行为动机上。杜威指出，谨慎控制受到利益动机的支配，而非本能情感，冲动虽然不知道目的是什么，但总是指向对自己有利的方向，远离对自己有害的方向。谨慎控制与道德控制的区别在于行为目的，道德控制是为了履行职责，而谨慎控制是为了获取利益。杜威以学习外语为例对三种控制进行了区分：孩童学习英语的目的并非出于某种利益的考虑，而是为了实现对身体的控制；青年学习英语，是为了获得自豪感以及取得学业成就的利益去学的，这是谨慎控制；若是为了赡养父母去学，则是道德控制。

杜威认为，产生谨慎行为的首要因素是愿望的延续和扩大，这一点是建立在感觉冲动的基础上的。愿望继续扩大使人产生不满足的感情，这就意味着人们先回忆起了过去的愉悦，从而引发预期还没得到的满足，即包括三种因素：第一，自我还依旧记得这种冲动曾经和愉悦的感情联系在一起。比如一个儿童想要某种玩具，因为他记得以前从玩具中获取了愉悦的体验。第二，自我必须感觉到现在的冲动已经没有和那种愉悦的感情有联系了，也就是说，这时儿童独占这个玩具以后，那种开心的体验逐渐消失了。第三，自我认识到如果有和上次相似的经验，那么这种愉悦的体验还有再度实现的可能性。儿童和他的伙伴分享玩具，得到伙伴的赞赏，赞赏给自我带来了全新的满足感，他感觉自己又获得了类似的愉悦体验，于是夸奖又成了一个新的希望来源，所以愿望自然而然地从玩具延续到夸奖。随着愿望的不断延续，所涉及事物的范围不断扩大，愿望的对象和获得满足感的来源将会越来越具体。

那么，儿童的满足感来源是如何从玩具转向同伴的赞赏的呢？从杜威的论述中可知，这一过程需要通过想象的发展来实现。想象是指对将来状态的预测。随着想象的发展，愿望的范围会扩大，能满足自我需要的事物会更具体。建构性想象能让愿望从过往的经验跳脱出来，不再受制于类似经验。它具有很强的可塑性，能够从过去的经验材料中塑造新的经验，但这不意味着它是凭空塑造出来的。所有从想象中萌生的观念都是对愿望不同方面的写照，比如荣誉、钱财、名声。对每一种事物的想象就对应着对每一真实事物的愿望，被想象纳入考虑的许多不同种类的对象对应着愿望实现的不同途径。所以杜威提出，人们可以将想象看作愿望，但想象又不完全等同于愿望。比如艺术家会对富有美感的和有艺术价值的物体进行想象，而想象逐渐发展则会变成一种希望这种物体真实存在的强烈愿望，这种愿望会驱使他们进行艺术创造。因此，想象不仅是愿望的另一种形式，还是行为的前身，只有想象生动且接近现实才可能转变为行为，相反地，如果想象缺乏现实依据，那么愿望将会是空中楼阁，难以实现。

杜威由此得出结论，当人们的愿望越来越明确，涉及的范围越来越广时，人们的经验也会不断地增加和充实，这样会促进愿望在各种方向上趋向成熟。来源于各个方向的愿望相互碰撞，有的能够平行发展，有的却互相矛盾，在矛盾的情况下人们又必须进行取舍和选择。选择的本质是对愿望的确认与实现。

在谨慎控制的行为中，又是怎么判断哪一种目的能给自我带来最大利益的呢？杜威认为有两个参照点，一是个体特征，如遗传因素、家庭生活、学校、交友等都对个体的价值判断会有影响。比如，一个童年家庭生活幸福、家庭和睦的人与一个童年不幸的人的愿望必然不一样。可见，人们进行愿望选择与成长经历、家庭环境乃至社会背景影响下形成的个体特征密切相关。二是知识。杜威指出，大多数商人只对贸易管理和金融的知识涉猎较深，所以他们难以理解艺术家能够为艺术献身的强烈情感；而大多数艺术家了解关于构图审美的知识，对理财了解较少，所以理财不是他们最强烈的愿望。当两个人的个体特征相似时，他们的选择就取决于知识，所掌握的知识深度和广度就会作为辅助工具，帮助他判断究竟什么事物能带来更大的利益。知识在手段的选择上尤为重要，选择手段也就是在选择目的。个体的心智对相似的手段进行比较，利用知识储备对权衡利弊，评估可能获得的利益及造成的损失，最终得到最优选择。

（二）谨慎控制的形式

杜威指出，谨慎控制有三种形式，分别是实际的控制、理智的控制和情绪的控制。

1. 实际的控制

实际的控制指的是对具体行为的控制，可以分为两个步骤：抑制与延迟。首先是抑制行为，其次是延迟行为。抑制行为即审时度势地控制自己的言行，制止与最终目的相左的行为。杜威曾列举过这样一个形象的例子，假设一个儿童想要吃糖，并且想起了过去吃糖的愉悦经验，此时内心的愉悦是一种内部动机。但是他又想到吃糖会生蛀牙，妈妈可能会生气，妈妈的惩罚则是一种外部动机。这时冲突就产生了，因为对吃糖所产生的不良后果心生厌恶会导致他对糖果的远离和规避。这其实是一个未来可能发生的行为突然转变为另一个行为的过程，个体将会考虑这两个行为之间的关系。这时行为受到延迟，意志开始体现。既然吃糖的愿望不会被立即满足，那么儿童目光从当前的愉悦和放纵中抽离出来，着眼于更加长远的目的。当他考虑到蛀牙等疾病带来的痛苦、妈妈生气给他带来的惩罚时，一种长远的利益则会驱使他控制自己的行为。延迟使得两种无关行为之间有了联系，在此之后，儿童将身体健康作为长远目标，当他执行这一目标时可能会收获许多随之而来的好处，比如不吃糖就能得到母亲的赞扬，把糖让给其他同伴就能受到群体的欢迎。这样，他在寻求鼓励、与人分享的过程中，他的目标范围就扩大了，并且形成了一种概括性、综合性更强的目标——快乐，进而冲动的所有能量被注入一个全新的、长远的、更丰富的目标，激励自己从事其他活动。从具体行为上来说，当个体能深思熟虑地进行选择并坚定不移地坚持这个选择时，他就真正成了一个谨慎、意志力强、能自我控制的人。

2. 理智的控制

杜威认为，理智的控制是指心智对思想的控制，也就是注意。理智控制不像实际的控制那样体现在外部行为上，而是蕴含在个体内部中，但它又和实际控制一样包含抑制的行为。如果要注意一件事物，必须抑制对其他任意事物的注意。注意力增强、注意的时间变长都是理智控制得以发展的体现，它可以被运用于快速提取回忆的信息上。甚至在讨论到思维的时候，也能发现理智控制的另一种应用，即为了得到问题的解决方案而对心智中概念进行调节。

3. 情绪的控制

杜威指出，对情绪的控制的第一步与实际的控制、理智的控制一样都是抑制，即抑制自己的某些情绪。由于情绪总由动作表现出来，对情绪的控制需要通过对肌肉系统的控制间接实现，比如控制愤怒体现在控制自己不要把内心的愤怒外化成摔东西、伤害旁人等动作。其次是转移，被压制的情绪不会完全消失，比如愤怒在被限制后会转化为低水平的愤怒——愤愤不平，这就需要对自身的情绪思考并检查。愤怒不可能凭空消失，也不能单凭控制使其降低到最低程度，只能够向完全相反的方向转化它，转化成更为强烈的另一种形式。

当时心理学界关于情绪控制的其中一个观点是，抑制某种情绪的目的和最终结果是为了让这种情绪消失。杜威并不赞同这种说法，他认为无论何种情绪都是人正常心理活动的一部分，情绪控制不是消灭或者抑制情绪，它的目的是引导消极的情绪使之向相反的积极方向生长。情绪宛如少年成长的叛逆期，作为父母不能一味抑制他的叛逆想法和行为，因为这是无法彻底实现的，所以只能引导他向好的、积极的方向发展。意志和理智驱使个体不能任意地发泄情绪，并使得情绪从单纯地表达自身上升到了一个更高更远的境界。情绪的力量会化成沉思和行动的动力，个体的知识亦会被丰富，思考的活力和智慧的源泉也会被激发，而不是一味沉浸在消极情绪中无法自拔。

三、道德控制

意志的不同作用体现在谨慎意志和身体意志之中，但杜威强调，唯有道德意志是意志存在的意义，是绝对的和最终的目的，只有在道德控制时意志才真正发展起来。

（一）道德行为与谨慎行为的区别

道德行为与谨慎行为存在区别。杜威认为，道德控制对应的是道德行为，谨慎控制对应的是谨慎行为，尽管道德行为和谨慎行为在界限上难以严格划分，比如谨慎行为可以转化为道德行为，有些行为既是谨慎行为又是道德行为，但是道德行为和谨慎行为在本质上却是不同的。

杜威认识到，人们根据结果对于自身是否有益来判断谨慎行为的范畴，而不论行为的动机如何；又根据动机是否符合道义来判断道德行为的范畴，不论行为的结果如何。例如，如果想要把商人的经营活动看作是谨慎行为，那么它必须能够获得收益，而那些不能获益的失败的经营活动则不能被称为谨慎行为；如果把医生救死扶伤的行为看作是道德行为，那么医生的救人动机必须是高尚的，而在这种情况下，不管医生的医治结果是否成功，它都是道德行为。再比如，一个人心怀不轨地去造访独居老人企图哄骗钱财却无意间中断了老人自杀过程的行为，尽管结果是好的，但是由于其动机是坏的，所以依然判定其为非道德行为。也就是说，在判定人们的行为性质的过程中，动机和结果发挥着不同方面的作用。

然而，杜威认为不论是谨慎控制还是道德控制，人们在内心层面往往不需要为结果负责，原因是动机引发的行为逐步发展成了最后的结果，倘若这个结果不令人满意，只是因为事情的发展超出了个人控制能力。事情的发展会受许多不同因素的影响，个体没法逐一注意到它们，人的行为也只是环环相扣中的其中一环，多重因素的影响此消彼长，不断有新的因素增添进来，不断有旧的因素被抵消掉。杜威通过举例子对谨慎控制的范畴进行了解释：商人为了增大企业规模兼并了一些小公司，由于小公司的运营状况不佳，公司规模的确扩大了，但经济状况却被拖垮了，商人可能会感到懊悔，但他不会因为当前的状况责备自己。

（二）谨慎行为向道德行为的转化

如何将谨慎行为转变为道德行为呢？杜威的回答是：人格。他指出，一些东西代表着人的本性即个体是什么，它是个体的人格，比如意志，它决定人的道德水准；一些东西代表着人的所有物，即个体拥有什么，它是人格的偶然因素，比如"财富、健康、知识以及他诸事顺遂"①，它决定行动是否能成功。杜威认为，道德行为的动机是从人格内部产生的，体现了人格是什么以及要成为什么，最后的结果又会影响人格。比如一个人的动机是说真话，"他说真话的动机对他而言是内在的，是由他本人决定的"②。谨慎行为是从人格中产生的，但结果影响的是人格的外部因素，即体现在外部环境上。因此，想"拥有"某件东西的这一意志却无法构成"拥有"的行为，但想"变成"某种东西的意志可以付诸实践。

在杜威看来，谨慎行为的结果是外部环境的改变，虽然处于意志之外，但这些外部环境又是实现意志或人格的必要条件。只要钱财、健康、知识等环境因素是人格实现的必要元素，当它们影响意志的能力不再被个体忽视的时候，钱财、健康、知识就从谨慎目标转变为道德目标。"健康和知识等不可能是最终的目的。健康和知识等之所以是目的，只是因为在它们那里人格达到了其目的并且变成了它自己。"③谨慎行为也因此成了道德行为。此时行为的道德与否就取决于个体的动机是否符合意志的实现。

（三）道德控制与伦理愿望

杜威还指出，道德控制的开端是伦理愿望的发展。当道德行为即将付诸实践，并最终影响人格时，伦理愿望就产生了。有了愿望，伴随而来的是有意识的冲突。

---

① ［美］约翰·杜威.心理学.//杜威全集·早期著作第2卷［M］.熊哲宏，张勇，蒋柯，译.上海：华东师范大学出版社，2010：274.

② ［美］约翰·杜威.心理学.//杜威全集·早期著作第2卷［M］.熊哲宏，张勇，蒋柯，译.上海：华东师范大学出版社，2010：275.

③ ［美］约翰·杜威.心理学.//杜威全集·早期著作第2卷［M］.熊哲宏，张勇，蒋柯，译.上海：华东师范大学出版社，2010：275.

不过，杜威认为，这种冲突并不是谨慎控制中个体选择哪一种愿望能够使利益最大化的冲突，而是个体会在"拥有"什么的愿望和"成为"什么的愿望之间挣扎，愿望之间存在完全对立的冲突。如果母亲反对吃糖果，那么孩子是否会为了得到表扬而放弃吃糖果呢？拥有糖果这个愿望的本身不算是坏的，但由于儿童将评判自身的标准完全交给了母亲，而他从母亲处得知该愿望的满足是不好的，"拥有"糖果的愿望就变成了不道德的。假如他选择了这个愿望，他就会没法"成为"什么，给自身带来的满足感也就更少了。这种冲突在最开始只是出现在一些被明令禁止、明令强制的行为中，因为有直接的惩罚或奖励刺激着人的痛苦或喜悦，后来就会发展到各个领域，个体发现原来所有的行为或多或少的都与个人价值有关联，因为这些行为中包含的愿望都在一定程度上体现了自我。

杜威说道："没有哪一个愿望在他自己的实现上不拥有可能的意义；也没有哪一个人和他不拥有可能的关系，这种关系可以变成'希望人格实现'这一愿望的来源。当然，愿望也会趋向于其他的途径；愿望趋向于让他自己满足，以至于意志阻碍了他自己或其他人的实现。"[①]人与人之间存在的只是外部环境的差别，有的人拥有的多，有的人拥有的少，但彼此的意志都是相同的，这一点会令他的愿望不断扩展。

（四）道德选择与道德行为

杜威也认识到在社会生活中个体总是会不断产生种种愿望，而愿望之间会存在冲突，比如拾金不昧的愿望和获取钱财的愿望。面对这种情况，个体就不得不对这些冲突的愿望做出选择。被选择出来的愿望是个体心智所认同的愿望，是个体想要将之变为现实的观念。然而，选择并不是一件容易的事情，对于同一件事情，不同人对它的是非善恶的价值判断结果并不一样，因此，选择

---

①［美］约翰·杜威.心理学.//杜威全集·早期著作第2卷［M］.熊哲宏，张勇，蒋柯，译.上海：华东师范大学出版社，2010：277.

是否有恒定普适的标准呢？如何做出选择一个抛弃另一个的呢？这就涉及选择的标准问题了。

在杜威看来，谨慎选择的形式具有唯一性（为了获得利益而选择的形式），内容即所追求的具体利益。此外，他指出，道德选择不同于谨慎选择，它存在好与坏两种形式，并且对形式的选择是个体需要关注的重点；而形式中所包含的内容，比如真理、节制、勇气、耐心和纯洁，或者坏的行为、恶习，是处于次要地位的。因为道德选择的内容受到个人环境的影响而具有较强的主观性和不确定性。

例如，杜威说道："在每种情况下，选择受到了一个人的出生、早期训练、生活环境以及后来知识的限制。对于一个人而言，好可能是绝不偷一块面包，让自己不受酗酒的影响；而对另一个人而言，好可能是通过巨大的自我牺牲，把他的生命奉献给人类的崇高事业。"[①]在特定的环境中，为什么不同的人会对"好的形式"有不同的理解呢？例如，对于患有绝症的病人，有人认为医生应该告诉病人他的真实情况，因为这是"真"的必要选择；还有人认为，医生应该适当保留，留给病人希望，因为这是"善"的必要选择。杜威指出此类行为出现的原因是：不仅是在谨慎行为中，而且在道德行为中，利益也总是个体进行道德选择的依据，只不过这种利益强调的是能够使个体心情愉悦并获得满足感的心理需求，因此对于不同的人而言，对于利益的具体解释也不同。比如说，医生在隐瞒病人病情后会忐忑不安、心神不宁，那么诚实就是符合他的自身利益的最佳道德选择。

杜威认为，道德不能与人的实际生活分离，道德行为不是遵循规范性要求的程序活动，也不是机械操作活动，而是在一定情境下独特的创造性活动，是在特定情境下协调各种关系增进活动意义的一种艺术。事实上，个体所做的

---

① ［美］约翰·杜威. 心理学. //杜威全集·早期著作第2卷［M］. 熊哲宏，张勇，蒋柯，译. 上海：华东师范大学出版社，2010：279.

每一种选择都是个人意志的选择与执行。杜威指出，行为的道德价值主要在于行为的动机，而不是行为的结果。而动机又是由意志本身，即人格，所组成的。如果一个人希望他是"好的"，那么"让自己成为好的"这个观念就是他的意志。仅仅有这个观念就能令他产生满足感，因为这个观念本身就是他所希望的东西。

总之，个体的道德选择和道德行为受到外部环境的影响。杜威指出，"好的行为"的具体内容就是美德，它取决于社会的发展；而"好"则是"成为好的"的意志，它仅仅取决于个体的意志层面。他认为，一个人做事的行为动机要比他做事的行为更加重要，"他不用对他的行为负责""他仅仅需要对他的行为动机负责"①。

（五）道德行为的结果

杜威认为，道德控制能够形成性格，道德行为能够影响人格，其最终目标是完成自我实现。"性格就是把一种能力变为一种现实性的意志。意志是指实现道德自我的能力。性格就是被实现的自我。"②因此，性格仍然是意志。从意志的本质特性出发，个体的道德行为可以得到以下从属结果。

1. 一般意志

一般意志中含有很多处于从属地位的特殊意志。例如，一个小孩遇到了一个强大的诱惑，面对这种特殊情况，小孩停下来进行利弊权衡，并最终选择了一种"成为好的"的特殊意志。如果这个小孩后来面对相似的诱惑仍然能选择执行"好的行为"的意志，那么最开始的特殊意志就会发展成为一般意志。而一旦一种意志成为个体的习惯或者固有偏向，那么不管它是否表露出来，它将会一直存在于个体的行为中，并且会自觉地引导个体的行为。

---

① [美] 约翰·杜威. 心理学. //杜威全集·早期著作第2卷 [M]. 熊哲宏，张勇，蒋柯，译. 上海：华东师范大学出版社，2010：280.

② [美] 约翰·杜威. 心理学. //杜威全集·早期著作第2卷 [M]. 熊哲宏，张勇，蒋柯，译. 上海：华东师范大学出版社，2010：281.

2. 愿望的调节

根据杜威的观点可以得知，一个愿望的实现能够使个体产生一种满足感，这种满足感又能反过来加持愿望的强度。这样的话，不断被满足的愿望会逐渐膨胀，从未得到满足的愿望也会因为没有意义而消失掉。选择能够控制愿望，但是由于愿望的能量是有限的，每一种选择都会加强一些愿望，而削弱另一些愿望。因此，意志可以通过对愿望的调节而决定一个人的自我实现或者性格。

3. 精准和直观的选择

在杜威看来，愿望作为动机的必要条件，能够对个体将来的具体选择产生极大的影响。当愿望相互协调统一时，选择就能非常迅速且精准地实现。对于个人来说，在性格尚未形成之前，道德行为的选择与执行需要经过犹豫不决和深思熟虑，此时的道德行为不具有自发性。但是在性格形成之后，道德行为就好像拥有惯性能够迅速自主地被选择出来，例如，人们几乎不会怀疑一个非常善良的人会在道德行为与不道德行为之间纠结徘徊而拿不定主意，因为他"善良"的性格会使他的选择精准化和直观化。

4. 有效的执行过程

杜威认为，性格是有力量的，它能构成一个能量库为个体目的的实现提供力量，而且，性格还能够将这种力量转向同一个方向，从而使得力量的使用更有针对性和实际效益。一个有性格的人，无论这种性格是好还是坏，都会使他拥有一种应对困境的力量，所以这种人具有顽强的生命力，是不会轻易沮丧和软弱的。

此外，杜威还说道："只有性格稳定的人，才会非常长久地乐于期望实现某一特定的目标。"[①]亚里士多德认为，只有乐于节制的人才是真正节制的，

---

① ［美］约翰·杜威. 心理学. // 杜威全集·早期著作第2卷［M］. 熊哲宏，张勇，蒋柯，译. 上海：华东师范大学出版社，2010：283.

那些被迫节制且节制后感到伤心的人仍然是非节制的。同样地，只有性格诚实的人，才能长久地保持诚实并能感到快乐。这也就是说，性格是有效能的，它能够使个体选择目标、确定行为，并长久持续并且快乐地通过行为执行来实现目标。

本章结语

杜威论意志的心理学思想主要集中于杜威的《心理学》"第三部分：意志"中。在该部分内容中，杜威阐述了意志的性质、本质和目标，论述了意志的起源与发展，并对意志的功能做出解释，但是这些内容较为分散且在叙述上稍显凌乱，因此研究杜威论意志的心理学思想还需要探究和归纳他的其他心理学文献和哲学著作；此外，由于杜威的心理学思想并不是孤立存在的，它与杜威的伦理学、哲学、教育学等领域的思想观点相互交叉，因此还要通过对杜威伦理学、教育学、哲学文献等的搜集与整理来补充和完善。

杜威论意志的心理学思想是基于对传统神本主义意志论的批判，依托时代环境，并且在吸收和改造前人对意志论研究的基础上建立起来的。总体来看，杜威关于意志的心理学思想主要有以下五个特征：

第一，主张意志与自我的一致性。在杜威看来，人就是自我，自我的本质就是意志的自由活动，自我的统一就是意志。他提出心理学意义上的意志就是指作为个体的存在，而个体的存在的表现形式之一就是认识客观世界；认识过程的本质就是普遍性的自我意识的实现过程，同时伴随着情感的具体形式。他进而认为，意志就是自我实现，它不仅蕴含在个体的行为与感知之中，而且贯穿在情感的发生（感觉情感）与发展（道德情感）的过程中，并在此过程中使自身得到发展。杜威的结论是："意志可以被看作是自我决定（self-determination）。简而言之，意志构成了认识和情感的意义；而道德意志构成意志的意义。"①

第二，主张意志的实践性。杜威反对僵化的、教条的意志论，认为意志必须在复杂多变的现实实践中才能真正建立、发展起来。由于环境的多样性，意志的主体还要具有创造性，要能够根据对已有的经验的把握以及对现实情况理智的分析来发挥意志的创造性。杜威指出，意志的终极目的是实现自我，其他大的小的、长期的短期的目的都是实现自我的手段和途径。

第三，主张意志与认识和情感的统一性。杜威直接将认识过程理解为情感在知觉过程中通过意志而形成的客观化过程。他认为知识建构的过程源自感觉，并通过知觉过程完成，在这个过程中意志一直调控着各个环节，使其逐渐完成知识的形成；同时，各种情感一直伴随着意志的自我调节过程，无论是意志的客观表现，还是意志行为的具体内容，情感都无处不在。"简而言之，认识是意志的客观和普遍的一面；情感是意志的主观和个体的一面。由于意志包含了认识和情感，并且将两者统一起来了，所以意志就是自我。"②

第四，主张意志具有道德性。杜威提出，意志可以建立绝对的真、善、美观念，意志就是自我实现道德观念的活动；观念意志具有强大的动机力量，能够在认识真善美、正义中产生具体的行为和品质。在他的思想中，道德意志就是真实自我和观念自我的结合，它能将两种自我在具体行为和性格形成过程中统一起来。不过，杜威从宗教情感出发，提出宗教意志才是两种自我的最终实现，反映其思想的保守性。

第五，主张道德意志的社会性。杜威的经验主义理论和实用主义方法是其思想中的一个重要方面，也是解读杜威论意志的心理学思想的一个入手之处。例如，杜威认为，个体道德具有社会性，道德判断、道德选择、道德行为

① ［美］约翰·杜威. 心理学. //杜威全集·早期著作第2卷［M］.熊哲宏，张勇，蒋柯，译.上海：华东师范大学出版社，2010：285.

② ［美］约翰·杜威. 心理学. //杜威全集·早期著作第2卷［M］.熊哲宏，张勇，蒋柯，译.上海：华东师范大学出版社，2010：286.

等都是在一定的社会环境之中进行的，因此道德作为个体与社会相互作用的产物体现出一种合作性智慧。他指出，道德的重要任务是恰当地协调个体与社会之间的关系，旧个人主义提倡个人至上，对个体的理解侧重于物欲下的个体，而新个人主义强调社会中的个体，即理性条件下的个体。杜威指出，学校道德教育的基本目的是培养学生的社会道德观念，即个体应成为社会生活中"有用的好人"；学校道德教育的最大目的是培养学生行动方面具有善性的品格，即强调品格与行为应相互匹配。

简而言之，杜威将意志当成统合心理过程的源泉。在他看来，自我的本质就是意志的决定性活动，意志在这种客观化的活动过程中使自身具有了普遍性，从而产生认识；客观化的意志就是科学，客观化的活动就是智力；同时，这种客观化的普遍性结果则是以个体的意识为中介而存在的，从而产生活动的主观方面因素，即情感。因此，杜威总结道：

> 有这样一种活动，它既是主观又是客观的。它把个体和宇宙连接起来了，它在情感中找到了它的动机，在认识中找到了结果，同时又把这种已知的（known）客体变成了感受到的（felt）主体。这种活动就是意志，它是心理生活的统一体……意志在其本质上是普遍的……意志的这种普遍本质构成了我们所说的观念。如果它拥有了真理的普遍和谐本质，那么它就是理智观念；如果它拥有了情感的普遍和谐本质，那么它就是审美观念；而如果它拥有了意志的普遍和谐本质，那么它就是道德观念。①

杜威的意志心理学思想受到当代具身认知理论的青睐，这种理论强调生

---

① ［美］约翰·杜威. 心理学. //杜威全集·早期著作第2卷［M］. 刘娟，译. 上海：华东师范大学出版社，2010：289.

理体验与心理状态之间的紧密联系，个体生理体验可以"激活"心理活动，反之亦然。举例来说，当个体在开心的时候会微笑，而微笑也使人变得更开心。杜威毫不隐瞒自己的观点，坚持如果没有意志，认识就无法实现，情感也无法得到满足；一旦拥有了意志，所有心理活动都将成为自我的渐进实现过程，或个体自我形成的渐进观念化过程。可见，杜威的意志心理学并不仅仅是书斋里的理论研究，他的理论更多地关注了现实活动，是人们应对眼前许多现实问题的认识工具。因此，通过对杜威意志心理学思想的研究，可以发现他的思想对当代社会仍然有许多值得借鉴的地方。

第七章　杜威论兴趣

　　杜威对"兴趣"的论述建立在自身对个体心理认识的基础上，并结合前人思想，尤其是卢梭（Jean-Jacques Rousseau）和赫尔巴特兴趣学说展开的。关于"兴趣心理学"这一概念最早出现在杜威的《与意志有关的兴趣》一文中，之后在《教育中的兴趣与努力》中杜威对"兴趣"进行了专门的论述，并正式提出了建设"兴趣心理学"的任务，目的是探讨"真正的兴趣原理"。随后，杜威在相关的论述中阐述了兴趣的本质、特性、类型、发生基础及其与意志努力、思维、动机、注意力、道德义务的关系等。此外，"兴趣"理论的论述也散见于杜威其他教育著作中，如《民主主义与教育》《我的教育信条》等。"兴趣"作为杜威心理学和教育哲学中的一个重要研究领域，贯穿于杜威整个教育理论体系之中。

第一节　兴趣的内涵

　　杜威的兴趣心理学理论基础深厚，内容丰富。一方面，杜威立足于实用主义教育哲学，站在心理学发展的前沿，提出了建设"兴趣心理学"的任务，探讨了兴趣的概念、特征、类型；另一方面，杜威对兴趣与本能需要、努力结果、意志训练、注意力发展等心理现象的关系等进行了系统的研究。在兴趣心理学的现实应用方面，杜威高度重视兴趣心理学在学校教育，尤其是课程教学中的地位，反复强调兴趣在教育中的作用，形成了独特的教育信条。在杜威的众多著作中都提及了关于"兴趣"的问题，尤其在《教育中的兴趣与努力》这本著作中，杜威首次对教育中的兴趣做了详细的分析和论述，其中包括兴趣的概念、类型及其特性。

一、兴趣的概念

杜威在多本著作中都对"兴趣"的概念进行了论述，通过对杜威的论述进行归纳可以剥离出来"兴趣"这一概念的含义。在《我的教育信条》中，杜威认为"兴趣是生长中的能力的信号和象征，我相信，兴趣显示着最初出现的能力"①。《民主主义与教育》中有专门的章节论述"兴趣"："兴趣是任何有目的的经验中各种事物的动力。"②《学校与社会》一书中提到"每一项兴趣都是源于某种本能或反过来又最终基于一种原始本能的习惯"③。在《儿童与课程》中，杜威论述道："实际上兴趣只不过是对于可能发生的经验的种种态度；它们不是已经完成了的东西；它们的价值在于它们所提供的那种力量，而不是它们所表现的那种成就。"④杜威在《教育中的兴趣与努力》阐释了"兴趣"的相关含义："真正的兴趣只是意味着人已经投身于其中的或发觉自己已身在其中的某一行动过程，因而他与那个过程成功地进行中所包括的任何对象和技巧是融为一体的。"⑤

根据杜威诸多有关"兴趣"的论述来看，"兴趣"主要有以下内涵：在"生长论"视角下，兴趣与儿童的生长密切相关，是儿童能力生长的信号和象征；在"本能论"视角下，兴趣具有自发性，内发于儿童的本能，最终会形成一种习惯；在"统一性"视角下，兴趣是与儿童的行动过程融为一体的，与儿

---

①［美］约翰·杜威.我的教育信条.//杜威全集·早期著作第5卷［M］.杨小微，罗德红，等译.上海：华东师范大学出版社，2010：69.

②［美］约翰·杜威.民主主义与教育［M］.王承旭，译.北京：人民教育出版社，2001：143.

③［美］约翰·杜威.学校与社会.//学校与社会·明日之学校［M］.赵祥麟，任钟印，吴志宏，译.北京：人民教育出版社，2005：93.

④［美］约翰·杜威.儿童与课程.//学校与社会·明日之学校［M］.赵祥麟，任钟印，吴志宏，译.北京：人民教育出版社，2005：118.

⑤［美］约翰·杜威.教育中的兴趣与努力.//学校与社会·明日之学校［M］.赵祥麟，任钟印，吴志宏，译.北京：人民教育出版社，2005：184.

童的行动密不可分；在"个体情感和心理"的视角下，兴趣是积极的、动态的、客观的，能够促进个体有效行动，有助于精神活动发展的一种情感。通过上述总结，基本可以归纳出杜威对于"兴趣"的定义，即兴趣源于儿童的本能冲动，是儿童求知过程中的重要内部推动力，与儿童的生长发展密切相关。

二、兴趣的性质

与同时代的其他教育学者不同，杜威对兴趣的理解是建立在自身庞大的哲学体系基础上的。其中，工具主义、机能心理学、自然主义的经验论以及儿童中心主义的教育观共同构成了杜威兴趣学说的基础，在这些理论基础的支撑下，杜威提出了有关兴趣的基本观点。

（一）兴趣是身体机能外在的表现形式

杜威认为，兴趣是个体身体机能的外在表现形式。首先，杜威认为儿童的心理活动实质上是本能发展的过程，人的本能冲动是潜藏在儿童身体内部的一种生来就有的能力，这些本能冲动就是儿童发展和教育的最根本的基础。[①]杜威强调，兴趣作为个体心理活动的一部分，并不是独立存在于个体之外的，而是与个体自身及外部活动融为一体，具有本能冲动性、持续性和发展性的特征，是儿童身心发展的动力机制。因而，只有密切关注个人的能力、爱好及兴趣，把教育心理学化，才有可能达到这种"适应"。其次，杜威论述了"兴趣"与"本能"之间的关系："每一项兴趣都是源于某种本能或反过来又最终基于一种原始本能的习惯。"[②]"我们天然的兴趣的根基在于自发的冲动性活动的这种自然状态中，兴趣不再是消极地等待来自外部的刺激，而是冲动性

---

① 单中惠. 现代教育的探索——杜威与实用主义教育思想［M］. 北京：人民教育出版社，2001：107.

② ［美］约翰·杜威. 学校与社会. //学校与社会·明日之学校［M］. 赵祥麟，任钟印，吴志宏，译. 北京：人民教育出版社，2005：93.

的。"①杜威认为兴趣本身就是个体本能冲动的衍生物。

（二）经验是兴趣的来源

杜威认为："经验指的是任何经验到的什么东西、任何经历和尝试的东西，也包括经验的过程。"②显而易见，"经验"在杜威的哲学观中具有无所不包的性质，"经验"作为杜威教育思想的核心，同样强调教育理论与个人经验的有机联系。他认为，为了实现教育目的，不论对学习者个人还是社会，教育都要以个人实际生活经验为基础。因此，杜威在处理人、动机、内心情感和环境条件的关系时，并未将前者和后者完全地割裂开来。他把知识视为个体的经验探索过程，而经验的获得是一种主动的认知过程，如果简单地将经验的主动性与被动性相分割，就会破坏经验的重要意义。

个体经验的过程，也是希望、畏惧、兴趣等心理发展的过程。在这一过程中，杜威极其强调"兴趣"的重要推动作用。在《教育中的兴趣与努力》一文中，杜威提到"兴趣不是通过对它进行思考或有意识地引导而获得的，而是通过思考和引导那些支撑并推动它的条件获得的"③。而这个"条件"是指自然的、社会的和知识的环境。因此，杜威并未将个体经验、兴趣的发展与外界环境分割开来，而是强调在知识内寻找能够使儿童学习的兴趣、动机得到发展的内容。

（三）改造是兴趣的归宿

杜威认为，兴趣具有工具属性，它是生长发展、改造客观环境的重要工具和手段。他强调，"真理"是适应和改造环境的一种工具，探寻意义的过程就是在探寻真理的过程。在工具主义的指导下，杜威把"兴趣"看作是动态

---

① ［美］约翰·杜威.学校与社会.//学校与社会·明日之学校［M］.赵祥麟，任钟印，吴志宏，译.北京：人民教育出版社，2005：93，173.

② ［美］约翰·杜威.经验与哲学方法.//杜威全集·晚期著作第1卷［M］.傅统先，郑国玉，刘华初，译.马荣，校.上海：华东师范大学出版社，2015：308.

③ ［美］约翰·杜威.教育中的兴趣与努力.//杜威全集·中期著作第7卷［M］.刘娟，译.欧阳谦，校.上海：华东师范大学出版社，2012：148.

的、客观的，具有指向性、目的性和主动性；兴趣是个人与其行动和结果之间有机统一的标志。同样，兴趣也是个体生长发展、改造客观环境的重要工具和手段，是使教育产生意义的直接原因，"一切有教育意义的活动，主要的动力在于儿童的本能的、由冲动引起的兴趣上"[①]。此外，"兴趣"也具有效用性，只有被合理的利用才会发挥它最大的作用。

教育领域正是杜威验证"兴趣"理论现实实践的主要阵地。杜威把实用主义哲学融入教育理论和实践中，形成了独特的实用主义教育体系。杜威把教育视为人类社会进化的最有效工具，指出教育与社会、儿童兴趣相脱离的问题尤为显著。因而，他提出教育对象的认识与实践、需要和兴趣都应与社会环境相互结合，以此来克服教育中存在的弊端。杜威以兴趣、教育为手段，围绕着个体与客观事物、教育与社会的关系审视现实，主张兴趣要以促进儿童生长和发展为目的，教育应适应社会发展，注重儿童的兴趣需要。

三、兴趣的类型

伴随着心理学及进化论的进一步发展，研究者对人的本能需要的探讨更加深入，对兴趣的分类也产生了较大的影响。在此背景下，杜威基于儿童心理学的本能问题，将儿童在学校中的本能冲动加以分类，提出了四种本能：社交的本能、制作的本能、探究的本能、艺术的本能。这四类本能分别与交谈或交流方面的兴趣、制作或制造的兴趣、探究或发现的兴趣、艺术表现的兴趣这四种兴趣类型相对应。杜威认为儿童所具有的这些本能和兴趣就是他们与生俱来的资源，儿童未来的发展、生长有赖于这些资源的利用。由此，基于这四类本能兴趣，杜威在《教育中的兴趣与努力》中进一步提出了四种具有"教育性的兴趣类型"。

---

① ［美］凯瑟琳·坎普·梅休. 杜威学校［M］. 王承绪，赵祥麟，赵端瑛，顾岳中，译. 北京：教育科学出版社，2007：29.

（一）基于本能冲动的兴趣类型

杜威根据儿童本能将儿童的兴趣划分为四类。他将这四类兴趣与儿童不同的生长阶段相对应，指出初等教育在儿童不同的生长阶段应承担的任务。

1. 交谈或交流方面的兴趣

儿童的社交本能是通过谈话、交往和交流所表现出来的。其中，语言的本能是儿童社交表现的最简单形式。语言被定义为表达思想的工具，是一种社交的形式，即个体把经验传递给别人，又从别人那里取得经验的工具。[①]由于语言的本能是一切教育资源中重要的资源，杜威提倡"口述课"的改革。在旧教育制度下，教育极少为儿童提供自由使用的语言机会，导致儿童的语言不是从生动的交流中获得的，语言教学变成了一个复杂的问题。随后，在新教育中口述课摇身一变，成了社交的信息交流站，即从检查已获得的知识转变到使儿童的社交本能得到无拘无束的运用中，影响和改进了学校中的所有语言课。学校向儿童提供充足的、足以引起儿童兴趣的语言资源，并以社交的方式来挖掘儿童的语言本能。在此，杜威强调了各种事实和材料在儿童语言发展中的重要地位。"当儿童有了各种材料和事实要求谈论它们时，他的语言就变得更优美、更完整，因为它是受现实所制约又来源于现实的。"[②]

2. 制作或制造的兴趣

儿童制造的兴趣源于其制作或建造的本能冲动。制作或建造的本能冲动首先在游戏、运动、肢体动作中表现出来，随着儿童身心的发展，这种冲动的表现形式变得更加具体、明确，并在将材料制作成更加具体的形状和永久性的物体中寻找表现的方法。在这一兴趣中，工具的介入和技巧的获得是主要的表现特征。杜威说："当外部对象的控制是依靠某种工具或依靠将一种

---

①［美］约翰·杜威. 学校与社会. //学校与社会·明日之学校［M］. 赵祥麟，任钟印，吴志宏，译. 北京：人民教育出版社，2005：49.

②［美］约翰·杜威. 学校与社会. //学校与社会·明日之学校［M］. 赵祥麟，任钟印，吴志宏，译. 北京：人民教育出版社，2005：49.

材料用于其他材料的方法来达到时，就可以看到一种包含身体的感觉运动器官在内的较高级的活动。"①可见，制造的兴趣在萌芽与发展的过程中就已经包含了"意义"，即能够使用各种中介的材料、工具以及技巧，包含了为了达到目的的有意识的努力。

3. 探究或发现的兴趣

杜威指出，探究的本能是建造性的冲动与交谈的冲动相结合产生的。儿童仅仅对较具体的而非抽象的事物产生探究兴趣。"对于幼年儿童，实验科学和木工工场中所做的工作是没有区别的。他们在物理学和化学中能做的工作目的不在于做出专门技术上的概括或甚至达到抽象的真理。儿童只是喜爱做些事并密切注视着要发生的事。"②也就是说，儿童产生探究性兴趣并非为了寻求真理或知识，而是完全出于其本能活动。处于这一兴趣阶段的儿童，其兴趣已具备理智性特征，即儿童在探究的过程中会有意识地、主动地采取某一手段技巧或有效的工具，从而达到一定目的或实现某一结果。

4. 艺术表现的兴趣

儿童的表现性冲动即艺术本能，也是在交流和建造性本能中产生的。杜威指出，艺术本能是交流的本能和建造性本能的精髓和完满的表现。如果儿童的建造兴趣十分充沛、自由，具有社会性动机和说明某种事情的意义，那么，儿童就具有艺术表现的兴趣。杜威以纺织工作为例来说明这一问题：假若儿童要制作一架原始的织布机，这时最开始产生制作织布机意向的便是制造性兴趣；之后，儿童用自己画出的花纹图案和有限的纺织技巧，使用这架织布机制做出了印第安毯子，此时的兴趣发展已成为艺术表现的兴趣。这项纺织工作不仅要求儿童具备相应的历史知识和技术设计原理方面的训练及知识，还要求儿

---

① [美] 约翰·杜威. 教育中的兴趣与努力. //学校与社会·明日之学校 [M]. 赵祥麟，任钟印，吴志宏，译. 北京：人民教育出版社，2005：198.

② [美] 约翰·杜威. 学校与社会. //学校与社会·明日之学校 [M]. 赵祥麟，任钟印，吴志宏，译. 北京：人民教育出版社，2005：45–46.

童具有以艺术的态度恰如其分地传达印第安文化观念的素养。[1]可见，一切艺术活动都要运用人体的器官，但又不局限于表现器官所必需的、单一的专门技巧。它还包括某种观念、思想——对事物以心灵上的反映，是思想与表现手段的统一，而不是任何独立存在的观念。

5. 基于兴趣的儿童教育阶段

根据杜威的心理发展阶段论，可知儿童的兴趣与其心理发展息息相关，具有浓厚的心理学意味。根据儿童心理发展的过程，杜威指出个体受教育的时期是20—25年，并将其划分为四个阶段：幼儿早期、幼儿后期或游戏时期、儿童期、青年时期。其中，在儿童不同的生长阶段兴趣的发展呈现出不同的特点。这一心理研究结果，成为划分兴趣类型的重要理论基础。

事实上，以上这几种兴趣类型与儿童不同的生长阶段相对应。杜威将儿童的兴趣发展与生长或心理发展顺序以及初等学校教育相联系，认为理想的初等学校是应用心理学的实验室，即研究儿童身上所表现出的和发展的心理的场所，是探索实现和推进正常生长的条件的材料和媒介的场所。[2]此外，"学校是一个检验心理学对社会实践的指导作用的理想场所，因为学校的明确目标就是在特定态度和努力下，培养特定的社会个性"[3]。因而，初等学校的任务是按照现代心理学所阐明的儿童智力活动和生长过程的原理，来观察儿童教育的问题。

基于此，杜威指出初等教育的第一阶段即儿童生长的第一个阶段（4—8岁），是以直接的社会兴趣与个人兴趣、印象、观念和行动之间直接的关系为特征。杜威提到许多人类学家认为儿童的兴趣与原始生活的兴趣有某种一致之

①［美］约翰·杜威. 学校与社会.//学校与社会·明日之学校［M］. 赵祥麟，任钟印，吴志宏，译. 北京：人民教育出版社，2005：46.

②［美］约翰·杜威. 学校与社会.//学校与社会·明日之学校［M］. 赵祥麟，任钟印，吴志宏，译. 北京：人民教育出版社，2005：69.

③［美］约翰·杜威. 心理学与社会实践.//杜威全集·中期著作第1卷［M］. 刘时工，白玉国，译. 上海：华东师范大学出版社，2012：104.

处。①所以在儿童第一生长阶段中，他们所感兴趣的事物主要与人类的生活和生产活动有关。因而，在这一时期为儿童社会本能的冲动开辟出表现的路径是刻不容缓的。儿童的教育活动应该从儿童自己所处的社会环境中出发，让他们进行类似的、能够代表社会具体情景的活动，例如游戏、竞赛、作业、讲故事、交谈等。在活动开始的时候，所选择的材料或教材应与儿童、家庭生活和邻里环境相贴近；随后，材料的内容可以拓展到相关社会职业以及与职业有关的社会历史。值得说明的是，选择这些材料的目的不是作为儿童学习的功课，而是作为他们自己的活动方式（编织、烹饪、商店工作、模型制作、戏剧表演、交谈等），进而纳入他们已有的经验中。这些材料反过来又成为直接的媒介，它们是儿童本能活动的形式或表现性活动，能够让这一时期儿童生活中知与行之间保持密切联系。在学校教育上的体现就是重演儿童社会经验，并使之扩大、丰富并逐渐系统化。

在儿童生长的第二个阶段（8—12岁），发展的目标是儿童的自我认识，儿童需要对自己身上所发生的变化有一个清晰的认识，并能做出反应。杜威指出，儿童身上产生的变化是指他们意识到行为背后将会产生多种可能性结果。当儿童注意到某种明显的、截然不同而持久的目的时，以前模糊的目的便瓦解了。儿童便不再满足于直接的、游戏的活动，他们想要有意识地完成某件事情，从而达到一个明确的、持久的结果。②这一时期的儿童具备了对行动规律的认识，即是说，对于适合达到永久结果的固定方法的认识，以及对于掌握特殊制作方法的价值的认识。处于这一兴趣阶段的儿童，其兴趣已具备理智性特征，即儿童为实现某一结果，会理智地、主动地采取某种手段和技巧。在教育方面，教材要将儿童模糊的经验具体化作具有典型特征的材料，要指导儿童掌

---

① ［美］约翰·杜威. 学校与社会.//学校与社会·明日之学校［M］. 赵祥麟，任钟印，吴志宏，译. 北京：人民教育出版社，2005：47.

② ［美］约翰·杜威. 学校与社会.//学校与社会·明日之学校［M］. 赵祥麟，任钟印，吴志宏，译. 北京：人民教育出版社，2005：75.

握材料的技巧和方法。

在儿童生长的第三个阶段（学制中指的是初等教育与中等教育之间），他们对现实事物的各种形态和活动方式有着充分的了解，掌握了与经验的各个方面相适应的方法以及思维、探究和活动的工具时，能够为了专门的、智力的目的而对不同的学科和艺术进行研究。在教育上，初等学校要在儿童生长的前两个阶段打好坚实的基础，以便他们能够更顺利地进入第三阶段的发展过程，扩展他们的生活视野。

可以看出，在儿童生长的第一阶段中，其活动具有直接性、生产性，像在他们游戏和运动时一样积极地从事活动，而不是研究性的。在之后的儿童生长第二阶段，他们开始尝试带着目的来发现如何处理各种不同的材料和媒介，此时的儿童思维具有了理智特征。最后，在儿童生长的第三阶段，儿童基于对客观事物的了解，掌握了相应的方法和技巧，能够就某一目的对不同的事物进行研究。因而，儿童的兴趣是伴随着生长一同发展的，在不同的发展阶段呈现出不同的兴趣特点。

（二）教育性兴趣的类型

如上所述，儿童的心理是不断生长的，本质上是变化着的，所以儿童在不同的时期呈现出不同的能力和兴趣。从杜威对儿童生长阶段的划分可知，他试图从心理学的假设找到教育中兴趣的不同表现。由此，在《教育中的兴趣与努力》一书中，杜威提出了"直接兴趣与间接兴趣"和四种"教育性兴趣的类型"，即活动的兴趣、发现的兴趣、理智的兴趣、社会的兴趣。不难发现，杜威提出的教育性兴趣的类型，恰恰是基于儿童的本能冲动所提出的四类本能兴趣类型在教育上的体现。

杜威在对兴趣的讨论中，首要提出了应遵循的原则——兴趣与一个人全神贯注地从事的活动之间相联系。"活动"被杜威看作是一个重要的教育原则，特别是"自我活动"的观念①，是杜威最高教育理想的表述。然而，活动不能在真空里进行，它依赖于进行活动的材料、教材和条件，并且需要活动主体具有一定的活动倾向性、活动的习惯和能力。因此，对"活动"的理解必须足以涵盖到包括能力的生长在内的一切事情——特别是认清所做事情的意义的能力，这样的活动领域才是教育性过程得以持续发展的地方。可见，凡是真正兴趣所在的地方，个体的兴趣及其发展是与活动的方式和客观对象融为一体的，这两者之间是紧密联系的。真正教育性兴趣的活动，其类型因人而异、因年龄而异，杜威从中提炼出四种较普遍的类型特点，拉近了兴趣与教育实践的关系。因此，在杜威的四种教育性兴趣类型的讨论中皆贯彻了"活动"这一宗旨，极为重视活动对儿童兴趣发展的重要性。

1. 活动的兴趣

由于在形式意义上所理解的"自我活动"忽视了身体和肌体本能的重要性，因而，杜威首先从最直接的、字面上的意义理解"活动的兴趣"——身体活动的兴趣。儿童在本能冲动的驱使下，会主动地学习做些事情并逐渐获得学习的习惯和兴趣，在这一过程中，学习和兴趣的发展对身体的活动具有重要意义。正如杜威所说："只要身体的活动是必须学习的，它在性质上就不仅是身体的，而且是心理上的、智力上的。"②可以看出，所谓身体活动的兴趣是指个体运用身体器官全神贯注地从事某种活动，它既指身体的活动，又强调心理和智力的运用和发展。此外，身体的活动强调儿童必须要学习协调运用感觉器官（眼、耳、手等）和运动器官（肌肉）进行活动。随后儿童身体活动和动作的能力增长会带来某种情绪体验或心理成长，如喜悦、兴趣。显然，自我活动并不能从个体内部活动中凸显，它需要儿童通过游戏、建造物件、操作材料等

---

① ［美］约翰·杜威. 教育中的兴趣与努力. //学校与社会·明日之学校［M］. 赵祥麟，任钟印，吴志宏，译. 北京：人民教育出版社，2005：194.

② ［美］约翰·杜威. 教育中的兴趣与努力. //学校与社会·明日之学校［M］. 赵祥麟，任钟印，吴志宏，译. 北京：人民教育出版社，2005：194.

身体动作的配合才能达成。这就凸显了"直接活动兴趣"的重要性，它在儿童身体活动的过程中发挥着推动作用。

在此，杜威肯定了裴斯泰洛齐（Johan Heinrich Pestalozzi）实物教学的主张，对"自我活动是内在的、抽象的、纯粹形式"的流行观念提出了挑战。杜威指出，这些流行观念仍是与身心关系的错误哲学结合在一起的，儿童感官的运动只是刺激到运动反应的途径，只有经过这些运动的反应，特别是经过考虑感觉刺激与运动反应的相互适应，知识的成长才会出现。[①]他认为，声音、颜色等感觉特性之所以重要，是因为它们与各种形式的、能促进智力控制的行为相联系，并通过积极的心理反应——兴趣，使各种不同特性具有意义。因而，杜威反对初等学校中各种强制的训练方式来压制一切身体活动，强调学校要为儿童提供身体活动机会。

此外，杜威也肯定了福禄培尔（Friedrich Wilhelm August Fröbel）和幼儿园运动中"活动"概念中的重要意义。杜威认为福禄培尔所提出的游戏、运动、连续性作业等身体活动具有重要的教育意义，身体技能的锻炼在智力成长中的地位得到了承认。[②]但杜威也反对福禄培尔的信徒用"象征主义"[③]来解释身体活动，认为这种解释对活动的价值存在着误解，未能认识到行动的直接价值及对游戏与作业活动的自由利用。不可否认的是，福禄培尔所提出的原则肯定了身体活动在教育性生长中的重要性，这是一个重大的进步。

2. 发现的兴趣

"发现"对于身体活动来说是一种更高级的活动。此时的发现兴趣具有了

---

① ［美］约翰·杜威.教育中的兴趣与努力.//学校与社会·明日之学校［M］.赵祥麟，任钟印，吴志宏，译.北京：人民教育出版社，2005：196.

② ［美］约翰·杜威.教育中的兴趣与努力.//学校与社会·明日之学校［M］.赵祥麟，任钟印，吴志宏，译.北京：人民教育出版社，2005：197.

③ 即人们认为教育的发展不是由于直接做了什么，而是因为象征性地以活动为代表的最高哲学原理和宗教原理。这种象征主义原理与假设的、封闭的绝对统一体的展开定律有关。

理智的特点，意指个体有意识地、主动地采取某一手段技巧或有效的工具，从而达到一定目的或实现某一结果。"当外部对象的控制是依靠某种工具或依靠一种材料用于其他材料的方法来达到时，就可以看到一种包含身体的感觉运动器官在内的较高级的活动。"①而这种活动就是发现的活动。在整个过程中，工具的运用对于个体来说，是思维和想象力的一次飞跃。工具可以看作是身体器官的延伸，其中人的双手也可以看作是一种工具，它需要个体通过不断地尝试和思考去实现其功能。

概略地说，中介工具的使用将工作与比赛、游戏、劳动区别开来。首先，儿童在游戏中通过他们的双手或其他工具来引起事物的变化，从而获得满足感。杜威举例道：儿童在玩布置餐桌的游戏时，树叶被当作菜碟，石子被当作食物，碎叶片子被当作刀子和叉子。在无拘无束的游戏中，物品根据儿童的情绪和即兴需要被想象成任何东西，根据儿童的想象更改它们的性质。

在比赛中所有的事物和元素是按照一定规则存在的，儿童必须按照比赛中的规则来使用客观事物，如球棒在棒球比赛中只能被当作是击球的棒子。随着儿童心理的进一步发展，他们便要求使用能够适合他们目的的、真正能实现某种结果的工具，而不是在幻想中实现这种目的的工具。可以看出，儿童的这种变化是随着个体心理的日渐成熟而变化的。

若儿童的这种想法能维持更久的时间，就可以利用它们来引起实质性的条件改变，即儿童心理可以进入一个几乎总是需要工具的介入或使用中介用具的过程，这就是"工作"。因此，"工作"与自发性"游戏"的不同之处是工作具有"理智"的特点。如果儿童已经对从事意义上的工作做好了准备而不是由他人引导着去做，说明儿童已经准备好了按照一个观念去行动之后仍停留在"兴奋"的感觉水平。

---

① [美] 约翰·杜威. 教育中的兴趣与努力. //学校与社会·明日之学校 [M]. 赵祥麟，任钟印，吴志宏，译. 北京：人民教育出版社，2005：198.

杜威认为，劳动虽然是工作的一种，但是两者之间也存在着区别。劳动是一个经济学名词，只有把它看作是交换其他事物的手段时，它所完成的直接结果才有价值。[①]可见，"劳动"的驱动力是相应的报酬或价值的回报，而"工作"的动力源于儿童的兴趣和探究意识，并非酬劳。总的来说，这种意义的"工作"涉及一切形式的艺术活动和手工活动，只要它们包括为达到目的的有意识的或深思熟虑的努力，例如绘画、唱歌、木工、纺织等。

3. 理智的兴趣

儿童"发现的兴趣"达成后，随之而来的就是"理智的兴趣"。杜威这里提到的"理智"简单来说就是个体通过思维、智力能力去寻找方法完成某一活动。值得说明的是，"理智"并不仅仅存在于这一类兴趣中。在活动的兴趣、发现的兴趣中，"理智"同样是这些活动的组成部分，但这种理智的兴趣仅仅发挥着从属的、辅助的作用。"理智"也可以成为占支配地位的兴趣，即儿童并不是为了成功地完成一项活动而在思想上设计并发现它们，而是为了发现某种东西而开始这项活动——这便是"理智的兴趣"。

理智的兴趣体现了个体的兴趣从具体的实践活动层面发展为抽象的理论思维层面。一方面，个体应当能够对某一活动有着理智而清晰的认识；另一方面，个体能够运用思维、逻辑来寻求解决问题的方法。当个体开始从事某种活动时，达到目的或实现结果的兴趣占据优势，伴随着理智的兴趣与富有思考的努力逐渐紧密结合，原本关注于目的或结果的兴趣就会转而关注如何实现该目的的方法和原因的兴趣上。"当任何人对一个成为问题的问题发生兴趣、对探究和解决问题的知识发生兴趣时，兴趣就是具有理智特点的。"[②]因此，教育者的任务就是要引导儿童的表面的、实践的兴趣向理智的兴趣转变。

---

①［美］约翰·杜威. 教育中的兴趣与努力. //学校与社会·明日之学校［M］. 赵祥麟，任钟印，吴志宏，译. 北京：人民教育出版社，2005：199.

②［美］约翰·杜威. 教育中的兴趣与努力. //学校与社会·明日之学校［M］. 赵祥麟，任钟印，吴志宏，译. 北京：人民教育出版社，2005：202.

4. 社会的兴趣

在杜威看来，所谓社会的兴趣，就是对人的兴趣，乃是一种强烈的特殊兴趣，并与以上几种兴趣相互交叉、影响。[①]社会的兴趣源于儿童的社会性本能以及对成人的依赖和需求心理，这表现为儿童对社会活动和人际交往的兴趣。儿童在成长过程中对人们的关心是十分热切的，他们对别人的依赖只是为了得到别人的支持和指导，这便为吸引他人的注意、与他人建立亲密关系提供了一个天然的基础。

实际上，孤立的儿童活动是不存在的，儿童经常会自然地将自己的活动与别人的活动紧密联系在一起。正是通过直接地或想象地参与到别人的活动中，儿童发现了自己的全部经验中最有意义的、最有益的经验，也就是社会性经验。从这个意义上来说，儿童在兴趣上比一般成人更富有社会性。除此之外，社会兴趣还弥漫在儿童对某种事物的兴趣中。儿童对某件事物的关注程度，有时不但取决于事物本身的兴趣，还来自他们对成人的行动和解决问题的方式的理解和态度。所谓儿童的万物有灵论，不过是他们的社会兴趣的表现，是将自然界的事物拟人化的倾向。这也是纯粹抽象的学科会使儿童感到厌烦的原因——这些学科知识是孤立于人类社会关系之外的。

社会兴趣和道德兴趣之间也有着千丝万缕的联系。社会兴趣有着强烈的支配力量，通过交往，这种力量会慢慢地转化为道德方面所需要的力量。[②]当儿童的直接兴趣指向一个方向，而社会准则或义务指向另一方向时，要使之认识到与社会义务相关的、他人的兴趣或需要，从而增强儿童的道德精神和信念。杜威特别指出，把兴趣看作是自私的原则或个人主义原则的观点是完全与

---

①［美］约翰·杜威. 教育中的兴趣与努力. //学校与社会·明日之学校［M］. 赵祥麟，任钟印，吴志宏，译. 北京：人民教育出版社，2005：202.

②［美］约翰·杜威. 教育中的兴趣与努力. //学校与社会·明日之学校［M］. 赵祥麟，任钟印，吴志宏，译. 北京：人民教育出版社，2005：204.

实际的事实不相容的。①这也反映了杜威的民主主义社会理想。

以上四种教育性兴趣类型体现了杜威的经验主义和民主主义教育思想。同时，这四种兴趣符合儿童的本能活动及心理发展顺序，它们之间互相作用影响，共同促进了儿童的身心发展。无论是哪一类兴趣，目的都是让儿童活动的范围变得广阔和丰富，是一种帮助儿童扩充自己的方法和手段。

5. 直接兴趣与间接兴趣

杜威根据兴趣的表现性将兴趣分为直接兴趣和间接兴趣。在一些情况下，儿童的行动是直接的、即时的，是在没有经过任何事情的情况下直接发生。这些行动的目的就是满足儿童眼前的活动，是一种自我满足并自行满足的活动。一切活动皆具有这种直接的性质，例如，纯美学的鉴赏便是这种直接行动的体现。儿童只对眼前的事物产生兴趣，而不是对它以外的事物感兴趣，这便是杜威所说的"直接兴趣"。因而，所谓的"直接兴趣"就是指直接行为发生的，根据眼前的事物、活动从而引发的兴趣，不存在思想上的方法和目的之间的鸿沟。

此外，在儿童的生长中也存在着间接的、迁移的兴趣，即间接性兴趣。它是指因儿童自己的目的和愿望而引发产生的兴趣，具有"使事物变得有趣"的原则。②当音符和指法技巧被当作枯燥的学习时，儿童对它是不感兴趣的；当儿童认识到这种学习可以帮助到自己，使他的唱歌发音更加优美洪亮时，音符和指法技巧的学习便能吸引儿童。可见，当任何无关紧要的甚至令人厌恶的事情与儿童目前的经验、能力和需要相关，并且儿童能够认识到这些事情的意义和价值时，它就变得有兴趣了。因此，可以说间接性兴趣是方法和目的的关系。儿童在年幼时只能看到直接的、切近的事物，随着他们经验的增长，眼界

---

① ［美］约翰·杜威. 教育中的兴趣与努力. //学校与社会·明日之学校 ［M］. 赵祥麟，任钟印，吴志宏，译. 北京：人民教育出版社，2005：204.

② ［美］约翰·杜威. 教育中的兴趣与努力. //学校与社会·明日之学校 ［M］. 赵祥麟，任钟印，吴志宏，译. 北京：人民教育出版社，2005：175.

随之不断扩展，他们不仅能看到一种行为或一件事物的本身，而且能把它看作是更大整体的一部分。如果这个整体属于儿童的经验，那么它就是儿童自己的活动模式，那么，这个整体所包括的其他事情或行为也就具有了兴趣。这也是"使事物变得有趣"观念的真正意义所在，即要考虑和参照儿童已有的经验、能力和需要选择事物，并能够使儿童联系到已经对他们有意义的事情去理解新事物的意义、关系和价值。

关于直接兴趣和间接兴趣的关系，杜威在《教育中的兴趣与努力》中提出："在直接兴趣和间接兴趣之间没有严格的不可逾越的界限。"①他认为，在一定的条件下直接兴趣和间接兴趣可以互相转化，根据活动时间的延长，直接兴趣会逐渐地、自然地转变为间接兴趣。相反地，当前的活动中包含了儿童本身的目的和理想，之前的间接兴趣又自然地转化为直接兴趣。例如，儿童开始对打球的技巧感兴趣，仅仅是因为打球是使他们感兴趣的游戏中的一个原动力。之后他们会对练习瞄准、投掷、抢球等动作感兴趣，因而不辞辛苦地致力于技巧的完善，培养打球技巧的专门练习本身也变成了一个游戏。总的来看，凡是规则简单的活动，目的与方法统一，儿童就可能产生了直接兴趣；如果行为相对较复杂，目的与方法相偏离，活动的时间相对较多，儿童就可能产生了间接兴趣。直接兴趣和间接兴趣在一定程度上存在着相互转变的可能性。

一切兴趣的产生是基于儿童的本能活动及心理发展，它们必然包含着生长和发展的指向，是儿童能够进行有效、持久活动的推动力，或是通过完成某种活动从而实现某种目的、获得自我满足感的能力。正如杜威所说："兴趣不是某种单独的事，它所代表的事实是，一个行动过程、一项工作或职业能彻底地吸引一个人的能力。但是，活动不能在真空里进行。它需要有赖以进行活动的材料、教材和条件。另一方面，它需要有自我的一定倾向、习惯和能力。凡

---

① [美] 约翰·杜威. 教育中的兴趣与努力. //学校与社会·明日之学校 [M]. 赵祥麟，任钟印，吴志宏，译. 北京：人民教育出版社，2005：181.

是真正兴趣所在的地方，这两方面就融为一体。"①因而，兴趣的性质实际上随着活动的性质而转移。如果活动的性质是卑劣的、无价值的或纯属自私的，那么兴趣的性质也会是负面的。

四、兴趣的特征

在杜威的语境体系中，所谓特征是指事物所具备的特有性质，或该事物的概念或本质表现出来的一些特点、特征或表征。在《民主主义与教育》一书中，杜威就教育的性质提出了三大命题：教育即生活，教育即生长，教育即经验的改组与改造。通过对以上三大命题和兴趣理论基础的分析，兴趣的自身特性便能直接体现出来。

（一）兴趣的多面性与统一性

基于儿童的本能，杜威将兴趣分为活动兴趣、发现的兴趣、理智的兴趣、社会的兴趣以及直接兴趣与间接兴趣。个体兴趣种类的丰富可以直接体现兴趣的多面性，但杜威也强调了兴趣的统一性。在《教育中的兴趣与努力》中，杜威开篇便道：兴趣就是统一的活动。兴趣有各种各样的，千差万别，但是在原理上各种兴趣都是一样的。"它们都标志着在行动上，因而也在欲望、努力和思想上自我与客体融为一体。"②杜威所认为"兴趣的统一性"更多是指个体参与某一活动时，其心理状态、活动行为以及活动的过程和目的应该是一个整体，其中发挥着统一作用的就是兴趣。此外，杜威在对兴趣统一性的论述中，表明自己对兴趣同自我、活动对象及其过程之间的分离问题的担心。所以杜威强调想要培养儿童的兴趣，就要把事物置于持续不断发展的情境之中，

①［美］约翰·杜威.教育中的兴趣与努力.//学校与社会·明日之学校［M］.赵祥麟，任钟印，吴志宏，译.北京：人民教育出版社，2005：194.

②［美］约翰·杜威.教育中的兴趣与努力.//学校与社会·明日之学校［M］.赵祥麟，任钟印，吴志宏，译.北京：人民教育出版社，2005：205.

而不是把它们看作是孤立的存在。在"教育性兴趣的类型"一节中已经论述过，凡是真正兴趣所在的地方，个体的兴趣及其发展是与活动的方式和客观对象融为一体的，"活动"作为各个兴趣类型中极为重要的概念，贯穿于儿童的生长和发展中。而兴趣是统一的活动，兴趣的统一性特征可以使人们避免形成将心智、心理状态和活动看作是独立存在的观念，而是将这几者有机结合成为一个统一体。

（二）兴趣的主动性与指向性

主动性或积极性可以说是兴趣的最主要特性，它反映出人们在认识世界和改造世界过程中的能量机理和价值取向。从杜威的机能心理学来看，儿童的本能冲动与心理活动相联系。儿童兴趣的根基在于自发的、本能的冲动性活动，而不是来自外部的刺激。也就是说，当某种事物符合儿童的心理需要并经过一定的刺激时，"兴趣"便产生了。

"兴趣"驱动个体积极主动地去关注或关心这一事物，从而形成相应的心理定式或倾向。伴随着这一心理意向，个体会产生满意、快乐、兴奋等积极情绪和态度。在实际生活中，通常有相应的词汇来描述个体主动地产生兴趣的心理和行为状态，如"全神贯注""专心致志""心驰神往""废寝忘食""手不释卷""兴致勃勃"等。正如杜威所说："兴趣首先是积极的、投射的或推进的。"[①]

指向性或选择性是兴趣的一个突出特征。兴趣的概念所包含的内容就已经凸显了兴趣"指向性"这一特征。对此，杜威有着相应的论述："兴趣不像赤裸的感情那样仅以自身为目的，而是体现在一个相关的对象中。"[②]"感兴趣就是能专心致志，全神贯注于某个对象，或置身于某个对象。感兴趣也就是

---

① ［美］约翰·杜威.教育中的兴趣与努力.//学校与社会·明日之学校［M］.赵祥麟，任钟印，吴志宏，译.北京：人民教育出版社，2005：172.

② ［美］约翰·杜威.教育中的兴趣与努力.//学校与社会·明日之学校［M］.赵祥麟，任钟印，吴志宏，译.北京：人民教育出版社，2005：172.

保持警觉，关心，注意。我们说一个人对某事感兴趣，有两种说法，或者说他已经给某件事迷住了，或者说他已经发现自己陷入某件事了。这两种说法都表示这个人的自我专注于对象。"①

兴趣的指向性实际上体现了主观与客观、主体与对象之间的统一，决定着个体心理倾向的具体内容和目标。由于个体的生活环境和活动实践不同，兴趣的指向性也会有所差异。与动机、注意等心理现象一样，兴趣的指向性也是针对一定的客观事物而出现。正如杜威所言："兴趣都标志着在行动上，因而也在欲望、努力和思想上自我与客体融为一体；既是说，与活动所终止的客体（目的）融为一体，与活动赖以向目的前进的客体（方法）融为一体。"②若个体对某种事物产生了兴趣，就必然会将自己的情感和意识指向并集中于这个事物。例如，当个体对儿童兴趣教育产生了兴趣，必然会情不自禁地关注与兴趣教育方面相关的文章和书籍。

（三）兴趣的活动性与发展性

从兴趣统一性概念来看，兴趣是与儿童的行动过程融为一体的。杜威认为兴趣不仅是主动的，而且是客观的。而活动性作为兴趣的重要特性之一，揭示了兴趣的客观性。同样地，在《民主主义与教育》中杜威指出兴趣的含义中包含着"活动性"特征："活动发展的全部状态""预见的希望得到的客观结果""个人的情感倾向"。③由此可见，兴趣的活动性使其价值、个体的行为目的及情感得到了实践；兴趣不仅具有活动的性质，还具有发展的性质。"因为活动甚至那些本能冲动性的活动都或多或少是继续不断的、持久的，这种静

---

① [美] 约翰·杜威.民主主义与教育 [M].王承绪，译.北京：人民教育出版社，2001：139.

② [美] 约翰·杜威.教育中的兴趣与努力.//学校与社会·明日之学校 [M].赵祥麟，任钟印，吴志宏，译.北京：人民教育出版社，2005：205.

③ [美] 约翰·杜威.民主主义与教育 [M].王承绪，译.北京：人民教育出版社，2001：139.

止的、没有发展的兴奋不是兴趣。"①

可以看出，杜威所论述的兴趣思想是其教育哲学思想的体现，包括对"教育即生长、个体经验的生长和改造"的阐释。在个体经验的发展过程中，兴趣扮演着动力、联动、协调的角色。兴趣与个体活动相辅相成，一方面它在推进连续性或持续性的活动方面发挥着重要作用；另一方面只要个体发展活动在持续进行，那么兴趣的发展也可以在个体的发展中得到证明。杜威多次强调不要把儿童现有的能力和兴趣看作是决定性的。因此，在兴趣的生长和发展问题上，应持有变化发展的态度、以有所目的的活动，引导个体所显示出来的兴趣本能朝着更高级的水平不断发展。

（四）兴趣的自我性与能力性

自我性作为兴趣的重要特征之一，表明了兴趣活动中的主体与客体的关系或者是个体对客体的选择性态度。也就是说，同一事物对于不同人的态度和情感所产生的影响可能截然不同。例如，艺术家对画笔、颜料十分感兴趣，而商人对供需的波动和市场的动态饶有兴味。因此，每一个兴趣都从属于一个对象，每一个主体的生活背景或秉性的不同，造成个体对某一事物的兴趣总是具有选择性的。"不论我们以何种兴趣为例，我们都会看到，如果将兴趣所聚的对象除去，兴趣本身就会消失而回到空洞的感情中去。"②这表明兴趣具有个体指向性。

杜威所说的"兴趣的情感性"，是指个体的"情感倾向"，即当我们说某人对这件事感兴趣或对那件事感兴趣时，感兴趣与否取决于个人对事情的态度。因此，个体自我和兴趣是同一的，个体对某件事感兴趣的性质和程度，与个体的情感态度相关。真正的兴趣是自我和行动融为一体的连接点，任何兴趣

---

①［美］约翰·杜威. 教育中的兴趣与努力. //学校与社会·明日之学校［M］. 赵祥麟，任钟印，吴志宏，译. 北京：人民教育出版社，2005：205.

②［美］约翰·杜威. 教育中的兴趣与努力. //学校与社会·明日之学校［M］. 赵祥麟，任钟印，吴志宏，译. 北京：人民教育出版社，2005：173.

的情形都涉及自我，任何兴趣也可反映个体的选择、偏好和情感态度。

能力性是对兴趣特性认识的深化，它体现了兴趣本质的非理性与理性的统一。如前所述，兴趣具有自我性、情感性，但并非全是非理性的。兴趣不是与生俱来的，也不在于客观事物本身；兴趣是一种感性与理性、情感和能力的结合体。兴趣的发生取决于个体对事物或知识的掌握程度。一般来说，凡是个体能够掌握和理解的事物，个体就会对这个事物产生兴趣；反之，个体很难对某种难以理解的事物产生兴趣。正如杜威所说："兴趣不是某种单独的事，它所代表的事实是，一个行动过程、一项工作或职业能彻底地吸引一个人的能力。"①因此，单纯地将兴趣看作是目的和方法是不可取的，需要考虑激发其背后的条件才能获得兴趣，这个条件也就是个体的认识和发展领域。如果教育人士能够及时地发现儿童迫切需要发展的能力，构建一个具有教育性和发展性的环境，那么，儿童的兴趣就自然而然地产生了。

"兴趣研究是一个折中的、广泛的研究领域，并一直为心理学家们所感兴趣，有关兴趣的研究几乎存在于心理学研究的每一个领域——研究者在情绪、美学、教育、元认知、职业、个性等诸多方面，探究着兴趣的表现、作用及其运作机制。"②继赫尔巴特的兴趣教育理论研究之后，杜威也对兴趣理论进行了系统深入研究。杜威基于实用主义哲学、心理学和教育学的思想，系统地论述了兴趣的内涵、类型、特性，对兴趣与努力、意志、注意力等方面的关系进行了阐述。杜威对"兴趣"的阐述散见在他的众多论著中，甚至可以说，"兴趣"这一理论贯穿在他的整个教育理论体系中。

---

① ［美］约翰·杜威. 教育中的兴趣与努力. //学校与社会·明日之学校［M］. 赵祥麟，任钟印，吴志宏，译. 北京：人民教育出版社，2005：194.

② Paul J. Silvia. Exploring the Psychology of Interest. New York：Oxford University Press，2006：prologue.

第二节　兴趣的诸种关系

　　自兴趣学说诞生起，它就伴随着众多争议和误解。将兴趣与努力和意志割裂、混淆兴趣与注意的特征、把兴趣与道德义务和责任相分离等，都是对"兴趣"概念的片面、不正确的认识，也阻碍着教育实践的正常进行。对此，近代和现代的教育家都对兴趣学说做了许多解释和说明的工作。尤其是杜威，为兴趣心理学的健康发展扫清了障碍。因此，正确理解兴趣心理学中相关概念及其之间的关系，对研究和实践杜威的兴趣理论有着重要意义。

一、兴趣与努力的关系

　　"兴趣"与"努力"之争，是兴趣学说最早遇到并始终要面对的最主要的挑战。杜威在批判旧教育的"努力说"和"兴趣说"的基础上，站在"真正的兴趣原理"的立场上，呈现了他的"新教育兴趣说"。在《教育中的兴趣与努力》中，他开篇就导演了"兴趣对努力的讼案"："兴趣的一方声称，它是注意力的唯一保证；如果我们以一系列的事实或观念引起兴趣，我们就能完全确信，儿童将运用它的能力去把握这些事实或观念。……如果我们不能引起兴趣，在某种特定情况下我们应该做些什么就没有保障。……努力的理论只是说，非自愿的注意（去做某些令人讨厌的事，因为它是令人讨厌的）应该比自发的注意更重要。"[①]这场辩论的结果，在该书中可以得到相应的回答。

（一）"兴趣论"对"努力说"的声讨

　　"兴趣说"在强调"兴趣"是儿童发展的必要条件下，对"努力说"进行

---

　　①［美］约翰·杜威.教育中的兴趣与努力.//学校与社会·明日之学校［M］.赵祥麟，任钟印，吴志宏，译.北京：人民教育出版社，2005：165.

了批判。

　　实际上，全然诉诸努力是毫无意义的。当儿童感到他的功课是一项任务时，他去做功课只是出于强迫。一旦外部的压力中止时，他那从束缚中摆脱出来的注意力立即就飞向使他感兴趣的事。在"努力"基础上长大的孩子形成了惊人的技巧，表面上似乎是专心致志于没有兴趣的功课，但是他的能力的真正重心却是在忙别的事情。实际上，这个理论本身就是矛盾的。没有一点兴趣而要引起任何活动，从心理学上说是不可能的。努力的理论只是以一种兴趣替代另一种兴趣。它以害怕老师的或希望将来得到奖励的不纯的兴趣替代对提供的材料的纯粹的兴趣。[1]

"兴趣说"认为"努力说"是所谓的"补偿型兴趣"，即用外在的奖励、功利目的的兴趣取代了学习材料与学习过程中纯粹的兴趣。如此一来，儿童"自发兴趣的生命之汁被挤干了"，只能培育出固执、不负责任、狭隘、执拗的人，或者是呆滞、机械的、笨拙的个体。这种不纯粹的兴趣，杜威在《民主主义与教育》中也进行了分析。他指出，正是由于外来的快乐和痛苦的动机，即威逼利诱的方法、以奖赏为诺言或以痛苦作威胁，学生开始讨厌这种严厉苛刻和软弱无能的方法，这些不纯粹的兴趣便又摇摆到另一个极端——给知识披上糖衣以哄骗学生，使学生被迫接受不感兴趣的知识。

　　因此，坚持兴趣论的教育者声称："虽然努力的理论总是向我们展示一个强有力的、生气勃勃的人物作为它的教育方法的结果，而事实上我们没有获得这样一种人物。"[2]"努力的理论意味着事实上的注意力的分割和随之而来的

---

　　[1]［美］约翰·杜威. 教育中的兴趣与努力. //学校与社会·明日之学校［M］. 赵祥麟，任钟印，吴志宏，译. 北京：人民教育出版社，2005：165.
　　[2]［美］约翰·杜威. 教育中的兴趣与努力. //学校与社会·明日之学校［M］. 赵祥麟，任钟印，吴志宏，译. 北京：人民教育出版社，2005：166.

在智力上和道德上的性格的分裂。所谓努力说的一大错误是它将心理的锻炼和培养与某些外部活动和某些外部结果等同起来。"①由此可知，"兴趣说"一方竭力强调儿童内在的、纯粹兴趣的重要性，反对"努力说"这种外在的、补偿性兴趣，认为"努力说"意味着对儿童注意力的分割，片面地将人的心理、智力等同于外在的活动。

（二）"努力说"的辩护

"努力说"认为，要认识到"兴趣"在儿童发展过程中的必要但不充分性。

> 生活中充满了不得不面对的没有兴趣的事物，要求继续不断地被提出来，各种毫无兴趣特征的情况必须对付。除非一个人事先已经受到专心致志于枯燥工作的训练，除非已经习惯于注意某种事情只是因为必须注意它而不管它是否给个人提供满足，当他面临生活中严肃的问题时，他就会却步不前，或回避问题。生活不仅仅是一件愉快的事情，或者不断满足个人兴趣的事。在完成任务时必须继续不断地运用努力以养成应付生活中的实际劳动的习惯。舍此而外，只会蚀尽人的力量，只剩下一个苍白无力、暗淡无光的人，处于一种不断要求娱乐与消遣的道德依附状态。②

"努力说"认为兴趣是种"糖衣型兴趣"，为儿童裹上了糖衣，依靠着外部的吸引力和娱乐，事事成为游戏、娱乐。这种思维方式分散儿童的注意力，活动的连续性遭到破坏，意味着过度刺激，意志永远不起作用。其必然结果是教育培育出的是一个只做他所喜爱的事情的、被宠坏了的儿童。"努力说"指

---

① ［美］约翰·杜威. 教育中的兴趣与努力. //学校与社会·明日之学校［M］. 赵祥麟，任钟印，吴志宏，译. 北京：人民教育出版社，2005：168.

② ［美］约翰·杜威. 教育中的兴趣与努力. //学校与社会·明日之学校［M］. 赵祥麟，任钟印，吴志宏，译. 北京：人民教育出版社，2005：166.

出这种"糖衣型"的兴趣说理论"在智力上和道德上都是有害的",是一种虚构的、装饰的兴趣。儿童的注意永远不是指向基本的、重要的事实,而仅仅是指向环绕着外部有吸引力的包装物。"努力说"更直截了当地指出:"一开始就得承认有些事实很少或者没有兴趣又必须学习,而对付它的唯一办法是通过努力,通过不管任何外来诱惑的影响而独立地进行活动的能力。按照这种办法所养成的只是摆在儿童面前的生活所必需的训练,即养成对严肃问题作出反应的习惯。"①可见,"努力说"坚持主张自己对于儿童形成坚毅的意志、持久的行为的重要作用,认为"兴趣"只是为事情裹上了诱惑的外衣,会造成儿童借由"兴趣"的外衣放纵自己的行为,无法获得学习的能力和知识。

(三) 兴趣与努力的统一

在论述"兴趣"与"努力"的关系之前,杜威先阐述了新教育兴趣理论在实践上面临的一些难题:

> 如果你从儿童的观念、冲动和兴趣出发,一切都是如此粗率,如此不规则,如此散乱,如此没有经过提炼、没有精神上的意义,他将怎样获得必要的训练、陶冶和知识呢?……如果你放任这种兴趣,让儿童漫无目的地去做,那就没有生长,而生长不是出于偶然。②

从这段话中可以了解到杜威并未放任儿童兴趣的发展,他严格区分了"引起或满足一种兴趣"和"通过对兴趣的指导实现它"之间的区别。在这里,杜威强调了教育的"引出"或"引导"作用。他认为儿童教育的核心就是要关注儿童的活动、引起儿童的兴趣并给予活动和兴趣相应的指导。通过教育

---

① [美] 约翰·杜威. 教育中的兴趣与努力. //学校与社会·明日之学校 [M]. 赵祥麟,任钟印,吴志宏,译. 北京: 人民教育出版社, 2005: 167.

② [美] 约翰·杜威. 学校与社会. //学校与社会·明日之学校 [M]. 赵祥麟,任钟印,吴志宏,译. 北京: 人民教育出版社, 2005: 42–44.

的指导和有组织的运用，儿童的兴趣就会朝着有价值的结果前进，而不至于成为散乱的或听任其流于仅仅是冲动性的表现。因而，杜威用"真正的兴趣原理"将兴趣与努力协调起来，即自我与对象统一。基于此，他认为"兴趣说"和"努力说"这两种片面的理论有着共同的假设。

> 就是自我控制对象、观念或目的的外在性假设。因为对象或目的被假定存在于自我之外，就必须使它变得有趣，使它以人为的刺激和对注意的虚构诱惑力装饰起来。或者，因为对象存在于自我的范围之外，就必须求助于单纯的意志力，求助于没有兴趣而做出的努力。真正的兴趣原理是所要学习的事实或所建议的行动和正在成长的自我之间公认的一致性的原理；兴趣存在于行动者自己生长的同一个方向，因而是生长所迫切需要的，如果行动者要自主地行动的话。但愿这个鉴别的条件有一天被人们所掌握，那时，我们就既不需要求助于单纯的意志力量，也不需要忙于赋予事物以趣味。①

在杜威看来，兴趣和努力不是两个对立的东西，是相一致的。当人们重视儿童能力的增长而将努力作为教育目标时，事实上所追求的是儿童活动的持久性和连续性，努力是一种战胜阻力和冲破障碍的耐力。与兴趣一样，努力只有与某个活动过程联结的时候才有意义。努力的意义不在于它是无用的努力或者负担，而在于它能够促进一种活动最终完成。

可见，努力是指支撑活动的持久性和连贯性，克服阻力和障碍的忍耐力。努力使个人更加清醒地认识到他的行为的目的，使他从盲目的或不加思考的挣扎变成经过思考的判断。努力的教育意义对教育发展的价值，在于它能激

---

① ［美］约翰·杜威. 教育中的兴趣与努力. //学校与社会·明日之学校［M］. 赵祥麟，任钟印，吴志宏，译. 北京：人民教育出版社，2005：167–168.

发出更多的深思熟虑，而不在于它所强加的更大的压力。有教育意义的努力，标志着相对盲目的活动（不管是出于冲动，还是习惯）转化成了一种更为自觉的反思活动。①所以，兴趣与努力并不是敌对的，具有教育意义的努力是儿童从直接兴趣转换到间接兴趣的活动过程中的一个组成部分。

对此，杜威下了这样的结论："当活动具有积极的、持久的兴趣，即能激其人们对目的有更清晰的认识并对完成的活动的方法有更为深思熟虑的考虑时，所需的努力就可以得到。"②这表明了兴趣本质上是积极的，教育性的努力包含着思维，意味着是专心致志、乐在其中的努力，是自我与所要完成的任务之间的结合，因此绝不会沦为单调乏味的工作。也就是说，兴趣与努力不是分离的，而是统一于同一活动之中。值得说明的是，教育性的努力与意志的训练脱不开干系，兴趣与训练也是相互联系的，而非彼此对立的。接下来，将对这一内容展开详细论述。

二、兴趣与训练的关系

上文已谈及杜威思想中兴趣与训练的关系，他认为兴趣与训练是相互联系的，不是彼此对立的。事实上，二者是有目的的活动的相关两个方面。兴趣必须经由努力与积极的训练，进而成为动机与责任——即"志趣"。③在相关著作中，都可以看到杜威对兴趣与训练关系的表述：

①［美］约翰·杜威.教育中的兴趣与努力.//学校与社会·明日之学校［M］.赵祥麟，任钟印，吴志宏，译.北京：人民教育出版社，2005：191.

②［美］约翰·杜威.教育中的兴趣与努力.//学校与社会·明日之学校［M］.赵祥麟，任钟印，吴志宏，译.北京：人民教育出版社，2005：191-192.

③刘云杉.兴趣的限度：基于杜威困惑的讨论［J］.华东师范大学学报（教育科学版），2019，37（2）：1-17.

"如果愿望等于现实，乞丐也会发财。"由于愿望不等于事实，真正满足一个冲动或兴趣就是要努力工作，要努力工作就会遇到障碍，就要熟悉材料，运用独创性、忍耐性、坚持性、机智，它必然包含有训练——力量的安排——并提供知识。[①]

在特定的未完成的事态和达到所期望的结果之间，有一段时间，需要努力改造，要求我们继续不断的注意和忍耐。这种态度就是实际上所谓的意志。训练或继续不断的注意的能力的发展，就是这种态度的结果。[②]

从中可以看出，杜威肯定了训练的积极性，所谓训练就是具有运用自如的能力，能够支配现有的资源，实现所从事的行动，它具有"威胁人的精神，克制人的爱好，强迫人的服从，抑制人的情欲"的特点。如果一个人具有深思熟虑地进行行动的能力，在诱惑和困难面前明智地进行选择的能力，那么他就具备了训练的真髓。可见，"训练"的作用就在于使人们认识到自己的行为，正确对待自己的兴趣，从而坚持进行活动来达到预期目标。

其中，意志在维持"训练"和"注意力"的持续发展过程中发挥着重要作用。"意志"从广义上来说是一种心理活动，从狭义上来说是情感和知识在同一个行为相结合的中介或基础。意志具有身体控制、谨慎控制和道德控制的功能。可以看到，意志并不是在身体活动之外来指引身体执行某些动作，活动行为的执行也就是意志的存在。意志包含情感和理智两个因素，情感是促使个体预见各种行动可能产生的结果，并知道某些预期的结果；理智是使个体认识到未来或待产生的结果、目的以及达到目的的手段，其中包含着努力。也就是说，意志是指一种深思熟虑的或有意识的倾向。在一个有计划的

①［美］约翰·杜威.学校与社会.//学校与社会·明日之学校［M］.赵祥麟，任钟印，吴志宏，译.北京：人民教育出版社，2005：43.

②［美］约翰·杜威.民主主义与教育［M］.王承绪，译.北京：人民教育出版社，2001：151.

行动过程中，尽管面临许多困难和诱惑，个体也能持久地、努力地实现所选择的目的。因而，从兴趣与意志的概念出发，可以发现真正的兴趣原理中包含着意志的因素，意志对兴趣的正确形成发挥着促进作用，这是由于兴趣的内涵中同样包含着对活动目的的理智性和情感性特征。意志训练的意义在于使个体在行动的过程中面临着困难和诱惑，仍能够坚持忍耐，能够持久地、有力地实现目的。意志与努力并不是天生的，它是训练的精髓。因而，兴趣是个体活动进行的推动力，意志训练就是活动有效进行的保障。

可见，兴趣的发展离不开积极的训练，反之，要坚持行动，兴趣也必不可少。一方面，如果没有兴趣，个体是不可能通过理智地训练培养出对目的的理解能力。没有兴趣，个体在活动中所获得的思考也是草率的、肤浅的。另一方面，若要坚持进行活动，兴趣必然不可或缺。例如，商人并不会聘用对工作不感兴趣的劳工。兴趣是个体行动的动力，能够推动个体达成所预定的目标。也就是说，如果一个人对他的工作具有浓厚的兴趣，他就能够忍受暂时的挫折和困难坚持工作，并在困难中寻找兴趣。

三、兴趣与注意力的关系

杜威指出注意力包含有三个要素：为了什么（for-what）、针对什么（to-what）、带着什么（with-what）。"为了什么"就是强调目的、目标，是当前的材料或事实指向的事物，具有未来指向。[①]由此，为了在兴趣范围内促进活动的开展，个体必须具备一定的经验和习惯，然后带着这些经验和习惯专注于某一事物。"针对什么"与"为了什么"是注意力的充分条件，即儿童不仅仅有某个需要对之专注的事物，还必须有某个为之注入心智的事物。如果儿

---

①［美］约翰·杜威. 注意力. // 杜威全集·晚期著作第17卷［M］. 李宏昀，徐志宏，陈佳，高健，等译. 上海：华东师范大学出版社，2015：232.

童牢记"为了什么",他就有了某种经验基础或习惯,以便选择可能协助他的"针对什么"。接下来,假若儿童无法注意到任何根本不熟悉的事物,就转移到了注意力的第三部分,即儿童"带着什么"去关注。儿童必须有与不熟悉事物近似的经验,以便新的经验可以与之相联系。因而,杜威指出真正的注意力意味着心智运动。①

在论述兴趣与注意力的关系问题时,杜威认为兴趣是维持注意力的根本保证。个体对某件事有兴趣时,就会对这件事加以注意。无论是自发的、有目的的有意注意,还是无需意志努力的无意注意,兴趣都可以成为引发的源泉和机理,反之,有目的的和方法的有意注意也能成为兴趣的源泉。根据注意产生和保持时有无目的以及意志努力程度的不同,杜威将注意力分为非随意注意和随意注意两种,其中直接兴趣引起非随意注意,间接兴趣引起随意注意。

在"直接兴趣"一节中已经论述过,在某些情况下儿童的行动是直接的、即时的和自发的,儿童根据眼前的事物和活动(例如,游戏)所引发的兴趣称为直接兴趣,这种兴趣所引起的注意力被杜威称为"自发注意"或"非随意注意"。②然而,尽管"非随意注意"使儿童全神贯注于眼前的事物,但其中并未包含有意识的努力和自觉的思考。

随着儿童目标意识的发展,当任何无关紧要的甚至令人厌恶的事情与儿童当前的经验相关时,事物便对儿童产生了吸引力和注意力。并且,儿童能够联系到已经对他们有意义的事情去理解新事物的意义和价值,并通过控制自己的行为以实现这些目标,这便是"使事物变得有趣"的意义所在,也即杜威所说的"间接兴趣"。这时,非随意注意力便转向了间接的注意力或随意注意。值得注意的是,这仅仅是向随意注意过渡的过程,只有当儿童以问题或疑难的

---

① [美]约翰·杜威.注意力.//杜威全集·晚期著作第17卷[M].李宏昀,徐志宏,陈佳,高健,等译.上海:华东师范大学出版社,2015:240.

② [美]约翰·杜威.学校与社会.//杜威全集·中期著作第1卷[M].刘时工,白玉国,译.上海:华东师范大学出版社,2012:70.

方式抱有目的并打算自我进行解决时，才真正过渡到了随意注意。①在过渡阶段，儿童会进行一系列以实现某种目的为基础的活动，儿童在这一阶段所遇到的问题是一个实际的困难，而不是理智上的疑问。随着儿童能力的增长，他们会主动地将目的想象成某种要发现的东西，能够自主地控制自己的动作和思维想象，从而对问题进行探索和解答。这便是杜威所论述的"反省注意"，他极为强调"反省注意"在儿童生长中的重要作用：

> 从智力方面来说，一个人获得了反省注意的能力，且获得了把握问题和疑问的能力，他就是一个受过教育的人。他受到了智力训练——从属于头脑的能力和服务于头脑的能力……除非在头脑里有某些疑问和疑惑作为关注的基础，否则，反省注意是不可能的。②

可见，反省注意力具有判断、推理和慎思的含义，这意味着儿童怀揣着某一问题，并积极致力于寻找和选择相关的事物以解决这一问题，考虑事物中包含的意义和关系。如果教材中有足够的内在兴趣，那么就会对儿童产生直接的或自发的注意，但是，单单这一点不足以产生思维或内在的智力上的控制力量。任何赋予教材吸引力的外部刺激所获得的注意力是分裂的，一旦这种吸引力中止或压力释放了，就不再存在着理智的控制。因此，兴趣与注意力是不能分割的，对注意力的刺激来源于儿童本身的兴趣，而不是外部的短暂的刺激。只有当对一些问题或困惑作为注意力的基础出现在儿童心灵中，反省注意力才会出现。在杜威关于兴趣的论述中，同样能够发现"兴趣"与"注意力"相依存的表现：

---

① ［美］约翰·杜威. 学校与社会. // 杜威全集·中期著作第1卷［M］. 刘时工，白玉国，译. 上海：华东师范大学出版社，2012：71.

② ［美］约翰·杜威. 学校与社会. // 杜威全集·中期著作第1卷［M］. 刘时工，白玉国，译. 上海：华东师范大学出版社，2012：71-72.

感兴趣就是能专心致志，全神贯注于某个对象，或置身于某个对象。感兴趣也就是保持警觉、关心、注意。一个人对某事感兴趣，有两种说法，或者说他已经给某件事迷住了，或者说他已经发现自己陷入某件事了。这两种说法都表示这个人的自我专注于对象。①

任何不令人感兴趣的或令人讨厌的事物，当人们把它看作是能达到已经支配着注意的目的的方法时，或者当人们把它看作是一个目的，而这个目的允许已经掌握了的方法去取得进一步的活动和出路时，它就变得有兴趣了。②

也就是说，对某种事物产生注意力并不是由于个体自身的勉强，而是由于个体对这种事物有着兴趣或欲望。可见，注意力与兴趣密切相关，一方面兴趣是引发注意力的源泉和机理，另一方面有目的或方法的注意力也能培养出新的兴趣。

虽然兴趣与注意密切关联，但它们之间也有所区别，不能把"兴趣"的含义等同于"注意"。"兴趣"的动力性和情感性特征是"注意"所不具有的。基于杜威的机能心理学理论，可知刺激总是发生在特定的情景中。例如，一声巨响，对于正在巡逻的哨兵和在图书馆中认真研读的学生来说，都能引起注意，但是他们的行为反应可能完全不同。作为刺激的响声对于哨兵和学生具有完全不同的心理意义。这种突如其来、对比鲜明、新奇的外部刺激所引起的注意，与个体的兴趣和喜欢没有任何关系。也就是说，有些注意并非由兴趣引起。

---

① [美] 约翰·杜威. 民主主义与教育 [M]. 王承绪，译. 北京：人民教育出版社，2001：139.

② [美] 约翰·杜威. 教育中的兴趣与努力.//学校与社会·明日之学校 [M]. 赵祥麟，任钟印，吴志宏，译. 北京：人民教育出版社，2005：176.

四、兴趣与道德、义务和责任的关系

在20世纪初期，兴趣学说遭受了诸多批判，有学者认为兴趣学说过于强调个人利益，与社会责任和义务相对立，不利于社会道德的履行。对此，杜威认为这种看法人为地割裂了社会生活中责任、义务与兴趣、利益的关系，混淆了兴趣与利益的区别，单一地把前者等同于道德，认为只要对兴趣和利益有诉求，就意味着自私自利：

> 对社会福利的兴趣，一种理智的、实际的也是情绪上的兴趣——即是说，能看出对社会秩序和社会进步有利的东西并将这些原则付诸实行的兴趣——这就是一切特殊的学校中的习惯必须与之联系起来的道德习惯。[①]
>
> "社会兴趣有强烈的支配力量，由于交往，这种支配力量就转化为道德方面所需要的力量"，"把兴趣看作必然是自私的原则或个人主义原则的观点是完全与实际的事实不相容的"。[②]

在杜威看来，兴趣在本质上是由社会实践活动决定的，其价值取决于事物的对象或活动客体的性质。故此，个体对兴趣的诉求并不意味着对社会责任的逃避。兴趣就是自我对某一对象的主动认同，一切兴趣都具有目的性、推进性，具有社会道德层面的含义。在"兴趣的类型"一节中，同样可以找到相应的观点来佐证"兴趣不等于自私自利"，那就是"社会的兴趣"。儿童对某种事物的兴趣中无时无刻不体现着"社会兴趣"，这是由于儿童对某件事物的关注程度，有时不但取决于对事物的兴趣，还来自他们对成人的行动和解决问题

----

① ［美］约翰·杜威.教育中的兴趣与努力.//学校与社会·明日之学校［M］.赵祥麟，任钟印，吴志宏，译.北京：人民教育出版社，2005：142.

② ［美］约翰·杜威.教育中的兴趣与努力.//学校与社会·明日之学校［M］.赵祥麟，任钟印，吴志宏，译.北京：人民教育出版社，2005：204.

的方式的理解和态度。社会兴趣具有强烈的支配力量，由于儿童与他人进行社会交往，这种支配力量就转化为道德方面所需要的力量。这样一来，儿童直接的兴趣便转化为间接的兴趣，这种强烈的间接兴趣中所包含的意志、思维和动机就能够有效地抵制那些直接的、不良的诱惑。

此外，在《构成教育基础的伦理原则》中，杜威对"学校的主要功能在于服务个体的兴趣"进行了否定。他指出，学校是一种社会共同体，儿童身为社会成员应当对社会行为具有动机，对共同体具有兴趣，即一种理智的、实践的和情感的兴趣。道德原则是共同体生活和个人活动结构所共有的。[①]所以，儿童具有社会伦理习惯，这种习惯是一种发现和践行一切社会秩序和社会进步原则的兴趣。因而，学校教育要承担起儿童社会精神培养的任务。在此，杜威还强调了品格、理智和情感训练、审美等对儿童道德形成的影响。

杜威在《民主主义教育》中就"义务与兴趣"对立的问题进行了论述。他认为正是基于错误的兴趣观念才会产生这种对立的观点。杜威对道德讨论中把兴趣行动当作个人私利的行为，并且把按兴趣而采取的行动与按原则而采取的行动、对立起来的观念进行了深刻的批判。其中，他提到的两种观点值得注意，一种认为"除非对一个对象或观念有兴趣，就不会有动力……，自称根据原则或义务感行动的人……，乃是因为对他自己有利可图；另一派回答说，既然人能够宽宏大量地忘我工作，甚至作出自我牺牲，他也能够做没有兴趣的工作"[②]。

杜威认为这两种观点的前提是正确的，但是结论是错误的。这是由于两种观点对兴趣和自我的关系的认识是错误的，因为他们都假定自我是固定、孤立存在的。杜威指出这个错误将自我和兴趣分离开来，并且认为自我是目的，而对事物、行为和别人的兴趣仅仅是达到目的的手段。所以，一个人必须对他所做的事情感兴趣，否则他就不会去做。例如，一个医生在瘟疫中不顾自己的

---

① ［美］约翰·杜威.构成教育基础的伦理原则. //杜威全集·早期著作第5卷［M］.杨小微，罗德红，等译.上海：华东师范大学出版社，2010：48.

② ［美］约翰·杜威.民主主义与教育［M］.王承绪，译.北京：人民教育出版社，2001：369.

生命危险不断为病人服务，他必然对行医救人感兴趣，并且在这方面的兴趣胜过他对自己生命安全的兴趣。但是，如果说他是对追求金钱、名誉或美德的兴趣的伪装，或者说这不过是为达到一个隐蔽的自私自利的手段，都是一种歪曲事实的想法。这些观点都在以下论述中有所体现：

> 自我和兴趣是同一事实的两个名称；对一件事主动感兴趣的性质和程度，可以揭示并测量所存在的自我的性质。如果我们记住，兴趣就是自我和某一对象的主动的认同，所谓的两难困境就完全攻破了。①

此外，杜威也简单提到"兴趣"与"原则"的关系。杜威认为人们有一种固有倾向，即把自我和他们所习惯的事情视为一件事，或对这件事情感兴趣。如果有意外事情发生，要他们改变不愿意改变的习惯，他们便会厌恶或愤怒。由此，杜威指出，任何习惯不管过去如何有效，一旦固定，在任何时候都会使自我的思想狭隘和孤立。在这一特定的时刻，应该按照原则行动而不是按某种抽象的原则或一般的义务去行动。例如，医生的行为原则是出于精神的目的——看护病人。因此，原则并不是为活动辩护的事物，原则只是维持活动能继续进行的一种手段。如果活动的结果证明原则并不一定是符合情理的，那么按原则行动就只能暴露它的弊端。因而，一个以按原则行动为荣的人很可能会固执己见，而不会按照情境灵活地行动。

学习也是一样，如果学生对所学的课业没有兴趣，注意力减退，这个时候就需要强化兴趣。如果一味地诉诸所谓的"原则"，不过是不考虑学生心理的强制性活动，只是将努力诉诸外部因素而已。学生之所以能重新获得课业兴趣，不是因为忠于抽象的义务，而是对于课业确实有兴趣。义务就是"职责"，它是为了完成一种职能所需的特殊行为，简单来说，就是做好本职或

---

① ［美］约翰·杜威.民主主义与教育［M］.王承绪，译.北京：人民教育出版社，2001：370.

分内的工作。

通过分析杜威对兴趣与道德、义务、责任等之间关系的阐释，可以更清晰地认识兴趣的内涵和外延。兴趣并不是自私自利的，它是将所做的事看作是自我活动的一个组成部分，会对责任心的形成有所助益，因而是道德的。

第三节　兴趣与教育

杜威将兴趣研究置于极为重要的位置，"兴趣"理论甚至可以说贯穿于他几乎所有的教育著述中，而教育正是杜威检验兴趣理论和进行理论实践的主要领域。正如杜威所说，兴趣在教育中的作用是普遍公认的，因而，杜威的兴趣心理学思想与他的教育思想紧密相连，体现着他独特的教育哲学理念。本节通过阐述兴趣与教育目的、兴趣与课程、兴趣与教学之间的关系，进一步剖析兴趣心理学在教育理论中的内在逻辑及教育活动对兴趣理论运用的外在路径。

一、兴趣与教育目的

杜威深谙教育目的之重要性，指出"教育一事，不可以无目的。无目的的则如无蛇之舟，无羁之马，教育的精神从何发展，其结果必不堪设想"[①]。

（一）兴趣是教育的内在目的

实际上，杜威的教育无目的论并非没有目的，而是教育过程中内在的目

---

①［美］约翰·杜威. 杜威在华演讲集. //杜威教育论著选［M］. 赵祥麟，王承绪，等译. 上海：华东师范大学出版社，1981：439.

的，反对外在强加的教育目的。生活、生长和经验改造是循序渐进的积极发展过程，教育目的就存在于这种过程中。"教育的过程，在它自身以外没有目的，它就是它自己的目的；教育的过程是一个不断改组、不断改造和不断转化的过程"。①

杜威认为教育即生活，生活是发展，因此，教育就是发展。他从儿童和成人生活的特征来解释"发展"一词，"发展"就是将儿童能力引导到向上的路径上来，如养成各种习惯，这些习惯含有执行的技能、明确的兴趣以及特定的观察和思维的对象。由于生长是生活的特征，所以教育就是不断生长，在它之外没有别的教育目的。教育主要在于塑造心灵而非了解心灵；主要是培养兴趣和习惯，而不是存储传统知识的手段。这些明确地表明，杜威所追求的是教育的内在目的，即教育本身和教育过程，使其生长和兴趣发展成为目的，塑造儿童的心灵。

可见，教育的内在目的是使儿童成为教育过程中全心全意的参与者，并要发现和尊重儿童的本性，即爱好和兴趣。在杜威的论述中，极为强调兴趣在教育上的重要性："兴趣能够测量——毋宁说就是所预见的目的，深深地吸引人积极行动，去实现这个目的。"②具体来说，兴趣的发展具有目的性，承认兴趣在教育目的中的能动地位，其价值在于能够充分考虑每一位儿童特殊的能力、需要和爱好。

接下来，再对兴趣与教育目的关系进行阐释。首先，杜威在《教育哲学》中用"本能"的定义把"本能"与"生长"相联系，这也为兴趣教育思想中儿童本能或兴趣的"生长"做出了明确的路径指向。"儿童自己的本能和能

---

① ［美］约翰·杜威.民主主义与教育［M］.王承绪，译.北京：人民教育出版社，2001：58.
② ［美］约翰·杜威.民主主义与教育［M］.王承绪，译.北京：人民教育出版社，2001：143.

力为一切教育提供了素材，并指出了起点。"①兴趣存在于个体成长之中，这是个体生长所迫切需要的。其次，结合杜威一贯主张的教育即生活、教育即生长、教育就是发展这些命题，可以发现，在杜威的阐述中教育目的包含着发展儿童兴趣的取向，兴趣属于教育内在目的的指向。

综上可知，兴趣和教育目的必然是联系着的，教育目的这一概念已含有个人的兴趣指向。兴趣这一概念强调教育目的和个人行动之间的关系，是教育目的的价值取向，是教育的一种内在目的，同时是对"生长是教育的最终目的"的又一佐证。因而，在教育中要为儿童兴趣的产生和发展提供适宜的条件和空间，从而促进儿童身心的生长，这也是教育内在目的的必然要求。

（二）兴趣是目的和手段的统一

在《民主主义与教育》中，杜威指出兴趣一词从英文词源上说，表示"在……之间"，意即把原本远离的两个因素联结起来。在教育上，这个距离被看作是时间上的。②在儿童的生长和完成时期之间有一段路程，这一路程便是教育的过程。教师和学生是教育过程中的参与者，学生现有的能力是初始阶段，为了实现某一教育目的，兴趣在这一过程中发挥着手段或中介的作用。若现有的教学活动要达到所期待的教育目的，那么便要使兴趣作为师生与教育目的之间的中介，才能达到完满的教育效果。正如杜威所说："兴趣的学说只是一种预告：要提供条件，使凡是合乎需要的本能的冲动和获得的习惯能得到教材和各种技巧，使这些本能冲动和获得的习惯达到它们要取得成就和成效的合乎本性的目的。兴趣、心理与一种发展着的活动的材料和方法之间的融为一体

---

① ［美］约翰·杜威. 我的教育信条. //学校与社会·明日之学校 ［M］. 赵祥麟，任钟印，吴志宏，译. 北京：人民教育出版社，2005：3—4.

② ［美］约翰·杜威. 民主与教育. //杜威全集·中期著作第9卷 ［M］. 俞吾金，孔慧，译. 上海：华东师范大学出版社，2012：106.

是这种情境出现的必然结果。"①因此，如果将兴趣本身视为目的和方法，必将一事无成。兴趣不是靠考虑它和以它为目标就可以获得的，而是靠考虑和针对它的背后和激发它的条件才能获得。

兴趣与训练在教育活动过程中相辅相成，其意义皆在于实现某种目的。"兴趣和目的、关心和效果必然是联系着的。目的、意向和结局这些名词，强调我们所希望和争取的结果，它们已含有个人关心和注意热切的态度。兴趣、爱好、关切、动机等名词，强调预见的结果和个人命运的关系，以及他为要取得一个可能的结果而采取行动的愿望。"②因而，兴趣作为儿童进行活动的推动力、活动过程中的工具或手段，与活动目的密切相关。

由此可见，兴趣和目的能呈现个体与外界事物在瞬息万变的情境中时刻存在的错综交织的状态。杜威把兴趣视为教育发展的全部状态，作为儿童个人的情感倾向、作为预见的和自己所希望得到的教育结果。实际上，兴趣与目的的关系仍然是杜威"统一性"思想的体现，他将兴趣与教育目的、教学过程的内容和方法相统一起来，而不是将其看作相互孤立的因素。正是基于此，杜威才反对把兴趣本身作为目的和方法。但是，兴趣确是达成他认为的教育目的的"工具"和"中介"，同样也是教育"发展"和"生长"目标的一部分。

二、兴趣与课程

杜威在《学校课程的心理学维度》中反复重申，关于课程学习的首要问题是一个心理学问题，概括来讲，是"兴趣"的问题。③可见，杜威的课程论

---

①［美］约翰·杜威.教育中的兴趣与努力.//学校与社会·明日之学校［M］.赵祥麟，任钟印，吴志宏，译.北京：人民教育出版社，2005：207.

②［美］约翰·杜威.民主主义与教育［M］.王承绪，译.北京：人民教育出版社，2001：137-138.

③［美］约翰·杜威.学校课程的心理学维度.//杜威全集·早期著作第5卷［M］.杨小微，罗德红，等译.上海：华东师范大学出版社，2010：129-131.

实际上是心理学思想尤其是"兴趣"在课程上的具体反映，体现为以兴趣为取向的儿童中心主义课程观。这种以兴趣为取向的课程观对当时乃至现在的课程改革都产生了深刻的影响。杜威对兴趣与课程的论述众多，主要体现在以下几个方面。

（一）以兴趣为中心的课程观

杜威课程论建立的基础和发展主线是以儿童为中心的。"我们必须把注意力集中在儿童身上……我们要细致地观察什么经验对他是最有意义和价值的，观察他对这些经验的态度。我们在这些经验中寻找兴趣点和重点。我们寻找他所持有的经验水平和如何使他保持兴趣。"①值得注意的是，"兴趣"在杜威的课程论与儿童中心论中反复出现，是一个基本的核心概念。在杜威的论述中，"儿童"的含义与"兴趣"一词近乎一致。以儿童为中心的课程观归根究底等同于以兴趣为中心的课程观。

兴趣是生长中的能力的信号和象征，显示着儿童最初所表现的能力。因此，经常且细心地观察儿童的兴趣，对于教育者是最重要的。此外，杜威用了大量的笔墨和篇幅来阐述他的兴趣学说与课程之间的关系，所谓的"儿童为中心"课程论，实质上就是以兴趣为中心的课程论。兴趣（interest）、自由（freedom）、自发性（spontaneity）是儿童中心论的基本词汇。②

杜威一贯坚持围绕着儿童本身的活动和经验作为课程，坚决反对人为安排的、固定不变的课程。在上一章"兴趣的类型"中已经谈到，杜威认为兴趣分为活动的兴趣、发现的兴趣、理智的兴趣和社会的兴趣，"理想的办法是给每一种兴趣一块专门的领地，直到包括整个经验的领域，然后注意让每一种兴趣保留在它自己的界限之内"③。教育活动和教学过程就是据此通过某种组织提

①［美］约翰·杜威.学校课程的心理学维度.//杜威全集·早期著作第5卷［M］.杨小微，罗德红，等译.上海：华东师范大学出版社，2010：131.

②张华.课程与教学论［M］.上海：上海教育出版社，2002：260.

③［美］约翰·杜威.民主主义与教育［M］.王承绪，译.北京：人民教育出版社，2001：264.

供适当的课程，使儿童与生俱来的能力得以生长和发展。这种组织实质上就是按照儿童的个体经验及本能兴趣，选择相关的材料和教材，采取有效的活动方式，从而促进儿童身心的发展。在这一过程中，教育发挥着引导和促进作用。

需要注意的是，杜威并不排斥"经验的逻辑化系统化"——教材，相反，他认为对经验加以系统化的结果并不与儿童生长过程相对立，逻辑的材料并不一定是与儿童心理背道而驰的。杜威反对的"逻辑化经验"是那些不顾儿童身心发展的、与社会生活不相干的专门科目，而这些科目并不是前后连续的。这样的经验违背了儿童的天性，严重影响了教育过程。"意味着我们挑选和安排的教学素材和教学方法一定要促进儿童正常的生长，希望其生长中总结出的结果有助于他们未来的职业发展。"[1]同时，杜威也指出滥用"兴趣"心理的倾向。"新教育的危险就在于把儿童现有的能力和兴趣本身看作是决定性的重要的东西。其实，儿童的学习和成就是不固定的、变动的。它们每日、每时在变化着。"[2]实际上兴趣只不过是儿童对于活动和经验的一种情感态度，兴趣的价值在于它们所提供的推动力。因此，以兴趣为中心的课程实质上是要找出儿童兴趣所在，即是说，找出外部世界上吸引儿童注意力的个体和事物——这些个体和事物构成了儿童生活的意义和价值。所以说，兴趣的发现并不意味着学校工作的最终标准，也不意味着它们有着终极性的规范价值。[3]儿童本能的兴趣、冲动和经验，教师在教学工作中所依赖的资源，都是课堂中教师工作的杠杆，即协调儿童的"经验"和"兴趣"两者的工具。教学的问题就是如何诱发儿童经验和兴趣的生长。这种具备经验性质的兴趣课程重视学生

---

[1]［美］约翰·杜威. 心理学与社会实践. //杜威全集·中期著作第1卷［M］. 刘娟，译. 上海：华东师范大学出版社，2012：95-96.

[2]［美］约翰·杜威. 儿童与课程. //学校与社会·明日之学校［M］. 赵祥麟，任钟印，吴志宏，译. 北京：人民教育出版社，2005：118.

[3]［美］约翰·杜威. 学校课程的心理学维度. //杜威全集·早期著作第5卷［M］.杨小微，罗德红，等译.上海：华东师范大学出版社，2010：131.

的兴趣与需要，强调儿童与社会外界的密切关联，正是杜威所提倡的"兴趣中心"课程观。因此，在教育实践中贯穿和实施"兴趣中心"这一主旨思想，有利于丰富课程的内涵。

（二）课程教材心理学化

在课堂的实际教学中，杜威认为亟须应对的难题是课程内容的问题，课程内容的选择和决定都应以心理学为基础，而不是以客观的或逻辑的为基础。[①]然而，教学过程却忽略了最重要的问题：如果没有儿童现有的、未加工的、本能的经验，外在的、系统的、逻辑的知识如何能发挥作用？正是由于经验过程的重要性，通过将固定的客观事实视为个体的思想、情感和行为，从而使知识具有活力，这便是课程心理学维度的体现。

在兴趣的特性中，杜威反复强调兴趣是统一的活动，兴趣标志着在行动上、在欲望、努力和思想上自我与客体融为一体。可见，兴趣是儿童参与某活动时所处的心理状态、所参与的活动以及该活动发展的整个过程的统一。恰如兴趣现象需要理智的控制，学科教材的内容也需要通过"心理学"进行转换，将其看作是个人借助自己的冲动、兴趣和能力获得的经验。因而，兴趣应当是与课程教材、教学过程是相统一的，课程教材应心理学化。对此，杜威做了以下论述："兴趣这个词是自我从事于、忙于、着手于、关心于、倾心于、迷醉于客观的教材的程度的证明，它们具有活动的、发展的性质。"[②]

从表面上来看，各门不同的科目——算术、地理、语言等是人类长期积累的经验，然而，学校里不同的学科把儿童的经验世界加以割裂和肢解，每一门学科都被归到某一类经验中，将它们从经验中原来的地位分割开来。由于经验本身并不是分门别类地呈现的，因此，被归类的学科并不是儿童经验

---

①［美］约翰·杜威. 学校课程的心理学维度. //杜威全集·早期著作第5卷［M］. 杨小微，罗德红，等译. 上海：华东师范大学出版社，2010：130.

②［美］约翰·杜威. 教育中的兴趣与努力. //学校与社会·明日之学校［M］. 赵祥麟，任钟印，吴志宏，译. 北京：人民教育出版社，2005：205.

的产物。儿童与课程之间存在着明显的脱节，儿童生活和经验的统一性遭到了破坏。对于儿童的生长来说，一切科目只是处于从属的地位，它们是工具，服务于儿童生长中的各种需要。儿童的自我实现才是教育的目标，并非知识和教材。"学校科目相互联系的真正中心不是科学，不是文学，不是历史，不是地理，而是儿童本身的社会活动。"①由此，杜威强调儿童的兴趣与课程、经验与教材、科目与活动要相互结合，以达到课程教材应心理学化的课程目的。

在教学上，兴趣表现为与教育活动终止的客体——教育目的，与教育活动赖以向目的前进的客体——教材和方法相统一。但是，任何活动不能在真空中进行，它需要进行活动的材料、教材和条件。②因此，若使儿童具有兴趣，就要把事物放在继续不断发展的情景之中，而不是把它看作孤立的东西。在这个过程中，需要儿童的"努力改造"和"意志"，也要有"持续不断的注意和忍耐"。

杜威所强调的心理与教材的统一，也即教材心理学化的兴趣观。教材的心理学化，一方面能够有效弥补个体经验的主观性缺陷，另一方面也能避免教材内容出现脱离儿童心理发展的问题。兴趣、心理与一种发展着的活动的材料和方法之间融为一体，是课程教材心理化出现的必然结果。因而，无论是作为整体的课程，还是具体的学习科目，都要体现心理学的一面，对其忽视和否认，将导致教学理论上的混乱，导致实际教学中教学内容的僵化。

三、兴趣与教学

杜威指出教学的问题在于忽视学生的经验，教学方法的问题在于缺乏对儿童能力和发展的关注，所以教学中要重视儿童兴趣的培养，将兴趣作为沟

---

① [美]约翰·杜威. 我的教育信条.//学校与社会·明日之学校 [M]. 赵祥麟，任钟印，吴志宏，译.北京：人民教育出版社，2005：9.

② [美]约翰·杜威. 教育中兴趣与努力.//学校与社会·明日之学校 [M].赵祥麟，任钟印，吴志宏，译.北京：人民教育出版社，2005：194.

通儿童与课程教材、心理的工具。因此，新教育方法的信条是"站在儿童的立场"，将教材和儿童生活、心理相联系，营造出能够引起儿童思维的社会情境，培养儿童良好的学习态度及联系生活和教材的习惯。

（一）兴趣与教学方法

杜威反对传统的"三中心论"，即以教师、教材和教室为中心，他指出教学不等于直接向儿童灌输知识，它应是指导儿童通过活动获得相关经验和知识的过程。杜威把儿童的活动和经验置于教学的主要位置，将兴趣看作是教学的起点和决定课程进度的真正中心。他所推崇的教学方法，是一种在经验情境中进行思维的方法。杜威在《我的教育信条》《民主主义与教育》中开宗明义地指出适合儿童心理发展的教学方法之重要性："我认为方法的问题最后可以归结为儿童的能力与兴趣发展的顺序问题。提供教材和创立教材的法则就是包含在儿童自己本性之中的法则。"[①] "方法就是安排教材，使教材得到最有效的利用。方法从来不是材料以外的东西……方法和教材并不是对立的，方法乃是教材有效地导向所希望的结果……方法就是使教材达到各种目的的有指导的运动。"[②]

教学方法的选择是从儿童实际生活经验和兴趣出发，目的在于实现更好的教学效果。然而，传统教育忽略儿童的个体经验，将儿童的心理发展与教学方法和教材看作孤立的部分，会造成儿童无法获得直接的经验，会造成教学方法机械化、不能适应儿童的兴趣和发展需要等问题。因此，杜威指出"教学方法是一种艺术的方法，是受目的明智地指导的行动的方法"[③]，适

---

① [美] 约翰·杜威. 我的教育信条. //学校与社会·明日之学校 [M]. 赵祥麟，任钟印，吴志宏，译. 北京：人民教育出版社，2005：11.

② [美] 约翰·杜威. 民主主义与教育 [M]. 王承绪，译. 北京：人民教育出版社，2001：181.

③ [美] 约翰·杜威. 民主主义与教育 [M]. 王承绪，译. 北京：人民教育出版社，2001：186.

宜的教学方法是儿童个体经验和教材知识最有效的发展途径。由于每一个儿童的原始本能、个体的经验背景及兴趣爱好的不同，针对每一个儿童的教学方法也要有所不同。其中，个体在教学过程中持有的态度，被杜威置于有效地实施教学方法的中心地位，其中个体的态度包括虚心、专业和责任心。因而，教学方法的选择和运用要以儿童的兴趣需要和经验为起点，要注意培养儿童学习过程中积极的态度，从而引导他们通过活动和教材获得相关的经验和知识。基于此，杜威指出培养学生思维习惯在教育过程中的重要性的同时，也要将思维与教学方法相结合。思维就是明智的学习方法，这种学习要使用心智，也使心智获得发展。继而，他提出了培养学生优良思维习惯的教学法五大要素，又被称为"教学五步法"。

　　杜威指出教育要为学生提供必要的社会情境，以帮助学生在主动作业中获得知识和经验。有效的教学方法能将教材和儿童生活相联系，营造出能够引起思维的社会情境，培养儿童良好的学习态度和联系生活和教材的习惯。脱离思维和深思熟虑的行动所产生的知识是僵化的，是智力发展的巨大障碍。因此，教学方法的提升和改进有赖于思维的形成和培养，要把注意集中在严格要求思维、促进思维和检验思维的种种条件上。

（二）兴趣与教学原则

　　尽管杜威并未专门论述过"教学原则"问题，但在其相关著作中仍可发现有关兴趣的教学原则。在《教育中的兴趣与努力》中，杜威提出"使事物变得有趣"这条原则，其含义是"要参照儿童现有的经验、能力和需要来选择教材……新教材提出的要使儿童能够联系到已经对他有意义的事情去理解新教材的意义、关系和价值"[1]。这条原则同样也渗透到教学活动中，即教学要充分考虑和参照儿童已有的经验、能力和需要来选择所要学习的内容，并能够使儿

---

①［美］约翰·杜威.教育中的兴趣与努力.//学校与社会·明日之学校［M］.赵祥麟，任钟印，吴志宏，译.北京：人民教育出版社，2005：175.

童联系到过去的经验来理解新事物的意义、关系和价值，从而使教学变成一个有趣的活动。因此，可以说教学原则之一是"要使教学变得有趣"。

值得注意的是，杜威坚决反对那种"在教材已经选定之后，然后教师就应使教材变得有趣"的主张，"我不知道还有比这种主张更加败坏道德的说教。这种主张有两个彻头彻尾的错误。一方面，它使教材的选择变成与兴趣不相干的事——这就是说，与儿童天生的迫切要求和需要毫不相干；此外，它使教学方法贬低为或多或少是外部的、人为的、装点不相干的教材的诡计"①。教学的问题事实上是寻找合适的材料或教材让儿童有效进行学习活动的问题，这种活动有一个重要的目的：使儿童产生兴趣。与此同时，这种活动不把教材或材料当作操练的器械，而当作达到教学目的的条件。因此，杜威为判断兴趣原则的正确运用制定了一个标准："如果活动包含着生长和发展，兴趣就是正常的；如果兴趣是活动中的发展停止的征兆和原因，它就是被不合理地利用了。"②可见，在教学活动中同样要秉持促进儿童生长发展的原则，要根据儿童的兴趣、成长需要来选择教材和教学方法。

杜威关于兴趣的教学方法的"信条"和"使事物变得有趣"以及"促进儿童生长发展"的教学原则，对20世纪初期的进步教育和学校改革产生了重大影响。例如，1907年威廉·沃特（William Albert Wirt）推行的"葛雷制"教学制度被认为是美国进步教育思想的最卓越例子，其课程设置强调保持儿童的天然兴趣和热情。1920年美国进步教育协会制定的"进步教育七条原则"，其中"兴趣是一切活动的动力"是一条重要的原则。更重要的是，杜威高度重视兴趣在教育理论中的地位，把兴趣作为教育和心理的一个重要问题来对待，将"兴趣心理学"全面引入教育学特别是课程和教学论中，成为他

---

① ［美］约翰·杜威. 教育中的兴趣与努力. //学校与社会·明日之学校［M］. 赵祥麟，任钟印，吴志宏，译. 北京：人民教育出版社，2005：175.

② ［美］约翰·杜威. 教育中的兴趣与努力. //学校与社会·明日之学校［M］. 赵祥麟，任钟印，吴志宏，译. 北京：人民教育出版社，2005：183.

的"教育信条"。

本章结语

杜威有关兴趣的论述可谓贯穿其学术生涯的早、中、晚期三个阶段。而在整个学术思想发展的大背景下，杜威在不同时期对兴趣的认识也呈现出不同的特点。

首先，在学术生涯早期和中期，杜威关注个体兴趣发生、发展的心理机制，并开始尝试搭建兴趣心理学与学校教育之间的桥梁。这时期，杜威在心理学方面关注的重点不仅是个体心理的具体要素，而且将个体心理各要素视为一个相互联系的整体，并试图通过个体心理的整体变化来解释个体的具体行为。在《与意志有关的兴趣》（*Interest in Relation to Training of the Will*）（1896）中，"兴趣心理学"作为一个学术概念首次出现在杜威的论述中。在文中，杜威不仅阐释了自己对兴趣的概念、特征等方面的认识，也探讨了努力、欲望、冲动、情绪等心理现象与兴趣之间的关系，分析了这些心理现象在兴趣生成过程中的作用。值得注意的是，在《与意志有关的兴趣》一文中，杜威已经开始关注个体心理与教育之间的关系。在之后的1913年，他以此文为基础完成《教育中的兴趣与努力》（*Interest and Effort in Education*）（1913），进一步提出建设"兴趣心理学"的任务。在文中，他阐述了"真正的兴趣原理"，包括兴趣的本质、类型及其在教育理论中的地位，兴趣与本能需要、努力、意志训练、思维、动机的关系等。按照克伯屈（William Heard Kilpatrick）的话说，"这个著作是'划时代'的，是杜威对教育理论的特殊贡献"[①]。在杜威研

[①] ［美］约翰·杜威. 译者前言. //学校与社会·明日之学校［M］. 赵祥麟，任钟印，吴志宏，译. 北京：人民教育出版社，2005：序言.

究兴趣问题的著作中，这两篇文章关于"兴趣"的研究较为系统和全面，不仅重新解释了赫尔巴特的兴趣学说，开启了作为一个专门学问的"兴趣心理学"的研究，而且进一步使"兴趣"成为一个重要概念和研究领域。

正是在《与意志有关的兴趣》一文发表前后的1896年，杜威开始领导芝加哥大学实验学校，此后杜威开始将十数年积累的心理学认识应用于教育实验。1897年杜威发表了《构成教育基础的伦理原则》（*Ethical Principles Underlying Education*），指出了兴趣与社会道德相统一的原则，他认为学校是一种社会共同体，对这个共同体的兴趣是一种理智的、实践的和情感的兴趣。在《对儿童研究的解释》（*The Interpretation Side of Child-study*）（1897）一文中，杜威提出儿童兴趣发展过程中的三大来源，即实践或政治兴趣、审美兴趣、科学兴趣，并对三者的关系进行了论述。

该时期的杜威尤为重视兴趣在学校教育中的作用，将心理学与教育学研究有机相融合，把兴趣视为学校教育的首要问题。在《我的教育信条》中，杜威对"兴趣"的概念进行了论述：兴趣是生长中的能力的信号和象征。虽然他在该书中并没有对"兴趣"进行专门论述，但也从"生长论"角度简明地论述了兴趣的概念。相较于《我的教育信条》，杜威在《学校与社会》一书中有关"兴趣"的内容则要丰富得多。在该书中，他对"兴趣"的内涵、兴趣与教育的联动、兴趣与注意力的关系进行了细致的论述，并基于初等教育心理学对儿童的心理发展阶段进行了划分，提出了儿童的四种本能引起的兴趣类型。该书对"兴趣"的论述相对较多，强调了学校教育要对儿童心理予以更多的关注。

其次，学术生涯中期以后，杜威更关注兴趣在促使个体经验增长方面的作用，尤其重视兴趣在个体教育和社会化过程中的影响。随着杜威的心理学主张转向机能主义，他更加关注个体心理在个体经验增长过程中的作用。与此同时，实用主义哲学思想已经在杜威脑海中初步成型，他开始更加重视心理学在现实应用方面的价值，并结合其实用主义哲学、社会哲学和心理学思想从不同角度对兴趣的理论基础、概念和特性做了全面的阐述。此后，他进一步提出兴趣与教育目的、兴趣与课程、兴趣与教学之间的关系，从而形成了独树一帜的兴趣教育思想体系。

在兴趣与教材的关系上，杜威在《儿童与课程》中指出，旧教育中存在着儿童兴趣与课程相对立、个体经验与教材不相通、个体兴趣与教学方法不协调等问题，所以课程与教材必须心理学化，把儿童现有的经验看作是教学的起点和终点。书中阐明了兴趣与课程、教学之间的关系，强调了课程中组织化教材的必要性，对于当前兴趣教育思想的讨论具有重大意义。杜威在《教育：直接的和间接的》对"真正的兴趣"进行了阐释，认为"真正的兴趣"和对儿童成绩的评估必须与教材相联系。在这篇论文中杜威并未将教材与儿童的兴趣和经验相对立，而是强调教材的内在价值及其对儿童发展的重要性，这也对那些认为杜威重视个体经验忽视教材的观点做出了有力的反击。

在兴趣与个体社会化间的关系上，杜威在《教育中的道德原理》一书中强调了学校教育应承担的道德训练任务，认为课程和教学方法都具有道德价值，指出道德教育的心理学方面中个体兴趣和本能冲动的重要性。其中，杜威关于社会兴趣与道德培养的关系的论述，对于辨析兴趣心理学中兴趣与道德、义务和责任的概念，有着深刻的理解。《明日之学校》是杜威教育思想的代表性著作，该书从心理学的角度强调唤起儿童兴趣的重要性。但是，杜威所阐述的这些思想受到了批评者甚至追随者的曲解，他们认为杜威"重视儿童兴趣、从做中学"等于放任儿童的兴趣和发展，忽略基础教育的重要作用。事实上，杜威反对的是把与儿童兴趣和生长阶段毫无关系的课程强加给儿童，认为儿童应该学习的是与生活相关的内容，而不是那种与儿童经验和生活相脱节的内容。《民主主义与教育》是杜威实用主义教育思想的代表著作，他在探讨如何有效促进教育活动时，谈到了兴趣与训练、动机与努力等概念，并就它们在课程和教材中的实践进行了研究。

在兴趣与儿童生长阶段的关系上，杜威在《心理发展》中将个体的受教育期划分为四个阶段：幼儿早期、幼儿后期（游戏时期）、儿童期、青年时期。随后，他论述了兴趣在不同阶段呈现出的不同特点。该文基于儿童的心理发展阶段论述了兴趣的发展及特点，进一步丰富了兴趣的心理学内涵。《在活动中成长》（1937）一文中，杜威将儿童自然发展分为三个阶段，这三个阶段分别对应三种兴趣类型：艺术型、管理型或行政型、科学型。以上儿童生长三阶段与杜威之前所论述的儿童生长和发展过程规律并无较大差异，都强调了儿童不同生长阶段表现出的不同兴趣类型，以及对教育工作的指导意义。

综上所述，杜威的兴趣学说与其心理学思想、教育思想体系和教育哲学理念密不可分，概括来说，呈现以下三个特点：第一，关注儿童的本能发展、教学过程中的心理因素。其中，强调"知行"的工具主义、重视本能作用的机能心理学、自然主义的经验论以及儿童发展为中心的教育观共同构成了杜威的兴趣心理学的基础。"兴趣"被杜威视为推动教育学和心理学相结合的工具和手段。第二，儿童不同的生长阶段对应不同的兴趣类型。根据杜威的心理发展阶段论，儿童在不同时期呈现不同的能力和兴趣。杜威将儿童的兴趣发展与初等学校教育相联系，为学校改革提供了心理学依据。第三，将"兴趣"作为课程、教学改革的起点和目的。在学校教育中，杜威主张以儿童为中心，提倡发扬儿童的天性和兴趣，反对传统的教学模式。杜威并不排斥"经验的逻辑化和系统化"，相反，他极力想要促成心理学与教材之间的联结，从而实现课程教材心理学化。

对杜威兴趣心理学思想的研究由来已久，研究者普遍认为杜威兴趣思想主要有两方面贡献：一方面，为改变旧心理学过于偏重知识、智力和感觉，杜威探讨了"真正的兴趣原理"，对兴趣的概念、特征、类型及其与本能需要、努力结果、意志训练、注意力发展、情感态度等心理现象的关系等进行了深入系统的研究，开创了"兴趣心理学"方面的研究。另一方面，作为"新教育"的拓荒者，杜威兴趣学说以儿童为教育中心等一系列除旧立新的教育思想观念，正式确立了儿童中心主义的思想，对美国乃至世界教育的发展产生重大的意义和影响。

第八章　杜威论思维

在杜威的心理学思想中，"思维"是一个极其重要的概念，这不仅是因为杜威对思维的描述广泛散见于其早期、中期和晚期著作之中，更是因为在他有关心理学和教育学的专著中均安排专门的章节对思维加以论述。早在1910年，杜威就出版了《我们如何思维》（*How We Think*）一书，后于1933年再版。两个版本相比，新版本比旧版本增加了将近四分之一的篇幅。在杜威看来：

> 如果事物之间没有任何共同点，每一件事物都绝对地彼此分离，那么就不会有思维。既然每一件事物都在时间存在与空间存在上与其他相区别，那么，其中的共同元素就是一种意义或观念。只有事物的存在被当成一种观念的、普遍的元素时，思维才可能产生。正是这种元素构成了思维，而它总是以关系的形式表达的。①

第一节　思维的内涵

思维是什么，一直以来都是哲学家、心理学家以及教育学家潜心研究的重要问题。德国唯心主义哲学家黑格尔从哲学的基本问题，即思维与存在的关系出发，指出思维即存在；当代美国教育心理学家理查德·梅耶（Richard E. Mayer）认为思维是"为了完成某种目标而运用知识的过程，它包括感知和

---

①［美］约翰·杜威. 心理学. //杜威全集·早期著作第2卷［M］. 熊哲宏，张勇，蒋柯，译. 上海：华东师范大学出版社，2010：140.

理解世界的能力，与他人进行交流的能力，以及解决生活中遇到的问题的能力"①。杜威则以实用主义哲学与机能主义心理学为理论基础，较为系统地阐述了其思维心理学思想。

一、思维的概念

杜威认为，"思维"一词的用法丰富多样，以至于很难对思维下一个单一的、确切的定义，在1916年出版的《民主主义与教育》一书中，杜威就多次阐述了思维的概念，所谓思维或反思，就是识别我们所尝试的事和所发生的结果之间的关系，②即思维是探究行为与结果之间关系的过程，且思维是在事物还不确定或者可疑，或者有问题时才会发生。他还指出："思维就是有教育意义的经验的方法。"③

杜威从心理学视角论述思维的主要论断集中在《我们如何思维》中，虽然在该书的1933年版中并未对思维进行分类，但在1910年版中，杜威对思维的种类及其作用做出了解释和说明。

第一，广义上的思维活动。杜威将所有"在我们大脑中"或者"经过我们心灵"的活动都称之为思维活动。在此，杜威认为无意义的幻想、碎片化的记忆或转瞬即逝的印象都可称之为思维活动。

第二，故事型思维活动。杜威认为，广义上的思维活动需要建立在可直接被感知事物的基础上，面对那些无法用五官感受的事物，则需要用故事

---

① ［美］帕斯托里诺，［美］苏珊·多伊尔·波蒂略. 什么是心理学［M］.陈宝国，译. 北京：中国人民大学出版社，2012：167.

② ［美］约翰·杜威. 民主主义与教育［M］. 王承绪，译. 北京：人民教育出版社，2001：158.

③ ［美］约翰·杜威. 民主主义与教育［M］. 王承绪，译. 北京：人民教育出版社，2001：179.

型思维活动予以加工。这种思维最鲜明的表现形式便是人们口耳相传的、富有想象力的事件和情节，即精心编造的故事。这些故事具有某种特定的一致性，由一个或多个线索串联成一个整体，这体现了思维的连续性。持有这种思维的人并不期望生产知识，也不期望得到他人的认可和信任，他们追求的是情绪的表达。

第三，信念型思维活动。"思维是指建立在某种基础上的信仰，即超越直接存在的真实或假定的知识，它的特点是接受或拒绝某种合理的可能性或不可能发生的事情。"[①]杜威所说的信念型思维主要指人们约定成俗的共识，如"人们过去认为世界是平的"这一观念。信念型的思维往往是人们在无意识的状态下产生的，它们可能来自个人的模仿、他人的说教。这种思维活动通过不被人察觉的方式在人们的头脑里留下烙印，潜移默化地成为人们相信的某种观念。由于来源的不确定性，信念型思维并不都是正确的、被证实的，也可能是带有偏见的、先入为主的。

第四，反思性思维活动。当信念型思维在偶然的情况下被证明是错误的，便会在某些个体中引发反思性思维。杜威以哥伦布为例予以解释：在哥伦布之前，"世界是平的"这一观念已经被人们所广泛接受，但哥伦布没有贸然接受这一传统观念，他对长期以来似乎确定的问题答案表示怀疑，并采用手段去验证自己的假设。杜威指出，反思性思维是最佳的思维方式，它是对某个问题进行反复的、认真的、不断的深思。

在杜威看来，四种思维活动之间并没有明确的分界线，它们是相互交融的，它们拥有思维活动共同的核心因素——联想。杜威曾举了一个"散步人"的例子：一个人在午后散步，起初阳光明媚，之后他看见了低飞的蜻蜓，感受到周围的气温骤降，他不由地望向天空，发现一片乌云正在遮住太阳，于是他加快了脚步。这是生活中很常见的一个场景，散步人通过低飞的

---

① John Dewey. How We Think. Lexington: D. C. Heath and Company, 1933: 6.

蜻蜓、下降的温度和乌云，联想到一场大雨可能即将到来。这个联想的过程便是典型的思维过程：散步人从一个可以被感知的对象出发，在脑海里浮现一个还未被观察或证实的、由被感知的对象而联想起来的对象，简单来说，就是一个物品或现象能够使人联想到物品或现象背后深层次的因素。此外，被感知的对象和联想到的对象之间存在某种联系，即前者是后者的根据或基础，它具有证据的性质，正是由于前者的出现或存在，后者的联想才是合情合理的。

通过联想这一共同的核心因素，杜威给思维活动做出了比较详细的定义："思维是这样一个活动，其中呈现的事实以某种方式使人联想到其他事实（或者东西），从而导致以前者为根据或保证而相信后者。"[1]但是，杜威告诫人们联想的结果并不都是可靠的。很多时候，联想的结果只是一个暂时性的推论或假设，它具有被证实的可能，也存在被证伪的危险。当人们开始考虑所谓的证据是否真的能够支撑自己的推论或假设时，便为思维活动披上了理性的外衣，使其具有了反思的性质。所以，无论是广义上的思维活动、故事型思维活动还是信念型思维活动，都可能引发反思性思维，"一旦反思性思维开始运作，它便会进行自觉的和指向性的努力，最终在证据和理性的坚实基础上形成信念"[2]。

根据杜威对思维概念的探讨，可总结出他对思维的看法：首先，疑惑或不确定的问题情景是思维发生的前提，没有这一特定的情境，也就没有思维的产生；其次，思维的目的在于探究行为和结果之间的联结；最后，"反思性思维"是最好的思维方式。

---

① John Dewey. How We Think. Lexington：D. C. Heath and Company，1933：12.

② John Dewey. How We Think. Lexington：D. C. Heath and Company，1933：9.

二、思维的价值

杜威认为，培养学生良好的思维方式是学校教育的重要目标之一，然而在实际的教学活动中，思维的重要性往往被忽视。他直接指出问题所在："在理论上，没有人怀疑学校中培养学生优良思维习惯的重要性，但事实上，这个看法在实践上不如在理论上那么为人们所承认。"[①]杜威认为，之所以会形成这样的落差，是因为人们对思维的理解还是不够透彻或者存在误解，换言之，人们知道思维重要，但是却不知道思维为什么重要、如何重要。

在《我们如何思维》一书中，杜威对思维的价值进行了完整的论述。在他看来，思维的价值和特点主要体现在三个方面。

第一，合理性和目的性。杜威认为，反思性思维能使我们摆脱单纯的冲动和一成不变的行动，并把盲目的和冲动的行动转变为智慧的行动。[②]反思性思维能够很好地指导我们的行动，它能够使我们的行动具有深思熟虑的和自觉的特征，以便达到目标。也就是说，思维能赋予行为合理性和目的性，人一旦没有了思维能力，就会像野兽一样任由欲望和本能驱使行为。一方面，无目的的行为是无意识的，没有思维的人不知道自己行为的目的是什么，就仿佛有一股力量在背后控制着他的行为，显然这种行为是盲目的；另一方面，这种行为是不合理的，或者说是不符合文明社会规范的。杜威强调："有思维能力的人不是在无意识的本能或习惯驱使下被动地采取行动，而是按照他所意识到的某种遥远的目标主动地采取行动。"[③]杜威举例道：荒野中的野兽遇到下雨天会选择到山洞避雨，因为它感受到了雨水带来的外部刺激，不适感使它习惯性地做出了这一反应，事实上，它既不能通过联想，预见到雨水的来临，也不知道

---

① ［美］约翰·杜威.民主主义与教育［M］.王承绪，译.北京：人民教育出版社，2001：167.

② John Dewey. How We Think. Lexington：D. C. Heath and Company，1933：17.

③ John Dewey. How We Think. Lexington：D. C. Heath and Company，1933：17.

自己避雨的目的是什么，所以野兽选择到山洞中避雨的行为只是生物的本能反应而已。杜威强调，一个有自主思维能力的人，他不仅能通过周遭环境的变化预言即将到来的下雨天，还能有目的地去利用下雨天从事农业活动，形成春耕秋收这样一个有规律性的，或者说合理性的活动。就儿童而言，反思性思维使得儿童头脑里的问题成为他自己提出的问题，从而引起他的集中注意，并主动地寻找和选择恰当的材料，这样，儿童所思考的问题是自己的问题，因而通过解决问题所得到的锻炼变成了对他自己的锻炼。①

第二，预见性和系统性。杜威指出，人们运用反思性思维，预先想到结果以及为达到某种结果或避免某种结果而采取的种种方式。由于思维的存在，人工符号（signs）的编制成了可能。杜威从现实生活经验中认识到，人能够通过思维事先制订出周密的计划以及采取人为的方式预防危害。例如，在交通事故多发的地点，人们会设置显眼的警示牌，提醒过往的车辆注意安全；在街道纵横的城市里，随处可见路标、指示牌，帮助人们准确地到达目的地；人们建立气象站，对各地影响天气的因素进行实时的监控并收集相关的数据，将科学预测的天气情况进行播报，使人们能够合理地安排未来的工农业生产活动。这些举措都是在过去经验的基础上，对自然条件进行一定程度的改造，使人们可以提前预防不利事件的出现。如同杜威强调的那样："所有形式的人造仪器都是对自然事物的有意修改，从而使它们比自然状态下更好地被用来揭示隐藏的、未出现的和遥远的东西。"②在他看来，这是文明人与野蛮人的根本区别所在。

第三，拓展性和寓意性。"思维赋予物理事件和对象非常不同的地位和价值，包括从它们具备的那些东西到没有反映出来的东西。"③即思维能使事物

---

① 单中惠.杜威的反思性思维与教学理论浅析［J］.清华大学教育研究，2002，23（1）：55–62.

② John Dewey. How We Think. Lexington：D. C. Heath and Company，1933：17.

③ John Dewey. How We Think. Lexington：D. C. Heath and Company，1933：19.

具有不同的价值和意义。例如，一把钥匙，有思维能力的人知道它存在的意义是为了打开某一扇门，然而对于野兽而言，它不过是一块形状怪异的金属体，同路边的石头无异。思维使事物的内涵更加充实，正如杜威后来总结时所说："当某些事情发生时，我们可能不需要去做任何的思考，但是如果我们以前思考过，那么，这种思考的结果就有助于对这些事情的含义的理解。训练思维能力的巨大价值就在于：原先经过思维充分检验而获得的意义，有可能无限制地应用于生活中的种种对象和事情，因此，在人类生活中，意义的不断增长也是没有限制的。"[1]

杜威引用英国哲学家约翰·斯图亚特·密尔（John Stuart Mill）的话，对思维的各种价值进行了总结："推断一直被人们视为生活中的伟大事业。每个人每天、每时、每刻都需要确定他没有直接观察到的事实：这不是出自增加他的知识存储的一般目的，而是因为事实本身对他的兴趣或对他的职业具有重要作用。地方行政官、军事指挥员、航海家、物理学家、农学家的职责，仅仅是对证据加以判断并且根据判断采取相应的行动。……根据他们做得好与不好，就能了解到他们是否对工作恪尽职守。这（思维）是要用心从事且永不停止的唯一的职业。"[2]这段话表明，无论职业，无论地位，人无时无刻不在思维着，思维是人生活的方式，伴随人的一生。

不过，杜威也提醒人们不能忽视思维潜在的危险。杜威认为："思维使我们从本能、欲望和日常生活中解脱出来，同时也带来了错误与错误的机会和可能性。"[3]杜威认为，先入为主（primitive credulity）的倾向和迷信都可能产生错误的思维结果。思维的运作原理决定了"思维列车"既可能搭上正确的轨道，也可能跌入错误的深渊。因此，思维需要正确的引导和训练，才能充

---

① John Dewey. How We Think. Lexington：D. C. Heath and Company，1933：14.

② John Dewey. How We Think. Lexington：D. C. Heath and Company，1933：21.

③ John Dewey. How We Think. Lexington：D. C. Heath and Company，1933：23.

分发挥作用。就个体而言，想要克服错误的思维结果，应具备特定的态度。杜威认为一般意义上的态度包括虚心（open-mindedness）、专心（whole-heartedness）、责任心（responsibility）在内的三个维度。杜威对这三种态度进行了介绍。

虚心指代个体要对新的主题、事实、观念和问题采取包容的态度，要求个体倾听多方面意见、留意不同渠道的信息、批判性地认识自己的已有观念；专心或称为"专心致志"，指在从事某些事务时表现出来的全身心投入的状态；所谓的责任心，意味着个体愿意承受自己行为所带来的后果。杜威告诫教育工作者要清楚地看到这一点，重视儿童良好的学习态度和习惯的培养，在教学实践中要减少一些课堂作业和课堂灌输，增加思维训练的环节，让学生透彻地领悟知识。

三、反思性思维

既然"反思性思维"是杜威所认为的最好的思维方式，那"反思性思维"的内涵、步骤和特征又有哪些？杜威所理解的反思性思维，是对任何观念或假定的知识形式，按照其所依据的基础和产生的结论，进行积极的、持续的和谨慎的考虑。①简言之，反思性思维就是对问题进行严谨、持续思考的过程。杜威认为反思性思维是最好的思维方式，应该倡导和鼓励培养儿童的反思性思维。遗憾的是，在20世纪以前的美国，反思性思维没有受到普遍的关注，人们认为"反思性思维"同儿童和青少年的学习关系并不大，只有少数进行科学研究的人才需要"反思性思维"。

为了帮助人们更好地理解和认识"反思性思维"对儿童的重要性，杜威揭示了构成"反思性思维"活动的要素。他认为每种"反思性思维"活动都会

---

① John Dewey. How We Think. Lexington：D. C. Heath and Company，1933：9.

涉及两个共同的阶段：第一阶段是困惑、犹豫、怀疑的阶段。反思性思维是在疑难的情境中产生的，没有问题，就没有反思性思维；第二阶段是探究或探索的阶段。为了摆脱疑难的情境，个体要进行积极主动的探究活动，不断尝试，直至问题解决。在此处杜威又用"散步人"的例子进行说明：低飞的蜻蜓、骤降的气温在散步人的心中产生了涟漪，他开始停下脚步，去思索这些情境背后的含义，此刻的散步人陷入了困惑、犹豫、怀疑的阶段。紧接着，为了解答心中的困惑，散步人抬头望向天空，这一行为是一种发现行为，他期望通过观察去寻找解决困惑的依据。最终，乌云笼罩的情景证实了他心中联想到的可能会下雨的假设，这个过程就是探究的过程，而探究的目的就在于证实或推翻联想到的假设。

反思性思维的前提是遇到疑难的问题，并且产生解决问题的冲动，之后才会产生联想或想象，所以杜威认为："对一个困惑的解决的需求是整个反思过程中的稳定和引导因素，如果没有解决疑难问题的指引，这个过程便会成为一个胡思乱想的过程。"①通过上面的例子可以发现，反思性思维总是在一种充满不确定性的情境下产生，如果不存在问题，也就没有探究的需求，那就不会产生反思性思维。当疑难问题产生之后，个体需要基于自身拥有的资料提出解决问题的答案，此时个体拥有的资料指人们以往的经验和可供自由使用的相关知识储备，如果没有相关的经验，那么疑难问题则无法解决。正是由于散步人曾多次遇到过"蜻蜓低飞便有可能下雨"的情景，他才能在类似的情景下做出迅速的反应。能否在遇到困难时将过去的经验和知识合理地加以利用，是反思性思维优与劣最显著的区别。

当然，杜威所指的反思性思维并不完全等同于联想或想象。他多次表示，由于反思性思维是一个探究的过程，所以相较于漫无目的的联想或天马行空的想象，反思性思维会面临困难。个体的探究行为意味着要付出时间和精

---

① John Dewey. How We Think. Lexington：D. C. Heath and Company，1933：14.

力，所以不能盲目地接受自己的联想，探究的过程可能是一个艰苦甚至痛苦的过程，但这也正是反思性思维的可贵之处。所以，杜威明确表示，反思性思维是最好的学习方式，是科学的思维方式，它能使人具有严谨的思维态度，即面对问题不急于下结论，时刻保持怀疑的态度，为解答内心的疑惑而坚持不懈地探究。

根据杜威关于反思性思维的论述可以得出，反思性思维具有以下六个特征。

其一，情境性。反思性思维是在一定的环境下发生的，具体而言，反思性思维是主体在面临不确定的复杂情景中发生的，不确定性和复杂问题是反思性思维发生的诱发因素，这些特定的情境是反思性思维发生的条件和前提。杜威以天气的变化为例阐释了反思性思维发生的条件：气温变冷这一情景会引起个体对于环境变化所带来的不适，个体进而会产生对于天气变化的思考。所以在教学中，想要引发学生思考，首先要为学生创设一个疑难情境。此疑难情景需要和学生过去的经验有相同处，利于引发学生探究的兴趣，也利于学生利用过去的经验展开探索。

其二，可控性。反思性思维是有意识的和可控的，它不是毫无根据的臆想或转瞬即逝的念头，也不是无法自拔的心理波动，它是稳定的思维过程，而且是能被个体控制的思维过程。当疑难情景引发个体思考后，个体会围绕这个特定的疑难情景展开思考，而不是产生漫无目的的遐想。在气温变冷这个情景发生之后，个体只会围绕天气变化这个核心要素展开思考。

其三，目的性。在反思性思维过程中，个体会明确指向某个特定的目标，其一切运作都是为了解决内心的疑惑。反思性思维是有意识的和受控制的，它不是漫无目的的遐想以及稍闪即逝的印象，也不是无法控制的心理活动。当疑难情景发生之后，个体会采取措施来获取信息和证据，使个体能够在信息和证据的基础上获得疑难情景的结论。气温变冷之后，个体会进行抬头、举目、瞭望等一系列动作，这一系列动作是为了获取天上是否有乌云这一信息，而是否有乌云与下雨这一结论有直接的相关性。

其四，逻辑性。反思性思维是一个缜密的探究过程，需要人们对问题进行反复仔细地考虑，因此，其运作在很大程度上依赖于头脑的逻辑分析能力。杜威认为，面对疑难情景，个体通过一系列手段收集与之相关的信息和资料，这些资料只有经过大脑的逻辑分析才能得出结论。天上的乌云、草木的表面痕迹、空气的湿度以及晴雨表的状态等信息出现后，大脑便会将这些信息汇总在一起，经过头脑的加工而得出将要下雨的判断。

其五，连续性。如杜威所言："反思性思维同心中随意奔流的各种事情一样，是由一系列被思考的事情组成的。"[1]反思性思维包括一系列连续的观念且反思性思维各个连续的部分相辅相成，其中各个部分联结在一起。反思性思维的这种联接不同于偶然事件的不规则连续，而是包括目的指向性的规则连续，事物的连续性构成一个螺旋上升的链条，持续不断地向着一个共同的目标运动。

其六，激励性。反思性思维能够激励人们去探究，使人获取探究的勇气和精力，发扬怀疑和探究的精神，能够为解决问题做出自觉的和持续的努力。杜威强调，反省思维始于对解决疑难情景的需要，但这个过程需要对这个疑难情景进行反复的、持续不断的思考，此过程需要怀疑态度和坚定的探究信念。如哥伦布能够到达美洲正是由于反思性思维给予自己的激励作用，让他拥有怀疑和探索的精神。

---

[1] John Dewey. How We Think. Lexington：D. C. Heath and Company，1933：5.

第二节　思维的过程与形式

杜威关于思维过程的论述是其思维理论的重要组成部分，中国学者胡适曾将其精炼地概括为"大胆假设、小心求证"。在论述思维与教学的关系问题时，杜威以"思维五步法"为基础，提出了"教学五步法"。他主张教学的目的就在于激发儿童的思维，培养他们的思维能力，在他看来，思维既是教学的基础，也是教学的目的。就思维的形式而言，思维可以分为推论、检验、判断与理解，这几个部分构成一个相互联系又有一定顺承关系的整体。

一、思维的发生与步骤

杜威在《我们如何思维》第二部分的开头总括式地阐述了思维的发展过程，其中着重介绍了反思性思维的发生条件和发生过程。在杜威看来，整个反思性思维的过程就是"感觉问题所在，观察各方面的情况，提出假定的结论并进行推理，积极地进行实验的检验"①。

（一）反思的案例

在《我们如何思维》中，杜威通过描述三个看似简单但却极具启发性的思维活动情境，来对反思性思维进行了直观的解释，这些情境都选自芝加哥实验学校学生对课堂问题的回答。

案例一：从实际需要来解决问题的案例。在选择哪种交通工具可以更有

---

① ［美］约翰·杜威.民主主义与教育［M］.王承绪，译.北京：人民教育出版社，2001：162.

效率地到达目的地时，人们可能会考虑交通工具的速度、路线和停靠时间等因素，这些都是同日常生活经验密切相关的。此疑难情境的解决是基于日常生活中的实际需要，是一个较为简单的思维活动，属于每个人在日常生活中都会进行的思维活动。

案例二：通过观察来解决问题的案例。杜威以渡船甲板上水平延伸出来的白色杆子引发的思考为例：这个杆子可能是装饰品、无线电的电线杆或指示方向的杆子。为了印证自己的猜想，杜威展开证据的搜集：杆子比驾驶室低，驾驶员能够轻易看到；杆子尖部比底部要高得多，这样驾驶员能够看到杆子以及杆子之外很远的区域；驾驶员位于船的前部，且他本身的作用是对船进行航向上的引导。通过这三个方面的证据，杜威认为，杆子的作用是为驾驶员指示方位。此疑难情景的解决是基于个体的观察，为问题的解决提供间接的参考资料。

案例三：通过实验来解决问题的案例。杜威以热肥皂水清洗平底玻璃杯为例，当杯口朝下放在盘子上时，泡沫从杯外进入了杯里。经过思考，他提出了几点设想：杯子的高温迫使杯中原来的空气膨胀而引起杯中空气的溢出，杯子冷却之后导致外边的空气重新进入杯中。为了验证这几种猜想，杜威取出多个杯子，设置实验组和对照组，最终验证自己的猜想。此案例需要大量的、专门的科学知识作支撑，相对于第一个场景，这是一个更复杂的思维活动。这种思维情景下，只有受过科学训练的人才会进行思维活动。

杜威有目的地选择了这三种不同程度的思维场景，不难发现，三种思维场景基本上涵盖了所有可能发生的反思性思维活动状态并且其中蕴含着思维所共有的元素。杜威的"思维五步法"便是在分析这些场景共同之处的基础上概括而来的。

（二）"思维五步法"

"就思维的过程而言，它始于一个困惑的、困难的或混乱的情境，结束于一个清晰的、一致的、确定的情境。"①思维就是在这两个情景之间进行的，在这个过程中还包含了观察、分析、综合、想象、抽象、概括等能力的运用，还涉及知识的参与、各种观念和假设的检验。具体来说，杜威将思维过程划分为五个逻辑步骤。

第一个步骤是疑难的情景。只有当人感受到了某种困难时，才会暂时停下自己正在进行的行为，而这种停止也暗示了想要继续前进或者说是解决困难的倾向。通常情况下，困难能够很快地通过经验或习惯得到解决，但更多的时候，困难是一种复杂的情况，需要人们采取主动的、科学的探究。总之，疑难的情景是引起反思性思维的刺激物。

第二个步骤是确定疑难所在，即在脑海里形成一个清晰的、具体的问题。具体的问题也暗示着某种具体的解决方法。如果人们不知道问题所在，就无法采取对应的措施，所以问题的出现是解决问题的前提。杜威还指出，疑难情景的出现和疑难的确定经常是同时发生的。要么疑难的情景在出现时就表现出明显的性质，人们可以立刻确定疑难所在；要么疑难的情景的出现给人的感受只是一种强烈的不确定性，仍需要去发现具体的问题是什么。

第三个步骤是产生对解决疑难问题的思考和假设。杜威认为，推论总是进入到未知的事物，是从已知的事物产生的一个认知飞跃，而联想是推论或假设的核心，是现实的、具体的事物和潜在、遥远的事物之间的桥梁。在这个阶段，通过资料和观察的激发，个体进行了思考、设计、发明和创新，以便找到解决疑难问题的答案。他认为，联想的基础是人对具体情境的观察、经验或习惯，具有一定的主观性和创造性，因为个体在思维中能考虑从前没有被认识的事物，使他的经验有了真正的增长。

第四个步骤是预判哪一个推论或假设可以解决疑难。杜威认为，预判就

---

① 单中惠. 现代教育的探索——杜威与实用主义教育思想 [M]. 北京：人民教育出版社，2002：348.

是推测的过程，推测具有不可或缺的重要性。人们联想的假设是五花八门的，有的看上去很合乎情理的推论或假设，在经过仔细的思索之后，就会发现某些联想其实是荒谬的、不切实际的。与此同时，通过推测的过程，有的看似不着边际的推论或假设可以转变为合理的推论或假设。在这个过程中，个体应该把自己提出的假设，即解决疑难问题的方法依据一定的规律加以整理和排列，使其井然有序。

第五个步骤是用行动检验推论或假设，属于结论性环节，是对之前推论或假设的实践性验证。杜威认为，对推论或假设的检验过程具有深刻的教育意义，是培养良好的思维习惯的必要环节。如果推论或假设最终被证实是正确的，那么问题就能得到解决。即使最终推论或者假设被推翻，人们也不能否定整个思维过程的价值和意义，尽管问题还没有得到真正的解决，仍处于疑难的境地，但是拥有良好思维习惯的人可以从失败中汲取有益的教训。每一次尝试，都为下一次的尝试积累了经验，思维可以记录这些经验，为下一次的尝试做准备。在杜威看来，人从失败的经验中学习到的东西与在成功的经验中学习到的东西同样重要。

需要指出的是，虽然杜威将思维过程，或者准确地说是反思性思维，分为了五个具体的步骤，但不能机械地将这个五个步骤看成是某种割裂的状态，因为各步骤是相互联系的，顺序也不是固定的。美国心理学家劳伦斯·布尔梅耶（Laurence Buermeyer）在《杜威教授对思维的分析》[①]一文中，对杜威在《我们如何思维》中关于思维阶段的观点提出了质疑。他认为，反思性思维不能被分解为一个个分离的阶段，思维过程具有统一性。显然，他误解了杜威的本意。杜威在《对反思性思维的一个分析》一文中对布尔梅耶教授的批评做出了回应并进一步澄清了自己关于思维五个步骤的论述。[②]他指出："这个分析是

---

① 1920年发表于《哲学、心理学与科学方法》杂志第十七卷。
② 1922年发表于《哲学》杂志第十九卷。

形式的，暗示的是一个批判思考的行为中所包含的那些逻辑'运动'。哪一个步骤放在第一个，这是无所谓的。即使是问题的产生，也不是非得在时间上第一个到来。"①在杜威看来，思维的运作并非按部就班，其发挥和运作在很大程度上依赖于主观理智的灵活性和敏感性。

（三）"教学五步法"

杜威深信，思维的要素与教学的要素是相同的。他以"思维五步法"为基础，将教学的过程也相应地分成了五个阶段，后人称之为"教学五步法"，具体如下。

阶段一：为儿童创设真实的经验的情境。杜威主张在真实的经验的情境中开展教学，教学的情境不能脱离儿童的实际生活。强调教学与儿童现在的生活经验相联系，是因为儿童在熟悉的情境中更容易激发自己的思维。此外，教师不能简单地呈现情境，还要准备符合儿童需要和生活经验的教学材料，使他们对情境感兴趣，为之后问题的提出和解决做铺垫。

阶段二：在情境中产生激发思维的各种问题。疑难是思维的刺激物。设置同儿童实际生活紧密联系的教学情境便是为了使他们能够发现问题，产生疑难情境。杜威反对给儿童提供直接的答案，认为这种方式会剥夺儿童思维的机会。

阶段三：在已有条件下对问题进行思考并提出解决问题的假设。儿童在走进课堂之前，往往已经具备了与课堂相关的经验，他们能够根据自己的观察和教师提供的素材对疑难情境进行分析，提出解决疑难的方案。杜威表示，儿童从已知事物到未知事物的飞跃可以充分表现出思维的创造性。

阶段四：对提出的假设进行归纳和分析。这个阶段要求儿童将自己提出的各种解决问题的方法进行整理和分析，在脑海中对所有假设进行逻辑推演。

---

① ［美］约翰·杜威. 对反思性思维的一个分析. //杜威全集·中期著作第13卷［M］. 赵协真，译. 上海：华东师范大学出版社，2012：56.

杜威认为，归纳和分析需要儿童付出努力，否则就无法学到知识。

阶段五：在实践中检验假设。在付诸实践之前，假设的意义和价值并不明确，思维过程也不完整。因此儿童必须要亲自去做，在实践中检验假设是否正确。在此阶段，教师需要为儿童的实践提供必要的外部条件。这充分体现了杜威"从做中学"（learning by doing）的教学理念。

当然，正如杜威的"思维五步法"一样，"教学五步法"并非机械和固定的，杜威认为，教学的对象是儿童，每个儿童都具有独立性和特殊性，他们的思维方式、思维习惯各不相同，对教学活动的反应也不一致，因此，期望用一种固定的教学方式教育儿童是不切实际的。

（四）"教学五步法"的评价

杜威的"教学五步法"是建立在对传统教学方法质疑的基础之上的。他的"教学五步法"是一种经验的方法，强调教学从儿童的现实生活经验出发；"教学五步法"同时也是一种思维的方法，与儿童反思性思维过程紧密相连。"教学五步法"还是一种探究的方法，要求儿童主动通过探究解决实际问题。可以说，杜威的"教学五步法"是与传统教学方法，即以教师、教科书与教室为中心的教学模式截然不同的新教学法，是一种"从做中学"的教学步骤。

1. 对传统教学方法的批判

杜威对传统的教学方法一直抱着理性批判的态度，认为传统教学方法不能给学生创造"引起思维"的情境，不能激发学生主动探究的意识，而只能让他们被动地学习书本中的知识，结果势必会阻碍儿童的自然发展。杜威希望改变那种教师讲授、儿童静听的教学方式，使儿童能够与教师在活动中实现教学相长的效果。

在杜威的思维心理学和教学理论诞生之前，美国的教学理论主要受到欧洲大陆教育理念的影响，在教学方法方面，裴斯泰洛齐的实物教学与情感训练法、赫尔巴特学派的五段教学法在美国都有相当大的影响。前者主张以实物教学与感官训练替代传统的语言教学，丰富了课堂教学的方法；后者则将哲学与心理学引入到教学中，使教师能够按照特定的步骤实施教学，最终实现教学目的性与计划性的增强。在杜威看来，这两种教学方法论既有优点，也有不足，且都没有彻底地突破传统教学的桎梏。

裴斯泰洛齐的实物教学受到近代感觉主义的影响，认为知识源于人的感受。杜威指出，实物教学为传统教学注入了新的因素——实物与观察，这在一定程度上冲击了传统的教学方式。但同时，在实物教学的过程中，教师往往过分依赖际对实物的展示，忽视了思维的作用，使教学沦为纯粹的感官刺激和实物的堆砌。

杜威还提到，赫尔巴特以及赫尔巴特学派的教学理论意义重大，认为他们把教学带进了有意识的方法的范围，使它成为具有特定目的和过程的有意识的事情，而不是一种偶然的灵感和屈从传统的混合物。但是，赫尔巴特学派的教学理论仍保留了传统的痕迹，具体表现在两个方面：第一，机械地按照预设的步骤开展教学活动，缺乏灵活性和主动性；第二，以教师为中心，过分强调教师的地位与作用，这使得教学脱离了学生的思维、经验、兴趣等心理因素，因此无法改变教师讲、学生听的被动教学状态。

2. "教学五步法" 的不足

毋庸讳言，"教学五步法" 对当前美国教学模式的影响颇深，但杜威的 "教学五步法" 也存在着一些不足。"教学五步法" 注重问题的发现与解决，因此也被称作 "问题解决法"。杜威的学生、美国进步主义教育家克伯屈曾高度评价杜威的教学方法论，他认为，"把'问题解决'作为一种方法，是美国教育上的一种发现。"[①]克伯屈的 "设计教学法" 便是在 "问题教学法" 的基础上发展而来的。但应该看到，杜威的教学方法论解决了过去教学中存在的不足，但同时也带来了一些新问题。总体而言，新问题主要表现在两个方面。

---

① 赵祥麟.外国教育家评传（第二卷）［M］.上海：上海教育出版社，2003：510.

其一，系统知识的获取问题。尽管杜威强调系统知识的作用，但怎样才能获得系统知识在他那儿始终是一个悬而未决的现实问题。杜威认为，系统知识是解决问题的基础，是思维的材料，人们只有采取科学的方法，即"问题解决法"才能有效地获取知识。杜威赋予了科学方法极高的期望，然而他却未能十分确切地证实或说明所谓的科学方法的唯一性。不少西方学者也对此提出质疑，他们认为，仅依靠"问题解决法"作为系统知识获取的手段是低效的，这种方式无法快速获取人类日益增长的实用性知识。此外，问题的解决与知识的获取也并不总是一致的。与教师传授的知识和经验相比，人们在解决某问题之后所获得的认识可能是无意义或无价值的，所以这类认识不能被称之为"真正的知识"。

其二，问题的普遍性问题。杜威的教学方法论离不开问题的情境，而教学过程中，问题无处不在且都有价值的情况是否过于理想化？其次，将教育的过程等同于解决问题的过程，是否低估了教师的作用？美国教育哲学家伊士列尔·谢弗勒（Israel Scheffler）认为："教育不仅应促进学生的思维能力（improve thinking），更应拓宽学生的视野（create wider perception），不应将教育的任务只限制在问题的解决上。"[①]人为设计的问题情境终归是有限度、有条件的，它们不可能涵盖无边无际的知识。因此，将儿童的全面发展完全寄托于问题解决的过程是不切实际的。

总之，杜威的"教学五步法"既有进步之处，也存在不足。它一方面理性地批判了传统教学理论中陈旧错误的部分，另一方面也积极地继承和发扬了传统教学理论中合理正确的部分。杜威的教学方法论与传统的教学方法论不是完全对立的，前者专注于"从做中学"，后者则注重知识的传授，它们是互为补充、互相完善的关系。只有儿童积累了一定的知识，才能更好地去做，在做

---

① 吴式颖、任钟印.外国教育思想通史（第九卷）［M］.长沙：湖南教育出版社，2002：355.

的过程中，儿童又能进一步掌握知识。

二、判断的作用与地位

经过缜密的思维和科学的推论后，才能做出正确的判断。杜威认为，系统推论与判断之间有一种紧密的联系，推论的目的就是做出恰当的判断，而在推论的过程中也包含了个体的多次判断。他还指出，一个能对问题做出正确判断的人，一定是具有良好的知识背景或接受过良好训练的人。对判断的理解，有助于人们更好地把握思维。

（一）判断的过程

杜威认为，判断是思考的重要组成部分，思考的过程充斥着一系列的判断活动，这些判断活动相互关联并最终形成判定后的结论，判断并不是孤立状况下产生的，而是伴随着寻找问题的结论而进行的。[①]他指出完整的判断过程包含了三个阶段。

第一个阶段是存在争论点，判断源于疑惑和辩论。同思维相似，判断同样产生于疑惑，"如果没有对问题的疑惑，人不会产生判断行为。如果问题过分晦涩难懂，使人进入思维的'死胡同'，同样不会产生判断"[②]。也就是说，只有疑惑问题的存在且疑惑能够使人联想到争论时，才会出现判断的情况。

第二个阶段是证据的收集过程。争论的事件中存在许多细节和信息，它们的价值是不同的，其中很大部分信息对争论点并不重要，但却往往会分散个人的注意力。面对纷繁的信息，判断主体需要依据一定的规则和原则，选择那些值得信任的、对解决争论有价值的证据，淘汰或者剔除无意义的信息。在杜威看来，成为一个对各种复杂情景和问题具有良好判断能力的人需要掌握一种

① John Dewey. How We Think. Lexington：D. C. Heath and Company，1933：119.

② John Dewey. How We Think. Lexington：D. C. Heath and Company，1933：121.

能力，即知道如何扬弃一些与推论相关性不强的证据，保留一些与推论相关度比较高的证据。这样的感觉或能力，就是人们常说的洞察力。杜威认为，这种感觉或能力主要有两个来源：先天形成与后天经验。一个人通过长期从事某一问题的研究，便可以在处理相关问题时展现出异于常人的判断能力，人们一般称这类人为相关领域内的专家，杜威称这种依靠长期的经验积累而进行的判断为直觉判断。要注意的是，这类判断与那种不假思索的、匆忙的判断是有本质区别的。前者判断的基础是长期经验积累而建立的某种联系，后者判断的基础则是习惯、偏见。

第三个阶段是最后的判决。这是判断的结果，是争论的终结。做出判断之后，不仅仅意味着问题的解决，也意味着这个判断将会被当作案例，为之后类似的争论提供判断的依据。随着判断次数的增加，判断的原则就逐渐形成，这些原则会成为评判某类事件的权威性解释并成为共识，最终成为合乎逻辑的观念。

杜威认为，判断的过程其实也是将假设转变为观念的过程。他举例道：在一个能见度较低的夜晚，你远远地看见一个熟悉身影，这个身影使你联想到某个特定的人。这个联想到的对象就成了这个身影的假设。如果这个假设很快地被接受，就不存在反思性思维的过程，也就不会发生判断。但是，如果假设被质疑，就会引发探究，在这个过程中，假设就变成了观念。杜威意指，观念具有工具的功能，是支持判断的工具。当人们看见一团模糊的画面，就会产生各种各样的联想，这些联想是可能性的假设，为了验证假设，人们开始探究，在这个过程中，联想的观念为探究提供了可能性和立足点。

（二）判断的功能

> 判断有两种形式：将概念中包含着的内容显露出来，这是分析判断；而用新的内容充实概念的意义或用概念指代它原本没有指代的新的现实对象，这是综合判断。然而，这并不意味着有两种类型的判断；它

们是同一判断的两个方面，判断有时是综合的，而有时却是分析性的，用另一种方式来表述，就是说每一个判断都同时既肯定了统一性又肯定了差异性。①

　　杜威认为，通过判断，混乱的数据会得到澄清，原本不相关的证据会被联系在一起，澄清即分析，联系即综合。②此处表明，寻找证据、排除干扰点便是分析，把分散的证据汇集起来，做出最后的判断便是综合。"分析就是强调，综合就是放置，前者是引出所强调的事实或属性，作为重要的东西明显表现出来；后者把所选择的东西置于其情境之中，或者置于它与所表示的东西的关系之中。"③每次判断都需要对信息进行筛选，剔除无关的信息，关注与结论有关的信息，此时每次判断都是分析的过程；每次判断都需要把筛选出来的信息置于具体的情境中去讨论与检验，此时每次判断都是综合的。
　　在杜威看来，分析和综合不是对立的，任何真实的判断过程都囊括了对选择的强调和对选择的解释，它们是紧密联系在一起的，即分析导致综合，综合完善分析。杜威对分析和综合的教育方法进行了批判，他以地理教学采用分析还是综合的方法进行了逐个分析，认为分析和综合教育方法的选择应时刻以学生已有的有关地球的知识为起点，使儿童建立起关于宏观地理知识和已有关于本地区地理环境认识之间的联系，最终随着学生对复杂空间中的地球的理解逐渐加深，他们更确切地明白自己所熟悉的地区环境的具体意义。

---

　　①［美］约翰·杜威. 心理学. //杜威全集·早期著作第2卷［M］. 熊哲宏，张勇，蒋柯，译. 上海：华东师范大学出版社，2010：148.

　　② John Dewey. How We Think. Lexington：D. C. Heath and Company，1933：126.

　　③ John Dewey. How We Think. Lexington：D. C. Heath and Company，1933：129.

三、理解的对象与分类

理解是杜威所认为的思维的重点，以理解的发生为中介，思维加工的对象可分为观念、意义、概念、定义与分类。杜威指出，思维的目的就在于掌握事物的意义，人们期望通过联想使事物摆脱无意义的、不明确的孤立状态，将事物纳入整体之中，在关系中说明、解释这些事物，并赋予这些事物以实际的意义。当事物实际的意义得到科学的确认之后，该意义则成为一种概念，而在概念的应用过程中，需要通过定义和分类的形式将其内涵表达出来。所以在某种意义上讲，意义包含观念和概念；概念的应用包含定义和分类两种形式。

（一）观念、意义与概念

在杜威对意义的论述中，涉及观念、意义和概念等关键词，三者之间的含义有一个比较清晰的界限。杜威以火药爆炸为例，直观地揭示了意义的含义：看到动物在跑、意外地听到某种声音、嗅到一种异常的气味，这三者本身不是意义，而只是反映在主体中的一种观念而已。当经过主体思维活动的加工，并将之与火药爆炸联系起来，以上三种动作便获得了意义。由此可见，杜威认为意义之所以存在，是个体经过思维加工而使之产生了具体的效用。

1. 观念

杜威认为，观念并不是一个整体，而只是形成判断的一个单位因素，观念是判断的要素和解释的工具。观念在思维推论中起到了非常重要的作用，是支撑个体思维判断的证据，"思维判断就好比文章结构中的一个句子，而观念就如同句子中的一个单词"[1]。如杜威所言，观念的存在也是以思维判断为前提的，如果不把观念当作研究事实和解决问题的工具，观念就不能成为真正的观念。

---

[1] John Dewey. How We Think. Lexington：D. C. Heath and Company，1933：132.

2. 意义

在思维对对象进行加工之前，意义只能称为观念，经过思维判断加工之后，个体理解了观念，此时的观念才能成为杜威所说的"意义"。正如杜威所说："一般来说，一种观念在得到理解之后，它的作用便终止了，这样一个事件或事物开始有了意义。"[①]杜威反复强调对事物的意义要有准确的认识，含糊性的意义会造成曲解、误解和误会。杜威强调，有效的思维需要建立在便捷的信息和有益的材料的基础上。文字对于文盲是没有意义的，因为文字不能使文盲产生有意义的联想，反而会使其思维陷入瘫痪的状态。即使是在疑难的情境中，也需要有意义的信息作支撑，为反思性思维提供立足点。由此可见，只有当疑惑的对象和有意义的信息结合在一起时，才能有效地激发思维。

3. 概念

杜威在论证了观念和意义的内涵后，又专门对概念进行了探讨。杜威强调，当意义经过验证，最终成为一种公认的事实后，意义便成为概念。所以，在某种程度上，概念就是标准化的意义。杜威所描述的意义相对于概念而言是暂时的和有条件的，而概念则是无条件、永恒的和高度概括性的。在论述概念的内涵时，杜威还强调了概念的作用：一方面，概念规范了人类的知识，让知识标准化具有了稳定性；在此问题上，杜威以计量单位为例，尺的长度和磅的重量作为一种概念，成为一种参照标准和人类的共识。另一方面，概念能够补充人类尚未完备的知识。杜威以人类探索太空为例，当人类发现太空中从未出现的光点，并总结了该光点所具有的特征后，发现该光点具备了彗星这一概念的所有特点，因此将之归类为彗星。杜威认为，概念源于经验，是经验的总结，并在使用过程中让主体更加明晰其中的内涵。

（二）意义与理解的关系

杜威认为，意义与理解是相辅相成的，理解事物的过程就是把握事物意

---

① John Dewey. How We Think. Lexington：D. C. Heath and Company，1933：136.

义的过程。任何人无法要求一个文盲去读书看报，因为文字对他而言是没有意义的。对主体而言，在这个情景中的意义与理解互为前提。此外，杜威所谓的理解又可以分为直接理解和间接理解。识字的人在看到文字的一瞬间就能理解它的含义，因为文字对识字的人有明确的意义，此时的文字便具有了意义和理解双重属性，而此时的理解便是直接的。在另一种情况下，事物与它的意义是分离的，无法立刻被理解。在这种情况下，进行探究就是非常必要的，此时的理解就有了间接的和延迟的属性。

获得意义、理解事物的过程其实就是知识不断积累和智力不断发展的过程。杜威一直强调判断和反思都是在疑难的情境下产生的。人进行反思性思维就是为了更好地理解情境、把握意义，随着意义的不断积累，人的知识储备也随之增加。

当然，知识储备的增加也会带来其他方面的影响，这种影响首先就表现为知识的扩展和疑惑增多的"矛盾"。随着个体知识量的增长和个体对未知世界认识程度的加深，他们心中的疑惑却越来越多。例如建造师眼中的建筑和普通人眼中的建筑是不一样的，前者的学习和实践会让前者发现或察觉更多涉及建筑的问题。个体在发现问题的过程中，也会产生新的问题，只有把新的问题转化成熟悉的和掌握的知识，这个疑惑才能最终得到解决，如此循环往复，知识就会实现持续不断的螺旋上升式的发展。过去需要间接理解的事物转化成可以直接理解的事物，直接理解的事物又可以成为人们间接理解新事物的工具。正如杜威所说："我们的理智进步在于一种间接理解（comprehension）和直接理解（apprehension）的有规律的循环运动。"①

（三）获得意义与理解的途径

在陈述了"意义与理解"的内涵与关系之后，杜威紧接着阐述了意义与理解的获取途径。既然新问题的解决依赖于已掌握的知识，那么在人们掌握

---

① John Dewey. How We Think. Lexington：D. C. Heath and Company，1933：140.

第一个知识之前是怎样去理解事物、把握意义的呢？杜威借用威廉·詹姆斯关于婴儿的叙述予以说明："婴儿一旦受到眼睛、耳朵、鼻子、皮肤和内脏的刺激，就感到乱糟糟、乱哄哄、一片混乱。"[①]对于婴儿来说，整个世界都是新鲜的，也是混乱的。这句话揭示了个体不理解时，事物所具备的特征——模糊不清的概念和毫无章法的变化。因此，想要获得事物的意义，就需要有目的地使事物摆脱模糊不清的概念和毫无章法的变化，使个体获得明确和稳定的信息。

杜威指出，信息的明确性和稳定性主要来自实践活动。他举例到：将一个篮球放在儿童面前，他能看见篮球，但却不能理解篮球，单凭感官，他是无法将篮球同其他球体区别开的，因为他没有关于篮球其他特性的理解。然而，当儿童开始玩弄篮球以后，他便逐步建立起自己对篮球的理解：通过滚动篮球，他获得了关于球体的概念；通过拍打篮球，他获得了关于篮球弹性的概念；通过举起篮球，他获得了关于篮球重量的概念。最终，他能够更多地把握篮球的全部概念。在这个过程中，儿童通过实践与篮球建立了紧密的联系，通过不断地接触，儿童逐渐形成了关于篮球的认识，此过程即经验的获取过程。为了进一步说明实践之于个体的重要性，杜威举了"儿童辨别颜色"的例子。通常情况下，儿童很难辨别颜色的差别，通过视觉系统，儿童能够感觉到颜色之间的差异，但是对于这种差异却缺乏理智的加工，更无法与已有的经验建立联系。白色的物体和蓝色的物体并不会导致儿童产生一种区别颜色的反应，一旦儿童失去了区分颜色的兴趣，他们便无法真正理解白色和蓝色的内涵。如果在此时，将颜色同儿童喜欢的事物联系在一起，便会引发儿童的兴趣。如当白色同儿童喜爱的牛奶联系起来，儿童便开始对白色产生独特的反应，使得白色同其他颜色产生了区别，最终在儿童头脑中形成"白色"的概念。

意义的明确性和稳定性还来自于人们对事物反应态度的习惯性和周期

[①] John Dewey. How We Think. Lexington：D. C. Heath and Company，1933：141.

性。特定的词汇拥有特定的含义，这种联接是建立在人类长时间的实践基础上所达成的共识，这种共识最终会成为一种习惯。正如杜威所言："就词的意义而言，我们很容易看到，正是通过发出声音和注意由此产生的结果，通过聆听别人的声音和观察同时出现的活动，最终一个给定的声音变成了一种意义的稳定承担者。"①如"喝水"一词，只有个体表达出喝水的意愿，并进一步完成整个喝水的动作之后，"喝水"一词就和喝水的动作联系在一起并开始承担这一系列动作的意义。当这种意义形成了稳定性的认识，就转变成了看法或概念。此外，杜威认为意义是可以存储的，意义的储存方式类似于概念库，可以随时为个体理解新事物提供概念上的支持。天文学家在太空中探测到了一个未知的小光点，凭借概念库（关于宇宙的知识），天文学家可以对光点进行严谨的分析，最终得出亮点是一颗彗星的结论。由于关于彗星的所有特征都适用于这个亮点，该亮点的其他特征便会成为彗星的意义的一部分，而关于彗星的科学认识也得到了扩充。当然，任何意义都不是孤立存在的，彗星的特征和概念是天文知识系统的一个组成部分，它与恒星、卫星、流星等意义是相互联系的，对彗星的理解和认识可以使人联想到其他星体的意义与内涵。

（四）定义与分类

有恰当的理解就会有错误的理解，思维对象的不明确，或者说模糊是误解产生的根源。当错误的信息凸显时，人们可以及时发现并纠正。但当信息表现为模糊状态时，它的真实性和正确性是难以检验的，这种模糊的信息会导致误解的产生。杜威认为，逻辑上的过失是思维固有的，是不可避免的，想要完全消除误解是不可能的。人们能做到的就是最大限度地使意义清晰，降低误解的程度。为了获得清晰的意义就需要对事物进行定义与分类。

清晰的意义都有明确界限。猫与狗都是哺乳动物，但是人们不会把它们混为一谈，因为它们实质的含义是彼此独立的。杜威称这类清晰的意义为内

---

① John Dewey. How We Think. Lexington：D. C. Heath and Company，1933：144.

涵，使意义转变成内涵的过程就是定义。除此之外，个别化的意义或内涵还可以彼此联接成为一个大的类别，即通过分类构成意义的外延。猫的意义和狗的意义是个别化的意义，它们具有截然不同的内涵，但它们都可以被归类为哺乳动物。

正如定义表明内涵一样，分类表明外延，在杜威的话语体系中，内涵和外延、定义和分类是相互关联的。内涵是识别事物的标准，外延是被识别事物的归类。在定义和分类的共同作用下，人们才能拥有清晰的意义，并通过这些意义去说明类似的事物。当意义有了明确的定义和分类之后，它就成了辨别其他事物的原则，那么被辨别的事物就拥有了科学的含义。杜威将定义划分为三种类型。

第一种指示性（denotative）定义或陈述性（declarative）定义。指示性或陈述性定义通过唤起人们对事物的感受的方式来确定事物的内涵。首先，这类定义需要人们能感知周围的事物，即要能看见事物、听见声音、闻到味道等；其次，指示性定义需要人们对事物产生特定的态度或情感，因此，这类定义来源于个人的直接经验。一个没有味觉的人无法抓住盐的关键性质——咸味，也无法对咸味产生反应或态度，更无法对盐产生独特的印象，最后就不能理解盐或把握盐的意义。

第二种是说明性（expository）定义。语言和文字的存在，使说明的定义得以实现。语言和文字可以帮助人们描述出最复杂的意义。字典中对单词的解释，就是典型的说明性定义。杜威特别指出，由于说明的定义往往来自他人的间接经验，因而存在一种危险，即人们可能会因为习惯或惰性，过度地依赖他人的、权威的定义而忽视或放弃通过主动的探究来证实和说明事物的意义。

第三种是科学性（scientific）定义。科学性定义是相对于那些通俗的、简单的定义而言的。通俗的、简单的定义倾向于以事物最明显的特征作为下定义的原则，它的目的是方便人的生活和生产实践，而科学性定义则倾向于以事物存在的原因、发展的结果和同其他事物的关系等作为区分事物的原则，它的目的是帮助人们从科学的、严谨的角度去理解事物的意义与性质，是一种理性的追求。杜威举例道：如果去询问一个炼钢厂的工人，金属是什么？他大概会从金属的大小、颜色、重量、硬度等直观性的性质出发，去详细地说明金属的意义。显然，这是一种通俗的、简单的定义，但这丝毫不影响工人的正常工作，他仍然可以冶炼出高质量的钢铁。杜威给出的金属定义是这样的："金属意谓任何与氧气结合起来形成一种基础的化学元素。"[①]很明显，这是一种基于关系、表现关系的定义方式，杜威认为这代表了科学概念发展的趋势，因为这种定义方式可以表明事物彼此之间是如何相互依赖或相互影响的，而不只是简单地罗列人们可直接感知到的那些性质。可以说，在关系中定义事物，就是杜威所谓的科学的定义的实质。

（五）教育中的误解

在对理解的对象进行分析和介绍后，杜威列举了六种发生在教育中的误解。

1. 事实与意义的分离

杜威认为，事实与意义分离主要有两种表现形式：第一种表现形式是过分强调意义而忽略事实。杜威尤其反对在课堂中向学生灌输一些孤立的、零碎的条文和原则，他认为将事实和原则以文字描述的形式放入儿童的记忆中，而不让儿童对文字背后的具体事实有直观的认识，将会导致这些文字失去价值。第二种表现形式是过分强调事实而忽略意义，此种情况常发生在实物教学中。如果只是孤立地看待事物，而不考虑事物之间的联系以及事物背后的意义，那么便会导致认识的碎片化。

2. 未将推论贯彻到底

杜威认为，如果经过演绎和推理所得出来的认识只是一种模糊的认识，

---

① John Dewey. How We Think. Lexington: D. C. Heath and Company, 1933: 164.

那么推论活动就不应该结束。学生在获取某些观念和认识之后，教师不应该直接给予学生一个终结性的评价，而是需要通过指导、训练和暗示等方式引导学生继续进行推理。

3. 从演绎开始理解

"从开始阶段就使用定义、规则和原则是最常见的错误，从演绎开始的理解，将使演绎孤立。"[1]杜威认为，这种方法错误的根源在于对儿童思维的逻辑起点没有清晰的认识，儿童良好思维的起点应该是直观性的材料，这些直观性的材料必须与原有经验存在一定的联系。若是从演绎开始理解，意味着要向儿童灌输一些无法引起儿童共鸣的定义、规则和原则。

4. 概念与新经验的分离

概念的存在价值不仅在于获得对事物的科学认识，更要成为对新的经验和认识正确与否的衡量标准。而概念与新经验并不是矛盾和对立的，概念可以衡量新经验的准确性，而新经验能够对概念起到完善和补充的作用。若是学生和教师只是止步于对事例和案例的分析和探讨而不能使之与原有的概念和原则相结合，那么概念和原则将会日益僵化。

5. 缺乏实验的支撑

杜威认为，对于每一个概念和原则而言，它们都需要通过实验加以验证，而这种实验不受实验室和精密实验仪器的制约。杜威同时指出，当前"进步"学校所进行的外出活动并非真正的实验，"每一个真正的实验都必须在某个观念的指导下，针对一个具体的问题，旨在实验中获取新的认识"[2]。

6. 轻视检查和总结的作用

有意识地回顾和反思已有认识，能够系统地梳理自身已取得的成果，清除那些无关紧要的认识。所以杜威认为，在经验不断发展的过程中，更应该对

---

① John Dewey. How We Think. Lexington：D. C. Heath and Company，1933：186.

② John Dewey. How We Think. Lexington：D. C. Heath and Company，1933：187.

正在进行的活动进行定期检查、总结和概括。

四、推论的方法及运用

杜威认为，反思性思维的过程就是将复杂、混乱和不确定的情境转换为一致、清晰和确定性的情境，而要实现这一过程需要专门的和复杂的方法。[①] 在《我们如何思维》1910年版中，杜威将这些"专门的和复杂的方法"命名为"归纳"与"演绎"，而在1933年版中，杜威将之定义为"控制观察和记忆的方法"与"解释事实和解决问题的方法"。个体将孤立的、零碎的、迥异的事实有条理地组织起来便是归纳的过程，这个过程主要是为正在进行的推论提供必要的信息和事实；验证反思过程中产生的联想便是演绎的过程，在此过程中，一些新的事实可能被发现，过去对事物的认识可能被修改。

（一）归纳与演绎

杜威强调，建立系统化的推论方法是必要的，如果没有一套系统的推论方法，思维主体便会不加检验地相信出现最早或离自己最近的事实，同时也会不经过检验和测试便轻率地接受最先出现的结果，而归纳和演绎正是系统的推论方法。

所谓归纳，就是把零散的、杂乱无章的信息结合起来，寻找它们之间的联系，使它们形成一个广泛的情景。所谓演绎，就是从这个广泛的情景出发，重新回到特殊的信息中，从而再一次把这些信息进一步串联起来，对它们进行清晰的、彻底的说明。简单来说，"归纳就是从零碎的细节（或特殊的东西），到对情境的一种相互联系的看法（普遍的东西）；演绎则从后者开始，再次返回特殊的东西而起作用，把它们联系起来并结合在一起"[②]。

---

① John Dewey. How We Think. Lexington：D. C. Heath and Company，1933：165.

② ［美］约翰·杜威. 我们如何思维. //杜威全集·中期著作第6卷 ［M］. 王路，马明辉，周小华，等，译. 上海：华东师范大学出版社，2012：190.

为了更好地说明归纳与演绎的内涵，杜威举了一个"盗贼"的例子：一个人回到家中，发现房间里的东西被翻得乱七八糟，看着眼前的场景，他很自然地就会联想到家里可能来盗贼了。在这里，他联想到的不是某一个特定的盗贼，而是观念上关于盗贼的集合，因为盗贼非他亲眼所见。房间里的东西是可以被感觉和观察的，这些东西组成了特殊的、明确的信息。虽然只是一种猜想，但他还是通过混乱房间所表现出来的各种信息归纳出了盗贼的存在。通过同样的归纳方式，他还联想到自己淘气的孩子也有可能是房间混乱的原因，这个联想使他开始对盗贼的怀疑转向对淘气孩子的怀疑。由于不确定哪一个才是导致房间混乱的"真凶"，所以暂时无法得出确切的结论，因此，思维的过程仍将继续，演绎开始运作。从先前所归纳的猜测出发，为了检验猜测就需要进行更深入的探究。盗贼意味着房间中财物的丢失，这是伴随盗贼出现的特征，可以作为检验盗贼是否存在的重要条件之一。他检查了柜子里的财物，发现确实存在财物丢失的情况，但这仍然无法使他做出最后的判断，因为淘气的孩子也有可能是财物丢失的原因。他只能继续寻找更具说服力的证据，他想到了放在衣柜顶部的金银首饰，这是孩子触及不到的地方，结果，金银首饰不翼而飞，房间里的窗户也有被损坏的迹象。最终，盗贼的猜想得到了证实。混乱的房间、丢失的财物和损坏的窗户，这些原本孤立的信息在归纳和演绎的运作下被联系成了一个整体，并通过归纳和演绎的思维方式来得出最后的判断。

系统的推论法通过归纳和演绎的运作可以获得理性的结论，这个结论又可以成为下一次推理的前提或者依据，如此反复，前提与结论之间最终建立了持续稳定的联系。杜威对前提和结论的关系也进行了详细的解释：首先，前提是基础性的东西，它是结论的根基，有了前提，人们得出的结论才能被确认和支持；其次，从假设出发归纳出结论，再从结论出发去验证结论，正如一条河流可以从源头不断顺流而汇入大海，而从入海口也能找到河流的源头一般。前提暗示着结论的得出，结论也预示着前提的存在，它们是一个互相包容的整体。在这样的意义上，系统的推论就意味着"识别先前未组织的和不相互联系的考虑之间相互依赖的确定关系，这种识别是通过发现和插入新的事实和性质而产生的"①。简单来说，系统的推论就是将孤立的、混乱的东西转变为一个清晰的事实。

（二）科学的归纳

杜威不仅对归纳与演绎的内涵和运作方式做了阐释，还具体提及该如何去指导归纳与演绎的科学运作。他指出，科学归纳是通过调整数据观察和收集的方式，促进具有说服力概念和结论形成的过程。杜威在这里提到的数据就是人们通过感官所能捕捉到的各种信息，这些信息的出现具有偶然性，而科学归纳的作用就是恰当地处理这些繁杂的信息，使结论更具说服力。杜威认为医生诊断病情的过程可以很好地体现了科学归纳的内涵：一位经验丰富的医生在观察病人的症状后，会在头脑中产生初步的诊断结果，但这个诊断结果仍是一个不成熟的猜想。在职业习惯的驱使和职业道德的要求下，医生需要深思熟虑从而避免对病情做出错误的判断。随后医生询问病人的具体情况，使用医疗器具对病人进行检查，期望能从中得到更全面的信息。直到医生对病人的病情有十足的把握，他才会做出结论。医生诊断病情这一例子比较突出地反映出，科学的归纳需要最大程度地获取更多的信息，才能提高结论的正确性和科学性。

科学的归纳也需要对联想进行间接的控制。联想的原理就是从明确的、可观察的事物推论出未知的、尚未出现的事物，因此，联想的推论不一定是正确的。在特定的情境下，一个人会联想到什么，依赖于个人的天性、习惯、兴趣、受教育程度等，这些因素在短时间内是无法改变的，所以杜威认为，对联想的控制只能是间接的，只能对作为联想对象的信息进行控制。具体来说，杜威提供了三种实现科学归纳的方式。

一是排除错误的信息。在思维过程中，最有效率的方式便是排除那些已

---

① ［美］约翰·杜威. 我们如何思维. //杜威全集·中期著作第6卷［M］. 王路，马明辉，周小华，等，译. 上海：华东师范大学出版社，2012：190.

被经验证明是错误的信息。一个有科学精神的人会时刻提醒自己避免匆忙地得出推论，他知道自己的习惯、兴趣和偏见可能使他产生错误的推论。那么如何去排除那些可能导致错误的习惯性联想呢？杜威认为，科学的工具仪器可以最大限度地消除个人的主观偏见。

二是突出重要的信息。科学的归纳需要大量的信息，尤其是那些具有决定性作用的信息。要判断房间里是否来过盗贼，最关键的信息就是隐蔽的财物是否丢失。除了要强调那些起决定性作用的信息以外，反常的、出乎预料的东西以及在多数时间里保持一致而在关键时刻却不一致的事物也十分重要。所以，即使看似无足轻重的信息有时候也需要加以关注。

三是科学实验的方法。实验可以有目的、有计划地去创造一个具有决定性的信息。与日常的观察相比，实验克服了许多缺点或者说解决了许多问题。首先，实验可以创设许多日常生活中难得一见的情景；其次，实验可以控制变量和条件，使得原本无法观察的现象可以被观察和理解；最后，实验可以帮助人们从不同的角度看待事物。

（三）科学的演绎

归纳的作用是筛选信息、形成猜想，而演绎的作用是对归纳的猜想进行检验。那么该如何科学地检验这些猜想呢？医生能看病治病，是因为懂得关于某一类疾病的基本原理，这些原理可以通过演绎的方式去检验这类疾病。如果一个医生不知道感冒的症状，当他诊治发烧、流鼻涕的病人时就会毫无头绪、手足无措。在进行推论时，除了科学的归纳方法外，人们也需要通过演绎的运作去确定疑难的特征。杜威强调："演绎是对它们意义的丰富性和完整性的详细说明。"[①]当医生相信病人患感冒后，为了证实自己的想法，他需要进一步地去观察病人身上是否具有感冒的特征，在这里，感冒这个观念既是结论，也

---

① ［美］约翰·杜威. 我们如何思维. // 杜威全集·中期著作第6卷［M］. 王路，马明辉，周小华，等译. 上海：华东师范大学出版社，2012：197.

是检验结论的工具。通过将演绎的结果同最初观察的结果相比较，就可以判断病人是否真的患感冒。

为了实现科学的演绎运作，杜威也提出了三种指导演绎运作的方法。

第一，寻找可以联接的观念。眼前的事实和猜想之间存在一个缺口，即缺乏证据去说明眼前的事实和猜想之间的关系。因此，必须要找到能够实现二者转化的观念。

第二，借助定义、原理进行演绎。科学的定义、原理是经过缜密的实验推导而来的，人们可以直接利用科学的定义、原理来检验假设。

第三，通过实验观察对演绎进行最后的检验。杜威指出："思维活动如果是完整的，就必然在具体观察的领域中结束和开始。"①简单来说，联想观念的有效性仍然是有待考察的，只有当事实能够被观察，并且观察的结果同演绎的结果是一致的，人们才能认为结论是正确的，演绎的运作是科学的。

第三节　思维的类型

思维对象、过程的多样性决定了思维性质、目的的多样性。杜威根据思维的性质与目的将思维划分为不同的类型（形式思维与实际思维、具体思维与抽象思维、经验思维与科学思维），并系统地介绍了它们的概念、特点和作用。

一、形式思维与实际思维

相较于1910年版，杜威在《我们如何思维》1933年版中增添了两种思维

①［美］约翰·杜威.我们如何思维.//杜威全集·中期著作第6卷［M］.王路，马明辉，周小华，等译.上海：华东师范大学出版社，2012：198.

类型：形式思维和实际思维的概念，并对两种思维模式在教育和社会生活中的表现形式进行了论述。

（一）形式思维与实际思维的区别

杜威首先以"苏格拉底之死"为例对形式思维和实际思维的内涵展开论述：所有人都会死，苏格拉底是人，所以苏格拉底也会死去。杜威认为，这种三段论法是一种典型的形式思维，即所有的M都是P，所有的S都是M，那么所有的S都是P。那何为实际思维呢？同样在"苏格拉底之死"中，虽然苏格拉底必然会死去，但其弟子却希望自己的老师能活下去，那么苏格拉底的弟子的思想则是一种实际思维。

在《我们如何思维》一书中，杜威并没有给予形式思维和实际思维一个明确的定义，但为了让读者更清晰地了解形式思维和实际思维的内涵，杜威总结了两者之间存在的三点差异。

首先，是否受到思维主体的影响。形式思维是教科书式的思维，它不决定思想者的愿望和意图，但实际思维会受到思想者的思维习惯和情感因素的影响。"如果思想者有细心、透彻的态度，那么他的思维便是好的思维；若是思想者轻率鲁莽、感情用事，那么他的思维便是糟糕的。"[1]

其次，状态是否固定和稳定。杜威认为，形式思维是固定不变的，其各要素之间存在稳定的逻辑关系，他以算式2+2=4为例予以说明，无论这个数字2代表什么事物，这个公式的逻辑形式不会有任何变化。但实际思维是时刻发生、时刻进行的思维，会根据主体遇到的问题而时刻发生变化。

最后，发生背景不同。形式思维是客观存在的，它不以人的意志为转移，且它是放之四海皆准的万能公式。而实际思维是主体在遇到疑难情境时才会发生，且它需要以实际内容为依托。

---

① John Dewey. How We Think. Lexington：D. C. Heath and Company，1933：72.

（二）形式思维与实际思维的联系

当然，杜威也认为形式思维和实际思维也存在着某种联系：形式思维的产生需要大量实际思维的支撑，是实际思维总结后的概念和准则；而形式思维形成后，能够指导、检验实际思维。杜威以地图的形式和使用为例，对上述观点进行了解释：如果把经历探险和测量所绘制的地图比作形式思维的话，实际思维则发生在地图绘制前和地图绘制后。地图绘制前的探险和测量需要大量的没有方向指引的行动，地图绘制成功后，便会成为随后的旅行者的一种指示性工具、检验性工具，它指导旅行者应该往哪个方向行进，检验旅行者是否处于正确的位置。形式思维是结果，实际思维是过程，形式思维是经过实际思维不断发生、验证形成的固定性概念，而形成固定概念和准则的形式思维又成为新的实际思维的指导和检验标准。

此外，实际思维虽然不采用形式思维的标准进行思维，但其思维的结果需要以形式思维的方式来表述。杜威认为，在实际情况下，没有人会按照三段论法来推论某个人会死亡这一结论，人们通过人体生理知识得出人都会死亡这个事实，但当需要向他人阐明这个事实时，必然会运用三段论法这一最简单的形式。杜威强调，实际思维的结论需要通过形式思维来表达的原因主要在于形式思维简单、明了，且更有说服力。但同时又指出，脱离形式思维指导的实际思维可能会偏离主题、受无关线索的影响。

二、经验思维与科学思维

经验是杜威思维心理学思想中的又一个重要概念。传统的经验论认为"经验是对对象所发出的感觉信息的被动接受"[1]，它导致了经验和思维的二元论，使经验和思维成为彼此对立的两个概念。但杜威认为，经验存在于有机

---

[1] ［美］罗伯特·B.塔利斯.杜威［M］.彭国华，译.北京：中华书局，2002：71.

体的生命活动（包括思维活动）之中，它包含两个相互作用的因素，一个是主动的因素，另一个是被动的因素，二者缺一不可，只有明白了这一点，才能把握经验的性质。杜威所谓的主动的经验就是尝试，被动的经验就是承受结果。人对事物施加影响，事物反过来也会对人有所反馈。

科学是杜威思维心理学思想中另一个重要的概念。首先，杜威高度肯定了科学的价值，他认为科学在人类事务中发挥着广泛的、至关重要的作用，是把人类从奴役状态（人类容易受习惯、本能等支配）中解放出来的工具；其次，杜威反对将科学狭隘地理解为科学活动的成果，如发现、发明等，他主张将科学视为探究的方法。因此他指出，科学是"存在一系列探究的方法，当我们把这些方法运用于客观事物时，我们能更好地理解事物，能够更理智、更安全和更灵活地控制它们"[1]。

（一）经验思维

所谓经验思维，就是在经验或习惯的基础上形成的思维模式。火焰使人们联想到疼痛感，乌云使人联想到下雨的情境，这种把特定的事物联系起来，使一个事物成为另一个事物的象征或标志的思维方式就是经验思维，这类思维不以科学的规律或原理为依据。

杜威认为，纯经验思维的缺点是明显的。

第一，纯经验思维容易产生错误的推论。诚然，许多靠经验推导而来的结论是正确的，它们在实际生活和生产过程中给人带来了很大的帮助。此外，经验的材料可以为科学的认识奠定基础，甚至在特定的情况下，靠经验性的推论比完全依赖科学观察、检验的预料更准确、高效。然而，经验的方法却无法将正确的理论与错误的理论区分开来，这导致了错误观念的增加。杜威认为，最常见的谬误便是"误认因果"，即由于一个事件发生在另一个事件之前，

---

[1]［美］詹姆斯·坎贝尔.理解杜威：自然与协作的智慧［M］.杨柳新，译.北京：北京大学出版社，2010：97.

便机械地认为前者是后者的原因，后者是前者的结果。彗星的出现预示着危险、打碎的镜子会招致厄运等错误的观念便是典型的"误认因果"。人们把偶然发生的事件人为地联系在一起，仅凭经验或习惯去看待这个世界，得出的结论自然是不可靠的。

第二，纯经验思维的应变能力较差。依靠经验累积而成的观念，无论看上去多么可靠，也只有在特定的情景下才能发挥作用，一旦出现了新情况、新事物，经验思维就会失去实际效用。究其原因，经验思维是过去的、旧的经验的产物，如果离开了过去的情境，它就失去了作用。正如杜威所说："经验的推论遵循着习惯所造成的惯例进行的，当惯例消失时，就无路可循了。"①

第三，经验思维损害了思维的敏捷性与探究性。杜威一针见血地指出，经验的思维模式最大的缺点和危害是对人思维习惯与思维态度的伤害。经验的思维模式可能会导致思维的迟钝、保守、懒惰。面对不理解的事物或模糊的情境，人本能地会有一种探究的冲动，期望能够在孤立的事件中发现某种合理的联系，这需要严谨的思维和持续的行动。然而在经验的思维模式下，探究的过程被经验或习惯代替，遇到经验或习惯无法解释的情况，便任意地虚构联系，伪造因果。在特定的历史时期，看似荒谬的观念具有广泛的支持者，甚至成为社会公认的权威，久而久之，人们开始放弃思考，选择无条件地服从权威，对新事物、新变化产生厌恶的情绪，最终严重阻碍社会的进步与发展。

需要澄清的是，杜威所说的经验不是一种呆板的、封闭的存在，它处于充满活力、持续成长着的状态。在杜威的话语体系中，经验不是一个负面的、消极的词，它的性质取决于人的思维。如果经验受过去习惯的支配，就将成为与理性思考相对抗的东西。经验也包括使人们从感官、欲望、传统的限制和影响中摆脱出来的反思性思维。因此，经验是可塑的，教育的任务和目的就在于解放儿童的反思性经验，培养儿童的反思性思维。

---

① John Dewey. How We Think. Lexington：D. C. Heath and Company，1933：193.

（二）科学思维

所谓科学思维，就是建立在细微观察和严谨分析基础上的思维模式，其最明显的特征就是对科学方法的使用。杜威指出："与经验方法正好相反，科学方法是将粗糙的观察事实分解成一些不能直接被感知的细微过程。"①即科学思维强调综合性的思考，这种综合性的思考表现为将某一事实分解为若干较小的关键事物进行观察和思维加工。在科学方法中最具有代表性的便是实验方法，因此，杜威也将科学思维称为实验思维。实验方法总是带有假设或猜想的成分，人们根据这种假设或猜想展开探究，有目的地改变事物的状态或条件，并观察事物由此产生的变化，进而检验自己最初的假设或猜想。整个过程即是一个分析与综合相结合的过程，它有利于人们在模糊的情境中发现具有重要意义的因素。

在杜威心中，科学思维具有无可比拟的优势。首先，相对于经验思维而言，科学思维采纳的信息或材料更具可靠性、确定性和可证明性，因此，科学思维推导出来的结论也更合理；其次，科学思维是一个分析与综合相结合的思维过程，分析增强了推论的可靠性和确定性，综合则凸显了处理新情况的应变能力，综合可以将新情况纳入可解释的范畴内，使思维不至于落入不可知论的牢笼里。再次，科学思维可以使人摆脱那种依赖经验、常规和习惯的思考方式。经验思维不可避免地夸大了过去事物的重要性，而科学思维则着重强调事物未来的发展趋势。通俗地说，前者依赖于自然界偶然或碰巧出现的联系；后者则有意识、有目的地使这种联系呈现；最后，科学思维把思考者从低级的感官刺激和呆板的习惯中解放出来，这是人取得进步的必要条件。

杜威认为，同"经验"一词相似，"科学"也是一个中性的概念，它的性质取决于使用者的价值取向。正如杜威所说："科学只是被动地适应人类的欲求与目的，它让自己没有偏向地既为仁善的医药卫生服务，也为毁灭性的战争

---

① John Dewey. How We Think. Lexington：D. C. Heath and Company，1933：195.

出力。"①因此,杜威告诫人们不要陷入盲目的科学崇拜,要理性地看待科学的效用。

三、具体思维与抽象思维

关于具体思维与抽象思维的问题,在杜威所处的时代,教育界广为流传着一句名言:教育应从具体上升到抽象。杜威尖锐地指出,大多数教育家对这段话的理解是错误的、片面的,他们机械地把这句话解读为教育应该从具体的事物上升到抽象的思想。仅仅透过字面的意思,人们很难明白这句话里的"具体"和"抽象"的内涵,也无从知晓从具体上升到抽象的实现途径。由于忽视了思维的存在是学生获得教育意义的重要前提,教师在儿童教育的初级阶段侧重于感官性的刺激训练,在教育的高级阶段则鼓励纯理论性的学习。

在实际的学习中,儿童的学习过程处处都渗透着思维的逻辑推理。儿童与周围的事物发生互动时,可能会萌生许多不同的想法。在这个过程中,外界事物的刺激既是儿童产生联想的动力,也是儿童证实或反驳自己已有认识的依据。所以,脱离思维去传授知识是不符合认识规律的,得到的学习结果也将会是空洞的、形式的。

(一)具体与抽象

杜威认为,具体的事物通常指那些可以被主体直接感知并理解的物品,例如桌子、椅子,这类事物的文字内涵同本身具有高度的一致性,人们不需要对它们的意义进行过多的解释。与具体的事物对应,还有一类事物是不能被直接理解的,人们需要将已有的认识同这类尚未理解的事物建立逻辑上的联系,才能把握它们的内涵,这类不能被直接理解的事物便是一种抽象的存在。

---

① [美] 詹姆斯·坎贝尔.理解杜威:自然与协作的智慧 [M].杨柳新,译.北京:北京大学出版社,2010:100.

具体和抽象的内涵是相对的。一个事物是具体抑或是抽象，同认识它们的主体理智的发展程度有关。对于呱呱坠地的婴儿来讲，整个世界都是模糊的、抽象的，但随着经验的增长和知识储备的增加，原本对于婴儿而言的抽象事物会转变为具体事物。与此同时，因为个体记忆存在遗忘机制，过去个体已经认识的事物，如果没有经过记忆的强化，原本清晰的认识可能会重新变成孤立的、模糊的状态，此时将会出现具体事物转变为抽象事物的情况。对于主体而言，看似熟悉的事物，其实蕴含着转化为模糊的趋势。

虽然具体与抽象的关系如此紧密，在某种程度上可以相互转化，但它们之间仍有一条明确的分界线，人们可以凭借这条分界线，来划分具体事物和抽象事物。杜威指出，区分事物的分界线主要来自人们实际生活的需要。为了满足生存的需要，人们往往与居住的房屋、蔽体的衣物、充饥的食物之间建立起稳定的、频繁的联系，将它们从模糊不清的状态中剥离出来，所以人们会很容易掌握与自己居住环境和生存环境相关事物的内涵。为了满足社会交往的需要，人们对医院、学校、法庭等社会性的概念也会形成清晰的认识。即使不是医生，人们也不会对医院这一概念感到陌生，因为它与人们的社会公共生活是直接联系在一起的。杜威将这种同实际生活需要密切联系的事物统称为具体的事物。反之，那些远离人们实际生活需要的事物就是抽象的、理论性的事物。

（二）具体思维与抽象思维的关系

"当思维被用作实现某种目的、利益或其自身以外的价值的手段时，它就是具体思维；当它被仅仅用作进一步思维的手段时，它就是抽象思维。"[①]换句话说，具体思维具有务实的特点，而抽象思维则具有理智的特点。现实生活中的大部分人都会承受来自实际生活中的压力，而倾向于追求生活的实际利益。对于医生、商人、律师等社会群体来说，正确地处理安排工作、实

---

① John Dewey. How We Think. Lexington：D. C. Heath and Company，1933：223.

现工作的目标、创造相应的实际价值，才是他们主要的思维目的，而这种思维便是具体思维。与之相对应的是从事抽象思维的理论家和哲学家。杜威称这类人为"纯科学的人"或"抽象的思考者"。科学中许多概念的抽象和晦涩都是由一定原因造成的：一方面，对科学的把握需要长期的训练或教育，并且需要用非常准确的词汇和语句来描述科学事实；另一方面，科学的目的是一种纯粹的思维的探究和对纯粹知识的追求，这个过程本身就是一种思维的过程。因此，有人认为抽象思维与人的实际生活是背道而驰的，犹如空中楼阁。注重实践、讲求实效的人，对理论家持质疑和不解的态度，认为理论家的论调不过是纸上谈兵，他们的想法在理论上或许是可行的，但实际上可能是荒唐的、天马行空的。

（三）实践与理论的关系

具体思维和抽象思维在现实中的表达就是实践和理论，具体思维注重实践，抽象思维注重理论。在某种程度上，具体思维与抽象思维的关系可以看作是实践与理论的关系。杜威希望人们可以客观辩证地看待实践与理论的关系。一般而言，实践的价值更容易引起人们的关注和认可。但是，不能一味地贬低理论，盲目地推崇实践或实用价值。就结果而言，片面地强调理论会导致思维和行动脱离实际，过分追求实际也会一叶障目、因小失大。总之，理论与实践、具体和抽象只是程度不同，而不是绝对分离的。杜威将轻视理论的行为形象地描述为："用过短的绳索，把思想拴在使用的杠杆上，毫无益处。"①实际上，真正注重实践的人也必然是重视理论的人，他们在处理问题时并不急于取得成效，而是耐心地寻找证据、建立联系。思维应该成为指导实践的工具，行动的力量需要广阔的视野和丰富的想象力，思维可以帮助人们摆脱常规和习惯的限制。

---

① John Dewey. How We Think. Lexington：D. C. Heath and Company，1933：223.

（四）具体思维与抽象思维的教育意义

杜威认为，具体与抽象、实践与理论的关系问题对改善教育质量有重要的作用。他对"从具体上升到抽象"这句话的教育意义做了详细的解释。

第一，既然具体思维的目的是解决实际出现的问题，那么"从具体上升到抽象"给予教育工作者启发，即在教学过程中应充分地利用儿童周围的环境和他们正在做的事情，利用与儿童经验相关的材料和有逻辑的作业进行教学。需要注意的是，由于向儿童展示的材料或作业是使儿童能够在培养目标的引导下进行思维训练，所以这些材料必须是贴合儿童经验的，能够引起儿童的联想，最终才能使他们的心智受到启发。否则，脱离儿童经验和兴趣的材料或作业对于儿童而言就是抽象和无意义的，它们不仅不能被儿童所理解，反而会分散儿童的注意力，使实物教学沦为纯粹的外部刺激手段。杜威告诫教师，相较于传统的依赖语言符号、口口相传的教学模式，实物教学或感觉训练具有明显的优势和进步意义。与此同时，主导教学的教师要理性地看待这种进步，不能期望这是一种一劳永逸的教学方法，要时刻关注实物教学有效性的现实条件。实物教学的关键，在于建立起材料或作业与儿童之间的联系，如果只是把材料或作业孤立地强塞加给儿童的感官器官，那教学便依旧是枯燥的和僵硬的。

第二，兴趣是实现"从具体上升到抽象"的良方，教师要善于引导儿童的兴趣，在兴趣和学习目标之间架起桥梁。对此，杜威举例道：有的儿童对手工活动颇感兴趣，教师可以很好地利用这一点，通过组织手工活动或游戏，向学生传授关于几何学或力学方面的知识；有的儿童对烹饪感兴趣，应发展为对化学实验等方面兴趣；若是儿童对画画感兴趣，应该将儿童的兴趣逐渐转化为对远景透视、运用画笔、配色等技巧方面的兴趣。

第三，教育的结果应该是抽象的。杜威强调，思维的过程是实现具体到抽象，最终目的在于实现思维的锻炼。思维最开始是人们实现某个目的的工具或手段，随着思维在数量和质量两个维度上的攀升，思维最终会在这个过程中得到成长和进步。儿童在反思性思维活动过程中，不断地体会到积极的思维的乐趣，逐渐认识到思维对于自己的价值和重要性，从而养成良好的思维习惯。

第四，抽象思维是从具体思维中派生而来的，但前者不是后者的替代品，抽象思维也不是比具体思维更高级的类型。因此，教师要意识到和尊重学生的思维差异，不应把某一思维模式强加给学生。合理的教学目标应该使学生达到具体思维和抽象思维的平衡。针对具体思维能力突出的学生，教师要抓住机会培养他们关于理智问题的好奇心和敏感性；针对抽象思维能力突出的学生，教师则要在教学中增设关于应用实践方面的知识。总之，每个人都不同程度地拥有具体思维和抽象思维，如果这两种思维能够得到适当的引导和发展，个体将能受益终身。

第四节　思维的训练

本章的第一节讲述了杜威关于思维价值的认识，也简单地提及了杜威对思维潜在危险的担忧，他认为为了避免思维走向误区，相关的训练是必不可少的。在杜威的论述中，思维潜在的危险一方面来自内部的个人自然倾向，另一方面则来自外部的社会倾向。思维的训练可以为培养儿童良好的思维习惯和方式提供方向，教师的主要职责就是要充分利用思维发展的规律，通过适当的方式，提升儿童的思维能力，培养儿童良好的思维习惯与态度。

一、思维训练的天赋资源

杜威指出，思维的自然天赋资源主要包括好奇心（curiosity）、联想（suggestion）、秩序（orderliness）和态度（attitude），这些因素是客观存在的，它们既是人与生俱来的天赋，也是思维训练的自然资源，思维训练的目的就是实现个体对自身具备的自然资源的控制和利用。

杜威认为，良好的思维过程包含了三个方面的条件：一是要有大量的经验和事实作为联想的原始材料；二是联想的灵活性、敏感性和丰富性；三是所联想到的事物是有序的、连贯的和适当的。三个方面的条件缺一不可，否则思维活动就可能是无效的、狭隘的或错误的。

（一）好奇心

杜威认为："我们有一些向前延伸的趋势和需求，通过新的接触，寻求新的目标，努力改变旧的对象，像沉醉于过去的经验一样，为了取得新的经验而不断积极地扩大经验的范围，这些不同的倾向概括起来便是好奇心。"[1]好奇心驱使着人们对周围的事物保持着探究的热情，寻找支撑思维的有效信息。杜威将好奇心分成初级、中级和高级三个阶段：第一阶段是儿童无目的的试探，这种试探是由于生理上的不安状态引起的，且这个过程没有思维的参与；第二阶段是产生疑惑阶段，当自身已有经验无法解释眼前的问题时，儿童便会要求他人提供更多的材料并不断提出问题，"不停地提出问题"就是这一阶段儿童好奇心最重要的表现；最后一个阶段则是理智的好奇心，在此阶段，好奇心转变为儿童寻求与人和事的接触中产生的种种问题的答案的兴趣。

当然，杜威认识到好奇心具体发生过程是一个由产生到消失的过程。最初儿童对周围的一切都充满了好奇，毫无保留地与它们建立联系，通过触摸和观察等行为去了解它们。好奇心的初级阶段是为了满足儿童生理上的不安状态，随着社会交往能力的提升，儿童开始通过提问的方式向他人寻求帮助，以期满足自己的好奇心。此时的提问是儿童为了更好、更全面地了解这个广袤的世界。等儿童转向对现实问题产生兴趣之后，好奇心便变成了一种理智的行为，一种积极的理智力量，激励着儿童不断地探究，直至一个又一个问题得到解决。需要注意的是，虽然好奇心具有强大的激励作用，但如果它得不到

---

① John Dewey. How We Think. Lexington：D. C. Heath and Company，1933：36.

适当的满足或培养，其力量就会逐渐减弱甚至是消失。部分儿童在遇到困难后得不到及时的帮助或引导，就会选择半途而废，长此以往，他们的好奇心就会消磨殆尽。

在教育现实问题中，儿童应该对哪类问题产生好奇心也是亟需关注的问题，儿童在无关紧要的、无聊的问题上消耗好奇心，对良好思维的形成是毫无益处的。因此，教师在教学过程中不仅要激发学生的好奇心，保护儿童的探究精神，更要正确引导学生的好奇心，使他们兴趣点转向正面的、有价值的事物。

（二）联想

联想能力（由一个事物进入另一个事物的能力）不是后天获得的，它是人天生所具有的一种功能，即使人刻意地想要停止思考，联想也不会停止。正如杜威所说："在人的经验中没有绝对简单的、单一和孤立的东西，个体的现时经验中的一部分恰巧与先前经验中的一部分相似，那么相似的这部分经验便会引起先前经验中的相关因素，这个过程便是联想的过程。"[1]联想能力具有不同的方面或维度，每个人的联想功能是有差异的，杜威将联想能力分为三个方面或维度：联想的难易度、联想的广狭度、联想的深浅度。

难易度的划分依据主要是事物和偶然事件所产生联想的难易程度。通俗地说，就是思维的敏捷性，它反映了人在面对某个问题时的反应速度。面对刺激，不同人的反应速度是不同的，且受到具体情境的影响。对此，杜威举例予以说明："一个孩子在学习几何时可能是愚笨的，但当把几何与手工练习结合在一起学习时，则可能是相当敏捷的。"[2]因此，杜威要求教师不能因为某个学生在某个学科上表现出了困难，便彻底地否定他的学习能力。

广狭度，就是指人在看到特定事物后产生联想的多少。有的学生面对问

---

[1] John Dewey. How We Think. Lexington：D. C. Heath and Company，1933：41.

[2] John Dewey. How We Think. Lexington：D. C. Heath and Company，1933：43.

题时思路如泉涌，有的则如滴水。当然，教师要正确看待学生思维的广度，不能简单地说联想得多就是好，反之则坏。对于儿童而言，联想的事物过多，反而会影响个体的判断，导致个体犹豫不决、不知所措。基于此，教师需要帮助学生在联想的过程中寻找广度上的平衡。另外，联想的广度还会影响联想的敏捷性，有的学生反应慢，有可能是因为联想的事物太多；有的学生反应快，有可能是因为联想的事物很少。因此，教师不能仅凭反应的快慢来评判学生的思维能力。

深浅度，就是指人在看到特定事物后产生联想的深浅。有的人能看到问题的本质，有的人则只能看到问题的表面。同样是思维，有深度的思维和肤浅的思维对学生的影响是有区别的，教师在学生思维训练的过程中应该侧重于深度思维的训练。

联想能力的多维度性表明思维不是单一的、不可改变的能力，也不是某种神秘莫测的魔法，它是具体的，是人们获得事物意义的方式。不同的人以不同的方式或习惯进行联想。思维的成长就是对问题的逻辑组织能力的提升，这种逻辑组织的能力表现为能否很好地把特定事物激发的各种联想有序地、有规律地结合成一个整体。

（三）秩序

良好的思维需要连贯性，或者说需要形成连贯的秩序。无论联想的内容有多丰富、多深刻，如果不能将它们有序地组织起来，就无法产生反思性思维。杜威认为："思维的连贯性，意指材料的灵活性、多样性与方向的单一性、明确性相结合。"[1]这句话表明，良好的思维既不是呆板机械的，也不是浮夸激进的。方向的单一性、明确性不意味着思维是单一的、固定不变的，相反，它意味着思维在观念即将成为一个服务于结论的单一而稳定的力量时，需要展示自身的多样性和变化。思维秩序的形成就是要在特定的范围

---

① John Dewey. How We Think. Lexington：D. C. Heath and Company，1933：47.

内、特定的目标下，释放联想的广度和深度。

杜威强调，成人和儿童的思维习惯是有差异的。成人的思维方式相对而言比较有序，原因在于稳定的社会身份和社会地位，使得成人的思维方式更有规律，例如，数学家的思维是比较严谨和理性的，而艺术家的思维则是跳跃和感性的。儿童的思维缺乏稳定性，因为儿童没有稳定的社会身份和社会地位，他的行为缺乏连续的动机和耐心，这使得儿童阶段的教育显得相对困难。杜威认为，教师可以通过组织有秩序的游戏或作业，帮助儿童在学习过程中形成连贯性的思维习惯。

（四）态度

良好的思维能力与习惯不能单纯地依靠知识的传授或反复的练习，个人良好态度的养成同样重要。他指出："知识和练习，二者都是有价值的，但个人只有具备良好的态度，才能认识到知识和练习的价值。"[1]即良好的态度可以帮助儿童更好地获得与运用知识。因此，教师要帮助学生克服消极的态度，如惰性、注意力不集中等，形成积极的个人态度。在杜威看来，最主要的个人态度有虚心、专心、责任心等。

所谓虚心，就是要"免除偏见、党派意识等封闭观念，免除考虑新问题的惰性、不愿采纳新观念的其他习惯"[2]。换言之，虚心就是对新事物、新思想持积极、开放、包容的态度。面对疑难时，虚心的儿童能够听取多方面的意见，注意多方面的事实，这为思维提供多种可能性。

所谓专心，就是指人们着迷于某物或某事时，全身心投入的状态。杜威指出："注意力涣散是有效思维的大敌。不幸的是，这种注意力不集中的现象在学校中屡见不鲜。"[3]当儿童在课堂上无法集中精力，或者无法将注意力集

---

① John Dewey. How We Think. Lexington：D. C. Heath and Company，1933：29.

② John Dewey. How We Think. Lexington：D. C. Heath and Company，1933：30.

③ John Dewey. How We Think. Lexington：D. C. Heath and Company，1933：31.

中在教学内容上时，学习就变成了一种被迫的行为，这种漫不经心的态度不利于儿童良好思维习惯的养成。相反地，当儿童被学习内容所吸引时，学习内容就会引导他前进。通过自然而然地提出问题，儿童会产生种种假设，进一步的阅读和研究的欲望也就会相继出现。在此种状况下，儿童不再需要花费更多的精力去控制自己专注于课业，教材的内容就能给予其思维行进的动力。在杜威看来，专心的态度是有效激发思维的理智力量。

所谓责任心，"是考虑到按预想的步骤行事所招致的后果，它意味着愿意承受这些合乎情理、随之而来的后果"[1]。杜威认为，责任心不仅是一种良好的道德品质，而且也是一种有效激发思维的理智力量，它能够保证信念的连贯与协调。他指出，虚心与专心可以使思维富有活力，但不能保障思维的连贯性与一致性，而连续性与一致性正是良好思维应当具备的品质。因此，培养责任心对儿童发展极为重要。

二、思维训练的学校资源

系统的思维训练一般是在学校内进行的，教师的思维习惯、学科的性质、主流的教育观念、学校的环境等都会对学生的思维产生深刻的影响。因此，教师一方面要了解学生思维的自然倾向，尊重每一位学生的思维特点和习惯；另一方面也要充分利用学校内的条件和资源去培养学生良好的思维态度和习惯。

（一）教师的思维习惯

模仿是人类的本性，教师的思维习惯、教师的言行习惯，甚至教师的教学习惯都会对学生的思维方式产生潜移默化的影响。杜威指出，儿童模仿行为背后隐藏着一条重要的原则，即刺激和反应的原则。"教师所做的每一件事，

---

[1] John Dewey. How We Think. Lexington：D. C. Heath and Company，1933：32.

以及他做的方式，都会以某种方式激发孩子的反应，而每一个反应都会以某种方式改变孩子的态度。"①所以，杜威坚持认为，教师是学生思维做出反应的刺激因素。

杜威表示，就学生的道德、礼貌、语言和交际习惯的形成而言，教师的影响是显性的，但就学生的思维能力而言，教师的影响是隐性的，所以教师往往意识不到自己对学生思维习惯的影响力。这就造成在实际的教学过程中，教师会有意或无意地将自己的思维习惯作为判断学生思维好坏的标准。所以，杜威提醒教师应该在三个方面注意自己对学生思维的影响作用。

首先，切勿以己度人。杜威认为，同多数人一样，教师并不能了解自身的心理习惯的特殊性，他们往往无意识地把自己的心理情感作为学生思维优劣的判断标准。当学生的思维方式同教师的一致时，他就会得到表扬和鼓励，反之，则会受到批评和压制。

其次，弱化个性对学生的影响。杜威认为："教师，尤其是有较强影响力和控制力的教师，依靠自身的强势地位促使儿童学习，因而，他们的个性就会替代教材的作用，成为学生的主要学习动机。"②就结果而言，个性较强的教师会让学生在学习过程中过分依赖教师的帮助，教师成为学生思维结果正确与否的判断标准，最终使作为知识来源的教材失去价值和作用。

最后，削弱教师喜好对学生的影响。杜威认为："如果不细心地加以审视和指导，就会出现按照教师个人的心理习惯去塑造学生的倾向，使学生学习教师的性格特点，而不是教师所教授的课程。"③学生喜欢某个学科不是因为学科本身的吸引力或价值，而仅仅是因为学生喜欢该学科的教师；在实际教学中，部分教师习惯在教学过程中占据主导地位，这样，学生与学科的关系逐渐

---

① John Dewey. How We Think. Lexington：D. C. Heath and Company，1933：59.

② John Dewey. How We Think. Lexington：D. C. Heath and Company，1933：60.

③ John Dewey. How We Think. Lexington：D. C. Heath and Company，1933：61.

被学生与教师的关系替代，学生学习的目的不再是为了掌握学科的知识，而是为了满足教师的期待、得到教师的赞扬。学生不再去思考答案正确与否，而是思考答案能否让教师满意，这样，学科的思维训练价值就被削弱了。

（二）学科性质

杜威在《我们如何思维》一书中指出，学科具有指导思维的价值，但同时，学科也是有弊端的。教师应意识到学科存在的错误倾向，据此调整教学方式。他大致将学科分成三种类型。

一是注重抽象思维的推理性学科，也称为训练性学科，例如数学、形式语法。杜威强调，此类推理性学科存在着理智活动与日常生活脱离的倾向。杜威鼓励这类学科的教师在教学过程中主动联系实际、注重应用，只有用这种教学方式，才能使课堂与儿童的日常生活相联系。

二是强调技能获取的学科，例如阅读、书写、计算和音乐。这类学科的教师为了使儿童高效率地掌握某种技能或技巧，而采用完全模仿、规定步骤的教学方式。杜威提出，此类学科存在的目的就在于让学生用最短的途径，尽可能地得到所需要的结果，授课方式以模仿为主。过度机械式的模仿不仅限制了学生心灵的发展，也会限制儿童理性思维的发展。杜威对这种课程的教学模式持批评批判态度，认为这种方式将使人类的思维训练降低到了对动物训练的层次上。

三是侧重于获取知识或信息的学科，例如历史和地理。教师在传授这类学科时往往将知识的获得放在第一位，而忽视了心智的培养。因此，这类学科存在盲目追求知识积累的危险。杜威告诫人们：知识不等于智慧，"知识仅仅是已经获取并存储的学问；智慧则是运用学问去指导更好生活的各种能力"[①]。思维训练的目的是获取智慧，而不是知识。此外，杜威认为并不是所有知识都可以被用来作为思维的原材料，单纯靠死记硬背得到的知识是没有生机的，只有在反思性思维的过程中获得的知识，才是有逻辑价值的。

---

① John Dewey. How We Think. Lexington：D. C. Heath and Company，1933：63.

（三）教育观念

学校秉持的教育观念在一定程度上决定了教师的教学方式。杜威生活的时代，美国主流教育观念是"以结果论好坏"，即以学生的考试成绩和知识的储量作为评价学生智力发展水平的主要依据或标准，忽视了儿童个人道德品质和思维习惯的培养。这种结果论的倾向主要表现在教学和道德训练两个方面。

在教学中，这种结果论的倾向表现为对正确答案的盲目崇拜。杜威指出，当教师把精力都放在了知识的传授上，思维训练就沦为了次要的考虑。造成这种现象的原因是双方面的，家长期望自己的孩子能够在学校取得显著的变化，教师也期望自己的教学效果能得到迅速的反馈。显然，知识传授效果比思维训练效果要更显著，知识传授目标的达成也比培育儿童良好的思维习惯更简单。

在道德训练中，这种结果论的倾向就表现为对行为准则和社会规则的机械顺从。杜威指出，有的教师将道德简单地理解为对规则的遵守，认为服从的孩子就是有道德的。采用教条式的说教，道德教育沦为形式，无法在儿童的内心中产生积极的、有意义的回应。杜威认为，道德训练影响着儿童的行为方式，而儿童的行为与他的思维方式又是息息相关的。

总而言之，教师不能浪费学校环境中与思维训练有关的资源或条件，教师个人要敢于秉持正确的教学观念，合理地利用学校的资源或条件，将培养儿童良好的思维态度、思维习惯作为教师职业的重要目标。

三、思维训练的方式

在《我们如何思维》一书中，杜威从活动、语言、观察、知识和讲课五个方面探讨了思维训练的方式及原则。

（一）活动（activity）

杜威认为，活动是思维训练的重要组织形式之一。在婴儿时期，由于身体各器官仍未发育成熟，人不能协调地控制自己的身体。一些看似简单的抓取物体的行为，其实需要复杂的眼脑手配合。某个物体对婴儿的眼睛产生了刺激，使婴儿注意到该物体，随后大脑对这种刺激做出反应，最后婴儿伸出手臂去抓取该物体。这个过程可能需要婴儿长期的练习才能实现。父母或教师可以有目的地选择和安排一些活动（简单的肢体协调配合训练），帮助儿童学会控制自己的身体。在杜威看来，这些活动不仅有利于婴儿适应环境（包括自然环境与社会环境），而且有利于使婴儿形成初步的思维活动。随着儿童身体控制能力的不断发展，他们活动的范围也随之扩大。儿童能够在观察和模仿成年人活动的过程中不断地调整自己的行为，使自己的注意力能够逐渐地集中于更重要的、更具价值的问题上。因此，成年人的活动在儿童的思维发展过程中发挥着重要的作用。正如杜威所说："成年人的活动在世界的自然刺激的基础上增加了新的刺激，这些新刺激更准确地适合人类的需要，它们更丰富、更有组织、排列更复杂、允许更灵活的适应、唤起更奇异的反应。"①

杜威认为，儿童生来就有一个自然的愿望：要做事，要工作，对作业活动具有强烈的兴趣。因此，他倡导采用游戏与工作相结合的活动形式进行思维训练。他所说的游戏并不是单纯的娱乐活动，它有规则、有秩序且充满想象力。杜威强调，只有将具体的事物转变成有意义的符号时，游戏才开始从单纯的身体活动转变为一种含有心智因素的活动。游戏活动中蕴含了一种"游戏性"（playfulness）的心智态度，"游戏性"的态度具有自由的性质，儿童具备了这种态度，其思维就不再受事物的物质特性的束缚。在游戏中，儿童可以尽情地运用自己的想象力，为思维训练提供无限的可能。

同时，"游戏性"的态度应该是有限度的。杜威强调，为了使"游戏性"的态度最终不成为毫无意义的空想活动，需要使"游戏性"的态度逐渐转化成工作的态度。这里的工作不是一般意义上的劳动，而是一种务实的心智态

---

① John Dewey. How We Think. Lexington：D. C. Heath and Company，1933：208.

度，它表示个体不满足于纯粹的游戏，而是选择进行有意义联想的行为。随着儿童心智的慢慢成熟，天马行空的想象变得不合时宜。相较于幻想的汽车，一辆货真价实的汽车更能满足儿童的心理需求。

杜威所提及的游戏与工作是有区别的，它们的区别主要体现在兴趣取向的差异上。杜威认为在游戏中，兴趣处处体现在活动的整个过程中，与活动的结果没有太大关系。游戏行为、游戏想象和游戏情感这一系列事物能够满足儿童的兴趣要求，而在工作中，活动的结果始终吸引着个体的注意力，影响着个体为实现目标而采取的方法。可以说，工作相较于游戏而言，多了一丝"功利主义"的色彩。虽然游戏与工作存在差别，但杜威反对将游戏与工作完全对立，他主张平衡游戏与工作的关系。杜威强调，当游戏与工作被完全分裂开来时，前者就会沦为无意义的活动，导致不必要的精力浪费，后者也将沦为单调乏味的苦役，导致厌恶情绪的滋生。事实上，从游戏态度到工作态度的过渡，反映了儿童心智发展需求的变化，它们之间并没有绝对的界限。在游戏中可以引入严肃、实在的因素，在工作中也可以涉及想象力的内容。

（二）语言（language）

关于语言与思维的关系，杜威列举了三种具有代表性的观点。

第一种观点认为，语言就是思维。

第二种观点认为，语言是思维的外在表现，语言只在传达思维的过程中发挥作用。

第三种观点认为，语言并不等同于思维，它不是思维的外衣，但与思维有密切的联系。相较于前两个观点，杜威更认可第三种观点，他强调语言是思维的工具。需要特别说明的是，杜威所说语言有丰富的内涵，除了口头的语言和书写的文字以外，"姿势、图片、纪念碑、视觉形象、手指运动——任何可被作为一种有意义的符号（sign）而使用的东西，从逻辑上说，都是语言"①。

在杜威看来，语言和思维之间存在着特别密切的关系：语言是思维的工具。他指出，思维的目的在于获得事物的内涵，而内涵本身是形而上的，它们需要依附在某种物理存在物上才能被人理解。语言或者说符号很好地充当了事物内涵承担者的角色。具体来说，语言与事物内涵的关系是这样的：首先，语言可以将含糊不清的内涵转化成清晰的意义；其次，清晰的内涵可以被语言固定或保存下来，在需要时，人们可以随时使用语言去理解事物；最后，语言不只是单个内涵的承担者，它可以将若干事物的内涵组织成富有逻辑性的句子，这是一个涉及逻辑定义与分类的过程。所以杜威认为："对任何高度发展的思维来说，人为的符号是必不可少的。"②

在肯定语言作为思维工具的价值的同时，杜威也指出，在教育中要防止对语言教学方法的滥用，"不要把语言（文字符号）的优势变成实际上的弊害"③。这种弊害主要体现在两个方面：一是语言教学方法的滥用导致儿童忽视了实践探究的重要性；二是语言教学方法的滥用阻碍了儿童新的思考和发现。杜威指出，当儿童习惯于依赖语言去把握事物的意义时，容易产生一种懒惰的思维倾向，致使儿童不经过探究和验证就盲目地、机械地接受别人的观念，久而久之，儿童将形成懒惰的学习态度。

为了使语言更好地成为思维的工具，杜威提出了三点建议。

一是扩充儿童的词汇量。杜威认为，一个人的词汇量与他的经验范围有关。因此，儿童的语言的扩展不能局限于课堂的教材，应该鼓励儿童更广泛地与学校内外的人或事进行理智的接触。他还指出，儿童在获得词汇之后要主动地使用它们，否则，词汇的意义就不能被准确地、完整地把握。

---

① John Dewey. How We Think. Lexington：D. C. Heath and Company，1933：230.

② John Dewey. How We Think. Lexington：D. C. Heath and Company，1933：231.

③ 单中惠. 现代教育的探索——杜威与实用主义教育思想［M］. 北京：人民教育出版社，2002：355.

二是强调词汇表达的精确性。杜威表示，词汇表达的准确性与词汇量同等重要。词汇的意义有时是很宽泛的，如果儿童不能准确地选择用词，那么他们的思维就是混乱的。因此，要注意儿童的词汇对于他来说的原初意思，以及最初的语法形式分化，直到那些词呈现出它们现在的固定的词性。[①]

三是重视话语陈述的连贯性。语言表达的连贯性在一定程度上反映了思维的有序性。因此，在实际的教学过程中，教师要给予儿童表达的机会，让儿童在回答问题的过程中训练自己的表达能力。除此之外，教师要避免呈现过于碎片化的教学材料和作业，因为过分零碎的材料和作业不利于儿童连贯性表达习惯的养成。

（三）观察（observation）

杜威认为，观察不仅是同思维联系的，而且认真思考的观察至少是思维的一半。[②]思维的发生和发展以题材为基础，"思维活动要根据发现题材意谓或表示什么，对题材进行整理，不整理题材，思维就无法存在"[③]。杜威认为，观察是获得题材的途径之一，它与思维紧密联系，为人的各种思维活动提供了大量的信息与材料，认真的观察是思维训练必不可少的环节。

1. 观察与思维

杜威指出，观察在儿童拓展自己活动范围的过程中发挥着重要的作用，它不仅满足了儿童探究的欲望，而且使儿童能够对周围的事物保持高度的注意力，这些都是良好思维应具备的品质。因此，教师在教学过程中要重视对儿童的观察训练，培养儿童敏锐的观察能力。杜威同时认为，人们不能为了观察而观察，观察只是思维的工具，不是思维的目的。这要求教师在观察训练中引导

---

① [美]约翰·杜威.婴儿语言的心理学. //杜威全集·早期著作第4卷 [M].王新生，刘平，译.上海：华东师范大学出版社，2010：62.

② 单中惠.杜威的反思性思维与教学理论浅析 [J].清华大学教育研究，2002，23（1）：55-62.

③ John Dewey. How We Think. Lexington：D. C. Heath and Company，1933：247.

儿童进行有目的的、有意义的观察。杜威指出，在实际的教学活动中，大多数的观察训练都是无意义的，它们把观察与思维割裂成两个孤立的阶段。此外，在实际教学中，教师把训练学生的观察当作是最终目的，而不是学生进行资料获取的途径，给学生带来了错误的观念。总的来说，观察只有为思维服务时才会具有理智的价值，要把观察摆在正确的位置上，不能本末倒置。

2.观察的品质

在杜威看来，观察应该具备三个重要的特性。

第一，探究性。观察是一个主动探索的过程。观察不是简单地对旧的东西或者已熟悉的东西进行感知上的识别，而是对隐蔽的、未知的东西的主动探究。因此，对儿童进行观察训练其实也是在培养他们主动探究的精神和态度。

第二，动态性。杜威强调，主体的观察是一个动态变化的过程，儿童在观察静止呆板的场景与动态变化的场景时的专注度是不同的。在观察几乎毫无变化的场景时，儿童很快便产生厌倦的情绪。相反地，在富有变化的场景中，儿童能够很好地保持观察的热情，他们的思维也随着动态变化的场景活泼起来。然而，单有变化是不够的。杜威指出，变迁、替代、运动都能引起观察，但是，如果它们仅仅引起观察，并不会引起思维。变化还必须要有一定的逻辑顺序，因此，教师在组织观察材料时要兼顾它们的动态性和逻辑性。

第三，科学性。观察应具有科学的性质。杜威认为，科学的观察应该遵循一种协调的节奏，即广泛的观察与细致的研究相协调配合。所谓广泛的观察，就是最大限度地观察，广泛地收集信息。这样的观察使儿童能够较为完整地把握问题，明确解决问题的各种方向和可能性。但是，杜威也指出，广泛的观察可能因流于表面和不够集中而失去现实价值。所谓细致的研究，就是在广泛观察的基础上，将收集到的信息进行筛选与分析。这个过程使问题更明确，使收集信息更有意义。同样，杜威也指出了细致研究的局限性：由于细致研究的要求过于专业化，儿童的思维很难达到研究的要求。

因此，教师在对儿童进行观察训练时，要平衡广泛观察与细致研究的关系，使儿童既能进行理智的观察，又能保持理智的思维。

（四）知识（information）[①]

杜威认为，仅靠观察得来的思维材料是远远不够的，还需要通过与他人学习、书籍的阅读、课堂的教学等信息交流的方式获取知识，为思维活动提供支持。他指出："尽管在我们的学校里，直接观察的活动大大地增加了，但教材的极大部分还是从书籍、讲演、口头交谈等其他资料得来的。怎样从人和书本传授的知识中，获得理智的益处，这是一个最为重要的问题。"[②]在杜威看来，知识不仅可以帮助人们发现问题，还可以帮助人们解决问题。换句话说，知识既能使人发现引起反思性思维的疑难情境，也能为人解决疑难提供基础材料，因此，知识的传授对思维训练至关重要。

知识的重要性毋庸置疑，但知识传授的方式则需要进一步讨论。杜威指出，知识的传授不等于知识的灌输或堆砌，儿童真正需要的是具有理智价值、能为思维所用的知识。为了使知识成为理智的财富，杜威特别指出了知识的获取需要注意的几点要求。

首先，知识的获取需要儿童进行思维加工。传授的知识应该是必需的，即儿童个人观察所不易获得的。杜威强调："教师通过教材对学生进行填鸭式的教学，且教学的内容过于简单，稍加思索，学生便能发现问题所在的知识，这种方式破坏了学生理智的完整性。"[③]当然，他也表示，这并不意味着传授的知识一定要是晦涩难懂的。杜威只是希望成人能保护儿童直接观察机会的同时，保证儿童思维加工的自主性。

其次，知识的内容要能激发学生的探究欲望。传授的知识应该是一种刺

---

① 在《我们如何思维》的两版中，杜威用"Information"来强调个体通过交流从他人观察的结果中获取的资源，其本意原为"信息"。但在原文中，杜威使用该词汇的语境是课堂教学，因而此处的个体便是学生，他人即为教师，交流的方式是教与学，而获取的资源即为知识。

② John Dewey. How We Think. Lexington：D. C. Heath and Company，1933：256.

③ John Dewey. How We Think. Lexington：D. C. Heath and Company，1933：257.

激，这种刺激能够激发儿童主动进行探究的兴趣和主动思考的精神，而不是教条的结论和僵化的材料。杜威指出，教师不能向儿童传达所学的知识就是终极答案的观念，因为这种方式会使儿童将知识视为权威而不敢对它们提出质疑。他还指出，所有的思维活动都包括一个创造性的阶段，"所谓创造性，意谓个人对问题有探究的兴趣，勇于推翻别人的结论的主动精神"①。需要澄清的是，创造性与知识或者他人的经验不是冲突的。儿童在获得知识的基础上对知识进行验证、探究，即使最终的结论与他人的经验是一致的，这也是一个创造性的过程。

最后，知识的内容应该与儿童已有经验有一定的相关性。杜威一直十分重视儿童的个人经验，一切教学活动都应该从儿童的个人经验出发，否则，就无法激发儿童的共鸣。在杜威看来："教材如果与学生的自身经验中激起的兴趣格格不入，或者不是以激发问题的方式进行教学，对于理智的发展来说，比没有用处还坏。"②因为与儿童个人经验不相关的知识是无用的，它们不能参与到儿童的反思性思维活动中，在儿童遇到问题时，它们甚至可能会成为妨碍思维的绊脚石。总之，教师要坚持以儿童为中心，认真谨慎地选择适合儿童的知识内容和教授知识的方式。

（五）讲课（recitation）

杜威认为，在思维训练中，讲课也对儿童的思维起刺激和指导的作用，在他看来，讲课是学校系统中占据主导地位的工作，讲课在教师与儿童之间建构起了亲密的联系，教师通过讲课这一形式来组织儿童的活动、影响他们的语言习惯、指导他们的观察、丰富他们的知识等。

杜威认为，赫尔巴特学派的教学阶段理论能为教师合理安排讲课提供一定的借鉴意义。五段教学法脱胎于赫尔巴特的四段教学法（明了、联想、系

---

① John Dewey. How We Think. Lexington：D. C. Heath and Company，1933：258.

② John Dewey. How We Think. Lexington：D. C. Heath and Company，1933：258.

统、方法），它将教学分成了五个连续的步骤——准备、陈述、比较、概括和应用。具体而言，在准备阶段，教师向儿童提问题，这个问题能够帮助儿童在新旧知识之间建立联系，从而使他们更容易掌握新知识；在陈述阶段，教师向儿童展示新的教学内容；在比较阶段，教师引导儿童将新旧知识进行比较，从而突出新知识的"新"；在概括阶段，教师帮助儿童将具体的新知识抽象概括为系统的理论知识；在应用阶段，儿童将获得的新知识付诸实施，检验其有效性。总的来说，五段教学法具有以教师为主导、以教材为中心的特点。

尽管赫尔巴特学派的五段教学法与杜威倡导的以学生为中心、以活动为中心的教学理念存在冲突，而且"赫尔巴特式的方法似乎经常只是把思维处理为获取信息过程中的事件，而不是把后者处理为发展思维过程中的事件"[1]。但杜威承认前者与自己的"思维五步法"具有明显的相似性。其一，二者都涉及具体的事实或事件；其二，二者都包含观念的参与以及推理的过程；其三，二者都重视观念的应用与检验。

1. 讲课的原则

杜威认为，讲课主要是为了引出学生学习的渴望，并能激发学生学习热情，最终能帮助学生整理已获取的知识，在此基础上，杜威论述了教师讲课时应注意的原则。

其一，教师讲课时提出的问题或提供的教学材料应该使儿童内心产生困惑，进而形成积极解决困惑的冲动。积极的困惑能够转化为思维探究的热情，促使儿童主动回忆过去的知识以实现困惑的解决。正如杜威所说："如果真正困惑的感觉（无论这种感觉是如何产生的）控制了思维，思维将处于警觉和探究的状态，从而产生解决困惑的动力。"[2]同时，杜威强调，提问或展示教材

---

① ［美］约翰·杜威. 我们如何思维. //杜威全集·中期著作第6卷［M］. 王路，马明辉，周小华，等译. 上海：华东师范大学出版社，2012：259.

② John Dewey. How We Think. Lexington：D. C. Heath and Company，1933：263.

的过程不宜太长，否则，儿童会产生厌恶感而对问题或教材失去兴趣。

其二，教师在讲课时要注意培养儿童良好的学习习惯。杜威指出，学习是一种反思性思维活动。因此，良好的学习态度有助于良好思维习惯的养成。首先，教师要培养学生负责任的态度，即儿童要产生有意义的观念，不能胡思乱想。其次，教师要督促学生养成长时间冷静思考的习惯。他认为，所有的反思性思维在某种程度上都涉及仔细观察和冷静思考的过程，以便使观念趋于成熟。通过一定时间的专心思考有助于知识的理解与消化。最后，教师要帮助学生掌握学习方法，即要学会把注意力集中于真正重要的因素上。因此，教师讲课时选择的教材要有侧重点，使其成为儿童思维的生长点。

其三，教师在讲课时要为儿童提供实践知识的机会与条件。杜威指出："实践是真正反思探究的内在部分，就像警惕的观察或严谨的推理一样。"[①]实践的目的在于检验观念或原则的真实性，它是讲课过程中不可或缺的重要一环。他告诫人们，当实践被看作是孤立的步骤时，观念就会变得像化石那般僵硬和死板，失去其内在的活力以及自我推动的力量。

2. 讲课的要素

杜威倾向于将讲课行为看成一个整体，在这个整体下又分为几个要素：

其一，学生的准备。杜威多次强调，学习的过程就是将当前的经验与过去的经验建立起相互连接的过程，学生的准备工作便是初次获取经验的过程。杜威认为，在准备过程中，"人们会产生困惑，并从自身内部产生探究的渴望"，而准备的目的在于"迫使心灵去考察和唤起对过去的记忆，以发现问题的关键以及产生处理的办法"[②]。杜威同时强调，准备的过程和步骤不宜过长，否则会损害准备的价值，削弱学生的兴趣。

其二，教师的参与度。讲课过程中，杜威认为，教师过度地参与会造成

---

① John Dewey. How We Think. Lexington：D. C. Heath and Company，1933：268.

② John Dewey. How We Think. Lexington：D. C. Heath and Company，1933：269.

学生对教师的过度依赖，过少地参与则会导致学生无法形成刺激反应，所以适当地参与学生的学习显得尤为重要。

其三，学生的作业。杜威认为，要防止漫无目的的讲课，一个最为重要的因素就是让学生坚持独立完成并验证自己的想法。坚持剔除那些毫无意义的学生作业，选择那些符合学生发展的作业。

其四，学生的注意力。杜威强调，为了维持学生高度集中的注意力，教师应该避免给学生提供大量相同水平的学习材料。在学习材料的选择上，要选择能够引发学生思维反馈的典型性材料。

3. 教师的地位

众所周知，杜威主张以儿童为中心，但他也反对学校一味地削弱教师在教育过程中的地位。教育的过程应该是师生合作的过程。应该看到，"就理论价值和现实意义来看，杜威的观点清晰地展现了学校教育中的一种理想的师生关系，明确地揭示了学校教育过程的一条基本规律"[①]。教师在讲课的过程中充当着思想领袖的角色。他指出，教师成为思想领袖并不意味着把教师看作是专制的独裁者，而是要尊重教师在教学上的领导地位，这是教师丰富的知识与经验所赋予的。从知识储备的角度出发，杜威提出了教师成为思想领袖应当具备的两个条件。

第一，教师要拥有丰富的课程知识。杜威认为，只有当教师拥有了充足的课程知识，才能够恰当地处理课堂上儿童提出的问题。也只有当教师了拥有足够多的课程知识，才能够有多余的精力去观察儿童的心理反应与变化，并及时地调整自己的教学计划。教师所掌握的课程知识应该超出课本的范围，并对自己的课程有明确的实施计划。

第二，教师要拥有专门的职业知识。所谓专门的职业知识，就是指教师

---

① 单中惠.杜威教育学说的永恒价值——纪念民主主义与教育出版一百周年［J］.河北师范大学学报（教育科学版），2017，19（1）：16-21.

专业知识。杜威认为，一方面，专门的职业知识可以帮助教师形成合理的复述或讲课方式；另一方面，专业的职业知识可以使教师更好地了解儿童的心理状态并给予帮助，杜威认为"教师必须具有自由的心灵，来观察和关注课堂中学生们的心理反应和心理活动"[①]。通过注意学生心理变化所产生的反常动作、表情，就可以捕捉学生诸如迷惑、厌倦、明晰、装模作样等心理活动。

在杜威看来，教学是一门艺术，而真正的教师就是艺术家。真正的教师不仅要能够激发儿童的兴趣、唤起儿童的热情、传递广博的知识，还要能够将儿童的兴趣、热情转化为儿童的能力，将知识转化成儿童真正的智慧。这对于教师而言，既是挑战又是发展。

本章结语

杜威最早在1887出版的《心理学》一书中提及了思维的概念。他将思维看作是认知发展过程中的一个阶段，其对象具有观念性且处于某种关系之中。杜威还对思维进行了分类，认为思维大致有三种互相联系、互相依赖的形式，分别是概念、判断与推理。其中，概念是最初级的形式，而推理是最高级的形式。1900年，杜威在《逻辑思维的几个阶段》[②]一文中初次提及思维的阶段，他指出怀疑导致了思维，在思维的第一个阶段里，为了解决疑问，人会产生各种各样的观念；在思维的第二个阶段，人根据具体的情境，对产生的观念进行适当的调整与修改，以期得到一个合理的观念；在思维的第三个阶段，人会以某个合理的观念为基础进行试验，为该观念的合理性进一步提供证据；在思维的第四个阶段，人开始脱离已知的事物而向未知的领域进

---

① John Dewey. How We Think. Boston：D. C. Heath and Company，1933：274.
② 1900年首次发表于《哲学评论》，经修改后，于1916年发表于《实验逻辑论文集》。

行推论，这是一个创造的阶段。总之，思维的过程就是质疑—探究的过程。这时杜威关于思维阶段的论述仍是不完善、不成熟的，但这为之后杜威提出"思维五步法"奠定了基础。

杜威在1910年出版的《我们如何思维》是他对思维集中阐释的文献，其思维心理学思想中的大部分关于思维的论述与观点都源自于此。在该书中，杜威主要论述了思维的内涵、思维训练的价值以及思维训练的资源。此外，文中也阐释了思维的具体过程以及在思维过程中涉及的各种逻辑概念，例如推论、判断、意义等。最后探讨了如何从活动、语言、观察、知识、讲课等五个方面去培养儿童科学的思维方式与习惯。1933年，杜威扩充修订了《我们如何思维》并将其重新命名为《我们如何思维：重述反思性思维对教育过程的关系》。与旧版本相比，新版本在表述方面更加的清晰、易懂，减少了阅读的困难，避免了不必要的误解；其次，随着时代的发展变化，旧版本中的许多材料与事例显得不合时宜，杜威对内容进行了合理的删减和修改；最后，在保留旧版本核心思想与基本概念的同时，对主体内容进行了扩充与丰富，例如态度在思维训练中的重要性、教师的地位等，提升了文本的可读性。

1916年出版的《民主主义与教育》也蕴含了杜威的思维心理学思想。他在书中用了两个章节的篇幅对思维进行了论述。在"经验与思维"一章中，杜威将经验与思维两个重要概念联系起来讨论，指出经验既包含主动尝试，也包含被动承受，两者不可分割，否则将损害经验的意义。而思维正是要在主动尝试与被动承受之间建立联系，这个建立联系的过程就是思维的过程，它包括"意识问题所在，观察各种条件，形成假设性的结论并对它进行推理，积极地进行试验性检验"[1]。这与杜威的"思维五步法"基本吻合。除此之外，杜威还指出："虽然思维的结果是知识，但知识的最终价值还是被归属为它在

①[美]约翰·杜威.民主与教育.//杜威全集·中期著作第9卷[M].俞吾金，孔慧，译.上海：华东师范大学出版社，2012：126.

思维中的应用。"①知识是过去的，但是思维却可以回顾过去的知识，并能基于此来预期未来。在这种情况下，知识就转化成了智慧。这充分体现了杜威一贯的教育理念，即教学不是为了把知识传授给儿童，而是帮助儿童将知识转化成智慧的过程，智慧比知识更重要。在"教育中的思维"一章中，杜威系统地论述了教学与思维的关系问题。他指出，思维是一种具有教育性经验的方式，因此，教学与思维的要素是相同的，通过过思维的过程，可以相应地安排教学的过程。以此为依据，杜威提出了"教学五步法"。如前所述，为了回应布尔梅耶教授针对1910年版《我们如何思维》的批评，杜威在《对反思性思维的一个分析》一文中反复强调思维的各个阶段彼此联系，但顺序并不固定；思维的功能如归纳、演绎等在逻辑上有明确区分。基于此，杜威于1933年出版了新版《我们如何思维：重述反思性思维对教育过程的关系》，对旧版的部分争议内容进行了修改。

杜威在1922年出版的《人性与行为》②第三部分"思维心理学"一文中讨论了思维与道德之间的关系。他指出，人在疑难的情境中，习惯会发生特定的作用，帮助人摆脱危机。而当习惯不适用于疑难的情境时，就会产生思维的冲动，促使人采取回忆、观察、分析等探究性行为，直到问题的解决。在这个过程中，思维使人获得了新的习惯。杜威认为，道德产生的过程与思维的过程存在某种联系，他希望在思维的过程中进行道德上的思考，"道德就暗含在现存的风俗之中，或暗含在社会所确立的行为方式之中，因为这类制度化的习惯在它们的本性上就是规范性的"③。具体的情境或者说环境（包括自然环境与社会环境），在杜威的思维心理学中占据着重要的地位，它是激发思维的场所，

---

① ［美］约翰·杜威.民主与教育.//杜威全集·中期著作第9卷［M］.俞吾金，孔慧，译.上海：华东师范大学出版社，2012：126.

② 该著作是杜威于1918年在斯坦福大学韦斯特纪念基金会所作的一系列讲座之产物。

③ ［美］约翰·杜威.人性与行为：社会心理学导论.//杜威全集·中期著作第14卷［M］.罗跃军，译.上海：华东师范大学出版社，2012：6.

也是思维应用的场所。

1928年，杜威为斯科特·巴克南（Scott Buchanan）所著的《可能性》与摩蒂默·阿德勒（Mortimer Adler）所著的《辩证法》发表了一篇书评，名为《事物、思维、对话》。在文章中杜威反对摩蒂默·阿德勒的"经验的或科学的思维已经完全成型了"[①]的说法，认为经验的或科学的思维具有争议性，不完全确定。

杜威在1930年发表的《质化思维》[②]一文中指出："我们所生活的周遭的世界，我们在其中挣扎、取胜、遭受失败的世界，显而易见是个质的世界，我们所处理、忍耐、享受的事物都要靠质的标准来确定。"[③]人的思维正是在各种不同性质的事物与情境中产生的，它受到性质的因素的规范。事物的性质不仅能使人准确地辨别、理解事物，它还能凭借其渗透性使人产生联想，从而将孤立的事物联系起来。

总而言之，杜威关于思维的论述随着时间的迁移而逐渐深化和完善，阐述的内容也愈加丰富、系统，从思维的内涵，到思维的过程，再到思维的训练，搭建出了在逻辑上层层递进的独特的思维心理学。概括而言，杜威的思维心理学大致有以下几个特点。

第一，工具主义实用主义哲学色彩浓厚。杜威是实用主义哲学的集大成者，他主张把所有的观念、理论都看作是为人所用的工具，它们的价值取决于它们的有效性。类似的理念在他的思维心理学中也得到了极致的体现。杜威把思维看作是控制客观世界的工具，而这种控制是通过实践来实现的。

第二，思维与教学的关系密不可分。思维与教学的关系问题是杜威实用

①［美］约翰·杜威.事物、思维、对话.//杜威全集·晚期著作第3卷［M］.孙宁，余小明，译.上海：华东师范大学出版社，2014：241.

②1930年发表于《论文集》第1期。

③［美］约翰·杜威.质化思维.//杜威全集·晚期著作第5卷［M］.孙有中，战晓峰，查敏，译.上海：华东师范大学出版社，2013：186.

主义教育思想体系的重要命题之一。事实上，在很多情况下，杜威都倾向于以一个教育者的立场，用教育学的视角阐述思维心理学。在杜威看来，思维与教学具有相同的元素，因此，他在论述思维过程（"思维五步法"）的基础上提出了教学的一般过程，即"教学五步法"。除此之外，杜威还从活动、语言、观察、知识、复述或讲课等五个方面论述了思维训练与教学活动之间的关系。

第三，带有儿童利益驱动属性。杜威是理性的"儿童中心主义"者，其思维心理学中的许多论述与观点均是以儿童利益为出发点和基本点。杜威积极倡导培养儿童的反思性思维，因为这种思维符合儿童的心理特征。在具体的思维训练过程中，杜威也竭力地维护儿童的天性、兴趣与能力，他反对传统的教学方式，提出适应儿童学习规律的"教学五步法"。值得强调的是，杜威不是绝对的儿童中心论者，他虽然充分尊重儿童的天性、兴趣与能力，但也反对无条件地纵容、溺爱儿童。

第四，具有鲜明的时代特性。杜威的思维心理学带有突出的时代烙印，是不断发展完善的。杜威在《我们如何思维》的序言中表达了自己对于反思性思维在当时的学校教育中得不到重视的担忧，书中的论述与观点深刻反映了当时的时代背景与要求。1933年，《我们如何思维》的修订版适应新时期教育和心理学发展的新动态，对原有的论述进行了一定的修改，更增加了近四分之一的新内容。

第五，对心理学的发展产生了创造性的贡献。杜威的思维心理学是时代的产物但又超越了时代。杜威的思维心理学区别于同时代盛行的官能心理学，后者强调思维的形式训练，是一种传统保守的观念。杜威则严厉反对形式训练，为此，他开创性地将思维分成了五个相互联系的步骤，即"思维五步法"，还提出了一系列思维训练的方法与原则，在当时引起了热烈的反响。

对杜威思维心理学的研究一直是我国教育理论和心理学领域长盛不衰的课题，而且研究者倾向于将杜威的思维心理学思想与教育教学联系在一起进行讨论。一般而言，国内关于杜威思维心理学的研究文献可以分成两类：一类是启示借鉴的文献，这类文献期望借助杜威关于思维的论述与观点去改善实际的教学效果；一类是理论研究的文献，这类文献在理论层面对杜威的思维心理学进行多角度的分析与阐释，目的在于探讨其理论的内涵与价值。

毋庸讳言，杜威关于思维的论述与观点也存在着不足，其思维心理学的哲学思辨性较强，而科学性较弱、部分理论较为理想化，实践中的操作难度大、某些观点含糊不清，极易引起误解等。究其原因，一方面是由于杜威理论的自身缺陷，另一方面则是由于人们对他观点的曲解。前者已是既定的事实，但后者可以通过对杜威思维心理学的理性思考与研究而得到消解。

第九章　杜威论儿童心理发展阶段

现代发展心理学主要研究个体心理发展的特点和规律，在发展心理学史上，瑞士心理学家皮亚杰（Jean Paul Piaget）和美国心理学家埃里克森（Erik Erikson）都曾提出儿童的心理发展阶段论。皮亚杰从儿童的图式出发，认为儿童的智力结构呈现出阶段性的发展形态，他以智力发展作为划分标准，将儿童心理发展分为感知运动阶段、前运算阶段、具体运算阶段和形式运算阶段；埃里克森则提出了生命周期理论，以个性发展特征为划分依据将人的一生分为八个阶段，每个阶段都有不同的矛盾，如果矛盾得到积极解决就会促进人格的健全。相对于前两位著名的心理学家，杜威显然更早地提出了儿童心理发展阶段的主张。早在年轻时期，杜威就对儿童的心理发展阶段进行了较为深入的探讨，相关的论述如《心理发展的原则——以婴儿早期为例》《在杨百翰学院作的教育学讲座》等，系统地阐述了有关心理发展阶段的主张。在《成长的各阶段》中，杜威提道："莎士比亚第一个划分了人的不同年龄段，我不知道是否有人能在此基础上提供更合理的划分。莎士比亚把人分为七个阶段：啼哭的婴儿、抱怨上学的男孩、年轻的情人、战士、成熟的成年人、裁判、怀旧的老人（第二个婴儿期）。"[①]以此为设想，杜威运用观察和实验的方法，将儿童心理发展划分为四个阶段，即婴儿早期、游戏时期、童年期和青年期。

---

① ［美］约翰·杜威. 成长的各阶段. // 杜威全集·晚期著作第17卷［M］. 李宏昀，徐志宏，陈佳，译. 上海：华东师范大学出版社，2015：219.

第一节　婴儿早期（0—30个月）

杜威认为："尽管两年半的婴儿早期阶段属于学龄前，但婴儿在这个阶段的大脑发育很值得重视，尤其是从教育的角度来看。总的来说，这个时期最主要的任务是让大脑学会把身体作为自己的工具来控制。我们必须用最初成长的2至3年来掌握这种控制。我们有眼、耳、腿、胳膊和发生的器官，但不知道如何运用这些肢体，因此在二三年里，我们将竭尽所能地来学会如何使用。"[①]

根据杜威心理发展阶段的划分，婴儿早期指的是婴儿从出生到第30个月。从生理和教育的角度出发，杜威认为两岁半之前，婴儿发展的最主要任务是让大脑学会控制自己的各个器官。因此，婴儿早期教育的目的就是引导婴儿了解身体的各个器官，让大脑学会比较直接地控制自己的身体，为培养智力和道德做好准备。此外，婴儿需要学习各种事物，通过选择做事的手段和方法获得能力。杜威认为，这个阶段的学习是相当重要的，婴儿需要学会使用肢体器官，学会看、听、走路和说话，也要学会如何去塑造道德和精神意志。

一、婴儿早期划分的理论来源

杜威关于婴儿早期心理发展的思想受普莱尔（Wilhelm Thierry Preyer）和霍尔的影响。从杜威的相关论著来看，他批判性地吸收了两位学者关于婴儿心理发展的思想，并以此为基础提出了自己的婴儿早期心理发展理论，其

[①]　［美］约翰·杜威.成长的各阶段.//杜威全集·晚期著作第17卷［M］.李宏昀，徐志宏，陈佳，译.上海：华东师范大学出版社，2015：219.

中基本论断包括延长婴儿早期时间、划分婴儿早期为三个阶段、创造良好的婴儿成长环境等。

(一) 普莱尔的婴儿心理发展理论

普莱尔是德国生理学家和实验心理学家，被称为儿童心理学的创始人，1841年出生于英国曼彻斯特。他在巴黎大学获得生理学专业博士学位后，先后在耶拿大学和柏林大学教授生理学和心理学。普莱尔对自己的孩子从出生到三岁进行了连续观察研究，并以此为基础于1882年出版了被公认为是第一部科学的、系统的儿童心理学著作——《儿童的心理》。普莱尔是最早使用系统观察法和儿童传记研究儿童心理发展的心理学家，其观察法具有观察期长、观察全面、观察与实验相结合的特点。根据观察与实验得到的结果，普莱尔认为婴儿心理发展主要表现在三个方面：感觉的发展、意志的发展和智力的发展。

1. 婴儿感觉的发展

普莱尔详细论述了婴儿视觉、听觉、肤觉、嗅觉、味觉和机体感觉等方面的发展。首先，在儿童的视觉方面，普莱尔总结了儿童对光敏感度的反应、色彩辨别、空间知觉发展和视觉概括化、语言化等方面的特点。他将婴儿的视觉与刚出生动物的视觉相比较后发现，人类婴儿的视觉与肌肉的关联要远多于动物的关联，因此婴儿需要更多时间去生长发育。动物则从一开始就比人类的婴儿更成熟，它们可以完成许多复杂的动作，而人类婴儿只能通过后天的学习才能掌握这些动作。其次，普莱尔论述了听觉与视觉的关系："从心理发展这方面看，耳朵比眼睛优越得多……我们只需把一个生来盲目的小孩跟一个生来耳聋的小孩都受了极小心的训练和最好的教诲以后的情形相互比较，就会相信：第一岁以后，对于心理发展，听神经的激发比视神经的激发的贡献多得多。"[1]根据多年的观察，他得出结论：不同个体的听觉差异非常显著，一

---

① ［德］威廉·普莱尔. 幼儿的感觉与意志［M］. 孙国华，唐钺，译. 北京：北京大学出版社，2014：110.

部分原因是遗传，另一部分原因是后天习得。再次，在儿童的触觉方面，普莱尔通过研究儿童对温度的感觉与疼痛感之间的联系，指出婴儿皮肤神经易兴奋的原因在于其出生之前就接受了大量刺激。最后，普莱尔还对婴儿的情绪进行了研究，通过观察婴儿愉快、害怕、惊愕、疲惫等情绪，他认为婴儿的所有行为都由愉快和厌恶两种情绪掌控，诸如吃饭、吮吸、甜味都可以引起婴儿愉快的情绪，而饥饿、寒冷、湿和包裹的衣服则会引起他们厌恶的情绪。普莱尔认为，尽管婴儿的情绪仍不稳定，但却总是和感觉联系在一起，并随着感觉的变化而变化。

2. 婴儿意志的发展

普莱尔认为，意志活动建立在人的感知觉基础之上，拥有意志的人才会知道自己喜欢什么，厌恶什么，即普莱尔所说的婴儿"所志于的和不志于的事物"[①]。普莱尔对意志的研究是从行为动作开始的，他认为意志通过语言、行为、面容、手势等形式表现出来。为了更好地研究婴儿的意志，他将婴儿的动作划分为以下四类：

第一类是冲动性动作。这类动作先天就存在于婴儿的中枢神经中。在婴儿刚出生时，其内导神经系统还不完善，冲动性动作掌控着婴儿的行为。即使婴儿出生几个月之后中枢系统得到了完全发展，这种由中枢神经系统到肌肉器官之间的冲动仍然可以存在很长时间，尤其是在婴儿睡眠的时候。

第二类是反射性动作。这类动作与冲动性动作的区别在于它需要外界事物的刺激，刺激产生的感觉印象在中枢神经系统之间传递。婴儿通过反射动作不断提高自己的肌肉协调性，儿童往往会学到什么事能做什么事不能做，这些经验构成了儿童自我抑制力的基础。

第三类是本能动作。本能动作也需要感觉印象，它与反射性动作不同之

---

① ［德］威廉·普莱尔. 幼儿的感觉与意志 ［M］. 孙国华，唐钺，译. 北京：北京大学出版社，2014: 113.

处在于它需要低级感觉、高级感觉和低级运动中枢三者相互协调。普莱尔认为："一切本能动作都是有目的的，但在发出动作之前和发生动作之时，都是无意识的，并且一切本能动作都是遗传的。"①

第四类是意念动作。普莱尔指出，模仿性动作应该是意念动作最基础的形式，这种动作衍生于感官知觉，并由低级感觉中枢、高级感觉中枢、低级运动中枢和高级运动中枢这四种中枢神经相互协调。普莱尔认为，即使婴儿的许多模仿动作是无意识的，但在第一次模仿时必定是有意的，这说明婴儿已经拥有了意志。

3. 婴儿智力的发展

普莱尔认为婴儿智力的发展主要体现在婴儿语言的发展上。他指出，婴儿语言水平的高低与其器官发展密不可分，"婴儿言语的发展受脑、牙齿、舌头等器官的发展水平、听觉的灵敏度、能动性等若干影响因素的制约"②。普莱尔根据观察结果得知，婴儿情感与感知结合之后产生记忆，一些记忆表象联合形成观念（idea），观念重复多次后会形成固定的概念（concept），概念带来言语意识，因此语言能力来源于婴儿后天的学习而非先天遗传。虽然普莱尔对婴儿语言发展的观点带有一定的片面性，但其关于婴儿智力发展的论述已涉及现代心理学中思维与语言的关系。

普莱尔关于儿童心理研究的观察法和实验法为杜威研究儿童心理提供了方法论指导，从杜威所进行的研究过程中可以看到普莱尔提倡的研究方法的痕迹。虽然普莱尔将婴儿期的发展归结到"感觉能力"和"意愿"等多个范畴，但后来其追随者却将婴儿所有的行为归结于身体的发展，而忽略其情绪、智力等心理发展，脱离了普莱尔的本意。杜威反对呆板地将婴儿的各种身心变化分

---

① ［德］威廉·普莱尔.幼儿的感觉与意志［M］.孙国华，唐钺，译.北京：北京大学出版社，2014：120.

② 李国庆.现代欧美教育科学化运动的一个基石［D］.南京师范大学，2006：44.

割开，批判了将婴儿的生长单纯按时间顺序排列的观点。他提倡在研究婴儿心理时使用生物学或遗传学的研究方法，关注婴儿每一个细微的变化，将婴儿先前的行为与之后的行为联系到一起，形成一个生命统一体。

（二）霍尔的婴儿心理发展理论

霍尔是19世纪末20世纪初美国儿童研究运动的旗手，美国心理学创立的先驱人物之一，也是德国心理学家冯特的第一个美国学生，他于1887年创办了美国第一份心理学杂志《美国心理学》。"早期有关儿童和青少年的研究工作使霍尔深信，心理学是打开科学教育之门的钥匙，因此，他以发展心理学的研究为基础，进一步深入研究教育心理学问题。"[1]受达尔文进化论的影响，霍尔将生物学上"进化"的观点引入心理学中，提出了著名的"复演说"（theory of psychological recapitulation），即个体的发展只不过是人类种族进化的复演过程。他认为四岁之前的婴幼儿期复演了动物到人的进化阶段，婴儿从出生到最终能够直立行走的过程重复着四足动物到猿类、再到直立人类的进化过程。

1. 婴儿身体的发展

霍尔认为，刚出生的婴儿四肢无法移动身体，只能做一些简单的摆动，后来婴儿通过臀部肌肉可以匍匐爬行，再后来婴儿的腿和脚开始专门负责身体的移动，手指也变得灵活发达，最终身体达到了可以直立行走的状态。此时婴儿的胸部和手臂也发生显著变化，胸部由之前的身体前后的宽度大于身体左右的宽度变成了左右的宽度大于前后的宽度，婴儿的手臂可以自由地做侧面运动，进行一百八十度的转动等动作。

2. 婴儿心理的发展

霍尔认为："婴儿心灵的发展也要经历一个复演的过程。"[2]他指出，婴儿

---

① 叶浩生.心理学通史［M］.北京：北京师范大学出版社，2006：174.

② Dorothy Ross. Granville Stanley Hall：the Psychologist as Prophet. Chicago：University of Chicago press，1972：296.

从出生开始就在进行无意识的创造性动作，即使这个时期婴儿的感官还不完善，但仍具有很强的模仿能力。婴儿的模仿能力源于本能，他们从周围环境中吸收经验完成模仿，在出生几个星期后就能够模仿成人的表情和动作。他还指出，父母是孩子的第一任老师，婴儿会通过潜移默化的方式学习父母的行为和观念，三岁之前的婴儿心理在其整个人生历程中具有重要地位，是婴儿未来成长的心理基础。

霍尔的儿童心理学思想影响了杜威对婴儿早期身心发展的论述，受霍尔的影响，杜威也强调用进化的观点解释儿童心理发展，儿童的身心进化都经历一个从不协调到协调的过程。但是杜威也质疑了霍尔的复演论，他认为霍尔的复演说是遗传决定论，该理论过于强调遗传作用对婴儿心理的影响，忽视了外界环境的作用，这也是霍尔有关婴儿心理思想的一大缺陷。

二、婴儿早期的延长

杜威坚信，如果想让婴儿得到更好的发展，就有必要延长婴儿期，也可以称之为延迟进入成熟期。杜威受到美国哲学家约翰·费斯克[①]的影响。约翰·费斯克非常强调他所谓的"延长婴儿期的重要性"，他说："人类婴儿期要长于动物幼年的同阶段，其他专家也指出，文明程度越低的种类，其婴儿期越短，成熟的速度也越快；文明程度越高的生物，相对的无助期或者对社会和工业的依赖期就越长。"[②]正是在这段无助期和依赖期中，儿童的智力和道德才得以顺利发展，他们在成人悉心的照料下最终形成谨慎、节俭等品德。父母应该为婴儿期的孩子创造良好的生活环境，给予孩子温暖和关爱，辅助孩子长

---

① 约翰·费斯克（John Fiske），美国哲学家和历史学家，代表作《进化论者的远足》，他对达尔文学说在美国的传播起到了重要作用。

② ［美］约翰·杜威.成长的各阶段.//杜威全集·晚期著作第17卷［M］.李宏昀，徐志宏，陈佳，译.上海：华东师范大学出版社，2015：220.

大后走向社会并形成理性思维。正是因为有了婴儿期的延长，才使教育成为可能。

杜威特意举了一个很形象的例子——小鸡与婴儿的比较：在这个实验中小鸡从一出生就可以摆动脑袋啄食，姿势与长大后并无两样，有些小鸡需要三四次才可以啄到翅膀上的虫子，有些小鸡一次就可以啄到，杜威将这种现象称之为本能。他将小鸡学会运用身体各肢体器官所用的时间，与一个孩子学会同样的本领所花费的时间进行对比后发现，人类婴儿至少需要六个月的时间才会做出基本的伸手碰触动作，即使这样，人类婴儿也无法从一出生就可以敏捷的行动。在婴儿伸手触碰物体之后，又需要六个月的时间理解距离的概念。杜威强调，虽然动物拥有比人类婴儿更成熟的本能，但正是因为这种本能，反而限制了它们的发展，从一出生就具有完备的本能让动物缺乏了继续成长的动力。而人类的婴儿在这段时期缺乏完备的本能，这使得他们必须去获取各种能力，成年人会教导他们如何去努力、如何获得成功，从而将成人世界的目标、希望、经验传递给孩子。

三、婴儿早期的再划分

延长后的婴儿期为教育提供了机会，为了更好地研究婴儿早期的发展，杜威将婴儿早期进一步分为三个时期：0—3个月、3—6个月、6—14个月，婴儿在这三个不同时期都会表现出不同的生理和心理行为。

（一）第一个时期（0—3个月）

根据杜威的论述，第一个时期的范围是从婴儿出生到第三个月，这一时期婴儿具有不受控制的冲动倾向，他们从一生下来就有看、听、触摸、抓握、攻击、移动等倾向，但他们并没有能力去完成这些行为。杜威认为，人们需要重点关注的是婴儿身体器官的发育，尤其是眼睛的协调与发展。

"这一时期的基本特征是相对独立的，以不同器官为中心的多个协调系统的发育成熟为主要内容。"①现代生理学的研究表明，在儿童刚刚出生的时候，只有脊椎骨和大脑低级部分处于活跃状态，新生婴儿就像是一个丧失了脑半球的动物，纯粹是一个只有反射活动的机器。其中最重要的三个反射动作是拿取食物或是吃奶的动作、抓取任何物体塞到自己嘴里的动作、因温度变化而影响呼吸所导致的哭叫动作。在婴儿出生的第一个月中，触摸、视觉与听觉等感觉运动不会产生交叉刺激，这些活动相互之间没有关联，每一个感觉运动都独立于其他活动而发展。

杜威指出，第一个时期的婴儿的主要任务就是有效地使用眼睛作为运动器官去感受光的刺激，促进眼睛器官的协调。杜威观察发现，婴儿出生后的第一个月，多数婴儿醒来的时候两只眼睛不会同时运作。而在第二个月初期，婴儿就可以去注视或者凝视一个物体而不是没有表情地盯着空中，并且可以用两只眼睛去追寻移动的光。在第三个月的开始，婴儿可以眨眼，他拥有了控制眼睛的能力，能够注意到光和影的变化，也是在这个时期，婴儿的适应性调节能力逐渐显现出来，为下一个时期的发展做好了准备。

（二）第二个时期（3—6个月）

杜威将婴儿出生后的3—6个月划分为婴儿早期的第二个时期，其主要表现是"手的活动不再是单纯地通过直接的接触而引起，反而与所看的物体相关联，伸出去—抓住—拉回来的一系列动作一气呵成，标志着发展已经进入第二个时期"②。反观第一个时期，婴儿的行为都是相对独立的，婴儿直接接触的物体只会刺激某个特定器官，并不会对其他器官有过多影响。而在第二个时期的心理发展过程中，儿童器官协调性不断增强，婴儿作为一个有机体，各部分之间的联系更为紧密，智力也得到了初步的发展。

---

① John Dewey. Principles of Mental Development as Illustrated in EarlyInfancy. Transactions of the Illinois Society for Child Study，1899，Vol. 4（4）：65-83.

② John Dewey. Principles of Mental Development as Illustrated in Early Infancy. Transactions of the Illinois Society for ChildStudy，1899，Vol. 4（4）：65-83.

杜威认为婴儿第二个时期的发展特点是器官之间的功能由独立走向相互联合，逐步达到相互协调、自动化的程度。这种契合一旦形成习惯，婴儿就不再单纯使用一种器官功能，行为也不再是孤立的方式，过去的一种孤立行为习惯发展成两种或两种以上的协调式的习惯。杜威仍然以眼睛为例来说明：当眼睛感受到光的刺激开始寻找光源时，婴儿可以通过选定目标、适应性调节及摆动头部和眼睛的方向来控制自己的活动；当手触及并紧握物体的时候，婴儿的眼睛也会关注这个物体，他不再是没有表情地盯着或是机械地追寻，而是在观察和思考，态度非常认真专心。器官协调性的增强也可以解释婴儿喜欢把所有东西都放到嘴里的原因：在饥饿的刺激下，孩子可以将对眼睛活动的控制转变成用手去触及并将物体塞进自己的嘴里，体现出婴儿已经可以形成三个器官之间的协调——眼睛、手和嘴巴。

这一时期的其他特点还包括婴儿直立着头、寻找定位声音的来源、坐下来的时候保持身体的平衡、反复进行爬行、推拉或打滚等动作。在第一个时期这些活动相互独立，不会受到眼睛和手正在进行的活动的影响，但是到了第二个时期，动作幅度较大的活动开始受到眼睛和手的刺激。当婴儿看到或是摸到物体时，他会试图抬起头或是整个身体，眼睛和身体感受到的刺激转化成外在的行为，刺激与行为逐渐联系起来。杜威认为，婴儿直立着头说明他可以通过看与听控制头部，证明他们获得了昂起头的能力与准确地朝声源方向转头的能力，意味着婴儿可以维持触觉、视觉、手和耳朵之间相互控制的平衡状态。婴儿作为一个有机体，各种行为之间相互影响，各器官之间的联系也更为紧密。

此外，从智力发展的角度来看，杜威通过观察大量事实总结出，这个时期的婴儿不仅仅只是通过刺激—反应模式体现出智力活动，而是可以通过其主观上的动作反映出智力活动。譬如父母可以从婴儿脸上越来越少的机械化表情，越来越多人类特征的微笑中感悟到婴儿智力的发展。虽然在前三个月婴儿的眼睛感受到光的刺激、耳朵适应了声音、手接触到了物体，但这仅仅只是接受到了外界的直接刺激，并没有涉及有意义的层面。但当婴儿由一种活动转换到另一种活动时就涉及意义了，比如听到的东西就是能被看到的东西，看到的东西就是触摸并且握着的东西，正是这种交叉刺激构成了智力发展的基础，婴儿的智力开始初步发展。

（三）第三个时期（6—14个月）

"婴儿大概六个月大的时候……他已经准备好做出新的改变了，这个标志就是婴儿获取了用眼睛判断伸手触及物品距离的能力。"[①]在前六个月，婴儿进行一些抓住与缩回动作时，会错误地估计各种距离，但六个月之后的婴儿不再尝试着去抓一些无法触及的东西，因为这时的婴儿已经理解了距离的概念。在协调的作用下，婴儿搭建了牢固的认知体系，之后他们已经准备好过渡到第三时期了。这个时期的主要任务是利用习得的习惯获得新的经验，将自身的协调度提到更高的层次，掌握看、听、走路和说话等技能。在这个问题上，杜威将从婴儿的经验、行为、心理和语言四个方面证明他的观点。

1. 婴儿的经验

杜威通过实验得出：婴儿可以使用先前获得的经验进行当前的运动控制。例如，婴儿无意中将纸弄皱，感受到噪音后会产生新的经验，他会继续做出揉纸的动作，使纸发出连续的尖利声，并以此为乐。类似的例子还有：婴儿摇动嘎嘎作响的玩具发出噪音、握住并挤压触摸到的所有东西来感受力量，通过抚摸物体感受其粗糙感或平滑感。杜威认为，婴儿可以在行为中有意识地增长经验，动作与动作之间相互联结增加了婴儿的经验，反过来这些经验又会调整婴儿的行为。杜威用《儿童研究月报》（*Child-Study Monthly*）中记录的一个九个月大的婴儿的行为为例：婴儿用他的勺子敲击杯子，杯子发出了清脆的声音，他很喜欢这个声音，就重复了好几次，然后他敲打了一个调料盘，调料盘发出了一种更清脆响亮的声音，他马上就注意到了差别，之后他的眼睛睁得

---

① John Dewey. Principles of Mental Development as Illustrated in Early Infancy. Transactions of the Illinois Society for Child Study, 1899, Vol. 4（4）: 65–83.

更大了，进而先敲打那个杯子再转向这个调料盘，重复了多达20次。在这个实验中，婴儿注意到了敲击杯子和调料盘声音的不同，他换了一只手继续敲打杯子，很明显他根据周围环境的反馈得到了某种新经验，从而有目的地调整自己的行为。

2. 婴儿的行为

随着婴儿肢体的发展，本时期的婴儿开始具备了爬行和直立的基础和条件，婴儿的行为开始变得更加复杂。杜威指出："在身体各个部分之间动作的相互关系的运用中，我们还能看到这一时期婴儿的兴趣所在。首先是爬行，之后是抓住物体，然后有了想站起来的企图。婴儿产生爬行这一行为的平均年龄大概是8个月。"[①]杜威详细地描述了婴儿爬行的意义，指出虽然婴儿可以用眼睛准确的判断距离，但他仍然没有足够的动力挪动身体，只有当婴儿"看"这个动作与身体的行为可以持续的协调时，他才能移动身体。尽管刚开始婴儿会失去平衡且跌倒很多次，但他能够重新控制身体的各个部位并不断尝试。在这个过程中，婴儿通过爬行获得了各式各样复杂的新经验。

3. 婴儿的心理

随着婴儿活动范围和获取经验的增多和复杂，婴儿心理也产生了新变化，先后出现了识别、期待、比较等心理活动。三种心理活动按顺序发生，首先产生的是识别与期待心理，其次产生比较心理。"在这一时期的最初几个月里，婴儿开始识别一些在他生活中经常出现的人和物，比如父母、保姆、宠物、瓶子、准备食物的符号等等。"[②]这些识别活动代表婴儿可以通过某个器官获得经验，当婴儿看到母亲或保姆，就能联想到与她们相关的经验。随后婴儿又会根据所识别的物体产生期待心理，比如看到母亲就会微笑，看到保姆就

---

① John Dewey. Principles of Mental Development as Illustrated in Early Infancy. Transactions of the Illinois Society for Child Study, 1899, Vol. 4（4）: 65–83.

② John Dewey. Principles of Mental Development as Illustrated in Early Infancy. Transactions of the Illinois Society for Child Study, 1899, Vol. 4（4）: 65–83.

想吃饭。最后，比较心理从婴儿的识别与期待意识中形成，婴儿将不同的行为与最终取得的结果进行比较。例如，当婴儿在一个舒适的环境中洗澡时，他会觉得很舒服，露出微笑并愿意配合。如果在一个环境较差的地方洗澡，他可能会哭喊，这两种结果是从两种不同的行为中得到的。简言之，一旦婴儿形成意象，无论这个意象多么模糊都会产生识别与期待心理，识别与期待又最终衍生出婴儿的比较心理。

4. 婴儿的语言

杜威认为，这个时期的婴儿已经开始具有了语感，可以感知其他人说话的语调和语言的含义。对婴儿来说，最开始声音只是作为外部动作的一种表达方式，但是随着婴儿年龄的增长，他会理解成人语言的含义。当听到"户外"这个词，或是看到帽子和斗篷时，他开始期待去户外并表现出期待和满足的心理。婴儿拥有的语感让他不仅可以理解不同的音调，而且可以理解某些特定声音。婴儿逐渐拥有较为间接的语言协调能力，这种能力让声音与行为不再需要特定的联系，通过耳朵摄入声音来获得经验，再通过其他器官输出经验。随后，婴儿的智力提升到较高程度，开始理解单词的抽象含义，一些单词可以唤起婴儿的意象，这种意象会让婴儿做出相应的行为。婴儿初步具备语言能力意味着婴儿已经由婴儿期进入下一时期。

总之，杜威对婴儿早期阶段进行了再划分之后，总结出婴儿早期的四条心理学原则：第一，需要增强儿童心理学的科学性，将心理学结论纳入教育实践；第二，感觉刺激与运动反应相协调，婴儿通过对多个刺激做出反应促进身心协调；第三，婴儿心理按规律发生改变，其身心的协调性逐渐增强；第四，婴儿期的发展具有不平衡性和阶段性，每个阶段都有其特殊的任务。

第二节 游戏时期（30个月—7岁）

随着婴儿初步具备语言能力，婴儿的发展进入到下一个阶段——游戏时期。根据杜威的划分，婴儿游戏时期的时间跨度是从2岁半到7岁。他指出："孩子成长第一阶段的根本标志是了解使用身体的各个器官，并在学习过程中开始培养智力和道德；孩子下一个阶段直到六七岁的成长，是以学会基本的社会适应能力为标志的。我们会发现，孩子所有广泛的社会交往关系的学习，都是在两岁半至七岁这个阶段完成的。"①这个阶段儿童心理发展表现出两个最大特点：一个是拥有越来越完善的社会关系网，掌握了基本的社会适应能力；另一个就是大脑的发育带动想象力的迅速发展，儿童在游戏中逐渐接触真正的社会，他们对参加游戏情有独钟。换言之，杜威认为在游戏时期，游戏活动是儿童参与社会生活的主要方式，在游戏活动中儿童的社会适应力、想象力和意象都得到了迅速发展。

一、儿童社会适应力的发展

杜威认为："当孩子掌握了走路和说话的能力，就可以自由地与别人交往。当然，这意味着孩子不仅获得了智力和道德的自由，而且包括有能力主动地做事，尝试并熟悉不同的事物。走路就是一种最基本的道德自由的外在化的符号，然后是说话；接着，一个社会交往的丰富世界就展现在孩子眼前。"②这一时期儿童的语言和社交本能充分彰显，儿童能很有兴致地把自己的经验和

---

① ［美］约翰·杜威.成长的各阶段.//杜威全集·晚期著作第17卷［M］.李宏昀，徐志宏，陈佳，译.上海：华东师范大学出版社，2015：222.
② ［美］约翰·杜威.成长的各阶段.//杜威全集·晚期著作第17卷［M］.李宏昀，徐志宏，陈佳，译.上海：华东师范大学出版社，2015：222.

体会到与身边的人听，也能很有兴趣地去倾听和学习他人的经验，他善于利用一切可以交流和沟通的方式。两岁半之前的孩子只是在尝试整合自己的身体器官，与外界社会的交流有限。但是进入游戏时期后，无论从主观还是客观角度，儿童的社会适应力都在逐步发展。主观方面是因为随着儿童各器官的发育，尤其是大脑的迅速发育，儿童参与社会的意识更强烈。客观方面是因为随着儿童进入小学校园，认识更多的同学和老师，接触的社会交际圈也更广泛。

（一）初步建立社会关系

儿童在刚进入游戏时期时接触的社会环境较为狭小，主要社交对象包括家人、亲属、邻居和少数玩伴，因此协调自身与这一小部分人的关系构成了孩子全部的社会参与。首先，孩子需要学习礼节和社交礼貌，学习正确的用餐姿势，学习如何使用刀叉，学习如何表达感谢等礼仪细节。在形成这些习惯的过程中，孩子得到了基本的社会适应能力，意味着他们可以真正进入社会。其次，还需要学会理解别人的意愿和观点，使自己以一种合适的方式融入对方的社交圈中。虽然这个时期儿童的社会是微型的，但是随着年龄的增长，他们可以透过这个微型社会接触到所有典型的社会关系。

儿童在婴儿早期阶段的主要任务是了解自己的身体，而在游戏阶段的任务则是学会了解身边的人，他们在这个时期最大的乐趣就是尝试理解自身与周边的人的关系，以此来增强自己的社会属性。杜威认为："如果我们在孩子成长的最初七年，能提供最理想的社会环境——能够引导他建立与他人的良好关系并促进其思想和想象力的发展，这将确保他在一个非常正确的方向上很好地成长。"[①]杜威尤其赞赏英国公学（public school）的做法，他认为，这些学校要求学生进行体育活动并从中学会服从和领导，学会为共同的事业

---

① ［美］约翰·杜威.成长的各阶段.//杜威全集·晚期著作第17卷［M］.李宏昀，徐志宏，陈佳，译.上海：华东师范大学出版社，2015：223.

相互合作，有助于培养儿童良好的社会才能以及乐于助人的习惯，为儿童社会适应力的提高创造了条件。

（二）可塑性的增强

杜威指出，儿童在该时期有一个显著心理特点，即他们比较容易受到外界环境的影响，具有较强的可塑性。杜威举了一个形象的例子来阐述这个特点：一个小男孩在街道上欢快地奔跑时不小心摔倒了，疼痛让他大哭起来，另一个男孩问："你弄丢眼镜了吗？"在此之前，小男孩从没有想过关于眼镜的事，但这时他停止了哭泣并开始找眼镜。找眼镜这个建议改变了男孩的想法，让他忘了所有的疼痛。引申到教育中，杜威认为："真正有经验的监督人，无论家长还是教师，应该学着通过间接的方式来引导孩子，即先提供某些想法或形象，然后让他们自己吸收和消化。"[①]当孩子做错事时，应设法转移孩子的注意力，将他们从偏离的方向引到正确的道路上。对这个时期的孩子而言，合适的建议是引导其活动的主要工具。杜威随后又讨论了负面建议对儿童产生的危害，他认为用负面的方式引导孩子，结果会强化他们头脑中对禁止做的事情的好奇心。当孩子在玩耍时，父母警告他："不许爬树！"孩子可能之前并没有这个想法，但听到这个警告后却开始蠢蠢欲动，反而去爬树了。建议中的否定部分引起了孩子的躁动不安，最终恰恰做了家长不建议他做的事。因此，杜威建议家长在教育儿童时应避免负面建议，减少对儿童的不利干扰，正确利用儿童的可塑性。

二、儿童想象力的发展

"在两岁半至六七岁的这个阶段，孩子最根本的成长标志是被称为大脑

---

① ［美］约翰·杜威. 成长的各阶段. // 杜威全集·晚期著作第17卷［M］. 李宏昀，徐志宏，陈佳，译. 上海：华东师范大学出版社，2015：226.

的发育，也就是幻想力或想象力的发展。"①不同于其他儿童心理学的研究，杜威认为，这个时期的孩子已经可以从物体的外观、用途或具体活动去定义事物的属性。比如孩子看到帽子就会带上，看到门把手就会去转动它。但是杜威也承认即便掌握了这些本领，孩子的能力范围仍然相当有限，只能认识到物体呈现出来的用途，他们只有依靠想象和形象思维能力才能认识到事物更深层的意义，进而构建出一个更大的世界。杜威举了一个三岁孩子玩耍表链的例子：一个孩子看到垂挂着的表链，喊道"看那个吊床"，并用手摇晃它。其实他只是看到了一条表链，却启发他想象到了眼前没有的事物。杜威认为，从这个例子可以表明："将一种体验带入另一种体验的现象，标志着孩子开始产生想象力，由此表明他们摆脱了能被直接感知的有限范围内的事物的束缚。"②从杜威关于儿童心理发展的著作中可以发现，他在论述儿童想象力的概念时，特别强调了游戏、神话故事，经验与想象力的关系。

（一）游戏与想象力的关系

杜威在杨百翰学院（Brigham Young Academy）十场教育讲座之一中说过："想象（the image）和玩耍（the play）只不过是同一件事的里外两个层面罢了。"③因此在儿童如何发挥想象的问题上，杜威认为，游戏是最有效激发儿童想象力的途径。在想象过程中，孩子将一个橡果壳当成茶杯，将橡树叶当成盘子，然后发号施令，想象自己在准备一个茶会。这种过家家般的游戏在孩子中十分常见，但是大人并没有认识到这些玩耍中包含的智力因素。从儿童的角度来说，游戏的过程使他们进入一个现实世界，他们经常在看到别

---

① ［美］约翰·杜威. 成长的各阶段. //杜威全集·晚期著作第17卷［M］. 李宏昀，徐志宏，陈佳，译. 上海：华东师范大学出版社，2015：226.

② ［美］约翰·杜威. 成长的各阶段. //杜威全集·晚期著作第17卷［M］. 李宏昀，徐志宏，陈佳，译. 上海：华东师范大学出版社，2015：226.

③ John Dewey. The Collected Works of John Dewey: The Later Works, 1925-1953（Vol. 17）. ed By Jo Ann Boydston. Carbondale and Edwardsville: Southern Illinois University Press, 1990: 263.

人做某事后，想象自己也做同样的事情。在这种情景下他们逐渐理解自己的世界，虽然他们不懂厨艺，也不知道如何准备茶桌，但通过虚构的游戏，大致了解了茶会的准备过程和各个环节。孩子在这个时期虽然尚未成熟，体力和智力发展都很欠缺，无法完成预期的目标，但是却可以通过想象建立事物之间的关系。杜威认为，想象是一种替代手段，孩子通过想象可以获得实际无法获得的复杂经验。

杜威随后指出，存在于想象力基础之上的游戏，对儿童的身心成长起着十分重要的作用，一旦孩子的想象力受到限制，游戏时间缩短，他的发展就会受到影响。因此他认为游戏与想象是一个不可分割的整体，想象是儿童大脑产生的一种刺激，游戏是基于刺激做出的反应，二者是刺激与反应的关系。他进一步指出了引导儿童游戏的心理学原理，即儿童的任何想象都会表现出强烈的行动倾向，通过行动将想象转化为现实，这个过程就是游戏活动。当儿童产生想法时，大脑被这些想法和幻想所占据，引导他的行为，他希望能付诸行动，这就是游戏的起源。外部环境对大脑产生刺激形成想象，对肌肉产生刺激形成行为，但是这种外界产生的刺激必须足够强烈才能建立想象力和身体行动的平衡关系。如果孩子受到的刺激不够强烈，那么想象力就会逐渐消失。由此，杜威指出，孩子很多所谓的恶作剧都是想象的外在表达，所以对孩子的恶作剧不能过于斥责，否则会影响其想象力的发展。

（二）神话故事与想象力的关系

杜威指出，激发儿童的想象力不仅需要通过游戏活动，还需要向儿童讲授神话故事。当孩子的想象力得到启发后，形成的意象无法在游戏与玩耍中释放，这会让孩子产生与其性格相冲突的情感体验，通过讲神话故事可以让儿童保持想象力的存在，这些故事可以让"孩子的想象力一次次被激发，他很快就会获得远多于他能够接受的各种形象和情感"[①]。但杜威同时也指出，有时候

---

①［美］约翰·杜威.成长的各阶段.//杜威全集·晚期著作第17卷［M］.李宏昀，徐志宏，陈佳，译.上海：华东师范大学出版社，2015：225.

这些故事会伤害儿童的情感，比如给孩子讲一个他不理解的、不属于他的游戏世界的故事，孩子会对这个陌生的世界感到迷茫。因此，杜威希望家长能够以一种儿童容易理解的方式向其讲授神话故事，当家长讲的故事吸引孩子时，孩子会让大人重复的讲述，他们每次都会从中获取新的想象的养料。

（三）经验与想象力的关系

适当的游戏和神话有利于儿童想象力的发展，除此之外，经验也与想象力有密不可分的关系。在杜威看来，"所有有意识的经验都必然具有某种程度的想象性特质"①。他认为，想象的本质就是从一种经验转换到另一种经验。"简言之，想象力是经验的迁移，是一种控制的方式，也是一种解放的力量。"②杜威以小女孩玩玩具为例：虽然玩具娃娃被摔得只剩一条腿了，但是女孩依然会继续跟玩具玩耍，她看到的好像还是完整的玩具，这是因为她将一个完好玩具中获得的经验转换到一个零件上了。同样，在前面举的例子中，误把表链当作吊床的小孩也是将一种经验的价值和意义转接到另一个相似的经验。这种代替性原理极大地拓展了孩子的世界，让他学会了如何将前后经验联系起来，有步骤地处理事情。其次，杜威在观察儿童美术课时发现，孩子画一栋房子时，往往会把墙壁画成透明，房子中有床、桌子等一切孩子希望展示的东西。杜威进而指出，想象寓于经验，经验反映于想象中，孩子对实物本身兴趣不大，主要是根据自身的经验想象出画面。

从经验与想象的关系出发，杜威又着重讨论了儿童的撒谎问题。他发现，很多家长会因孩子没有养成优良品德却学会了撒谎而感到忧心忡忡。杜威却认为："尽管有些孩子的谎言后果非常严重，但许多所谓的撒谎，从成人的角度看，根本不能作为道德败坏的表现，他们只是孩子游戏中的一些形象，产生的原因是孩子不能区分想象和事实。"③这个阶段的孩子很容易将想象和

---

① John Dewey. Art as Experience. New York：G. P. Putnam's Son，1980：276.

② 梁君.杜威论想象力及其培育［D］.华东师范大学，2019.

③ ［美］约翰·杜威.成长的各阶段.//杜威全集·晚期著作第17卷［M］.李宏昀，徐志宏，陈佳，译.上海：华东师范大学出版社，2015：226.

事实搞混，无法区分事实与幻想。最典型的例子就是一个小女孩认为自己看到了蛇，她很兴奋地告诉哥哥姐姐，但是哥哥姐姐认为她是在幻想。他们问小女孩蛇的脖子上是否有铃铛，女孩说是的，于是她的哥哥姐姐更加确认这是虚构的，但是小女孩坚持说自己的确看到了蛇。后来女孩长大后很久，她才意识到自己并未看到蛇，这些只是情绪高涨的结果。虽然这个例子有点极端，但是杜威认为，大人不必过于质疑孩子的谎言，只要孩子不是为了某种恶意的动机，大人完全可以容忍这些纯粹出于幻想的故事。

三、儿童意象的发展

杜威指出，想要了解游戏时期孩童的心理，就必须重视儿童的意象（image-play）的价值。杜威区分了儿童意象与想象力的概念，他认为儿童的意象是现实世界与大量的联想刺激相结合产生的，意象不等同于纯粹的虚幻与玩耍，而是与现实紧密相连。想象力则是在意象的基础上产生的，并高于现实世界，是意象的成长体。杜威认为，儿童的意象处于一个不断发展的过程中，这一时期儿童的心理发展可以概括为意象的发展。

在儿童三岁时，其显著特征就是渴望扩大意象，主要包括三种方式。第一种是儿童对物体进行主动表述，杜威举了儿童看到绳子的例子，孩子摇晃一根绳子嘴里还发出骑马的叫声，就好像这根绳子是骑马时的缰绳。这表明儿童的意象从一个普通的绳子扩展到了缰绳，普通绳子就是原始物体，缰绳就是意象的附属品，意象的范围从绳子逐渐扩伸到缰绳且不依赖于原始的物体；第二种方式是儿童对成人的追问，比如儿童会问石头下面是什么东西，当被告知石头下面是地面时，儿童还会想知道地面的下面是什么等无限制的问题。或许成人会觉得这些问题很愚蠢，但是从心理学意义上讲，儿童只是认为他所得到的意象都是零散的，需要补充。第三种方式是儿童回忆之前的经历，通过关联过去的记忆扩大当前意象的范围，将点滴的经验与事实结合就可以获得更丰富的意象。

在儿童四岁时，杜威观察发现，他们开始主动地增加对意象的要求，随着社会关系的不断扩展，他们已经有了将各式各样意象结合成复杂整体的趋势。儿童的目标不再是单纯的扩大或是传递某一个意象，而是将当前的意象与先前的经验联系起来，因此儿童需要用语言将它们进行解释，单词组成了语句，儿童的语言能力得到了快速提升。

六岁时，儿童的意象会发生较大的转变，杜威认为，儿童对创造某个物体或是探索某个未知事物开始表现出更大的兴趣。他说："在儿童的经验中表现出一个很有趣的分歧，他开始在某个结果或成果的基础上获得某种行为控制能力，而不是简单地追求即刻表达的兴趣。"①在玩捉迷藏时，儿童通常会表现出两种不同的行为：一种是儿童会根据预定的目标调节自身行为，选择藏身之处，伺机而动；另一种是儿童如果没有别人的引导就会毫无目的地乱跑。从这两种不同的行为可以看出，部分儿童已经可以根据目标来控制自己的身体，他们对获得游戏的胜利这种结果表现出极大兴趣。

七岁之后，孩子的意象比以前任何时候都更复杂和全面，他们的意象远远超过了他们的实际能力。大人会常常看到孩子夸下海口，想成为大将军，想成为大科学家，没有什么事情是他们不敢想或是想不到的。他们在头脑中幻想了很多伟大的计划，这些计划在大人眼中看起来是天方夜谭的。随着年龄的增长以及智力的发展，一部分儿童认识到意象与现实之间的巨大差距，他们会放弃自己的想象力，安心于做一个普通人，因此创造性会受到限制。另一部分活泼好动且创造力丰富的儿童，意象很少受到外界的干扰，最终成为极具创造力的人才。

总之，杜威认为，游戏时期儿童的意象以较快的速度发展，从单一走向

---

① [美] 约翰·杜威. 心理发展. // 杜威全集·中期著作第1卷 [M]. 刘时工，白玉国，译. 上海：华东师范大学出版社，2012：146.

多元，多个意象不断联合。儿童通过扩大的意象认识现实世界，不断吸收自然和社会知识，其社会实践能力和执行力逐渐增强。然而杜威也强调，唤起意象并不是最终的目的，最终的目的是通过"意象"这种表达方式，帮助儿童提高认知能力。因此儿童意象的扩展不仅可以丰富其想象力，还可以为儿童未来进入社会后的民主生活打下基础。

四、儿童游戏活动的发展

杜威认为，游戏是儿童参与社会生活的主要活动形式。儿童在与成人的交往过程中十分渴望参与社会生活，他们会有意识地模仿成人的学习和工作等社会活动。然而，这个时期儿童的能力还相当有限，无法完全掌控自己的行为，这就产生了儿童渴望参与社会活动与其身心发展不完善的矛盾，而游戏活动就是解决这一矛盾的主要方式。游戏活动也是教育一种重要途径，"杜威的游戏观强调了游戏的教育功能及游戏内容和游戏活动的社会性，重视将游戏、工作合一，引导儿童从做中学"[①]。他认为游戏是儿童最好的伙伴，应重视游戏在儿童教育中的作用，将游戏活动引入到学校的课程当中。

杜威在论述游戏时期儿童心理发展时主要围绕儿童的游戏活动展开，他批判性地吸收了福禄培尔和蒙台梭利关于儿童游戏的相关理论和实践，以此为基础丰富了自己的儿童心理学思想。杜威充分肯定了福禄培尔对儿童心理发展的贡献，即强调儿童的本能和经验，重视游戏、表演、唱歌和讲故事在儿童教育中的地位，同时也指出了福禄培尔思想中的不足之处，即儿童过于遵循特定的发展法则、缺乏与周围实际环境的互动、游戏和工作与儿童实际生活相脱离、游戏的材料和工具过于复杂等。杜威也扬弃了蒙台梭利关于幼儿游戏的思

① 刘彤.近代美国幼儿教育理论的形成与发展［J］.河北大学学报（哲学社会科学版），2001，26（4）：86.

想，倡导给予儿童在教室中的自由，但杜威认为蒙台梭利班级里的儿童虽然可以自由选择器材，却不能决定所要达到的目标，没有让儿童在智力发展上获得自由。杜威希望在做游戏时提供给儿童的器材也应该与儿童校外生活相接轨，实现游戏活动对应真实情景。

（一）游戏即生活，生活即游戏

杜威认为："幼儿生活中最主要的时间是消磨在游戏上的，不是从事他们从大一点的儿童那里学来的游戏活动，就是玩他们自己发明的游戏。这些发明的游戏通常也不外是对年长点人的活动的模仿。"[①]在杜威的芝加哥实验学校中，儿童在学校的生活与学习都以游戏的形式展开，将游戏作为儿童的主要作业，4至5岁儿童的每日活动如下：

9：00-9：30　　　　手工劳动；

9：30-10：00　　　唱歌和故事；

10：00-10：30　　　列队进行游戏，此时房间正在通风换气，一些
　　　　　　　　　　儿童上厕所；

10：40-11：15　　　午餐；

11：15-11：45　　　戏剧性游戏和节奏运动。

从中可以看出，杜威所设计的课程几乎都是以游戏的形式展开的，这些课程来源于儿童的实际生活，与儿童的生活经验紧密联系。杜威认为，游戏即生活，这个"生活"应该是儿童当下的生活、现实的生活，不是未来的遥远的生活。这里杜威表达了两层含义，首先，杜威反对"生活准备说"，他认为"生活准备说"会使儿童按照大人的意愿按部就班的从事工作，不仅无法体会到游戏的乐趣甚至还会成为社会的附庸。其次，杜威批判了福禄培尔和霍尔的儿童游戏思想，认为他们所设计的游戏活动忽略了儿童的社会属性，

---

①［美］约翰·杜威. 明日之学校. //学校与社会·明日之学校［M］. 赵祥麟，任钟印，吴志宏，译. 北京：人民教育出版社，2005：268.

体现出的仅仅是生物属性。杜威认为，儿童生活于社会之中，具有社会性，要充分尊重儿童的社会属性，让儿童在实际生活中自由地游戏，体验当下游戏带给他的乐趣。

（二）兴趣寓于活动过程

杜威通过观察发现，"游戏的兴趣完全存在于活动过程"这个命题可以在儿童的绘画中得以证实。这个时期，孩子的绘画完全忽略绘画对象的实际尺寸和比例，他们画一个物体并不是以物体原本的样子去构思，而是完全根据自己的兴趣，比如房子的墙往往是透明的，露出里面的床和椅子等家具。如果孩子对小鸟感兴趣，那么他可能把鸟儿画的比房子还大，对石头感兴趣就会把石头画的很大，如果让孩子建房子，他们就会尽可能建一所高的房子，如果是扮演士兵，就要尽可能地多排几个队列。因此杜威指出，儿童对游戏的兴趣存在于活动过程，教师只有通过引导儿童进行实际活动才能吸引他们的兴趣。

（三）游戏活动的价值与意义

杜威所说的"活动原则（principle of activity），即儿童在成长过程中通过自己的努力和实际经验发现真理，无论是技巧还是知识、社会情感还是精神感知。重要的不是我们为儿童做什么，而是我们如何帮助儿童自己发现，这适用于婴儿、学龄儿童、青少年"[①]。

游戏活动对儿童的身心发展具有深远影响，这种影响包括积极与消极两方面。首先，在积极方面，游戏活动可以锻炼儿童的操作能力和智力。"孩提时期适当的游戏有助于减少儿童的特殊化，为儿童提供实验的时间和机会，促进其智力发展和开发其动手能力。"[②]此外，参加游戏也可以让孩子手脑并用，勇于实践，在游戏中体验到不同的社会角色，提高自身的社会实践能力。

[①]［英］理查德·普林.约翰·杜威［M］.吴建，张韵菲，译.哈尔滨：黑龙江教育出版社，2016：112.

[②]［美］约翰·杜威.心理发展.//杜威全集·中期著作第1卷［M］.刘时工，白玉国，译.上海：华东师范大学出版社，2012：141.

其次，游戏可以促进儿童的感官生长，杜威认为儿童是一个不成熟的个体，需要进行感官训练，而所谓的感官训练就是身体要对肌肉或感官的要求准确地做出反应。儿童通过游戏训练感官，比如在学校中非常受儿童欢迎的投石子游戏：教师将儿童按年龄分成组，选定一棵大树，向这棵大树投石子。这个游戏需要儿童用眼睛确定距离和方向，用手臂掌握扔石头的力度和角度，体现了视觉与身体活动的协调。最后，游戏可以使儿童了解成人世界，学习社会经验，获得交往技能。杜威认为儿童有很高的模仿性和易暗示性，儿童通过游戏模仿成人所做的事情，通过游戏学习成人的生活经验。学校在游戏中可以让儿童扮演母亲的角色，让他们体验洗衣服、做饭、照顾孩子等日常琐碎的事情，在具体的情境中感悟母亲的辛苦与伟大。随着儿童年龄的增加，他们参加的游戏范围也在扩大，可以从家庭逐渐过渡到社会，儿童参与的活动扩大到木工、烹饪、洗衣等具体的活动，在这些游戏活动中儿童的社会经验不断丰富和扩展。另外，杜威也指出了游戏对儿童的负面影响，在模仿游戏中，儿童会模仿成人的种种行为，然而这些行为并不都是适合儿童的，他们能够学到成人的聪明智慧和担当，也会学到成人的鲁莽、傲慢和偏见。在模仿游戏时，如果儿童处于一个较差的环境中，他们极有可能因自身判断力不足而产生错误的认知，学习到成人坏的习惯和错误的思维方式，对未来的成长产生不良的影响。因此杜威倡导家长和教师要致力于为儿童创造良好的游戏环境，以身作则，对儿童起到榜样作用。

此外，杜威还阐述了游戏与工作的区别，他认为"在游戏中，过程和结果、正在做的事与将要完成的事之间没有有意识的区别，游戏本身有其存在的理由、目的，这一点正是游戏与劳动或工作的区别"①。游戏由活动组成，活动吸引孩子的兴趣，游戏迎合儿童的玩耍天性，而工作对于儿童代表着遥远的

---

① ［美］约翰·杜威.心理发展.//杜威全集·中期著作第1卷［M］.刘时工，白玉国，译.上海：华东师范大学出版社，2012：141.

抽象的目标。游戏与工作在某种程度上是相反的，游戏对成人来说是娱乐和消遣，但对儿童来说却吸引了他们全部的注意力，是一件很严肃的事情。对很多成年人是苦差事的事情，对于孩子来说就是充满快乐与魅力的游戏。[①]

第三节　童年期（7—13 岁）

根据杜威的划分，儿童童年期的时间跨度是从7岁到13岁。在这个时期儿童能够明确结果并为实现目标而采取行动，逐渐从对结果感兴趣到对掌握技巧和方法感兴趣，整体心智达到较高水平。正如杜威所说："这种能预见明确结果并为实现目的而引导活动过程的能力，标志着孩子从婴幼儿晚期进入儿童期。"[②]童年期又被杜威称之为技巧阶段或习俗阶段（conventional period），在学校教育系统中通常属于初等教育阶段。在这个时期，毫无秩序的玩耍变成了有秩序的竞赛，儿童必须按照制定的规则来管理自己的行为。此时段，儿童的态度开始变得更具现实性，表现为事前设置计划和事后承担责任，意味着这个时期可以进行有效的学校教育了。

一、儿童身心发展变化

"从7岁到12或13岁，是身体发展比较慢的一个时期。这一时期与以前的时期或以后的最初几年相比，男孩和女孩身高和体重增长都不太明显。代表

---

① ［美］约翰·杜威. 心理发展. //杜威全集·中期著作第1卷［M］. 刘时工，白玉国，译. 上海：华东师范大学出版社，2012：142.

② ［美］约翰·杜威. 成长的各阶段. //杜威全集·晚期著作第17卷［M］. 李宏昀，徐志宏，陈佳，译. 上海：华东师范大学出版社，2015：228.

生长比率的曲线，在这一时期下降得非常明显。"①杜威认识到，孩子外部身体生长速度减缓，相应的其内部心理生长的速度变快。在心理发展方面，发展的重心在于意象的构建和调整上，这些内部的发展会让儿童的心理活动更加精炼。在童年期早期，儿童的外在活动由大脑意象支配，儿童通过各种各样的活动释放能量，这些活动多数是非常不稳定、处于变化之中的。这个时期儿童会表现出躁动不安的状态，因此儿童养育的重点应该放在如何去疏导儿童不稳定的情绪上。到了童年期后期，随着儿童行为目的性的不断增强，养育的重点又应该转向如何正确引导儿童的行为达到预定的目标上。在身体发展方面，杜威提到，"值得注意的是，差不多在这个年龄（即从8岁到9岁半），良好的肌肉调整开始活动。生长是从中枢或躯干的肌肉协调到遥远的外围的肌肉协调——从根本的肌肉到附属的肌肉"②，主要器官逐渐发育成熟，肢体上的小的关节开始发展。从8岁开始，掌控儿童行为的中枢神经系统才真正成熟，之后儿童可以开始灵活地控制手或指头的活动，这个时段最适合进行写、画、手工、钢琴等练习。

二、从游戏到竞赛

杜威指出，虽然儿童的身心发展变化表现在很多方面，但最具标志性的改变是他们从游戏状态转向竞赛状态，这两种状态之间存在明显的心理差异。在游戏中，儿童的意象具有自发性，以自我为中心，一种想法连接着另一种想法，外在行为则需要遵循这些想法。而在竞赛中，儿童的行为必须符合秩序和规定，并以特定的顺序展开，个别儿童的活动必须要符合整体儿童的活动

---

① [美] 约翰·杜威. 心理发展. // 杜威全集·中期著作第1卷 [M]. 刘时工，白玉国，译. 上海：华东师范大学出版社，2012：149.

② [美] 约翰·杜威. 心理发展. // 杜威全集·中期著作第1卷 [M]. 刘时工，白玉国，译. 上海：华东师范大学出版社，2012：151.

规则。在杜威所举例的"捉迷藏""老鹰捉小鸡"等游戏中都能体现出这一特点：儿童必须有一个人蒙上眼睛数数字，其他人按照规定藏起来，只有游戏的参与者都遵守相同的秩序，游戏才能继续。在从自由的游戏状态转向有秩序的竞争状态过程中，儿童开始渴望获得做事的技巧，其创造本能得到释放，对手段与目的的关系也更为明确，儿童可以自主地设立目标并努力完成目标。

（一）尝试掌握技巧

杜威认为，虽然这个时期的儿童能够坚持不懈的朝向目标努力，但是他们却没有足够的运动能力去进行一些有特殊要求的活动，比如玩弹球、抽陀螺或跳绳，很少有儿童可以完美地掌握这些游戏。凭借他们现有的能力还无法在这些游戏中获得乐趣和体验，于是孩子的兴趣和注意力就愈发地集中，他们渴望通过掌握某些技巧来达到自己想要的目标。例如在比赛中，孩子会将赢得比赛的结果与掌握比赛的技巧看得同等重要。在儿童8岁之后，这种对获得技巧的渴望愈发强烈，他们会接触一些较为艰苦的工作，这些工作可以为儿童提供技巧的度量标准，检验他们是否真正掌握了技巧。

杜威强调，儿童成功完成某件事的必要条件就是拥有对技巧的兴趣和渴望。学校和教师应该教给儿童适用于各种事物的普遍技巧，但是也要注意不能将这种技巧过早地施加到儿童身上。他强调："过去学校的教学方法，一般都是教6岁大的儿童立刻获得和掌握这些技巧。就儿童的运动和智力发展而言，这不仅过早地教授给儿童，而且还超出了儿童天生的心理学关系。"[1]杜威认为，人们往往不是逐步唤起儿童所需要的判断力和读写算等技巧，突出表现为没有考虑到儿童的接受能力而直接将这些技巧教授给孩子。从儿童的角度来看，超出接受范围的技巧不符合其身心发展规律，导致这些技巧对于他们来说

---

[1] ［美］约翰·杜威. 心理发展. //杜威全集·中期著作第1卷［M］. 刘时工，白玉国，译. 上海：华东师范大学出版社，2012：151.

非常遥远且难以理解。一旦将过于抽象的技巧强行施加给儿童，他们的心理成长就会受到成人世界的干扰而无法正常发展。相反，如果教师将技巧以合适的方式传递给儿童，那么儿童就可以轻松地使用新的方法扩宽他的经验，达到预设的目的。

（二）彰显创造本能

当儿童开始以合适的方式学习做事的技巧后，他们的创造本能也开始彰显了。杜威在观察儿童做盒子的活动中发现，儿童对往盒子里放什么东西或如何制作谷物食品很感兴趣，远远胜过对阅读或者算数的兴趣。因此，儿童总是对各种游戏活动和一系列的动作很感兴趣，进而就会有兴趣把各种各样的材料制作成各种具体的形状和实物，符合自己的设想和希望。正是这些活动将孩子的兴趣与能量结合了起来，推动儿童创造本能的发展。但是在生物遗传和外界环境这两个因素哪一个对儿童创造本能的发展影响更大这个问题上，杜威没有给出确定的答案。他说："在这一特定时期……我们不知道有多少生长是源于心理学定义上的发展，有多少生长或多或少是归因于环境中的人为因素，至今还不能给出确定性的观点。"[1]

（三）关联目标与手段

"只有综合地理解目标与手段，才能理解杜威对教育概念的界定，明白教育乃更深层哲学意义上的'实践'。"[2]杜威指出，目标与手段的关联可以体现出儿童的心理发展状态。在这里，他所指的目标是儿童预设的并为之努力的方向，而手段则是指儿童解决问题的行为方式。杜威认为，在儿童六岁时手段和目标之间的联系就开始了，儿童会根据预设的目标去调整行为。他在观察儿童玩捉迷藏游戏时发现，一部分儿童会自己制订计划，思考如何行动才能最先达

---

①［美］约翰·杜威.心理发展.//杜威全集·中期著作第1卷［M］.刘时工，白玉国，译.上海：华东师范大学出版社，2012：152.

②［美］理查德·普林.约翰·杜威［M］.吴建，张韵菲，译.哈尔滨：黑龙江教育出版社，2016：42.

到目标；而一部分儿童不管别人是否在努力地寻找他，只要不被抓住，就会一直跑，说明在这个时期已经有相当一部分的孩子将手段与目的紧密地联系在一起。随后，杜威又指出游戏时期与童年期儿童对于手段与目的之间关系的理解的差别，"他的工作本质从心理学角度来说，就是手段和目的的分离，以及要素、步骤、和行为与某种自身存在的观念的分离"①。然而到了童年期，儿童会重新认识手段与目标的关系，他们的行为与自身的信念高度契合，换言之，儿童将手段与目标紧密结合。在进入童年期之后，随着年龄的增大，儿童会有意识的接触一些较为困难的任务，这些任务可以帮助他们选择合适的手段以达到目标，获得更多的技巧或技术。比如他们可以使用这些技巧来完成绘画，完成地理和科学作业，完成阅读任务，儿童所需要做的就是分析和选择所需的手段，并利用这些手段去完成目标。

三、儿童的心理特点

童年期是一个掌握技术、获得能力和技巧的时期，杜威认为在这个时期儿童心理发展遵循三个特点，即心理发展的顺序化、兴趣化和目标化。杜威通过对儿童的长期观察总结出这三个特点，也为其后来提出的儿童教育理念做铺垫。

（一）顺序化

儿童身心发展的过程是逐步的，不同时期儿童的心理特点不同。总体上呈现出由不成熟状态逐渐过渡到成熟状态的特点。如人们总是认为阅读要先于写作，只有阅读大量文章之后才能积累出素材。杜威反对当时学校的课程设置，认为初等教育阶段过早的强调智力，与孩子的心理发展进程不相符。杜威

---

① ［美］约翰·杜威. 心理发展. //杜威全集·中期著作第1卷 ［M］. 刘时工，白玉国，译. 上海：华东师范大学出版社，2012：159.

根据过往的经验认为，八九岁的孩子对科学方面的实验更感兴趣，但这种科学实验并不是提出假设—设计实验—验证假设的科学模式，而是按部就班的实施每个步骤。相对而言，儿童对历史和文学的兴趣则出现的晚一点，因为对人文学科的兴趣主要来源于想象，这对儿童的心理成熟度要求较高。

杜威认为应该"把单纯的技能获取推迟到这个阶段，一直到孩子自然地对获得技能感兴趣为止"①。在写作课上，杜威发现六七岁的儿童若有写作的欲望，他所感兴趣的对象其实只是写作本身而已，儿童只是渴望表达自己的想法，不会去顾虑写作的格式和质量。一旦把写作当作一项任务，写作就会遭到儿童的厌恶与反感。对算数的学习也是如此，9岁的孩子喜欢追问难度较大的求和运算，他们喜欢用困难的事情去测试自己，从中找到乐趣。而在绘画课上，杜威观察发现，七八岁的孩子在绘画时基本不会考虑现实与想象的关系。在画苹果时，他们画的不是放在眼前的苹果，而是他们心中的苹果，原因在于他们对苹果都有各自的理解，这个苹果可能是青色的也可能是红色的，甚至会是正方形的，如何绘画完全取决于儿童自身。而到了10岁之后，儿童的态度发生了转变，10岁之前的儿童只是对事情本身感兴趣，但10岁之后儿童开始对做事情的方式感兴趣了。

杜威认为，教师应该把握好童年期儿童的心理，利用儿童的心理发展顺序找到合适的教育方式。杜威在参观音乐学校后指出，人们过早地传授给儿童专业的技巧，他们一遍一遍地演奏五指练习和音阶，却没有深入接触音乐的内涵。儿童满怀艺术理想地进入了一所著名的艺术学校，但是教师却对学生提出了过于严苛的要求。在音乐学校中的前两年，学生要进行技巧训练，日复一日地练习枯燥的功课，到了第三年才被允许做一点创新，但这个时候学生的创造力已经被枯燥的练习覆盖。即使学生对音乐技巧已经很娴熟，但是他已经丧失

---

① [美] 约翰·杜威. 技巧阶段. //杜威全集·晚期著作第17卷 [M]. 李宏昀，徐志宏，陈佳，译. 上海：华东师范大学出版社，2015：243.

了对音乐的兴趣，他的乐感最终被扼杀。杜威强调，在合适的时间教授儿童合适的技巧和知识是非常重要的，违反了心理发展规律就会扼杀儿童的天赋。

（二）兴趣化

杜威论述了兴趣的概念，他以生长论为基础，揭示了兴趣与儿童发展也存在着相当密切的关系。兴趣意味着进一步的发展和进步，可以说它标志着儿童的发展和成长已经到了一个怎样状态的标志；兴趣同样也是自我与活动过程的统一，表现出了一致性和统一性；最后，兴趣也是一种有目的的经验性活动，使得兴趣具有一定的动力性和情感性。在杜威看来，兴趣来源于两方面：一方面，"兴趣源于年轻人的本能冲动，也是其作为人赖以成长的基础……这些冲动引发兴趣，心灵开始进行探索行动，由此进一步产生行动、对话、探索、制造与情感表达"①。另一方面，兴趣来源于经验，在经验的基础之上获得发展，儿童站在实际生活经验之上才能获得对事物的兴趣。虽然童年期的孩子已经有能力去分析事物，但他们缺乏足够的经验以保证他们顺利完成目标，因此自身经验的提升成为该时期儿童的重要发展任务。正如杜威所说的那样："强健的、成长中的男孩和女孩不会对增长力量之外的事情更感兴趣：他们会厌烦。"②为了让儿童的经验得到不断的增长，他倡导教师应该将儿童的兴趣与他们的经验结合起来，在遇到困难的时候让儿童尝试着独立解决，无论是否完成任务，只要在解决问题事物过程中积累了经验就应该给予肯定。

（三）目标化

前文已提及目标对于童年期儿童的重要意义，在这个问题上，杜威有如下表述："对技术的引用必须源于一定的目标，而这些目标又要来自儿童自己的实际经验，那些对他们来说就像是渴望已久的目标一样，如同动机之于努

---

① ［英］理查德·普林. 约翰·杜威［M］. 吴建，张韵菲，译. 哈尔滨：黑龙江教育出版社，2016：95.

② ［美］约翰·杜威. 技巧阶段. //杜威全集·晚期著作第17卷［M］. 李宏昀，徐志宏，陈佳，译. 上海：华东师范大学出版社，2015：248.

力。"①对儿童来说，他们需要树立目标来获得足够的动力和能量去实践。杜威指出，目标化就是儿童能够预见并认为这个目标是自己的目标，拥有对目标的归属感。而且，儿童需要有来自内心的非常强烈的动机去达成这些目标。基于此，杜威呼吁成年人应鼓励处于童年期的儿童朝着视野内的目标前进，将树立目标放在首要位置，将获得技巧放在次要位置。

四、儿童期的教育

在杜威生活的年代，美国率先发起了"儿童研究运动"，杜威也积极参与其中。这场运动为杜威教育理论提供了更为丰满的儿童观基础，"没有杜威对儿童研究运动的深度参与，就不可能有杜威那种将儿童视为"教育的太阳"的教育学"②。杜威后来所提出的"教育即生长"等重要命题，无不是在其儿童心理发展的理论基础上产生的。在对童年期的儿童心理发展特点进行总结论述后，杜威承认儿童需要学习一些基础知识，但他始终认为发展对儿童有价值的目的和感受要比纯粹知识更重要。在杜威看来，童年期的教育应以兴趣为本、以方法为源，并强调"做中学"。

（一）以兴趣为本

"杜威强烈赞成引导年轻人的兴趣，使之成为丰富的学习资源。不是每个兴趣都能发展为有益的教育经验。如果引导得当，孩子们的兴趣应该通向更宽广的社会观，更能洞见人类的境况，明了于其生活、工作的社会与经济状况。"③从中可以看出，杜威无时无刻不在强调儿童兴趣的重要性。他指出，

---

① ［美］约翰·杜威. 第五组和第六组的总介绍. //杜威全集·中期著作第1卷［M］. 刘时工，白玉国，译. 上海：华东师范大学出版社，2012：161.

② 蒋雅俊. 杜威儿童与课程研究［M］. 福州：福建人民出版社，2017：4.

③ ［英］理查德·普林. 约翰·杜威［M］. 吴建，张韵菲，译. 哈尔滨：黑龙江教育出版社，2016：103.

儿童的心理活动相当丰富，他们拥有充沛的精力，但是这些精力需要合理的利用，需要与兴趣相结合。在参观芝加哥音乐学校时，杜威发现教师往往在前几节课让学生自由地欣赏各种类型的古典音乐，让他们尝试不同的主旋律，学生对古典音乐的兴趣渐浓。随后，学生需要学习最初级的技巧才能在钢琴上弹一小段曲调。枯燥的音乐技巧课只是作为附加课程，在学生真正对音乐产生兴趣之后，才开始正式教授技巧。学生不再抗拒枯燥乏味的授课，而是对训练逐渐产生了兴趣，这些兴趣促使他们更快地学会钢琴，在技能和技巧上快速进步。杜威又旁听了一节绘画课，在绘画课中，教师布置的绘画作业都是由线条构成的，只存在直线和曲线，可以通过直线和曲线的恰当组合画出任何形状。教师让学生先画点，然后用直线连起来这些点，形成横线和竖线，再把横线和竖线连起来就是十字，接下来再做一些曲线。杜威认为，先教孩子们画直线和曲线，再教他们如何作图，符合先易后难的原则。但是从心理学角度讲，很少有孩子对画单调的直线和曲线感兴趣，他们也许在第一阶段就丧失了兴趣。所以杜威指出："要从孩子所在的地方开始，让他描述他心中拥有的故事。"[①]如果一开始就让儿童长时间做粗糙的图画，他们会因任务过于简单而失去兴趣，逐渐产生厌烦情绪，应沿着儿童的兴趣线索传授技巧，以儿童感兴趣的内容为本，教授内容不宜过难也不宜过易。在如何保持儿童兴趣的问题上，杜威希望将儿童的教育问题转换成心理问题，从儿童有兴趣表达某个观点开始，然后再传授技巧。然而，"杜威兴趣观的生长视角表明，兴趣不是教出来的，而是从个体丰富的生长潜能中自然涌现、并在与事物的关系中显现出来的"[②]。因此在杜威看来，教师应引导儿童重新认识其潜能，提高个体对自身潜能发展的自信，当营造出期待和信任的氛围时，自然会让儿童的兴趣得到茁壮成长。

---

① ［美］约翰·杜威. 成长的各阶段. //杜威全集·晚期著作第17卷［M］. 李宏昀，徐志宏，陈佳，译. 上海：华东师范大学出版社，2015：228.

② 樊杰，兰亚果. 杜威基于关系与生长视角的兴趣与教育理论［J］. 全球教育展望，2018，47（5）：50.

（二）以方法为源

杜威在讨论知识重要还是获取知识的方法更重要时指出："在科学的发展中，我们已经逐渐把重心越来越多地放到方法上，越来越少的放在事实本身上，科学工作者通常不期望在心中装下全体事实，但是他们确实期望装下某些发现事实的方法。"①杜威认为，从科学发展史的角度来看，方法显然比知识本身更重要。他进而指出，童年期的儿童也对做事情的一般方法感兴趣，他们发现，当掌握方法后做任何事情都会相对容易。然而成年人却只希望孩子做会走路的"百科全书"，可能连成年人自己都无法记住的知识却要求儿童去识记。一些学校工作者甚至认为，儿童必须在学校里学会其一生中要知道的所有东西。杜威严厉地批判了这种观点，指出其忽视了教授方法的重要性，强调要把重心放在培养孩子做事的方法上面。他说："盎格鲁—撒克逊文明优越的原因是：学会了获得方法，从而能在想要的时候获得特定的结果。"②因此杜威强调应教授儿童如何去主动探索知识，如何去动手解决问题。他建议在编写教材时，减少书里固定的已被人研究透彻的问题，增加儿童主动探索并寻求方法的内容。

（三）强调"做中学"

杜威从儿童期孩子的身心发展特点出发，以儿童的经验和本能为基础，提出"做中学"的教学思路。杜威所强调的"做中学"是以集体教学与社会交往的活动教学为教学组织形式，即儿童通过活动学习，以活动经验作为掌握教材知识的前提，做与学相互融合，做产生学，做促使学。比如在学校开设土工、缝纫、种植、烹饪和建筑等活动课程。儿童的主动性学习活动取代了现实中传统教师的角色，通过日常的社交活动和实际生活发展各种技能，这种形式不仅遵从儿童本能发展的需要，还可以帮助儿童顺利完成社会化。杜威所提及

---

① ［美］约翰·杜威. 技巧阶段. //杜威全集·晚期著作第17卷［M］. 李宏昀，徐志宏，陈佳，译.上海：华东师范大学出版社，2015：249.

② ［美］约翰·杜威. 技巧阶段. //杜威全集·晚期著作第17卷［M］. 李宏昀，徐志宏，陈佳，译.上海：华东师范大学出版社，2015：250.

的"本能"指的是作为心理发展根源的四种本能，即语言和社交的本能、制作或建造的本能、探究的本能和表现或艺术的本能。杜威所设想的"做中学"就是要让儿童在自由舒适的环境中追求四种本能的充分生长。活动是基本的教学方法，"做中学"的基本课程都是以儿童需求为中心，充分发挥他们的兴趣。除此之外还要教授儿童学会批判的看问题，培养其解决实际问题的能力，同时通过做事学会做人，培养其担当与团结合作精神。

第四节　青年期（13—24岁）

根据杜威的划分，第四个阶段是青年期，从13岁至24岁。在这个时期青少年的基本生活特征最终形成，其世界观和价值观逐步完成建构，开始表现出较强的精神个性。杜威又将青年期划分为思春期（13—18岁）和建构框架期（18—24岁），思春期的主要特点就是通过性因素建立更为庞大社会关系网络，"从各个角度——心理、道德和身体——来说，我们都有一个快速生长的时期。使它与其他快速生长时期不同的是这一事实，即从根本上说，这是一个重建和改造的时期"[1]；而建构框架期的主要特点就是青少年不断建构终身习惯和生活关系，这个时期他们开始逐步接触职业，并且形成了较为稳固的人生观、世界观。

一、青少年的心理特征

杜威认为，青年期时间跨度大，心理变化最为明显，随着青少年身体迅

---

① ［美］约翰·杜威. 心理发展. //杜威全集·中期著作第1卷［M］. 刘时工，白玉国，译. 上海：华东师范大学出版社，2012：153.

速发展，他们的情感世界也变得丰富多彩。在此时期他们形成了全新的自我意识，对大局观的把控也变得出色，能够观察到事物的细节，个人兴趣由关注自身转向更为广泛的社会关系，个体心理逐渐走向成熟。

（一）自我意识的更新

杜威认为，青年期是个人兴趣和思想不断拓展的时期，个体不断开阔视野，青少年会根据自己的意志选择行为方式。个体可以完全依靠自己，培养衡量自身、评估自身的能力，在这个时期他们对社会基本关系有一个全新的认识，并用全新的观点来思考自己，形成了全新的自我意识。这个崭新的意识来源于青少年对自身经验和习惯的不断修复，并让自己适应当前的社会。杜威指出，得益于身心的发展变化，青少年可以以一种全新的角度感知不断扩大的世界，青少年拥有了全新的自我意识。

（二）个人兴趣的转变

在青年初期，虽然青少年已经对事物有了一定的认识，但这种认识是非常肤浅和狭隘的，通常以自己感兴趣的事物为中心。然而随着年龄的增长，青少年开始对这个世界有了全新的认识。杜威说："个人兴趣的重心从个体转变到种族，或者，如果重心还在个体，也是在作为种族成员的个体身上……整理并认识到这个较大的客观世界，是有必要的。它是维系个体，并使其联系、参与到世界中的纽带。"[①]杜威强调了进入青年期后外界社会对青少年身心发展影响的增强，在这个成年人的世界里，青少年逐渐知道个体只是一个因素，只是组成这个社会渺小的一份子。他们对身边的社会关系愈发的重视，个体认识到自身需要参与客观世界，需要找到组织，于是逐渐从个体走向世界。

---

①［美］约翰·杜威. 心理发展. //杜威全集·中期著作第1卷［M］. 刘时工，白玉国，译. 上海：华东师范大学出版社，2012：153.

二、青少年世界观的重构

杜威指出，青少年可以感知并观察到不断拓展的世界，他们需要去适应这个崭新的世界。随之而来的就是青少年社交能力的迅速发展，对事物普遍原则认识的深化，其思维方式逐渐走向理性，在这个过程中青少年的世界观得到了重构。

（一）社交与情感的发展

青少年的心理、道德和身体在该时期都得到了快速发展，他们开始对事物的普遍原理感兴趣，并热衷于探索一些更为宽泛的关系。青少年在社会交往中感觉到自己属于更大的世界，他们渴望与他人交流，与他人建立关系，融入大众社会。他们对自己在这个世界上所处的位置及自己的意义感兴趣，倾向于超越自身原有的经验，逃离个体的束缚，在人类世界中发现自身的价值。

（二）对普遍原则的认识

杜威在《心理发展》一文中提道："青少年首先对立刻吸引他的性质或性能感兴趣，对漂亮的、惹人注意的特征感兴趣。"①这种兴趣可能会与植物、动物或矿物有关。如果一个少年对石头感兴趣，他就喜欢拿着石头、敲打石头，刮石头；如果对采花感兴趣，他就会对与花有关的事物都感兴趣。不仅如此，少年还会对各式各样的衍生于石头、植物和动物的物体感兴趣。他们会喜欢用这些物件做事情，如播种、浇水，养育照顾他的宠物、尝试用石头建造物体等。杜威总结道，一旦青少年可以观察到过程与结果的关系，他们就会明白只有树立目标并遵守秩序才能达成既定的目的。他们感受到了事物秩序的重要性，明白了植物与动物都有自身的生长方式。例如，在学习植物的生长过程中，孩子们明白了植物必须从土壤和空气中获得食物原料以及营养物质。他们通过对植物器官的仔细观

---

① ［美］约翰·杜威.心理发展.//杜威全集·中期著作第1卷［M］.刘时工，白玉国，译.上海：华东师范大学出版社，2012：154.

察，了解到植物的特定部位，从而掌握整个植物的生长规律。对万事万物表面下的普遍原则的追寻成为青少年日常生活中的重要组成部分。

（三）观察视角的细微

杜威通过观察青少年的行为发现，在青年期之前他们都以自我为中心，不会去关注每一个行为的细节，他们认为这些细节无关紧要，只是属于日常行为的一部分。然而，随着青少年思维能力的进步，"当思维有能力接触或掌握一个新的原则时，细节就有了新的意义——它们作为事实，在一般法规的案例中、在例子中、在样本中或者在例证中展现自己"[①]。在如何寻找事物背后的普遍原理问题上，杜威指出青少年必须要在大量的事实积累中，通过寻找事物的细节才能较为准确的找出普遍原则。青少年对细节的把控越详细，他们掌握事物的原则就越准确和生动。这就将青少年对普遍原理的兴趣与细节的兴趣联系到一起了，青少年只有先对细节感兴趣，才能在此基础上对普遍原理感兴趣。杜威举了学生学习数学的例子，青少年在接触数学时，首先需要学习加减乘除等基本运算，等到对细节的把握较为准确时，再进行四则混合运算能力的培养，最终才能掌握更为普遍的运算原则。

（四）个体认识走向理性

杜威指出："真理以其自身为内在的、独立的目的。"[②]在青春期以前，孩子自发的批判意识相对单薄，在遇到困惑不解时也不会去质疑和调查。在遇到困难时，他们通常会用自己的经验来处理，通过诉诸权威来解决，他们不会去思考问题是否从根源上得到解决。然而随着年龄的增长，青少年意识到他们需要通过探索才能接触真理，此时他们已不再满足于杂乱或偶然的经验，理性占据了他们的思维。

---

①［美］约翰·杜威. 心理发展. //杜威全集·中期著作第1卷［M］. 刘时工，白玉国，译. 上海：华东师范大学出版社，2012：154.

②［美］约翰·杜威. 心理发展. //杜威全集·中期著作第1卷［M］. 刘时工，白玉国，译. 上海：华东师范大学出版社，2012：155.

三、青少年的教育

杜威一直致力于将其心理学思想与教育理念相结合，迎接青少年心理发展的迅速变化所带来的巨大挑战，杜威认为，如何引导青少年接受其社会角色成为主要的教育目的。他指出应培养学生的开放性精神，促进其自我意识的更新，同时也要培养青少年的社会责任感，为进入社会做好准备。除教育目的之外，在具体的教育实施上，杜威提出应将课程和教材全部心理学化，课程的设置与教材的编订都应符合学生的身心发展规律，与其已有的经验相联结。最后杜威也总结道："最好的学校教育应该是，让学生从生活本身学习，创造生活条件，使得所有人都能在生活过程中得以学习。"①

（一）培养个体开放性精神

杜威认为，学生在青年期的智力缺陷不仅在于缺乏可塑性，还在于缺乏直面新理念的能力，即缺乏用新眼光看待事物的能力。这一切都表明，这个时期青少年无法很好地应对惯性思想之外的事物。杜威进一步指出，中等教育阶段的学生在生理发育的同时，也会产生全新的自我意识。简言之，这个时期的学生开始自我探索、自我反思，探寻个人与社会的关系。因此杜威指出，青年期的教育目的之一就是要培养学生的开放性精神，鼓励学生进行自我创新、自我引导。在杜威看来，开放性精神指的是一种精神规则，即尊重真理、尊重他人、摆脱自负思想的态度。他希望通过培育开放性精神来训练学生的意志，促进其品格的养成，让学生在日常生活中有高尚的目的并愉快地接纳自我发展的机会。

（二）培养个体社会责任感

杜威提出，童年期的学生缺乏社会责任感，但在青少年13岁之后，他们逐渐从关注个体成长过渡到关注个体与社会的关系。杜威认为这种由个性向社

---

① John Dewey. Democracy and Education. New York：The Free Press，1916：50.

会的转向在教育界中具有普遍性,"他明确指出学校具有并且必须具有某种社会导向,学校应将男女青年培养成社会共同体的一员,建立起与其他社会成员联系的纽带并承担起为社会共同体生活做出贡献的责任"①。首先,杜威认为学校教育应该包含培养公民政治能力的内容,帮助学生树立责任意识,明确权利与义务的关系。只有培养了学生作为公民的政治能力,才能让他们发展出一种对于政治问题的判断力。其次,杜威认为,应从高中开始培养学生在产业和经济上的自立能力。杜威所强调的不仅仅是狭义的职业教育,他希望培养的是学生对价值观念的辨别能力。再次,杜威认为学校教育应培养公民正确利用闲暇时间的能力,杜威主要从道德角度讨论青少年的娱乐和消遣问题,"他指出学校应发展学生的个性使他们可以自愿的选择高级形式的娱乐,并可以合理利用整个社会的自由或闲暇"②。最后,杜威指出,学校教育应培养青少年的社会辨别能力,抵制外部社会环境施加给他们无意识的偏见,为未来的社会导向提供正确的支持。

(三)课程的心理学化

杜威的课程观随其心理学思想的演变而不断更新发展,其有关课程的思想与学生的心理发展密切相关,体现出不断心理学化的趋向。在青年期学生的教育问题上,他从关注如何设置课程转变为关注如何实施课程上。杜威针对当时美国教育界中存在的课程分裂和浪费的现象,提出应将课程紧密结合起来,强调课程体系的融合。杜威尤其强调了高中作为中介阶段在课程体系之中耦合衔接的重要性,高中除了升学以外还承担着培养社会有用人才的任务。如果高中的课程无法培养合格的人才,无法提供出众的吸引力,那么大学就面临着严峻的挑战。因此杜威指出,应加强课程之间的交流,将中等教育的课程作为初等教育与高等教育的衔接段。

---

① 崔佳.杜威心理学思想演变研究 [D].河北大学,2019.
② 崔佳.杜威心理学思想演变研究 [D].河北大学,2019.

从青少年的心理发展角度出发，杜威进一步指出，青年期的学生开始承担起更为多样化的社会责任，这促使教育者要从整体的角度看待个体与社会的关系。体现在课程上，杜威强调了文化多元化与社会秩序的变化对青少年心理发展的影响，主张以社会秩序为中心进行课程设置。在杜威看来，以社会为中心的课程模式可以锻炼学生的社会问题意识，以社会问题为线索，引导学生主动地探索和寻求真理，这个过程同时也是青少年自我建构的过程。杜威指出，自我建构的核心就是探究和交流的自由，培养其开放性精神，这与杜威关于青年期的教育目的殊途同归，都是杜威教育思想一脉相承下来的精华，都体现出了杜威课程论思想的心理学化取向。

（四）教材的心理学化

在阐述课程心理学化的同时，杜威也讨论了有关教材的问题。他认为从经验或心理的角度上讲，教材对科学家和教师有着不同的意义。对科学家来说，教材就代表着一定的真理，代表着学科之内的事实、原理、规律；而对于教师来说，他"所考虑的不限于教材本身所涉及的学科知识而是把教材作为经验发展过程中的一环，作为儿童生长经验的相关因素来考量，而当教师这样做的时候，他就是在将教材心理学化了"[1]。杜威指出，如果为学生提供的教材和科学家使用的教材一样，那么就会导致知识与学生现有经验的断裂，教材就会成为"学生当下生活的代替品或外部的附加物"[2]。他详细论述了外部提供教材的三大弊病：首先，他认为外部教材与学生已经看到的、感觉到的和爱好的东西缺乏任何有机的联系，致使教材成为单纯的形式和符号，扼杀了学生的学习兴趣；其次，杜威也认为外部教材会造成学生学习动机的缺乏，学生被动地接受教育，原本富有趣味的教育则变成了外界的压力，强加在学生身上，

---

[1] 蒋雅俊.杜威儿童与课程研究［M］.福州：福建人民出版社，2017：37.

[2] John Dewey. The Child and the Curriculum. Mansfield Centre, CT: Martino Publishing, 2011: 31.

教学也不可避免地带有机械和死板的弊病；最后，杜威进一步指出，外部教材无法引导学生完成预期的目标，他说："即便是用最合逻辑的形式组织安排的最科学的材料，当它从外部用现成的形式呈现给儿童的时候，就失去了这种特质。"①学生的心理发展水平并没有达到与教材相适应的程度，教材所设想的目标永远无法实现。

在分析了外部提供教材的弊病之后，杜威明确指出唯一的解决办法就是教材必须心理学化，必须在青少年生活的范围内接受它、发展它。在他看来，心理学化后的教材以学生的心理发展为依据，属于学生心理连续发展过程的一个环节。心理学化的教材产生于学生的已有经验，教材的内容与学生的心理建立了内部的联系，即心理学化教材来源于学生的生活，又帮助学生加深对生活的理解，符合学生的生长需要和心理特点，有助于学生的未来发展。

从发展的角度看，杜威认为24岁之后的青少年实际上已经进入成人阶段，青年期是青少年进入社会生活的关键环节。青年期青少年的身心发展速度较为迅速，他们表现出了新的心理特点，并在此基础上试图建立崭新的人生观、世界观。因此，青少年的身心发展更需人们的重视，尤其不能忽视其心理发展的持续性，防止因转型跨度较大而对青少年产生冲击。

本章结语

杜威对于儿童心理发展的研究大约持续了四十余年，散见于各种论文、期刊、专著和书评中，并没有系统、专门的论述。归纳起来，可以将杜威研究儿童心理发展的历程划分为"早期（1894—1898）""中期（1899—

---

① John Dewey. The Childand the Curriculum. Mansfield Centre，CT：Martino Publishing，2011：33.

1916）""晚期（1931—1937）"三个阶段。

早期从1894年至1898年。在这个时期，杜威有关儿童心理发展的研究成果呈现不断增加的态势，这主要得益于他在芝加哥实验学校的教育实验，同时，1894年至1898年的五年间也是杜威作品的高产期。他对儿童心理学发展的研究主要建立生理心理学之上，希望从生理学和心理学出发得出儿童心理发展的一般性结论。这个时期杜威有关儿童心理学发展的研究大都呈现于教育学、心理学、形而上学、认识论、宗教和伦理学作品中，侧重对儿童各种心理现象的探索，并没有系统的阐述。

1894年，杜威在《心理学评论》第一卷上发表了《婴儿语言的心理学》一文，他将20个孩子使用的单词词性进行了百分比统计，发现名词占60%，动词占20%，最低的连词只占0.3%，他认为名词和形容词不同的比率，代表着某种不同的心理状态，试图通过探讨儿童使用单词的词性来了解儿童相应的心理状态和需要。

1895年，《应用于教育的儿童研究结论》一文首次发表于伊利诺伊州儿童研究协会的《报告书》第一卷，杜威总结了三项儿童心理发展的原则：感觉与肌肉活动相互连接；器官协调总是不断完善，由粗糙走向精确；好奇、兴趣与注意是儿童心理发展必然的产物。杜威希望将这些原则应用于教育中，"儿童研究结论应用于教育，将避免根本性的错误"[1]。

在1896年发表于《幼儿园杂志》第九卷的《想象力与表达》一文中，杜威论述了儿童想象力与表达的关系，指出想象力只存在于表达之中，而表达可以更好地激发想象力。同年杜威在《科学》杂志第4卷上发表了对詹姆斯·苏立所著《儿童期研究》的书评，文中肯定了作者立足于对儿童童年期的大量观察，资料丰富，对儿童童年期的显著特点描绘清晰。杜威认为《儿童期研究》

---

[1]［美］约翰·杜威.应用于教育的儿童研究结论.//杜威全集·早期著作第5卷［M］.杨小微，罗德红，等译.上海：华东师范大学出版社，2010：156.

的不足之处是将儿童世界等同于成人世界，将成人意识强压于儿童的想象世界，杜威犀利地指出，作者只是在旧的标题下对儿童心理研究进行新的分类，并未带来新的研究视角。

《对当代儿童研究的明智和非明智的批评》一文于1897年发表于《美国教育协会的演讲和科研论文集》，杜威理性分析了学界对儿童研究的批评，指出批评来源于两方面：一是心理学视角下的儿童研究与教育视角下的儿童研究没有明确界限；二是儿童研究与其他相关科学存在隔阂，成为一门孤立的科学。他希望将儿童研究归结到生理学领域，并继而对教育者起到指导教学的作用。

1897年，杜威在伊利诺伊州儿童研究协会《报告书》中首次发表了《对儿童研究的解释》一文，他详细阐述了儿童生活中的兴趣，认为兴趣有三大来源：政治兴趣、审美兴趣和科学兴趣。政治兴趣是儿童注意力指向具有政治基础的事物；审美兴趣是儿童对理想化世界的向往；科学兴趣来自科技的进步，是儿童对万物生长的普遍兴趣状态。三者相辅相成、相互独立、相互依赖。

中期从1899年至1916年。这个时期，杜威较为集中地阐释了儿童心理发展的思想，其儿童心理学发展思想全貌基本呈现，特别是将儿童心理发展的原则和理念与学校教育密切结合。但本时期杜威研究的重点有所变化，逻辑学和社会哲学方面的思想逐渐深化，发展心理学和生理心理学则逐渐淡出杜威的主要研究范围。究其原因可能是杜威原本希望通过研究儿童心理发展来指导芝加哥实验学校的教育工作，因而1904年他离开芝加哥大学后，关于儿童心理发展研究的论文就逐渐减少了。

1899年4月杜威在芝加哥大学实验学校举办了三次系列讲座，在此基础上出版了《学校与社会》一书。其中在"学校与儿童生活"一章中，他明确提出学校教育要以儿童为中心，应依据儿童的心理发展规律合理地安排课程与教材。他在此处将儿童的冲动与本能划分成四种：社会本能、制作的本能、探究的本能和艺术的本能。在"初等教育心理学"一章中，他指出需要重视社会环境对儿童成长的作用；在"注意力的发展"一文中，他认为七岁之前的儿童需要新的经验，他们主要是通过游戏活动来获得全新的经验。

1899年发表于《伊利诺伊儿童研究协会会报》的《心理发展的原则——以婴儿早期为例》一文是杜威儿童心理发展思想的代表作之一，该文集中论述了婴儿早期的身心发展，明确提出地将儿童心理发展划分成四个阶段，即婴儿早期、游戏时期、童年期和青年期。文中还对那些盲目追随普莱尔的研究者提出了批评，反对将所有的行为归结于身体的发展，而忽略情绪和智力的发展。同时杜威也质疑了当时流行的儿童心理研究，他认为当下的儿童研究无法将心理学与教育学结合起来，导致儿童研究的成果没有应用于教育实践。杜威反复强调应该将儿童心理发展研究的成果与教育结合起来，让家长和教师都可以采用正确的方式引导儿童的发展。

1899年，杜威还在《幼教杂志》第二期发表了《与早期教育有关的游戏和想象力》一文，探讨了游戏和想象力对儿童心理发展的作用，认为想象力可以提高儿童的观察能力，开拓其兴趣。

1901年3月25日，受杨百翰学院代理主席乔治·布林霍尔（George H.Brimhall）的邀请，杜威到杨百翰暑期学校作一系列演讲，主题是教育学和心理学。本次演讲论文被汇总为一本241页的小册子，题为《在杨百翰学院作的教育学讲座》，首次发表于犹他州普罗沃市发行的《白与蓝》。在《白与蓝》第六期《成长的各阶段》一文中，杜威重点论述了婴儿早期和游戏时期儿童心理发展的特点。杜威认为婴儿早期的发展特点就是器官的协调，通过练习控制自身的身体，而游戏阶段最根本的成长标志是大脑的发育，即想象力的发展。该篇演讲论文成为研究杜威儿童心理发展思想的又一重要文献。

在1903年出版的《儿童发展心理学》一书中，杜威代为撰写了序言，序言提到"儿童"不是一个独特的种类，而是属于人类发展的一个阶段，儿童心理研究的重要价值就在于以发展的眼光去阐明儿童心理的进程和功能。

杜威于1913在大学教师校友会上作了名为《幼儿的推理》的演讲报告，

该报告首次发表于《大学教师记事》第15期。杜威在报告中专门论述了儿童的推理，指出儿童的逻辑推理能力与青年人、成年人的区别主要源于两种原因：一是儿童与成人所参与的活动不同，成人的活动明显比儿童复杂；二是儿童比成年人有更多的新观念，对事物的接受能力和感受能力更强。

在《作为自然生长教育的实验》一文中，杜威了强调手工课程的价值。他说："幼儿身体的发育如果要达到健康与效率的最高标准，必须学习用越来越多的技巧来协调肌肉的运动。"[①]儿童制作作品的过程就是他们的手脑、器官不断协调进步的过程。

杜威在《教育作为成长》一文中指出成长的根本条件是"不成熟"（immaturity），不成熟指向一种肯定性的力量或能力。"不成熟"状态的两个基本特点是依赖性和可塑性，也正是儿童具有这两个特点，让他们获得了适应自然条件进而接受教育的能力。杜威说："成长的力量取决于对他人的需求和自身的可塑性，而这两个条件在孩童时期和青少年时期都抵达了顶峰。"[②]儿童从经验中习得习惯，这些习惯不断调整以适应周围新环境。

晚期从1931年至1937年。这个时期杜威的成果集中反映了"大萧条"对美国造成的一系列政治、经济和社会危机，他所关注的重点是美国民众福利问题、国际和平问题。虽然这一时期杜威关于心理学的论文和著作极少，但在儿童心理发展方面仍有相关论述，他希望学校教育可以为儿童创造良好的条件以适应新的社会环境。

杜威在1932年发表于《纽约时报》的《描绘儿童的新世界》一文中，描绘了一个随着时代的变迁而不断变化的儿童世界，而儿童世界的到来基于两个背景：一是现实的社会关系日渐复杂，单纯依靠家庭的力量无法确保儿童的健

---

①［美］约翰·杜威.作为自然生长教育的实验.//杜威全集·中期著作第8卷［M］.何克勇，译.上海：华东师范大学出版社，2012：185.

②［美］约翰·杜威.教育作为生长.//杜威全集·中期著作第9卷［M］.俞吾金，孔慧，译.上海：华东师范大学出版社，2012：47.

康成长；二是科学技术的进步以及知识的爆炸性发展让社会拥有了更多的科学资源。面对这种变化，无论是处于何种阶级的孩子，他们曾经得到的良好保护都会逐渐失效。杜威认为，解决这个问题不仅需要充分利用可支配的科技资源来满足下一代的需要，更重要的是父母和家长对孩子的爱，这种爱让孩子得以更公平、更充实地生活和学习。

1934年在女儿的陪同下，杜威参加了南非教育会议，成为受邀发言的25位海外学者之一。他在会议上发表了三篇演讲：《需要一种教育哲学》《什么是学习》《在活动中成长》。其中《在活动中成长》一文于1937年首次发表于《变化社会中的教育适应》。文中杜威将儿童的自然发展分成了三个阶段，即不顾及结果的活动阶段、通过结果来控制活动阶段、使用符号阶段。杜威指出："各个阶段在程度和侧重点上有所不同，每个阶段占主导地位的东西有所不同。"[①]在不顾及结果的活动阶段，儿童为了活动本身而专心投入活动中，就可以顺其自然的获得结果；在通过结果控制的活动阶段，儿童在玩耍中增加了主观目的，杜威说，"当他开始有结果感或目标感的时候，他就达到了'第二个阶段'"[②]；在符号的使用阶段，符号的使用代表着儿童的智力发展已达到一定高度，符号始于儿童尝试说话，年龄越大符号产生的作用越大，在这个阶段儿童心理发展的差异性越发显著，杜威提倡应在学校教育中设置不同的课程以满足不同学生的需求。

1935年，杜威在《成长：琼尼和吉米研究》（ *Growth：A Study of Jonny and Jimmy* ）一书的序言中归纳了五项儿童心理发展的原则：第一，不存在均一或是同质的年龄段，如从身体协调的角度看婴儿与病危的老人并没有什么不同；第二，在特定时期某个行为会占据主导地位，成为儿童身心发展的领跑

---

① ［美］约翰·杜威. 在活动中成长. //杜威全集·晚期著作第11卷［M］. 朱志方，熊文娴，潘磊，喻郭飞，李楠，译. 上海：华东师范大学出版社，2015：188.

② ［美］约翰·杜威. 在活动中成长. //杜威全集·晚期著作第11卷［M］. 朱志方，熊文娴，潘磊，喻郭飞，李楠，译. 上海：华东师范大学出版社，2015：189.

者；第三，占据主导地位的行为在开始阶段因为不熟练的缘故，容易出现动作夸张过度的情况；第四，当占据主导地位的行为逐渐熟练时会有一个干扰期，已到达成熟状态的行为反而会出现退步；第五，新的行为模式与旧的行为模式相互协调融合会构成总体行为迅速地发展。

综上所述，杜威在儿童心理发展方面的著述颇丰，而且具有阶段性，不同时期研究的重点不同，研究的方向不同，研究的思想基础也不同。总体来看，杜威论儿童心理发展的思想主要表现出以下四个特点：第一，儿童心理发展阶段与学习阶段基本对应，婴儿早期对应母育阶段，游戏时期对应学龄前阶段，童年期对应初等教育阶段，青年期对应中等教育阶段；第二，杜威对婴儿早期又进行了详细的划分，将婴儿从出生到第16个月划分成三个更详细的阶段，填补了20世纪初婴儿心理发展的空缺；第三，将婴儿的行为反应归结于外界的刺激，强调感觉刺激与运动反应之间的协调，以及婴儿器官之间的协调，将婴儿对多个器官之间的协调能力看作心理发展的重要依据；第四，强调本能、冲动和兴趣对儿童身心发展的重要作用，杜威明确提出了儿童心理发展的原动力——四种本能，即语言和社交的本能、制作或建造的本能、探究的本能和表现或艺术的本能。

第十章　杜威论社会心理

  1916年，在纽约举行的美国心理学会（American Psychological Association）25周年的年会演讲中，杜威表达了他对法国社会学家加布里埃尔·塔尔德（Gabriel Tarde）观点的赞同，即心理现象可以分为两种类型：一类是生理的心理现象，诸如感觉、欲望，另一类则是社会的心理现象，诸如精神、愿望、信念和观念。前者成为生理心理学的研究对象，后者则是社会心理学的研究对象。杜威进一步指出，如果人不仅是动物，而且是社会动物，那么在研究心理学时就应该将生理心理学和社会心理学结合起来，并且，"心理学能够为我们所用，正是由于它用机制论来阐述个人目标和社会的关系。将各种伦理关系简化成物体，我们就能够旁观我们所处的环境，客观地看待我们的传统习惯、空洞的追求以及变化无常的欲望等等" [①]。由此可见，社会心理学在杜威心理学思想中具有十分重要的地位。

  杜威社会心理学的主要内容包含三个部分：习惯对行为的作用、冲动对行为的作用，理智对行为的作用。习惯、冲动和理智是其社会心理学思想的核心概念和基本要素，三者的相互作用和逻辑关系是：在自由行为中，习惯与冲动处于一种平衡的状态；当行为遇到困难时，这种平衡会被打破，因为困难为冲动的爆发积聚了足够的能量，一旦冲动爆发，习惯为了维持原来的平衡状态就会试图引导冲动；在引导的过程中，人们理智的意识与思考会参与进去，促使习惯改变自身，重新达到平衡状态。（见下图10-1）

---

  ① ［美］约翰·杜威. 心理学与社会实践. // 杜威全集·中期著作第1卷［M］. 刘时工，白玉国，译. 上海：华东师范大学出版社，2012：104.

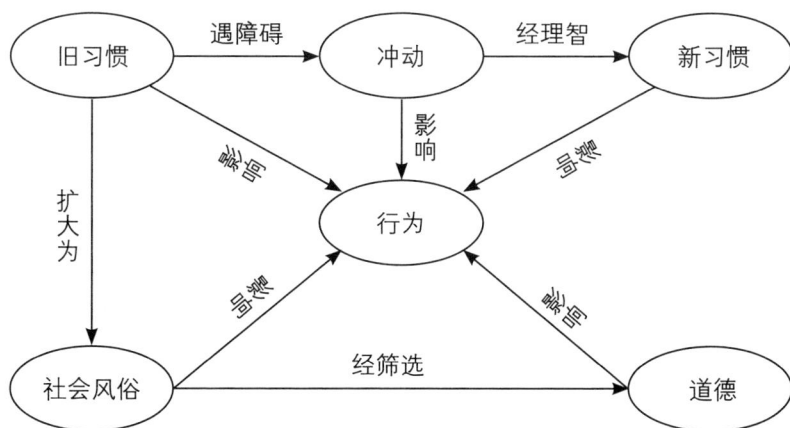

图10-1　杜威社会心理学基本要素关系图

第一节　论习惯

习惯（Habit）是人的本性与道德形成和发展中不可或缺的组成部分，是塑造性格和行为的基础，也是杜威社会心理学话语体系中的核心概念，贯穿于杜威社会心理学思想的始终。"在杜威看来，习惯不仅构成了知觉、思想、意义、对象、想象、思想和人格（自我）的内容，也是产生冲动、欲望、动机、目的和意识的起源。"①杜威认识到由于习惯是个体存在所呈现出的基本表征，所以，习惯具有广泛性的特点。同时值得注意的是，习惯不仅具有积极意义，也有消极影响。一旦形成坏习惯，则会对个体的发展产生持久性危害。一般意义上讲，习惯存在于个体之中，但当习惯的范围扩大时，就会形成社会

① Paul Crissman. The Psychology of John Dewey. Psychological Review，1942，Vol. 49（5）：441–462.

风俗，进而经筛选成为道德的一部分，影响大众的行为。

一、习惯的内涵

杜威的习惯理论无论是在其心理学思想中，还是在教育学与哲学理念中，都具有十分重要的价值。这不仅体现在习惯是道德形成、道德判断与道德评价的基础，还表现在习惯是行为产生的推动力量，也是教育的培养目标之一。所以，完整地分析和阐述习惯的内涵是理解杜威社会心理学思想的前提和基础，也是梳理杜威教育学及哲学思想的关键内容。在杜威看来，习惯是有机体行为产生的动力，因为人们形成的习惯越多，观察与预见的范围就越广；形成的习惯越灵活，知觉就越能够精细化，由此所引起的表象也更加精确，最终决定着有机体将会以什么样的方式产生什么样的行为。

（一）习惯的概念

杜威在《人性与行为》一书中明确指出，习惯是经由"有机体自身结构或者后天获得的倾向与环境相互作用的产物"[①]，其实质是有机体在与环境相互作用的过程中形成的下意识或潜意识行为，具有促使有机体与环境相互协调的作用。杜威进一步强调，习惯是个体"利用自然环境以达到自己目的的能力，通过控制动作器官而主动地控制环境"[②]，"是包含着感官与神经运动器官的能力、技巧或技艺以及客观材料的事物，它们通过吸收客观能量来实现控制环境的目的"[③]。杜威认为，从这种意义上看，习惯等同于意志，均强调有机体发挥身体器官的作用而达到自身的目的。习惯也是积极的、充满活力的

---

① John Dewey. Human Nature and Conduct：An Introduction to Social Psychology. New York：Henry Holt and Company，1922：14.

②［美］约翰·杜威.民主主义与教育［M］.王承绪，译.北京：人民教育出版社，2001：54.

③ John Dewey. Human Nature and Conduct：An Introduction to Social Psychology. New York：Henry Holt and Company，1922：15.

手段，是外部环境、有机体和心理感官间的相互协调与结合。杜威经常用生活中的事例来说明他的社会心理学观点，他举例说习惯就像匣子中的工具一样具有某种功能，等待着个体的意识去运用它；但习惯并不是匣子中具体的锯和锤子，也不是制作匣子的木板和钉子，而是在具体的操作中眼睛、胳膊与手联结起来运用锯和锤子，从而产生明确的动作和行为，这才能被称为是习惯。

由此可以看出，杜威所提出的习惯不仅可以从个体自身中产生，也能从环境对个体所产生的作用中获得。习惯并非完全天生的，也不全是习得性活动的产物。因为它既是人类后天习得的，亦是人类天赋中的一部分，这种天赋在杜威的话语体系中是指本能与冲动，而后天获得的习惯则是由社会塑造而成。基于此，杜威指出新习惯的形成机制可以表述为刚出生的婴儿经过自主学习和社会群体教授形成习惯，但成人所教授的习惯不一定完全符合儿童本性的发展。因此，这种习惯在运用过程中将会遇到障碍产生冲动，冲动与习惯相互冲突改变原有习惯，进而形成新习惯。塔尔图大学的拉斯穆斯·佩达尼克指出，杜威所说的习惯并不等同于日常或重复的行为，而是人与环境之间的一种灵活关系。同时，习惯是通过解决人与环境之间的不和谐而形成的，只要出现新的不和谐情况，习惯就会发挥作用。[①]此外，个体习惯的形成受环境影响，个体的主观意志也改变着环境。杜威进一步指出，欲望和努力是促使个体改变环境的最初动因，如对鲜花的喜爱是个体准备建造蓄水池的前提；欲望和努力是个体主观意识的体现，同时又以客观现实为支撑，他举例道：人们对鲜花的渴望建立在对花喜爱的客观基础之上。

杜威社会心理学中习惯的内涵与詹姆斯等心理学家所主张的一样，已超越了个体习惯指向了群体与社会。杜威认为，个人并非孤零零地生活在世界上，个体总是处于与他人相互交往的环境中，习惯的养成终将受到其他因素的支持

---

① Rasmus Pedanik.How to Ask Better Questions？ Dewey's Theory of Ecological Psychology in Encouraging Practice of Action Learning.Action Learning：Research and Practice，2019，Vol. 16（2）：107–122.

和影响，因此，在习惯驱使下的行为具有社会性，即习惯具有"社会功能"。

（二）习惯的特征

从杜威有关习惯理论的阐述中可以看出，习惯具有广泛性和两面性的特征。习惯的广泛性反映在习惯所包含的内容与习惯是心智实施观念的手段上。在杜威的认知中，习惯"不仅把诸如站立和行走甚至一种特殊方式的行走这类普通的行为现象，以及获取食物、求偶、战争等类似的社会活动和文化活动所包含的大量技能都包括在其中，而且把那些构成群体语言的言语行为模式与经常体现在语言本身的结构中并成为群体成员之特殊的各种感知、分类与思维方式包括进来"①。此外，社会群体中普遍的语言行为模式，以及反映在社会群体言语中具有相同语义结构和特征的各种感觉、认知和思维方式也属于习惯的一部分。事实上，杜威受早期美国心理学家的影响，扩大了习惯的范围，他认为各类习惯在相互交织、融合的过程中形成风俗，并进一步发展为社会文化，从而成为社会道德中的一部分。

由于习惯具有社会性，所以习惯广泛地存在于个体与社会之中。此外，习惯的广泛性还体现在心智通过习惯将各种观念付诸实践，因为习惯是有机体行为产生的基础，所以心智需要经由习惯将思想或观念实施于现实之中。杜威形容道："拥有习惯就是掌握了一群仆人，他们接受我们心智的命令，在我们旁边静候，直到我们作出决断并形成计划，然后他们自己负责履行我们作出的决定。"②这句话表达了习惯是沟通心智与行为的桥梁的观点，经由习惯个体就能够将心智落实到行为中，而行为中遇到的困难也会经过习惯反馈到心智之中。可以看出，由于习惯的中介作用使其接触到个体心理与行为中的各种要素，这意味着习惯存在于个体活动中的每一个部分，因此它具有广泛性。

①［美］约翰·杜威.导言.//杜威全集·中期著作第14卷［M］.2012：导言2.

②［美］约翰·杜威.习惯.//杜威全集·晚期著作第17卷［M］.李宏昀，徐志宏，陈佳，译.上海：华东师范大学出版社，2015：253.

虽然习惯在个体生长、发展、参与社会中具有积极意义，但是习惯也具有两面性，杜威将其划分为好习惯与坏习惯。习惯在形成之初并无好坏之分，不过一旦习惯成为个体的主人，就会限制个体，使个体无法突破原有思维产生新思想，也令个体无法在需要时转变行为模式。因此，可以说习惯是"好仆人、坏主人"。杜威认为，好习惯的形成是教育的目标之一，因为课堂教学的主要内容为培养学生形成习惯。但他也指出，为了能够更好地了解习惯在个体活动中的地位，有必要了解坏习惯。何为坏习惯？杜威强调，坏习惯是对个体的支配导致坏的冲动或倾向性，如游手好闲、赌博、酗酒；当个体受习惯支配，就会成为习惯的奴隶，受习惯倾向性的影响形成坏习惯。好习惯与坏习惯之间是否存在相互转化的关系，在杜威看来，这种可能性是存在的。美国罗德岛大学社会学教授亚历克萨·阿尔伯特（Alexa Albert）和经济学教授阿姆斯塔德（Yngve Ramstad）撰文指出："杜威写作《人性与行为》的首要目的就是要确立人类的理智意识——思想——可以用来将'坏'习惯转变为'好'习惯。"[1]不过这一过程需要理智与教育参与。

（三）习惯的形成路径

习惯是怎样形成的？杜威将习惯的形成分为三条路径：成功、本能、练习与模仿。杜威指出，根据以往的理论来看，教育中往往强调通过重复来形成习惯，但他经过对"小狗打开栅栏门闩"故事[2]的思考，提出了对重复形成习惯理论的质疑。他得出的结论是："习惯是通过成功形成的，而不是通过重复

---

① Alexa Albert & Yngve Ramstad. The Social Psychological Under Pinnings of Commons's Institutional Economics：The Significance of Dewey's Human Nature and Conduct. Journal of Economic Issues，1997,Vol.31（5）：881–913.

② 这是杜威听一位先生就动物习惯的形成所作的讲座中的故事。故事内容是小狗被关在很高的栅栏里，栅栏上有一个门，门上有门闩。一天小狗偶然碰到门闩打开了门，第二天，小狗再次通过门闩打开了门，日复一日，小狗在想要出门时，已经能够径直冲向门口打开门闩。这位先生在最后总结道：只要重复最初碰巧做出的行动就能形成习惯。

而形成的。"①假如小狗是通过重复形成了习惯，那么在接下来的时间里它就会反复地、毫无遗漏地重复、还原第一次打开门闩的动作，而不会径直地跑向门口打开门闩。所以，杜威认为，仅通过持续地重复最初的做法无法形成真正的习惯，即使能够形成习惯，那也是非常笨拙的习惯，它夹杂了很多无用、多余的动作以致耗费了很多时间和精力。基于此，杜威指出：

> 习惯应当带着注意力并通过注意力形成；不是由机械的重复形成，而是通过在任何给定的实例中，把我们的意识集中到带来成功的东西上面，这样才能形成。②

可见，形成习惯需要在众多复杂的动作或活动中进行选择，选择的标准是比其他动作更为成功的活动，其核心原理是人类可以对行为的正确方法获得清晰的意识。

不过，杜威认识到成功仅是形成习惯的一个偶然因素，而且具有一定时效性，所以在成功之外还有形成真正习惯的基础——自然本能，因为最有价值和必要性的习惯来源于有机体自身的本性之中。杜威以儿童使用清晰语言为例，阐述了语言是个体自身内发性产物的观点，他认为拥有清晰语言表达能力是儿童的本能之一，并反驳了那种认为只有通过与他人接触才能获得语言能力的观点。可见，杜威夸大了本能在习惯形成中的作用，显露了其心理学思想理论基础的不完整性。

在杜威的习惯理论中，习惯的形成路径除了成功与本能外，还有练习与模仿。虽然练习中包含大量重复，但练习的核心是心智在支配人的行为，从而

---

① ［美］约翰·杜威. 习惯. //杜威全集·晚期著作第17卷［M］. 李宏昀，徐志宏，陈佳，译. 上海：华东师范大学出版社，2015：253.

② ［美］约翰·杜威. 习惯. //杜威全集·晚期著作第17卷［M］. 李宏昀，徐志宏，陈佳，译. 上海：华东师范大学出版社，2015：256.

使训练摆脱了机械重复的活动，并且练习中包含的重复是有变化的重复。杜威举例，设置多样化的题目，让学生在问题情境中学习"二乘二等于四"要比学生一遍遍的重复这个口诀有效的多。人们常认为，模仿能让学生通过复制、重现、还原教师或家长的动作获得知识。但杜威指出这种模仿并不能促使习惯真正地进入学生的心灵，模仿应被赋予更灵活的方式。教师在传授知识时，不能灌输给学生一种"只要跟着教师学习就没有问题"的观念，教师应该设计更加完善、高明的方式促使学生模仿学习，比如采用鼓励、激励、提示等教学方法激发学生自身蕴藏的能力，让模板不仅仅是模板，而是唤醒学生想象、理想的方式。

二、风俗的内涵

杜威话语中的风俗更接近于当代人们所谈论的文化，通常是指生活在群体中的人类普遍认同的行为方式，亦是道德标准的选择来源。人类经由最初本能和社会交往而形成的社会风俗影响着习惯的表达方式与内容选择，并通过对个体性格的塑造来影响个人选择，进而对社会发展与变革产生影响。

（一）风俗的概念

杜威认为："社会心理学的基本事实是以集体习惯与风俗为核心的。"[1]他强调风俗是一种被群体认可的、共有的行为方式，且代代相传，具有强烈的社会性，生活在某种风俗中的人们如果按照风俗行事，会进一步强化风俗的作用，而若有人打破了风俗，则会受到群体的反对。风俗亦是习惯与道德间的桥梁，属群体所共有，是社会引领和控制人们行为的手段，可以使人的行为有意识或者无意识地受到社会的影响。社会群体不仅会受到风俗的影响采取行动，

---

① John Dewey. Human Nature and Conduct: An Introduction to Social Psychology. New York: Henry Holt and Company, 1922: 63.

也会改变、修正和添加风俗。比如群体生活中的关系随着时间的推移变得常态化和标准化，不同民族中的家庭都会对成员的职责与义务进行明确分工，但在自然与社会环境变化的影响下，这种职责的划分也会发生相应地改变。

杜威指出，风俗的形式包括"公众意见、禁忌、仪式或庆典以及武力"①。公众意见主要通过语言和行为方式传播，具体分为赞扬的认同和嘲笑的认同。赞扬的认同主要通过歌曲、服饰、图画等形式表现，期望以此强化某种风俗；嘲笑的认同往往以语言的形式表现，意在削弱某种风俗在社会中的影响。禁忌是一种具有强烈约束力的风俗，主要通过危险的警告与残酷的惩罚来令人们对禁忌事物产生恐惧。仪式是风俗中具有积极意义的手段，通过习惯的养成发挥作用。如果公众意见、禁忌与仪式都没能对实施或强化风俗产生作用，那么武力就成为维护或形成风俗的最后手段。但杜威指出，武力的权威性是有限的。

（二）风俗的形成过程

杜威反对个体习惯相结合就能形成制度与社会风俗的观点，他认为这种观点违背了基本事实。他指出，社会风俗并非经由个体习惯而形成，而是个体受到社会风俗的影响形成了习惯，且"风俗无论在何时何处都为个人的活动提供标准，它们是个体活动必定构造的模式"②。杜威举例道：几乎没有人建造专门的私人道路去旅行，因为利用公共道路出门很方便。既然社会风俗不是由个体习惯联合形成，那么就必须回答这样的问题："最初的风俗又是从何而来？"杜威的回答是："在任何特定时间和地点中存在的各种群体的特定习俗的起源和发展问题，不能通过参照心理的原因、要素与力量来解决。它可以通过对食物的需求、对居住的需求、对配偶的需求、对倾诉与倾听的需求、对

---

① ［美］约翰·杜威. 伦理学. //杜威全集·晚期著作第7卷［M］. 魏洪钟，蔡文菁，译. 上海：华东师范大学出版社，2015：42.

② John Dewey. Human Nature and Conduct: An Introduction to Social Psychology. New York: Henry Holt and Company，1922：75.

影响他人的需求来解决这一问题。"①可见，杜威认为最初的风俗来自人类早期的活动，产生于人类的本能与需求之中，它包含着人与人之间相互作用的模式。他指出，除了个体本能和生存需求外，风俗的形成还依赖于人与人之间习惯的相互作用。杜威称，如果一个人送给另一个人礼物时，他渴望获得回报，那么当这种关系变得常态化以后，就会成为风俗中的一部分。

此外，杜威强调风俗往往通过塑造人的性格参与个体活动，但他又指出，在他所处的时代，人们常通过反复重复来培养幼儿的性格。比如在培养儿童学习温和和顺从的习惯时，成年人希望通过强加给儿童许多规范和要求，以及反复重复某种行为方式，甚至使用一些带有羞辱性的、严厉的教学方法。杜威反对这样的教学方法，他认为这种主体错位的教学方法会导致儿童暮气沉沉，所形成的习惯只能成为风俗的屏障，而没有真正的价值。若想真正形成具有稳定性、自动性和技能性的习惯，并持续和继承风俗，杜威指出那就需要在反复重复某种行为的过程中加入精神、思想因素。缺乏思想的习惯是保守和陈旧的，更深一层地说，"当前身体与心灵、实践与理论、现实与理想分离背后的具体原因正是习惯与思想之间的分裂"②，缺乏理论的实践会使人们的行动异常笨拙，缺乏实践的理论则会令思想成为空中楼阁。只有当思想或理论渗入实践之中，它们才会影响风俗。

三、习惯与道德

杜威坚信，习惯不仅是个体的活动，亦是群体行为。习惯通过对意志的影响来调节个体行为，亦能够经过对行为后果的分析进行道德判断。社会风俗

---

① John Dewey. Human Nature and Conduct: An Introduction to Social Psychology. New York: Henry Holt and Company, 1922: 61.

② John Dewey. Human Nature and Conduct: An Introduction to Social Psychology. New York: Henry Holt and Company, 1922: 67.

是道德内容的重要来源之一，但两者有所区别，只有经过理智筛选后的社会风俗才有可能成为道德的一部分。由不同个体的习惯相互作用而成的社会风俗既包含对人类有益的事物，也包括不利于人类发展的东西。但是道德总是趋向积极、正面的影响，有助于民主社会的构建。习惯是道德形成的个体基础，同时对道德后果的分析也需要习惯的支持。

（一）意志与行为

杜威认为，习惯间的联结与互动是人们动机与行为、意志与行为相统一的关键，因为习惯作为个体自身的一种活动，能够把外在的行为与内在的动机、意志联系起来。他十分反对以往道德理论中将动机与行为分离的观点，并指出"把习惯的动力与习惯之间的连续性联系起来，就解释了性格与行为的统一性，或者更具体地说，解释了动机与行为、意志与行为的统一性"[①]。他将动机、意志与行为看成同一过程的两个方面，动机与意志是活动的原因，行为则是结果，两者统一于个体活动中。

杜威认识到，人的行为主要受意志的控制与影响，意志是后果与行为的起因。意志与后果之间的关系并非相互对立，意志是各种后果的原因，先于各种行为存在。由于性格或意志的特殊性，人们常通过意志来了解事物。意志意味着一种行为倾向，这种倾向引导着行为的发生。因此，一旦那些由习惯行为所导致的结果并没有显示出符合道德要求或善的行为，人们会采取轻视的态度，而且"如果不考虑行为有活力的倾向和它的具体后果，就不可能对行为作出真正的判断"[②]。这意味着如果没有意志与后果当作道德判断的尺度，人们就没办法真正地认识自己的行为。此外，行为的倾向具有持久性，通常体现在行为或结果之中，如果需要判断倾向的发展趋势，就必须对倾向进行长期的

---

① John Dewey. Human Nature and Conduct：An Introduction to Social Psychology. New York：Henry Holt and Company，1922：43.

② ［美］约翰·杜威. 人性与行为：社会心理学导论. //杜威全集·中期著作第14卷［M］. 罗跃军，译.上海：华东师范大学出版社，2012：30.

观察。杜威还指出："一旦我们准确地知道了它的趋向，就能把一种单一行为的特定后果置于一个包含有连续后果的、更广阔的情境之中。"①这样不仅可以更加客观地认识意志在行为中的地位，还能在一定程度上控制行为发展的方向。

（二）习惯与道德的关系

杜威否认某些哲学家所坚持的道德先验论，他不赞成那种认为主观道德与客观自我相分离，并能产生出脱离客观自我的观点。他指出，道德先验论所指的道德是一种主观的道德，是一种不依赖于客观的理想，但这种道德在行动时却需要得到客观环境的支持。当道德得到客观条件的支持后，它依然会存在于习惯之中，并且会努力地改善周围环境以再次获得客观现实的支持。杜威认为，这种道德先验论将主观与客观相分离，进而产生了"道德是主观还是客观"的争议。面对这一争议，杜威分析道：习惯与道德有着密切的联系，因为习惯是构成风俗的基础，风俗是道德内容的来源，所以习惯的特性将会影响道德的性质。基于此，杜威给出争议的明确答案是："道德基本上是客观的"②同时也是世俗的和社会的，比如道德受人们性格或自我的影响也具有一定合理性。

但由于习惯受到环境影响并试图改善环境，所以环境的多样性就意味着习惯与意志的多样性，这种多样性暗含了冲突的可能性，冲突的结果是那些原本认为道德具有客观性的人开始认可道德先验论，进而通过主客体的分离，试图建设理想的环境来说明道德的客观性。杜威认为，只有当某个事件被看作最终结果的时候，完全主观的道德才会出现。但是，将习惯的客观性完全从道德中剥离而认为道德完全是主观的看法，在杜威看来是一种错误的观点。不过，

---

①［美］约翰·杜威.人性与行为：社会心理学导论.//杜威全集·中期著作第14卷［M］.罗跃军，译.上海：华东师范大学出版社，2012：30.

②［美］约翰·杜威.人性与行为：社会心理学导论.//杜威全集·中期著作第14卷［M］.罗跃军，译.上海：华东师范大学出版社，2012：33.

忽视个体的欲望与思想在习惯中的重要性的做法亦不是研究道德与心理学的正确思路。杜威强调，在谈论道德时，既不能无视客观环境对它的影响，也不能将个体的欲望与思想剥离开道德。

（三）风俗与道德的关系

杜威指出："从实践目的来看，道德意味着风俗、社会风俗和已经确立起来的集体习惯。" ①个体通过继承他所在的社会群体风俗而形成道德，所形成的道德必然由习惯与风俗构成。虽然风俗是道德形成的重要组成部分，但并非所有的风俗都能成为道德准则。风俗具有灵活性和混杂性的特点，经过理智的选择与净化的风俗才能够形成道德，选择风俗的标准在于它能否满足社会的需要。杜威强调："如果人们的道理理想和规范是从风俗习惯中总结出来的，就仍然会通过风俗习惯来实现；但是，如果是从其他一些背离习惯和传统的方法中得出的，如果是有意为之，那么，肯定存在一个事物代替风俗习惯来充当执行的媒介。" ②

虽然已能确定道德源于社会风俗，但是杜威紧接着提出，风俗是否会消除道德的权威性是一个亟须解决的问题。杜威提到，有学者认为道德意味着理想化的思考，而道德源于社会风俗这一观点则将道德还原为事实或社会生活，剥夺了道德尊严和裁判权。针对以上观点，杜威以语言的产生与发展为例进行了反驳。他指出，道德权威并不会被风俗消除，道德的权威就是生活的权威。语言最初的产生并非有意识的理性或公正原则所支配的，它源自人类交流与生存的本能，诞生自生活的需求。并且，杜威认为，理性与道德准则不仅源自社会生活，也早已融入其中，成为生活的组成部分。道德与社会生活的密切联系使得道德并不是恒久不变的，社会冲突是各种道德标准与道德目的间不可调和

---

① ［美］约翰·杜威. 人性与行为：社会心理学导论. //杜威全集·中期著作第14卷 ［M］. 罗跃军，译.上海：华东师范大学出版社，2012：46.

② ［美］约翰·杜威. 心理学与社会实践. //杜威全集·中期著作第1卷 ［M］. 刘时工，白玉国，译.上海：华东师范大学出版社，2012：105.

的矛盾，也是阶级斗争中最为严重的表现形式。①不同的阶级形成了不同的风俗，并推行他们认为正当的道德。在社会稳定的情况下，各个阶级中的道德标准并列存在，然而一旦社会有所变动，这种和谐就会瓦解，不同的风俗与道德标准将会产生冲突。不过，在杜威看来，这种冲突并非洪水猛兽，反而为不同的道德标准提供了一个交流的机会。

第二节　论冲动

杜威认为，人们的行为受习惯或意志的控制与影响，习惯的本质在于能够使行为畅通无阻。而冲动则产生于行为受到阻碍之时，它具有可塑性与创新性，能对旧有的习惯进行改变，并在理智的指引下形成新习惯。作为冲动类型之一的本能冲动也是人们行为产生改变的重要因素，它是人们最初进行生产活动的基础。虽然本能在有机体的习惯、道德与行为中具有重要意义，但杜威却反对用割裂的方式分析本能，他认为本能之间是相互联系的，从统一视角更能深入认识本能。冲动的可塑性不仅能改变习惯，亦能促进人性、社会制度、社会风俗等发生变化。但这种变化的进程是十分缓慢的，因为习惯具有惰性，冲动的力量往往难以彻底改变习惯。

一、冲动的内涵

在杜威的社会心理学思想中，冲动是经过外界刺激产生的一种心理活

---

① ［美］约翰·杜威. 人性与行为：社会心理学导论.//杜威全集·中期著作第14卷［M］. 罗跃军，译. 上海：华东师范大学出版社，2012：50.

动，它往往出现在人们的行为遇到困难时，是经过刺激而产生的活动，对于重新塑造新习惯、新风俗具有重要意义。冲动可以被划分为一般的感觉冲动、特殊的感觉冲动、知觉冲动、模仿冲动、观念冲动和本能冲动，具有可塑性与创造性。

（一）冲动的含义

杜威指出，冲动是感觉的一种表现形式，是没有意识地考虑到目的的心理活动（并非没有意识参与进冲动）。[①]就如人对食物的冲动、眼睛追求光明的冲动一样，再如个体因感觉到饥饿而去吃饭的行为也是冲动。冲动包含内部和外部两个方面，有机体受到外界的刺激产生内部活动进而在外部表达出来，这一过程的生理基础来自反射弧运动，压力经过反射弧运动释放出来。这种无意识冲动的形成与发展需要受到习惯的指引，不然就毫无存在的意义。杜威举例道：

> 就虎或鹰而言，愤怒（anger）也许会被等同于一种有用的生命活动，具有攻击和防御的作用。对一个人来说，愤怒就像泥潭上刮过的一阵风那样毫无意义，除非其他人出现来指引它的方向，除非他们对它作出各种反应。[②]

尽管冲动在杜威的社会心理学思想中有着关键意义，但美国怀俄明大学教授克里斯曼认为，杜威对冲动的表述不够清晰，所以他总结了杜威冲动思想的六点特征：1. 冲动是模糊的、原始的、摸索的、可塑的，其本身是没有意义的，它们只有融入习惯中才能形成一定的形式。2.冲动是动态的、爆炸

---

① ［美］约翰·杜威.伦理学研究（教学大纲）.//杜威全集·早期著作第4卷［M］.王新生，刘平，译.上海：华东师范大学出版社，2010：203.

② ［美］约翰·杜威.人性与行为：社会心理学导论.//杜威全集·中期著作第14卷［M］.罗跃军，译.上海：华东师范大学出版社，2012：57-58.

性的、推进性的，是一切行为的原动力。3.它们是习惯重建的关键点，是增长的希望，而不是增长的障碍。4.它们无穷无尽，千变万化，"每一种习惯都有一种冲动，除此之外还有更多"。5.但它们又是"次要的"和"中间的"，因此不能对行为做出解释。6.它们是思想或反思产生的必要条件。①

在冲动的过程中，杜威认为，结果一般有三种可能：一是盲目而缺乏理性，二是经过升华后与其他因素相协调，三是冲动受到了压制。经过升华与其他因素协调的冲动在活动中起到了枢纽作用，它是重新组织习惯的重要推动力。受到压制的冲动既没有表现在行动中，也不会被间接地运用到一种持久的兴趣中。但被压抑的冲动并没有彻底消失，而是过上了一种秘密的地下生活。这种被压抑的活动，杜威称其为理智和道德上反常的原因。比如长期禁欲后的放纵，高尚理想主义之后的道德滑坡等。

（二）冲动的分类

冲动作为意志产生的基础，杜威将其划分为一般的感觉冲动、特殊的感觉冲动、知觉冲动、模仿冲动、观念冲动和本能冲动。"感觉冲动（sensuous impulse）"在杜威的话语体系里指"一种感觉到压力的意识状态，它因某种身体条件而出现，并且通过产生某种生理变化而把它自己表达出来"②，一般和特殊的感觉冲动都以个体对事物的感觉为基础，通过某种活动将压力释放出来。知觉冲动与模仿冲动也都是感觉冲动中的一部分，知觉冲动来源自对物体的知觉，"而不涉及对行动结果的意识"③。如婴儿挥舞胳膊的冲动并不涉及其他目的。需要强调的是观念冲动，它因某种行为目的产生，并不算真正意义

---

① Paul Crissman. The Psychology of John Dewey. Psychological Review，1942，Vol. 49（5）：441-462.

②［美］约翰·杜威. 心理学. //杜威全集·早期著作第2卷［M］. 熊哲宏，张勇，蒋柯，译. 上海：华东师范大学出版社，2010：238.

③［美］约翰·杜威. 心理学. //杜威全集·早期著作第2卷［M］. 熊哲宏，张勇，蒋柯，译. 上海：华东师范大学出版社，2010：240.

上的冲动，"但在异常情况下，观念似乎是独立于它们的调和与从属过程的，并且以它们自己的理由而自由运作"①。在杜威看来，从广义上讲本能冲动包括了其他所有的冲动；但从狭义上来看，本能冲动与其他冲动之间又存在区别，"感觉冲动只是反应性的和再生性的，而本能冲动则可以产生新的行为模式"②。比如小鸟筑巢是一种本能冲动，它不仅是对刺激的反应，也是为哺育幼儿做准备。

此外，杜威还指出，"动机是一种被视为习惯组成部分的冲动"③，是冲动的一种表现形式，这种冲动亦是习惯中的一种倾向性，它能够重新调整和组织枢纽，影响人们的行为动作。他指出，动机在个体心理活动中的数量就像冲动一样多，它们在不同情况下起作用。因此，对动机的引导与强化有助于帮助儿童形成习惯与品德。

杜威发现，有人认为每一个有意识的行为都具有诱因或动机。动机是人们试图去影响行动所产生的结果，当人们试图以特定的方式去行动就会涉及动机。杜威称："动机就是在一个人的整个复杂活动中的那样一种要素，如果它能够被充分地激励起来，它就将导致一种产生特定后果的行为。"④但动机并非行为直接的推动力，它是整体在进行自我运动的过程中，欲望与对象相契合，并将这种契合作为目的的过程。实际上，这些目的才是人们所说的动机，才能够影响人们的行为。动机亦是人们在改变行动过程中调节的要素，比如从社会角度看，人们将一个抢夺食物幼童的动机归因于自私和贪婪，这种动机是

①［美］约翰·杜威. 心理学. //杜威全集·早期著作第2卷［M］. 熊哲宏，张勇，蒋柯，译. 上海：华东师范大学出版社，2010：241.

②［美］约翰·杜威. 心理学. //杜威全集·早期著作第2卷［M］. 熊哲宏，张勇，蒋柯，译. 上海：华东师范大学出版社，2010：241.

③ Paul Crissman. The Psychology of John Dewey. Psychological Review，1942，Vol. 49（5）：441–462.

④［美］约翰·杜威. 人性与行为：社会心理学导论. //杜威全集·中期著作第14卷［M］. 罗跃军，译. 上海：华东师范大学出版社，2012：74.

人们所讨厌的。但杜威认为，面对这类动机，人们需要仔细分析孩童的行为，让他对行为中令人讨厌的因素进行关注。如对孩童的行为进行赞美或责备，使他们在行动之前思考后果。这种思考自己行为结果的过程即是动机产生作用的历程，动机的作用并不是说要每一个人都要有一个动机去促使他行动，而是想要他知道应该去做什么。

（三）冲动的特点

从杜威对冲动的描述可以看出，冲动作为感觉的一种表现方式，具有可塑性和创新性。冲动的可塑性体现在其灵活上，特别是在年轻人中间，由冲动引起的活动能够根据它们被运用的方式产生出不同的性格。杜威指出："任何冲动都可能根据其与周围环境相互作用的方式，被组织成任何一种性格。"①比如对于长者的尊敬能够在特殊环境下成为盲目相信他人的性格。冲动的创新性是其立足于杜威社会心理学体系中的要点，因为杜威认为冲动爆发的过程是改变、重新塑造习惯与风俗的最佳时期，也是社会变革的重要力量。冲动的创新性主要表现在它具有重新塑造社会的能力，它通过内部与内部、内部与外部的相互碰撞，产生出新的习惯与风俗，进而改变社会。

但杜威强调，冲动的可塑性也可能被已形成的习惯、风俗等压制，这种压制致使冲动独立判断和实施创造习惯的能力受到忽视。他指出，教育的意义就在于创造一个新的社会，并依据社会环境存在的客观条件理智的引导学生冲动。但在当时的社会环境中，成年人对孩童的教育方式往往是训练与重复，他们不承认孩童冲动的合理性，不允许未成熟的冲动运用它重新组织活动。因而，儿童所具有的独创性将被驯服，所具有的想象力和创造力也消散于无形之中。成年人一边否定儿童理性的存在，另一边却又期望儿童能完成需要高级理智才能完成的行为。尽管如此，儿童依然能够产生使生活更美好的习惯，因为他

① John Dewey. Human Nature and Conduct：An Introduction to Social Psychology. New York：Henry Holt and Company，1922：95.

们学会了表面遵守成人的风俗，私下自然地发出冲动却不引起成人们注意的本领。

冲动的可塑性与创新性虽在年轻人中表现的最为明显，但在成年人里也存在着冲动与习惯的矛盾冲突。他们既按照固有的习惯与风俗行动，又想象着有一个世界，在那里他们能够对新奇的事物做出丰富的反应。这种矛盾的态度使成人内心开始分裂，面对生活中冲动与本能间激烈的冲突，成年人试图找到合适的时机释放它们。当本能、冲动与习惯积累到一定程度，它们就会冲破旧风俗的堤坝，形成新风俗。

杜威还指出，冲突的可塑性与创新性不仅存在于人类中，亦活跃在民族中。尽管民族总是通过老年人逝去与孩童的出生这一循环保持年轻状态，但不能否认民族的风俗随着时光流逝而逐渐变得陈旧。在历史中，陈旧民族大多通过被富有朝气民族侵袭获得新的风俗，这种方法虽然奏效，但付出的代价较为沉重，杜威认为并不可取。最好的方法是找到从内部恢复陈旧民族的活力的途径。杜威提供的解决方案是"青年人被作为青年人而不是作为早熟的成年人接受教育"[1]，即对儿童的教育应符合儿童心理特征，对青年人的教育应符合青年人的心理特征。除此之外，还应该能够系统地利用冲动，这一过程被杜威称作学习或教育上的增长。陈旧民族中的僵化风俗并不意味着不存在冲动，也不意味着它们是无懈可击的。事实上，在现实世界中，受风俗的控制与冲动的发生是共存的，且两者之间能够相互强化。

二、冲动与本能

冲动与本能在杜威的社会心理学中都是一种无意识参与的心理活动，虽

---

① John Dewey. Human Nature and Conduct: An Introduction to Social Psychology. New York: Henry Holt and Company, 1922: 102.

然二者有所不同，但往往会被放在一起进行论述。杜威认为，冲动与本能的不同之处在于本能是一种有限制的冲动，人类的本能自出生之时产生，而冲动多是人们面临困难时激发出的心理活动。虽然杜威划分了冲动的种类，但他却反对对本能进行分类，他认为对本能的分类简化，割裂了本能，不利于人们深入了解本能。

（一）本能的内涵

本能是指"个体觉得他自己不得不执行的行为，个体不知道行为所要达到的目的，但是能够选择实现目的的合适手段"[①]，即有机体不知道它的行动目的是什么，也不知道它是为什么会选取这样一种行为方式进行活动的过程。可见，本能是人们无目的行动的一种心理活动，尽管他们并不知道为什么这样行动，也不知道行动会走向何方，但却能够找到实现目标的方法。杜威指出，人们的本能与冲动都是通过表情表达出来的，他认可达尔文提出的三条有关情感表达的原则，分别是有用的连接习惯原则、对立原则与神经中枢的直接行动原则。[②]神经中枢的直接行动是指大脑兴奋产生了过度的神经冲动，这种冲动将沿着确切方向传递出去，比如由紧张或剧烈疼痛引起的脸色涨红。对立原则是指有些情绪在以某种方式表达自身时，会出现一种强烈的、不自主的、与之相反的情绪通过相反的方式来表达。杜威举例道，人们在紧张时，肌肉反而是放松的。有用的连接习惯是指在人们与情感相联系的、曾对有机体有用的行为再一次出现时，与这一行为相联系的情感也会出现，即使它对有机体并没有影响。在达尔文的情感表达原则之外，杜威还论述了冯特对达尔文情感表达原则的两点补充。一是感觉—运动观念的运动关系原则，这一原则是指当人们谈到人或物时，人们会指向他们，但当他们不在时，人们会通过模仿他们的动作、

---

① ［美］约翰·杜威. 心理学. //杜威全集·早期著作第2卷［M］. 熊哲宏，张勇，蒋柯，译. 上海：华东师范大学出版社，2010：241.

② ［美］约翰·杜威. 心理学. //杜威全集·早期著作第2卷［M］. 熊哲宏，张勇，蒋柯，译. 上海：华东师范大学出版社，2010：242.

指向他们的方向等方式来代替他们。二是相似情感原则，它意味着两种极为相似的情感能够很容易地联系起来，比如人们关于高兴或幸福的经验能够很容易产生与感到甜这一活动的情感或相类似的情绪。

虽然冲动是人未加注意而产生的心理活动，但冲动却并非与本能相同，杜威认为，本能"是确定的或有限度的冲动，这种行动的物理机制已经事先非常明确地安排好了"[①]，可以说本能是有限制的冲动。而冲动则会受到行动者个人的经验或环境影响表现有所不同，并且冲动能够与各种环境相互作用，进而融入其他感情倾向之中，如一个人因对环境的谨慎、长辈的敬畏与同辈的尊重演变为具有警惕性的怀疑主义者。

（二）本能的分类

在杜威社会心理学思想中，他认为对本能的分类是一种试图把活动限制在固定范围内的做法，尽管有用但却不科学，所以他并不赞成给本能划分具体的类别。他指出，理论家将人分解为一些确定的本能，他们在本能观点上的不同仅在于本能的数量和等级间的差异。比如有些理论家认为人类仅有一个自爱的本能，而有些理论家认为人类有利己和利他两种本能，还有些理论家指出，本能有五六十种。杜威指出，理论家对本能的划分只是为了目的服务，把人的行为简单化为各种不同的本能使人们的生活被本能独裁地统治着。杜威以各学科为例，社会学被看作合作与冲突的产物，伦理学以同情和怜悯为基础，经济学是有关爱与憎恶的科学。各个学科被简化为人们个别本能的集合，并不利于科学的发展。虽然如此，但这种简单化的做法还是具有一定教育意义的。因为"它们展示了社会条件是如何把沉重的负担压在某些趋向上，从而将一种后天获得的性格看作是一种最初的，或者唯一最初的活动"[②]，比如柏拉图对理想

---

① ［美］约翰·杜威. 伦理学研究（教学大纲）. // 杜威全集·早期著作第4卷［M］. 王新生，刘平，译. 上海：华东师范大学出版社，2010：203.

② John Dewey. Human Nature and Conduct: An Introduction to Social Psychology. New York: Henry Holt and Company, 1922: 133.

国中阶级的划分，他的划分依据并非人类的天性或自然本性，而是社会的需要与风俗。

杜威指出，将人类的本能仅归为自爱的理论在他所生活的年代依然具有一定影响力，因为它的科学依据是人和动物所具有的自我保存的本能。失去了自我保存能力的生物，将无法长期存在，所以人们无法否认生命作为一种连续的长期活动。但是杜威认为自爱学派将保存生命倾向的事实转变为了一种生命基础的力量，并把行为归因于一种自我保存的冲力（nisus）。因此自我保存本能成为"一切有意识的行为中被自爱所鼓励的一个步骤"[1]，这意味着人们的慷慨行为也成了自我保存的变异。

对本能的简单化讨论使本能的分类固定且有限。所以杜威不仅不认可将自爱本能作为人类唯一本能的理论，也对经济批评家提出的创造性本能和获得性本能表达了不满的看法。他认为创造性本能与获得性本能在一定程度上误将从社会中获取的能力划归为自然本能，且创造性本能与获得性本能并不能清楚的区分活动类型，比如天生活动既是创造性的，又能被看作是获得性的。因为天生活动是一个过程事物，它能不断丰富自身并引起其他活动，具有创造性。同时，它又能够以可触及的产物为重点，这个产物能使活动意识到自身，不断获得新知，具有获得性。

在商业领域中，一些合作活动中包含了大量创造性因素，但随着机械劳动的增加，高度机械化的活动把人们变成没有洞察力和情感的事物，进而把创造性排除出人的活动中。杜威指出，虽然经济活动中的创造性活动越来越多，但运用创造性能力的范围却在逐渐缩小，仅局限在银行、市场营销等相关的少数人中。产生这种现象的原因是商人更能够综合各种发展条件，合理的分配创造性力量。此外，杜威还谈道，创造性活动最初从科学艺术中产生，获得性活

---

[1] John Dewey. Human Nature and Conduct: An Introduction to Social Psychology. New York: Henry Holtand Company, 1922: 135.

动在商业中凸显的事实暗示了人是由低级和高级两部分组成，这种划分导致了
阶级的产生与固定，他认为这是一种错误的心理学。依据对自爱理论与创造性
理论的阐述，杜威强调本能活动的数量是不确定的，并且本能是不能够单独存
在的，因为人类的天生活动十分丰富且是相互联系、相互作用的，割裂的认识
本能所包含的内容并不利于人们对它进行深入探索。

三、冲动与习惯

在杜威的观念中，冲动是一种没有方向的力量，它的产生对于习惯来
讲，像是平静的水面被投入了石子。在这一过程中，冲动与习惯相互作用，
并引入理智、思想与意志对毫无方向的力量进行梳理与指引，最终克服困难
形成新习惯。杜威还指出，人们认识事物并不是通过意识，而是基于习惯。
成人的知识量高于幼儿的原因是成人已经形成了习惯，但幼儿尚处于学习习
惯的过程中。

冲动与习惯一样具有可塑性，因为正是冲动的可塑性才使习惯能够被培
养，并在冲动的带领下，人们日渐发现人性是可以改变的。但是杜威提示到，
人们需要对人性可被改变的内容与深度进行思考与探察。在早期的观点中，洛
克、爱尔维修都将天性最小化，重视经验对人类知识、能力、性格与道德的影
响，并认为人类拥有被无限完善的潜力。而对世界充满警惕的保守主义者则认
为环境有可能会改变，但人性始终保持相同的状态，人性不会随着时间的改变
而产生变化。杜威指出，追随洛克观点的改革家将他们的理论建立在习惯心理
学上，以塑造原始本性的各种制度为基础。保守主义者则将他们的理论建立在
本能心理学的基础上，他们认为风俗具有惰性，很少会受到变化的影响。由于
人类的本能长期不变，人性、习惯、风俗等自然也不会改变。

杜威认为，以上两种观点都未能真正的反映出人性、习惯与风俗的实
质，在他的观念中，人性、习惯与风俗具有可变性。有学者指出："杜威尤其

相信，通过教育的变革力量，不仅能够改变人性，还能与法律相结合促使机会平等制度化。"①不过这种变化需要相当长的周期，且被改变的内容往往是有限的，因为人类的天性与本能在历经了漫长的历史洗礼后依然存在。他指出，一次彻底的社会变革会令社会外部的风俗、制度等发生巨大的改变，但隐藏在外部制度下的习惯（以思想与情感习惯为主）确实是难以更改的。因为改革具有滞后性，在实际生活中发生的改变并不像表面表现出来的那样巨大。尽管法律制度与政治制度能够被改变，"但是，根据它们的模式而形成的大量通俗思想却依然持续存在着"②。可见，思想中的习惯比行动中表现出来的习惯更难更改。而且习惯一旦产生，就会通过自身去影响有机体天生的活动来保持其永恒性。所以，尽管现在的条件与习惯形成时的环境有了翻天覆地的差异，但习惯依然存在着，直到外部环境坚决反对当前习惯，习惯才会出现改变倾向。

以前的历史经验告诉人们，在冲动获得了足够的力量之后，需要巨变与偶然使风俗变得混乱，进而释放出冲动以推动习惯的改变。杜威同样认为："后天获得的习惯只能通过改变冲动的方向而被更改。"③此外，教育与制度中的冲突也是调整旧习惯、产生新习惯的方法。因为受教育的青年人还未被旧习惯完全同化，他们的身体中存储着大量积极的冲动。而由于成年人已经形成习惯，且受到习惯的支配，所以他们只有在经过巨大的努力后才能直接地改变习惯。成年人或许没有足够的动力改变习惯，但他们希望下一代人能有一种不同的生活。因此，他们试图建立一种特殊存在的环境来引领孩童的精神成长，这一特殊的环境即教育。成年人通过传授给孩童更加明确的理想信念，以形成

---

① Gil Richard Musolf. John Dewey's Social Psychology and Neopragmatism: Theoretical Foundations of Human Agency and Social Reconstruction. The Social Science Journal，2001，Vol. 38（2）：277-295.

②［美］约翰·杜威. 人性与行为：社会心理学导论. //杜威全集·中期著作第14卷［M］. 罗跃军，译.上海：华东师范大学出版社，2012：68.

③［美］约翰·杜威. 人性与行为：社会心理学导论. //杜威全集·中期著作第14卷［M］. 罗跃军，译.上海：华东师范大学出版社，2012：78.

比当前更有预见性、更明智的习惯。除教育外，制度中的冲突模式也是改变习惯的一种途径，因为僵化制度中的摩擦会释放出冲动。杜威指出，制度间对立的冲突促使制度不断发生改变，进而建立起一种新的制度模式。新制度模式的诞生促使生活在其中的人们的习惯发生改变，从而形成不同以往的习惯与性格。

基于此，杜威指出，虽然人性是可以改变的，但改变的难度却很大。因为人类的天生倾向性在任何条件下都能维持下去。他以战争和经济制度为例，揭示了保守主义者为何坚信人性难以改变。他指出尽管战争与经济制度长期受到人类的批判，却依然存在于社会之中。因为好战性、好斗性、敌对性是人类天生就具有的倾向性，这种倾向性是古时战争发生的原因。但如今战争的发生，则更多地夹杂了政治、经济等社会因素。杜威强调，现代战争不再是个体倾向性所引起的，反而是一种"集体的、无聊的政治本性和经济本性"①，战争受个人情感的影响越来越小。因此，人们希望找到一种具有普遍性的理想动机来说明战争的合理性。虽然战争的发生受个人因素的影响越来越小，但个人倾向性在现代战争中并没有消失，战争需要个人倾向来说明其合理性，不过将战争产生的原因归结为单一的、孤立的人类冲动似乎简化了战争。现代战争发生的基础更加坚定地证明了战争的不可避免性，它将个人倾向性逐渐融入政治与经济制度中，所以如何有效地把各种天生冲动道德化或人性化将有助于避免战争的发生。

此外，杜威指出，经济制度暗示着人类占有本性，它虽然晚于战争出现并在近现代才凸显出对社会的重要影响，但目前人类社会中的任何一个体制都体现着剥削与被剥削。他还指出："'我有故我在'比笛卡尔的'我思故我

---

① ［美］约翰·杜威. 人性与行为：社会心理学导论. //杜威全集·中期著作第14卷［M］. 罗跃军，译. 上海：华东师范大学出版社，2012：71.

在'表达出一种真实的心理学。"①这种占有本性让人的各种行为归结于他自身，他既是行为和事物的创造者，也是拥有者。所以，当行为发生后，人们无法与它分离，并逐渐产生了道德与法律来维护人类与自身财产间的关系，经济制度亦是人类占有本性的保护者，为人类的占有本能确立了合法地位。由此可见，人类的一些本能与冲动确实是难以更改的。

第三节　论理智

在杜威的行为理论中，理智在行为中处于调节地位，因为冲动不具有方向性，每当习惯与冲动碰撞时，需要理智的调节才能形成具有理性的习惯。习惯对于理智而言，一方面意味着束缚，而从另一方面来说，则能为理智提供动力。理智虽在行为中具有重要的意义，但杜威认为完全用理智取代欲望的做法也是不可取的。因为欲望带有方向性，它意味着一种想要实现目的的冲动，是有意识参与进去的心理活动，是个体行为中不可忽视的因素，所以不能过度夸大理智的作用。

一、理智与习惯

杜威强调，理智是调节冲动和改变习惯的重要心理工具，在行为中的地位与作用不可忽视。同时，习惯是理智发挥作用的条件，它主要通过两种方式来影响理智：一种是习惯能限制理智发生的范围；另一种，习惯可以为理智提

---

①［美］约翰·杜威.人性与行为：社会心理学导论.//杜威全集·中期著作第14卷［M］.罗跃军，译.上海：华东师范大学出版社，2012：73.

供动力。杜威指出："习惯禁止思想从它当下所从事的活动中转移出来而进入一个更多样、更生动但却与实践无关的视域之中。"[1]可见，习惯将理智的范围固定住并时刻监视思想的活动，这意味着严格遵守习惯的人不再需要去思考他接下来的计划与路途。但值得注意的是，所有习惯在形成的过程中都包含着一种理智，如果理智没有被习惯束缚，那么这一行动的结果就是无思想的，被称作心不在焉。受习惯的影响，人们的行动通常是畅通无阻的，只有在行动过程中遇到阻碍时，思想才会被召集回行动之中。习惯为理智提供动力表现在人们的习惯越多，可观察的范围就越广；习惯越灵活，知觉就越精细，理智也更易发挥作用。

杜威表示，习惯的活动越是流畅、无障碍，它就越没有意识和理智参与进其中，只有在它的活动中遇到问题时，意识和理智才会参与进来。他还强调："理智的基本功能就是'消除'混乱的情形。"[2]如当平衡的环境中新出现的因素释放出某种冲动时，冲动引起的新活动将使已经组织好的活动重新分配。在重新分配的过程中，冲动提供了活动的核心，引领人们进入未知的领域。而在未知领域中，旧习惯为人们提供确定的经验用以组织新的习惯，当组织好的习惯确定地被集中运用时，混乱的情形将发生转变，这意味着当冲突与习惯相碰撞时，意识或理智参与了活动。

杜威以旅行者为例解释了习惯、冲动、理智间的关系，他将生命比喻为要去旅行的人。最初的时候，旅行者的活动在某一时刻是有计划、明确的、经过组织的，但旅行的过程中，他并未刻意控制自己的路线，也没有思考自己的目的地。因此，他犯了一些错误，以至于遇到了一些困难。若想要抵达目的地，他需要克服自己所遇到的困难。但他并不知道是什么东西阻碍了他的

---

① John Dewey. Human Nature and Conduct：An Introduction to Social Psychology. New York：Henry Holt and Company，1922：172.

② John Dewey. Human Nature and Conduct：An Introduction to Social Psychology. New York：Henry Holt and Company，1922：180.

行程，所以出现了震惊、慌乱、迷茫等情绪，这种迷茫的情绪激起了他内心新的冲动，"这种冲动成了研究、调查事物，试图了解这些事物，并弄明白正在发生什么事情之起点"①。受到吸引的习惯聚集在冲动的周围，习惯在了解的过程中受到了新的指引。冲动与习惯碰撞后产生的内容告诉旅行者他旅行的目的地是什么，他已经走完哪些路程，还有哪些计划中的路线是下一步需要实现的，旅行者通过回忆、观察与预期正确认识和解决了遇到的问题。杜威指出，回忆、知觉与预期构成了产生巨大变化的习惯的主要内容，它们既能彰显着习惯的过去，也能显示习惯的未来趋向，还可以表现出已融入习惯的客观条件。习惯之所以包含对过去、现在与未来的有形结构，是因为当下意识中的感觉与冲动并非改变了全部的习惯，还存在未被干扰的习惯保留着对过去的回忆，而回忆的精细程度则取决于习惯自身的组织程度。

此外，杜威指出，在习惯与理智、冲动相结合的过程中，人们将不断努力的统一自己的反应，并试图恢复和谐的环境。因为在冲动被释放出来导致习惯受到阻碍，并使理智参与习惯中改变旧习惯的过程包含着统一与综合。统一与综合是值得期待的，是向前看的，所以往往是理想的。而人们所拥有的要素与知识则是过去与现在的，它们是过去被掌握和了解的条件。所以，当旧习惯受到阻碍时，人们所形成的体系与习惯往往被分解到当前对象之中。可见，统一是人们所求的东西，而分离则是常见的。因此，杜威强调，对统一与分离进一步地细化会使人们"对感知到的细节、想象出来的普遍性、发现与证明、归纳与演绎以及间断与连续之间的关系的解释"②，这一过程对于理智、道德信念、良心来讲极其重要。

---

① [美]约翰·杜威.人性与行为：社会心理学导论.//杜威全集·中期著作第14卷 [M].罗跃军，译.上海：华东师范大学出版社，2012：112.

② John Dewey. Human Nature and Conduct：An Introduction to Social Psychology. New York：Henry Holt and Company，1922：184.

二、理智与思虑

杜威认为，理智具有倾向性，思虑是人们在脑海中思考解决问题所有方法的过程，经过思虑形成的方案需要经过理智的选择，才能寻找到一个最佳的解决方案。不过思虑并不等同于计算，思虑也不是计算采用何种方式能使利益最大化的过程，它是基于对现实与问题的思考产生的关于未来的预测，是以当前情景为基础的活动。

（一）思虑的本质

杜威对功利主义心理学观点的驳斥引出了他对理智更深层的思考，他指出，道德判断的关键在于我们如何研究日常判断的本性，或者是思虑的本性。杜威认为，思虑是"对各种不同的、相互冲突的、可能的行动方式的一种（想象中的）戏剧式彩排"①，它开始于有机体的行动受到阻碍之时，而阻碍则来源于有机体已形成的习惯与被释放出的冲动间的冲突。思虑的工作就是试验解决障碍的所有方法，并预计结果，这一过程是在人的想象中进行的。在想象中进行的彩排将互相冲突的习惯与冲动都挑选出来进行排列组合，若思虑的活动或结果被直接呈现出来，与环境相互作用后便会形成经验。它既有可能与环境中的事物相互合作获得成功，也有可能受到阻碍而失败。这一思虑活动给习惯或本能赋予了意义与特征，比如"我们通过被我们所看到的对象来弄清楚观察意味着什么，这些被看到的对象就构成了视觉活动的意义，否则，视觉活动就仍然是一片空白"②。而对于没有表现出来的意识来说，只有当它达到了自己的目的或者是遇到了障碍时，纯粹的意识活动才具有意义。即在实际行动中，人们并没有直接认识到自己行为的目的与意义，只能根据既定行为的路线进行

---

① ［美］约翰·杜威. 人性与行为：社会心理学导论. //杜威全集·中期著作第14卷［M］. 罗跃军，译. 上海：华东师范大学出版社，2012：117.

② ［美］约翰·杜威. 人性与行为：社会心理学导论. //杜威全集·中期著作第14卷［M］. 罗跃军，译. 上海：华东师范大学出版社，2012：118.

活动。当人们遇到障碍或注意到行为的具体对象时，才能依据它们抗拒或鼓励行为的活动来判断行为是什么并赋予其意义的。

所以，无论是可见的行为路线还是思虑的行为路线都是没有根本区别的，它们都在具体的行动路线中感受对象具有的力量。在这一过程中，思虑在持续进行，当思虑停止时，就意味着有机体需要做出选择与决定。杜威指出，选择是在思虑过程中遇到的能够为公开行动提供刺激的对象，意味着在习惯与冲动的组合间找到了能够解决问题的方法。但并非所有的选择都是合理的，它有合理与不合理之分。一方面是因为人们在进行选择之前往往带有偏好，人类常常是带有偏见的存在物，不是偏向这个方向就是偏向那个方向。人们的选择是从相互冲突的偏好中选择相统一的偏好，曾经相互冲突的偏好如今和谐共处，并互相加强，构成统一的态度。另一方面，人们选择的对象往往只是在某一阶段彰显了对习惯与冲动的激励作用，它的膨胀挤压了其他对象的存在空间，它只是在特定的活动中使一切趋向都得到了实现，令人们对这一选择狂欢不已。

杜威指出，在思虑过后，若想做出合理的选择，可以使用从整体上感知活动的方法。杜威驳斥了欲望与理智相互斗争影响了人们理性选择的观点，认为理性并非与欲望对立，它是各种欲望间有效关系的一种属性，是欲望间和谐运转的结果。"理性作为一个名词，意味着它与许多性格之间的愉快合作，诸如同情、好奇、探索、实验、率直、谨慎地追求事物、审视环境等等。"①此外，杜威指出，复杂的科学体系不是从理性中产生的，而是来自冲动。冲动首先将分离的事物结合起来、结合的事物分离开来，然后再把冲动整合成一种不断探究、发展和预期的倾向才形成了理性。因此，一个具有理性的人在遇到困难时，会合理地运用冲动在理性中的作用来促使理性协调一致。

---

① John Dewey. Human Nature and Conduct：An Introduction to Social Psychology. New York：Henry Holt and Company，1922：196.

（二）思虑与计算

杜威认为，思虑在功利主义理论中意味着"根据盈利与亏损来计算行动的路线"①，但思虑的职责并不是计算出在何处行动能获得最大利益，也不是对利润、情感数量的计算，而是解决活动中存在的问题，使中断的活动重新组织起来，再现和谐，并改变习惯的方向。杜威举例道：婴儿并不是因为计算出食物的好处才移向母亲的乳房，爱财者收集金币、医生为人治病也都并非因为计算才进行活动，他们产生行动的原因分别是本能、习惯与职业。可见人们的行动不是来自经过计算的预测与推理，而是当下情感的折射。

杜威否定了功利主义者认为思虑就是对未来的感觉，行动与思想是达到或避免这一目的手段的观点，他认为以未来为目的的思虑会让人们陷入一种病态的内省及在不确定结果的计算中做出选择的茫然。杜威虽否定了思虑的未来性，但却承认思虑所具有的展望特点。这种展望是建立在客观现实的基础之上的，通过客观现实来思考人们行为的客观后果。不过，当人类试图对未来做一种客观的估计时，他们将会发现自己可能迷失于这一任务中。因为对未来结果的预期虽然建立在客观现实之上，但它却不依赖于当前的决定与行动，并且这两种因素在人们前往未来的道路中是不断变化的，未来的结果更多地取决于它当时所处的环境与所拥有的条件，尤其是人们自身的情感因素，最难以计算。人们一旦具备长远的目光，就需要计算他人的快乐与痛苦。因此，加入的不确定因素越多，人们对未来的计算就越难以得出结果。

思虑能够预见后果，它只有通过对后果的预测才能够找到解决问题的合适方法。虽然人们无法控制未来的决定与行动，但可以根据已存在的欲望与习惯所产生的后果趋向来判断将来的欲望与习惯。杜威认为，有关未来的所有预测都会受到习惯与冲动的审查，所以习惯与冲动合理地考察是思虑活动中的重

---

① John Dewey. Human Nature and Conduct: An Introduction to Social Psychology. New York: Henry Holt and Company, 1922: 199.

要环节。人们通过观察习惯与欲望所产生的后果来回忆他们观察到的东西，在意识中通过极富想象力的回忆，来获得关于未来的一些趋向。思虑若想对未来进行预期，需要经常关注行为的趋向，并注意到人们之前的判断与现在结果间的差异，通过思考这些差异找到预期与现实中的不同。经过这一过程，人们会渐渐明白当前行动的意义，并根据这些意义指导接下来的行动。

三、理智与行为

理智是行为的核心，是改变行为的重要推动力。虽然理智在行为中具有较大影响，但杜威认为既不能过度抬高理性而忽视欲望对于行为的重要性，也不能为了提高欲望的地位而忽视理性的价值，因此他指出，欲望与理智并不是两个对立的个体，需要将它们看作是一个统一整体进行思考，并且需要及时更新习惯以避免欲望与理智的过度分离。此外，个体行为过程往往会有偶然因素参与，因此行为与后果间并不存在固定等式，不同个体做出的相同行为所得到的后果并不完全相同。

（一）行为的内涵

行为（conduct）在杜威的话语体系中是指"行为者（agent）知道他要做什么，意味着他想干成某事。一切行动都要完成某事或产生结果，但行为举止具有被期待的（in view）结果"[①]。行为不同于行动（action），因为任何变化的过程都可以被称为行动，比如说狗吠、机器运转等，而行为是具有目的性的，行为者所发出的动作具有明确的目的与意义。杜威指出，目的赋予人们的行为以道德价值，目的亦是评价行为的标准，能够体现人们目的的行为就是正当的，反之则是不正当的，对人们行为正当性的探索也是有关目的或善的特

---

①［美］约翰·杜威.批判的伦理学理论纲要.//杜威全集·早期著作第3卷［M］.吴新文，邵强进，译.上海：华东师范大学出版社，2010：200.

殊形式的研究。因为目的既表明了行为的正误，也传达了行为总是追逐目的的方向而前行，即目的不仅蕴含着人们做了什么，还包含着人们应当怎么做的意味。

此外，杜威还指出，与行为密切相关的要素主要有：动机，情感或情绪，行为的后果，行为者的品格。[1]动机是发出行为的主体想要实现的目的，即通过自己的努力来达到一系列结果，是行为中的理想要素。杜威指出，情感或者情绪有时会被认为是动机的一部分，比如一个人读大学是出于自己的好奇心，好奇心既是情绪也是动机，但他认为二者并不相同。动机是人们发出行为的理由，是目的，而情感或者情绪则是驱动因。他举例到：一对父母询问自己的孩子为什么打人，如果孩子回答说因为生气所以打人，那么这一回答则是行为的驱动因，而非动机，因为父母听完孩子的回答后也许会继续追问孩子为什么生气。在上述例子中，孩子打人的动机可能是想要拿走玩伴的玩具，也可能是为了惩罚玩伴。后果指人们行为的整个结果，同时也可以指代可预见的后果，并且在很多时候人们只有预见到了行为的后果，才能够判断行为的道德性，因为"在我们知道这些后果之前，行为只是一个完全没有内容的单纯抽象物。那些被设想的结果，构成了所要表现的行为的内容"[2]。杜威指出，品格（character）是在行为举止中表现出来的一种状态，是总体的道德情感作为行为者对待行为举止的态度，作为表达那种整体上驱使他们行动的动机。

在与行为密切相关的四个要素中，行为后果尤其重要。因为杜威认为行为是道德判断的标准，并且善或者良好的道德只有通过个体行为产生后果后才能成为现实。如果美德仅存在于个体中而没有产生具体的后果，那么这种美德

---

①［美］约翰·杜威. 批判的伦理学理论纲要. //杜威全集·早期著作第3卷［M］. 吴新文，邵强进，译. 上海：华东师范大学出版社，2010：201.

②［美］约翰·杜威. 批判的伦理学理论纲要. //杜威全集·早期著作第3卷［M］. 吴新文，邵强进，译. 上海：华东师范大学出版社，2010：204.

将会消散于无形之中。在观察后果的过程中，可以采用对结果、性格、习惯有直接影响的感知和观察的方法。杜威以赌博为例，指出人们可以通过赌博所产生的公开影响或赌博参与者的情绪、意志与性格波动来判断结果。

那么，行为后果与个人性格中的善或道德间有没有必然的联系？在杜威看来此问题非常值得商榷，他指出："性格中值得欲求的特征并不总是产生出值得欲求的结果，尽管善的事情经常不借助善良意志而发生。"[①]一些偶然因素或情绪也能够促成善的事情发生。所以，杜威指出，有必要从两个角度来考察和分析性格、习惯与道德间的关联：一是人们常采用一种固定的方式去理解性格中善行与结果中善行的关系，这种方式缺乏科学的分析、记录与描述的方法，难以正确地认识结果；二是在人类自负的基础上理解性格与道德间的关系，杜威认为，人类的自负"一直要求从欲望和倾向的立场或者至少从善良的人的欲望和倾向的立场出发来判断宇宙"[②]，这种自负引导人们认为一定有一个真实的终极实在潜藏在抽象自由背后，道德则成了虚幻。

行为与后果之间是否存在一个数学等式？杜威表示，功利主义曾试图在行为与后果之间建立数学等式，但由于功利主义者认为人们的习惯并不总是善良的，所以相对于稳定和可控的因素，他们更重视偶然的因素。杜威则认为人们不能忽视可控的习惯在后果中的引导作用，习惯能使活动中的大部分力量掌控在个体手中，而且习惯综合了客观环境，这意味着每一种习惯的形成总要受制于特定的环境，也告诉人们"每当我们的习惯在与它们的形成环境不同的环境中被运用时，其后果都显示出这些习惯中具有未曾预料的潜能"[③]。杜威强

---

①［美］约翰·杜威.人性与行为：社会心理学导论.//杜威全集·中期著作第14卷［M］.罗跃军，译.上海：华东师范大学出版社，2012：31.

②［美］约翰·杜威.人性与行为：社会心理学导论.//杜威全集·中期著作第14卷［M］.罗跃军，译.上海：华东师范大学出版社，2012：32.

③［美］约翰·杜威.人性与行为：社会心理学导论.//杜威全集·中期著作第14卷［M］.罗跃军，译.上海：华东师范大学出版社，2012：33.

调，人们可以通过后果来判定道德行为，但是后果与性格或行为间没有必然的联系，因为习惯是受环境影响的，在不同的环境下，习惯有可能会带来不同的后果。面对纷繁的生活环境，试图根据性格、习惯、行为等因素预先设定一个后果是虚构且不现实的，可能导致忽视生活中偶然因素对后果的影响。这也是杜威一再强调采用科学心理学方法分析后果的原因。

（二）欲望与理智

杜威指出，道德的难题是欲望与理智间的难题，欲望与理智的冲突引起了道德上的困境，如何解决冲突成为道德发展中的重要部分。他认为，冲突对人们思想的发展具有积极意义，它能够将人们从平静的状态中唤醒，激励人们去观察、创造，冲突还是人们产生反思性思维与创造性思维的必要条件。

随着人们对理智的认识与理解逐渐加深，有些批评家认为一些理论过度强调了理性。他们指出，如果人们的热情、欲望等情感没有被理智冻结，创造性努力没有被否认，那么人们是幸运的。理智能控制人们情绪的波动，它使人们在需要表达情感的地方显露了超然的态度，它也是分析性的，将事物肢解为不同的部分，企图消灭或忽视人的欲望。但欲望是个体行为发生改变不可或缺的，它们是产生新情感、提升鉴赏力的基础。

为了能够更清楚的说明欲望与理智在目的中负担的责任，杜威对欲望进行了独立的分析。他认为，欲望是具有生命特征的生物前进的重要推动力，但如果个体生命前行的过程中没有遇到障碍或困难，欲望就不会产生，人们所拥有的只是生命活动。生命遇到障碍后，个体活动就会被冲散，想要实现目标的欲望就会产生。欲望在此时所想要实现的目的就是这一活动的对象，当对象被显露时，它就会引领分裂、分散的活动重新统一起来，恢复为一个整体。

那么人们所想要欲求的目的与实现的事物间有什么差异？杜威认为，人们希望以欲求对象为手段，从欲求对象中获得某物。他提到有理论指出，快乐是欲望的真实目的，欲望只是达到目的的一种手段，欲求的对象也不是其目的，仅仅是它道德目的的先决条件。还有理论认为寂静是欲望的终点，比如佛教。杜威指出，这种理论是从结果来审视活动的，因为经过思虑，引起骚乱的冲动被平息下来，欲望所特有的不安也被消解了。①但他也对这一理论提出了一些质疑，他指出被满足的欲望并不意味着永恒的平静，这一状态仅仅代表着原有的冲突被统一了。

人们所达到的欲求目标与期望实现的目的有所不同这一事实，意味着思考的对象与目的对象并不处于同一维度，在道德中难以解决的问题是"人们往往忽视结果的性质，而不是欲望的对象与结果之间无法避免的不同"②，杜威指出，诚实且完整的心灵专注于最终结果，它们看到的结果不仅是终点，也是开端。因为欲望的实现是上一个目标的达成，同时也是习惯所达到的一种状态，而习惯的这种状态将继续存在于行为之中，并对未来的结果具有一定影响，所以欲望的结果也是新行为的开始。杜威举例道，就像是英雄与领导者的成功，他们的成功不是终点或结局，还有其他事物跟随在成功之后，这些事物会被成功的本性、特质所影响。

通过对欲望的分析，杜威指出牺牲理智而夸大欲望的作用是不合理的。因为人们的思想并不是按照冲动去行事的，而且冲动没有方向性，它不知道自己的目的是什么，也无法发出命令。但有时欲望并不意味着纯粹的冲动，因为纯粹的冲动没有方向，而欲望则有明确的目标。在这时，欲望与理智并不是对立的，因为欲望中存在着思考。所以，杜威反对将欲望与理智孤立为两个部分的观点，他认为理智总是会被冲动所激励，并且最具理智的科学家与哲学家也会为某种激情而感动。虽然冲动很容易僵化为习惯而与其他事物分离，但使冲动与思想相分离并不是解决问题的办法，促进思想延伸、不断更新习惯才能够时刻避免这种状况发生。

---

① John Dewey. Human Nature and Conduct：An Introduction to Social Psychology. New York：Henry Holt and Company，1922：251.

② John Dewey. Human Nature and Conduct：An Introduction to Social Psychology. New York：Henry Holt and Company，1922：252.

（三）目的与行为

杜威指出，目的对于人类行为具有重要的意义，因为目的"是思虑的终点，是活动之中的转折点"①。经由思虑形成的理智虽在人们的整个行为中只占据了中心一小部分的活动，但目的才是这一行动的核心，人类的行动与确定的目的同自然事件的整体相比，亦是微不足道的。尽管如此，人们应该看到每一行为都具有无限的意义，通过人们理智微小的努力能够改变行为，行为的变化会影响支持它的各种因素，进而对自然事件产生意义。

目的源于偶然的因素及自然的后果之中，杜威举例到：人们喜爱一些后果，讨厌另一些后果，在得出对后果的情感判断后，就构成达到或者避免这些后果的目的。虽然目的不是行动的最终结果与动力，但目的是行动的一种手段，也是改变行动的枢纽。杜威认为，活动或行动只有具有了目标才具有了意义，因为"目标是界定和深化活动之意义的方式"②，失去了目标的行为是混乱无序、机械的。值得注意的是，虽然"一个视野中的目的是当前行动中的一种手段；而当前的行动，却不是达到这遥远目的的一种手段"③，就像星辰并不是海员的目的，通过星辰判断航行的方向来指挥活动才是目的。并且目的并不是固定不变和唯一的，目的会随着活动与行为的不断推进而发生变化，就如同港口作为海员思想中一个有意义的目标存在着，当海员抵达港口时，海员的目标暂时实现了，但是对于他长久的活动与行为而言，港口却未必是终点。杜威指出，这一港口是海员当前活动的终点，但同时也意味着下一活动的开端。

在杜威看来，目的只是指导人们行动的理智策略，因为目的是无止境、

---

① John Dewey. Human Nature and Conduct: An Introduction to Social Psychology. New York: Henry Holt and Company, 1922: 223.

② ［美］约翰·杜威. 人性与行为：社会心理学导论. //杜威全集·中期著作第14卷［M］. 罗跃军，译. 上海：华东师范大学出版社，2012：137.

③ ［美］约翰·杜威. 人性与行为：社会心理学导论. //杜威全集·中期著作第14卷［M］. 罗跃军，译. 上海：华东师范大学出版社，2012：138.

不固定的。但在生活中，个体往往会为自己的行为预设一个固定的目标。这个预设的目标不仅会分散人们在考察与思考的基础上制定目的的注意力，还会让人们忽略对现存条件的客观考察。更重要的是，脱离现实的目标往往会因为太过理想和遥远而走向失败。所以杜威赞同那些拥有注重实际思想的个人，他们能够接受过去的风俗，并从中受益。他们还能够根据当前的生活习惯制定目标，且让理智参与形成目标的过程中，因为理智能够预见未来，为行动指明方向并使目标贴合现实。

虽然杜威不认可固定目的的观点，但他指出固定的原则与固定目的不同，它对行动有着重要意义。从理智的角度来看，"一种原则就是一种对于直接行动的习惯"①，它能够使人们脱离经验而行动。杜威认为，正统的道德理论就是坚持先前形成的固定而普遍的原则，并且形成一种普遍适用的道德原则是野心勃勃道德理论家的理想，甚至形成了缺乏固定道德原则等于道德混乱的观念。但现实告诉人们，一般接触的道德原则多是从过去的经验中概括得出的，人类生活是不断变化的，且人们的心灵也并未掌握所有真理，所以以前的道德原则放在现在社会中未必适用。不过，旧原则也并非一无是处，因为原则是预测未来的一种方法，它的真实、可靠与普遍性需要得到现实的验证。人们通过观察旧原则在当前环境中的运作方式，有助于形成新的原则。

杜威指出，面对旧原则，明智的做法是进行修改、拓展与改变。尽管道德原则并不能长久地适用于所有环境，但它在道德判断中依然具有重要价值。当人们面对互相冲突的欲望与目的时，人们如何做出最恰当的选择？其中最关键之处便在于人们拥有一种合理且固定的价值尺度，就像人们依据尺子测量物体的长度一样。虽然会有人反驳说尺子的测量尺度在潮湿与干燥的环境下存在不同，但应看到如果没有一般性的存在，人们就无法对特殊现象

---

① ［美］约翰·杜威. 人性与行为：社会心理学导论. //杜威全集·中期著作第14卷［M］. 罗跃军，译. 上海：华东师范大学出版社，2012：145.

的情况做出判断。在道德判断与选择中，人们既不想被僵化的原则束缚，又需要一般性原则做指导。面对这种困境，杜威指出人们可以根据现实不断改变原则来解决问题。

（四）道德与行为

人们的行为往往与道德密切相连，因为道德是从特定经验中产生的，并且人们往往要依据行为后果来判断道德。杜威认为，任何一种行为都处于道德领域之中，但他又指出，只有经过思虑的行为才能被比较好坏，才是明显的道德行为。那么杜威的这两点看法是否存在矛盾？事实上，二者并无矛盾之处，因为即使是人们认为理所当然的行为也需要经过思虑。人们观念中理所当然的行为是已经形成习惯的行为，所以，这一行为在形成习惯前必定经过了有机体的考虑，也就意味着人们所有的行为都能够被比较好坏，并进行道德判断。

在杜威看来，道德具有生长性，是"了解我们将要去做的事情的意义，并在行动中运用这种意义"①的过程。他强调道德是存在于人类当前活动中的，"现在"这一时间节点对于道德而言是关键时刻，因为"现在"包含着对过去的回忆与未来的预测，意味着行动在未来的转向。但道德却并非只存在于未来与理想之中的虚无之物，杜威将道德从理念世界拉入现实生活之中，并认为道德是最接近人性的学科。此外，杜威还将道德与人类学、心理学、生物学、医学、化学等学科联系起来，指出道德并非单独的学科，而是基于人性的生物、物理、历史等知识进行发展的领域。所以他反对将道德与现实生活分离的道德理论，并认为将自然规律作为道德规律的理论是具有缺陷的。他指出，以自然规律为基础的道德理论出现在神话对人们的道德约束逐渐减弱过程中，它将以前描述神圣规律的赞美性词汇用于自然中，并将自然规律上升为唯一的神圣规律。

---

① ［美］约翰·杜威.人性与行为：社会心理学导论.//杜威全集·中期著作第14卷［M］.罗跃军，译.上海：华东师范大学出版社，2012：172.

　　此外，杜威认为，探索自然规律与自然事实在道德中的地位，是人们思考自由的开端。自由的概念包含着三种因素：一是行动的效能，实施计划的能力以及消除限制性和阻挠性障碍物的能力；二是包括改变计划、改变行动路线与体验新事物的能力；三是意指欲望与选择的力量成为事件中的因素。①自由还可以被划分为天然自由和政治自由，当自然满足了个体的目的时，他将会是自由的。如果没有这种天然自由的支持，经由深思熟虑的社会制度就不会出现，即天然自由是政治自由的基础与前提。但天然自由具有偶然性，因此需要进入一个组织来缩减天然自由的比重，以保证行动的规律性以及计划和行动路线的广泛的范围。②可见，在杜威的观点中，人类的自由并非毫无边际的，而是会受到组织的约束。并且，自由在实现的过程中需要依赖社会条件，没有周围环境对自由的支持，那么它就是虚无而非真实的。在组织支持或约束下的自由是有效或者现实的自由，杜威举例道，国家契约论通过牺牲人们一部分天然自由来确保政治自由的真实性。道德家曾宣扬，实现自由的途径是人们从既定的规律和事实中解脱出来，并抵达一个独立存在的理想世界的过程。但杜威认为这种方法并非完全有效，因为人们所需要的自由是存在于事件之内而非事件之外的。他提出，人们可以通过运用与欲望和目的相关联的事实知识来寻找通往自由的方法。

　　杜威社会心理学思想中道德与行为间的关系十分密切，一方面，道德是人们发出何种行为的影响因素之一；另一方面，行为后果是进行道德评判的标准。此外，杜威的社会心理学思想紧密地围绕着人性与行为进行阐述，前文所谈论的习惯、本能、冲动与理智等心理过程都是个体心理，但这些个体心理的服务对象都可以归结为社会。杜威明确指出："我们的行为都是以社会

---

　　①［美］约翰·杜威. 人性与行为：社会心理学导论.//杜威全集·中期著作第14卷［M］. 罗跃军，译. 上海：华东师范大学出版社，2012：184.

　　②［美］约翰·杜威. 人性与行为：社会心理学导论.//杜威全集·中期著作第14卷［M］. 罗跃军，译. 上海：华东师范大学出版社，2012：186.

为条件的。风俗对于习惯的影响，以及习惯对于思想的影响，都足以证明这种观点。"①基于此，他认为道德具有社会性和现实性，道德并非脱离现实生活的，它来源于人与环境、人与人相互作用的过程。道德判断与道德责任也是社会在人们身上所引发的结果，从这一角度讲，人们所有的道德都是社会的。此外，杜威通过反对哲学上的先验论，驳斥了道德凭空建立在一个抽象或理念的世界中的观点，强调道德来自人类现实生活之中，认为人的本性之中存在着善的倾向性，并希望通过对群体道德的建立塑造个人良心。

本章结语

杜威认为他所谈论的社会心理学并非现代意义上的社会心理学，他在《人性与行为》一书的前言中谈到这本书"无意于探讨社会心理学。但是，它提出了一个严肃的信念，即尽管冲动（impulse）与理智（intelligence）的作用是理解个体性心理活动的关键，但对习惯以及不同类型习惯的理解仍然是理解社会心理学的关键之所在"②。可以看出，杜威所讨论的社会心理学并非严格意义上的社会心理，而是着重通过个人道德形成的心理机制论述社会风俗与社会道德。美国惠洛克学院教授卡汉（Emily D. Cahan）在1992年发表的《约翰·杜威与人类发展》（*John Dewey and Human Development*）一文肯定了杜威社会心理学对于经验、教育、儿童心理发展以及社会重建的价值。③杜威强

---

①［美］约翰·杜威. 人性与行为：社会心理学导论. //杜威全集·中期著作第14卷［M］. 罗跃军，译. 上海：华东师范大学出版社，2012：191.

②［美］约翰·杜威. 人性与行为：社会心理学导论. //杜威全集·中期著作第14卷［M］. 罗跃军，译. 上海：华东师范大学出版社，2012：前言.

③ Emily D. Cahan. John Dewey and Human Development. Developmental Psychology，1992，Vol. 28（2）：205–214.

调，社会心理学的实质是以群体习惯为基础的，群体习惯即风俗。社会心理学研究的对象是一般性的、非个体的心理活动，除此之外，还应该研究不同的社会风俗是如何帮助人们形成具有差异性特征的欲望、信念和目的。社会心理学的探索难题在于不同的风俗是如何建立起相互作用的方式并形成了不同的心理机制。1930年，美国学者金博尔·杨（Kimball Young）在他的《社会心理学》（Social Psychology）中亦从本能、意志与习惯的角度探索了人的行为与民族、国家与社会间的关系。不同的是，杜威还将心理学看作社会道德形成的基础，重在解释习惯、冲动、本能等心理活动如何成为美德形成的关键。笔者认为，产生这一现象主要是因为当时的学科界限尚不明确，通过研读杜威的著作可以发现，在他的话语体系中，伦理学与社会心理学的核心要素时常交织在一起，有时甚至是相同的，比如风俗既是伦理学又是社会心理学中的一个基础概念。

杜威社会心理学思想的内容主要集中于《人性与行为：社会心理学导论》（Human Nature and Conduct：An Introduction to Social Psychology）一书中，阐释了习惯、冲动、本能及理智在人类行为中的作用与地位，揭示了它们对于人性之善、社会道德形成及发展的意义。在这本著作中，杜威表达了希望通过习惯重新塑造人们行为的理想，并认为人们行为的改变能够促使社会变革，激发人们对自由的向往与追求，实现美国民主社会的目标。此外，杜威在1891年的《批判的伦理学理论纲要》（Outline of a Critical Theory of Ethics）中，从伦理学的视角论述了行为、动机和善。1894年在杜威撰写的《伦理学研究》（教学大纲）（The Study of Ethics：A Syllabus）中，他阐述了冲动的本质、冲动的表现形式与结果和冲动中介等概念内涵，并讨论了冲动与道德判断之间的关系。

1902年3月15日，杜威发表于《白与蓝》（White and Blue）的《习惯》论述了形成习惯的关键要素，以及成功与重复对于形成习惯的意义。1908年，在杜威与詹姆斯·海登·塔夫茨（James Hayden Tufts）合写的《伦理学》一书中，杜威阐明了风俗是群体道德的来源，并指出从风俗到良心是由群体道德到个体道德转变的过程。1914年，杜威发表于"Union Alumni Monthly"的演讲概要《社会行为心理学》，从与行为相关的多个维度阐述了个体和社会行为与冲动、心灵、语言、情感及理性间的关系，是《人性与行为》的基础。1916年12月28日，杜威在美国心理学学会25周年年会上的演讲《社会心理学的需要》，强调了对团体与人性的研究，并指出通过内省法探索社会心理学似乎已经不再适用，需要引入行为主义对社会心理进行探索。在这一过程中，杜威表示运用实验法来控制兴趣对人们的最初行为进行研究是了解人性与社会变化的方法。

1927年11月17日，杜威在纽约医学科学院第八十一届年会发表的《身与心》中强调，人们的身体与智力要协调发展才能使行为更加合理。他指出，在行为中，人们的身体代表着行为的方式与手段，心则代表着行为的成果与后果，对身与心的探索是研究社会心理学的基础，只有将身与心视为一个整体，才能使人们的行为摆脱机械。1938年，杜威在其著作《经验与教育》中谈论了"自由的性质"与"目的的意义"，其中在"自由的性质"中杜威强调，只有理智的自由才是唯一永远且具有重要意义的自由，理智的自由则需通过控制冲动与欲望，并进行沉思来支配行为。"目的的意义"这一节中杜威指出真正的目的往往是由冲动发动的，形成过程是理智的复杂运用。

目前国内有关杜威社会心理学的研究尚不充分，由于他的社会心理学思想与伦理学有着十分密切的关系，所以多数研究均从哲学与伦理学的角度探讨杜威社会心理学的思想。其主要观点包括：杜威以人性作为道德理论的基础，并将人性与现实生活密切联系起来，强调在道德教育中不仅要发挥个体本能的作用，还要重视社会与生活的作用；杜威已意识到人的欲望是生活的动力，属于第一性，而理智属于第二性，理智是道德生活的核心；[1]从道德与人性的角度分析了杜威有关欲望与本能、道德与习惯关系的论点，指出他认为欲望与本

---

[1] 李志强.杜威道德教育思想研究［D］.中国人民大学，2006.

能是驱使人们思考道德及行为关系的动力，道德则是习惯与风俗的集合；①基于杜威道德哲学中的核心概念"道德自我"，阐述了杜威以习惯与理智构建伦理心理学的思想，指出杜威将心理学理解为道德哲学的方法；②以杜威的《人性与行为：社会心理学导论》著作为基础，从哲学视角对习惯、冲动、本能三个角度出发总结了杜威有关行为的实践哲学思想，指出杜威认为人性建立在习惯这一基础之上，即具有稳定性与可变性，也拥有可塑性。③

　　归纳而言，杜威社会心理学具有社会性、哲学性、情境性三个显著特征。

　　首先，杜威社会心理学的社会性表现为研究对象主要以社会群体、社会行为和社会重建与和谐为主。社会心理学是一门在特定社会情境中通过研究人的行为探索心理的科学，它一方面要立足心理学的科学实验，另一方面还需密切关注人类社会，为人类发展与变革提供支撑。社会心理学作为社会学和心理学的交叉学科，既具有社会学和心理学的特征，又包含着社会学和心理学所不具有的内容，同时，社会心理学的发展历史也逐渐呈现出以研究个体心理为主和以研究群体、社会心理学为主的两种取向。杜威的社会心理学更侧重于探讨心理学对社会发展与变革的影响，他通过研究群体人性与行为，鼓励人们发展自身在困境中产生的冲动与本能，打破固有和僵化的社会旧风俗，解决道德困境，促进人类善与自由的发展，推动社会民主化进程，建立一套属于当下情景的道德原则与标准。

　　其次，杜威社会心理学的哲学性表现在其社会心理学思想与伦理学、教育学和社会学思想结合的十分紧密，并且与其实用主义哲学和伦理学思想有着极大的关联性，带有浓厚的哲学色彩。他通过本能、冲动、习惯与理智等心理

①　马如俊.论杜威的自然主义伦理学［D］.复旦大学，2006.
②　张奇峰.以"道德自我"概念为核心的杜威道德哲学研究［D］.复旦大学，2010.
③　权威.杜威行为思想探究［D］.黑龙江大学，2014.

学概念描述了个体性格与行为间的关系，进而将习惯的范围扩展到善、自由、风俗、道德与人性。而在人们当前的话语体系中，善、自由、风俗与道德往往被视为杜威哲学思想中的内容，可见，杜威的社会心理学思想带有浓厚的哲学意蕴。

最后，杜威社会心理学的情境性表现为习惯、冲动、人性、行为与道德都会随着社会环境的变化而更改，尤其是习惯与冲动，具有可塑性。所以，当个体在上一阶段形成的行为与习惯难以解决生活中面临的问题时，冲动与习惯就会适时、适当地调整自身的前进方向，同时，这一阶段所形成的习惯与性格也未必能够适应下一阶段的环境，个体习惯的情境性促使人们需要经常修正和检测自身习惯。风俗与道德在社会发展中受到阻碍时，习惯、社会变革等力量则会推动风俗与道德发生改变，尽管这种改变所需的周期较长，但也在不断地重塑社会风俗与道德，进而重新促使社会实现平衡状态。

虽然杜威称自己无意讨论社会心理学的内容，但在他《人性与行为：社会心理学》这本著作中是以心理学的概念为基础展开论述的。不过，相比于当今学者所谈论的社会心理学，杜威的社会心理学思想是非纯粹的，带有浓厚的哲学韵味。尽管如此，他有关人性与行为论述的最终目的与如今人们所谈论的社会心理学一致，即希望通过对群体心理学的研究来对社会产生意义。正如杜威有关群体心理的看法，人类是社会性动物，对社会道德的发展意味着个体良心的重新塑造，个体良心的改变也是社会道德发展的动力。在这一层面上看，杜威的社会心理学思想对于我们当今时代价值观塑造具有启发意义。

附录：杜威心理学著作提要

《新心理学》

《心理学立场》

《作为哲学方法的心理学》

《心理学》

《虚幻的心理学》

《拉德教授的〈生理心理学基础〉书评》

《莱布尼茨的〈人类理智新论〉评析》

《论"自我"这一术语的某些流行概念》

《概念如何由感知而来》

《婴儿语言的心理学》

《作为原因的自我》

《情绪理论》

《心理学中的反射弧概念》

《努力心理学》

《心理学与社会实践》

《术语"有意识的"和"意识"导读》

《我们如何思维》

《心理学原理与哲学教学》

《知识与言语反应》

《人性与行为：社会心理学导论》

1.《新心理学》①

（ *The New Psychology*，1884 ）

《新心理学》发表于1884年，彼时的杜威正就读于约翰斯·霍普金斯大学，这篇论文也成为杜威年轻时期研究心理学的重要文献。在文中，杜威理性反思了联想主义心理学在认识论上的不足，也透露出他对心理学转向实验主义的期望。19世纪末的约翰斯·霍普金斯大学集合了一大批美国心理学研究的翘楚，也正是在该校就读期间，杜威接触到了当时世界上"最先进"的心理学理论和研究成果。在这篇文章中可以发现杜威对实验主义心理学的"好感"，结合杜威在约翰斯·霍普金斯大学的经历，尤其是受霍尔的影响，这种倾向便显得理所当然。

在《新心理学》开篇，杜威论述的重点是心理学在研究人的生命、人的发展方面的重要作用。他认为，个体心理虽然复杂，但它不会分解成为不同实在的不同观念，而是一个相互关联的统一体。在此基础上，杜威主要阐释了三个相互关联的观点：对传统心理学中唯名论与形式逻辑的批判；19世纪末受生理学和生物学影响下心理学的发展趋势；总结新旧心理学理论的差别。

在文章的第一部分，根据杜威提及"同威廉·汉密尔顿和约翰·斯图亚

---

① 该文载于《安多弗评论》（ *Andover Review* ）第2卷，1884年9月，第278–289页。此时的杜威正就读于约翰斯·霍普金斯大学，进行研究生阶段的学习。

特·密尔一起，这个学派大势已去"[①]，"这个学派"实际上指的是联想主义心理学派。联想主义心理学是心理学从哲学向实验心理学过渡时期出现的一个思想流派。联想主义心理学从英国经验论出发，将感觉和观念作为个体心理的基本元素，并以联想作为解释心理现象的基本原则，认为一切复杂的心理现象都是通过联想而复合起来的。联想主义心理学在实质上对个体和个体经验进行了切割，把个体意识和个体经验看作是单独的部分。在对待联想主义心理学的态度上，还是可以明显感受到杜威对学术判断的客观态度。他表示，联想主义者的工作受到了心理学自身性质的限制，也受到了他们所生活的时代的限制，导致了他们没有找到正确认识个体心理的方法和途径。联想主义心理学所存在的缺陷和不足留给了后世心理学家去解决、反驳或利用。

文章的第二部分表达的是新心理学的发展趋势。杜威表示，心理学新趋势是在生理学和生物学新发现的基础上产生的。一方面，杜威认为生理心理学所倡导的实验研究无疑可以弥补旧心理学内省研究法的不足。他提出，这种生理心理学的实验研究法是新心理学科学性的重要表现形式。在《作为哲学方法的心理学》一文中，杜威表示，正是因为心理学实验研究的出现，心理学的科学性才大大提升，进而更加有资格作为最高科学——哲学的研究方法；另一方面，生物学的发展，尤其是进化论进入社会领域所带来的思想冲击，使心理学家开始关注人作为有机个体所存在的价值，个体的心理和精神开始受到关注。杜威最早是通过赫胥黎来认识进化论的，彼时读大学的杜威对进化论产生了浓厚的兴趣，加上斯宾塞所主张的社会进化论此时正风靡美国，所以，杜威有此观点实属意料之中。可以说，社会进化论对杜威心理学思想的转向有更大的影响，为杜威的心理学转向机能主义提供了方向。

文章第三部分阐述了新旧心理学之间差异的实质。在批判了旧心理学，

---

① [美]约翰·杜威.新心理学.//杜威全集·早期著作第1卷[M].张国清，朱进东，王大林，译.上海：华东师范大学出版社，2010：41.

赞扬了新心理学之后，杜威对两者出现差异的实质进行了分析，认为新心理学区别于旧心理学在于前者反对把形式逻辑作为模型和检验。而通过研读，杜威所表述的新旧心理学差异的实质是哲学观的对立。一方面，旧心理学秉持着中世纪以来的唯名论和长期存在的英国经验论，只承认个体心理感受到的具体物品的存在，用具体经验来掩盖事物的普遍性和概念，这样的后果是陷入怀疑论的漩涡之中；另一方面，旧心理学坚持形式逻辑，否认抽象逻辑的存在。旧心理学忽视经验或心理活动的统一性和连续性，存在着把经验和心理活动视为抽象的、简单的、孤立的、原子的观念。

此时作为年轻哲学博士生的杜威对心理学还未形成固定的认识，只是从当时心理学的新趋势来评判新旧心理学。虽然此时距离冯特在德国建立世界上第一个心理学实验室刚刚五年，但年轻的杜威已经能够"预测到"心理学研究的未来走向而投向新心理学的"怀抱"。

2.《心理学立场》[①]

(*The Psychological Standpoint*, 1886)

《心理学立场》是杜威在1886年发表于英国杂志《心灵》上的论文，与同时期发表的论文《作为哲学方法的心理学》相得益彰。杜威在《心灵》杂志发表的一系列论文，为他在英国哲学界赢得了众多盛誉。

心理学是对经验的深入研究，杜威认为这是心理学立场的根本所在。他同时提出，不同的心理学立场正是先验论和经验论分歧的根源。在谈及何为心理学立场时，杜威明确指出心理学立场绝不是整件事情在起步阶段的预先判断，而是要求通过对意识内容性质的批判检验来获得它的本体论。[②]为了阐明心理学立场，杜威将文章分为三部分，通过介绍心理学立场，进而对意识中的主体与客体以及主客体关系的表现形式进行了深入的思考。

在第一部分中，杜威首先分析总结了前人——洛克、贝克莱和休谟关于心理学立场的观点，然后围绕着他所理解的心理学立场的内涵展开论述。杜威认为，前人并没有采用一般的哲学方法，即用意识本身来分析意识及其各要素，而是舍近求远，寻找意识之外的、与意识无关的东西来界定意识。假设存在着一个自在之物，这个东西的实在与意识相对立，就像洛克所谓的不可知"物质"、贝克莱所谓的"先验精神"、休谟所谓的"感觉"，并且把这个

---

① 该文载于《心灵》（*Mind*），第11卷1886年1月，第1–19页。此时的杜威担任密歇根大学讲师和助理教授。

② ［美］约翰·杜威. 心理学立场. //杜威全集·早期著作第1卷［M］. 张国清，朱进东，王大林，译. 上海：华东师范大学出版社，2010：113.

自在之物当作检验意识的标准。其中休谟被人们普遍认为是纯心理学立场的支持者，即"凡是尚未进入经验领域的事物都不应当进入哲学，也不应确定其性质；事物的性质，事物在经验中的地位，应当通过考察知识过程——心理学来确定"①。事实上，休谟否认这一说法，他与洛克一样，认为假设有某物存在于知识和意识之外，那么这个自在之物就是感觉，一切知识、意识、经验都源于感觉。杜威则从反方向发现这个类似结论的答案存在程序性错误，即"知识的某种组成因素对知识本身是必需的"这个前提无法推断出"知识的个别因素先于知识并脱离知识而存在"这个结论。若要使这个推断成立，只有两种可能：一是作为知识组成要素的感觉早已存在，因而无法寻其根源；二是人们根本不知道感觉对象从哪里来、到哪里去。两种可能出现的情况都证明了作为知识起源的感觉是未知的，是不存在意识中的自在之物。但与此同时，一旦感觉被感知，它就成为经验和知识的一部分，与不存在意识中的自在之物的前提相悖。而且，若是作为知识或经验来源的感觉真的存在，那这个推论无形中已然转向了本体论，偏离了心理学立场。因而杜威认为经验并不能借助外物获取，因为外物也是经验的一部分。不过可以采用更加丰富的心理学立场，即考察经验的组成要素，然后通过各种要素和经验整体来解释它，从而进一步揭示它为何如此发展，这正是杜威阐述的真正的心理学立场。

在第二部分中，杜威在阐述心理学立场的基础上，对主体与客体的关系进行了研究。杜威直言，当今心理学的发展已逐渐迷失了自我，研究的内容大多是空间和时间的起源、物质、身体等问题，却忽略了自身的任务，即探讨自身发展及其意义。更确切地说，心理学家的任务是揭示主体与客体如何在意识中产生。但存在两种理论使得心理学避开了自己的任务，分别是理性实在论和主观唯心论。理性实在论与休谟理论有相似之处，都预设有一个自在之物能够

---

① ［美］约翰·杜威. 心理学立场.//杜威全集·早期著作第1卷［M］.张国清，朱进东，王大林，译.上海：华东师范大学出版社，2010：99.

产生意识，所有认知的一切都会进入意识之中，而"它依赖于某种神经器官，依赖于对这个器官产生刺激的种种客体"①。这个理论最终也走向了本体论。主观唯心论试图将主体与客体割裂成两个部分，并把"精神""自我"视为主体，把"物质""外部世界"视为客体。两种理论并没有说明意识的性质和主体、客体如何在意识中产生，而真正的心理学立场就是要做到这一点。在杜威的思想中，心理学立场对主客体的关系的论述应该是意识是主体与客体的统一体，所以不存在意识的两种形态，即不存在表现形态绝对是主体或者绝对是客体的情况。

在第三部分中，杜威提出意识有两种组成形式：一种表现为个别意识，另一种表现为与个别相对的普遍意识。杜威认为，若是承认普遍意识是个别意识，那么就陷入了主观唯心论的窠臼；若是承认普遍意识存在于个别意识之外，那就需要有一个自在之物的存在，这就重新落入了理性实在理论之中。因此，按照心理学的立场，为了界定普遍意识和个别意识的性质，必须通过意识且只能在意识之内对它们进行解释。杜威的心理学立场就是，意识是个别意识和普遍意识的统一体，意识既是个别的，也是普遍的；从过程来看，对现实的认识过程是个别意识，从结果来看，认识到了意识本身的存在，属于普遍意识。

简而言之，杜威撰写这篇论文的目的在于阐明心理学立场的职责，即在意识范畴内，确定主观与客观、个别与普遍之间的具体关系。

---

① ［美］约翰·杜威.心理学立场.//杜威全集·早期著作第1卷［M］.张国清，朱进东，王大林，译.上海：华东师范大学出版社，2010：104.

3.《作为哲学方法的心理学》①

（ *Psychology as Philosophic Method*，1886 ）

包括《作为哲学方法的心理学》这篇文章在内，杜威1886年连续在《心灵·心理学和哲学》杂志上发表了两篇论文，本篇论文是前一篇《心理学立场》的补充和说明。本篇文章的主旨是阐明杜威自己的心理学立场：把心理学当作哲学研究的方法和途径。他在文章中将心理学、哲学、科学、逻辑学进行了对比，最终表述出心理学对哲学思考的作用。

在文章开篇，杜威反思了《心理学立场》一文，认为这篇文章没有能够成功地向读者展现作为哲学方法的心理学。所以本篇文章的目的很明确——借助德国古典哲学论述作为哲学方法的心理学的积极意义。②在文中，杜威认为哲学和心理学是普遍与个别的关系：心理学是研究普遍中的某个部分的科学，哲学则是研究整个普遍的科学。哲学的出发点和归宿是实现对万事万物普遍的认识，为了实现这种认识，首先要认识个别的具体实在，而具体实在只有反映在个体意识中，成为无数个个体经验才能被归纳加工成普遍的真理。杜威认为，普遍若没有通过个别实现意义，那么个别就不可能产生普遍的观点，因而就不可能哲学化。具有自我意识的"人的存在"是普遍中的具体个体，所以，自我意识在本质上是哲学研究最合适的材料，而心理学的研究对象正是绝对的自我意识和个体的经验，所以心理学是哲学认识普遍规律的必然方法。

文章第二部分在理清心理学与哲学的关系之后，陈述了心理学是对意识

① 该文载于《心灵·心理学和哲学》，1886年4月，第153–173页。
② 此处的德国古典哲学指黑格尔的哲学思想。

和经验加以研究的唯一科学。杜威着重强调了两组关系：心理学和科学、心理学和逻辑学之间的关系。事实上，对这两组关系的论述也是在证明具体科学和逻辑学在作为哲学方法时的缺陷，以及心理学作为哲学方法时的科学性与合理性。

首先，杜威陈述了为何意识和经验必须由心理学进行分析和认识。杜威认为，人既是经验的主体又是心理学的客体，人是所有经验的普遍条件和统一体。在杜威看来，同其他学科一样，心理学把它的研究材料当作纯粹客体，而个体认知、感觉和意志等正是纯粹心理学的研究对象。这些具体的事物并不是哲学所研究和探讨的客观对象，只有科学化与专门化的心理学可以直接将哲学和其他科学从个体心理和意识的研究中剔除出去。这也正好对应《新心理学》中提到的随着实验心理学的诞生，科学的心理学逐渐脱离哲学母体而独立这一趋势。

其次，在心理学与科学的关系上，杜威认为，心理学是所有科学中最高级、最具体的一种，其他科学包括数学、物理、生物学等只能对意识和经验的某一阶段或某个碎片进行研究，它们的存在只是部分意识经验的虚拟抽象而已，所以这些科学是不能认识整个意识和经验的。因而在意识和经验层面，杜威认为心理学与其他科学的关系是整体和部分的关系。基于此，其他科学并不能成为哲学认识事物的普遍的工具和方法，进而突出了心理学的优势作用：作为对客观对象的意识和经验层面解释的科学，心理学既可以解释整个意识过程，也可以解释作为整体的经验，所以可以用来作为哲学的方法。

最后，杜威通过对心理学与逻辑学关系的分析，确定为何是心理学而非逻辑学是哲学的方法。杜威认为，哲学是研究终极真理的科学，而终极真理就是自我意识。在自我意识中，作为有机体的形式和内容正好相互对等，作为对自我意识的探讨，心理学必定符合哲学方法的所有条件。逻辑学，从定义上说是探究思维规律的学科，它的研究方法是思辨性质的，所以对事实和结果的解释会显得过于抽象，造成内容和形式之间的生涩和矛盾。此外，杜威认为，纯粹的逻辑学立场必定导致泛神论①，造成哲学无法实现自身的目的。这些因素最终使逻辑学不能成为哲学的研究方法，而仅仅是哲学方法的一个环节。而此时的心理学已然借助科学的研究手段来研究全体意识和经验，无论是方法还是对象都比逻辑学更适合作为哲学的方法。至此，杜威再次强调心理学才是哲学的方法。

从上述的阐释来看，杜威的文章中其实是在表达一个重要的信号：心理学的专业性、科学性和重要性。包括《新心理学》《心理学的立场》《作为哲学方法的心理学》等的论文背后是杜威认识到科学心理学的诞生已然是不可阻挡的趋势，但旧的心理学和其他观念的势力依然强大。所以，《作为哲学方法的心理学》一文实质上是杜威借助哲学的科学性和权威性来为心理学"开疆扩土"。虽然在内容上遭到了当时一些学者的非议，但此顺应历史潮流之举还是提升了杜威在心理学史上的地位。

---

① 杜威特别提及黑格尔哲学误入泛神论歧途，在心理学的历程和作为哲学方法的心理学中，杜威已经开始反思自己长期信仰的黑格尔哲学。

4.《心理学》

(*Psychology*, 1887)

　　《心理学》是杜威第一部较为系统和集中阐释其心理学思想的著作，也是他所撰写的唯一一部心理学教科书。

　　在杜威生活的时代，心理学刚刚具有了独立形态，以冯特的实验心理学和生理心理学为代表的所谓"科学的心理学"成为主流。但是关于建立科学心理学的争论一直没有停止。从1882年到1887年，杜威先后发表了《新心理学》《作为哲学方法的心理学》和《虚幻的心理学》等文章，尝试将以霍尔为代表的生理心理学纳入莫里斯的哲学和伦理学体系，从而建立新心理学。

　　杜威对当时出版的心理学教科书甚为不满，认为早期的心理学存在三个主要问题。第一，心理学教科书尚不完善，仅仅是将逻辑学、伦理学和形而上学等混合在一起，只是从哲学中汲取一些内容，并未建立起真正意义上的心理学体系，充其量还只是哲学的一部分。第二，杜威批评早期撰写心理学教科书的一个目的，那就是试图完全撇开哲学的思辨，以科学的心理学自居。其具体做法就是将自认为不属于心理学的内容，如哲学、伦理学等统统抛弃。他反对放弃心理学中的哲学原理以及其中的哲学意义，指出那种教科书只能毫无目的地反反复复介绍有关心理本质、心理与现实之间关系的观点。第三，杜威反对心理学教科书脱离教育学，以及不考虑教育方式的心理学，其结果是心理学与教育越走越远。

　　因而，杜威试图以客观唯心主义和心理伦理学以及19世纪末自然科学的最新成就为理论基础，构建作为哲学入门学科的心理学。他试图用"心理学立场"的哲学方法，把客观事物当成客观意识来讨论；将生理心理学纳入他的哲学和心理学体系，以期搭建以唯心论、实用主义、伦理学为基础的心理学；并逐渐开始将心理学研究与教育学、逻辑学、社会学、政治学以及艺术哲学相融合，具有了社会化和行为化的特征。

《心理学》一书出版于1887年，1889年修订出版了第二版，1891年又第三次修订出版。全书共分为四个部分，分别为序言、第一部分"知识"、第二部分"情感"和第三部分"意志"。

在序言中，杜威主要阐述了心理学的研究对象、研究方法和心理活动的模式。首先，杜威提出，心理学是研究自我的活动或现象的科学。"自我"即个体具有认识到自身是一个独立存在或具有独立人格的能力，也就是自我认识的能力；自我的基本特征在于它是一种意识活动，这就意味着自我不仅存在，而且知道自己的存在，心理现象实际上就成了意识活动，心理学研究特定情况下不同的意识形态。不仅如此，自我活动或意识是一种特殊的个体化活动，心理学研究的是具有个体性特征的自我和个体，而其他学科则是研究普遍现象的。

其次，杜威认为心理学能成为科学和研究心理学的前提是必须有正确和恰当的研究方法。因而，他提出了内省法、实验室、比较法、客观分析法四种心理学研究方法。内省法是具有反思性和意向性特征地观察意识现象以确定它们性质的研究方法，但是内省并不是一种特殊的心理能力，而是一种一般的认识能力；内省法主要是对观念的性质以及发生发展过程的一种观察，只有通过内省法观察发现的意识现象，才是心理学研究的重要源泉。实验法是指排除其他因素的影响，引入其他变量以测试其影响，能够分析变量之间的因果关系的方法。杜威将实验法分为心理物理法和生理心理学两种。前者主要是研究心理状态和生理刺激之间的关系；后者主要是利用生理指标来研究心理状态。比较法是通过将一般人的心理与其他事物的意识进行比较从而获得结论的方法。具有比较价值与意义的对象包括动物心理学、婴儿心理学、心理功能缺陷以及多种族、民族、国家的心理研究。客观分析法是主要研究心理的各种客观的表现形式的方法。在杜威看来，心理并不是以一个被动观察者的身份来认识外部世界的，它也可以对外部世界造成影响，并呈现出客观、永久的文化形态。通过对所有客观的历史现象进行研究，就可以从侧面反映人类群体的心理现象。杜威强调综合运用各种心理学研究方法。

最后，杜威提出心理学的研究目的在于对意识现象进行系统的调查、分类、解释，他将意识分为认知、情感、意志三个部分。认知就是获得知识，既包括认识也包括领悟，既包括认识内在精神层面也包括认识外在物质层面。杜威表示，认知过程就是意识到某种事物的状态，并由此了解和认识该事物。情感是一种主观的情绪状态，从广义上讲意识也是一种情感。意志是为达到目的而努力的心理过程，它需要专注的心理活动来实现，且意志活动具有主动性。

杜威强调，认知、情感、意志并不是三种不同类型的意识或三个独立的部分，它们只是从不同角度对意识进行分析的三种视角，分别提供信息、影响自我感受、表现为自我活动；其关系是相互联系，互为前提，相互依存，缺一不可。

在第一部分"知识"中，杜威的知识论核心思想是应当按照合适的步骤来获取有效的知识，而不是人们事实上是如何获取知识的，换言之，他更加注重知识获取的规范性，从知识的元素到知识的形成过程以及知识的发展阶段，循序渐进地揭示了知识的形成过程。所以，杜威重点论述了知识的构成要素——感觉；知识的形成过程——统觉、联合、分解、注意和保持；知识的发展阶段——知觉、记忆、想象、思维和直觉。

杜威将知识的特征归纳为三个方面：第一，知识是对客观世界的呈现；第二，知识是对联系的反映；第三，知识与理念元素相联结。他认为，一方面，知识是认知的主体和对象之间的关系，二者具有交互作用；人为了生存和发展就必须首先感知和了解各种事物的事实关系，但是，这种关系不是一种镜像式的反映关系或者符合关系，而是动态的探究关系。另一方面，知识的发展是观念化的意义增长和不断推动自我认知发展的过程。知觉是观念化的感觉，需要在过去经验和自我之间建立联系；进而追寻着自我的主观兴趣，完成想象活动；在思维中获得的知识，具有逻辑的使用价值；在直觉阶段认识到事物的整体，把握了最终的知识，实现了知识的目标。

在第二部分"情感"中，杜威提出情感是主体的某种状态，属于一种情绪状态，情感与认知、意志活动相联系。他认为，情感是一种非具体的心理现象，是心理活动的内在表现，与心理活动共同发展、相互联系、密不可分，广泛存在于有机体的活动中，并伴随着自我活动而产生。情感还具有个体性的特征，正是情感构成了自我之间的本质差别。依据自我发展的程度，杜威将情感分为：感觉情感，形式化情感，性质化情感。感觉情感是指伴随着自我有机活动的情感，通过感觉可以意识到它的存在，其形式和内容都比较简单；形式化情感是将人们心理活动中的元素与现在的元素联结在一起的过程，与性质化情感相同，依赖于活动间连接的内容而非单纯的连接模式；性质化情感是根据活动的不同形式所区分的情感，即根据活动对象进行区分的情感，还可进一步细分为美感、理智感、人际情感和道德感。

在第三部分"意志"中，杜威主要阐述了三个问题。其一，意志的内涵。他认为，意志是一种观念和心理活动，它是将观念自我变为客观现实的过程，冲动、知识与情感都是其构成元素。从广义上说，意志与心理活动是同义词，凡观念都是意志，意志活动可以仅仅作为一种观念存在于心理层面，它可以但不必活跃于实践层面；从狭义上讲，意志是观念的现实性转化，意志活动是以一个观念为开端，以实现该观念为终点的活动，它从初始的冲动原材料中逐渐发展起来，最终将观念变为客观实在。在意志的形式与内容上，杜威将它与自我紧密联系在一起：在实现自我之前，意志的形式与内容是空洞虚无的，而只有在实现自我之后，意志的形式与内容才能因被填充而显露出来。自我则是意志的最终目标。

其二，意志的起源与发展。杜威认为，意志的建立是一个过程，即个体的刺激—冲动—愿望—意志过程。意志本身是一种活动过程，这个过程包含个体对冲动选择的调控和对实现愿望过程中克服困难的调控。杜威表示，感觉冲动是意志的基础、原材料和必要条件，对意志的起源和发展尤其重要；愿望是某种构想的自我状态，实现自我是愿望的本质目标。

其三，意志的功能。杜威认为意志具有身体控制、谨慎控制和道德控制三种功能，其形式都是个体对自身行为和心理活动自觉而有目的的调整，它们之间虽有区别，但层层递进，都是意志的具体应用与体现。身体控制是由意志支撑的从运动观念到运动行为的转变，谨慎控制是由获取利益的想法到争取利益的行为的过渡，道德控制则是意志帮助普遍自我实现的过程，道德意志高于前面二者，它是最终的目的。

《心理学》是杜威心理学思想的代表作。该书既反映了杜威早期的唯意志论的唯心主义观念，又体现了他后期实用主义经验论哲学色彩的机能主义心理学思想。该书表现出杜威试图突破旧心理学的局限，构建基于哲学、生理学、实验和自然科学基础之上的所谓新心理学或科学心理学体系的努力，以及拓展心理学的领域和应用，将心理学与教育学、伦理学、社会学、政治学和艺术哲学相结合的尝试。然而，由于时代相关学科发展的局限和自身思想理论基础的偏颇，该书具有明显的唯心主义倾向。

5.《虚幻的心理学》

（*Illusory Psychology*，1887）

　　《虚幻的心理学》一文于1887年发表在《心灵·心理学和哲学》杂志第13期，在这篇文章中，杜威就心理学有关问题回应了霍奇森的评论。

　　霍奇森于1886年发表了《虚幻的心理学》一文，严厉地批判了杜威在《心理学立场》与《作为哲学方法的心理学》中所提出的心理学与哲学观点。针对《心理学立场》一文，首先，霍奇森认为杜威毫无根据地表达出"个别意识与普遍意识之间存在必然同一性"的观点，他质疑杜威是如何在经验基础上证明普遍意识的实在。换句话说，他认为杜威混淆了个别意识与普遍意识之间的关系，将个人意识等同于普遍意识。其次，他认为杜威反对"意识具备个别的承载物"，但同时又坚持"意识具有普遍的承载物"，这显然是不符合逻辑的。对于《作为哲学方法的心理学》一文，霍奇森不同意杜威将心理学概括为哲学的方法，甚至将心理学等同于哲学的观点。他认为，如果将心理学转换成哲学活动的方法，将会导致心理学的相关分支学科的整套学术术语产生混乱。霍奇森进而阐述自己的观点，他认为心理学与哲学的逻辑原理不同，心理学是关于探索意识的形成条件的科学，哲学则是关于内容分析与分类的科学，如果用哲学的方法指导心理学必然会导致虚幻的心理学。

　　有趣的是，杜威为了反驳霍奇森的论点，同样将文章命名为《虚幻的心理学》。他认为霍奇森通过歪曲论据来评判自己结论的行为本身就是错误的。首先，杜威重申了"个别的"概念，提出作为科学知识的对象来说，"个别的"是心理经验的产物，而霍奇森将个别性与普遍性绝对对立起来。杜威反对霍奇森视其为德国化的先验论者，声称自己是以心理学家的身份讨论个别与普遍之关系的，他认为意识经验产生于日常世界，意识是经过心理过程构建的。杜威以婴儿举例，婴儿无法听懂一个不在场人的讲话，因为他的生命是一个在场的生命，只有通过心理发展，婴儿的经验才会同外部世界进行交互。杜威随后得出他的结论，个别经验与普遍经验都源于相同的外部世界，并且两者存在互动的关系，"我们即个体"的理念和"个体即我们"的理念皆由经验组成。其次，杜威论证了心理学与形而上学、逻辑学的关系问题。他指出，只有在意识中加入普遍因素，心理学才可以称为心理学，普遍性的内容只有在个别承载者的身上才能得到认识。他进一步指出，没有普遍内容的个体和没有个别承载者的普遍内容只是支离破碎的碎片。杜威最后得出结论——内容通过个别得以认识且个别通过内容才得以实现的科学就是心理学。

《虚幻的心理学》一文虽是一篇短文，但使得杜威深入思考哲学与心理学的关系，并开始将当时心理学的最新成就引入心理学之内，进而说明心理学有其自身学科的研究价值，以及作为哲学入门学科的意义。

6.《拉德教授的〈生理心理学基础〉》①

（*Review of George Trumbull Ladd，Elements of Physiological Psychology*，1887）

该文发表于1887年，这一年是杜威在密歇根大学工作的第四个年头，此时杜威已经发表数篇关于心理学方向的文章，尤其是《心理学》一书的成功出版，说明杜威已经对当时心理学的学科体系和前沿动态有了较深入的了解。正如题目所言，《拉德教授的〈生理心理学基础〉》一文是对拉德教授的新作《生理心理学基础》的评述。作为一篇典型的评论性文章，杜威评析了《生理心理学基础》出版前的生理心理学发展状况，对该书的主要内容进行了简单的概述，最后对该书的若干论断进行了评鉴。

为了更好地理解杜威在该文中的若干论断，有必要对拉德教授《生理心理学基础》的写作背景进行简单的介绍。至《生理心理学基础》出版的1887年，以冯特为核心，德国聚集了一大批专业的生理心理学研究者。但在英语世界，仍然没有一本专门的生理心理学著作，这种状况极大地阻碍了生理心理学知识在美国的传播。时任耶鲁大学和克拉克大学心理学和伦理学讲座教授的拉德时刻关注着生理心理学在德国的发展，并最终以英文撰述《生理心理学基础》一书，成为美国首批发行的心理学教科书之一，该书一经出版，便在英美两国引起巨大反响。

在该书评的开头，杜威盛赞《生理心理学基础》一书的出版，称该书的

① 该文最初发表于《新英格兰人和耶鲁评论》（*New Englande rand Yale review*）第46卷，1887年6月，第528–537页。

出版标志着美国心理学乃至哲学研究的新纪元。杜威对生理心理学在德国的发展有较高的关注度，尤其推崇用实验的方法进行心理研究，在《作为哲学方法的心理学》一文中，杜威曾表示，正是因为心理学实验研究的出现，心理学的科学性才大大提升，进而更加有资格作为最高科学——哲学的研究方法。但相对于生理心理学在德国的良好发展状况，生理心理学在美国则举步维艰。杜威总结了生理心理学在美国本土遇到的困境：研究缺乏科学规范化的指导、研究成果分散因而并未引起心理学家和普通大众的关注。所以杜威认为，相对于其他生理心理学的研究成果，《生理心理学基础》的内容在广度和深度上都取得了不俗的成就，充分体现了拉德教授在著述过程中严谨的态度、广博的视野和充分的耐心。

随后，杜威对《生理心理学基础》的主要内容进行了介绍，重点阐述了该书有关脊髓、大脑中枢和感觉系统及其运行机制的论述。在杜威看来，该书第一部分主要描述神经系统的结构和功能；第二部分主要解释神经现象与意识现象之间的相关性；第三部分则是总结生理心理学已有的经典论断。在此部分，杜威有意地提及书中并未对内省的方法做详细的阐释，此处也为之后的论述埋下了伏笔。

在书评的第三部分，杜威结合《生理心理学基础》着重表达了自己的几个观点。首先，杜威强调，生理心理学是与心理学和生理学有区别的，它是研究上述两个学科关联性的科学。生理心理学不是以探索大脑与意识的对应关系为目的的学科，而是以心理学的方法探究意识本身的学科。其次，杜威认为，在书评发表前后的美国心理学界，内省法一直被视为研究心理现象的唯一方法，生理心理学及其特定研究方法的出现无疑与传统心理学的主张背道而驰，但不可否认的是生理学的方法为认识心理现象提供了全新的视角。最后，杜威总结了《生理心理学基础》的内容存在了两个缺陷：对生理心理现象和纯生理现象没有进行严格的区分；低估了知觉理论在心理学理论中的重要作用。

总体而言，杜威对拉德教授的治学态度赞赏有加，同时对《生理心理学

基础》一书给予了非常高的评价。包括该书评在内，本时期杜威撰写的心理学
方面的文章反映出他本人对心理学革新的热切希望，也为日后其机能主义倾向
奠定了认识上的基础。

7.《莱布尼茨的〈人类理智新论〉》

(*New Essays Concerning the Human Understanding:A Critical Exposition*，1888)

　　《莱布尼茨的〈人类理智新论〉》一书出版于1888年，是杜威在密歇根大学就职时期的作品。在该书中，杜威仔细研究了莱布尼茨这部著作的主要内容，毫不掩饰对莱布尼茨的称赞和认同，称其是"自亚里士多德以来最伟大的知识天才"。杜威在这本著作中系统阐述了莱布尼茨的观点，分析了莱布尼茨哲学起源与时代科学发展之间的关系，介绍了莱布尼茨的前定和谐说，并试图将莱布尼茨的物质存在学说和自然学说加以系统化，还比较了莱布尼茨与洛克的思想。

　　首先，杜威阐释了莱布尼茨理论的思想基础。他从莱布尼茨的生平入手，探寻了莱布尼茨哲学的起源，提出近代物理学的新发现和新原理、亚里士多德的经验观和心理学思想形成了莱布尼茨的思想基础。其中，"有机体概念"和"生长"两个关键词在莱布尼茨思想中居支配地位。杜威认为，莱布尼茨运用生命的概念来解释物理学和数学法则的概念，运动的永恒性体现了生命的搏动。这与杜威对有机体的统一性、发展性和连续性的理解如出一辙。此外，杜威还肯定了莱布尼茨对二元论的批评。杜威讨论了莱布尼茨单子论的本质，指出莱布尼茨关于个别和普遍之间关系的认识，在于使两者和谐相处而不是相互同化；单子是个体化的生命，具有统一性、能动性和个别性。

　　其次，杜威分析比较了莱布尼茨与洛克思想，认为二者的主要矛盾是对"天赋观念"的认识不同。杜威指出，洛克反对天赋观念是立足于天赋观念的现实意义，以及意识与理智关系的特定理论；莱布尼茨不同意洛克的观点，提出了一种与经验和理性关系相对立的理论。杜威由此认为，莱布尼茨成功避免了其他哲学家所犯的两种错误，即把真理僵硬不变地分为先验的和后天的，以及对天赋观念的存在进行纯粹形式意义上的解释。再者，杜威认为二者在"感觉与经验"的关系上存在不同。杜威认为，洛克所谓的感觉之所以成为感觉，是基于对感觉的发生论和实用论的认知，而莱布尼茨则撇开了这两个因素阐发出自己的观点。他认为实在是感觉的有机体，也是知识的有机体；感觉是在不成熟的、具体有限的状况下的精神性活动，并不是洛克所表述的认识因素，经验存在于感觉及其联合过程中。杜威最后总结道：感觉是混乱的观念，而经验是混乱观念的联合；经验不仅完全可以感觉，而且是一种客观现象。除此之外，杜威还比较了洛克和莱布尼茨在"实在""质""同一性""多样性""无限""知识的本质和范围"等若干基本概念上的理解和认识。

再次，杜威论述了"冲动与意志""物质与精神的关系"。从比较洛克与莱布尼茨的观点出发，杜威强调感觉构成了最低阶段的意志。他详细解释了莱布尼茨关于物质与精神关系的论述，即物质与精神并非对立，一方面物质是精神的展现或精神的现象，另一方面物质是精神的潜能，物质的最终源泉是精神。杜威从莱布尼茨的论述中看到物质是以一种非完美和混乱的方式对精神展现，那么，物质现象及其实在是如何表现的呢？杜威发现在莱布尼茨的语境下，物质就是物体或身体，意味着现象式的实在。物体物理性质的源泉是运动，而运动是实体理想的统一展现。

最后，杜威批评了莱布尼茨的哲学基础和矛盾。杜威认为，莱布尼茨的缺点在于方法和假设上的不足。在方法上，莱布尼茨没有重视研究方法的合法性和适用性，仅仅把同一律和矛盾律视为主要原则；在假设上，莱布尼茨忽视了否定的重要性，没有借助否定的力量来修正自己的方法，反倒是用假设的方法否定一切。此外，莱布尼茨关于单子和上帝等概念也存在着自相矛盾。

8.《论"自我"这一术语的某些流行概念》

（*On Some Current Conceptions of the Term Self*，1890）

《论"自我"这一术语的某些流行概念》是1890年1月杜威发表于《心灵》杂志的一篇评论性文章。在文中，杜威对苏格兰哲学家安德鲁·塞思·普林格尔·帕蒂森①和英国新黑格尔主义代表人物托马斯·格林有关"自我"的观点进行了评述。

1884年，杜威跟随恩师莫里斯前往密歇根大学任教。杜威在约翰斯·霍普金斯大学时期便与莫里斯教授建立了深厚的私人友谊，也正是在莫里斯教授的影响下，杜威成为黑格尔哲学的追随者。1889年3月莫里斯教授与世长辞，他的离世引发了密歇根大学哲学系的动荡危机。为了平息风波，杜威返回密歇根大学并开始担任哲学系系主任。杜威对莫里斯教授的去世感到惋惜，他曾这样评价自己的恩师："他一生的伟大，不在于外在事功，而在于精神，在于精神成就的质量。"②重返密歇根大学后的杜威除了对心理学研究继续保持浓厚的兴趣外，还将自己对于心理学的认识融入其哲学研究之中。这种研究使杜威的思想发生了重大的变化，促使他从传统的黑格尔主义哲学逐渐走向后来被广为熟知的实用主义哲学。1894年，杜威加入芝加哥大学，后来与同在芝加哥大学工作的塔夫茨和乔治·赫伯特·米德一起被称为"芝加哥学派"哲学的核心。

---

① 原名安德鲁·赛思（Andrew Seth Pringle-Pattison），因履行遗赠条款于1898年更名为安德鲁·塞思·普林格尔·帕蒂森。

② [美]约翰·杜威. 已故的莫里斯教授. // 杜威全集·早期著作第3卷 [M]. 吴新文，邵强进，译. 上海：华东师范大学出版社，2010：1.

为了更好地阐释和发展自己的新思想，杜威在此期间撰写了大量的论文与书评，《论"自我"这一术语的某些流行概念》便是其中的一篇代表作，杜威将其作为对安德鲁教授出版的两本哲学专著——《苏格兰哲学》（*Scottish Philosophy*）和《黑格尔主义与人格》（*Hegelianism and Personality*）的回应。杜威在文章开篇便清晰地阐明了其撰文的目的，即试图通过分析"自我"这一概念的内涵，以避免使用时的混淆。杜威指出，安德鲁教授在《黑格尔主义与人格》一书对"自我"的解读可以归纳成三种观点：第一，"自我"是可知世界的关联物；第二，"自我"是思想的形式统一；第三，"自我"是思维的终极范畴。杜威认为，安德鲁教授关于"自我"的某些论述无法自圆其说，甚至存在许多矛盾之处。例如，他一方面宣称"自我"与客观世界是同一事物的两个方面，它们就如同主体与客体的关系那般，是可以相互转换的概念，另一方面又提出"自我"是思想的集合，它的形式是抽象的。

杜威以康德的"先验自我"为理论基础，做出了自己关于"自我"的分析。他指出，"自我"具有双重属性，是主观与客观的统一。既不能将"自我"视为客观世界的对应物，因为客观世界服从于某些主观的形式，即时间与空间；也不能将"自我"视为主观思维的对应物，因为"自我"超出了思维的范畴。总之，"自我"是基于感觉的综合活动。在文章的最后，杜威还将自己的观点与格林的观点进行了比较。格林主张将"自我"设定成实现的与未实现的两种状态，由此形成一种二元对立的关系。杜威批评格林的观点过于抽象，缺乏实质性的内容。可以说，格林秉持的是一种抽象的"自我"理论，而杜威坚持的是一种经验的"自我"理论。

《论"自我"这一术语的某些流行概念》属于杜威早期的著作，其中的部分观点和论述在今天看来是不成熟的，甚至是错误的，这也引起了某些学者对杜威的批判和质疑。但应该看到的是，杜威的思想是发展的，无论是他本人抑或是他的支持者都在后期不断地解释、修正、更新着自己的观点。因此，我们应该看到，《论"自我"这一术语的某些流行概念》是研究杜威早期思想的重要材料，其中阐述的某些观点至今仍具有启发意义。

9.《概念如何由感知而来》

(*How do Concepts Arise from Percepts*? 1891)

杜威于1889—1892年在逻辑学理论领域发表了6篇文章与评论,分别为《高尔顿的统计方法》(1889)、《逻辑是二元论的科学吗?》(1889)、《确证的逻辑》(1890)、《逻辑理论的当代定位》(1891)、《概念如何由感知而来?》(1891)和《勒南一生中的两个阶段》(1892),这些文章表明了杜威的哲学理念开始从传统的黑格尔主义转向实用主义。其中,《概念如何由感知而来》于1891年首次发表于《公立学校》(*Public-School*)杂志①,在这篇文章中杜威主要阐述了"概念"的界定、"概念"在感知中的起源、"概念"与感知的关联以及概念的特点等三个方面的内容。

首先,杜威用词严谨,思维缜密,重视对于概念、术语的清晰界定与阐述,在《论"自我"这一术语的某些流行概念》一文中可以窥察出他对于术语定义的学术敏感性。《概念如何由感知而来》正是他对于概念的本质进行追根溯源思考的产物,在这篇文章中他表明"概念"是指示事物功能和价值的术语,不应局限于事物存在的静止状态,而应揭示事物存在或传达的意义。他借用铁路上信号旗的例子来说明这一观点。旗子在被当作信号旗之前,其颜色、形状、新旧程度等特征并无太大意义,但在被当作信号旗之后,它可以传达出特定的信号和意义,这时其存在的价值才得以凸显。

其次,意义是概念在感知中得以形成的重要存在。杜威认为概念来自

———————

① 该杂志于1889年改成《伊利诺伊学校杂志》(*Illinois School Journal*),是当时密西西比河流域的校园杂志,引领着当时美国教育思想和政治事务的前沿。

"意识到感知所意味的全部意义"，透过事物感觉和知觉的表象去探索其背后蕴藏的规则和意义，由此产生了事物的概念。杜威主张先验意识，认为概念的产生离不开意识的引导与建构，由此发现意义，他认为"概念"的特点是抽象性和普遍性。杜威以三角形的概念为例进行了说明：从各类各样的"三角形"中抽取出事物的普遍特征和一般特性，从特殊中发现一般规律，这是概念所应具备的特点。正因为概念需要揭示事物背后的意义，指向事物的功能，因此概念绝不是感官知觉的简单罗列，而是超越感知形成观念的建构。针对概念和感知两者间的关联，杜威也进行了相应的解释。他指出二者都是关于对象的知识，但在知识的揭示路径上存在不同。对于对象的认识而言，概念比感知对于对象的认识更为完全，而且概念往往会回哺充实感知。概念事关原理、规则的构建，但它同样需要感知来丰富完善有关事物认识的细节，因为在对事物进行概念抽象的过程中，许多特征会被省略。

最后，杜威强调了如何处理概念与感知的关系。他认为，对于尚未成熟的学生而言，不应该直接从概念出发，这样反而不利于学生领会关于事物的概念知识。正确的方式应该是从对事物的感知出发，理解事物间的各种关系，体会建构概念的过程，以通过对过程的经历来为后来理解概念做准备。通过建构与反思以促进未成熟的学生从感知中达到对概念的领会。

10.《婴儿语言的心理学》

（*The Psychology of Infant Language*，1894）

《婴儿语言的心理学》一文于1894年1月首次发表于《心理学评论》。在这一年杜威受聘担任芝加哥大学哲学教授，并出任了哲学、心理学和教育学系的系主任，讲授研究生课程。正是在这一时期杜威开始了影响极大的教育实验活动。在此背景下，杜威需要以心理学为基础，用心理学的理论来指导其教育实验的开展。与此同时，"儿童研究运动"也在如火如荼地开展，杜威希望将儿童心理学的研究结论落脚到教育问题上，《婴儿语言的心理学》一文正是在此背景下产生的。在这篇文章中，杜威针对当时心理学界对婴儿语言发展的认识误区做出了评判，对婴儿语言的发展做了简单论述。

首先，文章介绍了在"儿童研究运动"中心理学家所做的工作。他们收集了超过20个婴幼儿所使用的5400个单词，发现婴儿主要使用名词、动词、形容词和副词，分别占总数的60%、20%、9%、5%，而代词、介词、感叹词以及连词极少出现，分别只占2%、2%、1.7%、0.3%。同时心理学家也分析了影响婴儿词汇量的内外因素，他们指出婴儿词汇量扩大的一个重要影响因素就是家庭中是否还有其他孩子，独生家庭婴儿的词汇量远远小于非独生家庭婴儿的词汇量。

其次，杜威高度评价了"儿童研究运动"中心理学家所做的资料收集工作，同时也提出应理性地看待婴儿语言的发展。杜威发现，心理学家根据成人经验来对婴儿的词汇进行划分的方式太过主观。基于此，文章指出婴儿使用单词词性的划分依据应是单词之于婴儿的意义，而非成人的经验。如果以成人的经验人为地划分婴儿使用单词的词性，就会大大增加动词的比例。杜威例举了婴儿在12个月大的时候使用的单词："看哪里；再见；瓶；爸爸；妈妈；奶奶；弗莱迪；烧；掉；水；下；门；停；谢谢你"等。在上述几个单词中，"水、门"虽为名词，但是对于婴儿来说，"水"不仅是个名词，也作动词"浇水"；"门"还伴随着伸手的姿势；"瓶"除了名词性的含义，还具有形容词和动词性含义。在杜威看来，在婴儿的世界里，单词总是以一种名词性—形容词—动词性—感叹词性的复合体形式出现，其中动词性和感叹词性占主体地位，而形容词处于从属地位。随后杜威总结道，在研究婴儿的语言使用状况时，应注意词汇对于婴儿世界的原初意义，不能把成人对词汇的认识强加到婴儿的认识里。杜威在观察统计数据后发现，婴儿之间也会存在巨大的差异。

最后，文章基于实验数据总结道，虽然心理研究的倾向是试图获得一种统一的数学表述，但从教育的角度来讲，关注个体之间的差异却更为重要。使用不同的词性必然会代表不同的心理状态，通过观察这些语言使用上的差异，不仅可以为心理学研究拓展领域，还可以为婴儿的教育提供帮助。

11.《作为原因的自我》

（ *The Ego as Cause*，1894 ）

　　《作为原因的自我》于1894年5月发表在《哲学评论》第三卷，杜威在这篇文章中就意志自由论与决定论之间的关系进行了简单评述。他认为，意志自由论者与决定论者最大的不同在于对意志本质的解释，他一方面认为意志自由论者所信奉的具有生成作用的"因果性"概念在科学中无立足之地，另一方面又指出决定论者没有将"因果性"概念放置于可辩护的科学意义中去。因此，杜威总结出无论是意志自由论者还是决定论者都忽略了在选择过程中作为行动者的自我的作用。

　　首先，文章从选择的视角质疑意志自由论者的观点。在文章开篇为了方便论证，他假设赞同意志自由论者的观点——自我是一般意义上的意志，强调个体在可选情况之间的选择。因此，为了避免陷入非决定论的逻辑，必须要找到宁取某个选择而放弃另一个选择的原因。然而，作为一般意义上的同一自我不可能是两个不同的、甚至相反的两个结果的原因，产生一个结果的原因必然与产生另外一个结果的原因有所差异。杜威指出，将自我作为一般意义上的意志这种观点无法充分解释选择A情况而舍弃B情况的问题。他继而抛出了一个例子：作为身份统一的自我选择了偷窃面包，如果自我选择挨饿，那么意志自由论者就无异于老式的随遇自由论者；如果自我一开始就没有选择去挨饿，而直接选择偷窃面包，那么意志自由论者就与决定论者无异了。杜威犀利地讽刺了意志自由论者的自相矛盾，他指出意志自由论者既认为自我是独立自由的，在多种情况之间可以自由选择的能力，又认为独立的自我必须要满足目的性很强的因果关系，这二者显然是相互矛盾的。

其次，文章又从伦理的视角重申了意志自由论者的矛盾之处。决定论者所谈论的是具体的人，强调个体与行为的统一，个体对自身所做的行为负责。而意志自由论者所谈论的是形而上学的人，当远离拥有自己的天资、习惯、愿望和观念的具体自我之时，就是走向一般意义上的自我之际。显然，将自我作为原因的意志自由论者忽视了个体与行为之间的联系，只能通过形而上学的自我去解释意志中的因果作用，其中必然包含着自我欺骗性。

最后，文章从行为自由的视角论述意志自由论存在的矛盾。意志自由论者在行动的前后往往会发生立场转变，这是因为他们将行动中存在的选择和目标放置在意志之外。杜威指出，没有决定论者会否认将目标带至意识之中，或是否认不同行动的尝试性预演，从历史角度而言，自我是意志实体的行动的一种变换。

意志自由论与决定论作为哲学问题中的一对矛盾概念长期存在。在《作为原因的自我》这篇文章中，杜威希望利用"因果性"关系将一个模糊不清的、没有界定的概念分解成一组详细和具体的要素，将意志赋予科学上的意义。在这个过程中，需要重视在因果律中独立存在的自我角色。

12.《情绪理论》

（*The Theory of Emotion*，1894、1895）

《情绪理论》是由杜威发表在《心理学评论》杂志上的两篇论文组成的，它们分别是1894年11月发表的《论情绪与表情》（*Emotional Attitudes*）和1895年1月发表的《论情绪的内涵》（*The Significance of Emotions*）。

在《论情绪与表情》一文中，杜威主要阐述了情绪的外部表现——表情的相关理论。首先，杜威对达尔文关于表情的三条基本原理提出了质疑，强调情绪与外部器官活动之间的关系。他认为表情的本质是肌肉的运动，它本身具有实用目的，是有用的动作残余，他并不赞同达尔文所说的表情是为了表达情绪而存在的。此外，他又举了哭和笑的例子来表明情绪的对立并不决定表情的对立。其次，杜威指出了情绪与直接神经放射的区别在于有无激发刺激反应的对象。杜威作为芝加哥机能主义心理学派的代表人物，他的心理学思想中不可避免地会含有个体对于环境的适应的思想，在关于情绪的论述中，他指出情绪是个体对于客观事物态度的一种展现，是对客观事物观念上的主观评估，它实际上是个体在适应环境过程中的有用的行为模式的保留。

在《论情绪的内涵》一文中，杜威将达尔文与詹姆斯关于情绪的理论相结合，提出了关于情绪形成过程的观点。第一，他认为情绪的形成是一个过程，在这个过程中情绪的激发必须有对象的参与，对对象的认知产生刺激、大脑接收刺激后引起相应的观念、最后激发与刺激相应的行为反应，情绪就这样展现出来为他人所知。第二，他与詹姆斯同样强调情绪的行为模式的作用，强调行为模式在先。他沿用熊的例子，指出"看"的动作激发对对象的认知，之后情绪的过程就此发生。但是，他同样指出，有时特别强烈的情绪发生时，如愤怒，情绪的可感特质就会消失。第三，他提出情绪的产生与激发是一个刺激——反应的过程，在这个过程中情绪的各要素彼此调适，最终在兴奋与抑制的彼此调适中完成协调，情绪得以释放。在此过程中，植物性神经系统中器官间的协调与运作所构成的行为模式实际上反映了个体的意识内容。

杜威的情绪理论中包含了意识的整体性思想，他认为认知、情感与意志共同构成了意识活动，三者是不可分割的有机整体。他的情绪理论关注对事物的认知与观念对于情绪激发的影响，将认知与情绪联系起来。在心理学发展并不完善的早期，杜威提出情绪与认知的协调与联系的观点，是非常难能可贵的。他以一种黑格尔有机统一的思想去看待事物间的联系，克服身心分离的二元论。同时在论文中蕴含了关于机能协调的思想，为之后的《心理学中的反射弧概念》一文奠定了基础。

杜威的情绪理论结合了达尔文的进化论思想和詹姆斯的放射理论，并丰富了他们关于情绪认识的内容，在此基础上提出了自己的情绪理论。虽然杜威的情绪理论在心理学史上并未得到广泛的关注，但是其关于情绪的论述体现了他作为机能主义心理学代表人物的部分思想，如重视行动的作用，强调情绪活动的整体性、连续性和适应性等特点。此后，杜威关注到了社会文化背景与情绪反应的联系，拓宽了情绪的研究范围，很具有前瞻性。

13.《心理学中的反射弧概念》

(*The Reflex Arc Concept in Psychology*，1896)

《心理学中的反射弧概念》一文发表于1896年，此时的杜威已经在芝加哥大学任职。该文的目的很明确：驳斥由机械经验论为基础的二元论心理学主张。这种二元论将感觉—思维—行动人为地割裂开，而这种主张的汇集之处就是旧反射弧理论。所以在重新审视旧反射弧理论的基础上，杜威阐述了自己对反射弧概念的重新理解。杜威在文章中主要阐述了反射弧应该具有的三个特点。

首先，杜威认为个体心理的反射弧无论在内部还是在外部，都应该是一个统一的整体。在内部，杜威认为旧的反射弧理论根源于柏拉图的形而上学二元论，反射弧内部的各个组成部分是几个非连续体的碎片，这些碎片联系的方式也是机械性的。这种机械性的认识实际上是否认个体的心理机能在个体发展中的作用。事实上，反射弧内部的感觉刺激、中枢活动、行为反应是单一具体的整体之内的分工和功能因素，它们相互联系构成一个整体。在外部，杜威主张反射弧之间不是一种割裂的关系，它们相互联系、互相影响，共同促成了有机体心理的万般变化。主张反射弧是一个统一体，杜威实际上是反对以铁钦纳为代表的构造主义心理学所进行的无休无止地对个体心理内容切割加以研究的思路。杜威强调人类心理本就是由无数相互联系的反射弧构成的整体，试图将心理学关注的重点转移到有机体心理活动的整体功能和作用上来。在随后的论述中，"协调"作为反射弧发生的起点和归宿，实则也是在强调反射弧的功能和作用。正是基于此，杜威才被称为机能主义心理学派的代表人物。

其次，杜威认为"协调"是反射弧的起点和归宿。传统的刺激—反应观认为，刺激是心理活动发生的原因和起点。杜威则认为，刺激的发生是为了将个体心理从不协调的状态调整回协调的状态，所以"协调"才是心理最原初的状态。杜威以"儿童与蜡烛"的例子来解释：光的出现打破了原有的心理"协调"，为了重新实现心理的"协调"，心理活动才开始发生"看的动作"，所以"协调"才是"看的动作"发生的直接和根本原因。所以杜威认为，先于"刺激"的都是一整套完整的行为，是一个感觉—运动的协调。而后的一系列动作的目的依然是恢复心理的最原初的"协调"状态。伴随着反射弧的参与，个体经验开始形成，反射弧发生的连续性也是经验发生连续性的原因。

最后，杜威着重讨论了反射弧内部刺激与反应的内涵和关系。正如杜威所说，刺激本身是心理协调失衡后不能确定如何去完成协调，因而引起注意的那个阶段。运动作为反应，是使分裂的协调完整起来的东西。两者都是心理再协调的两个不同阶段，都是有机体心理实现再协调的工具。作为连续发生的两个阶段，二者之间没有清晰的界限，二者的发生有时间上的差异，但无纯粹因果上的关系。杜威认为，由于刺激和反应是反射弧内部的重要元素，且反射弧是一个连续的回路，所以某一个反射弧中的反应可能成为另一个反射弧发生的刺激因素，所以反射弧中的刺激和反应在一定程度上可以相互转化。综上所述，杜威所认识的刺激和反应的存在都是以实现某一心理上的目的为前提的，对刺激和反应本身的分析应该让步于对刺激和反应功能的分析。

对反射弧概念的再认识，可以说是杜威对心理学认识的一个里程碑。《心理学中的反射弧概念》一文发表之前，以他的《心理学》为代表，杜威的研究重心还是对具体的心理元素的分析与认识。该文发表之后，杜威开始重视个体的心理机能在个体发展中的重要作用。尤其是芝加哥实验学校的建立，标志着杜威的研究重心转移到了儿童的心理发展和受教育上，心理学逐渐成为杜威认识儿童心理进而更好地实施儿童教育的工具。此外，在心理学史上，《心理学中的反射弧概念》也被认为是人类行为研究中的一个重要转折点，是心理学史上最具影响力的著作之一。

14.《努力心理学》

(*The Psychology of Effort*，1897)

　　1897年《努力心理学》首次发表于《哲学评论》，杜威在这篇论文中阐述了"努力"的感觉学派与精神学派（即"身体的"努力与"精神的"努力）在理论上的差别，并提供了相应的研究个例和材料来证明"努力"感在感觉上是间接的，最后就努力心理学真正的问题做了论述。

　　首先，杜威提出人在努力时感受到的心理特质是什么。他对此总结出三种不同的理论。第一种理论认为努力是严格意义上"精神的"或"智力的"，不以其他任何感觉因素为中介。当然，只要努力是通过肌肉系统产生的，努力的表现和推进必然与人的感觉相联系。这种概念便逐渐演变为第二种理论，即努力是"身体的"和"道德的"努力，但同时"身体的"努力也带有感觉性特征，"道德的"努力则完全保持无感觉的状态。第三种理论则认为所有的努力都由外部的因素决定的，例如"身体的"努力。也即是说，第一种理论认为努力是由解决问题和抵抗诱惑所引发的，将努力完全视为纯粹心理活动的意识；第二种理论认为努力是由人们投入的精力和紧张感所引发的，是一种感觉上的状态；第三种理论认为，在任何情况下，努力的感觉都是由动作本身、"肌肉"、内脏和呼吸感觉的反响引起的。[①]由此，杜威从"感觉或意识到努力的方法是间接的"[②]这一论点，对努力心理学真正的问题展开了探讨。

---

　　①［美］约翰·杜威.努力心理学.//杜威全集·早期著作第5卷［M］.杨小微，罗德红，等译.上海：华东师范大学出版社，2010：114–115.

　　②［美］约翰·杜威.努力心理学.//杜威全集·早期著作第5卷［M］.杨小微，罗德红，等译.上海：华东师范大学出版社，2010：115.

其次，通过若干例证的研究，杜威总结了每一位被研究者对"努力"的描述，发现努力具有感觉性特征，但如果个体完全忽视"身体的"努力，就不可能保持这种努力。基于这一假设，杜威又做了进一步探讨：哪种感觉的价值把努力的经验与其他类似的经验区别开来？努力的知觉与"容易"的知觉或者不努力的知觉区别何在？对于努力的特征，杜威这样论述：努力是能量的付出，同样也涉及心理事件，它与悠闲感、压力感共存。例如，听交响乐、修补墙上的斑点，前者是积极的、愉悦的，根本意识不到努力或压力，后者中却存在着压力和努力的意识。"努力的"知觉与"容易的"知觉之间的区别在于感觉的可感受特质上，努力的意识和悠闲的意识之间存在着差异。

再次，杜威又通过分辨纸张上的记号这一例子阐述努力感存在的状态。在辨别距自己有一定距离的纸张上的记号时，个体是处于"努力感觉到"的情况下，是混合在一起的感觉可感受特质在意识中分裂了，即是说个体在努力使用视觉运动肌去识别远处纸张上的记号时，感觉可感受特质在这一过程中没有直观的实现，这时候的个体有可能不能通过感觉辨别出纸张上的记号，这时候"努力感"便出现了。相反，在清晰可视的范围内，进行定象的视觉运动肌的感觉意识和对光和颜色的视觉感觉是紧密结合在一起的，这时候感觉的可感受特质是存在着的，于是个体出现了悠闲感，而非努力感。因而，杜威指出个体会对声音、颜色和触摸的特定的可感受性特质中感到满足并逐渐形成习惯，当感觉的可感受特质分裂时，会出现暂时的无效感、阻扰感或者是失败时的沮丧感。之后，正是对抗和由于习惯的失败而伴随着的不和谐的状态才构成了努力感。

杜威用这种方式分析努力的伴随心理现象是具有价值性的。一方面，它可以解释因为疲倦而不断增加的努力感。正是因为疲倦标志着一系列新的感觉进入意识中，它们抵抗了对当前习惯或意图的主导观念的同化或者混合，所以疲倦增加了努力感。如果疲倦被战胜的话，还有可能使人产生愉快的疲倦。另一方面，与努力感有关的事实也可以得到相应的解释。例如，掌握新颖的动作与事物时。

对努力意识这一感觉性特征理论进行分析时，可以看出努力是行动中的目的和手段之间的一种对立的情感，是目的与手段之间的张力。努力在个体的奋斗过程中发挥着重要的作用，它意味着调整的张力不仅仅是理想的，而且是实际的。因而，杜威指出仅仅把努力的"精神的"特征视为纯粹的感觉，那么便意味着这种解释是一种形而上学式的解释，而非一种心理学。换言之，对努力的感知需要在实际和具体的活动中进行，若活动需要占有时间，必然意味着动作之间的冲突，这便意味着努力的形成。

最后，杜威还强调了"努力"与"注意"的区别。在某个人注意力高度集中的时候，旁观者认为他是专心致志的。但是，在注意力集中的时候谈注意，意味着此时的"注意"只是意识感知到的内容而已，而不是实质上的注意力。只有当个体的注意力被分化的时候，两种注意力彼此产生冲突的时候，个体才会意识到注意的存在。注意中的紧张感与注意活动并不是同时发生，这恰恰是注意尚未完成的证据。也就是说，注意力只有在两种情况下发生：一是现有的习惯受到阻碍；二是现有的注意力产生冲突。例如，一声巨响，对于正在巡逻的哨兵和在图书馆中认真学习的学生来说，都能引起注意，但是他们的行为反应可能完全不同。作为刺激的响声对于哨兵和学生具有完全不同的心理意义。

从杜威对"努力心理学"的论述来看，努力具有感觉性特征，是行动中的目的和手段之间的一种对立的情感。努力不仅是情感和感觉上的，而且也是实际的，是活动中的一种张力。如果个体完全忽视"身体的"努力，就不可能保持这种努力。可见，杜威十分看重努力的作用，认为努力是活动进展过程中的关键点，还将努力的理论运用到其兴趣心理学之中。

15.《心理学与社会实践》

（*Psychology and Social Practice*，1899）

　　《心理学与社会实践》是杜威1899年在美国心理学协会上的演讲，主要探讨了心理学与社会科学（以教育学为例）之间的关系。杜威的演讲包含三层意思：其一，阐述了心理学与社会科学之间的密切相关，并以教育学作为社会科学的代表，详细论述了心理学与教育学的联系；其二，谈论了教学实践与心理学之间的关系；其三，将教学实践扩大到整个社会，表达了自己有关心理学与社会实践之间关系的观点。

　　首先，杜威以心理学与社会科学关系的研究为切入点，试图找出心理学与社会实践、生活的联系。他指出教育学作为一门社会科学，可以通过教学实践与心理学之间的关系来反映心理学与社会实践的关系。值得注意的是，虽然心理学与教育学有联系，但杜威反对那些急于将心理学现象与教育原理强行联系在一起的做法，因为它会破坏教育所具有的科学形式。因此，杜威强调，要谨慎对待教育学与心理学间的联系，要找到两者真实的适切性。

　　其次，在谈论教育学与心理学之间关系的过程中，杜威试图解决四个问题。

　　其一，儿童与成人的心理认知存在差异。杜威指出，当时的教学方法主要以两个心理学主张为基础，一是儿童心理学与成人心理学存在根本差异，二是儿童与成人的心理学存在相同之处。杜威重点阐述了第一种理论，他首先从成人与儿童的不同任务展开论述，指出两者的根本区别在于成人的主要任务是学习技能，而儿童的任务则是生长。基于此，他进一步引申到，应根据两者不同的特点来选择教学素材和方法。其次，杜威提出，成人与儿童有着智力与能力上的差异，成人通过学习已获得了基本能力与控制力，但儿童却没有这一学习过程。令杜威感到警惕的是，人们往往按照培养成人能力的方式去培养儿童，也没有真正认识儿童，以至于儿童无法亲身感受生活与问题，致使教育改革无法有效进行。最后，杜威强调，想要进一步推进教育改革，教育实践者与理论者必须联合起来重视儿童的心理发展。

其二，教育实践者与理论家都需要深入了解与全面掌握心理学知识。理论与实践的分离是杜威早已关注到的问题，杜威意识到，教育界中理论家与实践者之间有关心理学问题认识的脱节将会成为教育改革失败的原因之一。所以，理论家与实践者关于心理学问题需要有明确的分工，杜威提出，理论家应成为心理学家与教育实践者之间的桥梁，因为从事教学工作的人往往认识不到心理学在教学实践中的价值，更不会运用心理学理论来指导教学。所以，教育理论家应根据心理学理论制定出具体的建议与策略，以便于教师能将它们运用于实践中。

其三，教师如何将心理学理论运用到实践中去。对此，杜威简要地提出了两种策略。一是重视儿童的个性特征。杜威指出，一些教师教学失败的原因在于他们没有分析儿童的性格特征，只是将学生的表现看成结果，而不去分析表现背后所隐含的原因。他强调，教师不仅要学会运用心理学知识分析儿童行为，还要意识到人们的感觉、冲动、习惯等心理活动间的相互作用是客观存在的。二是培养学生的好习惯，阻碍坏习惯的养成。杜威意识到，儿童的个性并不像成人那样已经形成，而是处于形成的过程之中，所以他提出教师要帮助儿童培养良好的兴趣和习惯。在这一过程中，教师可以采用恰当的教材与教学方式来激发学生们的兴趣、引导学生们的冲动、塑造学生们的习惯。

其四，心理学理论与教学实践的关系。在杜威看来，心理学中的结论与理论来自极端简化的实验室，而学校与人们的日常生活密切相关，教学活动是社会、现实和复杂的。所以虽然心理学知识作为理论能够指导教学实践，但更重要的是，要通过教学活动对心理结果进行检验，只有二者相互指导与丰富，才有助于心理学与教学的发展。

最后，杜威进一步扩大了实践的范围。他指出，心理学能为人所用，是因为它用机制论阐述了个人与社会间的关系。他试图通过心理学原理简化与社会实践紧密相关的伦理学，并将心理学的机制论运用于伦理学的研究之中，这意味着可以通过研究伦理学中的系统与模式等机制来探索人类社会。杜威在此指出，当人们开始反思的时候，心理学就产生了，并且从社会的角度来说，心理学代表着社会专制与等级中的观念。但随着社会的发展，心理学开始逐步脱离社会对它的控制，转而成为改变伦理道德的科学方法。随着心理学与伦理学机制的发展与扩大，人们对于社会伦理的控制将会逐渐增强，但心理学无法产生对于伦理道德控制的具体措施，它能做的是洞察、促使人们补充道德发展更完善所需的条件。

就演讲而言，杜威认识到了心理学对实践的指导意义，站在更高的视野上审视心理学的社会价值。他指出，通过对心理认识的逐渐深入，人们能够控制自己的道德行为，进而指导社会实践。杜威将心理学从被简化的社会生活——实验室转向真实的现实，增强了心理学的实践价值，为他后来论述心理学与哲学、社会的关系打下了基础。

16.《术语"有意识的"和"意识"》

（ *The Terms 'Conscious' and 'Consciousness'*，1906 ）

杜威的《术语"有意识的"和"意识"》一文1906年首发于《哲学、心理学与科学方法杂志》，在这篇文章中他主要区分了"有意识的"（conscious）和"意识"（consciousness）两个术语的含义，试图让"意识"一词的内涵更加明晰，而不仅仅是作为"有意识的"一词的名词形式。杜威认为，在哲学讨论中"意识"一词具有模糊不清的含义，它有多种解释，而这就造成学术交流上的误解与困难，因此他试图理清"意识"和"有意识的"这两个术语的区别，为讨论与之相关的问题时提供便利。

"意识"一词在哲学话语体系中是个很重要的术语，杜威从《默里牛津词典》中查找关于"意识"与"有意识的"两词的含义，对这些含义进行学术上的厘清与评判，并从中发现两个术语的区别与联系。他发现了六种含义。

第一种含义："意识"早期的用法强调社会性的因素，强调意识联合或交互的一面。他认为这种用法已经过时。

第二种含义：对一个人的自我有意识，[①]这个含义更加强调"意识"中个体的一面，强调自我观察，突出了意识的私有性和独享性。杜威认为这个含义是对意识社会性、联系性的用法个人化的改变，并不恰当。他认为"意识"与"自我意识"的含义的区分并不明显，"自我意识"的道德和哲学意义同样涉及对自我行动状态或心理活动的观察。

---

①［美］约翰·杜威.术语"有意识的"和"意识".//杜威全集·中期著作第3卷［M］.徐陶，译.上海：华东师范大学出版社，2012：57.

第三种含义：杜威认为"有意识的"代表个体知道自己在做什么，有情感等；"意识"则是所有的知识、情绪与意图等的结合体。[①]他进一步对二者进行分析，"有意识的"有两种附属的含义——一是表示有意图的、有目的的；二是表示个体对所关注的东西、怨恨的东西和自我（着重指自我意识的不良的含义）给予过分的全神贯注的投入；"意识"通常不仅划分出人与事物的区别，也可以将人与人进行显著区分，因为每个人的知识、情感与意愿是不一样的。

第四种含义："有意识的"意味着知道（aware），"意识"则指知道的状态。他认为这种含义过于宽泛，因为它并未对觉察的内容（心理的或是生理的）及是否属于个人的信息进行界定。

第五种含义：属于特殊的哲学的用法，"意识"指一种有意识的状态或能力，它是所有思想、感觉和意志的条件和伴随物。杜威指出这条含义综合了第2、3、4条的内容，并意味着"意识"成为心灵、灵魂和主体活动的伴随物，它在心灵、灵魂和主体活动中成为起基础作用的条件并被假定为实体。

第六种含义：在对第三条含义进行了现代化的改造后，正式的定义是"意识"指健康清醒的生活条件下的有意识的状态，"有意识的"指在积极和清醒的状态下实际拥有自我的能力。[②]

杜威对以上六种含义进行了评判，他认为第一种、第二种含义都是片面、过时的；第三种含义强调了"意识"是一种私有的存在，表达较为具体、客观；第四种含义过于空泛；第五种含义似乎放诸四海皆准，但它回避了很多形而上学的问题，如心灵、灵魂、主体等；第六种含义与心理学相联系，既回避了第四条含义中"觉察"的逻辑意义的问题，又回避了第五条含

---

① ［美］约翰·杜威. 术语"有意识的"和"意识". //杜威全集·中期著作第3卷［M］. 徐陶，译. 上海：华东师范大学出版社，2012：58.

② ［美］约翰·杜威. 术语"有意识的"和"意识". //杜威全集·中期著作第3卷［M］. 徐陶，译. 上海：华东师范大学出版社，2012：59.

义的形而上学。

杜威在这篇文章中关于"意识"概念的澄清也影响到了他之后的话语表达，在与威斯康星大学（麦迪逊）麦吉尔夫雷（Evander Bradley McGilvary）教授的讨论中，杜威再次强调，"意识"是在特定条件下附着于行为的一种性质，它是有意识的行为或理智行为的缩略语，正是这一点将它与所作用的对象区分开来，而个体的差异正是由于包含意识在内的不同行为所造成的。简言之，这篇文章是杜威关于"意识"一词的初步论述，为之后关于"意识"的争论与界定奠定了基础。

17.《我们如何思维》

（*How We Think*，1910）

　　《我们如何思维》于1910年首次出版，后于1933年再版，主要探讨了反思性思维的问题。全书由三个部分组成。第一部分是"思维训练的问题"，主要论述了思维的内涵、思维训练的价值以及思维训练的资源，回答了"为什么要进行思维训练"的问题。第二部分是"逻辑的考虑"，主要阐释了思维的过程以及在思维过程中涉及的各种逻辑概念，例如推论、判断、意义等，回答了"思维过程是什么的问题"。第三部分是"思维的训练"，从活动、语言、观察、知识、复述或讲课等五个方面讨论了思维训练的原则和要求，回答了"怎样进行思维训练"的问题。三个部分互为补充，形成了一个完整的逻辑框架。

　　第一个问题，培养儿童反思性思维的必要性。杜威确信儿童的发展与反思性思维密不可分。正如杜威在《我们如何思维》序言中所说："儿童天生的、未受损害的态度具有热烈的好奇心、丰富的想象、对实验探究的喜好接近而且非常接近科学思维的态度。"[1]杜威希望通过撰写《我们如何思维》使人们能够重新认识儿童自身与反思性思维的关系，尤其是在教育实践中重视对儿童反思性思维的培养。杜威主张在教育中培养儿童反思性思维的观点在19世纪末和20世纪初的美国教育界引起了热烈的反响。究其原因，一方面该观点本身具有合理的因素，另一方面该观点与彼时盛行的教育理论大相径庭。正是在与主流理论的对比中，杜威很好地发展了自己关于思维的认识。具体而言，这

---

　　[1]［美］约翰·杜威.我们如何思维.//杜威全集·中期著作第6卷［M］.王路，马明辉，周小华，等，译.上海：华东师范大学出版社，2010：143.

些主流理论主要包括约翰·洛克的形式训练说、赫尔巴特学派的"五段教学法"、裴斯泰洛齐的"教育心理学化"理论。

形式训练说是由官能心理学演变而来，它认为人的心智就和人的肌肉一样，可以通过持续的努力和训练得到增强。在心智训练的过程中，人各个方面的能力都将得到发展，也正是因为人的能力的发展，个人才能应对生活中一切的困难。这种理论片面强调心智训练，将知识的传递置于次要位置，认为学习的内容并不重要，忽视了各学科独特的教学价值。此外，该理论将人的心智等同于人身体各器官的观点显然是缺乏科学依据的，仅仅通过反复的机械训练并不能完善人的心智。

"五段教学法"是赫尔特巴门徒在赫尔巴特教学阶段论的基础上发展而来的，它将教学规定成五个步骤：准备、报告、比较、概括和应用。赫尔巴特认为人的心灵是观念与经验的集合体，它具有凭感觉认识世界和形成观念的能力。人可以通过认识活动获得观念并在已有观念的基础上生成新的观念，如此反复，形成互相联系的"观念团"。在心理学史上，这种利用旧观念吸纳新观念的观点被称为观念心理学或统觉心理学。受此影响，赫尔巴特及其支持者主张教育的任务就是帮助儿童形成丰富的观念，因此必须要选择合适的教材、采取恰当的教学手段构建儿童的"观念团"。

裴斯泰洛齐是教育史上第一位提出"教育心理学化"口号的教育家。追根溯源，"教育心理学化"理论脱胎于自然主义教育思想，它的核心观点在于简化教学，遵循儿童的自然发展规律。该理论认为不同发展阶段的儿童的能力和需求是不同的，教育必须要结合儿童心理的实际发展水平，遵循循序渐进的原则，由简到繁、由易到难、层层递进，这样才能使儿童得到适时的发展。教学的内容过于困难会导致儿童产生不必要的负担，而且儿童的潜能得不到有效的刺激释放。根据这种观点，儿童的发展不需要反思性思维，因为反思性思维被普遍认为是复杂的思维方式，超出了儿童的能力范围。

为了使人们能够正确地认识儿童与反思性思维的关系，杜威在《我们如何思维》中论述了反思性思维的内涵与价值。在思维是什么的问题上，杜威根据思维运作方式的差异将思维活动划分成四种类型——广义上的思维活动、故事型思维活动、信念型思维活动以及反思性思维活动。其中反思性思维就是对问题进行严谨、持续思考的思维方式。杜威认为反思性思维是科学的，对儿童未来的成长具有重要的作用。在思维的价值问题上，杜威指出思维能够规范人的行为、对问题进行预防或预备、赋予事物价值和意义。总之，杜威在书中高度肯定了反思性思维本身以及其在教育实践中的作用和价值，号召人们重视对儿童反思性思维的培养。

第二个问题，如何正确地培养儿童的反思性思维。反思性思维的培养要从反思性思维的过程谈起。杜威在《我们如何思维》中指出，反思性思维的过程具有疑难和探究两个特征。所谓疑难，就是指问题的情境，这是反思性思维存在的前提。所谓探究，就是指解决问题的努力，包括观察、分析、判断等行为，这是反思性思维科学性的体现。根据大量的日常生活实例，杜威提出了著名的"思维五步法"——疑难的情境，确定疑难所在，提出解决疑难的假设，推断能够解决疑难的假设，检验假设。事实上，所谓的"思维五步法"就是对反思性思维的阶段划分。从"思维五步法"出发，不难发现，反思性思维就是在疑难的情境和清晰的情境之间进行的。简单而言，反思性思维就是解决问题的过程。因此培养儿童的反思性思维就是在培养儿童解决问题的能力。

在"思维五步法"的基础上，杜威提出了"教学五步法"——创设问题情境，确定问题所在，提出解决问题的假设，对假设进行归纳分析，检验假设。虽然在《我们如何思维》中杜威并没有直接提出"教学五步法"概念，但毫无疑问，前者为后者奠定了理论基础。"教学五步法"又称"问题解决法"，可见，杜威期望通过营造问题、解决问题的教学方式培养儿童的反思性思维。值得注意的是，虽然同样是将教学过程划分成五个步骤，但"教学五步法"与赫尔巴特学派的"五段教学法"在本质上是不同的。赫尔巴特主义者坚持认为，"五段教学法"是"唯一最好的"掌握课程中每一个主题的方法。这显然违背了教学的客观规律，忽视了儿童的主体差异性。杜威的"教学五步法"则更富有活力，教师可以根据实际的教学状况灵活地安排教学步骤。可以说，赫尔巴特学派倾向于将"五段教学法"推崇为一个一劳永逸的"通用公式"，而杜威则倾向于将"教学五步法"看作是一个新的教学理念，即在问题中学习。

第三个问题，思维训练的具体形式。杜威提出思维训练的形式分别是活动、语言、观察、知识、复述或讲课。在活动方面，杜威提出采用游戏与工作相结合的活动模式。游戏可以使儿童自由、充分地发挥自己的想象力，随着儿童心智的发展，可以逐步增加工作的活动比例以培养儿童务实、严肃的思维态度；在语言方面，杜威指出语言是思维的工具。清晰的、有条理的语言组织能力是反思性思维的重要体现，但在思维训练的过程中要避免过分依赖传统的语言教学，否则将导致学生产生懒惰的思维习惯。在观察方面，杜威指出观察是获取思维材料的重要途径之一，有目的的、科学的观察活动能够保证思维的合理性。在观察的过程中，要避免为了观察而观察。观察是思维的工具，不能本末倒置；在知识方面，杜威指出不同的学科知识对思维训练的价值和意义是不同的，因此教师要合理地选择教学内容，不能一味地追求知识的积累。这一观念与"形式训练说"和"五段教学法"形成鲜明的对比，"形式训练说"忽视了教学内容的重要性，而"五段教学法"则片面强调知识的积累；在讲课方面，杜威指出在讲课的过程中，教师与学生的关系应该是平等的。赫尔巴特式的师生关系使儿童长期处于被动的、消极的学习状态，而这种不健康的学习状态也会影响学生的思维方式。因此在思维训练中，教师要帮助和引导学生积极主动地投入到学习之中，通过培养积极的学习态度产生积极的思维习惯。

杜威在《我们如何思维》中对思维以及如何发展并改善思维的分析，对美国乃至世界范围内的教育实践产生了深刻的影响。就美国而言，它为美国20世纪初兴起的进步主义教育运动提供了一套富有说服力的理论依据，推动了一系列教育改革。这些教育改革涵盖了教学的方法、课程的内容、学校的组织等多方面的内容，影响力可见一斑。当然，杜威在书中的论述依旧存在着不少问题，这在后来招致了严厉的批判。例如杜威倡导教师在思维训练的过程中要注意儿童的兴趣和天性，并以此作为思维训练的原材料。人们指责杜威是在鼓动一种"以孩子为中心、无计划类型的课堂活动"。造成这一结果一方面是因为杜威的时代局限性，另一方面则是因为人们对杜威观点的误解。无论如何，不可否认的是，《我们如何思维》仍是一部教育心理学经典之作。

18.《心理学原理与哲学教学》

（*Psychological Doctrine and Philosophical Teaching*，1913）

　　《心理学原理与哲学教学》是杜威于1913年12月30日在美国哲学和心理学学会的讨论会上所作的报告，后发表于《哲学、心理学与科学方法》杂志（1914）。在这次报告中，杜威主要围绕着心理学与哲学之间的关系这一问题展开，基于这一核心问题，他还讨论了哲学中的两个研究领域——纯粹物理与纯粹心理之间的关系。最后，他以行为主义心理学为例证明了心理学对于哲学教学与研究有着密切的联系。

　　首先，杜威在报告中阐明了这样的观点：哲学教师与学生应在明确自己的立场后，接受心理学的理论与方法，并尽可能地对心理学提出一些问题。接受心理学理论与方法的原因可总结为以下两点。

　　第一，心理学是哲学的延续。杜威在报告中提到一种证明心理学与哲学是相连的观点，该观点认为心理学理论并非来自对问题的探究，而来自洛克与笛卡尔的哲学。比如，心理学话语体系在很大程度上是从哲学中继承而来。在杜威1886年发表的《心理学立场》一文中，他指出心理学的立场应为根据经验的组成要素，从整体上思考，进而揭示它的发展原因。从这一角度看，心理学的话语体系确实来源于哲学。所以，杜威认为，哲学教师与学生有权利对心理学进行批判性的考察。但接着杜威指出了哲学中发展的一个问题，即心理学在发展的过程越来越少的运用洛克与笛卡尔哲学中的话语，那么这些哲学传统如何保存传承是有必要解决的。

　　第二，哲学包含两门独立的科学，分别是物理学和心理学。之所以将心理学看作是哲学的延续，是因为哲学有两个独立的领域，即纯粹物理与纯粹心理。但哲学所包含的两个独立体系，也造成了其内部长久以来的纷争。自古以来，人们对于主观和客观、实在论和唯心论的争论就没有停止过。杜威在此谈道，在哲学内部继续讨论这些问题是徒劳无功的，他提出人们可以从心理学的角度来看待哲学问题。杜威指出，独立存在的心理学领域是由独特实体中原则间的联结与混合，构成的心理学特有的体系。这些心理学实体以某种方式构成了自我。可见，心理学与哲学的研究对象是有所重叠的，也说明了心理学与哲学之间存在联系。

其次，杜威还以行为主义心理学家的研究为例，指出哲学与心理学是密不可分的。他指出，对于日常行为、异想天开行为、深思熟虑行为与有目的行为进行区分似乎能够真正阐述行为方式间的差异。其中，有目的的行为意味着能通过意识控制行为，这种行为不能与神经系统控制的行为相分离，因为它们一旦分离，就意味着精神独立存在于客观之外，而由神经系统控制的行为则被视为纯粹物理现象。尽管神经系统行为是人类行为中的重要组成部分，但带有意识的行为更容易受人们的控制。所以，杜威强调，将神经系统行为与有意识行为之间进行区分有助于人们更进一步的控制行为，但把两者看成分离且孤立的事物则会陷入不同程度的错误之中。

最后，杜威借用哲学家的身份表达了自己对于哲学与心理学的希望，他指出哲学未来的发展方向是逻辑与社会，心理学应跳出当前狭隘的视域，将目光放到社会与现实中去。这样任何一种将心理学变为现实人性与现实生活的相关尝试，都将推动哲学的发展。

杜威的这一观点是他在未来职业生涯中一直坚持并努力去尝试的方向，他出版于1922年的心理学著作《人性与行为：社会心理学导论》，运用心理学的理论解释人类行为与道德发展，对这次报告中所阐述的观点做了强而有力的证明。

19.《知识与言语反应》

（*Knowledge and Speech Reaction*，1922）[①]

　　《知识与言语反应》是杜威于1922年10月份首次发表于《哲学杂志》（*Journal of Philosophy*）的一篇论文。在这篇论文中，他坚定地认为，求知和思考等同于言语的观点是完全正确的，但是由于许多学者对言语反应的分析不够完善，根本无法回答人们的疑问。杜威在对两个概念、两大理论辩驳论证的基础上，形成了对言语反应及知识的理解。

　　首先，杜威对"刺激—反应""原因—结果"这两个概念予以了仔细地辩证阐释。他提出，尽管刺激—反应与原因—结果概念十分相似，且前者包含了后者，但前者相对于后者多了一个适应或者不适应的属性。杜威同时提到人们过分简化了言语反应，将它用刺激—反应术语来解释，实际上只认识到言语反应是由先前的行为引起的，却忽略了它"所具有的修正、重新引导以及综合的作用"[②]。人们一般断言有声的或者无声的言语是对事物的一种反应，但随之也产生了一个疑问，即言语的刺激物是什么呢？若是简单地将它看作是对呈现事物的感性反应，比如说"这是一把小刀"，就确定这个小刀是作为言语的刺激物出现的，这种肤浅的解释根本无法让行为主义者信服。杜威对此论述到，简单地认为言语反应是由"看"的动作引起的，将这一视觉行为视为刺激物，这种观点是经不起推敲的。若将"看"作为一个完整刺激，那引起的回

---

　　① 该文首次发表于《哲学杂志》（*Journal of Philosophy*）第19卷，1922年10月，第561—570页。
　　② ［美］约翰·杜威.知识与言语反应.//杜威全集·中期著作第13卷［M］.赵协真，译.上海：华东师范大学出版社，2012：29.

应必定是伸手去拿或把手缩回，但是"伸手"这一动作并不是言语反应。这表明通过"看"这个动作得到的信息和"拿"这个动作得到的信息中间出现了断层，而言语的作用正是把两个动作获得的信息联系起来，使联系更加完善。杜威还以"这是一把小刀"为例，它作为一种认知性陈述的回应，必定与它回答的东西密切相关。若是少了言语反应，引起言语反应的行为就是盲目的尝试；若是言语反应不曾缺少，那刺激行为自然有了目的性、连续性与累积性。"这是一把小刀"的言语反应综合了看到、伸手、触摸、拿小刀等多个行为的各种倾向，最终"统一为一种毫不犹豫地准备去抓与切的态度"①。

其次，杜威对言语反应中的唯我论进行了有力的驳斥。唯我论是指一个单独的个体可以认识同一对象的理论。杜威谈道，虽然作为单个的存在者能够对刺激做出原始的非认知性反应，比如"当我的耳朵以某种特定方式受到刺激时，我会发抖"②；但是当说出"这是一把锯子发出的声音"时，这个陈述其实是对一个听者说的，并要求听者做出恰当的具有协调性的回应（或者对话），这样的言语反应才算完整。据此可以得出结论："言语就是对话。"③而认知不仅涉及再识别、确认，也需要两个不同时间地点的对比与联系。这就意味着认知需要一个完整的言语反应，同时涉及两个时间或地点。

最后，杜威对新唯物论或者私人言语的唯我论进行了批判。他举例道④：我说一个两千年前的观察者说"凯撒渡过了卢比孔河"；接着，我以自己的方式重复了这句话。然后，我说这两句话相互一致或符合。从这个例子中可以看

---

① ［美］约翰·杜威. 知识与言语反应. // 杜威全集·中期著作第13卷［M］. 赵协真，译. 上海：华东师范大学出版社，2012：28.

② ［美］约翰·杜威. 知识与言语反应. // 杜威全集·中期著作第13卷［M］. 赵协真，译. 上海：华东师范大学出版社，2012：31.

③ ［美］约翰·杜威. 知识与言语反应. // 杜威全集·中期著作第13卷［M］. 赵协真，译. 上海：华东师范大学出版社，2012：31.

④ 这里指的是缪塞尔（James L. Mursell）的文章《作为符合的真理》（*Truth as Correspondence*），发表于《哲学杂志》第19卷，第187页。

出这个陈述已经是作古的历史了，根本无法与当时的旁观者进行交流，获得回应。显而易见，新唯我论是指以自己的方式重复其他人做出的最初反应，与当时观察者的言语反应相符合的理论。另外，还有一种极端情形是一个事件发生在人类存在之前的地质时期。对于古老的真相，杜威认为，根本找不到观察者的记录，又或者他们的判断不够精确完整，所以如今的言语反应是通过勘察那时的地形、岩石等得出结果的，是面向关注此项历史的人物，并获得他们的言语回应。

总而言之，在杜威看来，刺激跟回应是因果性联系，并非认知性；真正的言语反应并非都是发出的声音，而是认知性的陈述（cognitive statement），而且只有说者与听者之间不断协调活动，才能构成知识的潜在对象。①

---

① ［美］约翰·杜威. 知识与言语反应. //杜威全集·中期著作第13卷［M］. 赵协真，译. 上海：华东师范大学出版社，2012：34.

20.《人性与行为：社会心理学导论》

（*Human Nature and Conduct*：*An Introduction to Social Psychology*，1922）

《人性与行为：社会心理学导论》是杜威于1922年出版的社会心理学著作，汇集了其哲学、伦理学及心理学思想，阐述了影响人性与行为的三个主要因素：习惯、冲动与理智的关系。在这三种因素相互作用的基础之上，杜威进一步谈论了社会道德与行为间的联系。

《人性与行为》一书主要分为四个部分，分别为习惯在行为中的地位、冲动在行为中的地位、理智在行为中的地位与结论。

第一部分"习惯在行为中的地位"主要谈论了三个问题。第一，习惯的内涵与特性。杜威指出，习惯是个体与环境相互作用形成的下意识或潜意识行为，它的功能在于帮助个体流畅地发出自己的动作。杜威反对重复是形成个体习惯的方法的观点，他指出在形成习惯的过程中，促使孩童不断重复前一动作的目的是成功，而非养成习惯。个体习惯的养成不仅依靠后天力量，还有与生俱来的因素，天生的习惯是通过冲动与本能获得的，对于形成新习惯有着重要意义。此外，杜威还阐述道，习惯具有两面性、广泛性和社会性的特征，这意味着个体所形成的习惯既有好的，又有坏的。好习惯能够大大提高个体的行动效率，而坏习惯一旦形成，就会主动地支配个体，致使个体成为习惯的奴隶。杜威强调，要努力成为习惯的好主人，合理地利用习惯。习惯的广泛性则体现在它存在于每个个体之中，并且个体之间相同的习惯能将其范围扩大到社会中，由此可见，习惯也具有社会性。

　　第二，风俗的内涵。杜威社会心理学体系中的风俗内涵类似于我们当今所谈论的文化，它是被群体所认可的行为方式，建立在大大小小习惯的相互作用基础之上的风俗影响着人们生活的方方面面。杜威认为，风俗是社会心理学的核心，因为风俗虽然与习惯有着密切的联系，但风俗并非产生自习惯的相互作用中。之所以风俗与习惯具有一致性，是因为风俗与习惯都受人们本能的影响，而人们在相同环境下的反应是相似的。所以，杜威强调最初的风俗来源于人们的本能需求。

　　第三，习惯、风俗、道德三者间的关系。在杜威看来，习惯与风俗是相互影响的。习惯的形成需要以风俗为标准，个体习惯的变化也可以通过累积影响风俗。值得注意的是，通过个体习惯来改变风俗需要相当长的时间，因为风俗一旦形成便具有稳定性，受风俗支配的习惯则具有一定保守性。不过，当理智或理性思考参与到习惯以后，风俗将面临被更改的风险。理性作为一种更高级的情绪评价，能够引起批判的态度，并且对奢侈风俗异常敏感，进而改变风俗。杜威认为，从实践的角度来看，道德意味着风俗、习俗与集体习惯。但并非所有的风俗、习俗与习惯都能成为道德，经过理性选择的风俗才能成为道德的一部分。值得注意的是，已经形成的道德不是一成不变的，因为习惯间的冲突所释放出的冲动活动，要求更改习俗，那么最初的个体性习惯则会被抽象化，基于反对最初习惯而产生的欲望则会成为了风俗重建的核心。风俗随着时间与环境的不断推移会有产生改变，自然道德也会有所变化。

　　第二部分"冲动在行为中的地位"主要讲述了两个问题。其一是冲动的功能与特性。冲动作为引起个体行为发生改变的关键性因素，是指个体没有意识地考虑到目的的活动，具有模糊性、可塑性、动态性等特征。杜威认为，"冲动在习惯与行为中的地位十分特殊，因为冲动作为重新组织各种活动的枢纽，能够赋予旧习惯以新的方向，并改变它们的性质"[①]。所以，在分析集体

---

　　① John Dewey. Human Nature And Conduct: An Introduction to Social Psychology [M]. New York: Henry Holt and Company, 1922: 94.

与社会心理活动中，需要首先了解个体的天生倾向性，即冲动。冲动的可塑性在人类的教育活动中占据着重要地位，它是成年人按照固有习俗培养年轻人的根本原因，也是更新僵化习惯与风俗的关键。杜威甚至指出，人们通过谨慎的对待年轻人的冲动能够创造一个新社会。杜威在冲动可塑性特征的基础之上，引申出了人性的可变性。他认为人类的劣根性是天生的，比如好斗性、虚荣性、恐惧、愤怒等，这种劣根性长期存在于人们的生活、生产中，深刻影响着各个国家的政治、经济发展和运行。但人类劣根性长期存在的特性并不意味着它是不可更改的，如何在和平时期将人类的天生倾向性转化为道德是解决战争问题的关键。当然，这种转化需要教育进行引导，所以杜威认为教育能够合理塑造年轻人的冲动，并且只有教育才是代价最小的引起社会改善的方法。

其二是本能的分类及本能与冲动间的关系。杜威指出，本能是个体不得不执行的动作，它不知道行动的目的、方式、方法，但却能够恰当的完成各项动作。本能与冲动有着十分密切的联系，杜威认为它是有限制的冲动。在书中，杜威着重阐述了本能在社会心理学中是不应该被划分为明确的种类的观点。一是因为本能的数量非常庞大，人们无法完全归纳每一个本能活动。而且本能的分类往往简化了人们的行为，杜威以自爱的本能理论、创造性与获得性本能理论为例，阐述了对本能分类的弊端。二是由于只有当人们认识到本能的多样性，才能理解一些道德现象。虽然杜威不主张给社会心理学的本能分类，但他十分强调本能与本能之间的联系。他指出本能会根据特性融入不同的兴趣与冲动之中，那么相似本能则会产生联系并增强行为动机。

第三部分"理智在行为中的地位"主要阐述了三个问题。首先，理智与习惯的关系。理智是将风俗转化为道德的关键因素，但理智也受到习惯的影响，因为习惯是理智发挥作用的基础，它能限制并确定理智发挥作用的范围。理智的重要性往往体现在习惯的有序和冲突的无序发生矛盾时，习惯的特性决定了它不能自发地思考、观察与回忆，又由于习惯的组织性导致它往往难以抛开固有形式探索新的方向。而冲动又是没有方向和目的的一种活动，当二者发生碰撞时，常常需要有意识的思考介入，引导行为或活动恢复秩序。值得注意的是，此时产生的习惯、行为乃至习俗等，都同之前的有所差异。

其次，思虑的本性。思虑可以被视为理智思考中的一个环节，它是指当人们的习惯遇到阻碍时，在脑海中演绎各种可能的行动路线，杜威也将这一过程称为"戏剧式彩排"。当思虑过程结束时，意味着人们做出了选择。杜威强调，思虑是对行动的探求，而不是对最终目的的选择，因此人们的选择有合理与不合理之别。此外，他还指出，思虑不会也不可能会对未来的行动按照利益做出精确的计算，它应是评价当前被提出的行动方案的，评价的标准则源于目前欲望与习惯产生出的后果。所以，如果人们试图预测未来，则需要理解当前行为的意义，并运用这些意义去指导接下来的行为。在此，杜威也进一步谈到，道德是培养人们良知和判断自己当前行为所具有的意义，并运用这一意义来指导接下来的行为的过程。因此，杜威认为，把人们对于行动利益的精确计算清除出行为，把人们行为划分为有利和道德的理论是不恰当的，此时行为只是冲动与习惯间的冲突被解决、被释放的过程，最终指向的是人们的善的本性。

最后，影响行为的因素。杜威认为引发个体行为的因素是多样的，动机、目的、结果等都与行为密切相关。但在理智这一部分中，他主要探讨了两个因素。一是人性，比如人性中的善深刻影响着个体、集体、民族乃至国家的行为，它可以被看作理智运用在道德中的过程。善具有独特性的特点，因为对于相互冲突的冲动与习惯的解决方案是绝不可能重复的。二是目的或目标，杜威指出，目的或目标是被预见到的后果，它影响着人们当前的思虑活动，可以被视为思虑的结束点。目的是行为的一种手段，但行为并没有一个固定的，或者是终结性的目的，因为行为是接连不断进行的，一个目的结束另一个目的便会紧接着出现，正是目的的不断达成与出现推动着行为的前进。

第四部分为结论，杜威对所讨论的行为进行了总结。他指出行为的结果具有两面性，既有善的，也有恶的（被抵制的善）。若想产生道德行为，必须将反思性的思考与选择融入行为之中。他还对道德与善进行了归纳，阐述了道德的双重性，即人的道德与社会道德。杜威指出，道德这一门学科是最接近人性学问的科目，因为道德的发展建立在知识中，需要其中的历史知识、物理知识等作指导。所以，道德是人的道德。不仅如此，人们的行为是以社会为基础的，行为所产生的后果也意味着人们要承担的责任。义务与责任意味着道德不仅是个人的，还是社会的。此外，杜威还提出，道德是与切实存在的现实密切相连的，而不是与被抽象出来的事物相关联。他使道德摆脱了抽象的理念世界进而走进了真实的生活，强调培养人们的人性与道德的可能性，以及通过合理引导人性与行为促使社会变革的方式方法。

杜威的《人性与行为：社会心理学导论》一书将心理学与哲学进行了有机结合，从心理学的角度探索了道德、人性与社会变革的关系，重在解决当时美国社会发展中所遇到的道德困境。他将道德从理念世界中解救出来，通过道德与现实社会的结合，希望采用温和的方式实现美国社会的变革。可见，杜威的社会心理学思想对于当今人们思考价值观培养、道德教育及文化发展都有着重要的意义。

参考文献

一、专著

（一）中文专著

[1] 车文博. 当代西方心理学新词典. 长春：吉林人民出版社，2001.

[2] 蒋雅俊. 杜威儿童与课程研究. 福州：福建人民出版社，2017.

[3] 金炳华. 哲学大辞典. 上海：上海辞书出版社，2007.

[4] 卢家楣. 心理学与教育——理论和实践. 上海：上海教育出版社，2011.

[5] 孟昭兰. 情绪心理学. 北京：北京大学出版社，2005.

[6] 欧阳哲生. 胡适文集. 北京：北京大学出版社，1998.

[7] 彭聃龄. 普通心理学. 北京：北京师范大学出版社，2012.

[8] 单中惠. 现代教育的探索——杜威与实用主义教育思想. 北京：人民教育出版社，2001.

[9] 吴式颖，等. 外国教育思想通史（第九卷）. 长沙：湖南教育出版社，2002.

[10] 肖丹. 心理哲学发展谱系：从冯特到杜威. 长春：吉林人民出版社，2016.

[11] 杨善堂. 心理学. 北京：人民教育出版社，2005.

[12] 叶浩生. 心理学通史. 北京：北京师范大学出版社，2006.

[13] 张华. 课程与教学论. 上海：上海教育出版社，2002.

[14] 赵祥麟. 外国教育家评传（第二卷）. 上海：上海教育出版社，2003.

（二）译著

[1] ［德］威廉·普莱尔.幼儿的感觉与意志.孙国华，唐钺，译.北京：北京大学出版社，2014.

[2] ［美］杜·舒尔兹，西德尼·舒尔兹.现代心理学史.叶浩生，译.南京：江苏教育出版社，2011.

[3] ［美］戴维·霍瑟萨尔，［中］郭本禹.心理学史.郭本禹，魏宏波，朱兴国，王申连，等，译.北京：人民邮电出版社，2011.

[4] ［美］简·杜威.杜威传.单中惠，编译.合肥：安徽教育出版社，1991.

[5] ［美］凯瑟琳·坎普·梅休.杜威学校.王承绪，赵祥麟，赵端瑛，顾岳中，译.北京：教育科学出版社，2007.

[6] ［美］罗伯特·B.塔利斯.杜威.彭国华，译.北京：中华书局，2002.

[7] ［美］帕斯托里诺.什么是心理学.陈宝国，译.北京：中国人民大学出版社，2012.

[8] ［美］鲍尔温·R.赫根汉.心理学史导论.郭本禹，译.上海：华东师范大学出版社，2004.

[9] ［美］威廉·詹姆斯.实用主义.陈羽纶，等，译.北京：商务印书馆，1981.

[10] ［美］威廉·詹姆斯.心理学原理.田平，译.北京：中国城市出版社，2003.

[11] ［美］威廉·詹姆斯.彻底的经验主义.庞景仁，译.上海：上海人民出版社，2006.

[12] ［美］约翰·杜威.杜威全集·早期著作第1卷.张国清，朱进东，王大林，译.上海：华东师范大学出版社，2010.

[13] ［美］约翰·杜威.杜威全集·早期著作第2卷.熊哲宏，张勇，蒋柯，译.上海：华东师范大学出版社，2010.

[14] ［美］约翰·杜威.杜威全集·早期著作第3卷.吴新文，邵强进，译.上海：华东师范大学出版社，2010.

［15］［美］约翰·杜威. 杜威全集·早期著作第4卷.王新生，刘平，译.上海：华东师范大学出版社，2010.

［16］［美］约翰·杜威. 杜威全集·早期著作第5卷. 杨小微，罗德红，等，译.上海：华东师范大学出版社，2010.

［17］［美］约翰·杜威. 杜威全集·中期著作第1卷. 刘时工，白玉国，译.上海：华东师范大学出版社，2012.

［18］［美］约翰·杜威. 杜威全集·中期著作第3卷. 徐陶，译.上海：华东师范大学出版社，2012.

［19］［美］约翰·杜威. 杜威全集·中期著作第4卷. 陈亚军，姬志闯，译.上海：华东师范大学出版社，2012.

［20］［美］约翰·杜威. 杜威全集·中期著作第6卷. 王路，马明辉，周小华，等，译.上海：华东师范大学出版社，2012.

［21］［美］约翰·杜威. 杜威全集·中期著作第7卷. 刘娟，译.上海：华东师范大学出版社，2012.

［22］［美］约翰·杜威. 杜威全集·中期著作第8卷. 何克勇，译.上海：华东师范大学出版社，2012.

［23］［美］约翰·杜威. 杜威全集·中期著作第9卷. 俞吾金，孔慧，译.上海：华东师范大学出版社，2012.

［24］［美］约翰·杜威. 杜威全集·中期著作第12卷. 刘华初，马荣，郑国玉，译.上海：华东师范大学出版社，2012.

［25］［美］约翰·杜威. 杜威全集·中期著作第13卷. 赵协真，译.上海：华东师范大学出版社，2012.

［26］［美］约翰·杜威. 杜威全集·中期著作第14卷. 罗跃军，译.上海：华东师范大学出版社，2012.

［27］［美］约翰·杜威. 杜威全集·晚期著作第1卷. 傅统先，郑国玉，刘华初，译.上海：华东师范大学出版社，2015.

［28］［美］约翰·杜威. 杜威全集·晚期著作第3卷. 孙宁，余小明，译. 上海：华东师范大学出版社，2015.

［29］［美］约翰·杜威. 杜威全集·晚期著作第5卷. 孙有中，战晓峰，查敏，译. 上海：华东师范大学出版社，2015.

［30］［美］约翰·杜威. 杜威全集·晚期著作第7卷. 魏洪钟，蔡文菁，译. 上海：华东师范大学出版社，2015.

［31］［美］约翰·杜威. 杜威全集·晚期著作第11卷. 朱志方，熊文娴，潘磊，喻郭飞，李楠，译. 上海：华东师范大学出版社，2015.

［32］［美］约翰·杜威. 杜威全集·晚期著作第15卷. 余灵灵，译. 上海：华东师范大学出版社，2015.

［33］［美］约翰·杜威. 杜威全集·晚期著作第17卷. 李宏昀，徐志宏，陈佳，高健，等，译. 上海：华东师范大学出版社，2015.

［34］［美］约翰·杜威. 杜威教育名篇. 赵祥麟，王承绪，编译. 北京：教育科学出版社，2006.

［35］［美］约翰·杜威. 民主主义与教育. 王承绪，译. 北京：人民教育出版社，2001.

［36］［美］约翰·杜威. 学校与社会·明日之学校. 赵祥麟，任钟印，吴志宏，译. 北京：人民教育出版社，2005.

［37］［美］约翰·杜威. 杜威教育论著. 赵祥麟，王承绪，等译. 上海：华东师范大学出版社，1981.

［38］［美］詹姆斯·坎贝尔. 理解杜威：自然与协作的智慧. 杨柳新，译. 北京：北京大学出版社，2010.

［39］［英］理查德·普林. 约翰·杜威. 吴建，张韵菲，译. 哈尔滨：黑龙江教育出版社，2016.

［40］［英］乔治·贝克莱. 人类知识原理. 关文运，译. 北京：商务印书馆，1973.

（三）外文专著

［1］Allen W. Wood. Hegel's Ethical Thought. Cambridge：Cambridge University Press，1990.

［2］Charles Peirce. Collected Papers of Charles Sanders Peirce（Vol.5）. ed By C. Hartshorne and P. Weiss，Boston：Harvard University Press，1963.

［3］Edwin G. Boring. A History of Experimental Psychology. New York：Century，1950.

［4］Ernest R. Hilgard. Psychology in America：A Historical Survey. San Diego：Harcourt Brace Jovanovich，1987.

［5］Gert J. J. Biesta，Siebren Miedema，Marinus H. Vanl Jzendoorn. John Dewey's Reconstruction of the Reflex-arc Concept and its Relevance for Bowlby's Attachment Theory，in W. J. Bark，Michael E. Hyland，Rene van Hezewijk，S Terwee，eds.，Recent Trends in Theoretical Psychology，New York：Springer-Verlag，1990.

［6］John Dewey. Art as Experience. New York：G. P. Putnam's Son，1980.

［7］John Dewey. Democracy and Education. New York：The Free Press，1916，1966.

［8］John Dewey. Experience and Nature. Chicago，IL：Open Court，1925.

［9］John Dewey. How We Think. Lexington：D. C. Heath and Company，1933.

［10］John Dewey. Human Nature And Conduct：An Introduction to Social Psychology. New York：Henry Holt and Company，1922.

［11］John Dewey. Lectures on Psychological and Political Ethics：1898. New York，NY：Hafner Press，1976.

［12］John Dewey. Psychology. New York：American Book Company，1891.

［13］John Dewey. Reconstruction in Philosophy（2nd ed.）. Boston，MA：Beacon，1948.

［14］John Dewey. The Early Works，5 Volumes. Carbondale：Southern Illinois

Press，1969–1972.

［15］John Dewey. The later Works，17 Volumes. Carbondale： Southern Illinois Press，1981–1990.

［16］John Dewey. The Child and the Curriculum. Mansfield Centre，CT： Martino Publishing，2011.

［17］Paul J. Silvia. Exploring the psychology of Interest. New York：Oxford University Press，2006.

［18］Thomas Hardy Leahey. A History of Psychology （3rd Edition）. Englewood Cliffs，N.J.：Prentice–Hall，1992.

二、论文

（一）中文论文

［1］陈安娜，陈巍. 杜威反射弧概念中的具身认知思想［J］. 心理科学，2013，36（1）.

［2］崔佳. 杜威心理学思想演变研究［D］. 河北大学，2019.

［3］樊杰，兰亚果. 杜威基于关系与生长视角的兴趣与教育理论［J］. 全球教育展望，2018，47（5）.

［4］高来源. 论"理智"概念的实践维度——对杜威"理智"概念之实践性内涵的解读［J］. 哲学研究，2011（2）.

［5］柯遵科. 赫胥黎与渐变论［J］. 北京大学学报（哲学社会科学版），2015，52（4）.

［6］李国庆. 现代欧美教育科学化运动的一个基石［D］. 南京师范大学，2006.

［7］李志强. 杜威道德教育思想研究［D］. 中国人民大学，2006.

［8］梁君. 杜威论想象力及其培育［D］. 华东师范大学，2019.

［9］刘彤. 近代美国幼儿教育理论的形成与发展［J］. 河北大学学报（哲学社

会科学版），2001，26（4）.

［10］刘云杉.兴趣的限度：基于杜威困惑的讨论［J］.华东师范大学学报
（教育科学版），2019，37（2）.

［11］马如俊.论杜威的自然主义伦理学［D］.复旦大学，2006.

［12］彭正梅.经验不断改造如何可能——杜威的自我发展哲学及其与儒家修
身传统的比较［J］.湖南师范大学教育科学学报，2016，15（3）.

［13］漆涛.教材学科逻辑和心理逻辑的二元对立与超越——基于杜威教材心
理化的概念分析［J］.全球教育展望，2015，44（5）.

［14］亓兰真.杜威儿童游戏思想研究［D］.西南大学，2016.

［15］权威.杜威行为思想探究［D］.黑龙江大学，2014.

［16］单中惠.杜威的反思性思维与教学理论浅析［J］.清华大学教育研究，
2002，23（1）.

［17］单中惠.杜威教育学说的永恒价值——纪念《民主主义与教育》出版
一百周年［J］.河北师范大学学报（教育科学版），2017，19（1）.

［18］吴继维.杜威兴趣教育思想初探［D］.华中师范大学，2012.

［19］徐英瑾.杜威的演化论式的知识论图景——一种理性的重构和辩护
［J］.学术月刊，2012，44（4）.

［20］叶浩生.西方心理学中的具身认知研究思潮［J］.华中师范大学学报
（人文社会科学版），2011，50（4）.

［21］张奇峰.以"道德自我"概念为核心的杜威道德哲学研究［D］.复旦大
学，2010.

（二）外文论文

［1］Alexa Albert & Yngve Ramstad. The Social Psychological Underpinnings of
Commons's Institutional Economics：The Significance of Dewey's Human
Nature and Conduct. Journal of Economic Issues，1997，Vol. 31（5）.

［2］Andrew Backe. John Dewey and Early Chicago Functionalism. History of Psychology, 2001, Vol. 4（4）.

［3］Eric Bredo. Evolution, Psychology, and John Dewey's Critique of the Reflex Arc Concept. The Elementary School Journal, 1998, Vol. 98（5）.

［4］Garrison Jim. Dewey's Theory of Emotions: The Unity of Thought and Emotion in Naturalistic Functional "Co-ordination" of Behavior. Transactions of the Charles S Peirce Society. 2003, Vol. 39（3）.

［5］Gil Richard Musolf. John Dewey's Social Psychology and Neopragmatism: Theoretical Foundations of Human Agency and Social Reconstruction. The Social Science Journal, 2001, Vol. 38（2）.

［6］Guido Baggio. The Influence of Dewey's and Mead's Functional Psychology Upon Veblen's Evolutionary Economics. European Journal of Pragmatism and American Philosophy, 2016, VIII（1）.

［7］Jerry Rosiek. A Qualitative Research Methodology Psychology Can Call Its Own: Dewey's Call for Qualitative Experimentalism. Educational Psychologist, 2003, Vol. 38（3）.

［8］John Dewey. Body and Mind. Bulletin of the New York Academy of Medicine, 1928, Vol. 4（1）.

［9］John Dewey. Darwin's Influence upon Philosophy. Popular Science Monthly, 1909, Vol. 75（7）.

［10］John Dewey. Principles of Mental Development as Illustrated in Early Infancy. Transactions of the Illinois Society for Child Study, 1899, Vol. 4（4）.

［11］John Dewey. The New Psychology. Andover Review, 1884, Vol. 2（9）.

［12］John Dewey. The Reflex arc Concept in Psychology. Psychological Review, 1896, Vol. 3（4）.

［13］John Dewey. The Theory of Emotion: I: Emotional Attitudes.

Psychological Review, 1894, Vol. 1 (6).

[14] John Dewey.The Theory of Emotion: II: The Significance of Emotions. Psychological Review, 1895, Vol. 2 (1).

[15] John R. Shook. Wilhelm Wundt's Contribution to John Dewey's Functional Psychology. Journal of the History of the Behavioral Sciences, 1995, Vol. 31 (4).

[16] Michael Glassman. Running in Circles: Chasing Dewey. Educational Theory, 2004, Vol. 54 (3).

[17] Paul Crissman. The Psychology of John Dewey. Psychology Review, 1942, Vol. 49 (5).

[18] Peter T. Manicas. John Dewey and American Psychology.Journal for The Theory of Social Behaviour, 2002, Vol. 32 (3).

[19] Rasmus Pedanik. How to Ask Better Questions? Dewey's Theory of Ecological Psychology in Encouraging Practice of Action Learning. Action Learning: Research and Practice, 2019, Vol. 16 (2).

[20] Svend Brinkmann. Dewey's Neglected Psychology: Rediscovering His Transactional Approach. Theory & Psychology. 2011, Vol. 21 (3).

[21] William James. The Chicago School. Psychological Bulletin, 1904, Vol. 1 (1).

人名索引

主题词索引

122，128，129，133，137，154，155，173，174，196，198，200，201，202，
203，204，205，206，207，208，209，210，211，212，213，214，215，216，
217，218，219，220，221，222，223，224，225，226，227，228，229，230，
231，232，233，234，235，236，239，240，241，242，243，244，245，246，
247，248，250，254，255，256，257，258，259，262，263，264，265，266，
267，268，269，271，273，274，275，276，277，279，282，283，284，285，
286，287，295，297，306，307，308，309，314，315，331，332，340，344，
345，346，347，351，353，354，360，362，380，391，399，414，418，438，
451，452，457，465，470，471，503，504，505，507，508，514，516，518，
520，526，541，542，543，561，566，571

情绪：9，43，49，50，51，52，53，69，70，77，84，85，122，134，
137，147，148，174，200，201，204，205，206，207，208，209，210，
211，212，216，217，223，224，225，232，237，241，244，246，247，
248，249，250，251，253，254，256，257，258，259，283，284，285，
297，299，322，324，330，333，345，359，366，402，418，421，437，
438，453，460，467，479，503，504，511，516，517，518，529，542，
543，560，561，571，584

认知：7，12，21，23，31，36，48，49，50，51，52，53，54，68，
74，84，95，98，119，120，128，129，130，133，136，137，138，139，
141，143，151，155，158，159，160，162，164，185，195，196，197，
201，206，207，213，222，229，231，232，247，248，254，256，258，
259，263，268，275，289，308，315，333，377，427，444，455，458，
488，536，538，542，543，551，560，561，567，581，582

后 记

　　作为一位在哲学、教育学、心理学等领域蜚声中外的学者，杜威的哲学思想和教育学思想早已成为学界耳熟能详的经典代表，其研究成果之丰富、探究内容之广泛、学术观点之多样堪称学术界研究之典范。然而，关于杜威心理学思想的研究却一直不温不火，鲜有较为系统的介绍。究其原因可能有两个方面：一是杜威在1894年后研究兴趣的转向，基本上已不再专门系统研究心理学问题和修订心理学教材，而是将心理学与其他众多学科领域的研究融合在一起，使其心理学思想融入哲学、教育学、社会学、逻辑学等领域之中；二是杜威自创办芝加哥大学实验学校后，重心开始转向教育与教学改革，心理学观点往往以思想基础和依据的面貌出现，其心理学思想被彰显的哲学与教育思想所遮蔽。因此，对杜威心理学思想进行较为全面的研究与介绍成为教育学和心理学界共同的期待。

　　《杜威心理学思想研究》是由山东教育出版社承担的"十三五"国家重点图书出版规划项目"杜威教育研究大系"的一部分。本书撰写主要遵循两项原则：第一，以第一手资料为依据开展研究。为此，课题团队主要以美国南伊利诺伊大学杜威研究中心编撰的《杜威全集》（英文版）、捷克当代艺术电子出版社（e-artnow）发行的电子书《杜威心理学、教育学、哲学、政治学选集（40卷）》（英文版），以及由我国复旦大学杜威与美国哲学研究中心组译的《杜威全集》（共38卷）等为主要研读资料。第二，将杜威思想的经典内容与学术研究最新成果有机结合。杜威研究积淀深厚，内容丰富，为研究其心理学思想提供了有价值的借鉴和路径，也为杜威心理学研究铺垫了扎实的思想基础。杜威研究者不断运用新的理论和研究方法，从不同视角阐释对杜威的认识，涌现出许多新观点、新方法和新成果，将它们融入杜威心理学研究之中无疑是探讨和梳理其心理学思想的一种重要路径。

本书以杜威关于心理及其活动模式的思想为主线，重点阐述了杜威关于知识、情感、意志的心理学思想，同时介绍了其理论基础，以及与教育理论结合较为广泛的领域。具体分为绪论、第一章"杜威论心理学研究"、第二章"杜威心理学思想的理论基础"、第三章"杜威论反射弧概念"、第四章"杜威论知识"、第五章"杜威论情感"、第六章"杜威论意志"、第七章"杜威论兴趣"、第八章"杜威论思维"、第九章"杜威论儿童心理发展阶段"、第十章"杜威论社会心理"。为了给研究者和读者提供进一步了解和探究杜威心理学思想的线索，最后增加了附录"杜威心理学著作提要"。

本书系国家"万人计划"教学名师、河南大学"杰出人才特区支持计划"特聘教授杨捷团队的研究成果。全书由杨捷担任主编并统稿，王永波博士、邢孟莹博士担任副主编。具体各章执笔人为：绪论，第一、四、五、六章——杨捷；第二、三章——王永波；第七章——赵娜；第八章——欧吉祥；第九章——闫羽；第十章——邢孟莹。王笑艳、李敏、史可媛、陈宣宇参与了课题讨论、资料搜集、外文翻译、附录初稿的撰写等工作。在课题研究过程中，团队成员参阅了大量相关资料和最新的研究成果，并在文中引用和予以注释，在此谨向有关译者或作者一并致谢。

感谢我的博士生导师、华东师范大学单中惠教授的信任并委以重托，这是一篇导师命题作文，理应责无旁贷完成任务；感谢山东教育出版社为本书立项，以及责任编辑孙文飞的认真负责与专业精神；感谢参加课题组并撰写部分章节内容的团队成员；感谢河南大学教育学部的鼎力支持与呵护。

2019年适逢杜威访华100周年，在此后的几年里国内学界开展了多项学术纪念活动。我们愿意将本书献给关注杜威研究的同行们，并以此作为一个学术纪念。

编 者

2022年12月于河南大学金明校区田家炳书院